Arbeitsbuch Mathematik

Analytische Geometrie

Oberstufe

Alexandra Casper
Felix Fähnrich
Carsten Thein

Ernst Klett Verlag
Stuttgart · Leipzig

Inhalt

Ich kann's ☑

Grundlagen

Hier lernst du Grundlagen, die du für die Analytische Geometrie der Oberstufe brauchst.

Punkte in ein Koordinatensystem einzeichnen

Jeder Punkt P(x | y) hat eine x- und eine y-Koordinate. Beim Punkt P(2 | 5) ist 2 die x- und 5 die y-Koordinate.

Tipp
LE steht für Längeneinheiten.

Du zeichnest z. B. den Punkt P(2 | 5) in ein Koordinatensystem ein, indem du vom Ursprung 2 LE nach rechts und dann 5 LE nach oben gehst.

Den Punkt P(−3 | −2) zeichnest du ein, indem du vom Ursprung 3 LE nach links und 2 LE nach unten gehst.

SO GEHT'S

1 **Beispiel**
Zeichne die folgenden Punkte in ein Koordinatensystem ein:
P(3 | 4), Q(2 | −3), R(−1 | 2), S(−2 | −3)

Zeichne zuerst ein Koordinatensystem, das groß genug für alle Punkte ist, und zeichne dann alle Punkte ein:

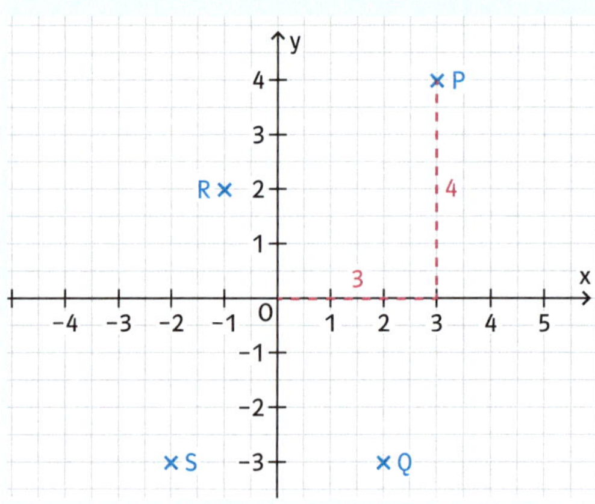

Du bist dran
Zeichne die folgenden Punkte in ein Koordinatensystem ein:
P(2 | 1), Q(−1 | 2), R(3 | −1), S(−1 | −3)

○ **2** Zeichne die folgenden Punkte in ein Koordinatensystem ein:
P(0 | 5), Q(−1 | 3), R(−2 | 0), S(−3 | −1)

◒ **3** Lies aus dem Koordinatensystem die Koordinaten der Punkte A, B, C und D ab.

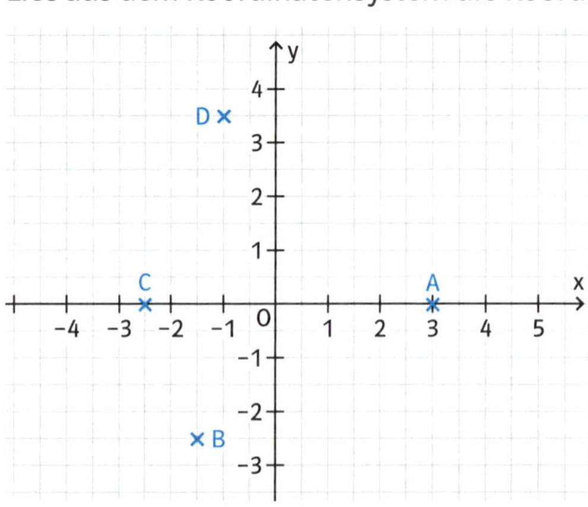

Rechengesetze

Terme kann man mithilfe der folgenden Rechengesetze vereinfachen:

Kommutativgesetze:	$a + b = b + a$	$a \cdot b = b \cdot a$
Assoziativgesetze:	$a + (b + c) = (a + b) + c$	$a \cdot (b \cdot c) = (a \cdot b) \cdot c$
Distributivgesetz:	$a \cdot (b + c) = a \cdot b + a \cdot c$	

SO GEHT'S

1 Beispiel

Vereinfache.

a) $3y - 4 + y - 2$

b) $2(3x - 4) - (4 - x)$

Du bist dran

Vereinfache.

a) $-6 + 2x + 4 - 5x$

b) $-(-y + 2) + 3(-5 + 3y)$

> **Tipp**
> Beim Vertauschen von Rechengliedern muss deren jeweiliges Vorzeichen mitgenommen werden.

a) Sortiere den Term zunächst mithilfe des Kommutativgesetzes:

$3y - 4 + y - 2$

$= 3y + y - 4 - 2$

Vereinfache den Term:

$= 4y - 6$

> **Tipp**
> Steht vor einer Klammer lediglich ein Minus, so hat es die gleiche Wirkung wie der Faktor „−1".

b) Wende zunächst das Distributivgesetz an, um die Klammern aufzulösen:

$2(3x - 4) - (4 - x)$

$= 2 \cdot 3x + 2 \cdot (-4) - 4 - (-x)$

$= 6x - 8 - 4 + x$

Sortiere den Term zunächst mithilfe des Kommutativgesetzes:

$= 6x + x - 8 - 4$

Vereinfache den Term:

$= 7x - 12$

○ **2** Vereinfache den Term, nutze dabei das Kommutativgesetz.

a) $2a + 6 - 3a + 5 - 4a$ **b)** $-r + 9 + 2r - 2 - r$

c) $-x + 3y - 4 + 3x - 8x + 9$ **d)** $-2 + 3a + b - 2c + 4 - 2a + 3c - 2$

◒ **3** Vereinfache den Term, nutze dabei das Distributiv- und Kommutativgesetz.

a) $-(2 - 5x) + 2(3x - 7)$ **b)** $-4(a + 2) - a(2 - 3)$

c) $(y - 2x + 4) - (5 - 5x + 7)$ **d)** $2(-r + 2s - t) - (4s - 2t - 2r)$

> **Tipp**
> Steht vor einer Klammer ein Plus bzw. am Anfang des Terms kein Vorzeichen, dann kann man diese Klammer einfach weglassen.

Lösen von linearen Gleichungen

Oft suchst du eine unbekannte Zahl (meistens x), um die Lösung einer Gleichung zu finden. Dazu verwendest du Äquivalenzumformungen, d.h., du veränderst die Gleichung auf beiden Seiten auf die gleiche Weise. Dies machst du so lange, bis x auf einer Seite der Gleichung alleine steht.

SO GEHT'S

> **Erklärfilm**
> Lösen von linearen Gleichungen
> nq54md

1 Beispiel

Löse die Gleichung.

a) $5x + 10 = 25$

b) $\frac{3}{2} \cdot x + 8 = x + 2$

Du bist dran

Löse die Gleichung.

a) $3x + 12 = 27$

b) $\frac{5}{2} \cdot x + 10 = 2x - 5$

TIPP ZUM LÖSEN DER AUFGABE 3

3 c), d) Hat eine Klammer mehr als zwei Rechenglieder, wird jedes Rechenglied in der Klammer mit dem Faktor vor der Klammer multipliziert.

Löse die Gleichung mithilfe von Äquivalenzumformungen:

a) $5x + 10 = 25 \quad | -10$
$5x = 15 \quad | :5$
$x = 3$

b) $\frac{3}{2} \cdot x + 8 = x + 2 \quad | -x$
$\frac{1}{2} \cdot x + 8 = 2 \quad | -8$
$\frac{1}{2} \cdot x = -6 \quad | \cdot 2$
$x = -12$

Tipp
Brüche eliminierst du am einfachsten, indem du beide Seiten der Gleichung mit deren Nenner multiplizierst.

○ **2** Löse die Gleichung.
a) $3x + 27 = 33$ **b)** $-4x + 11 = -33$ **c)** $-8x + 16 = 4$

○ **3** Löse die Gleichung.
a) $5x + 4 = 4x - 5$ **b)** $-3x + 37 = 2x - 23$ **c)** $2x - 28 = 8x + 20$

○ **4** Löse die Gleichung.
a) $\frac{1}{2} \cdot x + 4 = -3$ **b)** $-\frac{7}{2} \cdot x - 3 = -3x + 12$ **c)** $\frac{7}{4} \cdot x - 2 = x + 28$

Lösen von linearen Gleichungssystemen (LGS) mit dem Additionsverfahren

Multipliziere eine oder beide Gleichungen mit einer Zahl, sodass die Vorfaktoren einer Variablen bis auf das Vorzeichen gleich sind.

SO GEHT'S

1 **Beispiel**
Bestimme die Lösung des Gleichungssystems mit dem Additionsverfahren.
I $-2x + y = 1$
II $x - 2y = -5$

Multipliziere eine der beiden Gleichungen mit einer Zahl, sodass die Variable x oder y zusammen mit ihrem Vorfaktor das Vielfache der entsprechenden Variablen in der zweiten Gleichung mit umgekehrtem Vorzeichen ist:

I $-2x + y = 1$
II $x - 2y = -5 \quad | \cdot 2$

Addiere eine der beiden Gleichungen zur anderen hinzu:

I $-2x + y = 1$
IIa $2x - 4y = -10$ (+)

I + IIa $-3y = -9$

Löse die Gleichung nach der verbliebenen Variablen auf:

$-3y = -9 \quad | :(-3)$
$y = 3$

Setze deren Wert in die andere Gleichung ein, um auch die zweite Variable zu berechnen:

$-2x + 3 = 1 \quad | -3$
$-2x = -2 \quad | :(-2)$
$x = 1$

Du bist dran
Bestimme die Lösung des Gleichungssystems mit dem Additionsverfahren.
I $3x - y = 5$
II $-x + y = -1$

Erklärfilm
Lösen von linearen Gleichungssystemen mit dem Additionsverfahren
nq54md

○ **2** Bestimme die Lösung des Gleichungssystems mit dem Additionsverfahren.

a) I $-x + 2y = 4$ | II $x - y = -1$

b) I $2x - 3y = -4$ | II $-x + y = 1$

c) I $-x + 3y = -1$ | II $-y = -1$

d) I $4x - 2y = -6$ | II $5x + 3y = -2$

○ **3** Beim Lösen des Gleichungssystems wurde jeweils ein Fehler gemacht. Beschreibe den Fehler und löse es korrekt.

a)
I $-x - 2y = 5$
II $x + y = 0$

I + II $-y = 0$

b)
I $2x + y = -3$
II $-x - y = 1$

I + II $3x = -2$

Lösen von linearen Gleichungssystemen (LGS) mit dem Einsetzungsverfahren

Löse eine der beiden Gleichung nach einer Variable auf und setze dann diese Gleichung in die andere Gleichung ein.

Erklärfilm
Lösen von linearen Gleichungssystemen mit dem Einsetzungsverfahren
nq54md

Tipp
Du kannst auch die erste Zeile nach y auflösen und in die zweite Zeile einsetzen.

SO GEHT'S

1 **Beispiel**
Bestimme die Lösung des Gleichungssystems mit dem Einsetzungsverfahrens.
I $x - 2y = 5$
II $2x + 3y = 3$

Löse die erste Zeile des Gleichungssystems nach x auf:

I $x - 2y = 5 \quad | +2y$
$x = 5 + 2y$

Ersetze x in der zweiten Zeile des LGS durch dieses Ergebnis und berechne den Wert von y:

II $2 \cdot (5 + 2y) + 3y = 3$
$10 + 4y + 3y = 3$
$10 + 7y = 3 \quad | -10$
$7y = -7 \quad | :7$
$y = -1$

Setze y in die erste Zeile des LGS ein und berechne den Wert von x:

I $x - 2 \cdot (-1) = 5$
$x + 2 = 5 \quad | -2$
$x = 3$

Du bist dran
Bestimme die Lösung des Gleichungssystems mit dem Einsetzungsverfahrens.
I $x + 2y = 8$
II $2x + 3y = 14$

○ **2** Bestimme die Lösung des Gleichungssystems mit dem Einsetzungsverfahren.

a) I $2x + y = 4$ | II $3x + 2y = 5$

b) I $9x + 6y = 15$ | II $3x + 2y = 5$

c) I $6x + 4y = 8$ | II $3x + 2y = 5$

○ **3** Beim Lösen des Gleichungssystems wurde jeweils ein Fehler gemacht. Finde den Fehler und löse es korrekt.

a)
I $6x + 3y = 15 \quad | :3$
II $x + 2y = 5$

I $3x + y = 5 \quad | -3x$
$y = 5 - 3x$

b)
I $x - 2y = 4 \quad | +2y$
II $2x + 3y = 15$

I $x = 4 + 2y$
II $8 + 2y + 3y = 15$

TIPPS ZUM LÖSEN DER AUFGABEN 2 UND 3

2c) Du musst keine Addition der Gleichungen vornehmen, sondern kannst direkt den Wert für y bestimmen. **3a)** Achte auf die rechte Seite der Gleichungen. **b)** Achte auf die Vorfaktoren der Variablen x.

2b) In diesem Fall bekommst du eine allgemeingültige Aussage, wie z.B. $15 = 15$, d.h., dass das Gleichungssystem unendlich viele Lösungen besitzt. **2c)** In diesem Fall bekommst du eine falsche Aussage, wie z.B. $10 = 8$, d.h., dass das Gleichungssystem keine Lösung besitzt.

Lösen von Betragsgleichungen

Eine Betragsgleichung ist eine Gleichung, in der Beträge vorkommen. Ein Betrag hat Einfluss darauf, wie mit den Vorzeichen einer Zahl umgegangen wird. So gilt z. B. $|+5| = +5$ ebenso aber auch $|-5| = +5$. Einfache Betragsgleichungen können auch mit Äquivalenzumformungen gelöst werden, jedoch gibt es durch den Betrag zwei mögliche Lösungen.

SO GEHT'S

1 Beispiel

Löse die Gleichung $|-2x+4| = 8$.

Schreibe beide Fälle der Gleichungen ohne Betragszeichen:

1. Fall: $-2x + 4 = 8$
2. Fall: $-2x + 4 = -8$

Löse die erste Gleichung:

$$\begin{aligned} -2x + 4 &= 8 \quad &&| -4 \\ -2x &= 4 \quad &&| :(-2) \\ x &= -2 \end{aligned}$$

Löse die zweite Gleichung:

$$\begin{aligned} -2x + 4 &= -8 \quad &&| -4 \\ -2x &= -12 \quad &&| :(-2) \\ x &= 6 \end{aligned}$$

Du bist dran

Löse die Gleichung $|-5+3x| = 7$.

Tipp
Es gibt 2 Fälle, da die Gleichung für $|8| = 8$ und $|-8| = 8$ erfüllt ist.

○ **2** Löse die Gleichung.

a) $|-5+x| = 10$ **b)** $|2y-2| = 6$ **c)** $|-4a+2| = 18$
d) $9 = |-3x-3|$ **e)** $|7r+14| = 0$ **f)** $|2x-3| = -5$

Einfache geometrische Figuren und Körper

Im Folgenden wiederholst du die Berechnung von Flächeninhalten und Volumina einfacher geometrischer Figuren und Körper.

Flächeninhalte Rechteck: $A = a \cdot b$

rechtwinkliges Dreieck: $A = \frac{1}{2} a \cdot b$

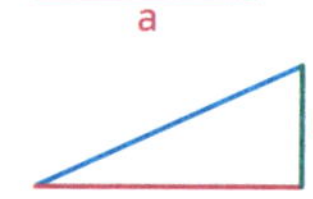

Volumina Quader: $V = a \cdot b \cdot c$

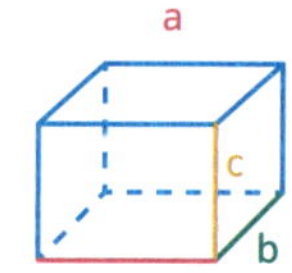

Erklärfilm
Flächeninhalt von Rechtecken
Flächeninhalt von Dreiecken
Volumen von Quadern
nq54md

SO GEHT'S

1 Beispiel

a) Berechne den Flächeninhalt eines Dreiecks mit $a = 4\,\text{cm}$ und $b = 3\,\text{cm}$.
b) Berechne das Volumen eines Quaders mit $a = 5\,\text{dm}$, $b = 2\,\text{dm}$ und $c = 3\,\text{dm}$.

Du bist dran

a) Berechne den Flächeninhalt eines Dreiecks mit $a = 5\,\text{mm}$ und $b = 6\,\text{mm}$.
b) Berechne das Volumen eines Quaders mit $a = 3\,\text{m}$, $b = 4\,\text{m}$ und $c = 2\,\text{m}$.

TIPPS ZUM LÖSEN DER AUFGABE 2

2e) Soll eine Betragsgleichung null ergeben, so können die Betragsstriche weggelassen werden und es gibt nur ein Ergebnis. **2f)** Der Betrag einer Zahl oder eines Terms kann nie negativ werden.

Tipp
Flächen werden in Einheiten wie $1\,m^2$ (Quadratmeter) angegeben, Volumina in Einheiten wie $1\,m^3$ (Kubikmeter).

a) Setze die gegebenen Längen in die Formel für den Flächeninhalt ein:

$$A = \frac{1}{2} a \cdot b = \frac{1}{2} \cdot 4\,cm \cdot 3\,cm = 6\,cm^2$$

b) Setze die gegebenen Längen in die Formel für das Volumen ein:

$$V = a \cdot b \cdot c = 5\,dm \cdot 2\,dm \cdot 3\,dm = 30\,dm^3$$

Tipp
Vor dem Rechnen müssen alle Längen in der gleichen Einheit vorliegen.

○ **2** Berechne die Fläche der angegeben Figur.
a) Rechteck mit $a = 5\,cm$ und $b = 2\,cm$
b) Rechteck mit $a = 12\,dm$ und $b = 2\,m$
c) rechtwinkliges Dreieck mit $a = 6\,mm$ und $b = 8\,mm$
d) rechtwinkliges Dreieck mit $a = 24\,mm$ und $b = 1\,dm$

○ **3** Berechne das Volumen des Quaders mit den Seitenlängen a, b und c.
a) $a = 7\,dm$, $b = 3\,dm$, $c = 3\,cm$ **b)** $a = 2\,m$, $b = 40\,dm$, $c = 250\,cm$

◒ **4** Berechne die fehlende Seite des Quaders.
a) $V = 240\,m^3$, $a = 4\,m$, $c = 6\,m$ **b)** $V = 36\,dm^3$, $b = 3\,dm$, $c = 40\,cm$

Multiplikation von Brüchen

Beim Multiplizieren von Brüchen rechnest du einfach Zähler mal Zähler und Nenner mal Nenner. Eventuell kannst du vor dem Multiplizieren bereits kürzen.

Erklärfilm
Multiplikation von Brüchen
nq54md

SO GEHT'S

○ **1** **Beispiel**
Berechne.
a) $\frac{2}{5} \cdot \frac{3}{7}$ **b)** $\frac{8}{3} \cdot \frac{27}{4}$

Du bist dran
Berechne.
a) $\frac{1}{3} \cdot \frac{7}{9}$ **b)** $\frac{30}{7} \cdot \frac{21}{5}$

a) Multipliziere die beiden Zähler und Nenner miteinander:

$$\frac{2}{5} \cdot \frac{3}{7} = \frac{2 \cdot 3}{5 \cdot 7} = \frac{6}{35}$$

b) Kürze vor dem Multiplizieren die Brüche über Kreuz:

$$\frac{\cancel{8}^{2}}{\cancel{3}_{1}} \cdot \frac{\cancel{27}^{9}}{\cancel{4}_{1}} = \frac{2 \cdot 9}{1 \cdot 1} = \frac{18}{1} = 18$$

○ **2** Berechne.
a) $\frac{1}{3} \cdot \frac{2}{5}$ **b)** $\frac{4}{3} \cdot \frac{5}{9}$ **c)** $4 \cdot \frac{5}{9}$ **d)** $\frac{7}{2} \cdot \frac{3}{4}$

Tipp
In Aufgabe 3 ist es sinnvoll, vor dem Multiplizieren zu kürzen.

◒ **3** Berechne.
a) $\frac{8}{5} \cdot \frac{15}{2}$ **b)** $\frac{10}{4} \cdot \frac{16}{5}$ **c)** $\frac{12}{13} \cdot \frac{39}{48}$ **d)** $\frac{132}{7} \cdot \frac{35}{66}$

TIPPS ZUM LÖSEN DER AUFGABEN 4 UND 2

4 Stelle die Formel für das Volumen so um, dass du die fehlende Seite berechnen kannst.
2 c) Eine ganze Zahl multiplizierst du mit einem Bruch, indem du die Zahl mit dem Zähler multiplizierst oder die Zahl als Bruch mit dem Nenner 1 schreibst, z.B. $4 = \frac{4}{1}$.

SCHRITT 1

Ich kann Punkte und Körper im Raum darstellen.

Hier lernst du, wie du einen Quader in ein dreidimensionales Koordinatensystem einzeichnest.

→ Punkte in ein Koordinatensystem einzeichnen (Grundlagen)

DAS BRAUCHST DU WIEDER

Allgemein: Punkte in ein Koordinatensystem einzeichnen

Beispiele: Zeichne die Punkte P(3 | 2), Q(−2 | 3), R(1 | −2) und S(−2 | −1) in das nebenstehende Koordinatensystem ein.

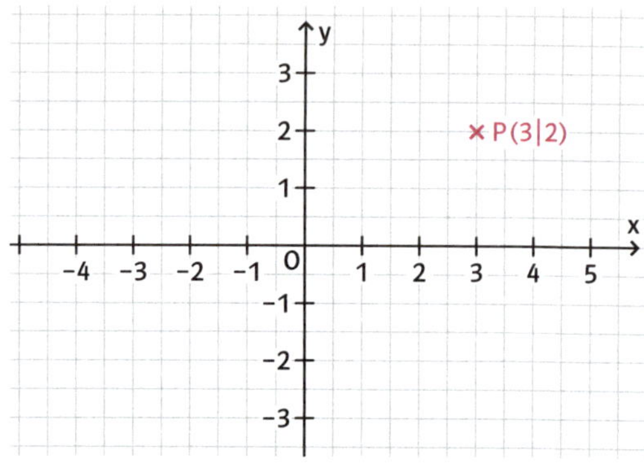

DARUM GEHT'S

Tipp
Das dreidimensionale Koordinatensystem wird auch als kartesisches Koordinatensystem bezeichnet.

Du weißt bereits, dass Punkte im zweidimensionalen Raum eine x- und eine y-Koordinate haben: Der Punkt P(5 | −3) hat die x-Koordinate 5 und die y-Koordinate −3.

Punkte im dreidimensionalen Raum benötigen drei Koordinaten.
Man könnte hier jetzt noch die z-Koordinate einführen, aber es hat sich durchgesetzt, die Koordinaten einfach durchzunummerieren.

Die Achsen des dreidimensionalen Koordinatensystems haben folgende Bezeichnungen:

- x_1 (nach vorne/hinten)
- x_2 (nach rechts/links)
- x_3 (nach oben/unten)

Um den Punkt P(3 | −2 | 4) einzuzeichnen, geht man vom Ursprung aus 3 nach vorne, 2 nach links und 4 nach oben.

Tipp
Im dreidimensionalen Koordinatensystem kann man Punkte nicht direkt ablesen.

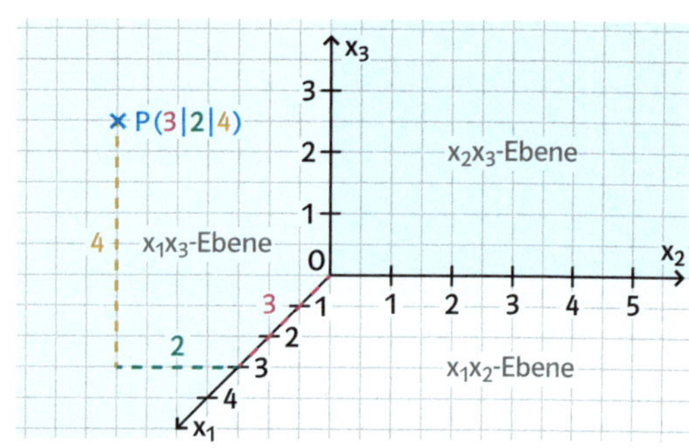

Alle Punkte bei denen die …
… x_1-Koordinate 0 ist, liegen in der x_2x_3-Ebene.
… x_2-Koordinate 0 ist, liegen in der x_1x_3-Ebene.
… x_3-Koordinate 0 ist, liegen in der x_1x_2-Ebene.

Punkte und Körper im Raum darstellen

Diese Strategie verwendest du, wenn du einen Quader im Raum zeichnen willst.

SO GEHT'S

1 **Beispiel**
Die untere Grundfläche eines Quaders hat die Eckpunkte A(5 | 3 | 1), B(5 | 5 | 1), C(2 | 5 | 1) und D(2 | 3 | 1). Der Quader ist drei Längeneinheiten hoch.
a) Bestimme die Koordinaten der fehlenden Eckpunkte E, F, G und H.
b) Zeichne den Quader in ein Koordinatensystem.

Du bist dran
Die untere Grundfläche eines Quaders hat die Eckpunkte A(6 | −2 | 0), B(6 | 3 | 0), C(2 | 3 | 0) und D(2 | −2 | 0). Der Quader ist drei Längeneinheiten hoch.
a) Bestimme die Koordinaten der fehlenden Eckpunkte E, F, G und H.
b) Zeichne den Quader in ein Koordinatensystem.

> **Tipp**
> Wenn die x_3-Koordinate eines Punktes 0 ist, liegt der Punkt in der x_1x_2-Ebene.

a) Bestimme die Eckpunkte E, F, G und H, indem du von den Punkten A, B, C und D die x_3-Koordinate entsprechend der Höhe des Quaders veränderst:

A(5 | 3 | 1) ⇒ E(5 | 3 | 4)
B(5 | 5 | 1) ⇒ F(5 | 5 | 4)
C(2 | 5 | 1) ⇒ G(2 | 5 | 4)
D(2 | 3 | 1) ⇒ H(2 | 3 | 4)

b) Zeichne die Punkte in ein Koordinatensystem ein und verbinde sie zu einem Quader:

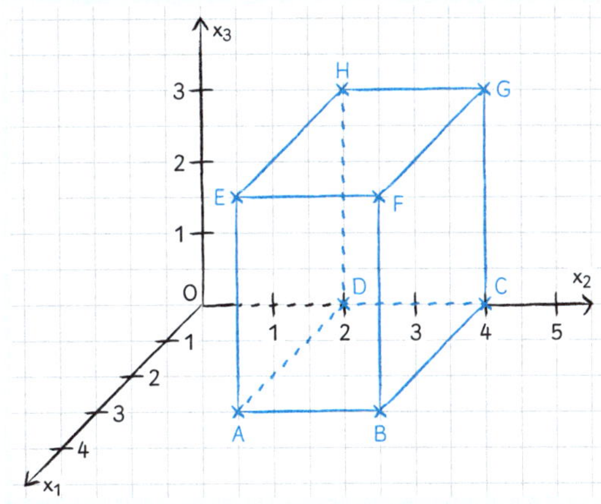

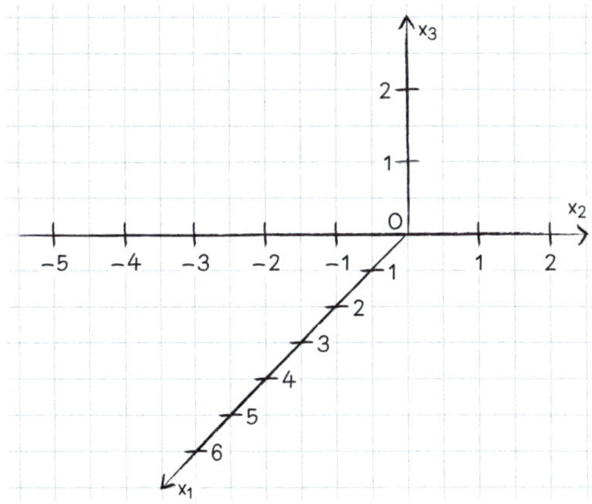

> **Tipp**
> Alle Seitenlangen eines Würfels sind gleich lang.

○ **2** Die untere Grundfläche eines Würfels hat die Eckpunkte A(0 | 0 | 0), B(0 | 4 | 0), C(−4 | 4 | 0) und D(? | ? | ?).
a) Bestimme die Koordinaten der fehlenden Eckpunkte D, E, F, G und H.
b) Zeichne den Würfel in ein Koordinatensystem.

○ **3** Die untere Grundfläche eines Quaders hat die Eckpunkte A(3 | 0 | 0), B(3 | 4 | 0), C(−1 | 4 | 0) und D(? | ? | ?) sowie die Höhe 5 LE.
a) Bestimme die Koordinaten der fehlenden Eckpunkte D, E, F, G und H.
b) Zeichne den Quader in ein Koordinatensystem.

◒ **4** In der nebenstehenden Abbildung sind die Punkte P, Q, R, S, T und U eingezeichnet. Gib die Koordinaten der Punkte an, wenn gilt:

Die Punkte P und Q befinden sich in der x_1x_2-Ebene, die Punkte R und S in der x_2x_3-Ebene und die Punkte T und U in der x_1x_3-Ebene.

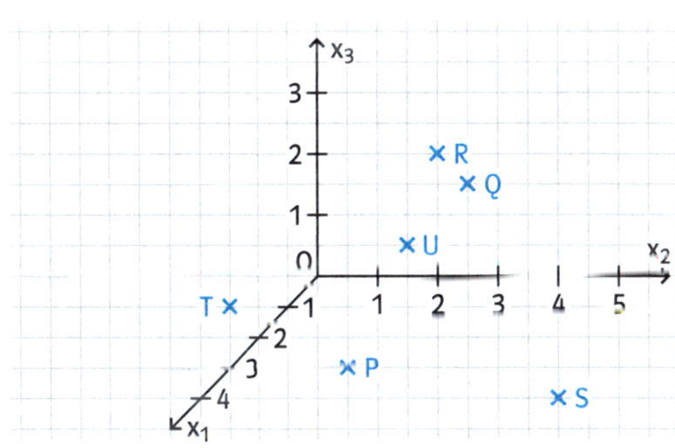

◒ **5** Ein Körper besteht aus einem Quader, auf dem eine Pyramide mit der gleichen Grundfläche aufgesetzt wird. Der Quader hat die Länge 5 LE, die Breite 4 LE und die Höhe 4 LE, die Pyramide hat eine Höhe von 3 LE. (Die Spitze der Pyramide liegt in der Mitte.)
a) Bestimme die Koordinaten der Eckpunkte des Quaders sowie die Koordinaten der Spitze.
b) Zeichne den gesamten Körper in ein Koordinatensystem ein.

TIPPS ZUM LÖSEN DER AUFGABEN 4 UND 5

4 Liegt ein Punkt z. B. in der x_1x_2-Ebene bedeutet das, dass die x_3-Koordinate Null ist.
5 Wähle dir einen Eckpunkt der Grundfläche im Koordinatenursprung.

6 In der nebenstehenden Skizze siehst du einen Quader, dessen quadratische Grundseite in der x_1x_2-Ebene liegt und den Eckpunkt G(5 | 5 | 4) besitzt.
Gib die Koordinaten der Eckpunkte des Quaders an und zeichne ihn in ein Koordinatensystem ein.

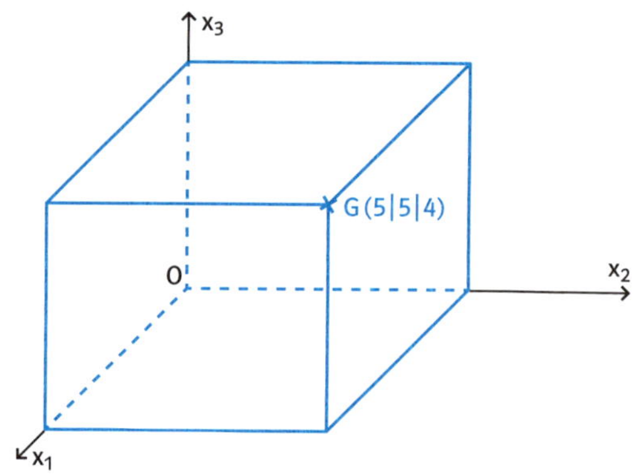

7 Die Punkte A, B und C werden an einer Ebene gespiegelt. Gib die Koordinaten der Spiegelpunkte an.

a) A(3 | 2 | 1) an der x_1x_2-Ebene,
b) B(−3 | 5 | 6) an der x_2x_3-Ebene und
c) C(5 | 4 | 6) an der x_1x_3-Ebene.

8 P ist der Eckpunkt eines Quaders, dessen Grundfläche in der x_1x_2-Ebene liegt und der einen Eckpunkt im Ursprung hat. Eine Seitenfläche liegt in der x_1x_3-Ebene und eine weitere in der x_2x_3-Ebene. Bestimme die Koordinaten des Punktes P.

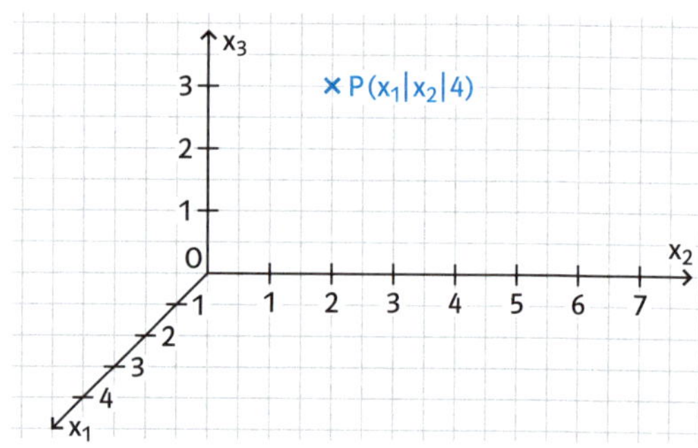

TIPPS ZUM LÖSEN DER AUFGABEN 6, 7 UND 8

6 Lies am Punkt G die Höhe, Länge und Breite des Quaders ab. **7** Spiegelung an der x_1x_2-Ebene bedeutet, dass sich nur die x_3-Koordinate ändert. **8** Zeichne vom Punkt P aus eine gestrichelte Linie mit der Länge 4 LE nach unten und markiere diesen Punkt mit P'. Da du weißt, dass dieser Punkt nun in der x_1x_2-Ebene liegt, kannst du seine Koordinaten ablesen.

SCHRITT 2 Ich kann Vektoren als Verschiebungen im Raum beschreiben.

Hier lernst du, wie du mehrere Vektoren bestimmen und die Parallelität der zugehörigen Pfeile nachprüfen kannst.

→ Lage von Punkten und Figuren im Raum bestimmen (Schritt 1)

DAS BRAUCHST DU WIEDER

Allgemein: Punkte in ein dreidimensionales Koordinatensystem einzeichnen

Beispiele: Zeichne die Punkte P(2 | 3 | 4), Q(−2 | 3 | 1) und R(1 | −2 | 0) in das nebenstehende Koordinatensystem ein.

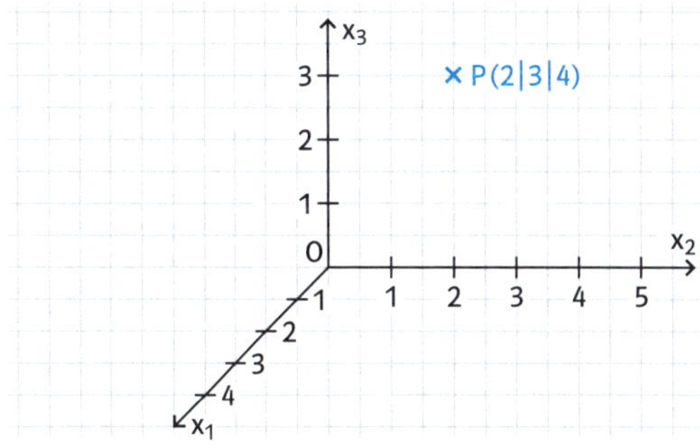

DARUM GEHT'S

Du lernst jetzt den mathematischen Begriff eines **Vektors** kennen. Er ist ein **Zahlentripel**, das im Üblichen untereinander geschrieben wird, und er beschreibt eine **Verschiebung** im Raum.

Der Vektor $\vec{w} = \begin{pmatrix} 2 \\ 3 \\ -1 \end{pmatrix}$ stellt eine Verschiebung um 2 nach vorne, 3 nach rechts und 1 nach unten dar.

In einem Koordinatensystem stellt man ihn als **Pfeil** dar. Da er keinen festen Anfangspunkt hat, kann man ihn beliebig oft darstellen.

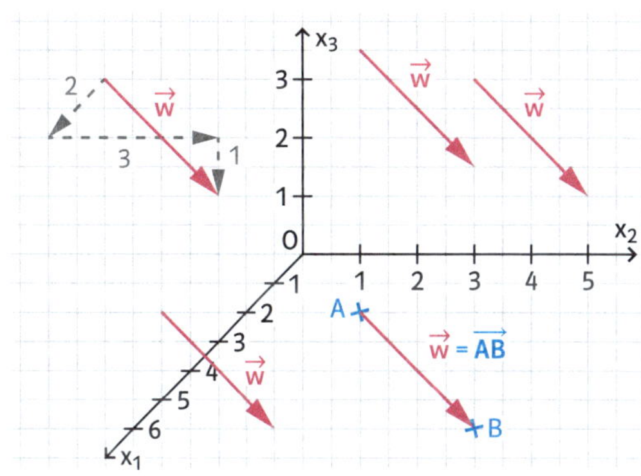

Tipp
Im dreidimensionalen Koordinatensystem kann man Vektoren, wie auch Punkte, nicht direkt ablesen.

Wenn man den Punkt A(4 | 3 | 1) um den Vektor $\vec{w}$ verschiebt, so ergibt sich der Punkt B(4 + 2 | 3 + 3 | 1 + (−1)), also B(6 | 6 | 0). Der Vektor $\vec{w}$ verschiebt also den Punkt A auf B und kann deswegen auch als $\overrightarrow{AB}$ bezeichnet werden.

Hat man zwei Punkte A(a_1 | a_2 | a_3) und B(b_1 | b_2 | b_3) gegeben, so kann man den Vektor für die Verschiebung durch die Koordinaten der Punkte angeben:

$$\overrightarrow{AB} = \begin{pmatrix} b_1 - a_1 \\ b_2 - a_2 \\ b_3 - a_3 \end{pmatrix}$$

Vektoren als Verschiebungen im Raum beschreiben

Diese Strategie verwendest du, wenn du mehrere Vektoren bestimmen und überprüfen willst, ob die zugehörigen Strecken parallel sind.

SO GEHT'S

1 Beispiel

Gegeben sind die Punkte A(1 | −3 | 1), B(3 | 0 | 5), C(2 | 3 | 2,5), E(5 | 3 | 0) und F(7 | 6 | 4).

a) Bestimme den Vektor $\overrightarrow{AB}$.

b) Auf welchen Punkt D bildet der Vektor $\overrightarrow{AB}$ den Punkt C ab?

c) Sind die Strecken $\overline{AB}$ und $\overline{EF}$ parallel zueinander?

d) Zeichne alle Punkte und Pfeile in ein Koordinatensystem ein.

Du bist dran

Gegeben sind die Punkte A(2 | −3 | 2), B(0 | −1 | 3,5), C(0 | 1 | 1), E(5 | 3 | 0) und F(3 | 5 | 1,5).

a) Bestimme den Vektor $\overrightarrow{AB}$.

b) Auf welchen Punkt D bildet der Vektor $\overrightarrow{AB}$ den Punkt C ab?

c) Sind die Strecken $\overline{AB}$ und $\overline{EF}$ parallel zueinander?

d) Zeichne alle Punkte und Pfeile in ein Koordinatensystem ein.

a) Berechne den Vektor $\overrightarrow{AB}$, indem du die Koordinaten des Punktes A von den Koordinaten des Punktes B abziehst:

$$\overrightarrow{AB} = \begin{pmatrix} 3 - 1 \\ 0 - (-3) \\ 5 - 1 \end{pmatrix} = \begin{pmatrix} 2 \\ 3 \\ 4 \end{pmatrix}$$

b) Berechne den Punkt D, indem du die Koordinaten des Vektors $\overrightarrow{AB}$, zu den Koordinaten des Punktes C addierst:

D(2 + 2 | 3 + 3 | 2,5 + 4)
D(4 | 6 | 6,5)

c) Berechne den Vektor $\overrightarrow{EF}$ und vergleiche ihn mit dem Vektor $\overrightarrow{AB}$:

$$\overrightarrow{EF} = \begin{pmatrix} 7 - 5 \\ 6 - 3 \\ 4 - 0 \end{pmatrix} = \begin{pmatrix} 2 \\ 3 \\ 4 \end{pmatrix}$$

Da $\overrightarrow{AB} = \overrightarrow{EF}$ ist, sind die beiden Strecken $\overline{AB}$ und $\overline{EF}$ zueinander parallel.

Tipp
Sind zwei Vektoren gleich, so sind auch die zugehörigen Pfeile zueinander parallel und auch gleich lang.

d) Zeichne alle Punkte und Pfeile in ein Koordinatensystem ein:

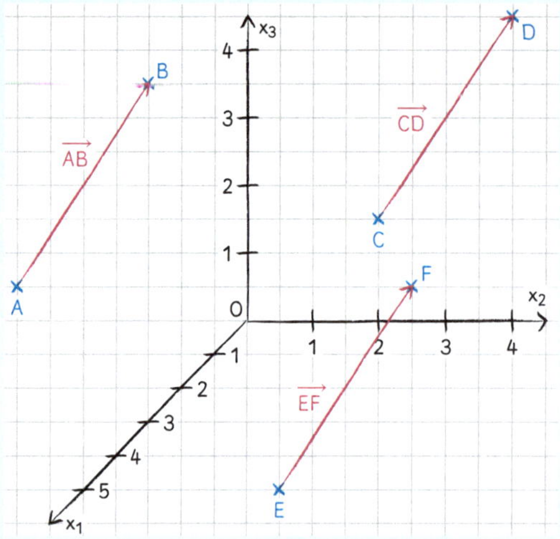

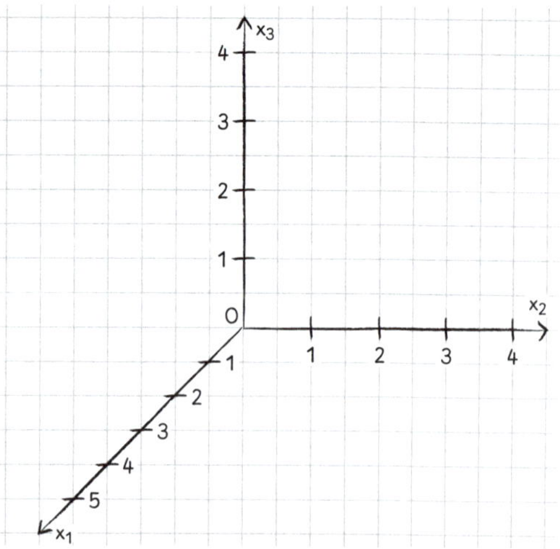

○ **2** Gegeben sind die Punkte $A(3|-4|0)$, $B(2|4|2)$ und $C(4|-3|1)$.

a) Bestimme den Vektor $\overrightarrow{AB}$.

b) Auf welchen Punkt D bildet der Vektor $\overrightarrow{AB}$ den Punkt C ab?

c) Zeichne alle Punkte und Pfeile in ein Koordinatensystem ein.

○ **3** Bestimme die Koordinaten des Vektors $\overrightarrow{AB}$ und des Vektors $\overrightarrow{BA}$. Beschreibe, was dir an den Vektoren auffällt.

a) $A(1|0|1)$, $B(2|0|2)$

b) $A(4|-4|0)$, $B(3|3|3)$

c) $A(0|3|4)$, $B(5|4|3)$

◒ **4** Den Punkt F erhält man, indem man den Punkt E mit dem Vektor $\vec{v}$ verschiebt.

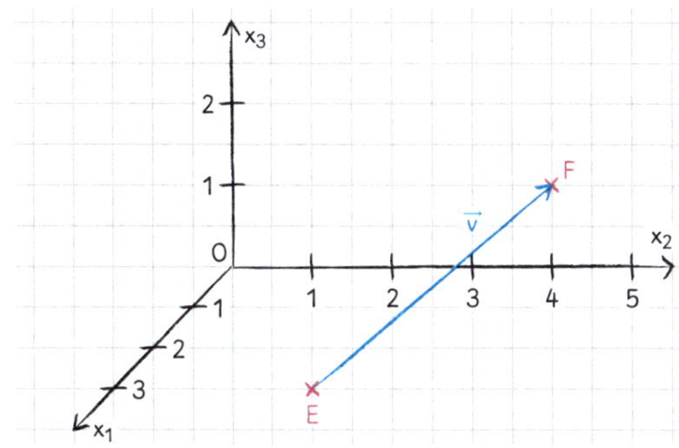

a) Bestimme die Koordinaten von F, wenn

$E(1|2|3)$ und $\vec{v} = \begin{pmatrix} 2 \\ 3 \\ 4 \end{pmatrix}$ gegeben sind.

b) Bestimme die Koordinaten von E, wenn

$F(6|6|8)$ und $\vec{v} = \begin{pmatrix} 1 \\ 4 \\ 4 \end{pmatrix}$ gegeben sind.

c) Bestimme den Vektor $\vec{v}$, wenn $E(1|3|4)$ und $F(3|4|5)$ gegeben sind.

d) Veranschauliche die Punkte und Vektoren aus a), b) und c) im Koordinatensystem.

◒ **5** Gegeben sind die Punkte $A(1|2|3)$, $B(3|3|5)$ und $C(2|2|7)$. Bestimme die Koordinaten des Punktes D so, dass ein Parallelogramm entsteht.

◒ **6** Bestimme zur nebenstehenden Figur die Koordinaten der Vektoren:

$\overrightarrow{GF}$, $\overrightarrow{DB}$, $\overrightarrow{AC}$, $\overrightarrow{CF}$, $\overrightarrow{EB}$, $\overrightarrow{GA}$, $\overrightarrow{BH}$

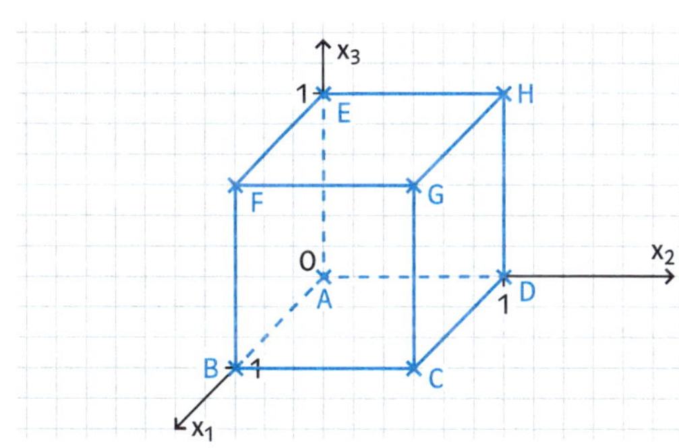

● **7** Der Vektor $\vec{v}$ bildet A auf B ab. Bestimme die Koordinaten des fehlenden Punktes.

a) $\vec{v} = \begin{pmatrix} 1 \\ 4 \\ 4 \end{pmatrix}$

i) $A(a|2a|3a)$

ii) $B(-b|4b|-3b)$

b) $\vec{v} = \begin{pmatrix} -2 \\ -4 \\ -1 \end{pmatrix}$

i) $A(a|a|a)$

ii) $B(a-1|a-4|a-1)$

c) $\vec{v} = \begin{pmatrix} -1 \\ 2 \\ 5 \end{pmatrix}$

i) $A(3a|2a|a)$

ii) $B(b|b|b)$

d) $\vec{v} = \begin{pmatrix} 0 \\ -4 \\ 5 \end{pmatrix}$

i) $A(-1|c|3c)$

ii) $B(-d|5-d|5+d)$

TIPPS ZUM LÖSEN DER AUFGABEN 4, 5, 6 UND 7

4 Verwende beim Zeichnen verschiedene Farben für a), b) und c), dann kannst du diese in ein Koordinatensystem einzeichnen. Im Aufgabenteil c) siehst du, warum das dreidimensionale Koordinatensystem nicht eindeutig ist. **5** Fertige eine Skizze an. Umlaufsinn beachten. Bei einem Parallelogramm sind die Vektoren $\overrightarrow{AB}$ und $\overrightarrow{DC}$ identisch. **6** Bestimme zunächst die Koordinaten der Eckpunkte und berechne dann die Vektoren. **7 a)** 1 + a ist für die x_1-Koordinate des Punktes B ein schönes Ergebnis. **7 ii)** Beachte, dass man hier „rückwärts" denken muss.

SCHRITT 3

Ich kann den Betrag eines Vektors bestimmen und damit die Länge des zugehörigen Pfeils angeben.

Hier lernst du, wie du den Betrag eines Vektors berechnest, und überprüfst, ob ein Dreieck gleichschenklig ist.

→ Vektoren als Verschiebung im Raum beschreiben (Schritt 2)

DAS BRAUCHST DU WIEDER

Allgemein: $\overrightarrow{AB} = \begin{pmatrix} b_1 - a_1 \\ b_2 - a_2 \\ b_3 - a_3 \end{pmatrix}$

Beispiele: Gegeben sind die Punkte A und B. Bestimme $\overrightarrow{AB}$.

a) $A(5\,|\,4\,|\,-2)$ und $B(3\,|\,-3\,|\,4)$

$$\overrightarrow{AB} = \begin{pmatrix} 3-5 \\ -3-4 \\ 4-(-2) \end{pmatrix} = \begin{pmatrix} -2 \\ -7 \\ 6 \end{pmatrix}$$

b) $A(4\,|\,-3\,|\,-5)$ und $B(0\,|\,-4\,|\,1)$

DARUM GEHT'S

Im vorigen Schritt hast du gesehen, dass Vektoren eine Verschiebung angeben, die du als Pfeil im Koordinatensystem darstellen kannst. Dieser Pfeil hat eine bestimmte Länge.

Die **Länge dieses Pfeils** kannst du ausrechnen. Sie entspricht dem Betrag des zugehörigen Vektors. **Betrag eines Vektors $\vec{a}$**:

$$\text{Für } \vec{a} = \begin{pmatrix} a_1 \\ a_2 \\ a_3 \end{pmatrix} \text{ gilt: } |\vec{a}| = \sqrt{a_1^2 + a_2^2 + a_3^2}$$

Tipp
Im dreidimensionalen Koordinatensystem kannst du die Länge eines Pfeils nicht nachmessen.

Betrag eines Vektors bestimmen und die Länge des zugehörigen Pfeils angeben

Diese Strategie verwendest du, wenn du den Betrag eines Vektors bestimmen und herausfinden willst, ob ein Dreieck gleichschenklig ist.

SO GEHT'S

Erklärfilm
Betrag eines Vektors
nq54md

1 Beispiel
Überprüfe, ob das Dreieck ABC mit $A(4\,|\,1\,|\,3)$, $B(4\,|\,1\,|\,1)$ und $C(2\,|\,-1\,|\,2)$ gleichschenklig ist.

Berechne die Vektoren $\overrightarrow{AB}$, $\overrightarrow{AC}$ und $\overrightarrow{BC}$:

$$\overrightarrow{AB} = \begin{pmatrix} 4-4 \\ 1-1 \\ 1-3 \end{pmatrix} = \begin{pmatrix} 0 \\ 0 \\ -2 \end{pmatrix}$$

$$\overrightarrow{AC} = \begin{pmatrix} 2-4 \\ -1-1 \\ 2-3 \end{pmatrix} = \begin{pmatrix} -2 \\ -2 \\ -1 \end{pmatrix}$$

$$\overrightarrow{BC} = \begin{pmatrix} 2-4 \\ -1-1 \\ 2-1 \end{pmatrix} = \begin{pmatrix} -2 \\ -2 \\ 1 \end{pmatrix}$$

Du bist dran
Überprüfe, ob das Dreieck ABC mit $A(3\,|\,0\,|\,1)$, $B(3\,|\,0\,|\,3)$ und $C(1\,|\,-2\,|\,2)$ gleichschenklig ist.

Berechne die jeweiligen Beträge:

$|\overrightarrow{AB}| = \sqrt{(-2)^2} = \sqrt{4} = 2$

$|\overrightarrow{AC}| = \sqrt{(-2)^2 + (-2)^2 + (-1)^2}$

$= \sqrt{4 + 4 + 1} = \sqrt{9} = 3$

$|\overrightarrow{BC}| = \sqrt{(-2)^2 + (-2)^2 + 1^2}$

$= \sqrt{4 + 4 + 1} = \sqrt{9} = 3$

Begründe, ob das Dreieck ABC gleichschenklig ist:

Da $|\overrightarrow{AC}| = |\overrightarrow{BC}|$, ist das Dreieck ABC gleichschenklig.

○ **2** Überprüfe, ob das Dreieck ABC mit $A(-3|-6|-3)$, $B(7|0|1)$ und $C(5|-3|-1)$ gleichschenklig ist.

○ **3** Überprüfe, ob die Punkte A, B, C und D die Eckpunkte eines Parallelogramms sind. Berechne auch die Längen aller Seiten.

a) $A(2|-4|5)$, $B(2|-2|6)$, $C(1|-3|6)$ und $D(2|-1|5)$

b) $A(1|2|4)$, $B(-2|8|7)$, $C(3|6|2)$ und $D(4|2|1)$

c) $A(2|3|4)$, $B(3|5|7)$, $C(4|1|-1)$ und $D(5|3|2)$

◒ **4** **a)** Bestimme die fehlende Koordinate p_2 so, dass der Punkt $P(3|p_2|4)$ vom Punkt $Q(1|2|3)$ den Abstand 3 hat.

b) Bestimme die fehlende Koordinate p_1 so, dass der Punkt $P(p_1|-2|-2)$ vom Punkt $Q(0|1|2)$ den Abstand 5 hat.

◒ **5** Die Eckpunkte der Grundfläche ABC einer dreiseitigen Pyramide mit der Spitze S liegen auf den Koordinatenachsen (siehe Abbildung).
Gegeben sind die Punkte $A(2|0|0)$ und $C(0|0|2)$ und die Vektoren $\overrightarrow{CS} = \begin{pmatrix} 6 \\ 6 \\ 4 \end{pmatrix}$ und $\overrightarrow{AB} = \begin{pmatrix} -2 \\ 2 \\ 0 \end{pmatrix}$.
Berechne die Länge der Grundkanten und der Seitenkanten.

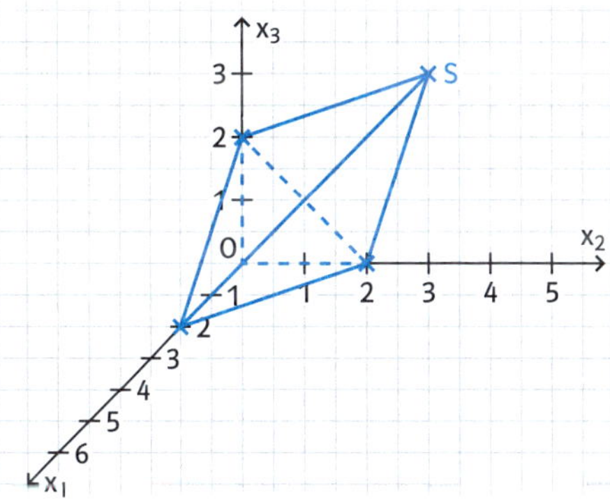

● **6** **a)** Gegeben ist der Vektor $\vec{a} = \begin{pmatrix} 2 \\ 3 \\ a_3 \end{pmatrix}$. Bestimme a_3 so, dass die Länge des Vektors 7 LE beträgt.

b) Gegeben ist der Vektor $\vec{a} = \begin{pmatrix} x \\ 2 \\ 2x \end{pmatrix}$. Bestimme x so, dass die Länge des Vektors 3 LE beträgt.

TIPPS ZUM LÖSEN DER AUFGABEN 3, 4, 5 UND 6

3 Umlaufsinn beachten. In einem Parallelogramm sind zwei gegenüberliegende Seiten parallel (d.h., die Vektoren sind identisch) und damit auch gleich lang. **4** Stelle zunächst den Abstand in Abhängigkeit von p_2 auf, setze diese dann mit dem Abstand gleich und löse auf. **5** Es handelt sich um eine gleichseitige Pyramide. **6** Bestimme den Betrag des Vektors a und setze diesen mit der geforderten Länge gleich.

SCHRITT 4

Ich kann Vektoren addieren, subtrahieren und mit einer reellen Zahl multiplizieren.

Hier lernst du, wie du mit den gegebenen Vektoren $\vec{a}$ und $\vec{b}$ einfache Rechenoperationen wie $2\vec{a} - 3\vec{b} + 4\vec{a} + 7\vec{b}$ ausführst.

→ Rechengesetze (Grundlagen)

DAS BRAUCHST DU WIEDER

Allgemein:

Kommutativgesetz: $x + y = y + x$
Assoziativgesetz: $a + (b + c) = (a + b) + c$
Distributivgesetz: $r \cdot (x + y) = r \cdot x + r \cdot y$

Beispiele:

$2x + 3y + 4x - 2y = 2x + 4x + 3y - 2y = 6x + y$

$-2y + 5x + 8y - 9x =$ ____________________

$-4x + (-x + 2y) = (-4x + (-x)) + 2y = (-4x - x) + 2y = -5x + 2y$

$(2a + 3b) - 4b =$ ____________________

$3 \cdot (-a + 2b) = 3 \cdot (-a) + 3 \cdot 2b = -3 \cdot a + 6 \cdot b$

$-2 \cdot (4b - a) =$ ____________________

DARUM GEHT'S

Du kannst Vektoren auch addieren und mit einer reellen Zahl multiplizieren. Beim Rechnen mit Vektoren musst du koordinatenweise rechnen.

Rechenart	Geometrisch	Algebraisch
Addition	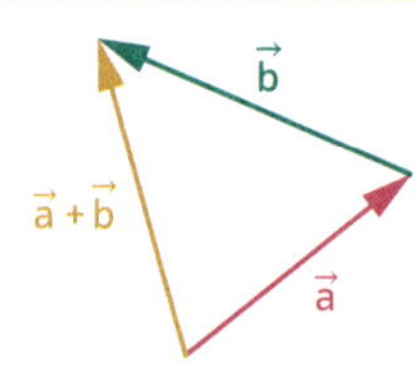 Hintereinandersetzen eines Pfeiles von $\vec{b}$ an einen Pfeil von $\vec{a}$. $\vec{a} + \vec{b}$ geht dann vom Beginn von $\vec{a}$ zur Spitze von $\vec{b}$.	$\vec{a} + \vec{b} = \begin{pmatrix} a_1 + b_1 \\ a_2 + b_2 \\ a_3 + b_3 \end{pmatrix}$
Subtraktion	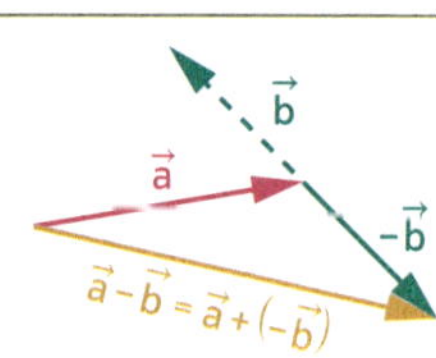 Hintereinandersetzen eines Pfeiles des Gegenvekors von $\vec{b}$ an einen Pfeil von $\vec{a}$. $\vec{a} - \vec{b}$ geht dann vom Beginn von $\vec{a}$ zur Spitze von $-\vec{b}$.	$\vec{a} - \vec{b} = \begin{pmatrix} a_1 - b_1 \\ a_2 - b_2 \\ a_3 - b_3 \end{pmatrix}$
Multiplikation mit einer reellen Zahl	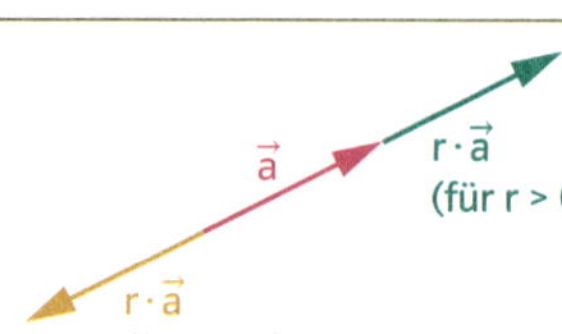 Streckung des Pfeiles des Vektors $\vec{a}$ mit dem Faktor r. Ist r negativ, zeigt der Pfeil in die andere Richtung.	$r \cdot \vec{a} = \begin{pmatrix} r \cdot a_1 \\ r \cdot a_2 \\ r \cdot a_3 \end{pmatrix}$

Tipp
Man sagt auch, der Vektor $r \cdot \vec{a}$ ist ein Vielfaches von $\vec{a}$ bzw. die Vektoren sind **kollinear**. Die zugehörigen Pfeile sind dann parallel.

Der Vektor $-\vec{a}$ bzw. $(-1)\cdot\vec{a}$ ist damit als Pfeil genauso lang wie der Pfeil von $\vec{a}$, nur in entgegengesetzer Richtung. Man bezeichnet ihn als **Gegenvektor** von $\vec{a}$.

Eine Kombination der Rechenarten der Form $r\cdot\vec{a}+s\cdot\vec{b}+t\cdot\vec{c}$ nennt man **Linearkombination** der Vektoren $\vec{a}$, $\vec{b}$ und $\vec{c}$.

Dabei gilt wie bei den reellen Zahlen: **Klammmer vor Punkt vor Strich**.

Außerdem gelten die zu Beginn des Lernschritts wiederholten **Rechengesetze**.

Rechnen mit Vektoren

Diese Strategie verwendest du, wenn du Vektoren addieren, subtrahieren, oder mit einer reellen Zahl multiplizieren willst.

SO GEHT'S

1 **Beispiel**

Rechne mit den Vektoren

$\vec{a}=\begin{pmatrix}2\\-1\\3\end{pmatrix}$ und $\vec{b}=\begin{pmatrix}5\\2\\-4\end{pmatrix}$.

a) $\vec{a}+\vec{b}$

b) $\vec{a}-\vec{b}$

c) $2\vec{a}-3\vec{b}+4\vec{a}+7\vec{b}$

a) Addiere die Vektoren $\vec{a}$ und $\vec{b}$ koordinatenweise:

$$\vec{a}+\vec{b}=\begin{pmatrix}2\\-1\\3\end{pmatrix}+\begin{pmatrix}5\\2\\-4\end{pmatrix}=\begin{pmatrix}2+5\\-1+2\\3+(-4)\end{pmatrix}=\begin{pmatrix}7\\1\\3-4\end{pmatrix}=\begin{pmatrix}7\\1\\-1\end{pmatrix}$$

b) Subtrahiere die Vektoren $\vec{a}$ und $\vec{b}$ koordinatenweise:

$$\vec{a}-\vec{b}=\begin{pmatrix}2\\-1\\3\end{pmatrix}-\begin{pmatrix}5\\2\\-4\end{pmatrix}=\begin{pmatrix}2-5\\-1-2\\3-(-4)\end{pmatrix}=\begin{pmatrix}-3\\-3\\3+4\end{pmatrix}=\begin{pmatrix}-3\\-3\\7\end{pmatrix}$$

Tipp
Eine negative Zahl wird subtrahiert, indem man ihre Gegenzahl addiert.

c) Wende das Assoziativgesetz an:

$$2\vec{a}-3\vec{b}+4\vec{a}+7\vec{b}$$
$$=2\vec{a}+4\vec{a}-3\vec{b}+7\vec{b}$$

Vereinfache den Rechenausdruck:

$$2\vec{a}+4\vec{a}-3\vec{b}+7\vec{b}$$
$$=6\vec{a}+4\vec{b}$$

Du bist dran

Rechne mit den Vektoren

$\vec{a}=\begin{pmatrix}-1\\4\\-2\end{pmatrix}$ und $\vec{b}=\begin{pmatrix}2\\1\\0\end{pmatrix}$.

a) $\vec{a}+\vec{b}$

b) $\vec{a}-\vec{b}$

c) $4\vec{a}+2\vec{b}-7\vec{a}-\vec{b}$

Setze die Vektoren ein und multipliziere sie mit den Faktoren, die vor den Vektoren stehen, und berechne das Ergebnis:

$$6\vec{a} + 4\vec{b} = 6 \cdot \begin{pmatrix} 2 \\ -1 \\ 3 \end{pmatrix} + 4 \cdot \begin{pmatrix} 5 \\ 2 \\ -4 \end{pmatrix}$$

$$= \begin{pmatrix} 6 \cdot 2 \\ 6 \cdot (-1) \\ 6 \cdot 3 \end{pmatrix} + \begin{pmatrix} 4 \cdot 5 \\ 4 \cdot 2 \\ 4 \cdot (-4) \end{pmatrix}$$

$$= \begin{pmatrix} 12 \\ -6 \\ 18 \end{pmatrix} + \begin{pmatrix} 20 \\ 8 \\ -16 \end{pmatrix} = \begin{pmatrix} 32 \\ 2 \\ 2 \end{pmatrix}$$

Tipp
Den Vektor $\vec{o} = \begin{pmatrix} 0 \\ 0 \\ 0 \end{pmatrix}$ bezeichnet man als **Nullvektor**.

○ **2** Berechne.

a) $\begin{pmatrix} 3 \\ -2 \\ -1 \end{pmatrix} + \begin{pmatrix} 4 \\ -8 \\ 5 \end{pmatrix}$ **b)** $\begin{pmatrix} 1 \\ -2 \\ 7 \end{pmatrix} - \begin{pmatrix} 7 \\ 2 \\ -3 \end{pmatrix}$ **c)** $\begin{pmatrix} 3 \\ -4 \\ 1 \end{pmatrix} + \begin{pmatrix} 2 \\ 6 \\ -5 \end{pmatrix} - \begin{pmatrix} 5 \\ 2 \\ -4 \end{pmatrix}$

d) $\begin{pmatrix} -1 \\ 2 \\ 3 \end{pmatrix} - \begin{pmatrix} 2 \\ 4 \\ -6 \end{pmatrix} + \begin{pmatrix} -3 \\ 7 \\ 4 \end{pmatrix} - \begin{pmatrix} 2 \\ 4 \\ 6 \end{pmatrix}$ **e)** $\begin{pmatrix} 0 \\ 1 \\ 0 \end{pmatrix} + \begin{pmatrix} 2 \\ 0 \\ 0 \end{pmatrix} + \begin{pmatrix} 0 \\ 0 \\ 3 \end{pmatrix}$ **f)** $\begin{pmatrix} 7 \\ -2 \\ 5 \end{pmatrix} + \begin{pmatrix} 0 \\ 0 \\ 0 \end{pmatrix} - \begin{pmatrix} -3 \\ 2 \\ -1 \end{pmatrix}$

○ **3** Berechne.

a) $5 \cdot \begin{pmatrix} -1 \\ 2 \\ 7 \end{pmatrix}$ **b)** $-4 \cdot \begin{pmatrix} 1 \\ 0 \\ 10 \end{pmatrix}$ **c)** $-\frac{1}{3} \cdot \begin{pmatrix} -9 \\ 3 \\ 0 \end{pmatrix}$ **d)** $-\frac{4}{5} \cdot \begin{pmatrix} 5 \\ 25 \\ -15 \end{pmatrix}$

◒ **4** Ergänze die fehlenden Koordinaten.

a) $\begin{pmatrix} 12 \\ -9 \\ 36 \end{pmatrix} = 3 \cdot \begin{pmatrix} a \\ b \\ c \end{pmatrix}$ **b)** $\begin{pmatrix} -\frac{1}{2} \\ b \\ \frac{1}{8} \end{pmatrix} = \frac{1}{8} \cdot \begin{pmatrix} a \\ 16 \\ c \end{pmatrix}$ **c)** $\begin{pmatrix} 3 \\ 1 \\ c \end{pmatrix} = 0{,}2 \cdot \begin{pmatrix} a \\ b \\ 10 \end{pmatrix}$

◒ **5** Vereinfache.

a) $2\vec{a} - 3\vec{a}$ **b)** $\vec{a} + \frac{1}{2} \cdot (\vec{b} - \vec{a})$

c) $5 \cdot (\vec{a} - \vec{b}) + 7 \cdot (\vec{b} - 2\vec{a})$ **d)** $\frac{1}{3} \cdot (\vec{c} - \vec{b}) + \frac{1}{5} \cdot (\vec{b} - 2\vec{c})$

● **6** M ist der Mittelpunkt der Strecke $\overline{AB}$. Bestimme die Koordinaten des fehlenden Punktes.

a) $A(0|0|0)$, $M(2|4|1)$ **b)** $A(2|4|5)$, $M(1|2|3)$

TIPPS ZUM LÖSEN DER AUFGABEN 4, 5 UND 6

4 Überlege dir zeilenweise, welche Zahl du für die Variable einsetzen musst. **5** Mit Vektoren kann man wie mit Variablen rechnen. **6** Wenn M der Mittelpunkt der Strecke $\overline{AB}$ ist, wie oft musst du dann von A aus die Strecke $\overline{AM}$ anhängen?

SCHRITT 5

Ich kann Koordinaten von Punkten mithilfe von Linearkombinationen bestimmen.

Hier lernst du, wie du den Punkt D eines Parallelogramms berechnest, wenn die Punkte A, B und C gegeben sind.

→ Rechnen mit Vektoren (Schritt 4)

DAS BRAUCHST DU WIEDER

Allgemein: Linearkombination von Vektoren

Beispiele: $\vec{a} = \begin{pmatrix} 1 \\ -3 \\ 2 \end{pmatrix}$ und $\vec{b} = \begin{pmatrix} 4 \\ 8 \\ -6 \end{pmatrix}$

$2\vec{a} - \vec{b} = 2 \cdot \begin{pmatrix} 1 \\ -3 \\ 2 \end{pmatrix} - \begin{pmatrix} 4 \\ 8 \\ -6 \end{pmatrix} = \begin{pmatrix} 2 \\ -6 \\ 4 \end{pmatrix} - \begin{pmatrix} 4 \\ 8 \\ -6 \end{pmatrix} = \begin{pmatrix} -2 \\ -14 \\ 10 \end{pmatrix}$

$-\vec{a} + \frac{1}{2}\vec{b} =$ ____________________

$-2\vec{b} + \vec{a} + \vec{b} =$ ____________________

DARUM GEHT'S

Der Vektor $\overrightarrow{OA}$, der den Ursprung O in den Punkt A verschiebt, heißt **Ortsvektor** des Punktes A und hat dieselben Koordinaten wie der Punkt A. Der Ortsvektor $\overrightarrow{OA}$ wird oft mit $\vec{a}$ bezeichnet.

Sind zum Beispiel in einem Rechteck die Punkte A, B und C, jedoch nicht der Punkt D und damit auch nicht sein Ortsvektor $\vec{d}$ bekannt, kann dieser eventuell durch eine Addition anderer Vektoren dargestellt werden. Geometrisch bedeutet eine solche Addition, mehrere Pfeile hintereinander zu setzen.

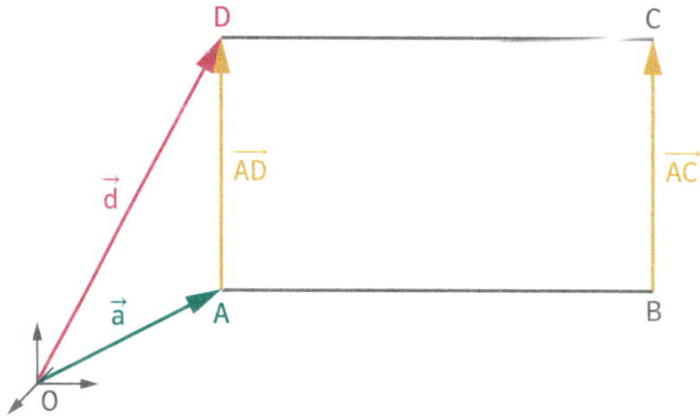

Es gilt: $\vec{d} = \vec{a} + \overrightarrow{AD} = \vec{a} + \overrightarrow{AC}$

Zwar ist der Vektor $\overrightarrow{AD}$ ebenfalls nicht direkt bekannt, da aber der Vektor $\overrightarrow{AC}$ identisch mit $\overrightarrow{AD}$ ist, kann $\vec{d}$ berechnet werden.

> **Tipp**
> Sind zwei Pfeile gleich lang, zueinander parallel und zeigen in die gleiche Richtung, dann sind ihre zugehörigen Vektoren identisch.

Ist der **Mittelpunkt M** zwischen zwei Punkten A und B nicht bekannt, kann dieser ebenfalls als eine Addition von Vektoren bestimmt werden.

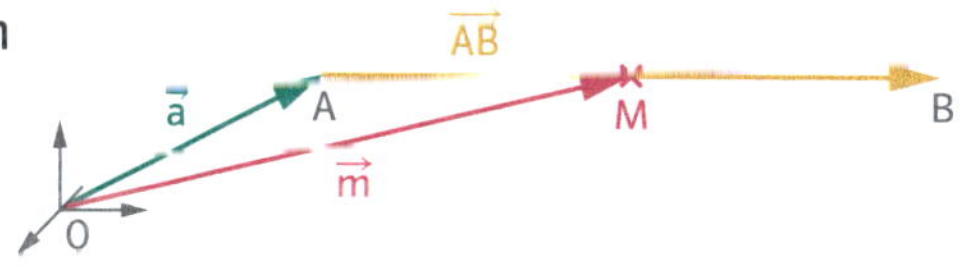

Es gilt: $\vec{m} = \vec{a} + \frac{1}{2}\overrightarrow{AB}$

Koordinatenberechnung

Diese Strategie verwendest du, wenn du die Koordinaten eines unbekannten Punktes mithilfe der Koordinaten anderer, dir bekannter Punkte bestimmen möchtest.

SO GEHT'S

1 **Beispiel**
Gegeben sind die Punkte A(−2 | 1 | 2), B(2 | −4 | 1) und D(5 | −3 | 0). Bestimme die Koordinaten des Punktes C so, dass das Viereck ABCD ein Parallelogramm ist.

Du bist dran
Gegeben sind die Punkte A(1 | 0 | −3), B(4 | 2 | −1) und C(−2 | −1 | 3). Bestimme die Koordinaten des Punktes D so, dass das Viereck ABCD ein Parallelogramm ist.

Erklärfilm
Koordinatenberechnung mit Vektoren
nq54md

Skizziere ein Parallelogramm ABCD und markiere den gesuchten Punkt farbig und ergänze seinen Ortsvektor:

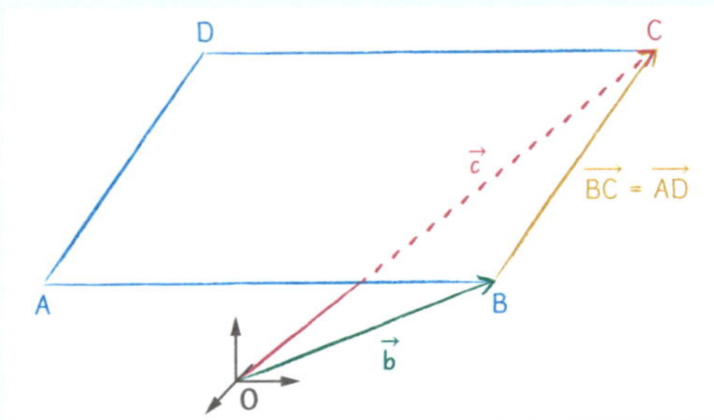

Überlege dir ausgehend vom skizzierten Ursprung eine Linearkombination von Vektoren so, dass deren Pfeile zum gesuchten Punkt führen:

$\vec{c} = \vec{b} + \overrightarrow{BC}$

Falls einer der verwendeten Vektoren den gesuchten Punkt enthält und nicht verwendet werden kann, ersetze ihn durch einen Vektor, dessen Pfeil gleich lang ist und in die gleiche Richtung zeigt:

$\vec{c} = \vec{b} + \overrightarrow{AD}$

Berechne den Ortsvektor und damit die Koordinaten des gesuchten Punktes:

$$\vec{b} = \begin{pmatrix} 2 \\ -4 \\ 1 \end{pmatrix}$$

$$\overrightarrow{AD} = \begin{pmatrix} 5-(-2) \\ -3-\quad 1 \\ 0-\quad 2 \end{pmatrix} = \begin{pmatrix} 7 \\ -4 \\ -2 \end{pmatrix}$$

$$\vec{c} = \begin{pmatrix} 2 \\ -4 \\ 1 \end{pmatrix} + \begin{pmatrix} 7 \\ -4 \\ -2 \end{pmatrix} = \begin{pmatrix} 9 \\ -8 \\ -1 \end{pmatrix}$$

Der gesuchte Punkt hat die Koordinaten C(9 | −8 | −1).

○ **2** Gegeben sind die Punkte A(1 | −1 | 1), C(0 | 3 | −5) und D(2 | 1 | −5). Bestimme die Koordinaten des Punktes B so, dass das Viereck ABCD ein Parallelogramm ist.

○ **3** Bestimme die Koordinaten des fehlenden Punktes so, dass das Viereck ABCD

a) ein Parallelogramm mit den Eckpunkten A(1 | 1 | 2), B(2 | 4 | 6), C(2 | 5 | 9) und D(? | ? | ?) ist.

b) eine Raute mit den Eckpunkten A(1 | 1 | 2), B(2 | 1 | 6), C(? | ? | ?) und D(5 | 1 | 1) ist.

TIPPS ZUM LÖSEN DER AUFGABE 3

3 Umlaufsinn beachten. Eine Raute ist auch ein Parallelogramm, d.h., gegenüberliegende Seiten sind parallel. Bei einer Raute sind hingegen noch alle Seiten gleich lang.

4 **a)** Drücke die Vektoren $\overrightarrow{AC}$, $\overrightarrow{AD}$ und $\overrightarrow{CD}$, die durch die nebenstehende Figur gegeben sind, als Linearkombination von $\vec{a}$, $\vec{c}$ und $\vec{d}$ aus.

b) Bestimme die Koordinaten der fehlenden Punkte, wenn $A(-2|4|-4)$, $B(-5|3|7)$ sowie die Vektoren

$\vec{y} = \begin{pmatrix} 2 \\ 1 \\ 5 \end{pmatrix}$ und $\vec{z} = \begin{pmatrix} 0 \\ 2 \\ 7 \end{pmatrix}$ gegeben sind.

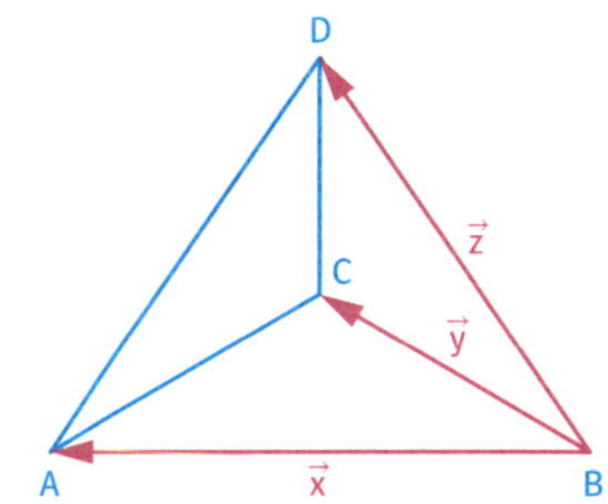

5 Gegeben sind die Vektoren $\overrightarrow{MA} = \vec{a}$, $\overrightarrow{MB} = \vec{b}$ und $\overrightarrow{BC} = \vec{v}$.

a) Drücke die restlichen Verbindungsvektoren zweier Punkte in der nebenstehenden Figur als Linearkombination von $\vec{a}$, $\vec{b}$ und $\vec{v}$ aus.

b) Bestimme die Koordinaten der fehlenden Punkte, wenn $M(3|2|7)$, $B(5|0|9)$ sowie die Vektoren

$\vec{v} = \begin{pmatrix} 0 \\ 4 \\ -2 \end{pmatrix}$ und $\vec{a} = \begin{pmatrix} -2 \\ -3 \\ 7 \end{pmatrix}$ gegeben sind.

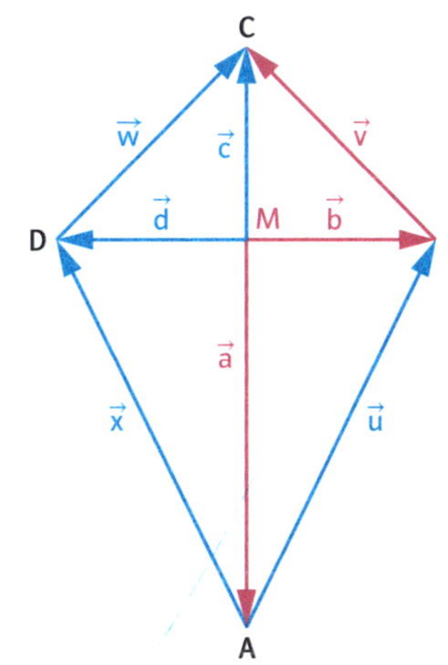

6 Gegeben ist der Quader ABCDEFGH mit $A(6|2|1)$, $B(6|7|1)$, $D(4|2|1)$ und $H(4|2|4)$. M_1 ist der Diagonalenschnittpunkt der Grundfläche, M_2 ist der Diagonalenschnittpunkt der rechten Seitenfläche, M_3 ist der Diagonalenschnittpunkt der Rückseite und M_4 ist der Diagonalenschnittpunkt der linken Seitenfläche.
Bestimme die Vektoren $\overrightarrow{M_1M_2}$, $\overrightarrow{M_2M_3}$, $\overrightarrow{M_3M_4}$ und $\overrightarrow{M_4M_1}$.

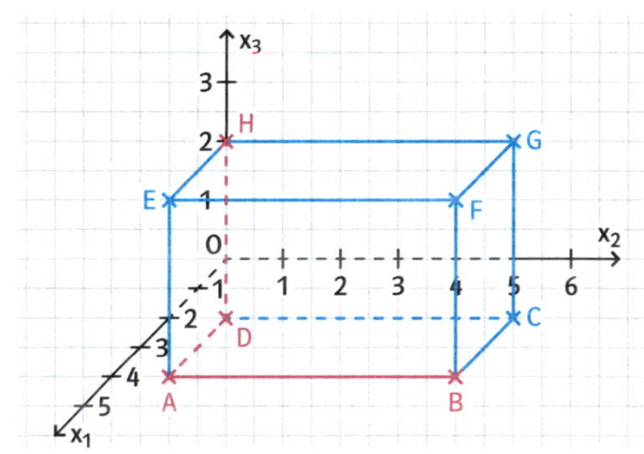

TIPPS ZUM LÖSEN DER AUFGABEN 5 UND 6

5 M ist der Mittelpunkt der Diagonalen $\overline{BD}$. **6** Da es sich um einen Quader handelt, hat jede Fläche die Form eines Rechtecks. Überlege dir, wie du den Diagonalenschnittpunkt in einem Rechteck bestimmst.

SCHRITT 6

Ich kann das Skalarprodukt von Vektoren berechnen und damit Aussagen über deren Orthogonalität machen.

Hier lernst du, wie du überprüfen kannst, ob zwei Vektoren $\vec{a}$ und $\vec{b}$ zueinander orthogonal sind.

→ Lösen von linearen Gleichungen (Grundlagen)

DAS BRAUCHST DU WIEDER

Allgemein: Lösen linearer Gleichungen

Beispiele:

$2x + 4 = 8 \quad \vert -4$	$7 - 3a = 4 \quad \vert$ ______	$y - 2 = 2y + 2 \quad \vert$ ______
$2x = 4 \quad \vert :2$	______________	______________
$x = 2$	______________	______________

DARUM GEHT'S

Zwei Vektoren $\vec{a}$ und $\vec{b}$ sind **zueinander orthogonal**, wenn ihre zugehörigen Pfeile ebenfalls zueinander orthogonal sind. Man schreibt: $\vec{a} \perp \vec{b}$.

Die Orthogonaliät zweier Vektoren $\vec{a}$ und $\vec{b}$ kannst du mithilfe des sogenannten **Skalarprodukts** $\vec{a} \cdot \vec{b}$ überprüfen.

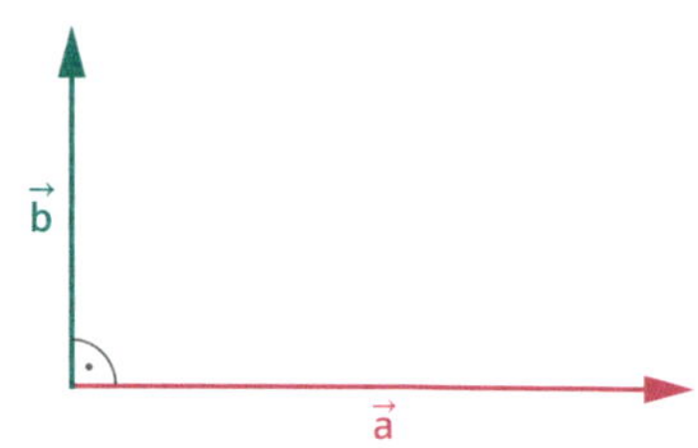

Es berechnet sich wie folgt:

Für die Vektoren $\vec{a} = \begin{pmatrix} a_1 \\ a_2 \\ a_3 \end{pmatrix}$ und $\vec{b} = \begin{pmatrix} b_1 \\ b_2 \\ b_3 \end{pmatrix}$ gilt: $\vec{\mathbf{a}} \cdot \vec{\mathbf{b}} = \mathbf{a_1 b_1 + a_2 b_2 + a_3 b_3}$

Damit wird dem Skalarprodukt von zwei Vektoren eine reelle Zahl zugeordnet.

Tipp
Der Nullvektor $\vec{o}$ ist orthogonal zu allen Vektoren.

Dabei gilt:

Es ist $\vec{a} \perp \vec{b}$ genau dann, wenn $\vec{a} \cdot \vec{b} = 0$ gilt. Zwei Vektoren sind also genau dann zueinander orthogonal, wenn ihr Skalarprodukt null ergibt.

Skalarprodukt und Orthogonalität

Diese Strategie verwendest du, wenn die Orthogonalität zweier Vektoren mithilfe des Skalarprodukts untersucht werden soll.

SO GEHT'S

1 Beispiel

a) Überprüfe, ob die Vektoren $\vec{a}$ und $\vec{b}$ zueinander orthogonal sind.

$\vec{a} = \begin{pmatrix} 2 \\ -1 \\ 4 \end{pmatrix}, \vec{b} = \begin{pmatrix} -3 \\ -10 \\ -1 \end{pmatrix}$

b) Bestimme die fehlende Koordinate so, dass die Vektoren $\vec{a}$ und $\vec{b}$ zueinander orthogonal sind.

$\vec{a} = \begin{pmatrix} -1 \\ -1 \\ a_3 \end{pmatrix}, \vec{b} = \begin{pmatrix} 4 \\ 2 \\ 3 \end{pmatrix}$

Du bist dran

a) Überprüfe, ob die Vektoren $\vec{a}$ und $\vec{b}$ zueinander orthogonal sind.

$\vec{a} = \begin{pmatrix} 1 \\ -3 \\ 2 \end{pmatrix}, \vec{b} = \begin{pmatrix} 3 \\ 7 \\ -5 \end{pmatrix}$

b) Bestimme die fehlende Koordinate so, dass die Vektoren $\vec{a}$ und $\vec{b}$ zueinander orthogonal sind.

$\vec{a} = \begin{pmatrix} 2 \\ -1 \\ 4 \end{pmatrix}, \vec{b} = \begin{pmatrix} b_1 \\ -10 \\ -1 \end{pmatrix}$

Erklärfilm
Orthogonalität von Vektoren
nq54md

a) Berechne das Skalarprodukt der Vektoren $\vec{a}$ und $\vec{b}$:

$\vec{a} \cdot \vec{b} = 2 \cdot (-3) + (-1) \cdot (-10) + 4 \cdot (-1)$

$= -6 + 10 - 4 = 0$

Entscheide, ob die Vektoren orthogonal zueinander sind:

$\vec{a} \cdot \vec{b} = 0$, also sind $\vec{a}$ und $\vec{b}$ zueinander orthogonal.

b) Berechne das Skalarprodukt der Vektoren $\vec{a}$ und $\vec{b}$:

$\vec{a} \cdot \vec{b} = (-1) \cdot 4 + (-1) \cdot 2 + a_3 \cdot 3$

$= -4 - 2 + 3a_3$

$= -6 + 3a_3$

Setze dein Ergebnis gleich null und bestimme die fehlende Koordinate:

$-6 + 3a_3 = 0 \quad | +6$

$3a_3 = 6 \quad | :3$

$a_3 = 2$

○ **2** Überprüfe, ob die Vektoren $\vec{a}$ und $\vec{b}$ zueinander orthogonal sind.

a) $\vec{a} = \begin{pmatrix} -1 \\ 2 \\ 4 \end{pmatrix}$, $\vec{b} = \begin{pmatrix} 6 \\ 1 \\ -1 \end{pmatrix}$ **b)** $\vec{a} = \begin{pmatrix} 0 \\ 2 \\ 1 \end{pmatrix}$, $\vec{b} = \begin{pmatrix} 1 \\ 2 \\ 3 \end{pmatrix}$ **c)** $\vec{a} = \begin{pmatrix} 1 \\ 0 \\ 0 \end{pmatrix}$, $\vec{b} = \begin{pmatrix} 0 \\ 4 \\ 2 \end{pmatrix}$

d) $\vec{a} = \begin{pmatrix} \frac{1}{2} \\ 1 \\ \frac{1}{4} \end{pmatrix}$, $\vec{b} = \begin{pmatrix} -2 \\ \frac{1}{4} \\ 3 \end{pmatrix}$ **e)** $\vec{a} = \begin{pmatrix} 1 \\ \sqrt{3} \\ 2 \end{pmatrix}$, $\vec{b} = \begin{pmatrix} 1 \\ -\sqrt{3} \\ 1 \end{pmatrix}$ **f)** $\vec{a} = \begin{pmatrix} 2 \\ 2 \\ \sqrt{5} \end{pmatrix}$, $\vec{b} = \begin{pmatrix} \sqrt{5} \\ -\sqrt{5} \\ 0 \end{pmatrix}$

○ **3** Überprüfe, ob das Dreieck ABC rechtwinklig ist.

a) A(0 | 0 | 0), B(3 | 2 | 5), C(4 | 1 | 7)
b) A(2 | 3 | 3), B(4 | 5 | 4), C(5 | 3 | 6)
c) A(0 | 2 | 4), B(1 | 0 | 7), C(4 | 3 | 8)
d) A(1 | 3 | 4), B(2 | 1 | 7), C(1 | 6 | 5)

◐ **4** Überprüfe, ob es sich um ein Rechteck, eine Raute oder ein Quadrat handelt.

a) A(0 | 0 | 0), B(3 | 2 | 5), C(4 | 1 | 7), D(2 | 1 | 6)
b) A(1 | 2 | 3), B(3 | 4 | 4), C(4 | 2 | 6), D(2 | 0 | 5)
c) A(1 | 3 | 4), B(2 | 1 | 7), C(4 | 6 | 8), D(3 | 8 | 5)
d) A(2 | 3 | 4), B(2 | 1 | 7), C(6 | 4 | 8), D(5 | 6 | 5)
e) A(1 | 0 | 4), B(3 | 2 | 5), C(2 | 2 | 6), D(4 | 4 | 4)

TIPPS ZUM LÖSEN DER AUFGABE 3

3 Ein Rechteck ist ein Parallelogramm mit vier rechten Winkeln. Eine Raute ist ein Parallelogramm, bei dem alle Seiten gleich lang sind.

5 Bestimme die fehlende Koordinate so, dass $\vec{a} \perp \vec{b}$.

a) $\vec{a} = \begin{pmatrix} -1 \\ a_2 \\ 4 \end{pmatrix}, \vec{b} = \begin{pmatrix} 6 \\ 1 \\ -1 \end{pmatrix}$ **b)** $\vec{a} = \begin{pmatrix} 3 \\ 2 \\ 1 \end{pmatrix}, \vec{b} = \begin{pmatrix} -1 \\ b_2 \\ -3 \end{pmatrix}$

c) $\vec{a} = \begin{pmatrix} 1 \\ 0 \\ a_3 \end{pmatrix}, \vec{b} = \begin{pmatrix} 0 \\ -4 \\ 2 \end{pmatrix}$ **d)** $\vec{a} = \begin{pmatrix} -1 \\ 2 \\ 4 \end{pmatrix}, \vec{b} = \begin{pmatrix} b_1 \\ 0{,}5 \\ -1 \end{pmatrix}$

e) $\vec{a} = \begin{pmatrix} a_1 \\ 2 \\ 1 \end{pmatrix}, \vec{b} = \begin{pmatrix} 1 \\ 2 \\ -7 \end{pmatrix}$ **f)** $\vec{a} = \begin{pmatrix} 1 \\ -4 \\ -2 \end{pmatrix}, \vec{b} = \begin{pmatrix} 0 \\ -4 \\ b_3 \end{pmatrix}$

g) $\vec{a} = \begin{pmatrix} a_1 \\ 5 \\ -4 \end{pmatrix}, \vec{b} = \begin{pmatrix} -1 \\ 2 \\ -7 \end{pmatrix}$ **h)** $\vec{a} = \begin{pmatrix} 1 \\ -4 \\ -2 \end{pmatrix}, \vec{b} = \begin{pmatrix} b_1 \\ -4 \\ 0 \end{pmatrix}$

i) $\vec{a} = \begin{pmatrix} 0 \\ 2a_2 \\ 1 \end{pmatrix}, \vec{b} = \begin{pmatrix} 3 \\ 2 \\ -5 \end{pmatrix}$ **j)** $\vec{a} = \begin{pmatrix} 3 \\ 4 \\ 4 \end{pmatrix}, \vec{b} = \begin{pmatrix} 0 \\ -4 \\ 2b_3 \end{pmatrix}$

6 Bestimme zwei Vektoren, die zu $\vec{a}$ orthogonal sind, aber keine Vielfachen.

a) $\vec{a} = \begin{pmatrix} -1 \\ 2 \\ 4 \end{pmatrix}$ **b)** $\vec{a} = \begin{pmatrix} 0 \\ 2 \\ 1 \end{pmatrix}$ **c)** $\vec{a} = \begin{pmatrix} 1 \\ 0 \\ 0 \end{pmatrix}$

d) $\vec{a} = \begin{pmatrix} 3 \\ -4 \\ 5 \end{pmatrix}$ **e)** $\vec{a} = \begin{pmatrix} -2 \\ 0 \\ 1 \end{pmatrix}$ **f)** $\vec{a} = \begin{pmatrix} 1 \\ 2 \\ 3 \end{pmatrix}$

g) $\vec{a} = \begin{pmatrix} 0 \\ -2 \\ -3 \end{pmatrix}$ **h)** $\vec{a} = \begin{pmatrix} -5 \\ 2 \\ 3 \end{pmatrix}$ **i)** $\vec{a} = \begin{pmatrix} 7 \\ 4 \\ -2 \end{pmatrix}$

7 Gegeben sind die Vektoren $\vec{a}$ und $\vec{b}$. Bestimme einen Vektor $\vec{c} = \begin{pmatrix} c_1 \\ c_2 \\ c_3 \end{pmatrix}$ so, dass $\vec{a} \cdot \vec{c} = 0$ und $\vec{b} \cdot \vec{c} = 0$.

a) $\vec{a} = \begin{pmatrix} 1 \\ 0 \\ 0 \end{pmatrix}, \vec{b} = \begin{pmatrix} 0 \\ 1 \\ 0 \end{pmatrix}$ **b)** $\vec{a} = \begin{pmatrix} 3 \\ 2 \\ 0 \end{pmatrix}, \vec{b} = \begin{pmatrix} 3 \\ 1 \\ 0 \end{pmatrix}$

c) $\vec{a} = \begin{pmatrix} 1 \\ 2 \\ 3 \end{pmatrix}, \vec{b} = \begin{pmatrix} 0 \\ -4 \\ 2 \end{pmatrix}$ **d)** $\vec{a} = \begin{pmatrix} -4 \\ 2 \\ 4 \end{pmatrix}, \vec{b} = \begin{pmatrix} 3 \\ 0{,}5 \\ -1 \end{pmatrix}$

8 Es gilt $\vec{a} \cdot \vec{b} = 0$. Zeige, dass $(r \cdot \vec{a}) \cdot (s \cdot \vec{b}) = 0$ für alle reellen Zahlen r und s ebenso gilt.

TIPPS ZUM LÖSEN DER AUFGABEN 5, 6, 7 UND 8

5 Berechne das Skalarprodukt und setze das Ergebnis gleich null, um die fehlende Koordinate zu erhalten. **6** Wähle eine Koordinate null. **7** Berechne das Skalarprodukt der Vektoren $\vec{a}$ und $\vec{c}$, sowie $\vec{b}$ und $\vec{c}$. Du erhältst zwei Gleichungen, die du mit dem Additionsverfahren lösen kannst. **7c)** Wähle z. B. $c_3 = 1$. **7d)** Wähle z. B. $c_1 = 1$. **8** Berechne zunächst ganz allgemein die Klammern und wende dann das Kommutativgesetz sowie das Distributivgesetz an.

TRAINING

○ **1** Die untere Grundfläche eines Quaders hat die Eckpunkte A(5 | 1 | 1), B(5 | 5 | 1), C(1 | 5 | 1) und D(? | ? | ?) sowie die Höhe 5 LE. → Schritt 1

a) Bestimme die Koordinaten der fehlenden Eckpunkte D, E, F, G und H.

b) Zeichne den Quader in ein Koordinatensystem ein.

○ **2** Zeichne die folgenden Punkte in ein Koordinatensystem ein, verbinde ABCD sowie ABCD mit E und F. Gib an, welche Figur entsteht. → Schritt 1

A(3 | 0 | 3), B(6 | 3 | 3), C(3 | 6 | 3), D(0 | 3 | 3), E(3 | 3 | 0), F(3 | 3 | 6)

◒ **3** **a)** Gegeben sind die Punkte A(−1 | 1 | 6), B(1 | 2 | 8) und C(0 | 1 | 10). Bestimme die Koordinaten des Punktes D so, dass ein Parallelogramm entsteht. → Schritt 2

b) Bestimme den Vektor $\vec{u}$ so, dass A auf B abgebildet wird → Schritt 2

i) A(2 | 5 | 6), B(7 | 5 | 9)

ii) A(−2 | 6 | 10), B(−3 | −2 | −1)

◒ **4** Die Eckpunkte der Grundfläche ABCD einer quadratischen Pyramide mit der Spitze S liegen in der x_1x_3-Ebene (siehe Abbildung).

Gegeben sind die Punkte A(0 | 0 | 0) und C(6 | 0 | 6) sowie die Vektoren $\overrightarrow{CS} = \begin{pmatrix} -3 \\ 3 \\ 1 \end{pmatrix}$ und $\overrightarrow{AB} = \begin{pmatrix} 6 \\ 0 \\ 0 \end{pmatrix}$.

a) Berechne die Länge der Grundkanten und der Seitenkanten. → Schritt 3

b) Zeige, dass die Vektoren $\overrightarrow{AB}$ und $\overrightarrow{BC}$ orthogonal sind. → Schritt 6

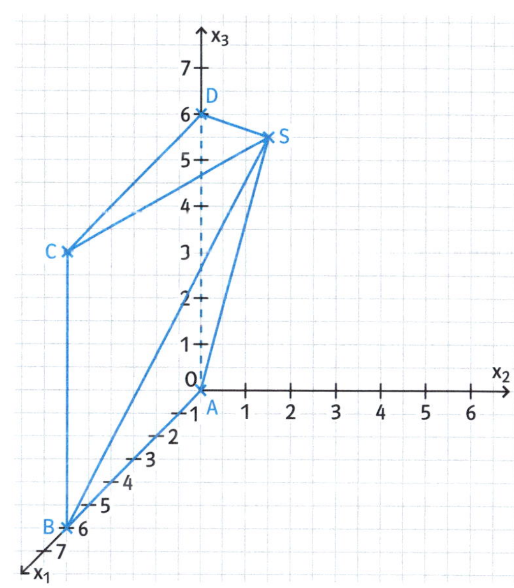

◒ **5** **a)** Drücke die Vektoren $\overrightarrow{AE}$, $\overrightarrow{BC}$, $\overrightarrow{ED}$ und $\overrightarrow{CD}$, die durch die nebenstehende Figur gegeben sind, als Linearkombinationen von $\vec{u}, \vec{v}, \vec{w}$ und $\vec{x}$ aus.

b) Bestimme die Koordinaten der fehlenden Punkte sowie die Koordinaten der Vektoren $\vec{v}$ und $\vec{x}$, wenn A(3 | 4 | 5), B(5 | 5 | 3), C(5 | 9 | 3) sowie die Vektoren $\vec{w} = \begin{pmatrix} 3 \\ 2 \\ 2 \end{pmatrix}$ und $\vec{u} = \begin{pmatrix} 0 \\ 5 \\ 7 \end{pmatrix}$ gegeben sind. → Schritt 5

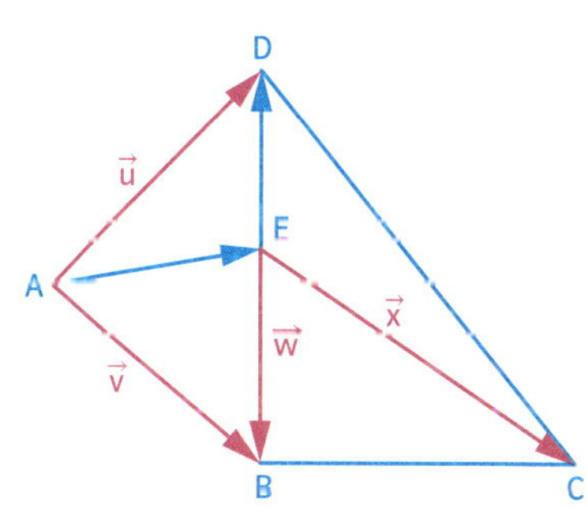

◒ **6** Den Vektor $\overrightarrow{AB} = \vec{u}$ kann man als Vielfaches des Vektors $\overrightarrow{AC} = \vec{v}$ darstellen, d.h., es gilt $\vec{u} = k \cdot \vec{v}$ mit $k \in \mathbb{R}$. Überprüfe, ob dies auch für die Beträge gilt, also $|\vec{u}| = k \cdot |\vec{v}|$. → Schritt 4

● **7** Bestimme t so, dass das Dreieck ABC mit A(1 | t | 3), B(t | 2t | −3) und C(2t | 9 | −1) bei B einen rechten Winkel besitzt. → Schritt 6

SCHRITT 7

Ich kann Geraden im Raum mittels einer Parametergleichung beschreiben und überprüfen, ob ein Punkt auf einer Geraden liegt.

Hier lernst du, wie du mittels zweier Punkte im Raum eine Geradengleichung aufstellen und überprüfen kannst, ob ein Punkt auf der Geraden liegt.

→ Vektoren als Verschiebung im Raum beschreiben (Schritt 2)

DAS BRAUCHST DU WIEDER

Allgemein: $\overrightarrow{AB} = \begin{pmatrix} b_1 - a_1 \\ b_2 - a_2 \\ b_3 - a_3 \end{pmatrix}$

Beispiele: Gegeben sind die Punkte A und B. Bestimme $\overrightarrow{AB}$.

a) $A(-2\,|\,-4\,|\,5)$ und $B(5\,|\,4\,|\,-3)$

$$\overrightarrow{AB} = \begin{pmatrix} 5-(-2) \\ 4-(-4) \\ -3-\ 5 \end{pmatrix} = \begin{pmatrix} 7 \\ 8 \\ -8 \end{pmatrix}$$

b) $A(-1\,|\,0\,|\,5)$ und $B(-3\,|\,7\,|\,5)$

DARUM GEHT'S

Du stellst eine Gerade durch eine Gleichung dar, die den Ortsvektor $\vec{x}$ jedes möglichen Punktes X der Geraden beschreibt.

Dazu benötigst du den Ortsvektor $\vec{p}$ eines beliebigen Punktes P, der auf der Geraden ist. Dieser „stützt" die Gerade und wird als **Stützvektor** bezeichnet.

Außerdem benötigst du einen Vektor $\vec{u}$, der den Punkt P auf den Punkt X verschiebt. Dieser muss in eine der beiden Richtungen der Geraden zeigen und wird als **Richtungsvektor** bezeichnet.

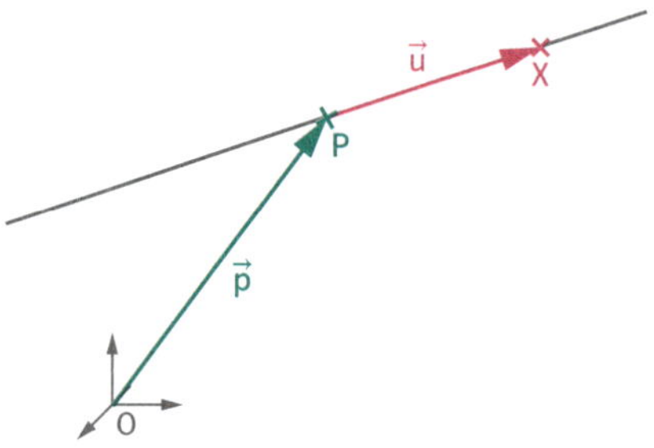

Tipp
Man könnte auch sagen: Mit dem Stütz- und Richtungsvektor erreicht man jeden Punkt X der Geraden.

Die Parametergleichung einer Geraden g ergibt sich dann zu

$$g:\ \vec{x} = \vec{p} + t \cdot \vec{u};\quad t \in \mathbb{R}.$$

t ist hier eine beliebige reelle Zahl und wird als Parameter bezeichnet. Daher der Name Parametergleichung.

Hat man zwei Punkte P und R der Geraden gegeben, gibt es mehrere Möglichkeiten der Geradengleichung. Zwei Möglichkeiten sind hier dargestellt:

$g:\ \vec{x} = \vec{p} + t \cdot \vec{u}$	$g:\ \vec{x} = \vec{r} + t \cdot \vec{u}$
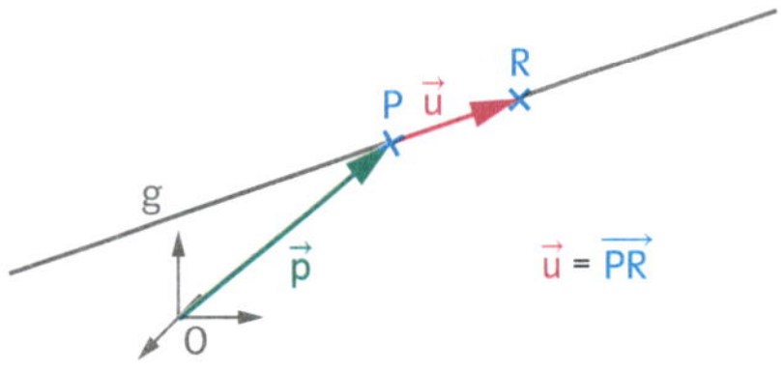	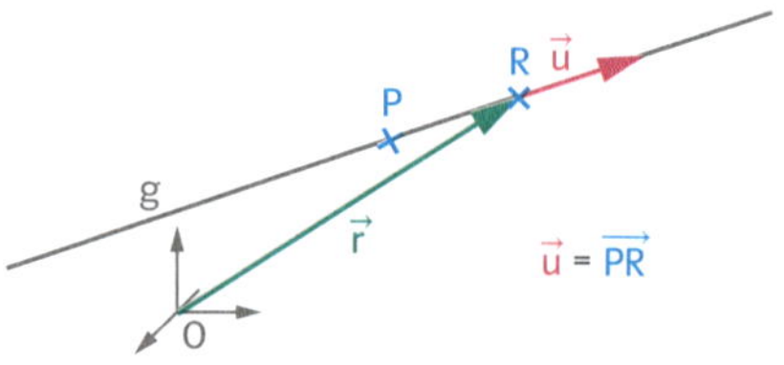

Erklärfilm
Geraden im Raum
nq54md

Geraden im Raum

Diese Strategie verwendest du, wenn du mittels zweier Punkte im Raum eine Geradengleichung aufstellen und überprüfen willst, ob ein Punkt auf der Geraden liegt.

SO GEHT'S

1 **Beispiel**

Die Gerade g geht durch die Punkte $P(3|4|-3)$ und $R(-2|3|-2)$.

a) Bestimme zwei verschiedene Gleichungen der Geraden g.

b) Prüfe, ob der Punkt $P(-7|2|4)$ auf der Geraden g liegt.

Du bist dran

Die Gerade g geht durch die Punkte $P(5|-3|1)$ und $R(2|1|-1)$.

a) Bestimme zwei verschiedene Gleichungen der Geraden g.

b) Prüfe, ob der Punkt $P(-4|9|5)$ auf der Geraden g liegt.

a) Berechne den Vektor $\vec{u} = \overrightarrow{PR}$:

$$\overrightarrow{PR} = \begin{pmatrix} -2-3 \\ 3-4 \\ -2-(-3) \end{pmatrix} = \begin{pmatrix} -5 \\ -1 \\ 1 \end{pmatrix}$$

Stelle die 1. Gleichung $g: \vec{x} = \vec{p} + t \cdot \vec{u}$ für die Gerade g auf:

$$g: \vec{x} = \begin{pmatrix} 3 \\ 4 \\ -3 \end{pmatrix} + t \cdot \begin{pmatrix} -5 \\ -1 \\ 1 \end{pmatrix};\ t \in \mathbb{R}$$

Stelle die 2. Gleichung $g: \vec{x} = \vec{r} + t \cdot \vec{u}$ für die Gerade g auf:

$$g: \vec{x} = \begin{pmatrix} -2 \\ 3 \\ -2 \end{pmatrix} + t \cdot \begin{pmatrix} -5 \\ -1 \\ 1 \end{pmatrix};\ t \in \mathbb{R}$$

Tipp
Es gibt unendlich viele mögliche Geradengleichungen für eine Gerade.

b) Setze den Ortsvektor $\vec{p}$ des Punktes P in die 1. Gleichung für g ein und vereinfache:

$$\begin{pmatrix} -7 \\ 2 \\ 4 \end{pmatrix} = \begin{pmatrix} 3 \\ 4 \\ -3 \end{pmatrix} + t \cdot \begin{pmatrix} -5 \\ -1 \\ 1 \end{pmatrix} \quad \Big| - \begin{pmatrix} 3 \\ 4 \\ -3 \end{pmatrix}$$

$$\begin{pmatrix} -10 \\ -2 \\ 7 \end{pmatrix} = t \cdot \begin{pmatrix} -5 \\ -1 \\ 1 \end{pmatrix}$$

Löse die erste Zeile der Geichung nach t auf und setze das Ergebnis in die zweite und dritte Zeile der Gleichung ein:

$$\text{I}\quad -10 = -5t \quad |:(-5)$$
$$t = 2$$
$$t = 2 \text{ in II: } -2 = 2 \cdot (-1)$$
$$-2 = -2 \quad \text{wahre Aussage}$$
$$t = 2 \text{ in III: } 7 = 2 \cdot 1$$
$$7 = 2 \quad \text{falsche Aussage}$$

Tipp
Ergeben sich in der 2. und 3. Zeile mit dem aus I berechneten t wahre Aussagen, so liegt der Punkt P auf der Geraden g.

Es gibt also keine Zahl t, sodass die Gleichung $\begin{pmatrix} -7 \\ 2 \\ 4 \end{pmatrix} = \begin{pmatrix} 3 \\ 4 \\ -3 \end{pmatrix} + t \cdot \begin{pmatrix} -5 \\ -1 \\ 1 \end{pmatrix}$ erfüllt ist.

Schreibe den Antwortsatz auf:

Der Punkt P liegt nicht auf der Geraden g.

○ **2** Die Gerade g geht durch die Punkte P(6 | 1 | 7) und R(4 | 3 | 9).
a) Bestimme drei verschiedene Gleichungen der Geraden g.
b) Prüfe, ob der Punkt P(0 | 2 | 4) auf der Geraden g liegt.

○ **3** Die Gerade g geht durch die Punkte A(1 | 2 | 3) und B(3 | 4 | 5).
a) Bestimme drei verschiedene Gleichungen der Geraden g.
b) Prüfe, ob der Punkt C(2,5 | 3,5 | 4,5) auf der Geraden g liegt.

○ **4** Gegeben ist die Gerade g mit $g\colon \vec{x} = \begin{pmatrix} -1 \\ 2 \\ -3 \end{pmatrix} + t \cdot \begin{pmatrix} -5 \\ -2 \\ 1 \end{pmatrix};\ t \in \mathbb{R}$.
Gib drei verschiedene Punkte an, die auf der Geraden g liegen.

◒ **5** Bestimme t so, dass der Richtungsvektor genau auf P zeigt.

a) $g\colon \vec{x} = \begin{pmatrix} 1 \\ 2 \\ 4 \end{pmatrix} + t \cdot \begin{pmatrix} 4 \\ 5 \\ 6 \end{pmatrix};\ t \in \mathbb{R};\quad P(-3 \mid -3 \mid -2)$

b) $g\colon \vec{x} = \begin{pmatrix} 3 \\ -5 \\ 0 \end{pmatrix} + t \cdot \begin{pmatrix} 2 \\ 1 \\ 3 \end{pmatrix};\ t \in \mathbb{R};\quad P(7 \mid -3 \mid 6)$

c) $g\colon \vec{x} = \begin{pmatrix} -7 \\ -3 \\ -1 \end{pmatrix} + t \cdot \begin{pmatrix} 8 \\ 4 \\ -6 \end{pmatrix};\ t \in \mathbb{R};\quad P(-3 \mid -1 \mid -4)$

◒ **6** Bestimme die fehlende Koordinate so, dass der Punkt P auf der Geraden g liegt.

a) $g\colon \vec{x} = \begin{pmatrix} 8 \\ 9 \\ 5 \end{pmatrix} + t \cdot \begin{pmatrix} 2 \\ 2 \\ 4 \end{pmatrix};\ t \in \mathbb{R};\quad P(2 \mid p_2 \mid -7)$

b) $g\colon \vec{x} = \begin{pmatrix} 3 \\ -5 \\ 0 \end{pmatrix} + t \cdot \begin{pmatrix} 2 \\ 1 \\ 3 \end{pmatrix};\ t \in \mathbb{R};\quad P(p_1 \mid -10 \mid -15)$

c) $g\colon \vec{x} = t \cdot \begin{pmatrix} 8 \\ 4 \\ 0 \end{pmatrix};\ t \in \mathbb{R};\quad P(0 \mid 0 \mid p_3)$

◒ **7** Bestimme die fehlende Koordinate so, dass der Punkt P auf der Geraden g liegt.

a) $g\colon \vec{x} = \begin{pmatrix} -3 \\ 2 \\ a_3 \end{pmatrix} + t \cdot \begin{pmatrix} 2 \\ -1 \\ -1 \end{pmatrix};\ t \in \mathbb{R};\quad P(-1 \mid 1 \mid 4)$

b) $g\colon \vec{x} = \begin{pmatrix} 1 \\ -2 \\ 3 \end{pmatrix} + t \cdot \begin{pmatrix} -4 \\ 5 \\ b_3 \end{pmatrix};\ t \in \mathbb{R};\quad P(-3 \mid 3 \mid -3)$

● **8** Bestimme die fehlende Koordinate a mit $a \neq 0$ so, dass der Punkt P auf der Geraden g liegt.

a) $g\colon \vec{x} = \begin{pmatrix} a \\ 0 \\ 2a \end{pmatrix} + r \cdot \begin{pmatrix} 3a \\ a \\ 0 \end{pmatrix};\ r \in \mathbb{R};\quad P(-2a \mid -a \mid 2a)$

b) $g\colon \vec{x} = \begin{pmatrix} 2a \\ a+1 \\ -2a \end{pmatrix} + r \cdot \begin{pmatrix} a-1 \\ 0 \\ a \end{pmatrix};\ r \in \mathbb{R};\quad P(4a-2 \mid a+1 \mid 0)$

TIPPS ZUM LÖSEN DER AUFGABEN 4, 5, 6, 7 UND 8

4 Setze für t drei verschiedene Werte ein und bestimme damit drei verschiedene Punkte.
5 Setze den Ortsvektor $\vec{p}$ des Punktes P in der Gleichung für $\vec{x}$ ein und berechne das passende t. **6, 7** Setze den Ortsvektor $\vec{p}$ des Punktes P in der Gleichung für $\vec{x}$ ein. Löse zunächst die Gleichungen ohne Variable und berechne t. Berechne anschließend durch Einsetzen von t die Variable. **8** Setze den Ortsvektor $\vec{p}$ des Punktes P in der Gleichung für $\vec{x}$ ein und berechne das passende a.

SCHRITT 8

Ich kann die Geraden im Raum auf Parallelität hin untersuchen.

Hier lernst du, wie du bestimmen kannst, ob zwei Geraden zueinander parallel und verschieden oder zueinander parallel und identisch sind.

→ Geraden im Raum (Schritt 7)

DAS BRAUCHST DU WIEDER

Beispiele: Prüfe, ob folgende Punkte auf der Geraden $g\colon \vec{x} = \begin{pmatrix} 3 \\ 6 \\ 0 \end{pmatrix} + t \cdot \begin{pmatrix} 2 \\ 3 \\ -1 \end{pmatrix}$ liegen.

a) P(1 | 3 | 4)

$\begin{pmatrix} 1 \\ 3 \\ 4 \end{pmatrix} = \begin{pmatrix} 3 \\ 6 \\ 0 \end{pmatrix} + t \cdot \begin{pmatrix} 2 \\ 3 \\ -1 \end{pmatrix} \quad \Big| - \begin{pmatrix} 3 \\ 6 \\ 0 \end{pmatrix}$

$\begin{pmatrix} -2 \\ -3 \\ 4 \end{pmatrix} = t \cdot \begin{pmatrix} 2 \\ 3 \\ -1 \end{pmatrix}$

I $-2 = 2t \quad |:2$

$t = -1$

$t = -1$ in II $-3 = (-1) \cdot 3$

wahre Aussage

$t = -1$ in III $4 = (-1) \cdot (-1)$

falsche Aussage

P liegt nicht auf g.

b) Q(9 | 15 | −3)

DARUM GEHT'S

→ Schnittpunkt von zwei Geraden (Schritt 9)

Sind die Richtungsvektoren zweier Geraden Vielfache voneinander, so sind die Geraden zueinander parallel und verschieden oder zueinander parallel und identisch.

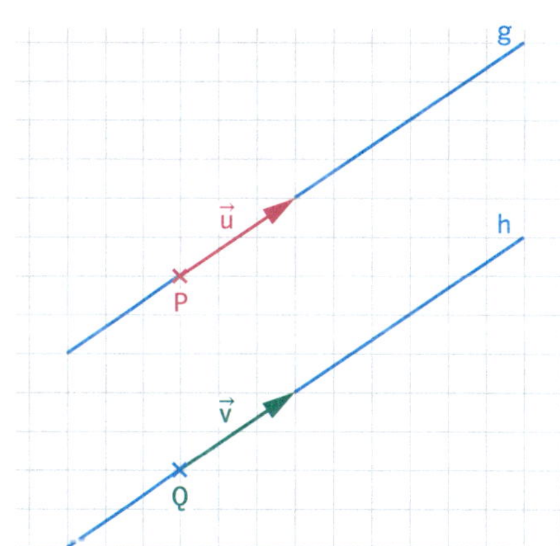

Ansonsten schneiden sich die Geraden oder sind zueinander windschief.

Um zu unterscheiden, ob zwei Geraden zueinander parallele oder identisch sind, kann man sich folgende Eigenschaft zunutze machen:
- Zueinander parallele und verschiedene Geraden haben keinen gemeinsamen Punkt.
- Zueinander parallele und identische Geraden haben unendlich viele Punkte gemeinsam.

Hat man zwei Geraden g mit $g\colon \vec{x} = \vec{p} + t \cdot \vec{u}$ und h mit $h\colon \vec{x} = \vec{q} + t \cdot \vec{v}$ gegeben, dann kann man einfach überprüfen, ob der Punkt P mit dem Ortsvektor $\vec{p}$ auf der Geraden h liegt. Ist dem so, so sind die Geraden zueinander parallel und identisch, ansonsten sind sie zueinander parallel und verschieden.

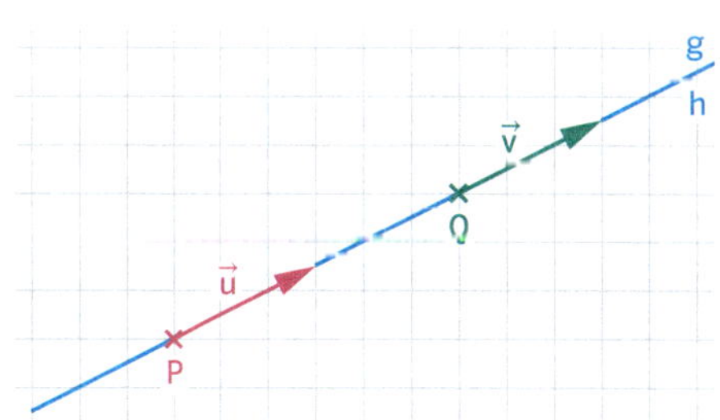

Geraden im Raum auf Parallelität hin untersuchen

Diese Strategie verwendest du, wenn du bestimmen willst, ob zwei Geraden zueinander parallel und verschieden oder zueinander parallel und identisch sind.

SO GEHT'S

1 **Beispiel**

Gegeben sind die Geraden

$$g: \vec{x} = \begin{pmatrix} 2 \\ -3 \\ 0 \end{pmatrix} + t \cdot \begin{pmatrix} 4 \\ 3 \\ -2 \end{pmatrix} \text{ und}$$

$$h: \vec{x} = \begin{pmatrix} -6 \\ -9 \\ 4 \end{pmatrix} + t \cdot \begin{pmatrix} -8 \\ -6 \\ 4 \end{pmatrix}.$$

Zeige, dass die Geraden zueinander parallel sind und untersuche, ob sie verschieden oder identisch sind.

Zeige, dass die Richtungsvektoren Vielfache voneinander und damit die Geraden zueinander parallel sind:

$$t \cdot \begin{pmatrix} 4 \\ 3 \\ -2 \end{pmatrix} = \begin{pmatrix} -8 \\ -6 \\ 4 \end{pmatrix}$$

I $4t = -8 \quad | : 4$

$t = -2$

II $-2 \cdot 3 = -6$ wahre Aussage

III $-2 \cdot (-2) = 4$ wahre Aussage

Also sind die beiden Geraden zueinander parallel.

Setze den Ortsvektor $\vec{p}$ des Punktes P in die Gleichung für h ein und vereinfache:

$$\begin{pmatrix} 2 \\ -3 \\ 0 \end{pmatrix} = \begin{pmatrix} -6 \\ -9 \\ 4 \end{pmatrix} + t \cdot \begin{pmatrix} -8 \\ -6 \\ 4 \end{pmatrix} \quad \Big| - \begin{pmatrix} -6 \\ -9 \\ 4 \end{pmatrix}$$

$$\begin{pmatrix} 8 \\ 6 \\ -4 \end{pmatrix} = t \cdot \begin{pmatrix} -8 \\ -6 \\ 4 \end{pmatrix}$$

Löse die erste Zeile der Geichung nach t auf und setze das Ergebnis in die zweite und dritte Zeile der Gleichung ein:

I $8 = -8t \quad | : (-8)$

$t = -1$

II $6 = -1 \cdot (-6)$ wahre Aussage

III $-4 = -1 \cdot 4$ wahre Aussage

Schreibe den Antwortsatz auf:

Der Punkt P liegt auf der Geraden g. Damit sind g und h zueinander parallel und identisch.

Du bist dran

Gegeben sind die Geraden

$$g: \vec{x} = \begin{pmatrix} -6 \\ -12 \\ 5 \end{pmatrix} + t \cdot \begin{pmatrix} 1 \\ 2 \\ -3 \end{pmatrix} \text{ und}$$

$$h: \vec{x} = \begin{pmatrix} 3 \\ 6 \\ 0 \end{pmatrix} + t \cdot \begin{pmatrix} 3 \\ 6 \\ -9 \end{pmatrix}.$$

Zeige, dass die Geraden zueinander parallel sind und untersuche, ob sie verschieden oder identisch sind.

Tipp
Ergibt sich in der 2. oder 3. Zeile mit dem aus Gleichung I berechneten t eine falsche Aussage, so sind die Richtungsvektoren keine Vielfachen voneinander.

Tipp
Ergibt sich in der 2. oder 3. Zeile mit dem aus Gleichung I berechneten t eine falsche Aussage, so liegt der Punkt P nicht auf der Geraden g und die Geraden sind zueinander parallel aber verschieden.

○ **2** Gegeben sind die Geraden

$$g: \vec{x} = \begin{pmatrix} -22 \\ 7 \\ 3 \end{pmatrix} + t \cdot \begin{pmatrix} 4 \\ -2 \\ 2 \end{pmatrix} \text{ und } h: \vec{x} = \begin{pmatrix} 10 \\ -9 \\ 4 \end{pmatrix} + t \cdot \begin{pmatrix} 16 \\ -8 \\ 8 \end{pmatrix}.$$

Zeige, dass die Geraden zueinander parallel sind und untersuche, ob sie verschieden oder identisch sind.

○ **3** Gegeben sind die Geraden $g\colon \vec{x} = \begin{pmatrix}1\\2\\3\end{pmatrix} + t\cdot\begin{pmatrix}2\\4\\8\end{pmatrix}, t \in \mathbb{R}$, und $h\colon \vec{x} = \begin{pmatrix}3\\6\\11\end{pmatrix} + r\cdot\begin{pmatrix}-1\\-2\\-4\end{pmatrix}, r \in \mathbb{R}$.
Zeige, dass die Geraden zueinander parallel sind und untersuche, ob sie verschieden oder identisch sind.

○ **4** Gegeben ist die Gerade $g\colon \vec{x} = \begin{pmatrix}2\\0\\5\end{pmatrix} + t\cdot\begin{pmatrix}-2\\-1\\1\end{pmatrix}, t \in \mathbb{R}$. Überprüfe, ob die Geraden g und h zueinander parallel sind und untersuche, ob sie verschieden oder identisch sind.

a) $h\colon \vec{x} = \begin{pmatrix}0\\-1\\6\end{pmatrix} + r\cdot\begin{pmatrix}4\\2\\-2\end{pmatrix}, r \in \mathbb{R}$.

b) $h\colon \vec{x} = \begin{pmatrix}2\\-2\\12\end{pmatrix} + r\cdot\begin{pmatrix}6\\3\\-3\end{pmatrix}, r \in \mathbb{R}$.

c) $h\colon \vec{x} = \begin{pmatrix}1\\2\\3\end{pmatrix} + r\cdot\begin{pmatrix}1\\4\\2\end{pmatrix}, r \in \mathbb{R}$.

◐ **5** Bestimme die fehlende Koordinate so, dass g und h zueinander parallel sind und untersuche, ob sie verschieden oder identisch sind.

a) $g\colon \vec{x} = \begin{pmatrix}0\\1\\0\end{pmatrix} + t\cdot\begin{pmatrix}3\\6\\b_3\end{pmatrix}, t \in \mathbb{R}$, $h\colon \vec{x} = \begin{pmatrix}3\\-5\\9\end{pmatrix} + s\cdot\begin{pmatrix}4\\-8\\12\end{pmatrix}, s \in \mathbb{R}$

b) $g\colon \vec{x} = \begin{pmatrix}1\\2\\4\end{pmatrix} + t\cdot\begin{pmatrix}-5\\0\\-10\end{pmatrix}, t \in \mathbb{R}$, $h\colon \vec{x} = \begin{pmatrix}4\\2\\1\end{pmatrix} + s\cdot\begin{pmatrix}2\\d_2\\4\end{pmatrix}, s \in \mathbb{R}$

c) $g\colon \vec{x} = \begin{pmatrix}4\\-2\\1\end{pmatrix} + t\cdot\begin{pmatrix}-2\\b_2\\-5\end{pmatrix}, t \in \mathbb{R}$, $h\colon \vec{x} = \begin{pmatrix}2\\1\\-4\end{pmatrix} + s\cdot\begin{pmatrix}2\\-3\\5\end{pmatrix}, s \in \mathbb{R}$

◐ **6** Gegeben ist ein Quader mit den Eckpunkten A(6|2|1), B(6|7|1), C(4|7|1), D(4|2|1), E(6|2|4), F(6|7|4), G(4|7|4) und H(4|2|4).

a) Zeige, dass die Gerade durch die Punkte A und B parallel zur Geraden durch die Punkte H und G ist.

b) Zeige, dass die Gerade durch die Punkte B und G parallel zur Geraden durch die Punkte A und F ist.

c) Zeige, dass die Gerade durch die Punkte C und H parallel zur Geraden durch die Punkte B und E ist.

● **7** Bestimme die fehlenden Koordinaten so, dass g und h zueinander parallel sind und untersuche, ob sie verschieden oder identisch sind.

a) $g\colon \vec{x} = \begin{pmatrix}a\\1\\3\end{pmatrix} + t\cdot\begin{pmatrix}2a\\-4\\6\end{pmatrix}, t \in \mathbb{R}$, $h\colon \vec{x} = \begin{pmatrix}0\\3\\6\end{pmatrix} + s\cdot\begin{pmatrix}b\\2\\-3\end{pmatrix}, s \in \mathbb{R}$

b) $g\colon \vec{x} = \begin{pmatrix}2a\\a+1\\0\end{pmatrix} + t\cdot\begin{pmatrix}1\\3\\4\end{pmatrix}, t \in \mathbb{R}$, $h\colon \vec{x} = \begin{pmatrix}2\\2\\0\end{pmatrix} + s\cdot\begin{pmatrix}3\\9\\b\end{pmatrix}, s \in \mathbb{R}$

TIPPS ZUM LÖSEN DER AUFGABEN 3, 4, 5, 6 UND 7

3 Zeige zuerst, dass die Richtungsvektoren Vielfache voneinander sind. Setze den Ortsvektor $\vec{p}$ des Punktes P in die Geradengleichung für $\vec{x}$ ein und berechne. **4, 5** Überprüfe, ob die Richtungsvektoren Vielfache voneinander sind, setze anschließend den Ortsvektor $\vec{p}$ des Punktes P in die Geradengleichung für $\vec{x}$ ein und berechne. **6** Stelle die Geradengleichungen auf. Verfahre dann wie in Aufgabe 4. **7** Bestimme die Richtungsvektoren zunächst so, dass sie Vielfache voneinander sind. Setze anschließend den Ortsvektor $\vec{p}$ des Punktes P in die Geradengleichung für $\vec{x}$ ein und berechne.

SCHRITT 9

Ich kann den Schnittpunkt von zwei Geraden bestimmen.

Hier lernst du, wie du die Lage von zwei Geraden bestimmen und gegebenenfalls den Schnittpunkt S berechnen kannst.

→ Lösen von linearen Gleichungssystemen mit dem Additionsverfahren (Grundlagen)

DAS BRAUCHST DU WIEDER

Beispiel: Löse folgendes lineares Gleichungssystem:

$$\begin{array}{ll} \text{I} & r + s = 5 \quad |\cdot(-2) \\ \text{II} & 2r + 3s = 12 \end{array} \quad +$$

s = ______________________

s in I: ______________________

____

DARUM GEHT'S

→ Geraden im Raum auf Parallelität untersuchen (Schritt 8)

Du weißt schon: Sind die Richtungsvektoren zweier Geraden keine Vielfachen voneinander, so schneiden sich die Geraden oder sind zueinander windschief.

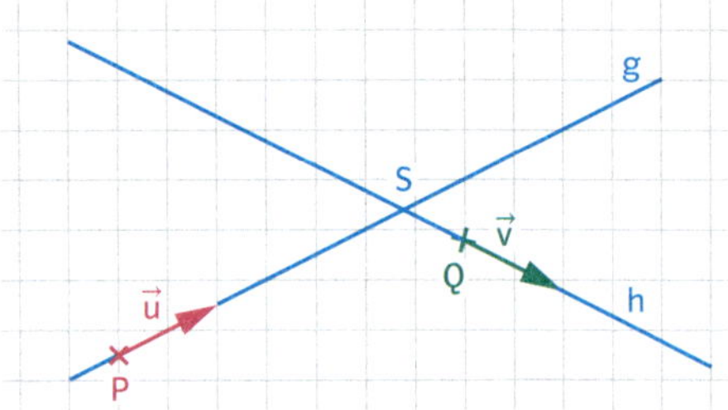

Um zu unterscheiden, ob zwei Geraden sich schneiden oder zueinander windschief sind, versucht man, den Schnittpunkt S zu finden.

Dazu setzt man die zwei Geraden gleich und löst das zugehörige lineare Gleichungssystem:
- Hat es eine Lösung, dann schneiden sich die zwei Geraden.
- Hat es keine Lösung, so sind die zwei Geraden zueinander windschief.

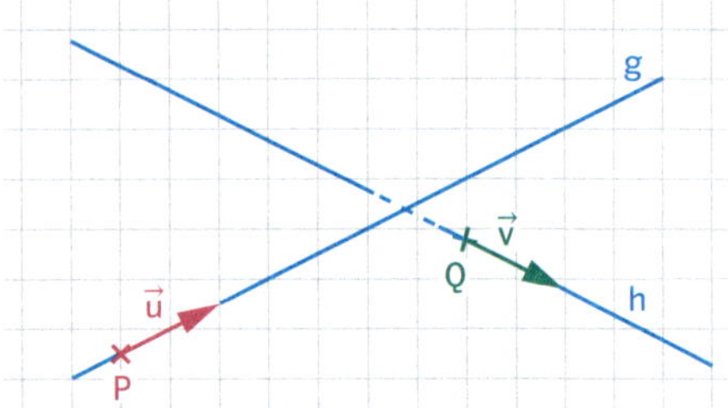

Tipp
In der rechten Grafik verläuft die Gerade g über der Geraden h. Die beiden Geraden sind also windschief zueinander.

Sind zwei Geraden $g\colon \vec{x} = \vec{p} + r \cdot \vec{u}$ und $h\colon \vec{x} = \vec{q} + s \cdot \vec{v}$ gegeben, so kann man mit folgendem Schema die Lage dieser zwei Geraden überprüfen:

Sind die Richtungsvektoren $\vec{u}$ und $\vec{v}$ Vielfache voneinander?

- ja → Liegt der Punkt P mit dem Ortsvektor $\vec{p}$ auf der Geraden h?
  - ja → Die Geraden g und h sind zueinander parallel und identisch.
  - nein → Die Geraden g und h sind zueinander parallel und verschieden.
- nein → Hat die Gleichung $\vec{p} + r \cdot \vec{u} = \vec{q} + s \cdot \vec{v}$ eine Lösung?
  - ja → Die Geraden g und h schneiden sich.
  - nein → Die Geraden g und h sind zueinander windschief.

Schnittpunkt von zwei Geraden bestimmen

Diese Strategie verwendest du, wenn du die Lage von zwei Geraden bestimmen und gegebenenfalls den Schnittpunkt berechnen willst.

SO GEHT'S

1 Beispiel

Gegeben sind die Geraden

$g:\ \vec{x} = \begin{pmatrix} 6 \\ 0 \\ 9 \end{pmatrix} + r \cdot \begin{pmatrix} 1 \\ 2 \\ 3 \end{pmatrix}$ und

$h:\ \vec{x} = \begin{pmatrix} 2 \\ -2 \\ 7 \end{pmatrix} + s \cdot \begin{pmatrix} 2 \\ 1 \\ 1 \end{pmatrix}.$

Bestimme die Lage der zwei Geraden zueinander und berechne gegebenenfalls die Koordinaten des Schnittpunktes S.

Du bist dran

Gegeben sind die Geraden

$g:\ \vec{x} = \begin{pmatrix} 1 \\ 2 \\ 1 \end{pmatrix} + r \cdot \begin{pmatrix} 2 \\ 0 \\ 1 \end{pmatrix}$ und

$h:\ \vec{x} = \begin{pmatrix} 2 \\ 3 \\ 4 \end{pmatrix} + s \cdot \begin{pmatrix} 0 \\ 1 \\ -1 \end{pmatrix}.$

Bestimme die Lage der zwei Geraden zueinander und berechne gegebenenfalls die Koordinaten des Schnittpunktes S.

Überprüfe, ob die Richtungsvektoren Vielfache voneinander sind:

$t \cdot \begin{pmatrix} 1 \\ 2 \\ 3 \end{pmatrix} = \begin{pmatrix} 2 \\ 1 \\ 1 \end{pmatrix}$

I $\quad t = 2$

II $\quad 2 \cdot 2 = 1$ falsche Aussage

Also sind die beiden Geraden windschief zueinander oder schneiden sich.

Setze die zwei Geraden g und h gleich und vereinfache das lineare Gleichungsssystem:

$$\begin{pmatrix} 6 \\ 0 \\ 9 \end{pmatrix} + r \cdot \begin{pmatrix} 1 \\ 2 \\ 3 \end{pmatrix} = \begin{pmatrix} 2 \\ -2 \\ 7 \end{pmatrix} + s \cdot \begin{pmatrix} 2 \\ 1 \\ 1 \end{pmatrix} \quad \left| -s \cdot \begin{pmatrix} 2 \\ 1 \\ 1 \end{pmatrix} - \begin{pmatrix} 6 \\ 0 \\ 9 \end{pmatrix} \right.$$

$$r \cdot \begin{pmatrix} 1 \\ 2 \\ 3 \end{pmatrix} - s \cdot \begin{pmatrix} 2 \\ 1 \\ 1 \end{pmatrix} = \begin{pmatrix} -4 \\ -2 \\ -2 \end{pmatrix}$$

Schreibe das lineare Gleichungssystem auf:

I $\quad r - 2s = -4$

II $\quad 2r - s = -2$

III $\quad 3r - s = -2$

Löse die ersten zwei Zeilen des linearen Gleichungssystem nach r und s auf:

I $\quad r - 2s = -4 \quad | \cdot (-2)$

II $\quad 2r - s = -2 \quad$ (+)

$3s = 6 \quad | :3$

$s = 2$

s in I: $\quad r - 4 = -4 \quad | +4$

$r = 0$

Setze r und s in die 3. Zeile des linearen Gleichungssystems ein und entscheide, ob die Geraden zueinander windschief sind oder sich schneiden:

r, s in III: $\quad 3 \cdot 0 - 2 \cdot 1 = -2$ wahre Aussage

Die Geraden g und h schneiden sich.

Erklärfilm
Bestimmung des Schnittpunktes von Geraden
nq54md

Tipp
Ergibt sich in der 3. Zeile eine falsche Aussage, so gibt es keine Lösung des linearen Gleichungssystems und die Geraden sind zueinander windschief.

Bestimme gegebenenfalls den Schnittpunkt S:

r in g:

$$\vec{s} = \begin{pmatrix} 6 \\ 0 \\ 9 \end{pmatrix} + 0 \cdot \begin{pmatrix} 1 \\ 2 \\ 3 \end{pmatrix} = \begin{pmatrix} 6 \\ 0 \\ 9 \end{pmatrix}$$

S(6 | 0 | 9)

○ **2** Gegeben sind die Geraden

$$g\colon \vec{x} = \begin{pmatrix} 0 \\ 1 \\ 1 \end{pmatrix} + r \cdot \begin{pmatrix} 1 \\ 0 \\ 1 \end{pmatrix} \text{ und } h\colon \vec{x} = \begin{pmatrix} 4 \\ 2 \\ 4 \end{pmatrix} + s \cdot \begin{pmatrix} 2 \\ 1 \\ 1 \end{pmatrix}.$$

Bestimme die Lage der zwei Geraden zueinander und berechne gegebenenfalls die Koordinaten des Schnittpunktes S.

○ **3** Gegeben sind die Geraden

$$g\colon \vec{x} = \begin{pmatrix} 1 \\ 2 \\ 0 \end{pmatrix} + r \cdot \begin{pmatrix} 3 \\ 0 \\ 4 \end{pmatrix},\ h\colon \vec{x} = \begin{pmatrix} -4 \\ 2 \\ 4 \end{pmatrix} + s \cdot \begin{pmatrix} -4 \\ 1 \\ 3 \end{pmatrix} \text{ und } i\colon \vec{x} = \begin{pmatrix} -7 \\ 2 \\ -8 \end{pmatrix} + a \cdot \begin{pmatrix} 8 \\ -2 \\ -6 \end{pmatrix}.$$

Überprüfe, ob die Geraden sich schneiden oder windschief zueinander sind und berechne gegebenenfalls die Koordinaten der Schnittpunkte.

◒ **4** Gegeben ist ein Parallelogramm mit den Eckpunkten A(−1 | −1 | −1), B(4 | 5 | 6), C(−2 | 7 | 5) und D(? | ? | ?). Bestimme die Koordinaten von D und die Lage der zwei Diagonalen des Parallelogramms.

◒ **5** Gegeben ist ein Quader mit den Eckpunkten A(0 | 0 | 0), B(5 | 0 | 0), C(5 | 5 | 0) und E(0 | 0 | 5) (siehe nebenstehende Skizze).
M_1 ist der Mittelpunkt der Strecke $\overline{EF}$,
M_2 ist der Mittelpunkt der Strecke $\overline{EH}$.
Überprüfe, ob sich die Gerade durch M_1 und B und die Gerade durch M_2 und C schneiden.

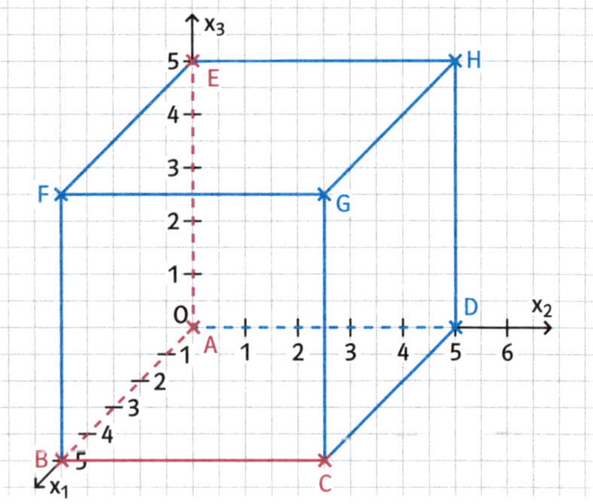

TIPPS ZUM LÖSEN DER AUFGABEN 4 UND 5

4 Den Umlaufsinn beachten. Die Diagonalen im Parallelogramm sind die Verbindungen der gegenüberliegenden Eckpunkte. **5** Bestimme zunächst die Eckpunkte F und H sowie die Mittelpunkte M_1 und M_2. Stelle anschließend die Geraden auf und überprüfe ihre Lage.

6 Zwei Flugzeuge F_1 und F_2 fliegen geradlinig über Deutschland und starten zum gleichen Zeitpunkt. Die Flugbahn des ersten Flugzeugs kann durch die Gleichung

$$g: \vec{x} = \begin{pmatrix} 1 \\ 2 \\ 15 \end{pmatrix} + s \cdot \begin{pmatrix} -3 \\ -4 \\ -5 \end{pmatrix}, \; s \in \mathbb{R},$$ beschrieben

werden, die des zweiten Flugzeugs mit

$$h: \vec{x} = \begin{pmatrix} -8 \\ -10 \\ 0 \end{pmatrix} + t \cdot \begin{pmatrix} 7 \\ 3 \\ 4 \end{pmatrix}, \; t \in \mathbb{R}.$$

Untersuche, ob sich die Flugbahnen kreuzen und ob die Gefahr einer Kollision besteht.

7 Bestimme die fehlende Koordinate so, dass

a) die Geraden $g: \vec{x} = r \cdot \begin{pmatrix} 1 \\ -1 \\ 4 \end{pmatrix}, \; r \in \mathbb{R}$, und $h: \vec{x} = \begin{pmatrix} a \\ 5 \\ 6 \end{pmatrix} + s \cdot \begin{pmatrix} 0 \\ -8 \\ 6 \end{pmatrix}, \; s \in \mathbb{R}$, sich schneiden,

b) die Geraden $g: \vec{x} = \begin{pmatrix} -1 \\ 0 \\ 2 \end{pmatrix} + r \cdot \begin{pmatrix} 3 \\ -2 \\ 4 \end{pmatrix}, \; r \in \mathbb{R}$, und $h: \vec{x} = \begin{pmatrix} 1 \\ -4 \\ b \end{pmatrix} + s \cdot \begin{pmatrix} 4 \\ 0 \\ -3 \end{pmatrix}, \; s \in \mathbb{R}$, windschief sind.

8 Zwei U-Boote bewegen sich auf geradlinigen Bahnen im Ozean. Das erste U-Boot startet im Punkt $A(0\,|\,0\,|\,-10)$ und befindet sich 30 Minuten später im Punkt $B(-3\,|\,-6\,|\,-7)$. Das zweite U-Boot startet 1 h später als das erste U-Boot im Punkt $C(4\,|\,-6\,|\,-4)$ und befindet sich eine Stunde später im Punkt $D(10\,|\,-6\,|\,-10)$. Untersuche, ob es zur Kollision kommen könnte.

TIPPS ZUM LÖSEN DER AUFGABEN 6 UND 8

6 Überlege bei deinem Ergebnis, ob die Flugzeuge zur gleichen Zeit am gleichen Ort sind.

8 Beachte die verschiedenen Zeitangaben.

TRAINING

○ **1** Gegeben sind die Punkte $P(1|2|3)$ und $Q(-3|4|-5)$ sowie die Geraden g und h mit

$$g\colon \vec{x} = \begin{pmatrix} 1 \\ 2 \\ 3 \end{pmatrix} + t \cdot \begin{pmatrix} -8 \\ 4 \\ -16 \end{pmatrix},\ t \in \mathbb{R}, \quad \text{und} \quad h\colon \vec{x} = \begin{pmatrix} -3 \\ 4 \\ -5 \end{pmatrix} + s \cdot \begin{pmatrix} 6 \\ -3 \\ 12 \end{pmatrix},\ s \in \mathbb{R}.$$

→ Schritt 7

a) Überprüfe, ob die Punkte P und Q auf der Geraden g bzw. der Geraden h liegen.
b) Die Punkte P und Q liegen beide auf g und h. Beschreibe die Lage dieser Geraden.

◒ **2** Bestimme die fehlende Koordinate so, dass der Punkt P auf der Geraden g liegt. → Schritt 7

a) $g\colon \vec{x} = \begin{pmatrix} -4 \\ 8 \\ 2 \end{pmatrix} + t \cdot \begin{pmatrix} 3 \\ b_2 \\ 1 \end{pmatrix},\ t \in \mathbb{R};\quad P(2|-6|4)$

b) $g\colon \vec{x} = \begin{pmatrix} -1 \\ a_2 \\ -1 \end{pmatrix} + t \cdot \begin{pmatrix} 1 \\ 1 \\ 1 \end{pmatrix},\ t \in \mathbb{R},\quad P(6|6|6)$

◒ **3** Bestimme die Lage der Geraden g und h, und bestimme gegebenenfalls den Schnittpunkt der beiden Geraden. → Schritte 8, 9

a) $g\colon \vec{x} = \begin{pmatrix} 1 \\ 1 \\ 2 \end{pmatrix} + t \cdot \begin{pmatrix} 2 \\ 3 \\ 1 \end{pmatrix},\ t \in \mathbb{R},\qquad h\colon \vec{x} = \begin{pmatrix} 1 \\ -2 \\ 1 \end{pmatrix} + s \cdot \begin{pmatrix} 1 \\ 3 \\ 1 \end{pmatrix},\ s \in \mathbb{R}$

b) $g\colon \vec{x} = \begin{pmatrix} 1 \\ 0 \\ 3 \end{pmatrix} + t \cdot \begin{pmatrix} -8 \\ -12 \\ 4 \end{pmatrix},\ t \in \mathbb{R},\qquad h\colon \vec{x} = \begin{pmatrix} 3 \\ 6 \\ 4 \end{pmatrix} + s \cdot \begin{pmatrix} 4 \\ 8 \\ 2 \end{pmatrix},\ s \in \mathbb{R}$

c) $g\colon \vec{x} = \begin{pmatrix} 3 \\ 0 \\ 2 \end{pmatrix} + t \cdot \begin{pmatrix} 3 \\ 2 \\ 1 \end{pmatrix},\ t \in \mathbb{R},\qquad h\colon \vec{x} = \begin{pmatrix} 5 \\ -2 \\ 2 \end{pmatrix} + s \cdot \begin{pmatrix} -6 \\ -4 \\ -2 \end{pmatrix},\ s \in \mathbb{R}$

d) $g\colon \vec{x} = \begin{pmatrix} 1 \\ 1 \\ 1 \end{pmatrix} + t \cdot \begin{pmatrix} 2 \\ 3 \\ 6 \end{pmatrix},\ t \in \mathbb{R},\qquad h\colon \vec{x} = \begin{pmatrix} -7 \\ -11 \\ -23 \end{pmatrix} + s \cdot \begin{pmatrix} -4 \\ -6 \\ -12 \end{pmatrix},\ s \in \mathbb{R}$

◒ **4** Bestimme die fehlende Koordinate so, dass g und h zueinander parallel sind, und untersuche, ob sie verschieden oder identisch sind. → Schritt 8

a) $g\colon \vec{x} = \begin{pmatrix} 0 \\ 1 \\ 0 \end{pmatrix} + t \cdot \begin{pmatrix} 3 \\ -6 \\ b_3 \end{pmatrix},\ t \in \mathbb{R},\qquad h\colon \vec{x} = \begin{pmatrix} 2 \\ 5 \\ -9 \end{pmatrix} + s \cdot \begin{pmatrix} 7 \\ -14 \\ 21 \end{pmatrix},\ s \in \mathbb{R}$

b) $g\colon \vec{x} = \begin{pmatrix} 1 \\ 2 \\ 4 \end{pmatrix} + t \cdot \begin{pmatrix} -5 \\ 0 \\ -10 \end{pmatrix},\ t \in \mathbb{R},\qquad h\colon \vec{x} = \begin{pmatrix} -6 \\ -2 \\ 1 \end{pmatrix} + s \cdot \begin{pmatrix} 3 \\ d_2 \\ 6 \end{pmatrix},\ s \in \mathbb{R}$

● **5** Zwei Zeppeline Z_1 und Z_2 fliegen geradlinig über Deutschland. Die Flugbahn von Z_1 kann durch die Gleichung $g\colon \vec{x} = \begin{pmatrix} 2 \\ -1 \\ a \end{pmatrix} + s \cdot \begin{pmatrix} 5 \\ 4 \\ -1 \end{pmatrix},\ s \in \mathbb{R}$, s in Stunden, beschrieben werden, wobei Z_2 im Punkt $Q(11|7|-4)$ startet und sich 2 Stunden später im Punkt $R(7|3|4)$ befindet. Untersuche, für welche Werte von a sich die Flugbahnen kreuzen und ob es zu einer Kollision kommen könnte. → Schritt 9

SCHRITT 10 Ich kann Ebenen im Raum mittels einer Parametergleichung beschreiben.

Hier lernst du, wie du mittels dreier Punkte eine Ebenengleichung aufstellst und überprüfen kannst, ob ein weiterer Punkt in dieser Ebene liegt.

→ Lösen von linearen Gleichungssystemen mit dem Einsetzungsverfahren (Grundlagen)

DAS BRAUCHST DU WIEDER

Allgemein: Gleichungssysteme mit dem Einsetzungsverfahren lösen

Beispiele: Löse das LGS und bestimme die Werte von a und b.

a)

I	$2a-4b=-6$	
II	$-a+3b=5$	$\mid -3b$
I	$2a-4b=-6$	
IIa	$-a=5-3b$	$\mid \cdot(-1)$
I	$2a-4b=-6$	
IIb	$a=-5+3b$	
	$2(-5+3b)-4b=-6$	
	$-10+6b-4b=-6$	$\mid +10$
	$2b=4$	$\mid :2$
	$b=2$	
	$a=-5+3\cdot 2=1$	

b)

I	$-3a+2b=5$
II	$2a-8b=-10$

DARUM GEHT'S

Du stellst eine Ebene durch eine Gleichung dar, die den Ortsvektor $\vec{x}$ jedes Punktes X der Ebene beschreibt. Um jeden möglichen Punkt darzustellen, benötigst du den Ortsvektor $\vec{p}$ eines beliebigen Punktes P, der in der Ebene liegt. Dieser „stützt" sozusagen die Ebene und wird als **Stützvektor** bezeichnet.

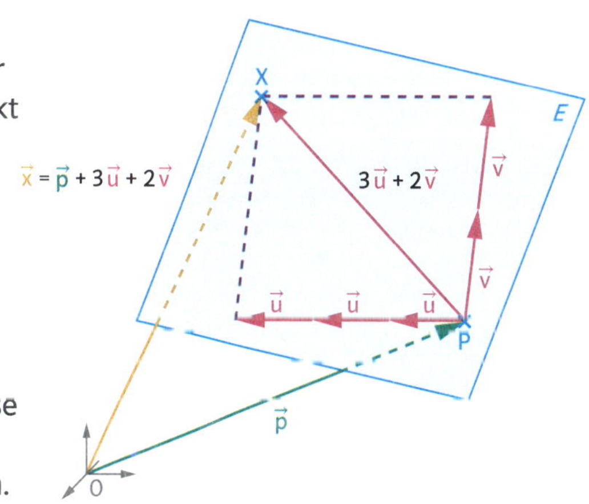

Außerdem benötigst du zwei Vektoren $\vec{u}$ und $\vec{v}$, die den Punkt P auf jeden beliebigen Punkt X der Ebene verschieben können. Diese **Spannvektoren** müssen in der Ebene liegen und in zwei verschiedene Richtungen zeigen.

> **Tipp**
> r und s sind hier sogenannte Parameter und geben der Parametergleichung ihren Namen.

Die Parametergleichung einer Ebene E ergibt sich dann zu

$$\mathbf{E:}\ \vec{x}=\vec{p}+r\cdot\vec{u}+s\cdot\vec{v},\quad r,s\in\mathbb{R}$$

Sind drei Punkte einer Ebene E gegeben, kann die Paramatergleichung mithilfe dieser Punkte aufgestellt werden:

$$\mathbf{E:}\ \vec{x}=\vec{a}+r\cdot\overrightarrow{AB}+s\cdot\overrightarrow{AC},\quad r,s\in\mathbb{R}$$

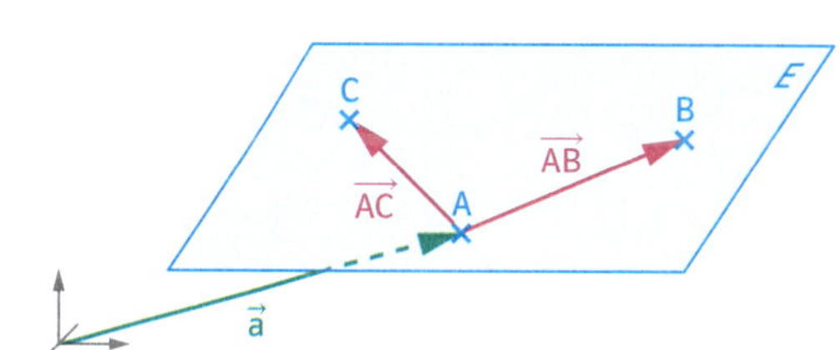

> 🌐 **Erklärfilm**
> Ebenen im Raum – Die Parametergleichung
> nq54md

Ebenen im Raum

Diese Strategie verwendest du, wenn du mittels dreier Punkte im Raum eine Ebenengleichung aufstellen und überprüfen willst, ob ein weiterer Punkt in der Ebene liegt.

SO GEHT'S

1 Beispiel

Die Punkte A(1 | 3 | −2), B(2 | −2 | 4) und C(4 | 0 | −3) liegen in der Ebene E.

a) Bestimme die Parametergleichung der Ebene.

b) Prüfe, ob der Punkt D(−4 | 4 | 6) in der Ebene E liegt.

a) Berechne die Vektoren $\overrightarrow{AB}$ und $\overrightarrow{AC}$:

$$\vec{u} = \overrightarrow{AB} = \begin{pmatrix} 2 - 1 \\ -2 - 3 \\ 4 - (-2) \end{pmatrix} = \begin{pmatrix} 1 \\ -5 \\ 6 \end{pmatrix}$$

$$\vec{v} = \overrightarrow{AC} = \begin{pmatrix} 4 - 1 \\ 0 - 3 \\ -3 - (-2) \end{pmatrix} = \begin{pmatrix} 3 \\ -3 \\ -1 \end{pmatrix}$$

Stelle die Gleichung $E: \vec{x} = \vec{a} + r \cdot \overrightarrow{AB} + s \cdot \overrightarrow{AC}$ für die Ebene E auf:

$$E: \vec{x} = \begin{pmatrix} 1 \\ 3 \\ -2 \end{pmatrix} + r \cdot \begin{pmatrix} 1 \\ -5 \\ 6 \end{pmatrix} + s \cdot \begin{pmatrix} 3 \\ -3 \\ -1 \end{pmatrix}$$

$r, s \in \mathbb{R}$

b) Setze den Ortsvektor $\vec{d}$ des Punktes D mit der Gleichung der Ebene E gleich und vereinfache:

$$\begin{pmatrix} -4 \\ 4 \\ 6 \end{pmatrix} = \begin{pmatrix} 1 \\ 3 \\ -2 \end{pmatrix} + r \cdot \begin{pmatrix} 1 \\ -5 \\ 6 \end{pmatrix} + s \cdot \begin{pmatrix} 3 \\ -3 \\ -1 \end{pmatrix} \quad \Big| - \begin{pmatrix} 1 \\ 3 \\ -2 \end{pmatrix}$$

$$\begin{pmatrix} -5 \\ 1 \\ 8 \end{pmatrix} = r \cdot \begin{pmatrix} 1 \\ -5 \\ 6 \end{pmatrix} + s \cdot \begin{pmatrix} 3 \\ -3 \\ -1 \end{pmatrix}$$

Stelle diese Gleichung zeilenweise als LGS dar:

$$\begin{array}{lrcl} \text{I} & -5 &=& r + 3s \\ \text{II} & 1 &=& -5r - 3s \\ \text{III} & 8 &=& 6r - s \end{array}$$

Löse die erste Zeile der Geichung nach r auf:

$$\begin{array}{lrcll} \text{I} & -5 &=& r + 3s & \mid -3s \\ & r &=& -5 - 3s & \end{array}$$

Ersetze r in der zweiten und dritten Zeile des LGS durch dieses Ergebnis und berechne jeweils den Wert von s:

$$\begin{array}{lrcll} \text{II} & 1 &=& -5 \cdot (-5 - 3s) - 3s & \\ & 1 &=& 25 + 15s - 3s & \\ & 1 &=& 25 + 12s & \mid -25 \\ & -24 &=& 12s & \mid :12 \\ & -2 &=& s & \end{array}$$

Du bist dran

Die Punkte A(2 | 0 | −1), B(1 | 5 | −3) und C(−2 | 7 | 3) liegen in der Ebene E.

a) Bestimme die Parametergleichung der Ebene.

b) Prüfe, ob der Punkt D(−2 | 7 | −5) in der Ebene E liegt.

Tipp
Wir gehen davon aus, dass die Punkte A, B und C nicht auf einer Geraden liegen.

Tipp
Als Stützvektor verwendest du hier den Ortsvektor $\vec{a}$ des Punktes A. Du könntest aber auch einen der anderen beiden Punkte verwenden.

Tipp
Ergibt sich für den zweiten Parameter in beiden Gleichungen der gleiche Wert, so liegt der Punkt in der Ebene.

$$
\begin{array}{lrcll}
\text{III} & 8 &=& 6\cdot(-5-3s)-s & \\
 & 8 &=& -30-18s-s & \\
 & 8 &=& -30-19s & \mid +30 \\
 & 38 &=& -19s & \mid :(-19) \\
 & -2 &=& s &
\end{array}
$$

Schreibe den Antwortsatz auf:

Der Punkt D liegt in der Ebene E.

○ **2** Bestimme eine Gleichung der Ebene E, in der die Punkte A, B und C liegen. (Die Punkte A, B und C liegen nicht auf einer Geraden.) Untersuche, ob der Punkt D in der Ebene E liegt.

a) A(0 | 0 | −2), B(0 | −5 | 0), C(5 | 0 | 1), D(10 | −5 | 6)
b) A(2 | 1 | 0), B(0 | 6 | 1), C(3 | 2 | 3), D(5 | −3 | 2)

◒ **3** Gegeben ist die Ebene $E\colon \vec{x} = \begin{pmatrix}1\\2\\-1\end{pmatrix} + r\cdot\begin{pmatrix}1\\3\\4\end{pmatrix} + s\cdot\begin{pmatrix}2\\0\\-3\end{pmatrix},\ r,s\in\mathbb{R}.$

a) Überprüfe, ob die Punkte A(2 | −1 | −8), B(0 | 0 | 0) und C(2 | 8 | 14) in der Ebene liegen.
b) Bestimme einen Wert für a so, dass der Punkt P in der Ebene liegt.
i) P(4 | a | −4) ii) P(5 | −4 | a)

◒ **4** Bestimme, falls möglich, eine Parametergleichung der Ebene E, die durch die Punkte A, B und C festgelegt ist. Begründe gegebenenfalls, warum dies nicht möglich ist.

a) A(1 | 1 | 5), B(2 | −3 | 7), C(4 | 5 | 11) **b)** A(1 | 0 | 4), B(2 | −3 | 7), C(3 | −6 | 10)

◒ **5** Durch eine Gerade g und einen Punkte P, der nicht auf der Geraden liegt, ist eine Ebene eindeutig definiert. Bestimme die Parametergleichung der Ebene E.

a) $g\colon \vec{x} = \begin{pmatrix}1\\-2\\3\end{pmatrix} + r\cdot\begin{pmatrix}1\\-3\\4\end{pmatrix},\ r\in\mathbb{R},\quad P(2\,|\,3\,|\,5)$

b) $g\colon \vec{x} = \begin{pmatrix}1\\2\\-1\end{pmatrix} + s\cdot\begin{pmatrix}2\\0\\-3\end{pmatrix},\ s\in\mathbb{R},\quad P(4\,|\,-2\,|\,-4)$

● **6** Bestimme den Wert für a so, dass die

a) Ebene $E\colon \vec{x} = \begin{pmatrix}5\\6\\a\end{pmatrix} + r\cdot\begin{pmatrix}2\\3\\-1\end{pmatrix} + s\cdot\begin{pmatrix}1\\0\\4\end{pmatrix},\ r,s\in\mathbb{R},$ durch den Ursprung verläuft.

b) Gleichung $E\colon \vec{x} = \begin{pmatrix}1\\2\\-1\end{pmatrix} + r\cdot\begin{pmatrix}-3\\-6\\a\end{pmatrix} + s\cdot\begin{pmatrix}a\\2a\\a\end{pmatrix},\ r,s\in\mathbb{R},$ keine Ebene beschreibt.

TIPPS ZUM LÖSEN DER AUFGABEN 3, 4, 5 UND 6

3b) Setze den Ortsvektor $\vec{p}$ des Punktes P mit der Ebenengleichung gleich und berechne mithilfe des LGS die Variable. **4** Überlege, welche Eigenschaft die Spannvektoren einer Ebene haben müssen. **5** Den Stützvektor der Geraden kannst du als Stützvektor der Ebene verwenden. Der Richtungsvektor der Geraden ist der erste Spannvektor der Ebene. Um den zweiten Spannvektor zu erhalten, musst du den Ortsvektor des Punktes P von dem ersten Vektor der Geraden subtrahieren. **6a)** Setze den Ortsvektor $\vec{0}$ des Ursprungs mit der Ebenengleichung gleich und berechne. **6b)** Überlege dir, welche Eigenschaften die Richtungsvektoren einer Ebene haben müssen.

SCHRITT 11

Ich kann Ebenen im Raum mittels der Normalen- und der Koordinatengleichung beschreiben.

Hier lernst du, wie du eine Ebene E mittels eines Punktes P, der in der Ebene liegt, und einem Vektor $\vec{n}$, der senkrecht auf der Ebene steht, beschreiben kannst.

→ Skalarprodukt von Vektoren (Schritt 6)

DAS BRAUCHST DU WIEDER

Allgemein: Skalarprodukt zweier Vektoren

Für $\vec{a} = \begin{pmatrix} a_1 \\ a_2 \\ a_3 \end{pmatrix}$ und $\vec{b} = \begin{pmatrix} b_1 \\ b_2 \\ b_3 \end{pmatrix}$ gilt: $\vec{a} \cdot \vec{b} = a_1b_1 + a_2b_2 + a_3b_3$

Tipp
Ist das Skalarprodukt zweier Vektoren null, so sind diese orthogonal zueinander.

Beispiele: Bestimme das Skalarprodukt der Vektoren $\vec{a}$ und $\vec{b}$.

a) $\vec{a} = \begin{pmatrix} -1 \\ 2 \\ 3 \end{pmatrix}$, $\vec{b} = \begin{pmatrix} 2 \\ 0 \\ -1 \end{pmatrix}$, $\vec{a} \cdot \vec{b} = -1 \cdot 2 + 2 \cdot 0 + 3 \cdot (-1) = -5$

b) $\vec{a} = \begin{pmatrix} 3 \\ 4 \\ 10 \end{pmatrix}$, $\vec{b} = \begin{pmatrix} 0 \\ 5 \\ -2 \end{pmatrix}$, $\vec{a} \cdot \vec{b} =$ ____________________

c) $\vec{a} = \begin{pmatrix} 2 \\ -5 \\ 7 \end{pmatrix}$, $\vec{b} = \begin{pmatrix} 1 \\ -3 \\ -2 \end{pmatrix}$, $\vec{a} \cdot \vec{b} =$ ____________________

DARUM GEHT'S

Eine Ebene kann mittels eines Stützvektors und zweier Spannvektoren beschrieben werden. Du kannst eine Ebene aber auch durch einen Stützvektor $\vec{p}$ und einen orthogonal auf der Ebene stehenden Vektor $\vec{n}$ beschreiben. Diesen Vektor bezeichnet man als **Normalenvektor**.

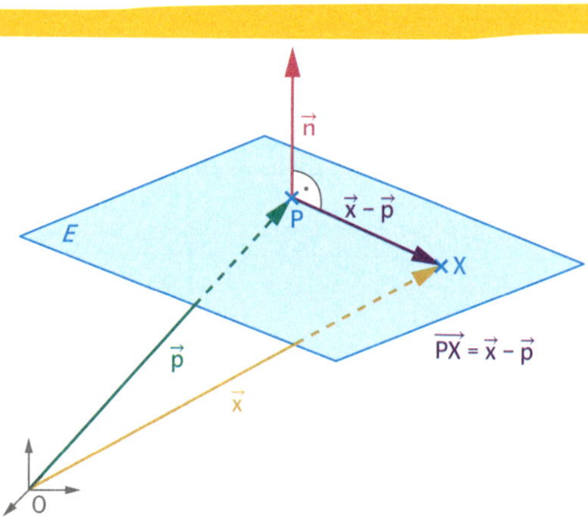

Der Vektor $\vec{x} - \vec{p}$, liegt in der Ebene und ist orthogonal zum Normalenvektor $\vec{n}$. Das Skalarprodukt der beiden Vektoren ergibt null.

Damit ergibt sich die **Normalenform** der Ebene E. Nach ihr liegen alle Punkte X, deren Ortsvektoren $\vec{x}$ die Gleichung

$$\mathbf{E:\ (\vec{x} - \vec{p}) \cdot \vec{n} = 0}$$

erfüllen, in der Ebene E.

Tipp
Die Koordinatengleichung wird deutlich mehr verwendet als die Normalengleichung.

Ausgehend von der Normalengleichung einer Ebene kannst du die **Koordinatengleichung** einer Ebene aufstellen, die komplett ohne Vektoren dargestellt wird. Sie hat die Form:

$$\mathbf{E:\ a x_1 + b x_2 + c x_3 = d}$$

Dabei sind die Vorfaktoren a, b und c die Koordinaten des Normalenvektors $\vec{n} = \begin{pmatrix} a \\ b \\ c \end{pmatrix}$

und d ergibt sich, wenn man in diese Gleichung die Koordinaten des Stützvektors $\vec{p}$ für x_1, x_2 und x_3 einsetzt.

Normalen- und Koordinatengleichung

Diese Strategie verwendest du, wenn du mittels eines Stützvektors $\vec{p}$ und des Normalenvektors $\vec{n}$ einer Ebene deren Normalen- und Koordinatengleichungen aufstellen und überprüfen willst, ob ein Punkt Q in dieser Ebene liegt.

SO GEHT'S

1 Beispiel

Der Vektor $\vec{n} = \begin{pmatrix} -1 \\ 3 \\ 4 \end{pmatrix}$ ist ein Normalenvektor der Ebene E, die den Punkt P(2 | −1 | 3) enthält.

a) Bestimme eine Koordinatengleichung von E.

b) Untersuche ob der Punkt Q(−2 | 4 | 1) in der Ebene E liegt.

a) Stelle mithilfe des Normalenvektors zunächst den Ansatz für die Ebenengleichung auf:

$E: -1x_1 + 3x_2 + 4x_3 = d$

Setze die Koordinaten des Stützvektors in die Ebenengleichung ein, um d zu bestimmen:

$$d = -1 \cdot 2 + 3 \cdot (-1) + 4 \cdot 3 = -2 - 3 + 12 = 7$$

Gib die Ebenengleichung an:

$E: -1x_1 + 3x_2 + 4x_3 = 7$

b) Setze die Koordinaten von Q in die Koordinatengleichung ein:

$$-1 \cdot (-2) + 3 \cdot 4 + 4 \cdot 1 = 2 + 12 + 4 = 18 \neq 7$$

Der Punkt Q liegt nicht in der Ebene E.

Du bist dran

Der Vektor $\vec{n} = \begin{pmatrix} 2 \\ 1 \\ -2 \end{pmatrix}$ ist ein Normalenvektor der Ebene E, die den Punkt P(1 | 2 | −4) enthält.

a) Bestimme eine Koordinatengleichung von E.

b) Untersuche ob der Punkt Q(−2 | 4 | −6) in der Ebene E liegt.

○ **2** Der Vektor $\vec{n}$ ist ein Normalenvektor der Ebene E, die den Punkt P enthält. Bestimme eine Koordinatengleichung von E und untersuche, ob der Punkt Q in der Ebene E liegt.

a) $\vec{n} = \begin{pmatrix} 3 \\ -2 \\ 1 \end{pmatrix}$, P(1 | 1 | −4), Q(0 | 0 | −3) **b)** $\vec{n} = \begin{pmatrix} -1 \\ 0 \\ 2 \end{pmatrix}$, P(4 | −3 | 4), Q(7 | −4 | 0)

○ **3** Eine Ebene E ist gegeben durch den Normalenvektor $\vec{n} = \begin{pmatrix} 1 \\ 2 \\ 7 \end{pmatrix}$ und den Punkt P(2 | 8 | −1).

a) Gib die Koordinatengleichung dieser Ebene an.

b) Überprüfe, ob die Punkte A(0 | 0 | 0), B(22 | −11 | 0) und C(4 | 2 | 1) in der Ebene liegen.

TIPPS ZUM LÖSEN DER AUFGABEN 2 UND 3

2b) Die Ebenengleichung hat auf der linken Seite nur zwei Summanden, da der Vorfaktor von x_2 null ist und dieser Summand damit wegfällt. Beim Einsetzen von Punkten spielt damit die x_2-Koordinate keine Rolle. **3** Setze die x_1-Koordinate des Punktes in die x_1-Koordinate der Koordinatengleichung ein. Verfahre mit x_2 und x_3 genauso. Stimmt die Gleichung, liegt der Punkt in der Ebene.

4 Gegeben ist die Normalengleichung einer Ebene. Gib eine Koordinatengleichung der Ebene an.

a) $E: \left(\vec{x} - \begin{pmatrix} -1 \\ 2 \\ 3 \end{pmatrix}\right) \cdot \begin{pmatrix} -1 \\ 2 \\ 3 \end{pmatrix} = 0$

b) $E: \left(\vec{x} - \begin{pmatrix} 3 \\ 2 \\ 1 \end{pmatrix}\right) \cdot \begin{pmatrix} 4 \\ 1 \\ 5 \end{pmatrix} = 0$

c) $E: \left(\vec{x} - \begin{pmatrix} -3 \\ 0 \\ 4 \end{pmatrix}\right) \cdot \begin{pmatrix} 2 \\ 0 \\ -5 \end{pmatrix} = 0$

d) $E: \left(\vec{x} - \begin{pmatrix} 1 \\ 3 \\ -2 \end{pmatrix}\right) \cdot \begin{pmatrix} -1 \\ 3 \\ 4 \end{pmatrix} = 0$

5 Gegeben ist die Koordinatengleichung einer Ebene E. Gib eine zugehörige Normalengleichung an.

a) $E_1: -1x_1 + 3x_2 + 4x_3 = 12$

b) $E_2: 3x_1 - 2x_2 + 7x_3 = 42$

c) $E_3: -5x_1 + 3x_2 - x_3 = 15$

6 Gegeben ist die Koordinatengleichung einer Ebene $E: x_1 + 2x_2 + 7x_3 = 11$. Bestimme die fehlende Koordinate so, dass der Punkt P in der Ebene liegt.

a) $P(a\,|\,1\,|\,-2)$

b) $P(2a\,|\,1\,|\,a)$

7 Gegeben ist die Ebene $E: 2x_1 + 2x_2 - x_3 = 6$.

a) Gib einen Normalenvektor der Ebene E an.

b) Stelle eine Normalengleichung der Ebene E auf.

c) Gib vier Punkte an, die in der Ebene E liegen.

d) Begründe, ob es möglich ist, aus der Koordinatengleichung die Schnittpunkte mit den Koordinatenachsen abzulesen.

8 Gegeben ist die Ebene $E: x_1 - x_2 = 0$.

a) Überprüfe, ob die Punkte $A(0\,|\,0\,|\,7)$, $B(4\,|\,4\,|\,-8)$ und $C(1\,|\,5\,|\,0)$ in der Ebene E liegen.

b) Gib den Normalenvektor der Ebene an.

9 Gegeben ist die Ebene $E: x_1 = 5$.

a) Gib die Eigenschaften aller Punkte dieser Ebene an.

b) Gib einen Normalenvektor dieser Ebene E an.

c) Gib drei verschiedene Punkte an, die in der Ebene E liegen.

d) Überprüfe, ob der Ursprung in der Ebene E liegt.

e) Gib eine Normalengleichung der Ebene E an.

TIPPS ZUM LÖSEN DER AUFGABEN 4, 5, 6 UND 7

4 Verwende den Normalenvektor in der Koordinatengleichung. Um d zu berechnen, setzt du die Koordinaten des gegebenen Punktes in die x_1-, x_2- und x_3-Koordinate ein. **5** Um einen Punkt auf der Ebene zu erhalten, setzt du x_1- und x_2-Koordinate null und löst die Gleichung nach x_3 auf. Damit hat dein Punkt dann die Koordinaten $P(0\,|\,0\,|\,x_3)$. **6** Setze die Koordinaten des Punktes in die Koordinatengleichung ein und bestimme die Variable. **7 d)** Überlege, welche Eigenschaften alle Punkte auf der x_1-Achse usw. besitzen.

Ich kann Ebenengleichungen mithilfe des Vektorprodukts umformen.

Hier lernst du, wie du aus einer Parametergleichung einer Ebene die Koordinatengleichung dieser Ebene bestimmst und das Vektorprodukt (Kreuzprodukt) zweier Vektoren bildest.

→ Parametergleichung einer Ebene (Schritt 10)

DAS BRAUCHST DU WIEDER

Allgemein: Parametergleichung einer Ebene
Hat man drei Punkte A, B und C einer Ebene E gegeben, so ist

E: $\vec{x} = \vec{a} + r \cdot \overrightarrow{AB} + s \cdot \overrightarrow{AC}$ eine Parametergleichung der Ebene.

Beispiele: Bestimme eine Parametergleichung der Ebene E, in der die angegebenen Punkte liegen.

a) A(1 | −2 | 1), B(2 | 4 | −3), C(0 | 3 | 5), $\overrightarrow{AB} = \begin{pmatrix} 1 \\ 6 \\ -4 \end{pmatrix}$, $\overrightarrow{AC} = \begin{pmatrix} -1 \\ 5 \\ 4 \end{pmatrix}$

E: $\vec{x} = \begin{pmatrix} 1 \\ -2 \\ 1 \end{pmatrix} + r \cdot \begin{pmatrix} 1 \\ 6 \\ -4 \end{pmatrix} + s \cdot \begin{pmatrix} -1 \\ 5 \\ 4 \end{pmatrix}$

b) A(−2 | 0 | 2), B(−1 | 3 | 5), C(1 | 7 | 4) ______________________________

____

DARUM GEHT'S

→ Schritte 10 und 11

Du kennst bereits drei verschiedene Darstellungen von Ebenen. Möchtest du aus der Parametergleichung einer Ebene der Form

E: $\vec{x} = \vec{p} + r \cdot \vec{u} + s \cdot \vec{v}$

die Koordinatengleichung dieser Ebene der Form

E: $ax_1 + bx_2 + cx_3 = d$

bestimmen, so musst du zunächst einen Normalenvektor $\vec{n}$ der Ebene E bestimmen.

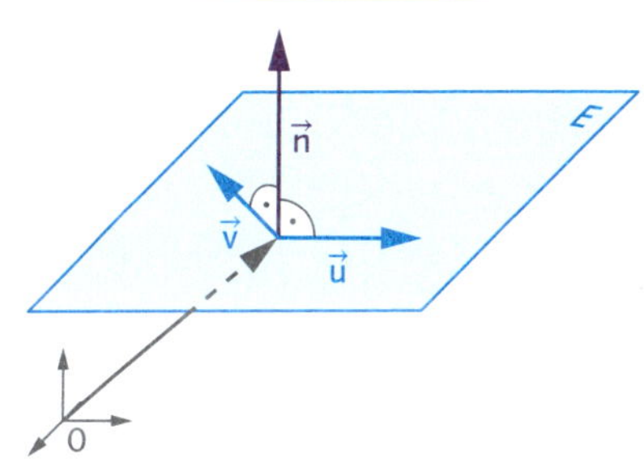

Der Normalenvektor ist orthogonal zu den beiden in der Parametergleichung verwendeten Spannvektoren $\vec{u}$ und $\vec{v}$.

Einen solchen Normalenvektor erhält man mit dem **Vektorprodukt** $\vec{u} \times \vec{v}$.

> **Tipp**
> $\vec{u} \times \vec{v}$ liest man „u kreuz v", weshalb das Vektorprodukt auch als **Kreuzprodukt** bezeichnet wird.

Es gilt: $\vec{u} \times \vec{v} = \begin{pmatrix} u_2v_3 - u_3v_2 \\ u_3v_1 - u_1v_3 \\ u_1v_2 - u_2v_1 \end{pmatrix}$.

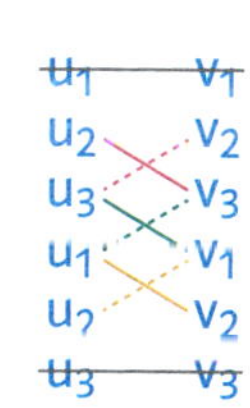

Anstatt diese Formel auswendig zu lernen, gibt es auch ein einfaches grafisches Verfahren zur Bestimmung des Vektorprodukts. Schreibe dafür, wie rechts dargestellt, beide Vektoren zweimal untereinander und streiche die oberste und die unterste Zeile durch. Die erste Zeile des Vektorprodukts erhältst du, indem du vom Produkt der mit der durchgezogenen roten Linie verbundenen Zahlen das Produkt der mit der gestrichelten roten Linie verbundenen Zahlen abziehst. Ebenso verfährst du mit der zweiten und dritten Zeile des Vektorprodukts.

Ebenengleichungen mit dem Vektorprodukt umformen

Diese Strategie verwendest du, wenn du mithilfe der Spannvektoren einer Ebene einen Normalenvektor dieser Ebene und damit ihre Koordinatengleichung bestimmen willst.

SO GEHT'S

Erklärfilm
Ebenengleichungen umformen – Das Vektorprodukt
nq54md

1 Beispiel

Bestimme eine Koordinatengleichung der Ebene $E: \vec{x} = \begin{pmatrix} -1 \\ 1 \\ 2 \end{pmatrix} + r \cdot \begin{pmatrix} 2 \\ 2 \\ 4 \end{pmatrix} + s \cdot \begin{pmatrix} -2 \\ 3 \\ 1 \end{pmatrix}$.

Schreibe die beiden Spannvektoren zweimal übereinander und streiche die erste und letzte Zeile durch:

$$\begin{matrix} \not{2} & \not{-2} \\ 2 & 3 \\ 4 & 1 \\ 2 & -2 \\ 2 & 3 \\ \not{4} & \not{1} \end{matrix}$$

Verbinde die einzelnen Koordinaten kreuzweise orthogonal und bilde das Vektorprodukt:

$$\vec{u} \times \vec{v} = \begin{pmatrix} 2 \cdot 1 - 4 \cdot 3 \\ 4 \cdot (-2) - 2 \cdot 1 \\ 2 \cdot 3 - 2 \cdot (-2) \end{pmatrix}$$

$$= \begin{pmatrix} 2 - 12 \\ -8 - 2 \\ 6 + 4 \end{pmatrix} = \begin{pmatrix} -10 \\ -10 \\ 10 \end{pmatrix}$$

Vereinfache das Ergebnis (falls möglich) und notiere den Normalenvektor:

$$\vec{n} = \begin{pmatrix} -1 \\ -1 \\ 1 \end{pmatrix}$$

Setze die Koordinaten des Normalenvektors in die allgemeine Form der Koordinatengleichung ein:

$$E: -1x_1 + (-1)x_2 + 1x_3 = d$$

Setze die Koordinaten des Stützvektors der Parametergleichung in die Koordinatenform ein, um d zu erhalten:

$$-1 \cdot (-1) - 1 \cdot 1 + 1 \cdot 2 = 1 - 1 + 2$$
$$= 2$$

Gib die Koordinatengleichung an:

$$E: -x_1 - x_2 + x_3 = 2$$

Du bist dran

Bestimme eine Koordinatengleichung der Ebene $E: \vec{x} = \begin{pmatrix} 2 \\ 1 \\ 4 \end{pmatrix} + r \cdot \begin{pmatrix} 1 \\ 1 \\ 2 \end{pmatrix} + s \cdot \begin{pmatrix} 5 \\ 3 \\ -2 \end{pmatrix}$.

Tipp
Das Vektorprodukt liefert dir **einen** möglichen Normalenvektor der Ebene. Durch geschicktes Mutiplizieren oder Dividieren aller Einträge mit der gleichen Zahl erhältst du einen einfacheren Normalenvektor.

○ **2** Bestimme eine Koordinatengleichung der Ebene $E: \vec{x} = \begin{pmatrix} 2 \\ 1 \\ 0 \end{pmatrix} + r \cdot \begin{pmatrix} 3 \\ -1 \\ 2 \end{pmatrix} + s \cdot \begin{pmatrix} 4 \\ 3 \\ -2 \end{pmatrix}$

○ **3** Gegeben ist eine Parametergleichung einer Ebene

$E: \vec{x} = \begin{pmatrix} 5 \\ 2 \\ -3 \end{pmatrix} + r \cdot \begin{pmatrix} -2 \\ 5 \\ 3 \end{pmatrix} + s \cdot \begin{pmatrix} 2 \\ 1 \\ 1 \end{pmatrix}$, $r, s \in \mathbb{R}$.

Bestimme eine Koordinatengleichung der Ebene.

○ **4** Gegeben ist die Ebene $E_1\colon\ \vec{x} = \begin{pmatrix}1\\0\\0\end{pmatrix} + r\cdot\begin{pmatrix}2\\1\\3\end{pmatrix} + s\cdot\begin{pmatrix}-1\\-3\\0\end{pmatrix},\ r, s \in \mathbb{R}.$

Bestimme eine Koordinatengleichung. Überprüfe, ob es sich bei der Ebene $E_2\colon\ -27x_1 + 9x_2 + 15x_3 = 27$ um die gleiche Ebene handelt.

◒ **5** Bestimme drei Punkte der Ebene und stelle damit eine Parametergleichung der Ebene auf.

a) $E\colon\ 1x_1 - 2x_2 + 7x_3 = 14$
b) $E\colon\ -3x_1 + 5x_2 - 15x_3 = 0$
c) $E\colon\ 2x_1 + x_3 = 0$
d) $E\colon\ x_3 = 0$

◒ **6** Gegeben sind drei Punkte, die in einer Ebene liegen. Stelle jeweils die Parametergleichung und die Koordinatengleichung auf.

a) $A(2|2|2)$, $B(1|3|7)$, $C(-5|2|8)$
b) $A(-1|3|4)$, $B(0|5|-1)$, $C(-3|0|6)$
c) $A(1|0|0)$, $B(0|4|0)$, $C(0|0|-3)$
d) $A(2|5|4)$, $B(0|0|0)$, $C(-3|-5|-1)$

◒ **7** Überprüfe, welche der Parametergleichungen die gleiche Ebene beschreibt.

a) $E_1\colon\ \vec{x} = \begin{pmatrix}2\\1\\0\end{pmatrix} + r\cdot\begin{pmatrix}3\\-1\\2\end{pmatrix} + s\cdot\begin{pmatrix}4\\3\\-2\end{pmatrix},\ r, s \in \mathbb{R}.$

b) $E_1\colon\ \vec{x} = \begin{pmatrix}2\\-1\\0\end{pmatrix} + r\cdot\begin{pmatrix}3\\1\\-2\end{pmatrix} + s\cdot\begin{pmatrix}4\\-3\\2\end{pmatrix},\ r, s \in \mathbb{R}.$

c) $E_1\colon\ \vec{x} = \begin{pmatrix}6\\4\\-2\end{pmatrix} + r\cdot\begin{pmatrix}-1\\-4\\4\end{pmatrix} + s\cdot\begin{pmatrix}-4\\-3\\2\end{pmatrix},\ r, s \in \mathbb{R}.$

d) $E_1\colon\ \vec{x} = \begin{pmatrix}5\\0\\-2\end{pmatrix} + r\cdot\begin{pmatrix}1\\-4\\4\end{pmatrix} + s\cdot\begin{pmatrix}-3\\-1\\2\end{pmatrix},\ r, s \in \mathbb{R}.$

● **8** Bestimme k so, dass die Koordinatengleichungen E und F die gleiche Ebene beschreiben.
$E\colon\ 2x_1 + 4x_2 - 8x_3 = 24;\quad F\colon\ 3x_1 + (4+k)x_2 - 6kx_3 = 36$

TIPPS ZUM LÖSEN DER AUFGABEN 4, 5, 7 UND 8

4 Sind die beiden Ebenen Vielfache voneinander, beschreiben sie die gleiche Ebene. **5** Für die fehlenden Koordinaten kannst du jede beliebige Zahl einsetzen. **7** Sind die beiden Ebenen Vielfache voneinander, beschreiben sie die gleiche Ebene. **8** Überlege, mit welcher Zahl du die Ebene E multiplizieren kannst, damit du die Ebene F erhältst. Vergleiche anschließend die Koeffizienten (Zahlen vor dem x), dann erhältst du k.

SCHRITT 13 Ich kann Ebenen im Koordinatensystem veranschaulichen.

Hier lernst du, wie du Ebenen in einem dreidimensionalen Koordinatensystem grafisch veranschaulichst.

→ Punkte und Körper im Raum (Schritt 1)

DAS BRAUCHST DU WIEDER

Allgemein: Punkte und Körper im Raum darstellen.

Beispiele: Zeichne das Dreieck ABC in ein dreidimensionales Koordinatensystem.

a) A(−4 | 0 | 0), B(0 | 2 | 0), C(0 | 0 | 3) b) A(3 | 0 | 0), B(0 | 4 | 0), C(0 | 0 | −2)

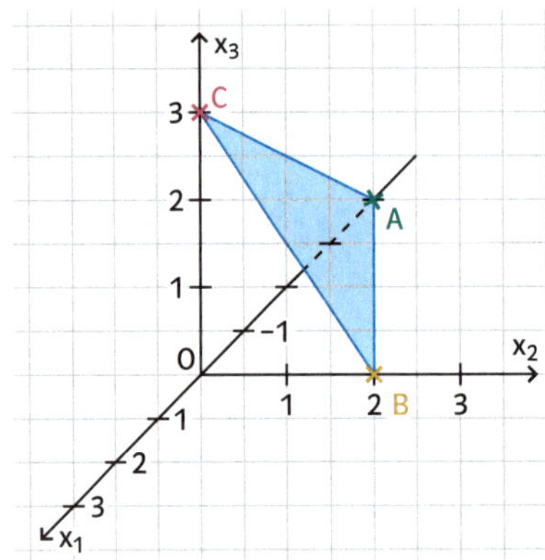

DARUM GEHT'S

Bisher wurden Ebenen nur als allgemeine Skizzen (siehe rechts) dargestellt, um die Zusammensetzung der Ebenengleichungen besser verstehen zu können. Will man dagegen eine bestimmte Ebene und deren Lage im Koordinatensystem grafisch veranschaulichen, benötigt man die **Spurpunkte** der Ebene.

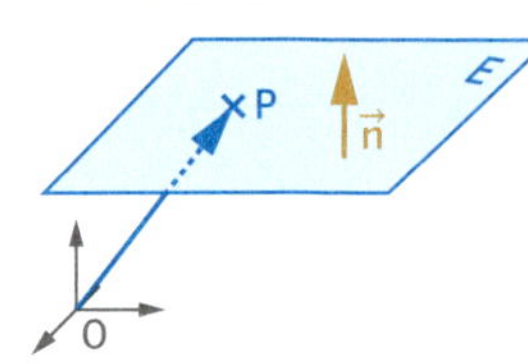

Dabei handelt es sich um die Schnittpunkte der Ebene mit den Koordinatenachsen.
Je nachdem, wie viele dieser Spurpunkte vorliegen, kann die Ebene im Koordinatensystem wie folgt dargestellt werden:

Tipp
Durch Einsetzen von $x_2 = x_3 = 0$ in die Gleichung von E erhältst du den Schnittpunkt von E mit der x_1-Achse und damit den Spurpunkt S_1.

Tipp
Ebenen der Form $ax_1 + bx_2 + cx_3 = 0$ können nicht auf diese Weise veranschaulicht werden.

Ebenengleichung	$3x_1 + 3x_2 + 4x_3 = 12$	$2x_1 + 4x_2 = 8$	$3x_1 = 9$
Anzahl Spurpunkte	Drei Spurpunkte: $S_1(4 \mid 0 \mid 0)$; $S_2(0 \mid 4 \mid 0)$; $S_3(0 \mid 0 \mid 3)$	Zwei Spurpunkte: $S_1(4 \mid 0 \mid 0)$; $S_2(0 \mid 2 \mid 0)$	Ein Spurpunkt: $S_1(3 \mid 0 \mid 0)$
Grafische Darstellung	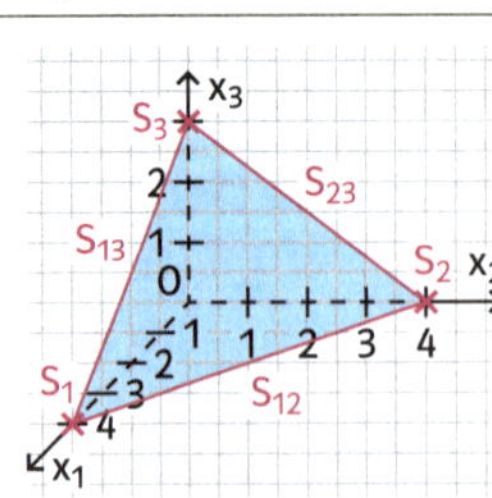	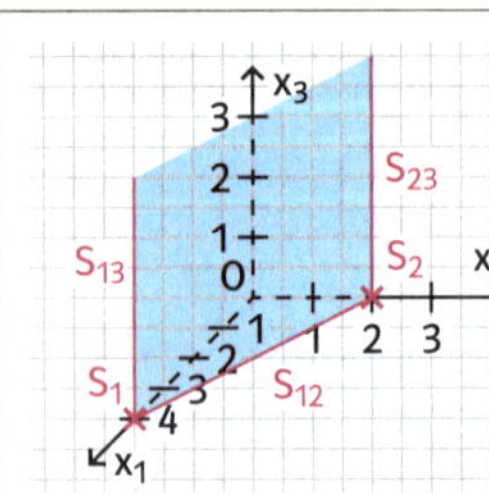	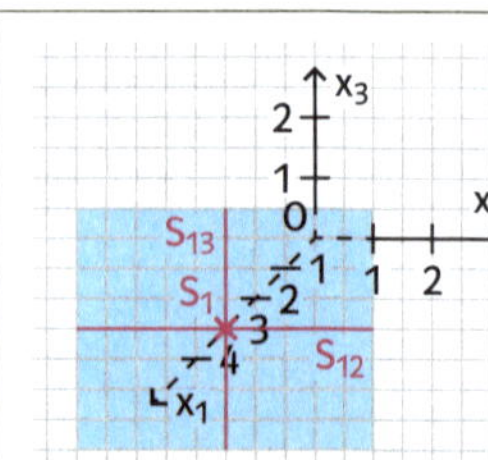

Die gemeinsamen Punkte einer Ebene mit den Koordinatenebenen liegen auf den rot dargestellten **Spurgeraden**.

Ebenen im Koordinatensystem veranschaulichen

Diese Strategie verwendest du, wenn du eine Ebene in Koordinatenform gegeben hast und ihre Spurpunkte bestimmen sowie die Ebene im Koordinatensystem darstellen willst.

SO GEHT'S

Erklärfilm
Ebenen im Koordinatensystem veranschaulichen
nq54md

1 Beispiel

Gib die Koordinaten der Spurpunkte an und veranschauliche damit die Ebene E in einem Koordinatensystem.

a) E: $2x_1 - 2x_2 + 2x_3 = 4$
b) E: $-3x_1 + 2x_3 = 6$
c) E: $4x_3 = 12$

Du bist dran

Gib die Koordinaten der Spurpunkte an und veranschauliche damit die Ebene E in einem Koordinatensystem.

a) E: $-6x_1 + 4x_2 - 4x_3 = -12$
b) E: $-2x_2 + 4x_3 = 8$
c) E: $6x_2 = 18$

a) Bestimme die Spurpunkte der Ebene. Setze dafür die jeweils anderen beiden Koordinaten gleich null und löse die entstehende Gleichung:

S_1: $2x_1 = 4 \Rightarrow x_1 = 2$
$\Rightarrow S_1(2|0|0)$
S_2: $-2x_2 = 4 \Rightarrow x_2 = -2$
$\Rightarrow S_2(0|-2|0)$
S_3: $2x_3 = 4 \Rightarrow S_3(0|0|2)$

Zeichne ein dreidimensionales Koordinatensystem, trage die Spurpunkte ein und verbinde sie. Dadurch erhältst du die Darstellung der Ebene E:

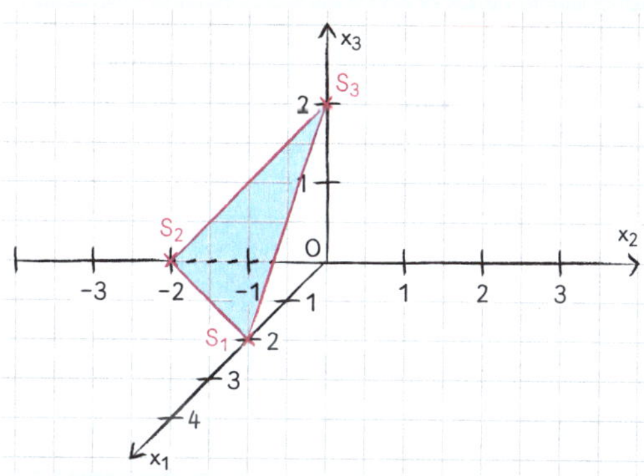

b) Bestimme die Spurpunkte der Ebene. Setze dafür die jeweils anderen beiden Koordinaten gleich null und löse die entstehende Gleichung:

S_1: $-3x_1 = 6 \Rightarrow x_1 = -2$
$\Rightarrow S_1(-2|0|0)$
S_3: $2x_3 = 6 \Rightarrow x_3 = 3$
$\Rightarrow S_3(0|0|3)$

Zeichne ein dreidimensionales Koordinatensystem und trage die Spurpunkte dort ein. Zeichne ausgehend von den Spurpunkten zwei zu der Koordinatenachse ohne Spurpunkt parallele Geraden ein. Dadurch erhältst du die Darstellung der Ebene E:

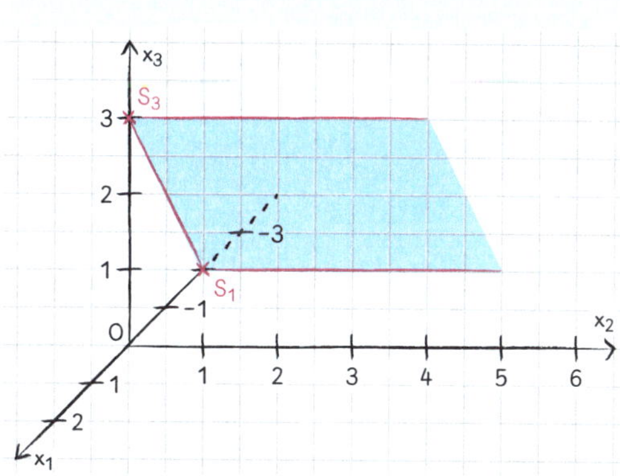

c) Bestimme den Spurpunkt der Ebene.

$S_3: \ 2x_3 = 4 \Rightarrow x_3 = 2$
$\Rightarrow S_3(0|0|2)$

Zeichne ein dreidimensionales Koordinatensystem und trage den Spurpunkt ein. Zeichne ausgehend vom Spurpunkt jeweils eine zu den beiden Achsen ohne Spurpunkt parallele Gerade ein. Dadurch erhältst du die Darstellung der Ebene E:

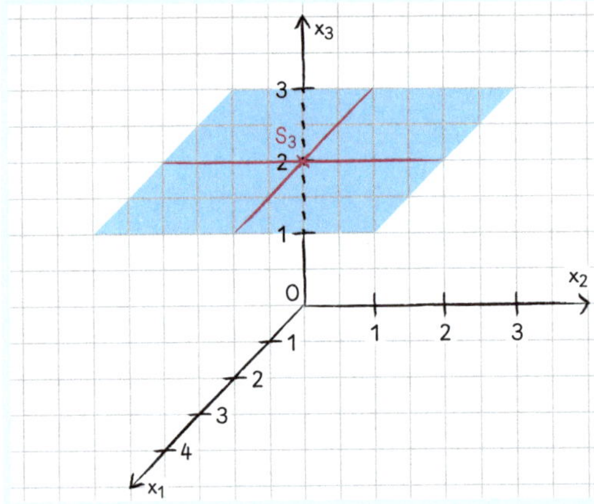

○ **2** Gib die Koordinaten der Spurpunkte an und veranschauliche damit die Ebene E in einem Koordinatensystem.

a) $E: \ 2x_1 - 4x_2 + 4x_3 = 8$
b) $E: \ -3x_1 + 3x_2 = 9$
c) $E: \ 5x_1 = 15$

○ **3** Gib die Koordinaten der Spurpunkte an und veranschauliche damit die Ebene E in einem Koordinatensystem.

a) $E_1: \ 3x_1 + 4x_2 - 3x_3 = 12$
b) $E_2: \ 7x_1 + 2x_2 = 14$
c) $E_3: \ 2x_3 = 0$

◒ **4** Gegeben sind die Spurpunkte einer Ebene. Gib eine Parametergleichung an.

a) $S_1(2|0|0), \ S_2(0|-4|0), \ S_3(0|0|3)$
b) $S_1(-2|0|0), \ S_2(0|5|0), \ S_3(0|0|-2)$
c) $S_1(-1|0|0), \ S_2(0|-1|0), \ S_3(0|0|-1)$

◒ **5** Gib mithilfe der Spurpunkte eine Parametergleichung der Ebene an.

a) $E_1: \ 5x_1 - 3x_2 + x_3 = 30$
b) $E_1: \ -7x_1 + x_2 - 3x_3 = 21$
c) $E_1: \ x_1 + 2x_2 - 5x_3 = -40$

◒ **6** Bestimme drei Punkte der Ebene und stelle eine Parametergleichung auf.

a) $E_1: \ 2x_1 - x_3 = 10$
b) $E_2: \ x_2 + x_3 = 0$
c) $E_3: \ 2x_2 = 4$
d) $E_4: \ -3x_3 = 9$

TIPPS ZUM LÖSEN DER AUFGABEN 4, 5 UND 6

4 Verwende die drei gegebenen Punkte, die nicht auf einer Geraden liegen, um die Parametergleichung der Ebene aufzustellen (siehe Schritt 10). **5** Bestimme die Spurpunkte und stelle wie in Aufgabe 4 eine Parametergleichung auf. **6** Bestimme drei Punkte der Ebene und stelle eine Parametergleichung auf. Falls vorhanden, bieten sich die Spurpunkte an.

7 Lies die Spurpunkte im Schaubild ab und gib eine Ebenengleichung in Koordinatenform an.

a)

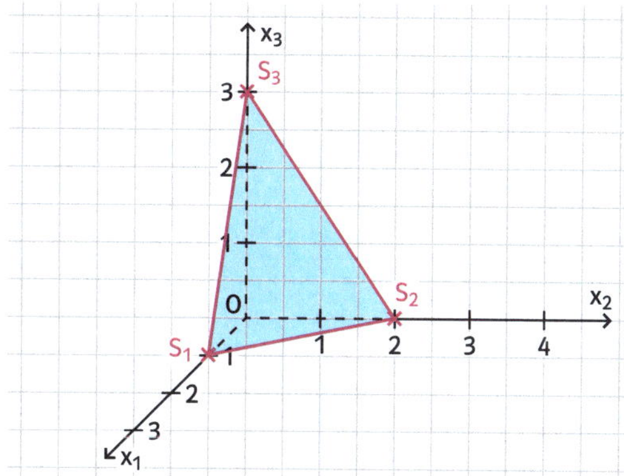

b)

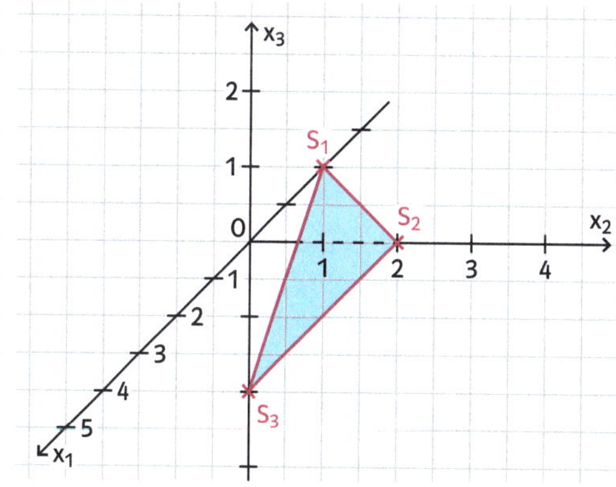

c)

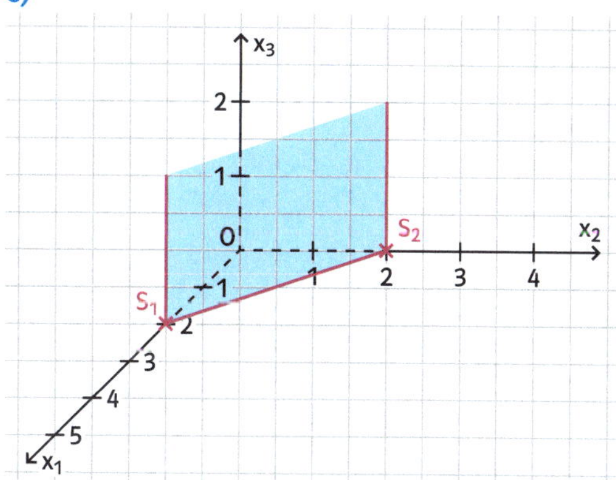

d)

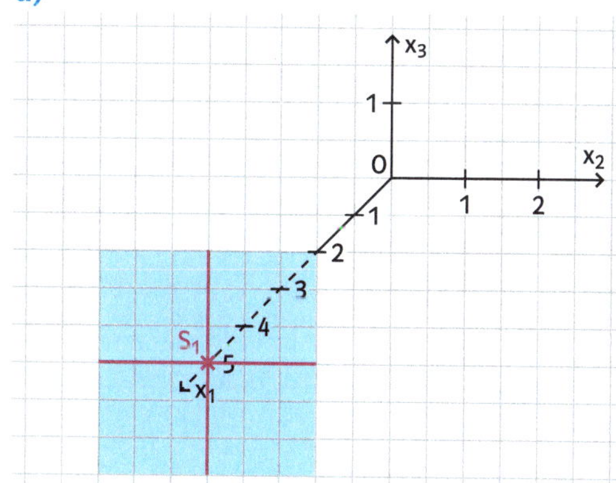

8 Lies die Spurpunkte ab und stelle eine Parametergleichung der Ebene auf.

a)

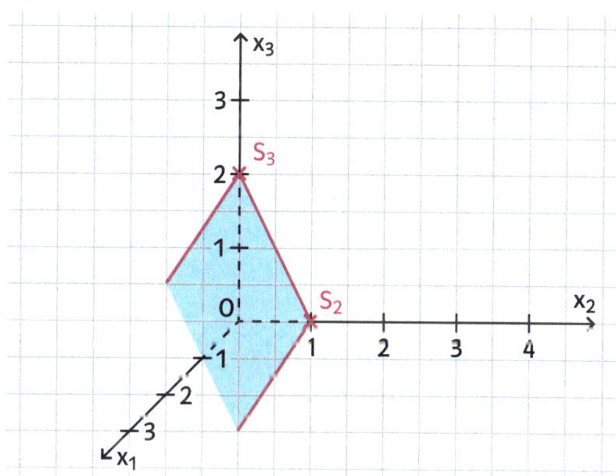

b)

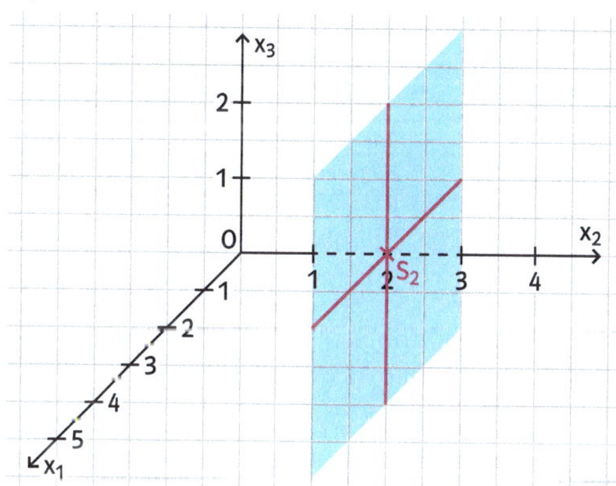

TIPPS ZUM LÖSEN DER AUFGABEN 7 UND 8

7 Bilde ein Vielfaches der Werte der Spurpunkte. Diese Zahl steht rechts von der Koordinatengleichung. Teile nun diese Zahl durch den Wert eines Spurpunktes, dann erhältst du den entsprechenden Koeffizienten der Koordinatengleichung. **8** Stelle eine Koordinatengleichung auf und bestimme damit drei Punkte, die in der Ebene liegen.

TRAINING

○ **1** Gegeben ist eine Ebene E, in der die Punkte $A(2|3|-1)$, $B(5|1|3)$ und $C(5|3|3)$ liegen. → Schritt 10

a) Bestimme zwei unterschiedliche Parametergleichungen der Ebene.

b) Untersuche, ob der Punkt D in der Ebene E liegt.

i) $D(0|0|0)$

ii) $D(2|5|-1)$

c) Gib drei weitere Punkte an, die in der Ebene liegen.

○ **2** Gib die Koordinaten der Spurpunkte an und veranschauliche damit die Ebene E in einem Koordinatensystem. → Schritt 13

a) $E:\ -3x_1 - 4x_2 + x_3 = 12$

b) $E:\ -5x_1 + 3x_2 = 30$

c) $E:\ x_1 = 1$

◒ **3** Überprüfe, ob die Punkte A, B, C und D in einer Ebene liegen. → Schritt 10

a) $A(2|0|1)$, $B(3|3|6)$, $C(4|-1|2)$, $D(7|5|4)$

b) $A(0|0|0)$, $B(1|0|3)$, $C(3|1|2)$, $D(4|1|5)$

◒ **4** Gegeben sind die Parameterdarstellungen von Ebenen. Überprüfe, ob die Parametergleichungen die gleiche Ebene beschreiben. → Schritt 12

$$E:\ \vec{x} = \begin{pmatrix} 2 \\ -4 \\ 5 \end{pmatrix} + r \cdot \begin{pmatrix} -4 \\ 7 \\ -3 \end{pmatrix} + s \cdot \begin{pmatrix} 0 \\ 8 \\ -1 \end{pmatrix},\ r,s \in \mathbb{R}$$

$$F:\ \vec{x} = \begin{pmatrix} -2 \\ 3 \\ 2 \end{pmatrix} + r \cdot \begin{pmatrix} 4 \\ -6 \\ 3 \end{pmatrix} + s \cdot \begin{pmatrix} 4 \\ 1 \\ 2 \end{pmatrix},\ r,s \in \mathbb{R}$$

$$G:\ \vec{x} = \begin{pmatrix} 2 \\ 4 \\ 4 \end{pmatrix} + r \cdot \begin{pmatrix} 0 \\ -8 \\ 1 \end{pmatrix} + s \cdot \begin{pmatrix} -4 \\ -1 \\ -2 \end{pmatrix},\ r,s \in \mathbb{R}$$

◒ **5** Gegeben ist die Ebene $E:\ x_2 = 0$. → Schritt 11

a) Gib die Eigenschaften aller Punkte dieser Ebene an.

b) Gib einen Normalenvektor dieser Ebene E an.

c) Gib drei verschiedene Punkte in der Ebene E an.

d) Überprüfe, ob der Ursprung in der Ebene E liegt.

e) Gib eine Normalengleichung der Ebene E an.

● **6** Gegeben ist die Ebene $E:\ \vec{x} = \begin{pmatrix} 1 \\ 2 \\ -1 \end{pmatrix} + r \cdot \begin{pmatrix} 1 \\ 3 \\ 4 \end{pmatrix} + s \cdot \begin{pmatrix} 2 \\ 0 \\ -2 \end{pmatrix},\ r,s \in \mathbb{R}$ → Schritt 10

a) Überprüfe, ob die Punkte $A(4|5|1)$, $B(2|-1|-7)$ und $C(7|11|5)$ in der Ebene liegen.

b) Bestimme einen Wert für a so, dass der Punkt P in der Ebene liegt.

i) $P(0|2+a|0)$ ii) $P(3a|3a+5|2a+5)$

SCHRITT 14

Ich kann Geraden und Ebenen im Raum auf Parallelität hin untersuchen.

Hier lernst du, wie du bestimmen kannst, ob eine Gerade und eine Ebene zueinander parallel sind.

→ Skalarprodukt von Vektoren berechnen (Schritt 6)

DAS BRAUCHST DU WIEDER

Beispiele: Überprüfe, ob die Vektoren $\vec{a}$ und $\vec{b}$ zueinander orthogonal sind.

a) $\vec{a} = \begin{pmatrix} 3 \\ -1 \\ 2 \end{pmatrix}$, $\vec{b} = \begin{pmatrix} -4 \\ -10 \\ 1 \end{pmatrix}$

$\vec{a} \cdot \vec{b} = 3 \cdot (-4) + (-1) \cdot (-10) + 2 \cdot 1$
$= -12 + 10 + 2 = 0$

$\vec{a} \cdot \vec{b} = 0$, also sind $\vec{a}$ und $\vec{b}$ zueinander orthogonal.

b) $\vec{a} = \begin{pmatrix} 3 \\ -5 \\ 1 \end{pmatrix}$, $\vec{b} = \begin{pmatrix} -3 \\ 2 \\ -4 \end{pmatrix}$

Erklärfilm
Orthogonalität von Vektoren
nq54md

DARUM GEHT'S

→ Schnittpunkt von zwei Geraden (Schritt 9)

Ist das Skalarprodukt des Normalenvektors $\vec{n}$ der Ebene E und des Richtungsvektors $\vec{u}$ der Geraden g null, dann stehen diese zwei Vektoren orthogonal aufeinander. Damit sind E und g zueinander parallel.

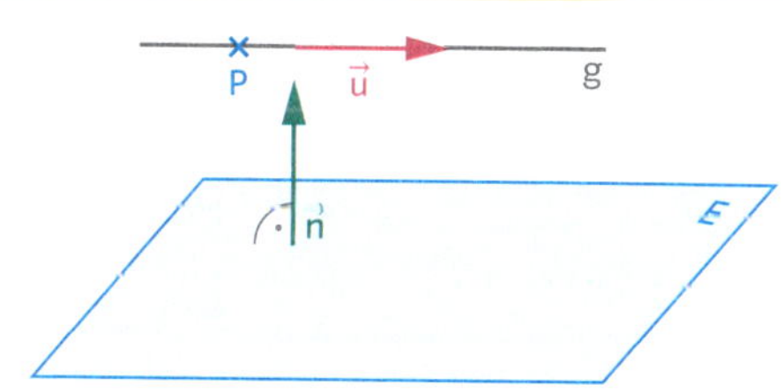

Ansonsten schneiden sich die Ebene E und die Gerade g.

Sind die Gerade g und die Ebene E parallel zueinander, unterscheidet man zwei Fälle:
- Haben sie keinen gemeinsamen Punkt P, dann liegt die Gerade g nicht in der Ebene E.
- Haben sie einen gemeinsamen Punkt P, dann liegt die Gerade g in der Ebene E.

Hat man die Gerade g mit $g\colon \vec{x} = \vec{p} + t \cdot \vec{u}$ gegeben, dann kann man einfach überprüfen, ob der Punkt P mit dem Ortsvektor $\vec{p}$ in der Ebene E liegt. Ist dem so, so liegt die Gerade g in der Ebene E, ansonsten liegt sie nicht in der Ebene E.

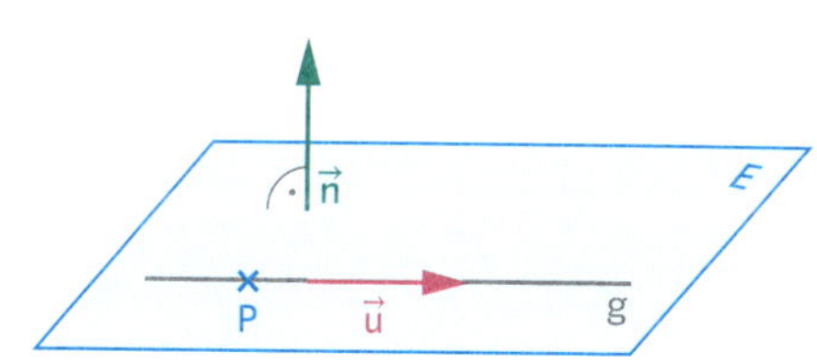

Geraden und Ebenen im Raum auf Parallelität hin untersuchen

Diese Strategie verwendest du, wenn du bestimmen willst, ob eine Gerade und eine Ebene zueinander parallel sind.

SO GEHT'S

Erklärfilm
Geraden und Ebenen auf Parallelität hin untersuchen
nq54md

1 Beispiel
Untersuche die gegenseitige Lage der Ebene $E\colon 2x_1 - 4x_2 + x_3 = 7$ mit der Geraden $g\colon \vec{x} = \begin{pmatrix} 3 \\ -4 \\ -5 \end{pmatrix} + t \cdot \begin{pmatrix} 3 \\ 1 \\ -2 \end{pmatrix}$.

Du bist dran
Untersuche die gegenseitige Lage der Ebene $E\colon 2x_1 - 4x_2 + x_3 = 7$ mit der Geraden $g\colon \vec{x} = \begin{pmatrix} 4 \\ 1 \\ 3 \end{pmatrix} + t \cdot \begin{pmatrix} -2 \\ 1 \\ 8 \end{pmatrix}$.

Überprüfe das Skalarprodukt $\vec{n} \cdot \vec{u}$ und überprüfe damit die Parallelität:

$$\vec{n} \cdot \vec{u} = \begin{pmatrix} 2 \\ -4 \\ 1 \end{pmatrix} \cdot \begin{pmatrix} 3 \\ 1 \\ -2 \end{pmatrix}$$
$$= 2 \cdot 3 + (-4) \cdot 1 + 1 \cdot (-2)$$
$$= 6 - 4 - 2 = 0$$

Die Ebene E und die Gerade g sind zueinander parallel.

Setze den Ortsvektor $\vec{p}$ des Punktes P der Geraden g in die Ebenengleichung E ein und vereinfache:

$$2 \cdot 3 - 4 \cdot (-4) + (-5) = 6 + 16 - 5 = 17$$

Vergleiche mit der rechten Seite der Ebenengleichung:

$$17 \neq 7$$

Schreibe den Antwortsatz auf:

Der Punkt P liegt nicht in E. Damit liegt die Gerade g nicht in der Ebene E.

○ **2** Untersuche die gegenseitige Lage der Ebene $E: x_1 - 3x_2 + 2x_3 = 1$ mit den folgenden Geraden.

a) $g: \vec{x} = \begin{pmatrix} 2 \\ 1 \\ 1 \end{pmatrix} + t \cdot \begin{pmatrix} -1 \\ 1 \\ 2 \end{pmatrix}$ **b)** $g: \vec{x} = \begin{pmatrix} 3 \\ 2 \\ -2 \end{pmatrix} + t \cdot \begin{pmatrix} 3 \\ 1 \\ 0 \end{pmatrix}$ **c)** $g: \vec{x} = \begin{pmatrix} 3 \\ -4 \\ -5 \end{pmatrix} + t \cdot \begin{pmatrix} 2 \\ -1 \\ -2 \end{pmatrix}$

○ **3** Untersuche die gegenseitige Lage der Geraden $g: \vec{x} = \begin{pmatrix} 1 \\ 2 \\ -1 \end{pmatrix} + t \cdot \begin{pmatrix} 4 \\ -2 \\ 8 \end{pmatrix}$, $t \in \mathbb{R}$, mit den folgenden Ebenen.

a) $3x_1 - 6x_2 - 3x_3 = -6$ **b)** $2x_1 - x_2 + 3x_3 = -3$ **c)** $5x_1 - 10x_2 - 5x_3 = 15$

◒ **4** Bestimme den Wert k so, dass die Gerade g in der Ebene E liegt.

a) $g: \vec{x} = \begin{pmatrix} 2 \\ 7 \\ 2 \end{pmatrix} + t \cdot \begin{pmatrix} k+1 \\ k \\ k-4 \end{pmatrix}$, $t \in \mathbb{R}$, $E: 2x_1 + x_2 + 2x_3 = 15$

b) $g: \vec{x} = \begin{pmatrix} 2 \\ 1 \\ 4 \end{pmatrix} + t \cdot \begin{pmatrix} -3 \\ 4 \\ 2 \end{pmatrix}$, $t \in \mathbb{R}$, $E: (k+1)x_1 + (2-k)x_2 + x_3 = 9$

◒ **5** Bestimme den Wert für a und den Wert für b so, dass die Gerade $g: \vec{x} = \begin{pmatrix} a \\ 0 \\ a \end{pmatrix} + t \cdot \begin{pmatrix} 4b \\ 2b-6 \\ -6 \end{pmatrix}$, $t \in \mathbb{R}$, in der Ebene $E: x_1 + 2x_2 + 2x_3 = 18$ liegt.

● **6** Bestimme den Wert k so, dass die Gerade $g: \vec{x} = \begin{pmatrix} k \\ k \\ 0 \end{pmatrix} + t \cdot \begin{pmatrix} k \\ -4k \\ -k-1 \end{pmatrix}$, $t \in \mathbb{R}$, in der Ebene $E: 2x_1 - x_2 + kx_3 = 5$ liegt.

TIPPS ZUM LÖSEN DER AUFGABEN 2, 3, 4, 5 UND 6

2c) Wenn das Skalarprodukt des Normalenvektors der Ebene E und des Richtungsvektors der Geraden g nicht null sind, dann schneiden sich die Ebene E und die Gerade g. **3b)** Wenn das Skalarprodukt des Normalenvektors der Ebene E und des Richtungsvektors der Geraden g nicht null sind, dann schneiden sich die Ebene E und die Gerade g. **4** Berechne als Erstes das Skalarprodukt des Normalenvektors der Ebene E und des Richtungsvektors der Geraden g und prüfe anschließend, ob der Punkt P in der Ebene liegt. **5** Bestimme a, indem du den Punkt P in die Ebene einsetzt. **6** Beim Skalarprodukt können zwei Werte für k berechnet werden. Überprüfe, für welches k die Gerade in der Ebene liegt.

SCHRITT **15**

Ich kann den Schnittpunkt einer Geraden und einer Ebene bestimmen.

Hier lernst du, wie du die Lage einer Geraden und einer Ebene bestimmen und gegebenenfalls den Schnittpunkt S berechnen kannst.

→ Ebenen im Raum mittels der Normalen- und der Koordinatengleichung beschreiben (Schritt 11)

DAS BRAUCHST DU WIEDER

Beispiele: Untersuche, ob folgende Punkte in der Ebene $E: -2x_1 + 4x_2 + 3x_3 = 5$ liegen.

a) $P(2|4|1)$

$-2 \cdot 2 + 4 \cdot 4 + 3 \cdot 1$

$= -4 + 16 + 3 = 15 \neq 5$

Der Punkt P liegt nicht in der Ebene E.

b) $Q(2|3|-1)$

DARUM GEHT'S

→ Geraden und Ebenen im Raum auf Parallelität untersuchen (Schritt 14)

Du weißt schon: Ist das Skalarprodukt des Normalenvektors $\vec{n}$ der Ebene E und des Richtungsvektors $\vec{u}$ der Geraden g nicht null, dann schneiden sich die Gerade g und die Ebene E.

Um den Schnittpunkt der Geraden g und der Ebene E zu bestimmen, gehst du folgendermaßen vor:

- Setze die Geradengleichung $\vec{x} = \vec{p} + t \cdot \vec{u}$ in die Ebenengleichung ein und löse nach dem Parameter t auf.
- Setze t in die Geradengleichung ein und du erhältst den Ortsvektor $\vec{s}$ des **Schnittpunktes S**.

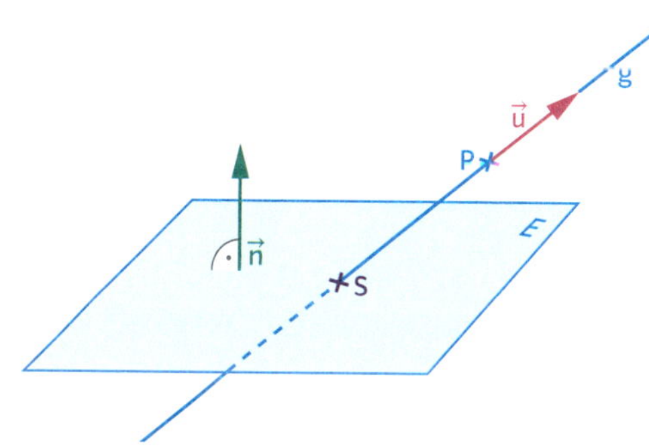

Schnittpunkt einer Geraden und einer Ebene E bestimmen

Diese Strategie verwendest du, wenn du die Lage von einer Geraden g und einer Ebene E bestimmen und gegebenenfalls den Schnittpunkt berechnen willst.

SO GEHT'S

Erklärfilm
Bestimmung des Schnittpunktes von einer Geraden und einer Ebene
nq54md

1 **Beispiel**

Untersuche die gegenseitige Lage der Ebene $E: 2x_1 + 5x_2 - x_3 = 35$ und der Geraden $g: \vec{x} = \begin{pmatrix} 3 \\ -4 \\ -5 \end{pmatrix} + t \cdot \begin{pmatrix} 2 \\ 1 \\ -2 \end{pmatrix}$.

Bestimme gegebenenfalls den Schnittpunkt S.

Du bist dran

Untersuche die gegenseitige Lage der Ebene $E: 2x_1 - 5x_2 + x_3 = 7$ und der Geraden $g: \vec{x} = \begin{pmatrix} 4 \\ 1 \\ 3 \end{pmatrix} + t \cdot \begin{pmatrix} -2 \\ 1 \\ 8 \end{pmatrix}$.

Bestimme gegebenenfalls den Schnittpunkt S.

Überprüfe das Skalarprodukt $\vec{n} \cdot \vec{u}$ und überprüfe damit die Parallelität:

$$\vec{n} \cdot \vec{u} = \begin{pmatrix} 2 \\ 5 \\ -1 \end{pmatrix} \cdot \begin{pmatrix} 2 \\ 1 \\ -2 \end{pmatrix}$$

$$= 2 \cdot 2 + 5 \cdot 1 + (-1) \cdot (-2)$$

$$= 4 + 5 + 2 = 11 \neq 0$$

Die Ebene E und die Gerade g schneiden sich.

Schreibe die x_1-, x_2- und x_3-Koordinaten der Geraden g auf:

$x_1 = 3 + 2t$
$x_2 = -4 + t$
$x_3 = -5 - 2t$

Ersetze in der Ebenengleichung die Koordinaten und löse nach dem Parameter t auf:

$$2 \cdot (3 + 2t) + 5 \cdot (-4 + t) - (-5 - 2t) = 35$$
$$6 + 4t - 20 + 5t + 5 + 2t = 35$$
$$-9 + 11t = 35 \quad | +9$$
$$11t = 44 \quad | :11$$
$$t = 4$$

Setze t in die Geradengleichung ein, um den Ortsvektor $\vec{s}$ des Schnittpunktes S zu erhalten:

$$\vec{s} = \begin{pmatrix} 3 \\ -4 \\ -5 \end{pmatrix} + 4 \cdot \begin{pmatrix} 2 \\ 1 \\ -2 \end{pmatrix} = \begin{pmatrix} 11 \\ 0 \\ -13 \end{pmatrix}$$

$S(11|0|-13)$

○ **2** Untersuche die gegenseitige Lage der Ebene $E: x_1 + 3x_2 - 4x_3 = -23$ und der Geraden. Bestimme gegebenenfalls den Schnittpunkt S.

a) $g: \vec{x} = \begin{pmatrix} 2 \\ 1 \\ 5 \end{pmatrix} + t \cdot \begin{pmatrix} 4 \\ 0 \\ 3 \end{pmatrix}$ **b)** $h: \vec{x} = \begin{pmatrix} 1 \\ 2 \\ 3 \end{pmatrix} + t \cdot \begin{pmatrix} -2 \\ 2 \\ 1 \end{pmatrix}$

○ **3** Untersuche die gegenseitige Lage der Ebene $E: \left(\vec{x} - \begin{pmatrix} 2 \\ 3 \\ 4 \end{pmatrix}\right) \cdot \begin{pmatrix} -1 \\ 2 \\ -1 \end{pmatrix} = 0$ und der Geraden. Bestimme gegebenenfalls den Schnittpunkt S.

a) $g: \vec{x} = \begin{pmatrix} 3 \\ 2 \\ 1 \end{pmatrix} + t \cdot \begin{pmatrix} 3 \\ -6 \\ 3 \end{pmatrix}$ **b)** $h: \vec{x} = \begin{pmatrix} 2 \\ 4 \\ -1 \end{pmatrix} + t \cdot \begin{pmatrix} 4 \\ 2 \\ 0 \end{pmatrix}$

○ **4** Untersuche die gegenseitige Lage der Ebene $E: \vec{x} = \begin{pmatrix} 1 \\ 0 \\ 0 \end{pmatrix} + t \cdot \begin{pmatrix} 2 \\ 0 \\ 2 \end{pmatrix} + s \cdot \begin{pmatrix} 3 \\ 1 \\ 4 \end{pmatrix}$ und der Geraden. Bestimme gegebenenfalls den Schnittpunkt S.

a) $g: \vec{x} = \begin{pmatrix} 6 \\ -1 \\ 4 \end{pmatrix} + r \cdot \begin{pmatrix} 1 \\ 1 \\ -1 \end{pmatrix}$ **b)** $h: \vec{x} = \begin{pmatrix} 8 \\ 0 \\ 4 \end{pmatrix} + r \cdot \begin{pmatrix} -2 \\ -2 \\ 2 \end{pmatrix}$

◒ **5** Bestimme die Schnittpunkte der Ebene E mit den Koordinatenachsen.
a) $E: 2x_1 + x_2 + 2x_3 = 4$
b) $E: 2x_1 + 2x_3 = 6$
c) $E: 4x_3 = 12$

Tipp
Schnittpunkte der Ebene mit den Koordinatenachsen nennt man auch Spurpunkte.

TIPPS ZUM LÖSEN DER AUFGABEN 2, 3, 4 UND 5

2b) Hier sind die Ebene E und die Gerade h parallel zueinander. Prüfe nun, ob die Gerade h in der Ebene E liegt. **3** Forme die Ebenengleichung zunächst in Koordinatenform um.
3b) Hier sind die Ebene E und die Gerade h parallel zueinander. Prüfe nun, ob die Gerade h in der Ebene E liegt. **4** Forme die Ebenengleichung zunächst in Koordinatenform um.
5 Um einen Spurpunkt zu bestimmen, setzt man zwei x-Koordinaten null und berechnet dann die dritte x-Koordinate.

6 Überprüfe, ob die Gerade g die Ebene E orthogonal schneidet. Berechne den Schnittpunkt.

a) $g: \vec{x} = \begin{pmatrix} 4 \\ 0 \\ 3 \end{pmatrix} + t \cdot \begin{pmatrix} 3 \\ 2 \\ -1 \end{pmatrix}$, $E: 6x_1 + 4x_2 - 2x_3 = 4$

b) $g: \vec{x} = \begin{pmatrix} -1 \\ 1 \\ 2 \end{pmatrix} + t \cdot \begin{pmatrix} 2 \\ -5 \\ 1 \end{pmatrix}$, $E: x_1 - 5x_2 + x_3 = 4$

c) $g: \vec{x} = \begin{pmatrix} 3 \\ 2 \\ 3 \end{pmatrix} + t \cdot \begin{pmatrix} 4 \\ 0 \\ -2 \end{pmatrix}$, $E: 6x_1 + 4x_2 - 2x_3 = -8$

7 Beschreibe, wie du auf eine Geradengleichung g kommst, die die Ebene $E: 6x_1 + 4x_2 - 2x_3 = 24$

a) orthogonal schneidet.

b) nicht orthogonal schneidet und nicht parallel zu E ist.

c) nicht schneidet.

8 Damit nicht alle Heidelbeeren des Heidelbeerfeldes von den Vögeln aufgefressen werden, wird es mithilfe eines elastischen Netzes überspannt. Das elastische Netz kann duch die Ebene $E: x_1 - x_2 + 4x_3 = 12$ beschrieben werden. Schwarm A startet im Punkt $P(10|3|14)$ und fliegt in Richtung des Vektors $\vec{u} = \begin{pmatrix} 1 \\ -1 \\ 4 \end{pmatrix}$, Schwarm B startet im Punkt $Q(7|7|14)$ und durchfliegt den Punkt $R(3|7|20)$ und Schwarm C fliegt entlang der Geraden $g: \vec{x} = \begin{pmatrix} 6 \\ 6 \\ 9 \end{pmatrix} + t \cdot \begin{pmatrix} 11 \\ 3 \\ 4 \end{pmatrix}$. Berechne, welcher Vogelschwarm mit dem Netz kollidiert und berechne gegebenenfalls den Aufprallpunkt des Schwarms.

9 Um seine Pflanzen zu schützen, möchte Peter eine Plane an einer Hauswand befestigen (siehe nebenstehende Abbildung, alle Angaben in Metern).
Peter möchte nun im Punkt $(3|10|0)$ eine Garten-Stehlampe mit der Höhe 3 m aufstellen.
Berechne, ob dies möglich ist, ohne die Plane zu beschädigen.

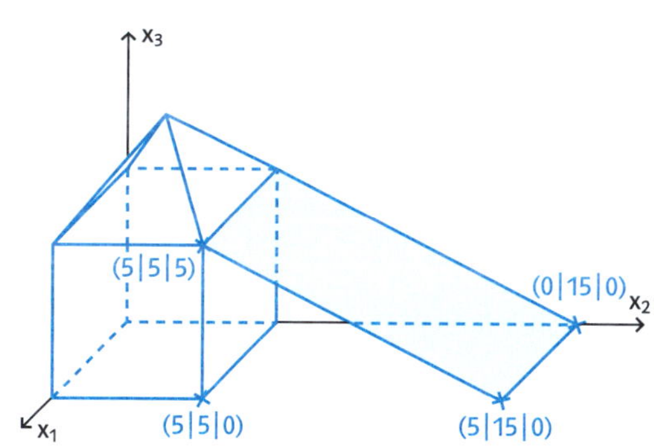

TIPPS ZUM LÖSEN DER AUFGABEN 6, 7, 8 UND 9

6 Damit eine Gerade die Ebene orthogonal schneidet, muss ihr Richtungsvektor ein Vielfaches des Normalenvektors sein. **7** Überlege dir, wie der Richtungsvektor der Geraden zum Normalenvektor der Ebene stehen muss. **8** Stelle zuerst die Geradengleichungen des Schwarms A und B auf. **9** Stelle zunächst eine Ebenengleichung auf. Überlege dir, welche Gerade die Lage der Lampe beschreibt.

SCHRITT 16 Ich kann Ebenen im Raum auf Parallelität hin untersuchen.

Hier lernst du, wie du bestimmen kannst, ob zwei Ebenen parallel zueinander sind.

→ Ebenengleichungen mithilfe des Vektorproduktes umformen (Schritt 12)

DAS BRAUCHST DU WIEDER

Beispiele: Berechne einen Vektor, der orthogonal zu den Vektoren $\vec{a}$ und $\vec{b}$ ist.

a) $\vec{a} = \begin{pmatrix} 2 \\ -1 \\ 1 \end{pmatrix}$, $\vec{b} = \begin{pmatrix} -2 \\ 5 \\ 3 \end{pmatrix}$

b) $\vec{a} = \begin{pmatrix} -1 \\ 2 \\ 3 \end{pmatrix}$, $\vec{b} = \begin{pmatrix} 5 \\ 2 \\ -3 \end{pmatrix}$

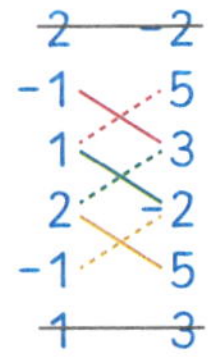

$$\begin{pmatrix} -1 \cdot 3 - 5 \cdot 1 = -8 \\ 1 \cdot (-2) - 3 \cdot 2 = -8 \\ 2 \cdot 5 - (-2) \cdot (-1) = 8 \end{pmatrix}$$

$$\vec{a} \times \vec{b} = \begin{pmatrix} -8 \\ -8 \\ 8 \end{pmatrix}$$

DARUM GEHT'S

Sind die Normalenvektoren $\vec{n_1}$ und $\vec{n_2}$ zweier Ebenen E_1 und E_2 Vielfache voneinander, so sind die Ebenen zueinander parallel.

→ Schnittgerade von zwei Ebenen (Schritt 17)

Ansonsten schneiden sich die Ebenen E_1 und E_2 in einer Schnittgeraden.

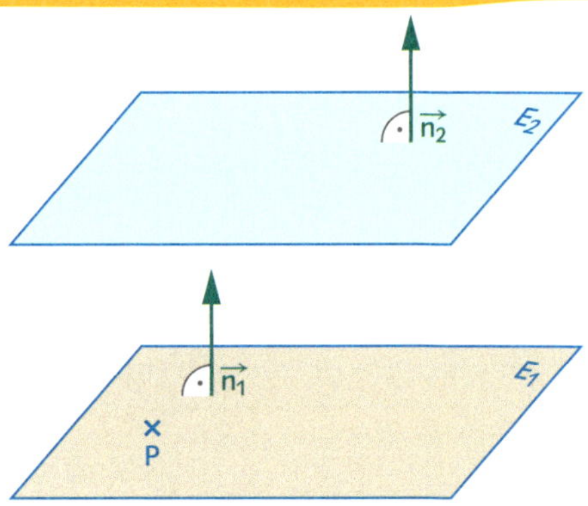

Sind die Ebenen E_1 und E_2 parallel zueinander, unterscheidet man zwei Fälle:

- Haben sie keinen gemeinsamen Punkt P, dann sind sie parallel und verschieden.
- Haben sie einen gemeinsamen Punkt P, dann sind sie parallel und identisch.

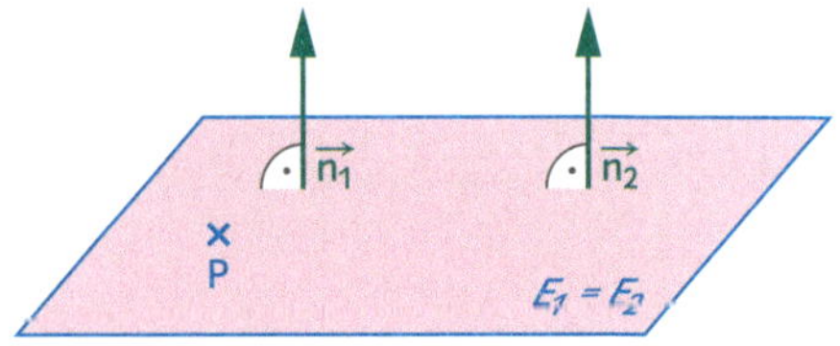

Ebenen im Raum auf Parallelität hin untersuchen

Diese Strategie verwendest du, wenn du bestimmen willst, ob zwei Ebenen parallel zueinander sind.

SO GEHT'S

1 **Beispiel**

Untersuche die gegenseitige Lage der Ebenen $E_1\colon \vec{x} = \begin{pmatrix} 3 \\ 4 \\ -5 \end{pmatrix} + t \cdot \begin{pmatrix} 4 \\ 2 \\ 2 \end{pmatrix} + s \cdot \begin{pmatrix} -2 \\ 5 \\ -3 \end{pmatrix}$ und $E_2\colon -6x_1 + 3x_2 + 9x_3 = -51$.

Du bist dran

Untersuche die gegenseitige Lage der Ebenen $E_1\colon \vec{x} = \begin{pmatrix} 0 \\ 3 \\ 2 \end{pmatrix} + t \cdot \begin{pmatrix} 4 \\ 5 \\ -1 \end{pmatrix} + s \cdot \begin{pmatrix} 5 \\ 1 \\ 4 \end{pmatrix}$ und $E_2\colon -7x_1 + 7x_2 + 7x_3 = 0$.

Erklärfilm
Ebenen im Raum auf Parallelität hin untersuchen
nq54md

Berechne den Normalenvektor $\vec{n_1}$ der Ebene E_1:

$$\begin{matrix} \not4 & \not{-2} \\ 2 & 5 \\ 2 & 3 \\ 4 & 2 \\ 2 & 5 \\ \not2 & \not{-3} \end{matrix} \qquad \begin{pmatrix} 2\cdot(-3) - 5\cdot 2 = -16 \\ 2\cdot(-2) - (-3)\cdot 4 = 8 \\ 4\cdot 5 - (-2)\cdot 2 = 24 \end{pmatrix}$$

$$\vec{n_1} = \begin{pmatrix} -2 \\ 1 \\ 3 \end{pmatrix}$$

Tipp
Jedes Vielfache vom Normalenvektor ist auch ein Normalenvektor der Ebene.

Überprüfe, ob die Normalenvektoren $\vec{n_1}$ und $\vec{n_2}$ Vielfache voneinander sind:

$$3\cdot\begin{pmatrix} -2 \\ 1 \\ 3 \end{pmatrix} = \begin{pmatrix} -6 \\ 3 \\ 9 \end{pmatrix}$$

Die Normalenvektoren sind Vielfache voneinander.
Damit sind die Ebenen zueinander parallel.

Setze den Ortsvektor $\vec{p}$ des Punktes P der Ebene E_1 in die Ebenengleichung E_2 ein und vereinfache:

$$-6\cdot 3 + 3\cdot 4 + 9\cdot(-5)$$
$$= -18 + 12 - 45 = -51$$

Schreibe den Antwortsatz auf:

Der Punkt P liegt in der Ebene E_2.
Damit sind die Ebenen zueinander parallel und identisch.

○ **2** Untersuche die gegenseitige Lage der Ebene $E_1\colon\ 2x_1 - 4x_2 + 2x_3 = -6$ und der folgenden Ebene.

a) $E_2\colon\ \vec{x} = \begin{pmatrix} 2 \\ 1 \\ 1 \end{pmatrix} + t\cdot\begin{pmatrix} -1 \\ 1 \\ 3 \end{pmatrix} + s\cdot\begin{pmatrix} 2 \\ 0 \\ -2 \end{pmatrix}$ **b)** $E_2\colon\ \vec{x} = \begin{pmatrix} 1 \\ 2 \\ -2 \end{pmatrix} + t\cdot\begin{pmatrix} 3 \\ 1 \\ 1 \end{pmatrix} + s\cdot\begin{pmatrix} 4 \\ 2 \\ 0 \end{pmatrix}$

○ **3** Untersuche die gegenseitige Lage der Ebene $E_1\colon\ 4x_1 + 12x_2 - 8x_3 = 24$ und der folgenden Ebene.

a) $E_2\colon\ 5x_1 + 20x_2 - 15x_3 = 30$ **b)** $E_3\colon\ 3x_1 + 9x_2 - 6x_3 = 18$ **c)** $E_4\colon\ 7x_1 + 21x_2 - 14x_3 = 49$

◒ **4** Untersuche die gegenseitige Lage der Ebene $E_1\colon\ x_1 + 3x_2 - 2x_3 = 6$ und der folgenden Ebene, die

a) durch die Punkte $A(6\,|\,0\,|\,0)$, $B(0\,|\,2\,|\,0)$ und $C(0\,|\,0\,|\,-3)$ beschrieben wird.

b) durch den Punkt $A(5\,|\,2\,|\,3)$ und die Spannvektoren $\vec{u} = \begin{pmatrix} 2 \\ 2 \\ 4 \end{pmatrix}$ und $\vec{v} = \begin{pmatrix} 0 \\ 2 \\ 3 \end{pmatrix}$ aufgespannt wird.

◒ **5** Gegeben ist eine Ebene $E\colon\ 4x_1 + 3x_2 + 2x_3 = 5$. Bestimme eine zu E parallele Ebene, die den Punkt $P(2\,|\,1\,|\,1)$ enthält.

● **6** Bestimme den Parameter a der Ebene $E_a\colon\ ax_1 + (a-2)x_2 + (a+5)x_3 = 6$ so, dass die Ebenen E_a und $E\colon\ 7x_1 - 7x_2 + 42x_3 = 42$

a) identisch sind.

b) weder identisch noch zueinander parallel sind.

TIPPS ZUM LÖSEN DER AUFGABEN 4 UND 6

4 Stelle zunächst die Ebenengleichung in Koordinatenform auf und vergleiche dann die Ebenen. **6 b)** Überlege dir, für welche Zahl dies nicht gilt.

SCHRITT 17

Ich kann die Schnittgerade zweier Ebenen bestimmen.

Hier lernst du, wie du die Lage zweier Ebenen bestimmen und gegebenenfalls die Schnittgerade berechnen kannst.

→ Ebenen im Koordinatensystem veranschaulichen (Schritt 13)

→ Ebenen im Raum mittels einer Parametergleichung beschreiben (Schritt 10)

DAS BRAUCHST DU WIEDER

Beispiele: Wandle die Ebene $E_1: x_1 + 2x_2 - 5x_3 = 10$ in Parameterform um.

Bestimmung der Spurpunkte: $S_1(10|0|0)$, $S_2(0|5|0)$ und ______________

Bestimmung der Spannvektoren:

$$\vec{u} = \overrightarrow{S_1S_2} = \begin{pmatrix} 0 - 10 \\ 5 - 0 \\ 0 - 0 \end{pmatrix} = \begin{pmatrix} -10 \\ 5 \\ 0 \end{pmatrix}$$

$\vec{v} = \overrightarrow{S_2S_3} =$ ______________________________

Ebene in Parameterform: $E_2: \vec{x} = \begin{pmatrix} 10 \\ 0 \\ 0 \end{pmatrix} + t \cdot \begin{pmatrix} -10 \\ 5 \\ 0 \end{pmatrix} +$ ______________

DARUM GEHT'S

→ Ebenen im Raum auf Parallelität hin untersuchen (Schritt 16)

Du weißt schon: Sind die Normalenvektoren $\overrightarrow{n_1}$ und $\overrightarrow{n_2}$ zweier Ebenen E_1 und E_2 keine Vielfachen voneinander, dann schneiden sich die zwei Ebenen in einer Schnittgeraden.

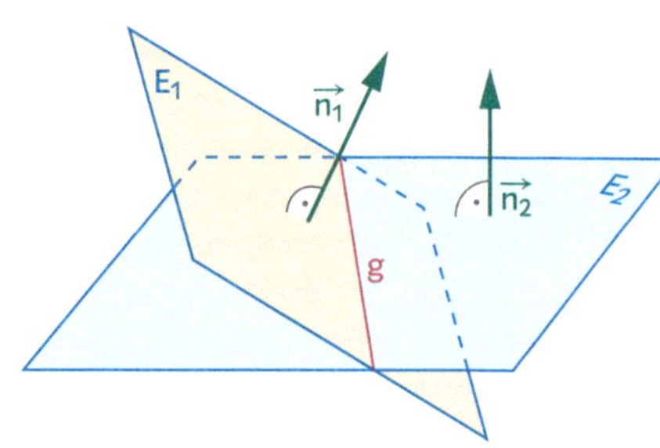

Um die Schnittgerade der Ebenen E_1 und E_2 zu bestimmen, gehst du folgendermaßen vor:

- Wandle gegebenenfalls eine Ebene in Parameterform und die andere in Koordinatenform um.
- Setze die Ebenengleichung der einen Ebene $E: \vec{x} = \vec{p} + t \cdot \vec{u} + s \cdot \vec{v}$ in Parameterform in die Ebenengleichung der anderen Ebene in Koordinatenform ein und löse nach dem Parameter t auf.
- Setze t in die Ebenengleichung E in Parameterform ein und du erhältst die **Schnittgerade g**.

Schnittgerade zweier Ebenen E_1 und E_2 bestimmen

Diese Strategie verwendest du, wenn du die gegenseitige Lage zweier Ebenen bestimmen und gegebenenfalls die Schnittgerade berechnen willst.

SO GEHT'S

Erklärfilm Bestimmung der Schnittgerade zweier Ebenen nq54md

1 **Beispiel**

Untersuche die gegenseitige Lage der Ebene $E_1: x_1 + 2x_2 - x_3 = 9$ und

$E_2: \vec{x} = \begin{pmatrix} 2 \\ -4 \\ -5 \end{pmatrix} + t \cdot \begin{pmatrix} 1 \\ 1 \\ -2 \end{pmatrix} + s \cdot \begin{pmatrix} 3 \\ 2 \\ -3 \end{pmatrix}$.

Bestimme gegebenenfalls die Schnittgerade g.

Du bist dran

Untersuche die gegenseitige Lage der Ebene $E_1: 2x_1 + 3x_2 - x_3 = 7$ und

$E_2: \vec{x} = \begin{pmatrix} 2 \\ -4 \\ -5 \end{pmatrix} + t \cdot \begin{pmatrix} 1 \\ 2 \\ -2 \end{pmatrix} + s \cdot \begin{pmatrix} 1 \\ 1 \\ -5 \end{pmatrix}$.

Bestimme gegebenenfalls die Schnittgerade g.

Berechne den Normalenvektor $\vec{n_2}$ der Ebene E_2:

$$\begin{matrix} \not{1} & \not{3} \\ 1 & 2 \\ -2 & 3 \\ 1 & 3 \\ 1 & 2 \\ \not{-2} & \not{3} \end{matrix} \quad \begin{pmatrix} 1 \cdot (-3) - 2 \cdot (-2) = 1 \\ -2 \cdot 3 - (-3) \cdot 1 = -3 \\ 1 \cdot 2 - 3 \cdot 1 = -1 \end{pmatrix}$$

$$\vec{n_2} = \begin{pmatrix} 1 \\ -3 \\ -1 \end{pmatrix}$$

Überprüfe, ob die Normalenvektoren $\vec{n_1}$ und $\vec{n_2}$ Vielfache voneinander sind:

$$\begin{pmatrix} 1 \\ -3 \\ -1 \end{pmatrix} = k \cdot \begin{pmatrix} 1 \\ 2 \\ -1 \end{pmatrix}$$

I $\quad 1 = k \cdot 1 \Rightarrow k = 1$

$k = 1$ in II $\quad -3 = 1 \cdot 2$ falsche Aussage

Die Normalenvektoren sind keine Vielfachen voneinander.
Damit schneiden sich die Ebenen.

Schreibe die x_1-, x_2- und x_3-Koordinaten der Ebene E_2 auf:

$x_1 = 2 + t + 3s$
$x_2 = -4 + t + 2s$
$x_3 = -5 - 2t - 3s$

Setze die Ebenengleichung der Ebene E_2 in die Ebenengleichung der Ebene E_1 ein und löse nach dem Parameter t auf:

$$2 + t + 3s + 2 \cdot (-4 + t + 2s) - (-5 - 2t - 3s) = 9$$
$$2 + t + 3s - 8 + 2t + 4s + 5 + 2t + 3s = 9$$
$$-1 + 5t + 10s = 9 \quad | +1 - 10s$$
$$5t = 10 - 10s \quad | :5$$
$$t = 2 - 2s$$

Setze t in die Ebenengleichung der Ebene E_2 ein, um die Schnittgerade g zu erhalten:

$$g: \vec{x} = \begin{pmatrix} 2 \\ -4 \\ -5 \end{pmatrix} + (2 - 2s) \cdot \begin{pmatrix} 1 \\ 1 \\ -2 \end{pmatrix} + s \cdot \begin{pmatrix} 3 \\ 2 \\ -3 \end{pmatrix}$$

$$g: \vec{x} = \begin{pmatrix} 2 \\ -4 \\ -5 \end{pmatrix} + \begin{pmatrix} 2 \\ 2 \\ -4 \end{pmatrix} + s \cdot \begin{pmatrix} -2 \\ -2 \\ 4 \end{pmatrix} + s \cdot \begin{pmatrix} 3 \\ 2 \\ -3 \end{pmatrix}$$

$$g: \vec{x} = \begin{pmatrix} 4 \\ -2 \\ -9 \end{pmatrix} + s \cdot \begin{pmatrix} 1 \\ 0 \\ 1 \end{pmatrix}$$

2 Untersuche die gegenseitige Lage der Ebene $E_1\colon\ 4x_1 + 3x_2 + 2x_3 = 5$ und der folgenden Ebene. Bestimme gegebenenfalls die Schnittgerade.

a) $E_2\colon\ \vec{x} = \begin{pmatrix}3\\1\\2\end{pmatrix} + t\cdot\begin{pmatrix}1\\0\\2\end{pmatrix} + s\cdot\begin{pmatrix}0\\1\\-3\end{pmatrix}$ **b)** $E_2\colon\ \vec{x} = \begin{pmatrix}2\\2\\3\end{pmatrix} + t\cdot\begin{pmatrix}-2\\3\\-1\end{pmatrix} + s\cdot\begin{pmatrix}3\\1\\0\end{pmatrix}$

3 Bestimme, falls möglich, die Schnittgerade der beiden Ebenen.

a) $E_1\colon\ \vec{x} = \begin{pmatrix}1\\0\\3\end{pmatrix} + t\cdot\begin{pmatrix}-2\\0\\0\end{pmatrix} + s\cdot\begin{pmatrix}2\\2\\0\end{pmatrix}$ und $E_2\colon\ \vec{x} = \begin{pmatrix}2\\3\\2\end{pmatrix} + t\cdot\begin{pmatrix}0\\-3\\-3\end{pmatrix} + s\cdot\begin{pmatrix}2\\0\\1\end{pmatrix}$

b) $E_1\colon\ \vec{x} = \begin{pmatrix}1\\2\\3\end{pmatrix} + t\cdot\begin{pmatrix}3\\0\\-1\end{pmatrix} + s\cdot\begin{pmatrix}2\\2\\2\end{pmatrix}$ und $E_2\colon\ \vec{x} = t\cdot\begin{pmatrix}1\\2\\3\end{pmatrix} + s\cdot\begin{pmatrix}2\\1\\0\end{pmatrix}$

4 Bestimme die Schnittgerade der folgenden Ebenen.

a) $E_1\colon\ 2x_1 + 2x_2 - 4x_3 = -2$ und $E_2\colon\ 6x_1 + 3x_2 - 9x_3 = 6$

b) $E_1\colon\ x_1 + 5x_3 = 6$ und $E_2\colon\ x_1 + x_2 + x_3 = 3$

c) $E_1\colon\ 2x_1 + x_2 + 3x_3 = 10$ und $E_2\colon\ 6x_1 - x_2 + x_3 = 14$

5 Gegeben ist ein Quader (siehe nebenstehende Abbildung). Bestimme die Schnittgerade der Ebene durch die Punkte A, D und G und der Ebene durch H, B und C.

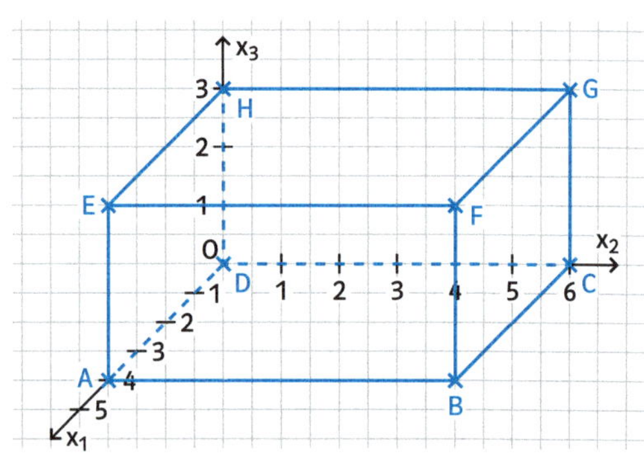

6 Bestimme gegebenenfalls die Schnittgerade der Ebene $E_1\colon\ 2x_1 + 3x_2 - 5x_3 = -7$ mit der Ebene

a) $E_2\colon\ x_3 = 5$

b) $E_3\colon\ x_1 = 4$

c) $E_4\colon\ x_2 = 10$

7 Bestimme gegebenenfalls die Schnittgerade der Ebene E_1, die durch die Punkte $A(1\,|\,1\,|\,1)$, $B(2\,|\,1\,|\,0)$ und $C(-1\,|\,5\,|\,1)$ beschrieben wird, und der Ebene E_2, die durch den Punkt $P(0\,|\,3\,|\,1)$ verläuft und durch die Spannvektoren $\vec{u} = \begin{pmatrix}-1\\2\\0\end{pmatrix}$ und $\vec{v} = \begin{pmatrix}2\\1\\2\end{pmatrix}$ aufgespannt wird.

8 Bestimme die Schnittgerade der Ebene E mit der

a) x_1x_2-Ebene

i) $E_1\colon\ 2x_1 - 3x_2 + 5x_3 = 60$ ii) $E_2\colon\ \vec{x} = \begin{pmatrix}1\\1\\9\end{pmatrix} + t\cdot\begin{pmatrix}-1\\0\\4\end{pmatrix} + s\cdot\begin{pmatrix}-1\\1\\9\end{pmatrix}$

b) x_2x_3-Ebene

i) $E_1\colon\ x_1 + x_2 + x_3 = 12$ ii) $E_2\colon\ \vec{x} = \begin{pmatrix}2\\2\\3\end{pmatrix} + t\cdot\begin{pmatrix}-2\\3\\-1\end{pmatrix} + s\cdot\begin{pmatrix}3\\1\\0\end{pmatrix}$

c) x_1x_3-Ebene

i) $E_1\colon\ 4x_1 - 5x_2 + x_3 = 8$ ii) $E_2\colon\ \vec{x} = \begin{pmatrix}12\\-12\\0\end{pmatrix} + t\cdot\begin{pmatrix}-2\\2\\2\end{pmatrix} + s\cdot\begin{pmatrix}3\\2\\0\end{pmatrix}$

TIPPS ZUM LÖSEN DER AUFGABEN 3, 4, 5 UND 8

3 Forme eine Ebene in Koordinatenform um. **4** Forme eine der beiden Ebenen in Parameterform um. Alternativ: Löse das LGS, das durch die beiden Ebenengleichungen gegeben ist. Setze dabei z. B. $x_3 = t$. **5** Lies die Koordinaten der Punkte im Schaubild ab und stelle Parametergleichungen auf. **8** Überlege dir, welche Eigenschaft alle Punkte haben, die in der x_1x_2-Ebene liegen.

TRAINING

○ **1** Untersuche die gegenseitige Lage der Geraden $g:\ \vec{x} = \begin{pmatrix}1\\0\\4\end{pmatrix} + t \cdot \begin{pmatrix}5\\5\\3\end{pmatrix},\ t \in \mathbb{R}$, und der folgenden Ebene. → Schritt 14

a) $E:\ x_1 + 2x_2 - 5x_3 = 10$

b) $E:\ \vec{x} = \begin{pmatrix}10\\1\\2\end{pmatrix} + t \cdot \begin{pmatrix}5\\0\\1\end{pmatrix} + s \cdot \begin{pmatrix}3\\1\\1\end{pmatrix}$

○ **2** Untersuche die gegenseitige Lage der Ebene $E_1:\ x_1 + 2x_2 - 5x_3 = 10$ und der folgenden Ebene. Berechne gegebenenfalls die Schnittgerade. → Schritte 16, 17

a) $E_2:\ \vec{x} = \begin{pmatrix}10\\5\\2\end{pmatrix} + t \cdot \begin{pmatrix}5\\0\\1\end{pmatrix} + s \cdot \begin{pmatrix}3\\1\\1\end{pmatrix}$

b) $E_2:\ \vec{x} = \begin{pmatrix}1\\2\\1\end{pmatrix} + t \cdot \begin{pmatrix}5\\2\\1\end{pmatrix} + s \cdot \begin{pmatrix}3\\1\\1\end{pmatrix}$

◒ **3** Überprüfe, ob die Gerade g die Ebene $E:\ x_1 - 2x_2 + 2x_3 = 5$ orthogonal schneidet und berechne den Schnittpunkt. → Schritt 15

a) $g:\ \vec{x} = \begin{pmatrix}3\\-5\\5\end{pmatrix} + t \cdot \begin{pmatrix}2\\-4\\4\end{pmatrix}$

b) $g:\ \vec{x} = t \cdot \begin{pmatrix}-3\\6\\-6\end{pmatrix}$

c) $g:\ \vec{x} = \begin{pmatrix}1\\-1\\1\end{pmatrix} + t \cdot \begin{pmatrix}2\\1\\0\end{pmatrix}$

◒ **4** Bestimme den Wert für a so, dass die Gerade $h:\ \vec{x} = \begin{pmatrix}3\\-5\\5\end{pmatrix} + t \cdot \begin{pmatrix}a+3\\4a\\a+5\end{pmatrix}$ die Ebene

$E:\ x_1 - 2x_2 + 2x_3 = 5$ orthogonal schneidet, und bestimme den Schnittpunkt. → Schritt 15

◒ **5** Bestimme gegebenenfalls die Schnittgerade der Ebenen E_1 und E_2. → Schritt 17

a) $E_1:\ 3x_1 - x_2 + 2x_3 = 7$ und $E_2:\ x_2 + x_3 = 5$

b) $E_1:\ -2x_1 + 2x_2 + 2x_3 = 10$ und $E_2:\ x_1 - x_2 - x_3 = 5$

c) $E_1:\ 2x_1 - x_2 = 7$ und $E_2:\ 2x_2 = 18$

◒ **6** Gib eine Gleichung einer Geraden g an, die die Ebene $E:\ -2x_1 + 8x_2 - 6x_3 = -4$ → Schritte 14, 15

a) orthogonal im Punkt $P(2\,|\,0\,|\,0)$ schneidet.

b) nicht orthogonal schneidet und nicht parallel zu E ist.

c) nicht schneidet und in E liegt.

● **7** Gegeben sind die Ebene $E:\ \vec{x} = \begin{pmatrix}0\\0\\-2\end{pmatrix} + r \cdot \begin{pmatrix}1\\1\\3\end{pmatrix} + s \cdot \begin{pmatrix}-3\\10\\3\end{pmatrix},\ r, s \in \mathbb{R}$, und die Gerade

$h_t:\ \vec{x} = \begin{pmatrix}2\\5\\8\end{pmatrix} + u \cdot \begin{pmatrix}2-t\\2t\\t-2\end{pmatrix},\ u \in \mathbb{R}$. Bestimme den Wert von t so, dass die Gerade parallel zur Ebene E ist. → Schritt 14

SCHRITT **18**

Ich kann die Koordinaten des Lotfußpunktes von einem Punkt auf eine Ebene bestimmen.

Hier lernst du, wie du den Lotfußpunkt eines Punktes auf eine Ebene bestimmst und damit den Abstand des Punktes von der Ebene berechnen kannst.

→ Parametergleichung einer Geraden (Schritt 7)

DAS BRAUCHST DU WIEDER

Allgemein: Aufstellen der Parametergleichung einer Geraden $g: \vec{x} = \vec{p} + t \cdot \vec{u}$

Beispiele: Die Gerade g geht durch die Punkte A und B. Bestimme eine Gleichung der Geraden

a) $A(2|-1|3)$; $B(1|1|-2)$

$$\vec{p} = \vec{a} = \begin{pmatrix} 2 \\ -1 \\ 3 \end{pmatrix}$$

$$\vec{u} = \overrightarrow{AB} = \begin{pmatrix} 1-2 \\ 1-(-1) \\ -2-3 \end{pmatrix} = \begin{pmatrix} -1 \\ 2 \\ -5 \end{pmatrix}$$

$$g: \vec{x} = \begin{pmatrix} 2 \\ -1 \\ 3 \end{pmatrix} + t \cdot \begin{pmatrix} -1 \\ 2 \\ -5 \end{pmatrix}$$

b) $A(-2|1|4)$; $B(1|-2|1)$

$\vec{p} = \vec{a} =$ ______

$\vec{u} = \overrightarrow{AB} =$ ______

$g:$ ______

DARUM GEHT'S

Tipp
Der Normalenvektor $\vec{n}$ steht senkrecht auf der Ebene, ist dort aber an keinen festen Punkt gebunden.

Ein Punkt R, der nicht in einer Ebene E liegt, hat – je nachdem wie man misst – verschiedene Entfernungen von dieser Ebene. Die kürzeste Entfernung liegt auf einer durch den Punkt R verlaufenden und die Ebene orthogonal schneidenden **Lotgeraden** und heißt **Abstand d (R ; E)** des Punktes R von der Ebene E.

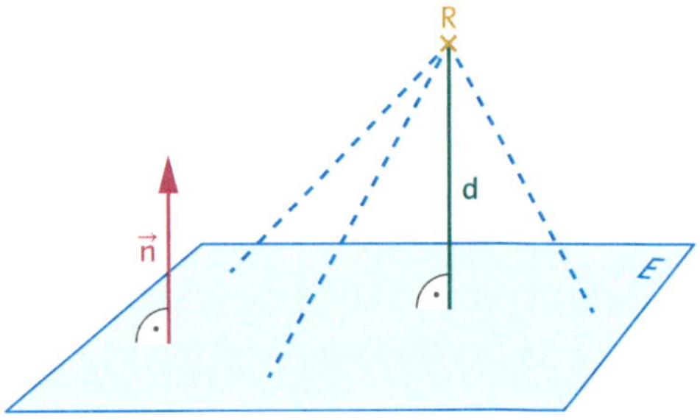

Den Schnittpunkt der Lotgeraden des Punktes R und der Ebene E bezeichnet man als **Lotfußpunkt F**.

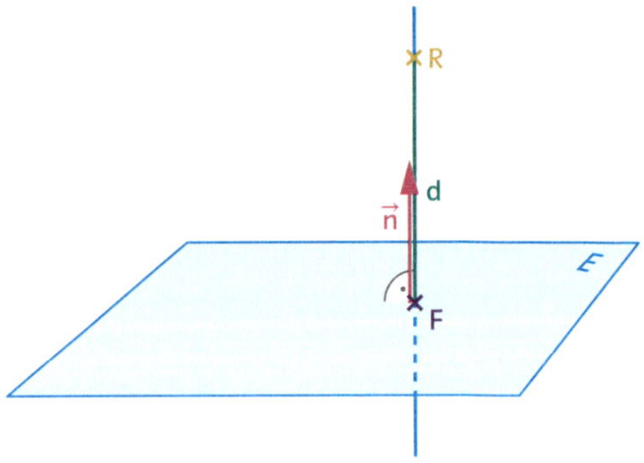

Da der Normalenvekor $\vec{n}$ der Ebene ebenfalls orthogonal zu ihr ist, kann man ihn als Richtungsvektor der Lotgeraden verwenden. Als Stützvektor kann der Ortsvektor $\vec{r}$ des Punktes R gewählt werden.

Somit ergibt sich folgende Gleichung der Lotgeraden $g: \vec{x} = \vec{r} + t \cdot \vec{n}$.

Lotfußpunkt und Abstand von der Ebene bestimmen

Diese Strategie verwendest du, wenn du den Lotfußpunkt eines Punktes auf einer Ebene bestimmen und mit seiner Hilfe den Abstand des Punktes von der Ebene berechnen willst.

SO GEHT'S

Erklärfilm
Bestimmung des Lotfußpunktes eines Punktes auf einer Ebene
nq54md

1 Beispiel

Gegeben sind die Ebene
E: $-x_1 + 2x_2 - 3x_3 = 19$ und der Punkt R(2 | 1 | 3).

a) Bestimme den Lotfußpunkt F.

b) Berechne den Abstand des Punktes R von der Ebene E.

a) Stelle die Lotgerade g auf:

$$\vec{r} = \begin{pmatrix} 2 \\ 1 \\ 3 \end{pmatrix} \text{ und } \vec{n} = \begin{pmatrix} -1 \\ 2 \\ -3 \end{pmatrix}$$

$$g: \vec{x} = \vec{r} + t \cdot \vec{n} = \begin{pmatrix} 2 \\ 1 \\ 3 \end{pmatrix} + t \cdot \begin{pmatrix} -1 \\ 2 \\ -3 \end{pmatrix}$$

Schneide die Gerade g mit der Ebene E:

$$-(2-t) + 2(1+2t) - 3(3-3t) = 19$$

Löse die Gleichung nach dem Parameter t auf:

$$\begin{aligned} -2 + t + 2 + 4t - 9 + 9t &= 19 \\ -9 + 14t &= 19 \quad | +9 \\ 14t &= 28 \quad | :14 \\ t &= 2 \end{aligned}$$

Setze t in die Gleichung der Lotgeraden g ein und bestimme dadurch den Lotfußpunkt F:

$$\vec{f} = \begin{pmatrix} 2 \\ 1 \\ 3 \end{pmatrix} + 2 \cdot \begin{pmatrix} -1 \\ 2 \\ -3 \end{pmatrix} = \begin{pmatrix} 2 \\ 1 \\ 3 \end{pmatrix} + \begin{pmatrix} -2 \\ 4 \\ -6 \end{pmatrix} = \begin{pmatrix} 0 \\ 5 \\ -3 \end{pmatrix}$$

F(0 | 5 | −3)

b) Bestimme den Abstand des Punktes P von der Ebene als Abstand der Punkte P und F:

$$d(R;E) = d(R;F) = |\overrightarrow{RF}|$$

Bestimme zunächst den Vektor $\overrightarrow{RF}$:

$$\overrightarrow{RF} = \begin{pmatrix} 0-2 \\ 5-1 \\ -3-3 \end{pmatrix} = \begin{pmatrix} -2 \\ 4 \\ -6 \end{pmatrix}$$

Berechne $\overrightarrow{RF}$:

$$\begin{aligned} |\overrightarrow{RF}| &= \sqrt{(-2)^2 + 4^2 + (-6)^2} \\ &= \sqrt{4 + 16 + 36} \\ &= \sqrt{56} \\ &\approx 7{,}48 \end{aligned}$$

Du bist dran

Gegeben sind die Ebene
E: $2x_1 - x_2 + x_3 = 18$ und der Punkt R(5 | 1 | 0).

a) Bestimme den Lotfußpunkt F.

b) Berechne den Abstand des Punktes R von der Ebene E.

○ **2** Gegeben sind die Ebene $E: 2x_1 + 3x_2 - x_3 = 6$ und der Punkt $R(-3|0|2)$.
a) Bestimme den Lotfußpunkt F.
b) Berechne den Abstand des Punktes R von der Ebene E.

○ **3** Gegeben sind die Ebene $E: x_1 + 2x_2 - 2x_3 = 5$ und der Punkt $R(3|5|-5)$.
a) Bestimme den Lotfußpunkt F.
b) Berechne den Abstand des Punktes R von der Ebene E.

○ **4** Gegeben sind die Ebene $E: \left(\vec{x} - \begin{pmatrix} 1 \\ 2 \\ 1 \end{pmatrix}\right) \cdot \begin{pmatrix} 2 \\ 1 \\ 2 \end{pmatrix} = 0$, der Punkt $R(0|0|0)$ und der Punkt $P(3|3|0)$.
a) Bestimme jeweils den Lotfußpunkt F.
b) Berechne die Abstände der Punkte R und P von der Ebene E.

○ **5** **a)** Gib den Abstand des Punktes $P(2|-3|5)$ von den Koordinatenebenen an.
b) Beschreibe, wie man an den Koordinaten eines Punktes P den Abstand von den Koordinatenebenen einfach ablesen kann.

◒ **6** **a)** Bestimme den Abstand des Punktes $A(3|7|-3)$ von der Ebene E, die den Normalenvektor $\vec{n} = \begin{pmatrix} 2 \\ -5 \\ 3 \end{pmatrix}$ besitzt und den Ursprung enthält.
b) Bestimme den Abstand des Punktes $P(7|-5|11)$ von der Ebenen E, die durch die Punkte $A(1|1|8)$, $B(2|-2|0)$ und $C(2|0|4)$ beschrieben wird.

◒ **7** Gegeben sind zwei Ebenen $E_1: 2x_1 - x_2 + 4x_3 = 5$ und $E_2: 4x_1 - 2x_2 + 8x_3 = 11$.
a) Begründe, dass die Ebenen parallel sind.
b) Berechne den Abstand der beiden Ebenen.

◒ **8** Ein Zeppelin, der als punktförmiges Objekt angesehen werden kann, befindet sich zum Zeitpunkt $t = 0$ im Punkt $A(15|15|15)$ und bewegt sich pro Stunde mit dem Vektor $\vec{u} = \begin{pmatrix} 12 \\ -5 \\ 1 \end{pmatrix}$ fort.
Bestimme den Abstand zum Boden zum Zeitpunkt $t = 0$ und zum Zeitpunkt $t = 2$.

● **9** Gegeben sind der Punkt $A(3|-5|4)$ und die Ebene $E_1: 2x_1 - x_2 + 2x_3 = 10$.
a) Bestimme den Abstand des Punktes A zur Ebene E.
b) Gib drei weitere Punkte an, die den gleichen Abstand wie A von der Ebene haben.
c) Beschreibe die Lage aller Punkte, die den Abstand 6 LE von der Ebene E haben.

TIPPS ZUM LÖSEN DER AUFGABEN 4, 6, 7, 8 UND 9

4 Stelle die Ebene zunächst als Koordinatengleichung dar. **6** Stelle die Koordinatengleichung der Ebene E auf und bestimme dann den Abstand. **7** Bei parallelen Ebenen hat jeder Punkt der Ebene E_1 den gleichen Abstand zur Ebene E_2. **8** Überlege dir die Koordinaten des Erdbodens, den wir hier als Ebene annehmen. **9 b)** Überlege dir, wo alle Punkte liegen, die diese Bedingung erfüllen.

SCHRITT 19

Ich kann den Abstand eines Punktes von einer Ebene mit der Hesse'schen Normalenform bestimmen.

Hier lernst du, wie du den Abstand des Punktes $R(1\,|\,-2\,|\,3)$ von der Ebene $E:\ 2x_1 - x_2 + 4x_3 = 8$ mithilfe einer Formel direkt berechnen kannst.

→ Betrag eines Vektors (Schritt 3)

DAS BRAUCHST DU WIEDER

Allgemein: Betrag eines Vekors $\overrightarrow{AB}$

$$|\overrightarrow{AB}| = \sqrt{(b_1 - a_1)^2 + (b_2 - a_2)^2 + (b_3 - a_3)^2}$$

Beispiele: Berechne den Betrag des Vektors $\overrightarrow{AB}$.

a) $A(3\,|\,4\,|\,-2)$, $B(5\,|\,-1\,|\,2)$

$$\overrightarrow{AB} = \begin{pmatrix} 5-3 \\ -1-4 \\ 2-(-2) \end{pmatrix} = \begin{pmatrix} 2 \\ -5 \\ 4 \end{pmatrix}$$

$$|\overrightarrow{AB}| = \sqrt{2^2 + (-5)^2 + 4^2}$$

$$= \sqrt{45} \approx 6{,}71$$

b) $A(-2\,|\,1\,|\,4)$, $B(3\,|\,-3\,|\,1)$

$\overrightarrow{AB} =$ ____________________

$|\overrightarrow{AB}| =$ ____________________

$=$ ____________________

DARUM GEHT'S

→ Schritt 18

Neben der Möglichkeit, den Abstand $d(R;E)$ eines Punktes R von einer Ebene E mithilfe einer Lotgeraden zu bestimmen, kann auch die **Hesse'sche Normalenform** zur Berechnung des Abstandes genutzt werden.

Mit einer Ebene der Form $E:\ a_1x_1 + a_2x_2 + a_3x_3 = b$ und dem Punkt $R(r_1\,|\,r_2\,|\,r_3)$ berechnet sich der Abstand als:

$$\mathbf{d(R;E)} = \frac{|a_1r_1 + a_2r_2 + a_3r_3 - b|}{\sqrt{a_1^2 + a_2^2 + a_3^2}}$$

Tipp
Ist neben dem Abstand auch der Lotfußpunkt gesucht, ist diese Methode ungeschickt, da er hier nicht mitbestimmt wird.

Abstand eines Punktes von einer Ebene bestimmen

Diese Strategie verwendest du, wenn du den Abstand eines Punktes von einer Ebene bestimmen sollst und den Lotfußpunkt nicht benötigst.

SO GEHT'S

Erklärfilm Abstand Punkt-Ebene mit der Hesse'schen Normalenform nq54md

1 **Beispiel**
Berechne den Abstand des Punktes $R(1\,|\,-2\,|\,3)$ von der Ebene $E:\ 2x_1 - x_2 + 4x_3 = 8$.

Du bist dran
Berechne den Abstand des Punktes $R(4\,|\,1\,|\,-2)$ von der Ebene $E:\ -x_1 + 2x_2 - 2x_3 = -4$.

a) Setze die Koeffizienten der Ebene E und die Koordinaten des Punktes R in die Hesse'sche Normalenform ein:

$$d(R;E) = \frac{|2\cdot 1 + (-1)\cdot(-2) + 4\cdot 3 - 8|}{\sqrt{2^2 + (-1)^2 + 4^2}}$$

Vereinfache:

$$= \frac{|2 + 2 + 12 - 8|}{\sqrt{4 + 1 + 16}}$$

$$= \frac{|8|}{\sqrt{21}}$$

$$\approx 1{,}75$$

> **Tipp**
> Hat ein Punkt von einer Ebene den Abstand null, so liegt dieser Punkt in der Ebene.

○ **2** Berechne die Abstände der Punkte A, B und C von der Ebene $E: -x_1 + 2x_2 - 3x_3 = 7$.
$A(1|-4|2)$; $B(-2|-2|0)$ und $C(1|1|-2)$

○ **3** Berechne die Abstände der Punkte $A(1|2|3)$, $B(4|5|0)$ und $C(5|1|0)$ von der Ebene $E: 2x_1 - 10x_2 + 11x_3 = 0$.

○ **4** Gegeben ist eine Ebene $E: \left(\vec{x} - \begin{pmatrix} 1 \\ 2 \\ 1 \end{pmatrix}\right) \cdot \begin{pmatrix} 6 \\ 1 \\ -6 \end{pmatrix} = 0$. Bestimme die Abstände der Punkte $A(5|2|5)$ und $B(1|2|3)$ zur Ebene E.

◒ **5** Gegeben ist die Ebene, die durch die Punkte $A(1|1|1)$, $B(0|5|0)$ und $C(1|5|-1)$ beschrieben wird.
a) Bestimme den Abstand des Ursprungs von der Ebene E.
b) Bestimme den Abstand des Punktes $R(5|7|5)$ von der Ebene E.

◒ **6** Ein Adler, der als punktförmiges Objekt angesehen werden kann, befindet sich zum Zeitpunkt $t = 0$ im Punkt $A(12|14|15)$ und bewegt sich pro Stunde mit dem Vektor $\vec{u} = \begin{pmatrix} 12 \\ -5 \\ 1 \end{pmatrix}$ fort. Seine Beute ist zum Zeitpunkt $t = 0$ genau senkrecht unter ihm und bewegt sich ahnungslos und und immer genau senkrecht unter ihm auf dem Boden. Bestimme den Abstand des Adlers zu seiner Beute zum Zeitpunkt $t = 0$ und zum Zeitpunkt $t = 2$.

→ Schritt 13

◒ **7** Gegeben ist die Ebene E durch die Spurpunkte $S_1(6|0|0)$, $S_2(0|2|0)$ und $S_3(0|0|3)$. Bestimme den Abstand der Ebene E zum Punkt $R(1|1|1)$.

◒ **8** Gegeben sind die Eckpunkte $A(10|0|0)$, $B(10|6|8)$, $C(0|6|8)$ und $D(0|0|0)$ der Grundfläche einer Pyramide.
a) Zeige, dass die Grundfläche ein Quadrat ist.
b) Die Pyramide hat die Spitze $S(5|15|-5)$. Berechne das Volumen der Pyramide.

● **9** Gegeben sind die Punkte $A(2|3|4)$ und $B(8|7|10)$.
a) Stelle die Gleichung einer Ebene auf, die den gleichen Abstand zu den Punkten A und B hat.
b) Bestimme den Abstand der Punkte A und B von der Ebene.

TIPPS ZUM LÖSEN DER AUFGABEN 5, 6, 8 UND 9

5 Der Ursprung hat die Koordinaten $O(0|0|0)$. **6** Die Beute befindet sich die ganze Zeit in der x_1x_2-Ebene. **8** Das Volumen der Pyramide berechnet man mit der Formel: $V = \frac{1}{3} \cdot G \cdot h$, wobei G die Grundfläche und h die Höhe ist. **9** Bestimme den Mittelpunkt der Strecke $\overline{AB}$. Dieser liegt in der Ebene. Überlege dir, wie der Verbindungsvektor der Punkte A und B zur Ebene liegt.

SCHRITT 20

Ich kann zueinander parallele Ebenen in vorgegebenem Abstand bestimmen.

Hier lernst du, wie du zu der Ebene $E: -4x_1 + 4x_2 - 7x_3 = 6$ parallele Ebenen im Abstand von 5 LE bestimmst.

→ Lösen von Betragsgleichungen (Grundlagen)

DAS BRAUCHST DU WIEDER

Allgemein: Lösen von Betragsgleichungen $|x - k| = a$

Beispiele: a) $|x - 3| = 5$ b) $|x + 4| = 7$

1. Fall: $x - 3 = 5 \quad | +3$

$x = 8$

2. Fall: $x - 3 = -5 \quad | +3$

$x = -2$

DARUM GEHT'S

Mithilfe der **Hesse'schen Normalenform** kannst du nicht nur den Abstand eines Punktes von einer Ebene bestimmen, sondern auch zu einer Ebene E parallele Ebenen in einem festgelegten Abstand d bestimmen.

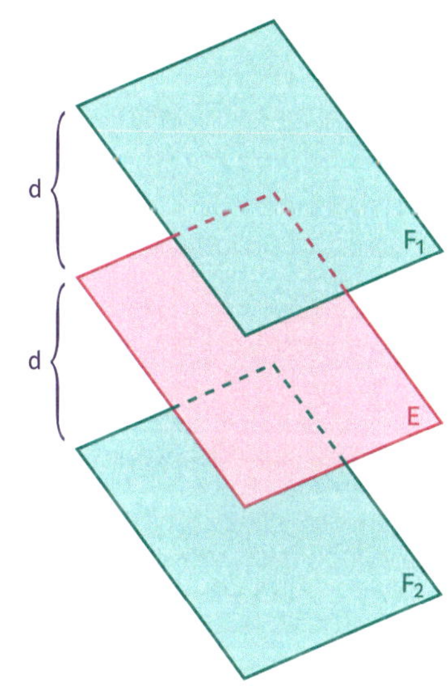

Eine Ebene E hat die Form

$$E: a_1x_1 + a_2x_2 + a_3x_3 = b.$$

Dazu parallele Ebenen unterscheiden sich nur im konstanten Wert auf der rechten Seite der Gleichung und haben daher die Form

$$F: a_1x_1 + a_2x_2 + a_3x_3 = k.$$

Tipp
Du erkennst schon an der Skizze, dass es immer zwei passende parallele Ebenen gibt, daher kann k auch zwei Werte annehmen.

Diesen Wert k kannst du mithilfe der Hesse'schen Normalenform bestimmen.

Ist $R(r_1|r_2|r_3)$ ein Punkt auf einer der gesuchten Ebenen F, so gilt

$$a_1r_1 + a_2r_2 + a_3r_3 = k,$$

da jeder Punkt der neuen Ebene F die Ebenengleichung von F erfüllen muss.
Ersetzt du jetzt den entsprechenden Teil der Hesse'schen Normalenform durch k und setzt diese mit dem festgelegten Abstand d gleich, so erhältst du eine Gleichung zur Bestimmung von k:

$$\mathbf{d(R;E)} = \frac{|(a_1r_1 + a_2r_2 + a_3r_3 - b)|}{\sqrt{a_1^2 + a_2^2 + a_3^2}} = \frac{|(k - b)|}{\sqrt{a_1^2 + a_2^2 + a_3^2}} = \mathbf{d}$$

Parallele Ebenen in festgelegtem Abstand bestimmen.

Diese Strategie verwendest du, wenn du alle Ebenen suchst, die zu einer vorgegebenen Ebene E parallel und einen bestimmten Abstand haben sollen.

SO GEHT'S

🌐 **Erklärfilm**
Bestimmung zueinander paralleler Ebenen im vorgegebenen Abstand
nq54md

1 Beispiel

Gegeben ist die Ebene $E: -4x_1 + 4x_2 - 7x_3 = 6$. Bestimme zu E parallele Ebenen, die von E den Abstand 5 LE haben.

a) Beschreibe den Abstand eines beliebigen Punktes R von der Ebene E mit der Hesse'schen Normalenform:

$$d(R;E) = \frac{|-4r_1 + 4r_2 - 7r_3 - 6|}{\sqrt{(-4)^2 + 4^2 + (-7)^2}}$$

Gib eine mögliche Ebenengleichung einer zur Ebene E parallelen Ebene F an:

$$F: -4x_1 + 4x_2 - 7x_3 = k$$

Setze den allgemeinen Punkt $R(r_1|r_2|r_3)$ in die Ebene F ein:

$$-4r_1 + 4r_2 - 7r_3 = k$$

Ersetze den entsprechenden Teil der Hesse'schen Normalenform durch k und setze diese mit dem gesuchten Abstand der parallelen Ebenen gleich:

$$\frac{|k-6|}{\sqrt{(-4)^2 + 4^2 + (-7)^2}} = 5$$

Vereinfache die Gleichung:

$$\frac{|k-6|}{\sqrt{16+16+49}} = 5$$

$$\frac{|k-6|}{\sqrt{81}} = 5$$

$$\frac{|k-6|}{9} = 5 \quad | \cdot 9$$

$$|k-6| = 45$$

Bestimme beide Werte von k durch eine Fallunterscheidung:

1. Fall: $k - 6 = 45 \quad | +6$
$k = 51$

2. Fall: $k - 6 = -45 \quad | +6$
$k = -39$

Gib die beiden zu E parallelen Ebenen F_1 und F_2 an:

$$F_1: -4x_1 + 4x_2 - 7x_3 = 51$$
$$F_2: -4x_1 + 4x_2 - 7x_3 = -39$$

Du bist dran

Gegeben ist die Ebene $E: 4x_1 - 12x_2 + 6x_3 = 7$. Bestimme zu E parallele Ebenen, die von E den Abstand 4 LE haben.

○ **2** Gegeben ist die Ebene $E: 6x_1 + 3x_2 - 2x_3 = 8$. Bestimme zu E parallele Ebenen, die von E den Abstand 3 LE haben.

○ **3** Gegeben ist die Ebene E. Bestimme zu E parallele Ebenen, die von E den Abstand d LE haben.

a) $E: 8x_1 - 8x_2 + 4x_3 = 5,\ d = 3$
b) $E: 3x_1 - 4x_2 + 12x_3 = 8,\ d = 8$
c) $E: 30x_1 + 6x_2 - 5x_3 = 3,\ d = 1$
d) $E: 6x_1 - 6x_2 - 3x_3 = 4,\ d = 0$

4 Gegeben ist die Ebene E durch drei Punkte bzw. durch eine Koordinatengleichung. Bestimme zu E parallele Ebenen, die von E den Abstand d LE haben.

a) $A(2|0|0)$, $B(1|1|-1)$, $C(3|-2|-1)$, $d = 2\sqrt{14}$
b) $A(0|1|-1)$, $B(3|0|1)$, $C(-3|-2|-4)$, $d = 4\sqrt{26}$
c) $E\colon\ 4x_1 + 4x_2 - 8x_3 = 7$, $d = \sqrt{6}$
d) $E\colon\ 2x_1 - 6x_2 - 8x_3 = 7$, $d = \sqrt{26}$

5 Peter hat seinen Aufschrieb nicht vollständig angefertigt. Er soll die zu $E\colon\ 2x_1 + 2x_2 + x_3 = 8$ parallelen Ebenen bestimmen, die den Abstand 9 besitzen. In seinem Heft findest du folgenden unvollständigen Aufschrieb. Erkläre, ob seine Vorgehensweise richtig ist, und vervollständige seinen Heftaufschrieb. Berechne die Ebenengleichungen.

$E\colon\ 2x_1 + 2x_2 + x_3 = 8,\ d = 9$
$P(0|0|8)$

$$g\colon\ \vec{x} = \begin{pmatrix} 0 \\ 0 \\ 8 \end{pmatrix} + s \cdot \begin{pmatrix} 2 \\ 2 \\ 1 \end{pmatrix}, \quad \left|\begin{pmatrix} 2 \\ 2 \\ 1 \end{pmatrix}\right| = 3$$

$$P_1\colon\ \vec{x} = \begin{pmatrix} 0 \\ 0 \\ 8 \end{pmatrix} + 3 \cdot \begin{pmatrix} 2 \\ 2 \\ 1 \end{pmatrix} = \begin{pmatrix} 6 \\ 6 \\ 11 \end{pmatrix}, \quad P_1(6|6|11)$$

6 Gegeben sind die Ebenen E_1 und E_2. Begründe, dass die Ebenen parallel sind. Bestimme die Gleichung derjenigen parallelen Ebene F, die zu E_1 den doppelten Abstand besitzt wie zu E_2.

a) $E_1\colon\ 3x_1 - 4x_2 + 12x_3 = 12$, $E_2\colon\ 3x_1 - 4x_2 + 12x_3 = 30$
b) $E_1\colon\ x_1 + 2x_2 - 2x_3 = 3$, $E_2\colon\ 3x_1 + 6x_2 - 6x_3 = -18$

7 Gegeben sind die parallelen Ebenen E_1, E_2 und E_3. Bestimme die Gleichung der Ebene E_1 so, dass die Ebene $E_2\colon\ 4x_1 - 12x_2 + 3x_3 = 12$ genau den gleichen Abstand zur Ebene E_1 hat, wie die Ebene E_1 zur Ebene $E_3\colon\ 4x_1 - 12x_2 + 3x_3 = -2$ besitzt.

TIPPS ZUM LÖSEN DER AUFGABEN 3, 4, 5, 6 UND 7

3 d) Überlege dir, wo alle Ebenen liegen, die den Abstand null haben. **4** Gehe vor wie in Aufgabe 3; keine Angst vor den Wurzeln. **5** Bei zwei parallelen Ebenen hat jeder Punkt der Ebene E_1 den gleichen Abstand zur Ebene E_2. **6** Bestimme zunächst den Abstand der Ebenen E_1 und E_2. Teile diesen Abstand durch 3, dann erhältst du den Abstand der neuen Ebene zu E_2. **7** Bestimme zunächst den Abstand der Ebenen E_2 und E_3. Überlege dir, welchen Abstand die Ebene E_1 zur Ebene E_2 besitzen muss und bestimme diese Ebene.

SCHRITT 21

Ich kann den Abstand eines Punktes von einer Geraden bestimmen.

Hier lernst du, wie du den Abstand des Punktes $R(2|3|1)$ von der Geraden $g: \vec{x} = \begin{pmatrix}2\\1\\1\end{pmatrix} + t \cdot \begin{pmatrix}2\\2\\0\end{pmatrix}$ berechnest.

→ Koordinatengleichung einer Ebene (Schritt 11)

DAS BRAUCHST DU WIEDER

Allgemein: Aufstellen der Koordinatengleichung einer Ebene $E: ax_1 + bx_2 + cx_3 = d$

Beispiele: Der Vektor $\vec{n}$ ist ein Normalenvekor der Ebene E, die den Punkt P enthält. Bestimme eine Koordinatengleichung von E.

a) $\vec{n} = \begin{pmatrix}1\\1\\-2\end{pmatrix}$; $P(3|2|-4)$

$E: x_1 + x_2 - 2x_3 = d$

$d = 3 + 2 - 2 \cdot (-4)$

$= 3 + 2 + 8 = 13$

$E: x_1 + x_2 - 2x_3 = 13$

b) $\vec{n} = \begin{pmatrix}2\\-2\\1\end{pmatrix}$; $P(1|-3|4)$

____

____

____

____

DARUM GEHT'S

Ein Punkt R, der nicht auf einer gegebenen Geraden g liegt, hat – je nachdem wie man misst – verschiedene Entfernungen von dieser Geraden. Die kürzeste Entfernung d entspricht der Länge der senkrechten Strecke zwischen R und der Geraden g und heißt **Abstand d (R ; g)** des Punktes R von der Geraden g.

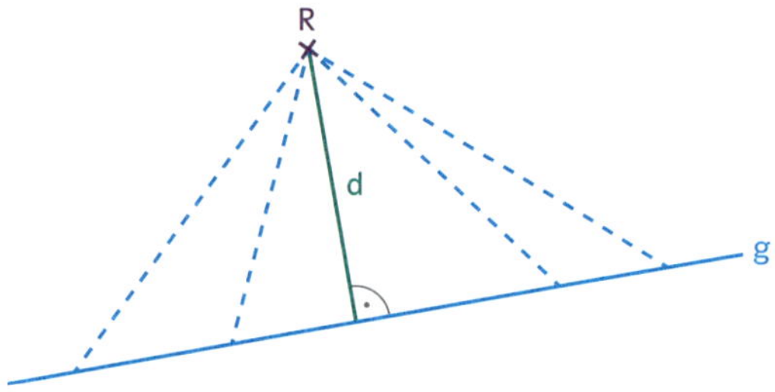

Tipp
Die senkrechte Strecke zwischen dem Punkt R und der Geraden g wird auch als Lot von R auf g bezeichnet.

Der Schnittpunkt dieser Strecke mit der Geraden g heißt **Lotfußpunkt F**.

Diesen Punkt erhältst du als Schnittpunkt einer Hilfsebene H mit der Geraden. Diese Hilfsebene wird aus dem Punkt R als Stützvektor und dem Richtungsvektor $\vec{u}$ der Geraden als Normalenvektor gebildet.

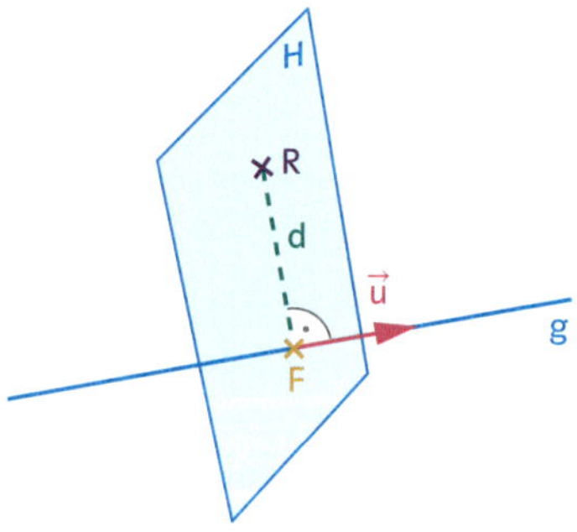

Der Abstand zwischen Lotfußpunkt F und dem Punkt R entspricht dann dem Abstand zwischen R und der Geraden g: $d(R;g) = d(R;F)$.

Auf die gleiche Weise kannst du auch den **Abstand zweier paralleler Geraden** bestimmen, denn jeder Punkt von h hat zur Geraden g den gleichen Abstand. Somit kannst du einfach den Abstand d eines beliebigen Punktes R von h zu g bestimmen.

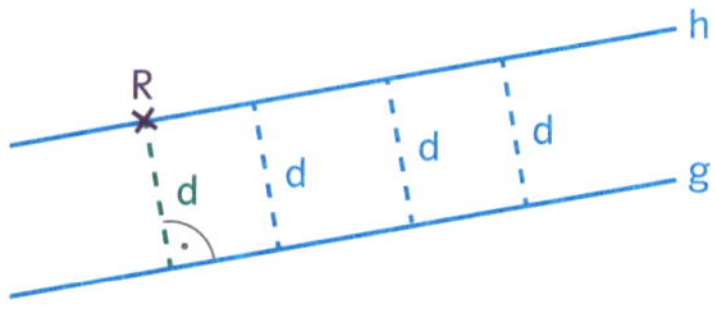

Tipp
Auf S. 74 passt die Aufgabe 4 zu diesem Fall.

Lotfußpunkt und Abstand eines Punktes von einer Geraden bestimmen

Diese Strategie verwendest du, wenn du den Lotfußpunkt eines Punktes auf eine Gerade und damit den Abstand dieses Punktes von der Geraden bestimmen willst.

SO GEHT'S

Erklärfilm
Abstand
Punkt – Gerade
nq54md

1 **Beispiel**
Berechne den Abstand des Punktes $R(-2|-1|3)$ von der Geraden $g: \vec{x} = \begin{pmatrix} 1 \\ 4 \\ -2 \end{pmatrix} + t \cdot \begin{pmatrix} -1 \\ 1 \\ -2 \end{pmatrix}$ und gib die Koordinaten des Punktes F auf g an, der die kürzeste Entfernung zu R hat.

Stelle mit dem Richtungsvektor der Geraden den Ansatz der Hilfsebene auf:

$H: -x_1 + x_2 - 2x_3 = k$

Setze den Punkt R in den Ansatz der Hilfsebene ein:

$k = -(-2) + (-1) - 2 \cdot 3$
$= 2 - 1 - 6 = -5$

Stelle die vollständige Hilfsebene H auf:

$H: -x_1 + x_2 - 2x_3 = -5$

Setze die Gerade g in die Hilfsebene H ein:

$-(1-t) + (4+t) - 2(-2-2t) = -5$

Löse die Gleichung nach t auf:

$$\begin{aligned} -1 + t + 4 + t + 4 + 4t &= -5 \\ 7 + 6t &= -5 \quad | -7 \\ 6t &= -12 \quad | :6 \\ t &= -2 \end{aligned}$$

Setze den Wert von t in die Gerade g ein, um den Lotfußpunkt F zu bestimmen:

$$\vec{f} = \begin{pmatrix} 1 \\ 4 \\ -2 \end{pmatrix} + (-2) \cdot \begin{pmatrix} -1 \\ 1 \\ -2 \end{pmatrix} = \begin{pmatrix} 1 \\ 4 \\ -2 \end{pmatrix} + \begin{pmatrix} 2 \\ -2 \\ 4 \end{pmatrix} = \begin{pmatrix} 3 \\ 2 \\ 2 \end{pmatrix}$$

Bestimme den Vektor $\overrightarrow{RF}$:

$$\overrightarrow{RF} = \begin{pmatrix} 3 \\ 2 \\ 2 \end{pmatrix} - \begin{pmatrix} -2 \\ -1 \\ 3 \end{pmatrix} = \begin{pmatrix} 5 \\ 3 \\ 1 \end{pmatrix}$$

Bestimme den Abstand des Punktes R von der Geraden g:

$$\begin{aligned} d(R;g) = d(R;F) &= |\overrightarrow{RF}| \\ &= \sqrt{5^2 + 3^2 + (-1)^2} \\ &= \sqrt{35} \approx 5{,}92 \end{aligned}$$

Du bist dran
Berechne den Abstand des Punktes $R(2|3|1)$ von der Geraden $g: \vec{x} = \begin{pmatrix} 2 \\ 1 \\ 1 \end{pmatrix} + t \cdot \begin{pmatrix} 2 \\ 2 \\ 0 \end{pmatrix}$ und gib die Koordinaten des Punktes F auf g an, der die kürzeste Entfernung zu R hat.

○ **2** Berechne den Abstand des Punktes R von der Geraden g.

a) $R(0|5|6)$, $g: \vec{x} = \begin{pmatrix} 2 \\ 0 \\ 1 \end{pmatrix} + t \cdot \begin{pmatrix} -4 \\ 1 \\ 1 \end{pmatrix}$

b) $R(10|6|10)$, $g: \vec{x} = \begin{pmatrix} 1 \\ 0 \\ 1 \end{pmatrix} + t \cdot \begin{pmatrix} 2 \\ 5 \\ 2 \end{pmatrix}$

c) $R(5|1|1)$, $g: \vec{x} = \begin{pmatrix} -5 \\ -5 \\ 5 \end{pmatrix} + t \cdot \begin{pmatrix} 3 \\ 2 \\ -4 \end{pmatrix}$

d) $R(1|3|3)$, $g: \vec{x} = \begin{pmatrix} 2 \\ 1 \\ 1 \end{pmatrix} + t \cdot \begin{pmatrix} 2 \\ -1 \\ -1 \end{pmatrix}$

○ 3 Berechne den Abstand des Punktes R von der Geraden g.

a) $R(8|4|0)$, $g: \vec{x} = \begin{pmatrix} 1 \\ 2 \\ -1 \end{pmatrix} + t \cdot \begin{pmatrix} 1 \\ 2 \\ 3 \end{pmatrix}$

b) $R(7|-6|7)$, $g: \vec{x} = \begin{pmatrix} 2 \\ -4 \\ -2 \end{pmatrix} + t \cdot \begin{pmatrix} 2 \\ 4 \\ 6 \end{pmatrix}$

c) $R(-2|2|-5)$, $g: \vec{x} = \begin{pmatrix} 6 \\ 4 \\ -2 \end{pmatrix} + t \cdot \begin{pmatrix} 1 \\ 2 \\ 3 \end{pmatrix}$

d) $R(2|-3|5)$, $g: \vec{x} = \begin{pmatrix} 4 \\ 3 \\ 3 \end{pmatrix} + t \cdot \begin{pmatrix} 2 \\ 1 \\ -1 \end{pmatrix}$

◒ 4 Berechne den Abstand zweier paralleler Geraden g und h.

a) $g: \vec{x} = \begin{pmatrix} 2 \\ 0 \\ 1 \end{pmatrix} + r \cdot \begin{pmatrix} -6 \\ 6 \\ -3 \end{pmatrix}$, $h: \vec{x} = \begin{pmatrix} 2 \\ 0 \\ 3 \end{pmatrix} + t \cdot \begin{pmatrix} 2 \\ -2 \\ 1 \end{pmatrix}$

b) $g: \vec{x} = \begin{pmatrix} 1 \\ 2 \\ 3 \end{pmatrix} + t \cdot \begin{pmatrix} -5 \\ 3 \\ 4 \end{pmatrix}$ $h: \vec{x} = \begin{pmatrix} 0 \\ -11 \\ -1 \end{pmatrix} + r \cdot \begin{pmatrix} 15 \\ -9 \\ -12 \end{pmatrix}$

c) $g: \vec{x} = \begin{pmatrix} -1 \\ -1 \\ 6 \end{pmatrix} + t \cdot \begin{pmatrix} 2 \\ -6 \\ -1 \end{pmatrix}$, $h: \vec{x} = \begin{pmatrix} 3 \\ 4 \\ 25 \end{pmatrix} + r \cdot \begin{pmatrix} -4 \\ 12 \\ 2 \end{pmatrix}$

◒ 5 Gegeben ist ein Quader (siehe Abbildung). N sei der Mittelpunkt der Strecke $\overline{EH}$ und M der Schnittpunkt der Diagonalen in der Grundfläche.

a) Bestimme den Abstand des Punktes M von der Geraden durch F und G.

b) Bestimme den Abstand des Punktes N von der Geraden durch G und H.

c) Bestimme den Abstand des Punktes N von der Geraden durch C und D.

d) Bestimme den Abstand des Punktes C von der Geraden durch E und G.

e) Bestimme den Abstand des Punktes F von der Raumdiagonalen durch E und C.

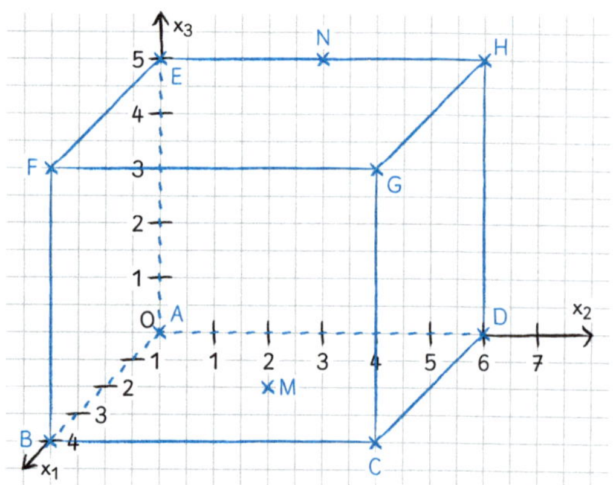

◒ 6 Gegeben sind der Punkt $A(0|3|1)$ sowie die Gerade g durch die Punkte $B(5|3|6)$ und $C(2|4|9)$. Zeige, dass B derjenige Punkt der Geraden g ist, der die kürzeste Entfernung von A hat.

● 7 Ein Bus, 2,5 m breit und 8 m lang, steht ganz am rechten Rand einer Fahrbahn. Die rechte Fahrbahnseite liegt auf der x_1-Achse. Der rechte hintere Punkt des Busses liegt im Ursprung. Die Straße ist 7,5 m breit. Ein 2 m breiter und 4 m langer Pkw fährt hinter dem Bus und setzt zum Überholen an. Als der rechte vordere Punkt des Pkw sich im Punkt $A(-5|0{,}5)$ befindet, schert er aus. Er fährt geradlinig, bis sich sein vorderer rechter Punkt in $A^*(1|5)$ befindet. Ab hier fährt er zum Überholen des Busses parallel zu diesem. Berechne, ob der vorgeschriebene Mindestabstand von 2 m zum Bus von dem Pkw immer eingehalten wird.

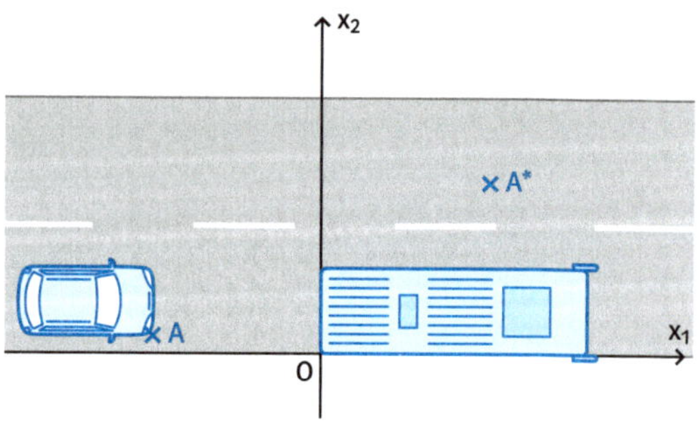

TIPPS ZUM LÖSEN DER AUFGABEN 4, 5 UND 6

4 Bei zwei parallelen Geraden hat jeder Punkt der einen Geraden den gleichen Abstand zur anderen Geraden. **5** Die Diagonalen in einem Rechteck halbieren sich. **6** Bestimme zunächst den Abstand des Punktes A von der Geraden g und vergleiche ihn mit dem Abstand des Punktes A von B.

SCHRITT 22 Ich kann den Abstand zweier zueinander windschiefer Geraden bestimmen.

Hier lernst du, wie du den Abstand zweier Geraden bestimmst, die zueinander windschief sind, also weder parallel sind noch einen Schnittpunkt besitzen.

→ Das Vektorprodukt bestimmen (Schritt 12)

DAS BRAUCHST DU WIEDER

Allgemein: Berechnen des Vektorprodukts

Es gilt: $\vec{u} \times \vec{v} = \begin{pmatrix} u_2v_3 - u_3v_2 \\ u_3v_1 - u_1v_3 \\ u_1v_2 - u_2v_1 \end{pmatrix}$

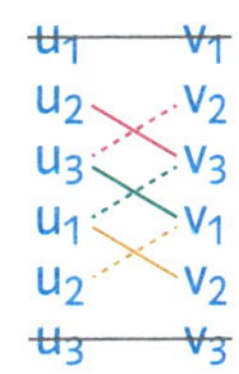

Beispiele: Berechne das Vektorprodukt der Vektoren $\vec{u}$ und $\vec{v}$.

a) $\vec{u} = \begin{pmatrix} 2 \\ 1 \\ -3 \end{pmatrix}$, $\vec{v} = \begin{pmatrix} 1 \\ -1 \\ -1 \end{pmatrix}$ b) $\vec{u} = \begin{pmatrix} 3 \\ 2 \\ -2 \end{pmatrix}$, $\vec{v} = \begin{pmatrix} 1 \\ 4 \\ -2 \end{pmatrix}$

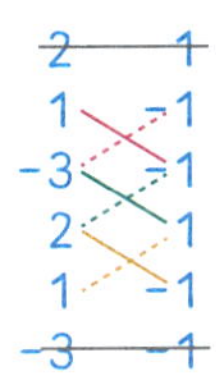

$$\vec{u} \times \vec{v} = \begin{pmatrix} 1 \cdot (-1) - (-3) \cdot (-1) \\ -3 \cdot 1 - 2 \cdot (-1) \\ 2 \cdot (-1) - 1 \cdot 1 \end{pmatrix} = \begin{pmatrix} -1-3 \\ -3+2 \\ -2-1 \end{pmatrix} = \begin{pmatrix} -4 \\ -1 \\ -3 \end{pmatrix}$$

____

____

____

DARUM GEHT'S

Soll der Abstand $d(g;h)$ zweier zueinander windschiefer Geraden $g: \vec{x} = \vec{p} + s \cdot \vec{u}$ und $h: \vec{x} = \vec{q} + t \cdot \vec{v}$ bestimmt werden, so wird eine Hilfsebene H benötigt, für die folgende Eigenschaften gelten:
- die Gerade g liegt in der Ebene H
- die Gerade h ist parallel zur Ebene H

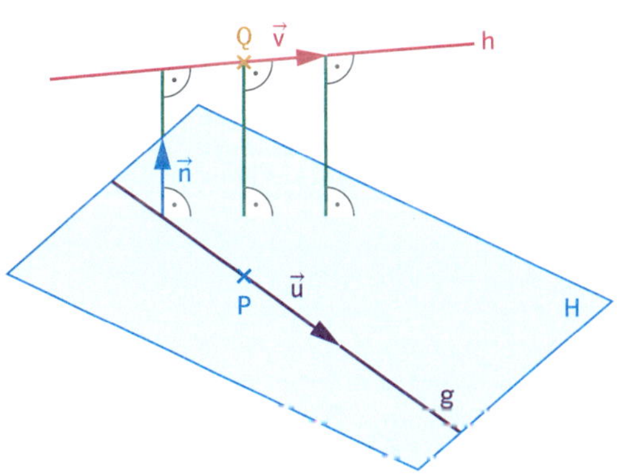

Tipp
Die senkrechte Strecke zwischen dem Punkt R und der Geraden g wird auch als Lot von R auf g bezeichnet.

Um die Gleichung dieser Ebene H aufzustellen, benötigst du einen Punkt der Ebene (z. B. den Punkt P der Geraden g) sowie den Normalenvektor $\vec{n}$ der Ebene. Da dieser sowohl zu g als auch zu h, also zu den Richtungsvektoren $\vec{u}$ und $\vec{v}$ senkrecht sein muss, gilt: $\vec{n} = \vec{u} \times \vec{v} = \begin{pmatrix} a \\ b \\ c \end{pmatrix}$.

→ Abstand Punkt – Ebene mit der Hesse'schen Normalenform (Schritt 19)

Dem Abstand der Geraden h von der Geraden g entspricht dann dem Abstand des Punktes Q von der Ebene H, den du mit der **Hesse'schen Normalenform** bestimmst.

Mit einer Hilfsebene der Form $H: ax_1 + bx_2 + cx_3 = d$ und dem Punkt $Q(q_1|q_2|q_3)$ erhältst du also die Formel:

$$\mathbf{d(g;h) = d(Q;H)} = \frac{|aq_1 + bq_2 + cq_3 - d|}{\sqrt{a^2 + b^2 + c^2}}$$

Abstand zueinander windschiefer Geraden bestimmen

Diese Strategie verwendest du, wenn du den Abstand zweier Geraden bestimmen willst, die nicht zueinander parallel sind und sich auch nicht schneiden.

SO GEHT'S

Erklärfilm
Abstand windschiefer Geraden
nq54md

1 Beispiel

Berechne den Abstand der zueinander windschiefen Geraden g und h.

$g: \vec{x} = \begin{pmatrix} -5 \\ -7 \\ 0 \end{pmatrix} + s \cdot \begin{pmatrix} 3 \\ 0 \\ 1 \end{pmatrix}$

$h: \vec{x} = \begin{pmatrix} 12 \\ 0 \\ 1 \end{pmatrix} + t \cdot \begin{pmatrix} 3 \\ 2 \\ 2 \end{pmatrix}$

Du bist dran

Berechne den Abstand der zueinander windschiefen Geraden g und h.

$g: \vec{x} = \begin{pmatrix} 1 \\ 1 \\ 1 \end{pmatrix} + t \cdot \begin{pmatrix} -3 \\ 0 \\ 2 \end{pmatrix}$

$h: \vec{x} = \begin{pmatrix} 6 \\ 6 \\ 18 \end{pmatrix} + t \cdot \begin{pmatrix} 3 \\ -4 \\ 1 \end{pmatrix}$

Schreibe die beiden Spannvektoren zweimal übereinander und streiche die erste und letzte Zeile:

~~3 3~~
0 2
1 2
3 3
0 2
~~1 2~~

Verbinde die einzelnen Koordinaten kreuzweise orthogonal und bilde das Vektorprodukt:

$\vec{u} \times \vec{v} = \begin{pmatrix} 0 \cdot 2 - 1 \cdot 2 \\ 1 \cdot 3 - 3 \cdot 2 \\ 3 \cdot 2 - 0 \cdot 3 \end{pmatrix}$

$= \begin{pmatrix} -2 \\ -3 \\ 6 \end{pmatrix}$

Tipp
Das Vektorprodukt liefert dir **einen** möglichen Normalenvektor der Ebene. Durch geschicktes Multiplizieren oder Dividieren aller Einträge mit der gleichen Zahl erhältst du einen einfacheren Normalenvektor.

Vereinfache das Ergebnis (falls möglich) und notiere den Normalenvektor:

$\vec{n} = \begin{pmatrix} -2 \\ -3 \\ 6 \end{pmatrix}$

Setze die Koordinaten des Normalenvektors in die allgemeine Form der Koordinatengleichung der Hilfsebene H ein:

$H: -2x_1 - 3x_2 + 6x_3 = d$

Setze die Koordinaten des Stützvektors P der Geraden g in die Koordinatengleichung ein, um den Parameter d zu bestimmen:

$-2 \cdot (-5) - 3 \cdot (-7) + 6 \cdot 0$
$= 10 + 21 = 31$

Gib die Koordinatengleichung der Hilfsebene an:

$H: -2x_1 - 3x_2 + 6x_3 = 31$

Setze die Koeffizienten der Ebene H und die Koordinaten des Punktes Q in die Hesse'sche Normalenform ein:

$d(g;h) = d(Q;H)$

$= \frac{|(-2) \cdot 12 + (-3) \cdot 0 + 6 \cdot 1 - 31|}{\sqrt{(-2)^2 + (-3)^2 + 6^2}}$

$= \frac{|-24 + 6 - 31|}{\sqrt{4 + 9 + 36}} = \frac{|-49|}{\sqrt{49}} = 7$

Tipp
Q ist der Endpunkt des Stützvektors $\vec{q}$ der Geraden h.

○ **2** Berechne den Abstand der zueinander windschiefen Geraden g und h.

a) g: $\vec{x} = \begin{pmatrix} 5 \\ 0 \\ -1 \end{pmatrix} + s \cdot \begin{pmatrix} 4 \\ 1 \\ -1 \end{pmatrix}$
h: $\vec{x} = \begin{pmatrix} 6 \\ 6 \\ 6 \end{pmatrix} + t \cdot \begin{pmatrix} -4 \\ -3 \\ 2 \end{pmatrix}$

b) g: $\vec{x} = \begin{pmatrix} -7 \\ 2 \\ -3 \end{pmatrix} + s \cdot \begin{pmatrix} 0 \\ 1 \\ 2 \end{pmatrix}$
h: $\vec{x} = \begin{pmatrix} -3 \\ -3 \\ 3 \end{pmatrix} + t \cdot \begin{pmatrix} 1 \\ 2 \\ 1 \end{pmatrix}$

○ **3** Berechne a so, dass die zueinander windschiefen Geraden g und h den gegebenen Abstand besitzen.

a) g: $\vec{x} = \begin{pmatrix} 2 \\ 1 \\ 0 \end{pmatrix} + s \cdot \begin{pmatrix} 3 \\ 4 \\ a \end{pmatrix}$
h: $\vec{x} = \begin{pmatrix} 1 \\ 2 \\ -1 \end{pmatrix} + t \cdot \begin{pmatrix} 3 \\ 4 \\ 0 \end{pmatrix}$
$d(g;h) = \frac{7}{5}$

b) g: $\vec{x} = \begin{pmatrix} 0 \\ 3 \\ 6 \end{pmatrix} + s \cdot \begin{pmatrix} -a \\ 2 \\ 2 \end{pmatrix}$
h: $\vec{x} = \begin{pmatrix} 3 \\ 2 \\ -5 \end{pmatrix} + t \cdot \begin{pmatrix} 1 \\ 1 \\ -2 \end{pmatrix}$
$d(g;h) = \frac{80}{\sqrt{200}}$

◒ **4** Gegeben ist eine Pyramide mit dreiseitiger Grundfläche. Die Grundfläche wird durch die Punkte A(3 | −2 | 0), B(4 | 6 | 3) und C(6 | 2 | −1) beschrieben, die Spitze D durch D(5 | 1 | 13). Der Punkt E ist der Mittelpunkt der Strecke $\overline{AB}$, F der Mittelpunkt der Strecke $\overline{BC}$, G der Mittelpunkt der Strecke $\overline{CD}$ und H der Mittelpunkt der Strecke $\overline{BD}$. Überprüfe, ob die Gerade durch die Punkte E und F windschief zur Geraden durch die Punkte G und H ist, und bestimme gegebenenfalls den Abstand.

◒ **5** Gegeben ist ein Quader (siehe Abbildung). N ist der Mittelpunkt der Strecke $\overline{EH}$ und M der Schnittpunkt der Diagonalen in der Grundfläche.

a) Bestimme den Abstand der windschiefen Geraden durch C und M von der Geraden durch G und B.

b) Bestimme den Abstand der windschiefen Geraden durch N und A von der Geraden durch C und H.

c) Überprüfe, ob sich die Raumdiagonalen $\overline{BH}$ und $\overline{CE}$ schneiden. Bestimme gegebenenfalls den Abstand.

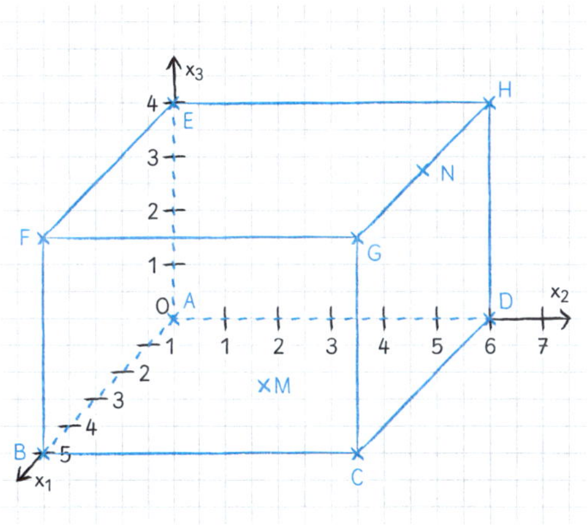

● **6** Zeige, dass die Gerade g: $\vec{x} = \begin{pmatrix} 1 \\ 0 \\ 0 \end{pmatrix} + s \cdot \begin{pmatrix} a \\ 0 \\ 1 \end{pmatrix}$ für jeden Wert von a zur x_2-Achse windschief ist. Bestimme den Abstand der Geraden g zur x_2-Achse in Abhängigkeit von a.

TIPPS ZUM LÖSEN DER AUFGABEN 4 UND 6

4 Fertige eine Skizze an, damit du dir den Sachverhalt besser vorstellen kannst. **6** Stelle zunächst eine Geradengleichung der x_2-Achse auf. Zeige dann, dass die Geraden zueinander windschief sind, und bestimme den Abstand.

TRAINING

○ **1** Bestimme den Abstand des Punktes $P(1|2|2)$ von der Ebene $E\colon\ 2x_1 - 1x_2 - 2x_3 = 5$
a) mithilfe des Lotfußpunktes. → Schritt 18
b) mithilfe der Hesse'schen Normalenform. → Schritt 19

◒ **2** Gegeben ist ein Würfel (siehe Abbbildung).
a) Bestimme den Abstand des Punktes B zur Geraden durch H und E. → Schritt 21
b) Bestimme den Abstand der Geraden durch die Punkte B und C zur Geraden durch E und H. → Schritt 22
c) Bestimme den Abstand des Punktes $S(3|3|12)$ zur Grundfläche des Würfels. → Schritt 19
d) Bestimme den Abstand der Geraden durch A und G zur Geraden durch D und C. → Schritt 22

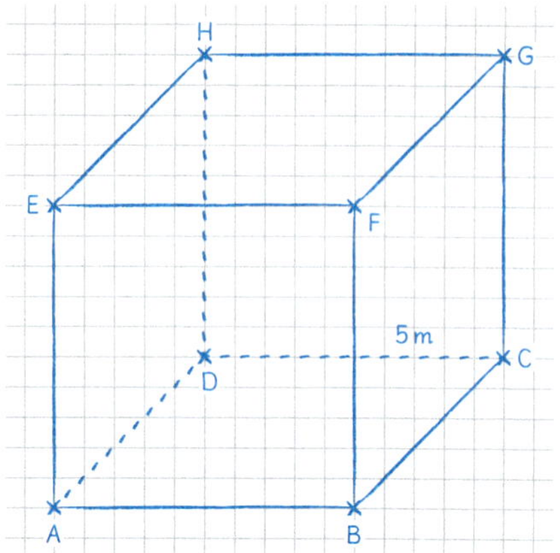

◒ **3** Gegeben ist die Skizze eines Hauses (siehe Abbildung). Der Balken durch die Punkte E und S ist durch ein Unwetter beschädigt. Um die Stabilität zu gewährleisten, soll er durch einen Holzbalken abgestützt werden. → Schritt 21
a) Wie lang muss der Balken mindestens sein, wenn er durch den Punkt F verläuft?
b) Berechne, wie lang der Balken mindestens sein muss, wenn er durch die Mitte der Seite durch F und G geht.

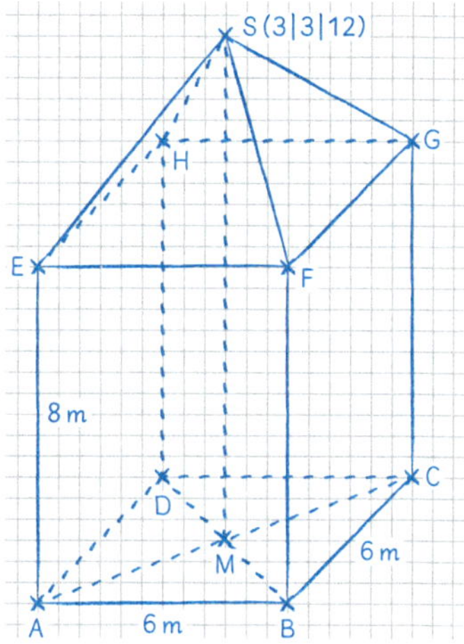

◒ **4** Gegeben sind die Ebenen E_1 und E_2. Begründe, dass die Ebenen zueinander parallel und verschieden sind. Bestimme die Gleichung derjenigen zu E_1 und E_2 parallelen Ebene F, die zudem zu beiden Ebenen den gleichen Abstand besitzt. → Schritt 20
a) $E_1\colon\ 2x_1 + 3x_2 - 6x_3 = 6,\quad E_2\colon\ 2x_1 + 3x_2 - 6x_3 = 34$
b) $E_1\colon\ x_1 + 2x_2 - 2x_3 = 8,\quad E_2\colon\ 2x_1 + 4x_2 - 4x_3 = 4$

● **5** Peter beobachtet den Himmel und sieht dort drei Drohnen. Die Flugbahnen der Drohnen lassen sich durch folgende Gleichungen beschreiben:
Drohne 1 befindet sich in diesem Moment im Punkt $P(3|1|2)$ und bewegt sich in Richtung des Vektors $\begin{pmatrix}2\\2\\1\end{pmatrix}$. Drohne 2 ist zur gleichen Zeit im Punkt $Q(5|5|3)$ und bewegt sich in Richtung des Vektors $\begin{pmatrix}4\\4\\2\end{pmatrix}$. Drohne 3 befindet sich gerade im Punkt $R(5|6|5)$ und bewegt sich in Richtung des Vektors $\begin{pmatrix}2\\1\\0\end{pmatrix}$.

Bestimme den kürzesten Abstand der Drohne 1 zu den beiden anderen Drohnen. → Schritte 21, 22

SCHRITT 23 Ich kann den Winkel zwischen Vektoren bestimmen.

Hier lernst du, wie du den Winkel zwischen zwei Vektoren $\vec{a} = \begin{pmatrix} 2 \\ 3 \\ 0 \end{pmatrix}$ und $\vec{b} = \begin{pmatrix} -4 \\ -2 \\ 1 \end{pmatrix}$ bestimmen kannst.

→ Skalarprodukt von Vektoren berechnen (Schritt 6)

DAS BRAUCHST DU WIEDER

Allgemein: Skalarprodukt

Für die Vektoren $\vec{a} = \begin{pmatrix} a_1 \\ a_2 \\ a_3 \end{pmatrix}$ und $\vec{b} = \begin{pmatrix} b_1 \\ b_2 \\ b_3 \end{pmatrix}$ gilt: $\vec{a} \cdot \vec{b} = a_1b_1 + a_2b_2 + a_3b_3$

Beispiele: $\begin{pmatrix} 3 \\ 2 \\ 1 \end{pmatrix} \cdot \begin{pmatrix} 2 \\ 4 \\ -1 \end{pmatrix} = 3 \cdot 2 + 2 \cdot 4 + 1 \cdot (-1) =$ ______

$\begin{pmatrix} 5 \\ 4 \\ -2 \end{pmatrix} \cdot \begin{pmatrix} -2 \\ 0 \\ -4 \end{pmatrix} =$ ______

DARUM GEHT'S

Du weißt schon, dass zwei Vektoren genau dann zueinander orthogonal sind, wenn das **Skalarprodukt** $\vec{a} \cdot \vec{b}$ der beiden null ergibt. Der Winkel zwischen diesen beiden Vektoren ist also 90°.

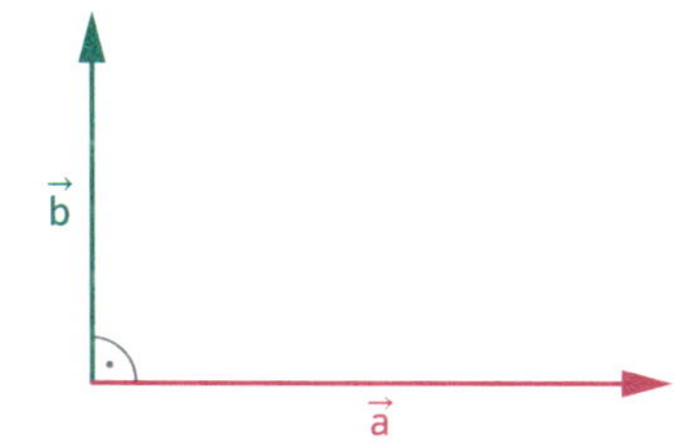

Allgemein gilt: Zeichnest du die Pfeile von zwei Vektoren $\vec{a}$ und $\vec{b}$ an einen gemeinsamen Anfangspunkt, siehst du, dass zwei Winkel α und β entstehen. Der kleinere Winkel α wird als Winkel zwischen den Vektoren $\vec{a}$ und $\vec{b}$ bezeichnet und berechnet sich mit dieser Formel:

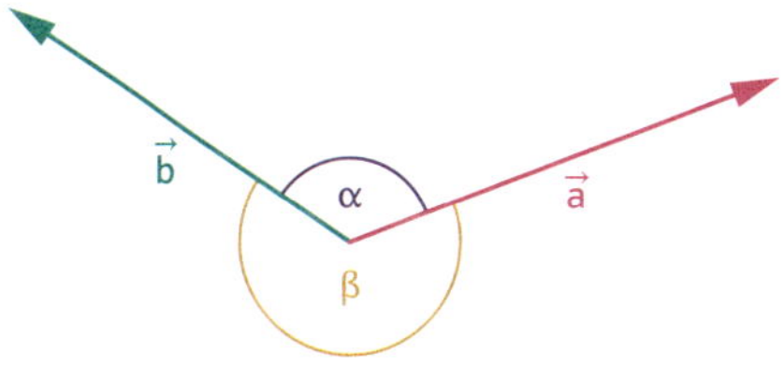

$$\cos(\alpha) = \frac{\vec{a} \cdot \vec{b}}{|\vec{a}| \cdot |\vec{b}|} \quad (0 \leq \alpha \leq 180°)$$

Den größeren Winkel β kannst du mit dem Zusammenhang $\beta = 360° - \alpha$ berechnen.

Winkel bestimmen

Diese Strategie verwendest du, wenn du den Winkel zwischen zwei Vektoren bestimmen willst.

SO GEHT'S

1 Beispiel

a) Berechne die Größe des Winkels zwischen den Vektoren $\vec{a}$ und $\vec{b}$.

$\vec{a} = \begin{pmatrix} -2 \\ -3 \\ -1 \end{pmatrix}$, $\vec{b} = \begin{pmatrix} 4 \\ 0 \\ 3 \end{pmatrix}$

b) Berechne auch den größeren Winkel β zwischen den Vektoren $\vec{a}$ und $\vec{b}$.

Du bist dran

a) Berechne die Größe des Winkels zwischen den Vektoren $\vec{a}$ und $\vec{b}$.

$\vec{a} = \begin{pmatrix} 2 \\ 3 \\ 0 \end{pmatrix}$, $\vec{b} = \begin{pmatrix} -4 \\ -2 \\ 1 \end{pmatrix}$

b) Berechne auch den größeren Winkel β zwischen den Vektoren $\vec{a}$ und $\vec{b}$.

a) Berechne cos(α) mit der oben genannten Formel:

$$\cos(\alpha) = \frac{\begin{pmatrix}-2\\-3\\-1\end{pmatrix} \cdot \begin{pmatrix}4\\0\\3\end{pmatrix}}{\left|\begin{pmatrix}-2\\-3\\-1\end{pmatrix}\right| \cdot \left|\begin{pmatrix}4\\0\\3\end{pmatrix}\right|}$$

$$= \frac{(-2)\cdot 4 + (-3)\cdot 0 + (-1)\cdot 3}{\sqrt{(-2)^2 + (-3)^2 + (-1)^2} \cdot \sqrt{4^2 + 0^2 + 3^2}}$$

$$= \frac{-8-3}{\sqrt{14}\cdot 5}$$

$$= \frac{-11}{\sqrt{14}\cdot 5}$$

Tipp
Stelle sicher, dass dein Taschenrechner im DEG-Modus und nicht im RAD-Modus ist.

Berechne α mit $\cos^{-1}(\ )$:

$$\alpha = \cos^{-1}\left(\frac{-11}{\sqrt{14}\cdot 5}\right)$$

$$\approx 126{,}01°$$

b) Berechne β mit dem Zusammenhang β = 360° − α:

$$\beta = 360° - \alpha$$
$$\approx 360° - 126{,}01°$$
$$= 233{,}99°$$

○ **2** Berechne die Größe des Winkels zwischen den Vektoren $\vec{a}$ und $\vec{b}$.
Berechne auch den größeren Winkel β zwischen den Vektoren $\vec{a}$ und $\vec{b}$.

a) $\vec{a} = \begin{pmatrix}4\\2\\3\end{pmatrix}$, $\vec{b} = \begin{pmatrix}2\\1\\-1\end{pmatrix}$ **b)** $\vec{a} = \begin{pmatrix}3\\2\\-1\end{pmatrix}$, $\vec{b} = \begin{pmatrix}-1\\2\\3\end{pmatrix}$ **c)** $\vec{a} = \begin{pmatrix}1\\3\\-2\end{pmatrix}$, $\vec{b} = \begin{pmatrix}0\\4\\2\end{pmatrix}$

○ **3** Ordne die Schnittwinkel der passenden Vektorkombination zu.

I $\vec{a} = \begin{pmatrix}-1\\3\\1\end{pmatrix}$, $\vec{b} = \begin{pmatrix}2\\-3\\4\end{pmatrix}$ II $\vec{a} = \begin{pmatrix}3\\2\\-1\end{pmatrix}$, $\vec{b} = \begin{pmatrix}-3\\2\\-5\end{pmatrix}$ III $\vec{a} = \begin{pmatrix}-7\\-2\\1\end{pmatrix}$, $\vec{b} = \begin{pmatrix}1\\2\\3\end{pmatrix}$

A 106,92° B 113,07° C 90°

◒ **4** Bestimme die Innenwinkel des Vierecks ABCD mit A(1 | 0 | 1), B(2 | −1 | 3), C(4 | 1 | 0) und D(2 | 3 | −4). Bestimme auch den Winkel, den die Diagonale $\overline{AC}$ mit der Seite $\overline{AB}$ einschließt.

◒ **5** Eine symmetrische, quadratische Pyramide hat die Höhe 6 m. Die Seitenlängen der Grundfläche betragen 4 m.

a) Gib die Koordinaten der Punkte A, B, C und S an.
b) Welchen Winkel schließen die Seitenkanten $\overline{AS}$ und $\overline{BS}$ ein?
c) Welchen Winkel schließt die Diagonale $\overline{BO}$ der Grundfläche mit der Kante $\overline{BS}$ ein?
d) Die Höhe eines Seitendreiecks geht durch S und den Mittelpunkt der Grundkante $\overline{BC}$. Welchen Winkel schließt die Höhe des Seitendreiecks mit der Höhe der Pyramide ein?

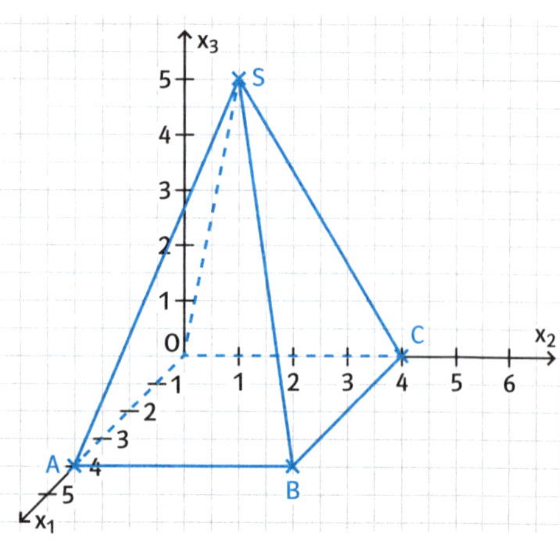

SCHRITT 24

Ich kann Schnittwinkel bestimmen.

Hier lernst du, wie du den Schnittwinkel zwischen zwei Geraden, zwei Ebenen oder einer Geraden und einer Ebene bestimmen kannst.

→ Winkel zwischen Vektoren (Schritt 23)

DAS BRAUCHST DU WIEDER

Allgemein: Winkel zwischen Vektoren
Für den Winkel α zwischen den Vektoren $\vec{a}$ und $\vec{b}$ gilt: $\cos(\alpha) = \frac{\vec{a} \cdot \vec{b}}{|\vec{a}| \cdot |\vec{b}|}$

Beispiel: $\vec{a} = \begin{pmatrix} 2 \\ 3 \\ 0 \end{pmatrix}$, $\vec{b} = \begin{pmatrix} 3 \\ 0 \\ -4 \end{pmatrix}$

$$\cos(\alpha) = \frac{2 \cdot 3 + 3 \cdot 0 + 0 \cdot (-4)}{\sqrt{2^2 + 3^2 + 0^2} \cdot \sqrt{3^2 + 0^2 + (-4)^2}} = \_\_\_\_\_\_\_\_$$

$$\alpha = \cos^{-1}(\_\_\_\_\_\_) = \_\_\_\_\_\_$$

DARUM GEHT'S

→ Skalarprodukt (Schritt 6)

Du weißt schon, wie du den Winkel zwischen zwei Vektoren $\vec{a}$ und $\vec{b}$ berechnest. Die Berechnung des Schnittwinkels zwischen zwei Geraden, zwei Ebenen oder einer Geraden und einer Ebene kannst du mit diesem Wissen sehr ähnlich angehen.

Haben die Geraden g und h die Richtungsvektoren $\vec{u}$ und $\vec{v}$ und die Ebenen E und F die Normalenvektoren $\vec{n_E}$ und $\vec{n_F}$, so zeigt die Tabelle die Berechnung des Schnittwinkels α.

	Gerade g und h	**Ebene E und F**	**Gerade g und Ebene E**
Formel	$\cos(\alpha) = \frac{\vec{u} \cdot \vec{v}}{\lvert\vec{u}\rvert \cdot \lvert\vec{v}\rvert}$	$\cos(\alpha) = \frac{\vec{n_E} \cdot \vec{n_F}}{\lvert\vec{n_E}\rvert \cdot \lvert\vec{n_F}\rvert}$	$\sin(\alpha) = \frac{\vec{u} \cdot \vec{n_E}}{\lvert\vec{u}\rvert \cdot \lvert\vec{n_E}\rvert}$
Skizze	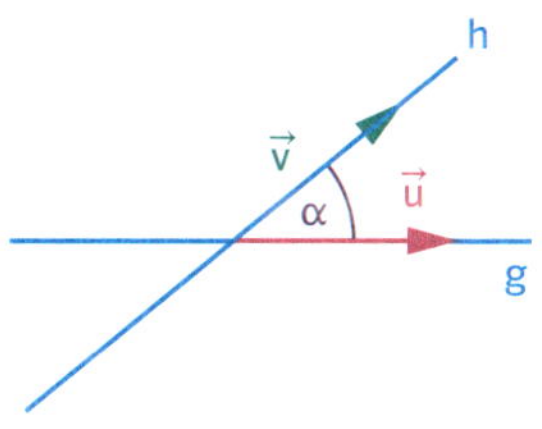	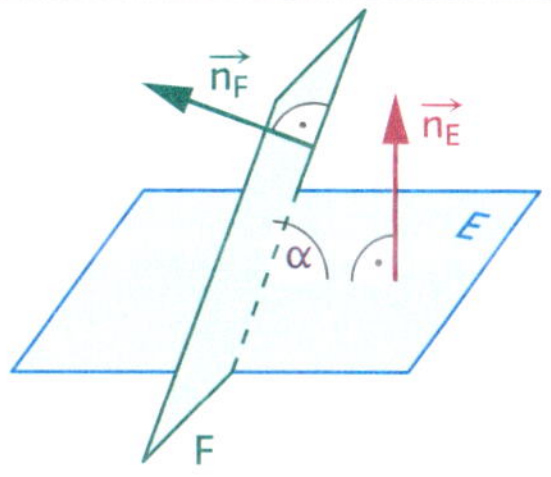	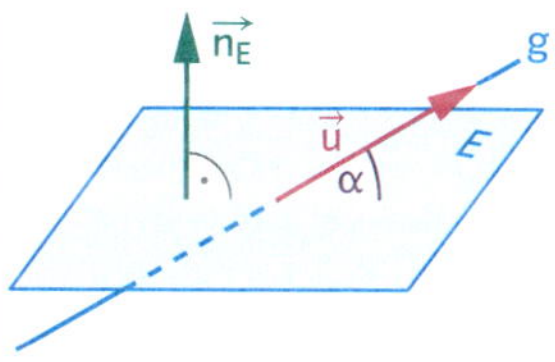

Tipp
Gerade ∩ Gerade
und
Ebene ∩ Ebene ⇒ cos
Gerade ∩ Ebene ⇒ sin

Für alle drei Fälle gilt: $0° \leqq \alpha \leqq 90°$.

Schnittwinkel bestimmen

Diese Strategie verwendest du, wenn du den Schnittwinkel zwischen zwei Geraden, zwei Ebenen oder einer Geraden und einer Ebene bestimmen willst.

SO GEHT'S

Erklärfilm Bestimmung des Schnittwinkels nq54md

1 Beispiel
Gegeben sind die sich schneidenden
Geraden g: $\vec{x} = \begin{pmatrix} 1 \\ 0 \\ 2 \end{pmatrix} + t \cdot \begin{pmatrix} 1 \\ 0 \\ 2 \end{pmatrix}$
und h: $\vec{x} = \begin{pmatrix} 3 \\ 4 \\ -2 \end{pmatrix} + s \cdot \begin{pmatrix} 2 \\ 1 \\ 3 \end{pmatrix}$
sowie die Ebenen E: $-x_1 - x_2 = 2$
und F: $x_1 - 2x_2 + x_3 = 2$.
Bestimme die Größe des Schnittwinkels
a) von g und h,
b) von E und F,
c) von g und E.

Du bist dran
Gegeben sind die sich schneidenden
Geraden g: $\vec{x} = \begin{pmatrix} 3 \\ 4 \\ -2 \end{pmatrix} + t \cdot \begin{pmatrix} -5 \\ 2 \\ 0 \end{pmatrix}$
und h: $\vec{x} = \begin{pmatrix} 2 \\ 1 \\ -1 \end{pmatrix} + s \cdot \begin{pmatrix} 0 \\ 2 \\ 2 \end{pmatrix}$
sowie die Ebenen E: $-2x_1 + x_3 = 2$
und F: $x_1 + 2x_2 + 3x_3 = 2$.
Bestimme die Größe des Schnittwinkels
a) von g und h,
b) von E und F,
c) von g und E.

a) Notiere die Richtungsvektoren $\vec{u}$ und $\vec{v}$:

Die Richtungsvektoren sind

$\vec{u} = \begin{pmatrix} 1 \\ 0 \\ 2 \end{pmatrix}$ und $\vec{v} = \begin{pmatrix} 2 \\ 1 \\ 3 \end{pmatrix}$.

Berechne cos(α) mit der oben genannten Formel:

$$\cos(\alpha) = \frac{\begin{pmatrix} 1 \\ 0 \\ 2 \end{pmatrix} \cdot \begin{pmatrix} 2 \\ 1 \\ 3 \end{pmatrix}}{\left|\begin{pmatrix} 1 \\ 0 \\ 2 \end{pmatrix}\right| \cdot \left|\begin{pmatrix} 2 \\ 1 \\ 3 \end{pmatrix}\right|}$$

$$= \frac{8}{\sqrt{5} \cdot \sqrt{14}}$$

Berechne α mit $\cos^{-1}(\ )$:

$$\alpha = \cos^{-1}\left(\frac{8}{\sqrt{5} \cdot \sqrt{14}}\right) \approx 17{,}02°$$

Tipp
Stelle sicher, dass dein Taschenrechner im DEG-Modus und nicht im RAD-Modus ist.

b) Notiere die Normalenvektoren $\overrightarrow{n_E}$ und $\overrightarrow{n_F}$:

Die Normalenvektoren sind

$\overrightarrow{n_E} = \begin{pmatrix} -1 \\ -1 \\ 0 \end{pmatrix}$ und $\overrightarrow{n_F} = \begin{pmatrix} 1 \\ -2 \\ 1 \end{pmatrix}$.

Berechne cos(α) mit der oben genannten Formel:

$$\cos(\alpha) = \frac{\begin{pmatrix} -1 \\ -1 \\ 0 \end{pmatrix} \cdot \begin{pmatrix} 1 \\ -2 \\ 1 \end{pmatrix}}{\left|\begin{pmatrix} -1 \\ -1 \\ 0 \end{pmatrix}\right| \cdot \left|\begin{pmatrix} 1 \\ -2 \\ 1 \end{pmatrix}\right|}$$

$$= \frac{1}{\sqrt{2} \cdot \sqrt{6}}$$

Berechne α mit $\cos^{-1}(\ )$:

$$\alpha = \cos^{-1}\left(\frac{1}{\sqrt{2} \cdot \sqrt{6}}\right)$$

$$\approx 73{,}22°$$

c) Notiere den Richtungsvektor $\vec{u}$ der Geraden g und den Normalenvektor $\overrightarrow{n_E}$ der Ebene E.

Der Richtungsvektor $\vec{u}$ von g ist $\begin{pmatrix} 1 \\ 0 \\ 2 \end{pmatrix}$ und

der Normalenvektor $\overrightarrow{n_E}$ von E ist $\begin{pmatrix} 1 \\ -1 \\ 0 \end{pmatrix}$.

Berechne sin(α) mit der oben genannten Formel:

$$\sin(\alpha) = \frac{\begin{pmatrix} 1 \\ 0 \\ 2 \end{pmatrix} \cdot \begin{pmatrix} 1 \\ -1 \\ 0 \end{pmatrix}}{\left|\begin{pmatrix} 1 \\ 0 \\ 2 \end{pmatrix}\right| \cdot \left|\begin{pmatrix} 1 \\ -1 \\ 0 \end{pmatrix}\right|} = \frac{1}{\sqrt{5} \cdot \sqrt{2}}$$

Berechne α mit $\sin^{-1}(\ )$:

$$\alpha = \sin^{-1}\left(\frac{1}{\sqrt{5} \cdot \sqrt{2}}\right)$$

$$\approx 18{,}43°$$

○ **2** Gegeben sind die sich schneidenden Geraden $g\colon \vec{x} = \begin{pmatrix} 3 \\ 2 \\ -1 \end{pmatrix} + s \cdot \begin{pmatrix} -2 \\ 3 \\ 5 \end{pmatrix}$ und $h\colon \vec{x} = \begin{pmatrix} 3 \\ 4 \\ -2 \end{pmatrix} + t \cdot \begin{pmatrix} 3 \\ -1 \\ 2 \end{pmatrix}$ sowie die Ebenen $E\colon 3x_1 + 4x_2 + x_3 = 2$ und $F\colon 2x_1 + 3x_2 = 2$.

Bestimme die Größe des Schnittwinkels

a) von g und h,

b) von E und F,

c) von g und E.

○ **3** Gegeben sind die Geraden $g\colon \vec{x} = \begin{pmatrix} 1 \\ 2 \\ 4 \end{pmatrix} + t \cdot \begin{pmatrix} 1 \\ 0 \\ 3 \end{pmatrix}$ und $h\colon \vec{x} = \begin{pmatrix} -1 \\ 4 \\ 4 \end{pmatrix} + t \cdot \begin{pmatrix} 4 \\ -2 \\ 6 \end{pmatrix}$ sowie die Ebenen und $E\colon 2x_1 + 3x_2 - x_3 = 4$ und $F\colon x_1 - 2x_3 = 0$.

a) Zeige, dass sich die Geraden g und h schneiden und bestimme den Schnittwinkel.

b) Bestimme den Schnittwinkel der Ebenen E und F.

c) Bestimme die Größe des Schnittwinkels von g und E sowie den Schnittwinkel von g und F.

◒ **4** $A(1|0|3)$, $B(2|-4|5)$, $C(4|2|7)$ und $D(2|10|3)$ sind die Eckpunkte des Vierecks ABCD. Bestimme die Größe des Schnittwinkels der Diagonalen.

◒ **5** Gegeben ist eine symmetrische Pyramide ABCDS mit quadratischer Grundfläche, Spitze S und der Höhe 8. Drei Eckpunkte der quadratischen Grundfläche sind $A(0|0|0)$, $B(6|0|0)$ und $D(0|6|0)$.

a) Bestimme die Koordinaten von C und S.

b) Bestimme die Winkelweite, die die Seitenkanten $\overline{BS}$ und $\overline{CS}$ einschließen.

c) Bestimme die Winkelweite, die die Gerade durch B und S mit der Grundfläche einschließt.

d) Bestimme die Winkelweite, die die Seitenfläche ABS mit der Grundfläche einschließt.

◒ **6** Berechne für die Ebene E die Winkel α_1, α_2 und α_3, die sie mit den Koordinateneben einschließt sowie die Winkel β_1, β_2 und β_3, unter denen sie mit den Koordinatenachsen geschnitten wird.

a) $E\colon 2x_1 - 3x_2 + x_3 = 5$

b) $E\colon 3x_1 + 4x_2 = 7$

● **7** Bestimme den Wert von a so, dass der Winkel zwischen der x_1x_3-Ebene und der Geraden $g\colon \vec{x} = \begin{pmatrix} 0 \\ 0 \\ 0 \end{pmatrix} + t \cdot \begin{pmatrix} 3 \\ a \\ 4 \end{pmatrix}$ die Weite 45° besitzt.

TIPPS ZUM LÖSEN DER AUFGABEN 4, 5 UND 6

4 Diagonalen sind die Verbindungsstrecken gegenüberliegender Eckpunkte. **5 d)** Eine Seitenfläche beschreibt immer eine Ebene. Stelle also die Ebene auf, in der 0, A und S liegen. **6** Stelle zunächst die Ebengleichungen der Koordinatenebenen sowie die Geradengleichungen der Achsen auf. Alle Ebenen und Geraden enthalten den Ursprung.

SCHRITT 25

Ich kann einen Punkt an einem Punkt, einer Ebene oder einer Geraden spiegeln.

Hier lernst du, wie du z. B. den Punkt $P(3\,|\,-2\,|\,1)$ an der Ebene $E:\ 2x_1 + x_2 + x_3 = 2$ spiegeln kannst.

→ Schnittpunkt von Gerade und Ebene bestimmen (Schritt 15)

DAS BRAUCHST DU WIEDER

Beispiele:

Schneide die Gerade

$g:\ \vec{x} = \begin{pmatrix} 2 \\ 1 \\ 3 \end{pmatrix} + t \cdot \begin{pmatrix} -1 \\ 2 \\ -3 \end{pmatrix}$ mit der

Ebene $E:\ -x_1 + 2x_2 - 3x_3 = 1$.

$$-(2-t) + 2(1+2t) - 3(3-3t) = 19$$
$$-2 + t + 2 + 4t - 9 + 9t = 19$$
$$14t - 9 = 19 \quad |+9$$
$$14t = 28 \quad |:2$$
$$t = 2$$

$$\vec{s} = \begin{pmatrix} 2 \\ 1 \\ 3 \end{pmatrix} + 2 \cdot \begin{pmatrix} -1 \\ 2 \\ -3 \end{pmatrix} = \begin{pmatrix} 0 \\ 5 \\ -3 \end{pmatrix}$$

$S(0\,|\,5\,|\,-3)$

Schneide die Gerade

$g:\ \vec{x} = \begin{pmatrix} 2 \\ 2 \\ 3 \end{pmatrix} + t \cdot \begin{pmatrix} -1 \\ 2 \\ 1 \end{pmatrix}$ mit der

Ebene $E:\ x_1 + 3x_2 - 4x_3 = -23$.

DARUM GEHT'S

Punkt P an einem Punkt Z spiegeln:
Wenn du einen Punkt P an einem Punkt Z spiegelst, so berechnest du den Ortsvektor des Bildpunktes P′ durch $\overrightarrow{p'} = \vec{z} + \overrightarrow{PZ}$.

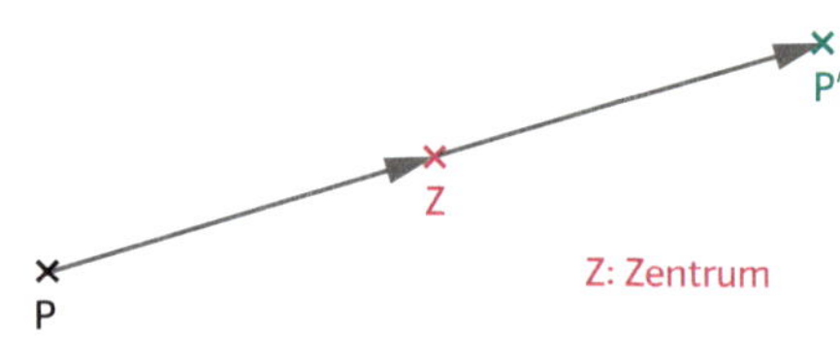

Punkt P an einer Ebene E (Geraden g) spiegeln:
Wenn du einen Punkt P an einer Ebene E (Gerade g) spiegelst, gehst du wie folgt vor:

Punkt P an einer Ebene E spiegeln:	**Punkt P an einer Gerade g spiegeln:**
1. Bestimme die Hilfsgerade g. Als Stützvektor nimmst du den Ortsvektor $\vec{p}$ des Punktes P und als Richtungsvektor den Normalenvektor $\vec{n}$ der Ebene E. 2. Bestimme den Lotfußpunkt F, indem du die Gerade g und die Ebene E schneidest. 3. Den Ortsvektor des Bildpunktes P′ berechnest du dann nach der Formel: $\overrightarrow{p'} = \vec{f} + \overrightarrow{PF}$.	1. Bestimme die Hilfsebene E. Als Stützvektor nimmst du den Ortsvektor $\vec{p}$ des Punktes P und als Normalenvektor $\vec{n}$ den Richtungsvektor der Geraden g. 2. Bestimme den Lotfußpunkt F, indem du die Gerade g und die Ebene E schneidest. 3. Den Ortsvektor des Bildpunktes P′ berechnest du dann nach der Formel: $\overrightarrow{p'} = \vec{f} + \overrightarrow{PF}$.
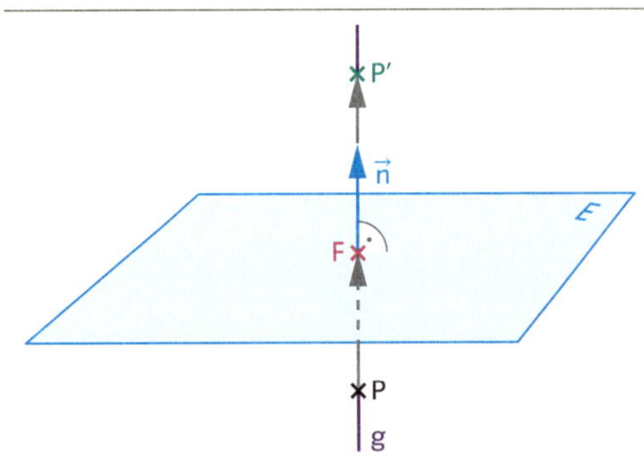	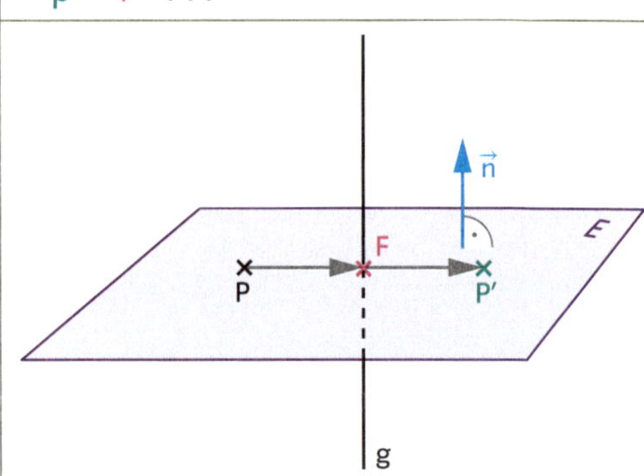

Punkt an einem Punkt, einer Ebene oder einer Geraden spiegeln

Diese Strategie verwendest du, wenn du einen Punkt an einem Punkt, einer Ebene oder einer Geraden spiegeln willst.

SO GEHT'S

1 **Beispiel**

Bestimme den Bildpunkt P′ des Punktes P(1 | 2 | 3) bei Spiegelung

a) an dem Punkt Z(3 | 4 | −2),

b) an der Ebene E: $x_1 - 2x_2 + 2x_3 = 12$,

c) an der Geraden.

$$g: \vec{x} = \begin{pmatrix} 2 \\ 1 \\ 1 \end{pmatrix} + t \cdot \begin{pmatrix} 2 \\ -2 \\ 0 \end{pmatrix}.$$

a) Berechne $\overrightarrow{PZ}$:

$$\overrightarrow{PZ} = \begin{pmatrix} 3 \\ 4 \\ -2 \end{pmatrix} - \begin{pmatrix} 1 \\ 2 \\ 3 \end{pmatrix} = \begin{pmatrix} 2 \\ 2 \\ -5 \end{pmatrix}$$

Berechne P′ mit der oben genannten Formel:

$$\vec{p}\,' = \vec{z} + \overrightarrow{PZ} = \begin{pmatrix} 3 \\ 4 \\ -2 \end{pmatrix} + \begin{pmatrix} 2 \\ 2 \\ -5 \end{pmatrix} = \begin{pmatrix} 5 \\ 6 \\ -7 \end{pmatrix}$$

P′(5 | 6 | −7)

b) Bestimme die Hilfsgerade g und verwende dazu den Normalenvektor der Ebene als Richtungsvektor:

$$g: \vec{x} = \begin{pmatrix} 1 \\ 2 \\ 3 \end{pmatrix} + t \cdot \begin{pmatrix} 1 \\ -2 \\ 2 \end{pmatrix}$$

Schneide die Gerade g mit der Ebene E:

$$(1 + t) - 2(2 - 2t) + 2(3 + 2t) = 12$$

Löse die Gleichung nach dem Parameter t auf:

$$\begin{aligned} 1 + t - 4 + 4t + 6 + 4t &= 12 \\ 3 + 9t &= 12 \quad |-3 \\ 9t &= 9 \quad |:9 \\ t &= 1 \end{aligned}$$

Setze t in die Gleichung der Lotgeraden g ein und bestimme dadurch den Lotfußpunkt F:

$$\vec{f} = \begin{pmatrix} 1 \\ 2 \\ 3 \end{pmatrix} + 1 \cdot \begin{pmatrix} 1 \\ -2 \\ 2 \end{pmatrix} = \begin{pmatrix} 2 \\ 0 \\ 5 \end{pmatrix}$$

F = (2 | 0 | 5)

Berechne $\overrightarrow{PF}$:

$$\overrightarrow{PF} = \begin{pmatrix} 2 \\ 0 \\ 5 \end{pmatrix} - \begin{pmatrix} 1 \\ 2 \\ 3 \end{pmatrix} = \begin{pmatrix} 1 \\ -2 \\ 2 \end{pmatrix}$$

Du bist dran

Bestimme den Bildpunkt P′ des Punktes P(3 | −2 | 1) bei Spiegelung

a) an dem Punkt Z(2 | 0 | −3),

b) an der Ebene E: $2x_1 + x_2 + x_3 = 2$,

c) an der Geraden.

$$g: \vec{x} = \begin{pmatrix} -7 \\ 4 \\ -2 \end{pmatrix} + t \cdot \begin{pmatrix} 3 \\ -1 \\ 2 \end{pmatrix}.$$

Berechne P′ mit der oben genannten Formel:

$$\vec{p}' = \vec{f} + \overrightarrow{PF} = \begin{pmatrix} 2 \\ 0 \\ 5 \end{pmatrix} + \begin{pmatrix} 1 \\ -2 \\ 2 \end{pmatrix} = \begin{pmatrix} 3 \\ -2 \\ 7 \end{pmatrix}$$

$P'(3|-2|7)$

c) Bestimme die Hilfsebene E, indem du den Richtungsvektor der gegebenen Geraden verwendest:

$E: \; 2x_1 - 2x_2 = d$
$P \text{ in } E: \; 2 - 4 = d$
$d = -2$
$E: \; 2x_1 - 2x_2 = -2$

Schneide die Gerade g mit der Ebene E:

$2(2 + 2t) - 2(1 - 2t) = -2$

Löse die Gleichung nach dem Parameter t auf:

$$\begin{aligned} 4 + 4t - 2 + 4t &= -2 \\ 2 + 8t &= -2 \quad &| -2 \\ 8t &= -4 \quad &| :8 \\ t &= -\tfrac{1}{2} \end{aligned}$$

Setze t in die Gleichung der Lotgeraden g ein und bestimme dadurch den Lotfußpunkt F:

$$\vec{f} = \begin{pmatrix} 2 \\ 1 \\ 1 \end{pmatrix} - \frac{1}{2} \cdot \begin{pmatrix} 2 \\ -2 \\ 0 \end{pmatrix} = \begin{pmatrix} 1 \\ 2 \\ 1 \end{pmatrix}$$

$F = (1|2|1)$

Berechne $\overrightarrow{PF}$:

$$\overrightarrow{PF} = \begin{pmatrix} 1 \\ 2 \\ 1 \end{pmatrix} - \begin{pmatrix} 1 \\ 2 \\ 3 \end{pmatrix} = \begin{pmatrix} 0 \\ 0 \\ -2 \end{pmatrix}$$

Berechne P′ mit der oben genannten Formel:

$$\vec{p}' = \vec{f} + \overrightarrow{PF} = \begin{pmatrix} 1 \\ 2 \\ 1 \end{pmatrix} + \begin{pmatrix} 0 \\ 0 \\ -2 \end{pmatrix} = \begin{pmatrix} 1 \\ 2 \\ -1 \end{pmatrix}$$

$P'(1|2|-1)$

○ **2** Bestimme den Bildpunkt P′ des Punktes $P(-3|5|1)$ bei Spiegelung
a) an dem Punkt $Z(-3|1|0)$,
b) an der Ebene $E: \; 3x_1 - x_2 + x_3 = -2$,
c) an der Geraden $g: \; \vec{x} = \begin{pmatrix} 2 \\ 1 \\ 1 \end{pmatrix} + t \cdot \begin{pmatrix} 1 \\ -2 \\ 2 \end{pmatrix}$.

○ **3** Gegeben sind die Punkte $P(3|2|6)$, $Q(1|4|2)$, die Ebene $E: x_1 + 3x_2 - 4x_3 = 37$ und die Gerade $g: \vec{x} = \begin{pmatrix} 6 \\ -1 \\ 9 \end{pmatrix} + t \cdot \begin{pmatrix} 1 \\ -1 \\ 4 \end{pmatrix}$.

Spiegele den Punkt P
a) am Punkt Q,
b) an der Geraden g,
c) an der Ebene E.

◒ **4** Der Bildpunkt A′ entsteht durch die Spiegelung des Punktes $A(1|-2|5)$ am Punkt $M(2|0|4)$. Anschließend wird der Punkt A am Punkt A′ gespiegelt.
Danach wird der Punkt $B(5|-1|-2)$ an M gespiegelt. Gib die Koordinaten der Spiegelpunkte an.

◒ **5** Eine Gerade g wird an der Ebene $E: 2x_1 - x_2 + 2x_3 = 5$ gespiegelt. Gib die Gleichung der Bildgeraden g′ an. Beschreibe dein Vorgehen.

a) $g: \vec{x} = \begin{pmatrix} 7 \\ -4 \\ 7 \end{pmatrix} + t \cdot \begin{pmatrix} 5 \\ -9 \\ 4 \end{pmatrix}$

b) $g: \vec{x} = \begin{pmatrix} 5 \\ -3 \\ 5 \end{pmatrix} + t \cdot \begin{pmatrix} 2 \\ 8 \\ 2 \end{pmatrix}$

◒ **6** Überlege, ob man eine Ebene E an einer Ebene F spiegeln kann.
Beschreibe, wie du vorgehen würdest.
Gegeben ist die Ebene F mit $F: x_1 + x_2 + x_3 = 0$.
Spiegele die Ebenen E an der Ebene F.

a) $E: \vec{x} = \begin{pmatrix} 1 \\ 1 \\ 2 \end{pmatrix} + s \cdot \begin{pmatrix} 4 \\ 2 \\ 2 \end{pmatrix} + t \cdot \begin{pmatrix} 3 \\ 1 \\ 4 \end{pmatrix}$

b) $E: x_1 + x_2 + x_3 = 6$

● **7** Berechne die Bildpunkte von $A(2|3|-1)$ und $B(5|-4|7)$ bei der Spiegelung
a) am Ursprung,
b) an den Koordinatenebenen,
c) an den Koordinatenachsen.
Was fällt jeweils auf?

TIPPS ZUM LÖSEN DER AUFGABEN 5 UND 6

5 Überprüfe zunächst die Lage der Geraden zur Ebene. **6** Überlege dir zunächst, wie zwei Ebenen zueinander liegen können.

SCHRITT **26**

Ich kann eine Symmetrieebene bestimmen.

Hier lernst du, wie du bei gegebenem Punkt P und Bildpunkt P′ die zugehörige Symmetrieebene E bestimmen kannst.

→ Koordinaten von Punkten mithilfe von Linearkombinationen bestimmen (Schritt 5)

DAS BRAUCHST DU WIEDER

Allgemein: Bestimmung des Mittelpunktes zweier Punkte A und B

Formel: $\vec{m} = \vec{a} + \frac{1}{2}\overrightarrow{AB}$

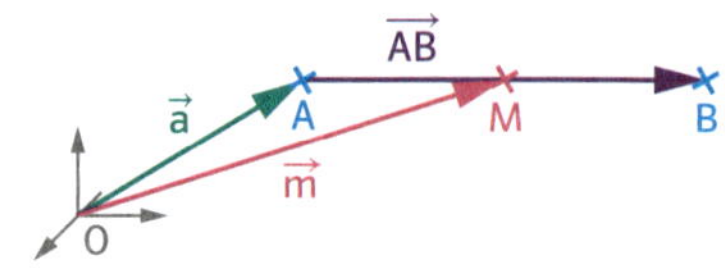

Beispiele: Bestimme den Mittelpunkt der Strecke mit den Endpunkten A und B.

a) $A(3\,|\,-2\,|\,1)$, $B(-1\,|\,1\,|\,-4)$

$$\overrightarrow{AB} = \begin{pmatrix} -1-3 \\ 1-(-2) \\ -4-1 \end{pmatrix} = \begin{pmatrix} -4 \\ 3 \\ -5 \end{pmatrix}$$

$$\vec{m} = \begin{pmatrix} 3 \\ -2 \\ 1 \end{pmatrix} + \frac{1}{2}\begin{pmatrix} -4 \\ 3 \\ -5 \end{pmatrix} = \begin{pmatrix} 1 \\ -0{,}5 \\ -1{,}5 \end{pmatrix}$$

$M(1\,|\,-0{,}5\,|\,-1{,}5)$

b) $A(2\,|\,3\,|\,0)$, $B(-2\,|\,-5\,|\,6)$:

DARUM GEHT'S

Gegeben sind der Punkt P und sein Bildpunkt P′. Du sollst die Ebene E bestimmen, an der P gespiegelt wurde. Du gehst folgendermaßen vor:

1. Bestimme den Vektor $\overrightarrow{PP'}$. Dieser ist der Normalenvektor $\vec{n}$ der Ebene E.
2. Der Lotfußpunkt ist gleichzeitig der Mittelpunkt M der Strecke PP′ und du bestimmst seinen Ortsvektor durch $\vec{m} = \vec{p} + \frac{1}{2}\overrightarrow{PP'}$.
3. Der Ortsvektor $\vec{m}$ ist der Stützvektor der Ebene E.

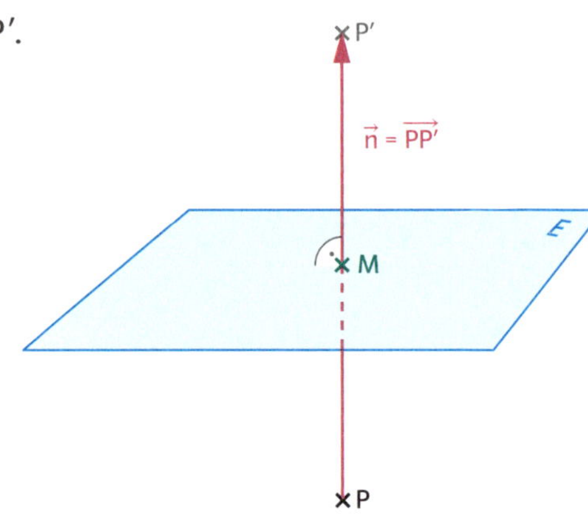

Symmetrieebene bestimmen

Diese Strategie verwendest du, wenn du bei gegebenem Punkt P und Bildpunkt P′ die zugehörige Symmetrieebene E bestimmen willst.

SO GEHT'S

1 **Beispiel**

Gegeben sind der Punkt $P(3\,|\,-4\,|\,2)$ und der Bildpunkt $P'(1\,|\,-2\,|\,6)$. Bestimme eine Gleichung der Symmetrieebene E, an der P gespiegelt wurde.

Berechne $\overrightarrow{PP'}$:

$$\overrightarrow{PP'} = \begin{pmatrix} 1 \\ -2 \\ 6 \end{pmatrix} - \begin{pmatrix} 3 \\ -4 \\ 2 \end{pmatrix} = \begin{pmatrix} -2 \\ 2 \\ 4 \end{pmatrix}$$

Du bist dran

Gegeben sind der Punkt $P(2\,|\,-3\,|\,-2)$ und der Bildpunkt $P'(4\,|\,3\,|\,-6)$. Bestimme eine Gleichung der Symmetrieebene E, an der P gespiegelt wurde.

Bestimme einen Ansatz für die Ebenengleichung, indem du $\overrightarrow{PP'}$ als Normalenvektor $\vec{n}$ verwendest:

$E:\ -2x_1 + 2x_2 + 4x_3 = d$

Bestimme den Mittelpunkt M durch $\vec{m} = \vec{p} + \frac{1}{2}\overrightarrow{PP'}$:

$$\vec{m} = \begin{pmatrix} 3 \\ -4 \\ 2 \end{pmatrix} + \frac{1}{2} \cdot \begin{pmatrix} -2 \\ 2 \\ 4 \end{pmatrix}$$

$$= \begin{pmatrix} 3 \\ -4 \\ 2 \end{pmatrix} + \begin{pmatrix} -1 \\ 1 \\ 2 \end{pmatrix} = \begin{pmatrix} 2 \\ -3 \\ 4 \end{pmatrix}$$

$M(2 \mid -3 \mid 4)$

Setze M in deinen Ansatz für die Ebenengleichung ein:

$$(-2) \cdot 2 + 2 \cdot (-3) + 4 \cdot 4 = d$$
$$-4 - 6 + 16 = d$$
$$d = 6$$

Notiere die Ebenengleichungen E:

$E:\ -2x_1 + 2x_2 + 4x_3 = 6$

○ **2** Gegeben sind der Punkt $P(4 \mid 6 \mid 8)$ und der Bildpunkt $P'(-2 \mid -4 \mid -6)$. Bestimme eine Gleichung der Symmetrieebene E, an der P gespiegelt wurde.

◒ **3** Ein Punkt $P(3 \mid 1 \mid -1)$ wird zuerst an der Ebene $E:\ x_1 + 2x_2 + 3x_3 = 16$ gespiegelt. Sein Bildpunkt ist P′.
P′ wird nun an der Ebene $F:\ x_1 - x_2 + 2x_3 = 16$ gespiegelt. Sein Bildpunkt ist P″.
Gib an, an welcher Ebene man P″ spiegeln müsste, um den ursprünglichen Punkt P als Bildpunkt zu erhalten.

◒ **4** Gegeben sind der Punkt P und sein Symmetriepunkt P′. Überprüfe, ob folgende Ebenen Symmetrieebenen zu den Punkten $P(3 \mid 1 \mid 8)$ und $P'(-9 \mid 11 \mid 4)$ sein können.

a) $E_1:\ 12x_1 - 10x_2 + 4x_3 = -72$

b) $E_2:\ 6x_1 - 5x_2 + 2x_3 = 30$

c) $E_3:\ 18x_1 + 15x_2 + 6x_3 = 72$

d) $E_4:\ \vec{x} = \begin{pmatrix} 0 \\ 8 \\ 2 \end{pmatrix} + t \cdot \begin{pmatrix} 1 \\ 0 \\ -3 \end{pmatrix} + s \cdot \begin{pmatrix} 1 \\ 2 \\ 2 \end{pmatrix}$

TIPPS ZUM LÖSEN DER AUFGABE 3

3 Führe zunächst alle Spiegelungen hintereinander aus. Betrachte anschließend die Punkte P und P″ und bestimme die Spiegelebene.

TRAINING

○ **1** Bestimme die Innenwinkel des Dreiecks ABC. → Schritt 23

a) A(1 | −3 | 4), B(3 | 1 | 5), C(2 | 2 | 6)
b) A(−1 | 2 | 1), B(5 | 8 | 7), C(5 | 2 | 4)
c) A(3 | −2 | 8), B(5 | 6 | 6), C(9 | 2 | 12)

○ **2** Gegeben sind der Punkt P(3 | 6 | 10) und sein Bildpunkt P′(5 | 2 | 2). Bestimme eine Gleichung der Symmetrieebene E, an der P gespiegelt wurde. → Schritt 26

◒ **3** Gegeben ist ein Quader (siehe Abbildung). → Schritt 24

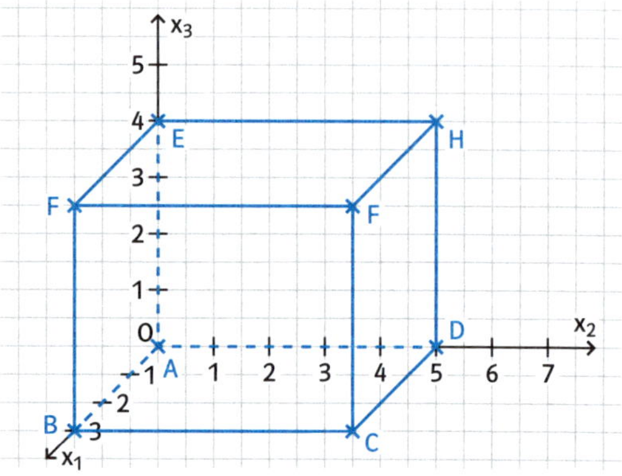

a) M ist der Mittelpunkt der Strecke $\overline{EH}$, N ist der Diagonalenschnittpunkt des Rechtecks ABCD. Gib die Koordinaten der Eckpunkte des Quaders sowie M und N an.
b) Bestimme den Schnittwinkel zwischen $\overline{GB}$ und der Fläche ABCD.
c) Bestimme den Schnittwinkel zwischen $\overline{MB}$ und $\overline{HB}$.
d) Bestimme den Schnittwinkel zwischen $\overline{CM}$ und $\overline{AC}$.
e) Bestimme den Schnittwinkel zwischen der Raumdiagonalen $\overline{EC}$ und der Fläche ABCD.
f) Bestimme den Schnittwinkel zwischen den Flächen ABC und MBH.

◒ **4** P′ ist der Bildpunkt von P bei einer Spiegelung an der Geraden g. → Schritt 25

a) Gegeben sind P(3 | 2 | 1) und P′(5 | 0 | 3). Welche Bedingung muss die Gerade g erfüllen, damit P′ der Spiegelpunkt von P bei einer Spiegelung an der Geraden g ist?
b) Bestimme die Symmmetrieebene zu P und P′. Überprüfe, ob folgende Geraden Spiegelgeraden sein können.

I Die Gerade geht durch den Ursprung.
II Die Spiegelgerade enthält die Punkte A(4 | 1 | 2) und B(2 | 2 | 5).
III Die Gerade enhält die Punkte C(6 | 0 | −1) und D(0 | 3 | 8).
IV Die Gerade enthält die Punkte E(2 | 1 | 1) und F(4 | 1 | 2).
V Die Gerade wird durch die Geradengleichung $g: \vec{x} = \begin{pmatrix} 0 \\ 3 \\ 8 \end{pmatrix} + t \cdot \begin{pmatrix} 2 \\ -1 \\ -3 \end{pmatrix}$ beschrieben.

● **5** **a)** Beschreibe, wie man an einem Punktepaar erkennen kann, dass es symmetrisch zu einer Koordinatenebene liegt. → Schritt 26
b) Beschreibe, wie man an einem Punktepaar erkennen kann, dass es symmetrisch zu einer Koordinatenachse liegt. → Schritt 25
c) Beschreibe, wie man an einem Punktepaar erkennen kann, dass es symmetrisch zum Ursprung liegt. → Schritt 25

SCHRITT 27 Ich kann die Bewegung von Objekten mit der Zeit-Ort-Gleichung beschreiben.

Hier lernst du, wie du die geradlinige Bewegung von Objekten wie Flugzeugen, Schiffen oder Drohnen mithilfe von Vektoren beschreiben kannst.

→ Parametergleichung einer Geraden (Schritt 7)

DAS BRAUCHST DU WIEDER

Allgemein: Aufstellen der Parametergleichung einer Geraden.

$\vec{x} = \vec{p} + t \cdot \vec{u}$

Beispiele: Bestimme die Parametergleichung der Geraden g durch die Punkte A und B.

a) A(2 | −1 | 3), B(4 | 2 | −5)

$$\vec{u} = \overrightarrow{AB} = \begin{pmatrix} 4 \\ 2 \\ -5 \end{pmatrix} - \begin{pmatrix} 2 \\ -1 \\ 3 \end{pmatrix}$$

$$= \begin{pmatrix} 4-2 \\ 2+1 \\ -5-3 \end{pmatrix} = \begin{pmatrix} 2 \\ 3 \\ -8 \end{pmatrix}$$

$$g: \vec{x} = \vec{a} + t \cdot \overrightarrow{AB}$$

$$= \begin{pmatrix} 2 \\ -1 \\ 3 \end{pmatrix} + t \cdot \begin{pmatrix} 2 \\ 3 \\ -8 \end{pmatrix}$$

b) A(−1 | 2 | 5), B(−3 | −4 | 2)

____

____

____

____

DARUM GEHT'S

Mithilfe einer Parametergleichung der Form $\vec{x} = \vec{p} + t \cdot \vec{v}$ kann nicht nur der Ortsvektor eines Punktes in der Ebene bzw. im Raum beschrieben werden, sondern man kann sie auch zur Beschreibung von geradlinigen Bewegungen verwenden.

Tipp
Die senkrechte Strecke zwischen dem Punkt R und der Geraden g wird auch als Lot von R auf g bezeichnet.

Eine solche Parametergleichung kann z. B. die Position eines Objekts zum Zeitpunkt t angeben. Dabei gibt der Stützvektor $\vec{p}$ die Position des Objekts zum Beobachtungsbeginn (t = 0) an und der Richtungsvektor $\vec{v}$ beschreibt die Verschiebung des Objekts in einer Zeiteinheit. Setzt man für t z. B. den Wert 3 ein, so erhält man die Position des Objekts 3 Zeiteinheiten nach Beobachtungsbeginn.

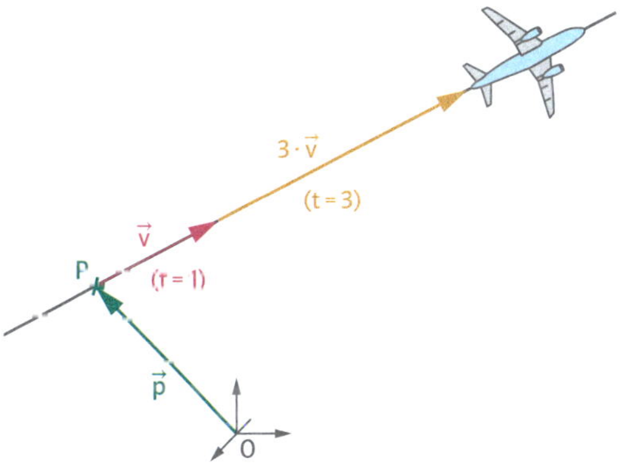

Der Betrag von $\vec{v}$ gibt in Kombination mit der zugehörigen Einheit die Geschwindigkeit des Objekts an.

Zeit-Ort-Gleichung angeben und die Geschwindigkeit eines Objekts bestimmen

Diese Strategie verwendest du, wenn du die Position eines Objekts zu Beobachtungsbeginn kennst und mithilfe einer weiteren Position die Zeit-Ort-Gleichung aufstellen möchtest.

SO GEHT'S

> **Tipp**
> LE bedeutet Längeneinheit.

1 Beispiel

Ein Schiff bewegt sich auf einer geradlinigen Bahn auf hoher See. Zum Zeitpunkt $t = 0$ befindet es sich im Punkt $A(-3|4)$ und 2 Stunden später im Punkt $B(5|-2)$. (1 LE entspricht 1 km.)

a) Gib die Zeit-Ort-Gleichung an.

b) Bestimme die Position des Schiffs 5 Stunden nach und 2 Stunden vor Beobachtungsbeginn.

c) Bestimme die Geschwindigkeit des Schiffs.

Du bist dran

Ein Schiff bewegt sich auf einer geradlinigen Bahn auf hoher See. Zum Zeitpunkt $t = 0$ befindet es sich im Punkt $A(2|7)$ und 3 Stunden später im Punkt $B(-13|28)$. (1 LE entspricht 1 km.)

a) Gib die Zeit-Ort-Gleichung an.

b) Bestimme die Position des Schiffs 4 Stunden nach und 6 Stunden vor Beobachtungsbeginn.

c) Bestimme die Geschwindigkeit des Schiffs.

a) Bestimme mit dem Vektor $\overrightarrow{AB}$ zunächst die Bewegungsrichtung des Schiffs:

$$\overrightarrow{AB} = \begin{pmatrix} 5 \\ -2 \end{pmatrix} - \begin{pmatrix} -3 \\ 4 \end{pmatrix} = \begin{pmatrix} 8 \\ -6 \end{pmatrix}$$

Bestimme den Richtungsvektor $\vec{v}$ der Zeit-Ort-Gleichung:

> **Tipp**
> Der Richtungsvektor gibt an, wie weit sich ein Objekt in einer Zeiteinheit, hier eine Stunde, bewegt.

$\overrightarrow{AB}$ gibt die Verschiebung in zwei Stunden an, daher gilt:

$$\vec{v} = \frac{1}{2}\overrightarrow{AB} = \frac{1}{2}\begin{pmatrix} 8 \\ -6 \end{pmatrix} = \begin{pmatrix} 4 \\ -3 \end{pmatrix}$$

Stelle die Zeit-Ort-Gleichung auf:

$$\vec{x} = \vec{a} + t \cdot \vec{v} = \begin{pmatrix} -3 \\ 4 \end{pmatrix} + t \cdot \begin{pmatrix} 4 \\ -3 \end{pmatrix}$$

b) Setze die Werte von t in die Zeit-Ort-Gleichung ein:

> **Tipp**
> Zeitpunkte vor Beobachtungsbeginn haben ein negatives Vorzeichen.

$$\vec{x} = \begin{pmatrix} -3 \\ 4 \end{pmatrix} + 5 \cdot \begin{pmatrix} 4 \\ -3 \end{pmatrix} = \begin{pmatrix} 17 \\ -11 \end{pmatrix}$$

$$\vec{x} = \begin{pmatrix} -3 \\ 4 \end{pmatrix} - 2 \cdot \begin{pmatrix} 4 \\ -3 \end{pmatrix} = \begin{pmatrix} -11 \\ 10 \end{pmatrix}$$

Gib die Positionen des Schiffs an:

5 Stunden nach Beobachtungsbeginn befindet sich das Schiff an Position $\begin{pmatrix} 17 \\ -11 \end{pmatrix}$.

2 Stunden vor Beobachtungsbeginn war es an Position $\begin{pmatrix} -11 \\ 10 \end{pmatrix}$.

c) Berechne den Betrag des Vektors $\vec{v}$:

> **Erklärfilm**
> Betrag eines Vektors
> nq54md

$$|\vec{v}| = \left|\begin{pmatrix} 4 \\ -3 \end{pmatrix}\right| = \sqrt{4^2 + (-3)^2} = \sqrt{16 + 9} = \sqrt{25} = 5$$

Gib die Geschwindigkeit des Schiffs an:

Das Schiff hat eine Geschwindigkeit von $5\,\frac{\text{km}}{\text{h}}$.

○ **2** Ein Flugzeug befindet sich auf einer geradlinigen Flugbahn. Zum Zeitpunkt $t = 0$ befindet es sich im Punkt $A(20 \mid 40 \mid 10)$ und 4 Stunden später im Punkt $B(1580 \mid 1240 \mid 10)$. (1 LE entspricht 1 km.)

a) Gib die Zeit-Ort-Gleichung an.

b) Bestimme die Position des Flugzeugs 6 Stunden nach und 1 Stunde vor Beobachtungsbeginn.

c) Bestimme die Geschwindigkeit des Flugzeugs.

○ **3** Ein Zeppelin befindet sich auf einer geradlinigen Flugbahn. Zum Zeitpunkt $t = 0$ befindet er sich im Punkt $A(400 \mid 500 \mid 290)$ und 2 Stunden später im Punkt $B(500 \mid 700 \mid 270)$. (1 LE entspricht 1 m.)

a) Gib die Zeit-Ort-Gleichung an.

b) Bestimme die Position des Zeppelins 5 Stunden nach und 3 Stunden vor Beobachtungsbeginn.

c) Bestimme die Geschwindigkeit des Zeppelins.

◐ **4** Ein Heißluftballon befindet sich zum Zeitpunkt $t = 1$ im Punkt $P(2 \mid 2 \mid 3)$ und bewegt sich geradlinig und mit konstanter Geschwindigkeit innerhalb von 3 Stunden zum Punkt $Q(14 \mid 26 \mid 6)$. (1 LE entspricht 1 km.)

a) Gib die Zeit-Ort-Gleichung an.

b) Bestimme die Position des Heißluftballons 5 Stunden nach und 2 Stunden vor Beobachtungsbeginn.

c) Bestimme die Geschwindigkeit des Heißluftballons.

TIPP ZUM LÖSEN DER AUFGABE 4

4 Beachte, dass die Zeitmessung bei $t = 1$ startet, du die Zeit-Ort-Gleichung aber am besten mit $t = 0$ starten lässt, da $t = 0$ den Beobachtungsbeginn beschreibt.

5 Zwei Tauchboote befinden sich unter Wasser und führen eine Übung durch. Tauchboot 1 befindet sich zum Zeitpunkt $t = 2$ im Punkt $A(11 \mid 23 \mid -2{,}4)$ und bewegt sich in Richtung des Vektors $\vec{u} = \begin{pmatrix} 1{,}5 \\ 3 \\ -0{,}1 \end{pmatrix}$.
Tauchboot 2 befindet sich zum Zeitpunkt $t = 2$ im Punkt $B(14 \mid 30 \mid -2{,}9)$ und bewegt sich in Richtung des Vektors $\vec{v} = \begin{pmatrix} 3 \\ 5 \\ -0{,}05 \end{pmatrix}$
(1 LE entspricht 1 km, t in h).

a) Bestimme die Position der Tauchboote zu Beobachtungsbeginn und gib die Zeit-Ort-Gleichungen der beiden Tauchboote an.
b) Bestimme den Ort, an dem sich das erste Tauchboot 6 Stunden nach Beobachtungsbeginn und das zweite Tauchboot 3 Stunden nach Beobachtungsbeginn befinden. Beschreibe, was dir auffällt.
c) Bestimme die Geschwindigkeiten der Tauchboote.

Tipp
Ein Kampfläufer ist ein Zugvogel. Der Name kommt vom Kampf um das Weibchen.

6 Zwei Kampfläufer befinden sich auf einer jeweils geradlinigen Flugbahn. Zum Zeitpunkt $t = 0$ befindet sich der Kampfläufer 1 im Punkt $A(2 \mid 7 \mid 3)$ und 4 Stunden später im Punkt $B(18 + 20a \mid 3 + 20a \mid 7 + 12a)$. Kampfläufer 2 startet im Punkt $C(10 \mid 16 \mid 10)$ und befindet sich 2 Stunden später im Punkt $D(18 + 4a \mid 14 + 10a \mid 12 + 6a)$.
(1 LE entspricht 1 m.)

a) Gib die Zeit-Ort-Gleichungen der beiden Kampfläufer an.
b) Bestimme die Position des erstens Kampfläufers in Abhängigkeit von a nach 2 Stunden und des zweiten Kampfläufers 3 Stunden nach Beobachtungsbeginn an.
c) Bestimme die Geschwindigkeit der Kampfläufer in Abhängigkeit von a an.

TIPPS ZUM LÖSEN DER AUFGABEN 5 UND 6

5 Beachte, dass die Zeitmessung bei $t = 2$ startet, du die Zeit-Ort-Gleichung aber am besten mit $t = 0$ starten lässt, da $t = 0$ den Beobachtungsbeginn beschreibt. **6** Verwende die Variable so, als wäre sie eine Zahl.

SCHRITT 28

Ich kann die gegenseitige Lage von Objekten im Raum beschreiben.

Hier lernst du, wie du überprüfen kannst, ob zwei Drohnen, die sich geradlinig bewegen, miteinander kollidieren.

→ Lösen von linearen Gleichungen (Grundlagen)

DAS BRAUCHST DU WIEDER

Allgemein: Lösen von linearen Gleichungen durch Äquivalenzumformungen

Beispiele: Löse die Gleichung.

a) $24 - 6t = 0 \quad | -24$

$-6t = -24 \quad | :(-6)$

$t = 4$

b) $5t + 35 = 0$

____

____

c) $4t + 36 = -12 + 8t \quad | -36$

$4t = -48 + 8t \quad | -8t$

$-4t = -48 \quad | :(-4)$

$t = 12$

d) $25 - t = 4t + 15$

____

____

____

DARUM GEHT'S

Soll die Bewegung zweier Objekte untersucht werden, kommt es immer wieder zu der Fragestellung, welche gegenseitige Lage diese Objekte zueinander haben. Viele dieser Fragestellungen lassen sich auf bereits bekannte Verfahren zurückführen.

Tipp
Alle hier genannten Verfahren werden im jeweiligen Schritt ausführlich erklärt, teilweise auch durch passende Erklärvideos.

Problemstellung	**Geometrisches Verfahren**	**Schritt**	**Passende Aufgaben**
Überprüfe, ob ein Objekt einen bestimmen Punkt passiert.	Punktprobe	Schritt 7	
Überprüfe, ob sich die Wege der Objekte kreuzen.	Schnittpunkt von Geraden	Schritt 9	Aufgabe 3 Aufgabe 5
Überprüfe, ob die Objekte kollidieren.	Schnittpunkt von Geraden mit gleichem Parameter	Siehe „So geht's" auf der nächsten Seite	Aufgabe 2 Aufgabe 4
Bestimme den Abstand zweier Objekte zum Zeitpunkt t.	Abstand zweier Punkte im Raum (Betrag von Vektoren)	Schritt 3	Aufgabe 2 Aufgabe 4
Bestimme den minimalen Abstand der Wege zweier Objekte.	Abstand windschiefer Geraden	Schritt 22	Aufgabe 3

Außerdem kann es zu Problemstellungen kommen, bei denen es nur um die Höhe/Tiefe eines Objektes geht. Dann genügt es, lediglich die x_3-Koordinaten dieser Objekte zu untersuchen und somit nur einen Teil der Zeit-Ort-Gleichung zu verwenden.

Überprüfen, ob zwei Objekte kollidieren und wann ein Objekt eine bestimmte Höhe erreicht

Diese Strategie verwendest du, wenn du die Zeit-Ort-Gleichungen zweier Objekte kennst und überprüfen sollst, ob es zur Kollision der Objekte kommt bzw. wann ein Objekt für eine der drei Positionskoordinaten einen bestimmten Wert erreicht.

SO GEHT'S

1 Beispiel

Zwei Kameradrohnen folgen jeweils einer geradlinigen Flugbahn.

Drohne 1: $\vec{x} = \begin{pmatrix} 1 \\ -5 \\ 3 \end{pmatrix} + t \cdot \begin{pmatrix} -2 \\ 4 \\ 2 \end{pmatrix}$

Drohne 2: $\vec{x} = \begin{pmatrix} -12 \\ 24 \\ 25 \end{pmatrix} + t \cdot \begin{pmatrix} 1 \\ -3 \\ -4 \end{pmatrix}$

(1 LE entspricht m, t in Sekunden).

a) Weise nach, dass die beiden Drohnen nicht kollidieren.

b) Berechne, nach wie vielen Minuten Drohne 2 den Boden erreicht.

Du bist dran

Zwei Kameradrohnen folgen jeweils einer geradlinigen Flugbahn.

Drohne 1: $\vec{x} = \begin{pmatrix} -2 \\ 4 \\ 1 \end{pmatrix} + t \cdot \begin{pmatrix} 1 \\ 0 \\ -2 \end{pmatrix}$

Drohne 2: $\vec{x} = \begin{pmatrix} 18 \\ -32 \\ 48 \end{pmatrix} + t \cdot \begin{pmatrix} -5 \\ -1 \\ -6 \end{pmatrix}$

(1 LE entspricht m, t in Sekunden).

a) Weise nach, dass die beiden Drohnen nicht kollidieren.

b) Berechne, nach wie vielen Minuten Drohne 2 den Boden erreicht.

Tipp
LE bedeutet Längeneinheit

Tipp
Wenn du überpüfen willst, ob sich die Wege generell kreuzen, die Geraden also einen Schnittpunkt haben, dann muss die zweite Gleichung einen anderen Parameter, z. B. s statt t, haben. Tatsächlich würde es bei diesem Beispiel einen solchen Punkt geben.

a) Setze die beiden Zeit-Ort-Gleichungen gleich und vereinfache die Gleichung:

$$\begin{pmatrix} 1 \\ -5 \\ 3 \end{pmatrix} + t \cdot \begin{pmatrix} -2 \\ 4 \\ 2 \end{pmatrix} = \begin{pmatrix} -12 \\ 24 \\ 25 \end{pmatrix} + t \cdot \begin{pmatrix} 1 \\ -3 \\ -4 \end{pmatrix} \quad \Big| - \begin{pmatrix} 1 \\ -5 \\ 3 \end{pmatrix}$$

$$t \cdot \begin{pmatrix} -2 \\ 4 \\ 2 \end{pmatrix} = \begin{pmatrix} -13 \\ 29 \\ 22 \end{pmatrix} + t \cdot \begin{pmatrix} 1 \\ -3 \\ -4 \end{pmatrix} \quad \Big| -t \cdot \begin{pmatrix} 1 \\ -3 \\ -4 \end{pmatrix}$$

$$t \cdot \begin{pmatrix} -2 \\ 4 \\ 2 \end{pmatrix} - t \cdot \begin{pmatrix} 1 \\ -3 \\ -4 \end{pmatrix} = \begin{pmatrix} -13 \\ 29 \\ 22 \end{pmatrix}$$

$$t \cdot \begin{pmatrix} -2 - 1 \\ 4 - (-3) \\ 2 - (-4) \end{pmatrix} = \begin{pmatrix} -13 \\ 29 \\ 22 \end{pmatrix}$$

$$t \cdot \begin{pmatrix} -3 \\ 7 \\ 6 \end{pmatrix} = \begin{pmatrix} -13 \\ 29 \\ 22 \end{pmatrix}$$

Notiere die Gleichung zeilenweise und bestimme die Werte von t:

$-3t = -13 \Rightarrow t = \frac{13}{3} \approx 4{,}33$

$7t = 29 \Rightarrow t = \frac{29}{7} \approx 4{,}14$

$6t = 22 \Rightarrow t = \frac{22}{6} \approx 3{,}67$

Da sich die Werte für t unterscheiden, haben die Zeit-Ort-Gleichungen keine gemeinsamen Lösungen und die Drohnen kollidieren nicht.

b) Setze die x_3-Koordinate der Zeit-Ort-Gleichung gleich null:

$$25 - 4t = 0 \quad | +4t$$
$$25 = 4t \quad | :4$$
$$t = 6{,}25$$

Nach 6,25 Sekunden erreicht Drohne 2 den Boden.

○ **2** Zwei unbemannte U-Boote bewegen sich auf unterschiedlichen geradlinigen Bahnen.

U-Boot 1: $\vec{x} = \begin{pmatrix} -100 \\ 400 \\ -1000 \end{pmatrix} + t \cdot \begin{pmatrix} 200 \\ -300 \\ 150 \end{pmatrix}$, U-Boot 2: $\vec{x} = \begin{pmatrix} 2900 \\ -3400 \\ -500 \end{pmatrix} + t \cdot \begin{pmatrix} -400 \\ 500 \\ 50 \end{pmatrix}$

(t in Minuten, 1 LE entspricht 1 m).

a) Überprüfe, ob sich die beiden U-Boote auf Kollisionskurs befinden.
b) Berechne, nach wie vielen Minuten U-Boot 1, unabhängig von einer möglichen Kollision, die Meeresoberfläche erreicht.

○ **3** Zwei Feen, Petra und Panina, bewegen sich auf zwei unterschiedlichen geradlinigen Bahnen. Petra startet im Punkt $A(2|5|2)$ und fliegt in Richtung Punkt $B(22|30|10)$. Panina startet im Punkt $C(12|10|3)$ und fliegt in Richtung $D(30|40|13)$ (t in Minuten, 1 LE entspricht 1 m). Gib, falls möglich, die Koordinaten des Punktes S an, in dem sich die Wege der Feen schneiden. Falls die Wege sich nicht schneiden, bestimme den kürzesten Abstand der beiden Flugbahnen.

◒ **4** Zwei Störche, Alice und Cooper, bewegen sich auf zwei unterschiedlichen geradlinigen Bahnen. Alice startet im Punkt $A(10|5|0)$ und bewegt sich entlang des Vektors $\vec{u} = \begin{pmatrix} 30 \\ 18 \\ 1 \end{pmatrix}$ pro Stunde. Cooper startet im Punkt $C(40|23|1)$ und fliegt ca. doppelt so schnell in Richtung des Punktes $D(100|59|a)$. (s, t in Stunden, 1 LE entspricht 1 km.)

a) Überprüfe, ob es bei den beiden Störchen zur Kollision kommen könnte.
b) Bestimme den Abstand der Störche voneinander, wenn Alice 4 Stunden und Cooper 1,5 Stunden geflogen ist.

● **5** Zwei Papierflieger werden gleichzeitig abgeworfen. Die Flugbahn des ersten Fliegers wird in Abhängigkeit der Zeit t beschrieben durch $\vec{x} = \begin{pmatrix} 1 \\ 2 \\ 5 \end{pmatrix} + t \cdot \begin{pmatrix} 0 \\ 1 \\ -1 \end{pmatrix}$.

Der zweite Flieger, bei dem man die Flügel und dadurch die Sinkgeschwindigkeit verändern kann, wird vom Punkt $P(4|2|5)$ abgeworfen. In jeder Sekunde ändert er seine x_1- und x_2-Koordinate um 0,5 LE und sinkt je nach Stellung der Flügel a LE nach unten. Überprüfe, ob sich die beiden Flieger in Abhängigkeit von a auf Kollisionskurs befinden, und bestimme gegebenenfalls den Schnittpunkt.

TIPPS ZUM LÖSEN DER AUFGABEN 4 UND 5

4b) Betrachte die Startpunkte der Störche. Daran kannst du leicht den Abstand ablesen.

5 Beachte, dass die jeweilige Zeitmessung bei t = 0 bzw. s = 0 beginnt.

SCHRITT 29 Ich kann mithilfe des Vektorprodukts Flächeninhalte und Volumina geometrischer Objekte bestimmen.

Hier lernst du, wie du den Flächeninhalt eines Dreiecks ABC mit $A(-2|1|4)$, $B(3|-3|1)$ und $C(1|1|-5)$ berechnen kannst.

→ Einfache geometrische Figuren und Körper (Grundlagen)

DAS BRAUCHST DU WIEDER

Allgemein: Flächeninhalte und Volumina einfacher geometrischer Objekte.

Rechteck: $A = a \cdot b$

rechtwinkliges Dreieck: $A = \frac{1}{2} a \cdot b$

Quader: $V = a \cdot b \cdot c$

Beispiele: Bestimme den Flächeninhalt bzw. das Volumen der Figur.

a) Rechteck

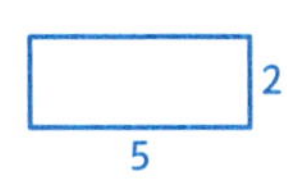

b) Dreieck

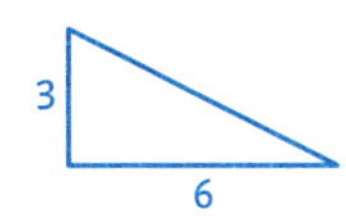

c) Quader

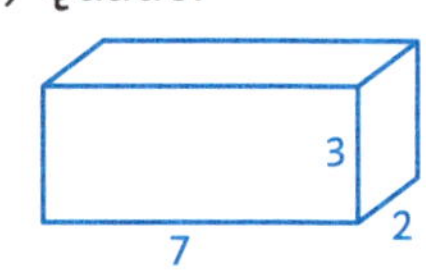

a) $A = 5 \cdot 2$
$= 10$ FE

b) ______
______

c) ______
______

Tipp
Wenn nicht anders vermerkt, werden Flächen in FE (Flächeneinheiten) und Volumina in VE (Volumeneinheiten) angegeben.

DARUM GEHT'S

→ Schritt 12

Du kennst das **Vektorprodukt** bereits von der Berechnung des Normalenvektors von Ebenen. Es kann aber auch verwendet werden, um Flächen oder Volumina geometrischer Objekte zu bestimmen.

Tipp
Das Vektorprodukt wird auch als **Kreuzprodukt** bezeichnet.

Für den Flächeninhalt A eines Parallelogramms, das von den Vektoren $\vec{a}$ und $\vec{b}$ aufgespannt wird, gilt:

$$\mathbf{A = |\vec{a} \times \vec{b}|}$$

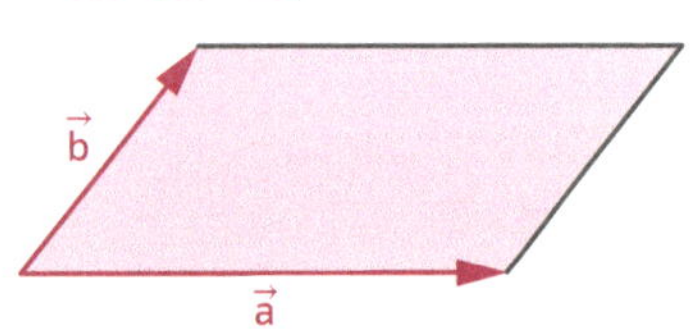

Für das Volumen V eines Spats, der von den Vektoren $\vec{a}$, $\vec{b}$ und $\vec{c}$ aufgespannt wird, gilt:

$$\mathbf{V = |\vec{c} \cdot (\vec{a} \times \vec{b})|}$$

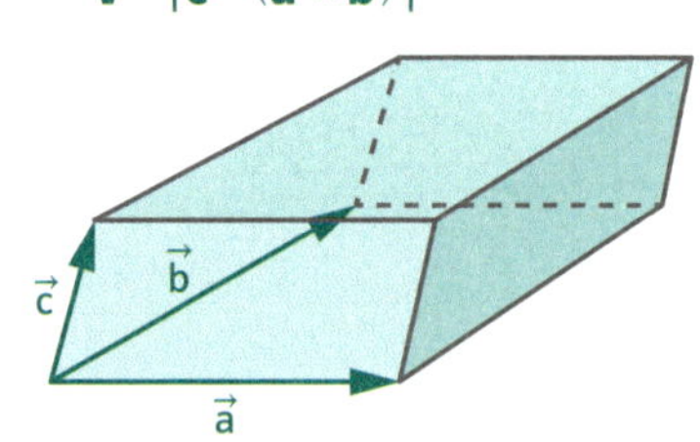

Ein Rechteck ist eine Sonderform eines Parallelograms und ein Quader ist eine Sonderform eines Spats. In diesen Fällen können daher die beiden Formeln genutzt werden.

Die Flächeninhalte bzw. Volumina zweier weiterer Figuren ergeben sich aus Variationen der beiden Formeln.

Für den Flächeninhalt A eines Dreiecks, das von den Vektoren $\vec{a}$ und $\vec{b}$ aufgespannt wird, gilt:

$$\mathbf{A = \frac{1}{2}|\vec{a} \times \vec{b}|}$$

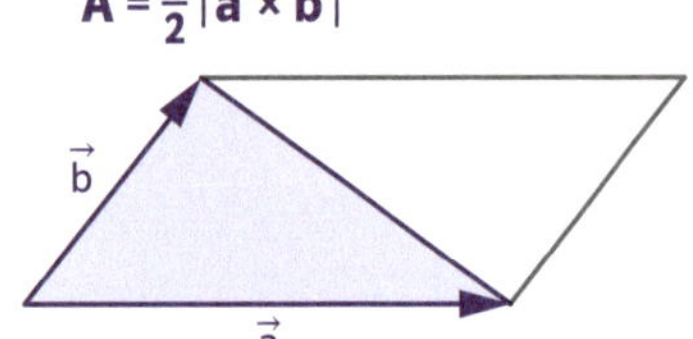

Für das Volumen V einer dreiseitigen Pyramide, die von den Vektoren $\vec{a}$, $\vec{b}$ und $\vec{c}$ aufgespannt wird, gilt:

$$\mathbf{V = \frac{1}{6}|\vec{c} \cdot (\vec{a} \times \vec{b})|}$$

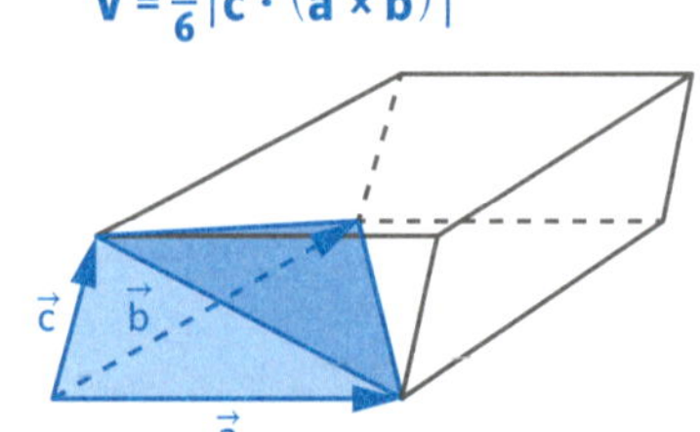

Flächeninhalte geometrischer Objekte bestimmen

Diese Strategie verwendest du, wenn du die Eckpunkte einer geometrischen Figur kennst und mithilfe des Vektorprodukts ihren Flächeninhalt bestimmen möchtest.

SO GEHT'S

1 Beispiel

Berechne die Fläche des Dreiecks ABC mit A(−2 | 1 | 4), B(3 | −3 | 1) und C(1 | 1 | −5).

a) Bestimme zunächst die Vektoren $\vec{a}$ und $\vec{b}$:

$$\vec{a} = \overrightarrow{AB} = \begin{pmatrix} 3 \\ -3 \\ 1 \end{pmatrix} - \begin{pmatrix} -2 \\ 1 \\ 4 \end{pmatrix} = \begin{pmatrix} 5 \\ -4 \\ -3 \end{pmatrix}$$

$$\vec{b} = \overrightarrow{AC} = \begin{pmatrix} 1 \\ 1 \\ -5 \end{pmatrix} - \begin{pmatrix} -2 \\ 1 \\ 4 \end{pmatrix} = \begin{pmatrix} 3 \\ 0 \\ -9 \end{pmatrix}$$

Berechne das Vektorprodukt $|\vec{a} \times \vec{b}|$. Schreibe dafür die beiden Spannvektoren zweimal übereinander und streiche die erste und letzte Zeile:

$$\begin{matrix} \not{5} & \not{3} \\ -4 & 0 \\ -3 & -9 \\ 5 & 3 \\ -4 & 0 \\ \not{-3} & \not{-9} \end{matrix}$$

Verbinde die einzelnen Koordinaten kreuzweise orthogonal und bilde das Vektorprodukt.

$$\vec{u} \times \vec{v} = \begin{pmatrix} (-4)\cdot(-9) - 0\cdot(-3) \\ (-3)\cdot 3 - (-9)\cdot 5 \\ 5\cdot 0 - 3\cdot(-4) \end{pmatrix}$$

$$= \begin{pmatrix} 36 - 0 \\ -9 + 45 \\ 0 + 12 \end{pmatrix} = \begin{pmatrix} 36 \\ 36 \\ 12 \end{pmatrix}$$

Berechne den Betrag von $\vec{u} \times \vec{v}$:

$$|\vec{u} \times \vec{v}| = \left|\begin{pmatrix} 36 \\ 36 \\ 12 \end{pmatrix}\right|$$

$$\sqrt{36^2 + 36^2 + 12^2}$$

$$= \sqrt{2736} \approx 52{,}31$$

Berechne die Fläche des Dreiecks ABC:

$$A = \frac{1}{2}|\vec{a} \times \vec{b}| \approx 26{,}15 \text{ FE}$$

Du bist dran

Berechne die Fläche des Dreiecks ABC mit A(1 | 0 | −2), B(4 | 1 | −2) und C(3 | 2 | 0).

Erklärfilm
Bestimmung von Flächeninhalten und Volumina mithilfe des Vektorprodukts
nq54md

Tipp
Das Ergebnis des Vektorprodukts darf in diesem Fall am Ende nicht vereinfacht werden, wie es beim Erzeugen des Normalenvektors gemacht wurde.

2 Berechne das Volumen eines Spats, der von den Vektoren $\vec{a}$, $\vec{b}$ und $\vec{c}$ aufgespannt wird.

a) $\vec{a} = \begin{pmatrix} 2 \\ 3 \\ 4 \end{pmatrix}$, $\vec{b} = \begin{pmatrix} -1 \\ 0 \\ 2 \end{pmatrix}$, $\vec{c} = \begin{pmatrix} 0 \\ 3 \\ 1 \end{pmatrix}$

b) $\vec{a} = \begin{pmatrix} 5 \\ -2 \\ 3 \end{pmatrix}$, $\vec{b} = \begin{pmatrix} 2 \\ -2 \\ 4 \end{pmatrix}$, $\vec{c} = \begin{pmatrix} 1 \\ 0 \\ -5 \end{pmatrix}$

○ **3** Die Punkte A(0 | 0 | 0), B(4 | 0 | 0), C(4 | 0 | 4) und D(0 | 0 | 4) spannen die Grundfläche einer Pyramide auf und der Punkt S(0 | 2 | 6) ist die Spitze der Pyramide.

a) Zeige, dass die Grundfläche der Pyramide ein Rechteck ist.

b) Berechne das Volumen der Pyramide.

◒ **4** Für die Sommerparty ihrer Tochter möchte Frau Maier ein Zelt aufbauen. Sie steckt auf dem Boden ein Parallelogramm ab mit den Eckpunkten A(2 | 3 | 9), B(5 | 5 | 8), C(6 | 6 | 8), D (1 LE entspricht 1 m). Das Zelt soll seine höchste Stelle 3 m mittig über dem Boden haben. Anschließend soll das gesamte Zelt mit Luftballons gefüllt werden.

a) Bestimme D so, dass die Figur ein Parallelogramm ergibt.

b) Ein Luftballon hat ein Volumen von ca. 2,5 Liter. Berechne, wie viele Luftballons Frau Maier aufblasen müsste, um das gleiche Raumvolumen zu erhalten.

◒ **5** Der neue Escape-Room soll in Form eines Rechtecks mit schrägen Seitenwänden gebaut werden (also ein Spat). Dabei hat der Veranstalter folgende Auflagen bekommen: Wenn sich die Personen A, B, C und D in den Ecken befinden, so muss Person A einen Mindestabstand von 5 m zu Person B (direkter Nachbar) sowie einen Mindestabstand von 13 m (schräg gegenüber) von Person C haben.

a) Bestimme den Abstand von Person A zu Person D.

b) Bestimme die Größe der Bodenfläche.

c) Für die Schaumüberraschung soll der Raum ein Mindestvolumen von 150 m^3 haben. Bestimme die Mindestöhe des Raums.

● **6** Die Abbildung zeigt einen Sockel für die neue Gartenstatue.

a) Beschreibe die geometrische Form des Sockels.

b) Berechne den Inhalt der Grundfläche und den der oberen Fläche des Sockels.

c) Bestimme das Volumen des Sockels.

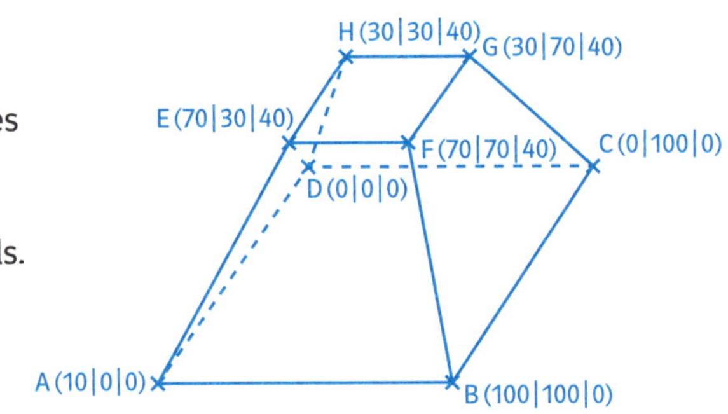

TIPPS ZUM LÖSEN DER AUFGABEN 5 UND 6

5 Wähle B(0 | 0 | 0), A und C auf den Koordinatenachsen. **6c)** Ergänze die Figur zu einer Pyramide.

SCHRITT 30 Ich kann Matrizen addieren und multiplizieren.

Hier lernst du, wie du Matrizen addieren, mit einer Zahl multiplizieren und miteinander multiplizieren kannst.

→ Skalarprodukt von Vektoren (Schritt 6)

DAS BRAUCHST DU WIEDER

Allgemein: Für die Vektoren $\vec{a} = \begin{pmatrix} a_1 \\ a_2 \\ a_3 \end{pmatrix}$ und $\vec{b} = \begin{pmatrix} b_1 \\ b_2 \\ b_3 \end{pmatrix}$ gilt: $\vec{a} \cdot \vec{b} = a_1b_1 + a_2b_2 + a_3b_3$

Beispiele: a) $\begin{pmatrix} 2 \\ -1 \\ 4 \end{pmatrix} \cdot \begin{pmatrix} 3 \\ 5 \\ -1 \end{pmatrix} = 2 \cdot 3 + (-1) \cdot 5 + 4 \cdot (-1) = 6 - 5 - 4 = -3$

b) $\begin{pmatrix} 3 \\ 5 \\ 2 \end{pmatrix} \cdot \begin{pmatrix} 1 \\ -3 \\ 4 \end{pmatrix} =$ ____________________

DARUM GEHT'S

Eine **Matrix** ist nichts anderes als eine **Tabelle** mit **Zeilen** und **Spalten**. Für Matrizen gelten Rechengesetze. Man kann Matrizen leicht miteinander addieren oder subtrahieren. Dabei addiert bzw. subtrahiert man alle einander entsprechenden Elemente der Matrizen miteinander. Matrizen kann man nur miteinander addieren bzw. subtrahieren, wenn sie die gleiche Anzahl von Zeilen und Spalten haben.

Addieren von Matrizen: $\begin{pmatrix} 3 & 2 \\ -2 & 5 \end{pmatrix} + \begin{pmatrix} 2 & 4 \\ 3 & -1 \end{pmatrix} = \begin{pmatrix} 3+2 & 2+4 \\ -2+3 & 5+(-1) \end{pmatrix} = \begin{pmatrix} 5 & 6 \\ 1 & 4 \end{pmatrix}$

Subtrahieren von Matrizen: $\begin{pmatrix} 3 & 2 \\ -2 & 5 \end{pmatrix} - \begin{pmatrix} 2 & 4 \\ 3 & -1 \end{pmatrix} = \begin{pmatrix} 3-2 & 2-4 \\ -2-3 & 5-(-1) \end{pmatrix} = \begin{pmatrix} 1 & -2 \\ -5 & 6 \end{pmatrix}$

Außerdem kann man **Matrizen mit einer Zahl multiplizieren**, indem man jedes Element der Matrix mit der Zahl multipliziert.

$$2 \cdot \begin{pmatrix} 3 & 2 \\ -2 & 5 \end{pmatrix} = \begin{pmatrix} 2 \cdot 3 & 2 \cdot 2 \\ 2 \cdot (-2) & 2 \cdot 5 \end{pmatrix} = \begin{pmatrix} 6 & 4 \\ -4 & 10 \end{pmatrix}$$

Man kann auch Matrizen miteinander multiplizieren. Um das Produkt der Matrizen A und B zu bilden, multipliziert man jeden der m Zeilenvektoren von A mit jedem der k Spaltenvektoren von B:

$$\begin{pmatrix} 2 & 1 \\ 3 & 4 \\ 0 & 6 \end{pmatrix} \cdot \begin{pmatrix} 3 & 1 \\ 2 & 5 \end{pmatrix} = \begin{pmatrix} 2 \cdot 3 + 1 \cdot 2 & 2 \cdot 1 + 1 \cdot 5 \\ 3 \cdot 3 + 4 \cdot 2 & 3 \cdot 1 + 4 \cdot 5 \\ 0 \cdot 3 + 6 \cdot 2 & 0 \cdot 1 + 6 \cdot 5 \end{pmatrix} = \begin{pmatrix} 8 & 7 \\ 17 & 23 \\ 12 & 30 \end{pmatrix}$$

Dabei kann das Produkt der Matrizen A und B nur gebildet werden, wenn die Matrix A genauso viele Spalten wie Matrix B Zeilen hat.

Matrizen addieren und multiplizieren

Diese Strategie verwendest du, wenn du Matrizen miteinander addieren, mit einer Zahl multiplizieren oder miteinander multiplizieren willst.

SO GEHT'S

Erklärfilm
Matrizen addieren und multiplizieren
nq54md

1 Beispiel

a) $\begin{pmatrix} 2 & -2 \\ 0 & 8 \end{pmatrix} + \begin{pmatrix} 1 & 3 \\ 5 & -6 \end{pmatrix}$

b) $3 \cdot \begin{pmatrix} 2 & -3 \\ 0 & 5 \end{pmatrix}$

c) $\begin{pmatrix} 3 & 2 \\ 1 & -2 \\ 2 & 4 \end{pmatrix} \cdot \begin{pmatrix} -2 & 4 \\ 3 & 1 \end{pmatrix}$

Du bist dran

a) $\begin{pmatrix} 4 & -3 \\ -1 & 7 \end{pmatrix} + \begin{pmatrix} 9 & -4 \\ 2 & -1 \end{pmatrix}$

b) $4 \cdot \begin{pmatrix} 2 & 1 \\ 0 & -3 \end{pmatrix}$

c) $\begin{pmatrix} -2 & 7 \\ 0 & 1 \\ 3 & 3 \end{pmatrix} \cdot \begin{pmatrix} 2 & 1 \\ -1 & 3 \end{pmatrix}$

a) Addiere alle entsprechenden Elemente der Matrizen miteinander:

$$\begin{pmatrix} 2 & -2 \\ 0 & 8 \end{pmatrix} + \begin{pmatrix} 1 & 3 \\ 5 & -6 \end{pmatrix}$$
$$= \begin{pmatrix} 2+1 & -2+3 \\ 0+5 & 8+(-6) \end{pmatrix}$$
$$= \begin{pmatrix} 3 & 1 \\ 5 & 2 \end{pmatrix}$$

b) Multipliziere die Zahl mit jedem Element der Matrix:

$$3 \cdot \begin{pmatrix} 2 & -3 \\ 0 & 5 \end{pmatrix} = \begin{pmatrix} 3 \cdot 2 & 3 \cdot (-3) \\ 3 \cdot 0 & 3 \cdot 5 \end{pmatrix}$$
$$= \begin{pmatrix} 6 & -9 \\ 0 & 15 \end{pmatrix}$$

c) Multipliziere jeden der m Zeilenvektoren von A mit jedem der k Spaltenvektoren von B:

$$\begin{pmatrix} 3 & 2 \\ 1 & -2 \\ 2 & 4 \end{pmatrix} \cdot \begin{pmatrix} -2 & 4 \\ 3 & 1 \end{pmatrix}$$
$$= \begin{pmatrix} 3 \cdot (-2) + 2 \cdot 3 & 3 \cdot 4 + 2 \cdot 1 \\ 1 \cdot (-2) + (-2) \cdot 3 & 1 \cdot 4 + (-2) \cdot 1 \\ 2 \cdot (-2) + 4 \cdot 3 & 2 \cdot 4 + 4 \cdot 1 \end{pmatrix}$$
$$= \begin{pmatrix} 0 & 14 \\ -8 & 2 \\ 8 & 12 \end{pmatrix}$$

○ **2** Berechne.

a) $\begin{pmatrix} 4 & 2 \\ -6 & -2 \end{pmatrix} + \begin{pmatrix} -4 & 2 \\ 3 & -7 \end{pmatrix}$

b) $-2 \cdot \begin{pmatrix} 3 & -4 \\ 3 & 2 \end{pmatrix}$

c) $\begin{pmatrix} 2 & -3 \\ 3 & -6 \\ 4 & 1 \end{pmatrix} \cdot \begin{pmatrix} -3 & -2 \\ 5 & 3 \end{pmatrix}$

○ **3** Berechne.

a) $\begin{pmatrix} 1 & 0 & 0 \\ 0 & 1 & 0 \\ 0 & 0 & 1 \end{pmatrix} + \begin{pmatrix} 1 & 4 & 7 \\ 2 & 5 & 8 \\ 3 & 6 & 9 \end{pmatrix}$

b) $\begin{pmatrix} 1 & 2 & 3 \\ 4 & 5 & 6 \\ 7 & 8 & 9 \end{pmatrix} + \begin{pmatrix} 0 & 0 & 1 \\ 1 & -2 & -5 \\ 3 & -5 & 2 \end{pmatrix}$

c) $\begin{pmatrix} 1 & 0 & 0 \\ 0 & 1 & 0 \\ 0 & 0 & 1 \end{pmatrix} - \begin{pmatrix} 1 & 4 & 7 \\ 2 & 5 & 8 \\ 3 & 6 & 9 \end{pmatrix}$

d) $\begin{pmatrix} 1 & 2 & 3 \\ 4 & 5 & 6 \\ 7 & 8 & 9 \end{pmatrix} - \begin{pmatrix} 0 & 0 & 1 \\ 1 & -2 & -5 \\ 3 & -5 & 2 \end{pmatrix}$

e) $4 \cdot \begin{pmatrix} 1 & 2 & 1 \\ 2 & 1 & 2 \\ 3 & 1 & 3 \end{pmatrix}$

f) $-\frac{1}{2} \cdot \begin{pmatrix} 2 & 6 & 20 \\ 4 & 2 & 100 \\ 8 & 10 & 36 \end{pmatrix}$

g) $\begin{pmatrix} 1 & 0 & 0 \\ 0 & 1 & 0 \\ 0 & 0 & 1 \end{pmatrix} \cdot \begin{pmatrix} 1 & 4 & 7 \\ 2 & 5 & 8 \\ 3 & 6 & 9 \end{pmatrix}$

h) $\begin{pmatrix} 0 & 0 & 1 \\ 1 & -2 & -5 \\ 3 & -5 & 2 \end{pmatrix} \cdot \begin{pmatrix} 1 & 2 & 3 \\ 4 & 5 & 6 \\ 7 & 8 & 9 \end{pmatrix}$

◒ **4** Berechne.

a) $\begin{pmatrix} 2 & b & -3 \\ -5 & a & c \\ -2 & 4 & 1 \end{pmatrix} + \begin{pmatrix} c & -3 & 2 \\ -5 & -1 & 3 \\ -7 & b & a \end{pmatrix}$

b) $\begin{pmatrix} 1 & 1 & a \\ b & 1 & 1 \\ c & 1 & 1 \end{pmatrix} - \begin{pmatrix} -2 & 5 & -6 \\ 4 & x & -7 \\ w & -1 & z \end{pmatrix}$

c) $-2 \cdot \begin{pmatrix} a & 2 & 3 \\ 4 & b & 4 \\ 6 & 2 & c \end{pmatrix}$

d) $\begin{pmatrix} d & -3 & 2 \\ -g & 5 & 3 \\ 7 & -e & 3 \end{pmatrix} \cdot \begin{pmatrix} -1 & 3 & 2 \\ -f & h & 3 \\ 1 & k & 3 \end{pmatrix}$

TIPPS ZUM LÖSEN DER AUFGABEN 2 UND 3

3 Hier gehst du genauso zeilenweise vor wie bei der Aufgabe 2.

2b) Hier multiplizierst du die Matrix mit einer negativen Zahl. Die Regeln sind aber dieselben.

SCHRITT 31

Ich kann die Inverse einer Matrix bestimmen.

Hier lernst du, wie du die Inverse einer Matrix bestimmen kannst, um Matrizengleichungen zu lösen.

→ Lösen von linearen Gleichungssystemen mit dem Additionsverfahren (Grundlagen)

DAS BRAUCHST DU WIEDER

Beispiele: Löse folgendes lineares Gleichungssystem:

$$\begin{array}{ll} \text{I} & r + s = 5 \quad | \cdot (-3) \\ \text{II} & 3r + 4s = 12 \end{array} \quad +$$

s = ______________

s in I: ______________

____

DARUM GEHT'S

→ Schritt 30

Eine Matrizengleichung ist eine Gleichung mit Matrizen. Auch diese kannst du – wie eine normale Gleichung – mit Äquivalenzgleichungen lösen. Du kannst alle Rechenoperationen, die du kennengelernt hast, auf beide Seiten der Gleichung anwenden.

Nicht mit den normalen Rechenoperationen zu vergleichen ist es, eine Matrizengleichung der Form $A \cdot X = B$ nach X aufzulösen, da du nicht durch die Matrix A dividieren kannst Dazu benötigst du die **Inverse A^{-1} der Matrix A**. Dann kannst du wie gewohnt rechnen

$$\begin{aligned} A \cdot X &= B \qquad | \cdot A^{-1} \\ A^{-1} \cdot A \cdot X &= A^{-1} \cdot B \\ X &= A^{-1} \cdot B \end{aligned}$$

Für die Inverse A^{-1} von A gilt: $\mathbf{A^{-1} \cdot A = E}$

E ist dabei die Einheitsmatrix, die so aussieht:

$$\begin{pmatrix} 1 & 0 & \cdots & 0 \\ 0 & 1 & \cdots & 0 \\ \vdots & \vdots & \ddots & \vdots \\ 0 & 0 & \cdots & 1 \end{pmatrix}$$

Sie besteht also nur aus Einsen in der Diagonalen und sonst nur Nullen. Multiplizierst du die Einheitsmatrix E mit einer anderen Matrix X, erhältst du die Matrix X.

Um die inverse Matrix A^{-1} einer Matrix A zu berechnen, wird die Matrix A mit geeigneten Zeilenumformungen in die Einheitsmatrix umgeformt. Parallel werden diese Umformungen an einer ursprünglichen Einheitsmatrix vorgenommen. Das Resultat ist dann die Matrix A^{-1}. Wie das genau geht, lernst du im „So geht's"-Bereich.

Inverse einer Matrix bestimmen

Diese Strategie verwendest du, wenn du die Inverse einer Matrix bestimmen willst, um eine Matrizengleichung zu lösen.

SO GEHT'S

1 **Beispiel**

Löse folgende Matrizengleichung:

$A \cdot X + B = 2 \cdot X$ mit den Matrizen

$A = \begin{pmatrix} 3 & 3 \\ 2 & 5 \end{pmatrix}$ und $B = \begin{pmatrix} -3 & 1 \\ 0 & -2 \end{pmatrix}$.

Du bist dran

Löse folgende Matrizengleichung:

$A \cdot X + B = 4 \cdot X$ mit den Matrizen

$A = \begin{pmatrix} 3 & 3 \\ 2 & -1 \end{pmatrix}$ und $B = \begin{pmatrix} -3 & 1 \\ 0 & -2 \end{pmatrix}$.

Erklärfilm
Bestimmung der Inversen einer Matrix
nq54md

Bringe alle X auf eine Seite:

$$A \cdot X + B = 2 \cdot X \quad | -2 \cdot X - B$$
$$A \cdot X - 2 \cdot X = -B$$

Klammere X aus:

$$(A - 2 \cdot E) \cdot X = -B$$

Berechne die Klammer in der linken Seite der Gleichung:

$$A - 2 \cdot E = \begin{pmatrix} 3 & 3 \\ 2 & 5 \end{pmatrix} - 2 \cdot \begin{pmatrix} 1 & 0 \\ 0 & 1 \end{pmatrix}$$
$$= \begin{pmatrix} 3 & 3 \\ 2 & 5 \end{pmatrix} - \begin{pmatrix} 2 & 0 \\ 0 & 2 \end{pmatrix}$$
$$= \begin{pmatrix} 1 & 3 \\ 2 & 3 \end{pmatrix}$$

Bringe die Gleichung in die Form $C \cdot X = B$:

$$\begin{pmatrix} 1 & 3 \\ 2 & 3 \end{pmatrix} \cdot X = -\begin{pmatrix} -3 & 1 \\ 0 & -2 \end{pmatrix}$$
$$\begin{pmatrix} 1 & 3 \\ 2 & 3 \end{pmatrix} \cdot X = \begin{pmatrix} 3 & -1 \\ 0 & 2 \end{pmatrix}$$

Berechne die inverse Matrix C^{-1}, indem du die Matrix C und die Einheitsmatrix zusammenschreibst:

$$\left(\begin{array}{cc|cc} 1 & 3 & 1 & 0 \\ 2 & 3 & 0 & 1 \end{array}\right)$$

Forme die linke Matrix der Blockmatrix durch Äquivalenzumformungen in eine Einheitsmatrix um:

$$\left(\begin{array}{cc|cc} 1 & 3 & 1 & 0 \\ 2 & 3 & 0 & 1 \end{array}\right) \quad | \cdot (-2) \text{ (zur 2. Zeile addieren) } +$$

$$\left(\begin{array}{cc|cc} 1 & 3 & 1 & 0 \\ 0 & -3 & -2 & 1 \end{array}\right) \quad \text{(2. Zeile zur 1. Zeile addieren) } +$$

$$\left(\begin{array}{cc|cc} 1 & 0 & -1 & 1 \\ 0 & -3 & -2 & 1 \end{array}\right) \quad | : (-3)$$

$$\left(\begin{array}{cc|cc} 1 & 0 & -1 & 1 \\ 0 & 1 & \frac{2}{3} & -\frac{1}{3} \end{array}\right)$$

$$C^{-1} = \begin{pmatrix} -1 & 1 \\ \frac{2}{3} & -\frac{1}{3} \end{pmatrix}$$

Tipp
Da auf der linken Seite jetzt eine Einheitsmatrix steht, bist du mit den Umformungen fertig.

Multipliziere beide Seiten der Gleichung von links mit der invertierten Matrix C^{-1}:

$$\begin{pmatrix} -1 & 1 \\ \frac{2}{3} & -\frac{1}{3} \end{pmatrix} \cdot \begin{pmatrix} 1 & 3 \\ 2 & 3 \end{pmatrix} \cdot X$$
$$= \begin{pmatrix} -1 & 1 \\ \frac{2}{3} & -\frac{1}{3} \end{pmatrix} \cdot \begin{pmatrix} 3 & -1 \\ 0 & 2 \end{pmatrix}$$

Tipp
Da $C^{-1} \cdot C \cdot X = E \cdot X = X$ ist, musst du dich nur noch um die rechte Seite der Gleichung kümmern.

Multipliziere die Matrizen auf der rechten Seite der Gleichung:

$$X = \begin{pmatrix} -1 & 1 \\ \frac{2}{3} & -\frac{1}{3} \end{pmatrix} \cdot \begin{pmatrix} 3 & -1 \\ 0 & 2 \end{pmatrix}$$

$$= \begin{pmatrix} -1 \cdot 3 + 1 \cdot 0 & -1 \cdot (-1) + 1 \cdot 2 \\ \frac{2}{3} \cdot 3 + \left(-\frac{1}{3}\right) \cdot 0 & \frac{2}{3} \cdot (-1) + \left(-\frac{1}{3}\right) \cdot 2 \end{pmatrix}$$

$$= \begin{pmatrix} -3 & 3 \\ 2 & -\frac{4}{3} \end{pmatrix}$$

○ **2** Löse die Matrizengleichung.
$A \cdot X + B = 4 \cdot A$ mit den Matrizen $A = \begin{pmatrix} 2 & 1 \\ 6 & 4 \end{pmatrix}$ und $B = \begin{pmatrix} -3 & 6 \\ 0 & 9 \end{pmatrix}$.

○ **3** Löse die Matrizengleichung.
a) $3 \cdot X - X \cdot A = -X + C$ mit $A = \begin{pmatrix} 1 & -2 \\ 2 & 4 \end{pmatrix}$; mit $C = \begin{pmatrix} 2 & 1 \\ 4 & 0 \end{pmatrix}$

b) $X \cdot B + 2 \cdot X = B$ mit $B = \begin{pmatrix} -1 & 3 & 2 \\ 2 & 3 & 3 \\ -3 & -8 & -6 \end{pmatrix}$

◐ **4** Berechne die Inverse von A.
a) $A = \begin{pmatrix} 1 & 2 \\ 3 & 4 \end{pmatrix}$ **b)** $A = \begin{pmatrix} -2 & 1 \\ 3 & -2 \end{pmatrix}$ **c)** $A = \begin{pmatrix} 5 & -2 \\ -3 & 2 \end{pmatrix}$

◐ **5** Berechne die Inverse von A.
a) $A = \begin{pmatrix} 2 & 3 & -1 \\ 1 & -2 & 4 \\ 2 & 2 & -4 \end{pmatrix}$ **b)** $A = \begin{pmatrix} -1 & 2 & -3 \\ 2 & 3 & -1 \\ -1 & 1 & 2 \end{pmatrix}$ **c)** $A = \begin{pmatrix} 1 & 3 & 4 \\ 2 & 4 & 5 \\ 3 & 7 & 10 \end{pmatrix}$

◐ **6** Zeige, dass A und B invers zueinander sind.
a) $A = \begin{pmatrix} 1 & -1 & 1 \\ 1 & 2 & -3 \\ -2 & 0 & 1 \end{pmatrix}$, $B = \begin{pmatrix} 2 & 1 & 1 \\ 5 & 3 & 4 \\ 4 & 2 & 3 \end{pmatrix}$

b) $A = \begin{pmatrix} 1 & 0 & 0 \\ 3 & 2 & 1 \\ 4 & 5 & 3 \end{pmatrix}$, $B = \begin{pmatrix} 1 & 0 & 0 \\ -5 & 3 & -1 \\ 7 & -5 & 2 \end{pmatrix}$

◐ **7** Es wird davon ausgegangen, dass alle auftretenden Matrizen invertierbar sind und vom Format passen. Bestimme die Matrix X.
a) $A \cdot X \cdot B = B$ **b)** $A \cdot X + B = A$ **c)** $B \cdot A - X \cdot B = -X \cdot A$

● **8** Gegeben sind die Matrizen A_a und B_b.
a) Zeige durch Umformung der Matrizengleichung $A_2 \cdot X = 4 \cdot A_1^{-1} + A_1 \cdot X$, dass gilt: $X = 4 \cdot (A_1 \cdot A_2 - A_1^2)^{-1}$.
b) Berechne die Inverse von B_b für $b \neq -1$ und $b \neq 0$.

$$B_b = \begin{pmatrix} b & b & -1 \\ 0 & b & b \\ 1 & 1 & 1 \end{pmatrix}$$

TIPPS ZUM LÖSEN DER AUFGABEN 6, 7 UND 8

6 Damit zwei Matrizen invers zueinander sind, muss ihr Produkt die Einheitsmatrix ergeben.
7 Du musst nur die Gleichung umstellen und dabei keine Matrizen ausrechnen. **8 a)** Forme die Gleichung nach X um und vergleiche. **8 b)** Multipliziere zuerst die letzte Zeile mit – b und verrechne sie mit der ersten Zeile. Anschließend teilst du die zweite Zeile durch b.

SCHRITT 32 Ich kann einstufige Prozesse durch Matrizen beschreiben.

Hier lernst du, wie du die Anzahl der Ausgangsprodukte berechnest, die du für eine bestimmte Anzahl an Endprodukten benötigst.

→ Multiplikation von Brüchen (Grundlagen)

DAS BRAUCHST DU WIEDER

Allgemein: $a \cdot \frac{b}{c} = \frac{a}{1} \cdot \frac{b}{c} = \frac{a \cdot b}{c}$

Beispiele:

a) $4 \cdot \frac{3}{2}$
$= \frac{4 \cdot 3}{2} = \frac{12}{2}$
$= 6$

b) $5 \cdot \frac{1}{2} =$ ____________

c) $9 \cdot \frac{2}{3} =$ ____________

DARUM GEHT'S

Aus den **Ausgangsprodukten** Wasser, Kaffeepulver und Milch kann man z. B. die **Endprodukte** Espresso und Milchkaffee herstellen. Für Espresso benötigt man 2 Einheiten Wasser, 7 Einheiten Kaffee und 0 Einheiten Milch. Für Milchkaffee benötigt man 5 Einheiten Wasser, 6 Einheiten Kaffee und 7 Einheiten Milch.

In einer Tabelle lässt sich dieser Zusammenhang so darstellen:

		Endprodukte	
		Espresso	Milchkaffee
Ausgangsprodukte	Wasser	2	5
	Kaffee	7	6
	Milch	0	7

Tipp
Stimmt die Zeilenanzahl einer Matrix A mit der Spaltenanzahl überein, nennt man die Matrix quadratisch.

Die **dazugehörige Prozessmatrix A** sieht so aus:

$$A = \begin{pmatrix} 2 & 5 \\ 7 & 6 \\ 0 & 7 \end{pmatrix}$$

Sie hat wie die Tabelle 3 Zeilen und 2 Spalten. Sie ist also eine 3 × 2-Matrix (sprich „drei kreuz zwei Matrix").

Wir möchten nun herausfinden, wie viele Einheiten Wasser (y_1), Kaffee (y_2) und Milch (y_3) benötigt werden, um 40 Espresso und 50 Milchkaffee herzustellen. Dazu schreiben wir die Anzahl der Endprodukte als Vektor $\vec{x} = \begin{pmatrix} 40 \\ 50 \end{pmatrix}$. Die Anzahl der Ausgangsprodukte ist dann der Vektor $\vec{y} = \begin{pmatrix} y_1 \\ y_2 \\ y_3 \end{pmatrix}$. Diesen erhalten wir mit folgender Formel:

$$\vec{y} = A \cdot \vec{x}$$

Tipp
Zeile vor Spalte

Tipp
Die Anzahl der Spalten der Matrix muss mit der Zeilenanzahl des Vektors übereinstimmen.

Dabei wird die Prozessmatrix A mit mit dem Vektor $\vec{x}$ multipliziert. Man geht folgendermaßen vor:

$$\vec{y} = \begin{pmatrix} 2 & 5 \\ 7 & 6 \\ 0 & 7 \end{pmatrix} \cdot \begin{pmatrix} 40 \\ 50 \end{pmatrix} = \begin{pmatrix} 2 \cdot 40 + 5 \cdot 50 \\ 7 \cdot 40 + 6 \cdot 50 \\ 0 \cdot 40 + 7 \cdot 50 \end{pmatrix} = \begin{pmatrix} 330 \\ 580 \\ 350 \end{pmatrix}$$

Zur Erläuterung:
Für einen Espresso benötigt man 2 Einheiten Wasser und für einen Milchkaffee 5 Einheiten Wasser. Man benötigt also für 40 Espresso und 50 Milchkaffee $2 \cdot 40 + 5 \cdot 50$ Einheiten Wasser.

Insgesamt benötigt man 330 Einheiten Wasser, 580 Einheiten Kaffee und 350 Einheiten Milch, um 40 Espresso und 50 Milchkaffee zuzubereiten.

Einstufige Prozesse durch Matrizen beschreiben

Diese Strategie verwendest du, wenn du die Anzahl der Ausgangsprodukte berechnen willst, die du für eine bestimmte Anzahl an Endprodukten benötigst.

SO GEHT'S

1 **Beispiel**

Für Espresso benötigt man 2 Einheiten Wasser, 8 Einheiten Kaffee und 0 Einheiten Milch. Für Milchkaffee benötigt man 4 Einheiten Wasser, 7 Einheiten Kaffee und 7 Einheiten Milch. Für Cappuccino benötigt man 3 Einheiten Wasser, 7 Einheiten Kaffee und $8\frac{1}{3}$ Einheiten Milch.

a) Bestimme die Prozessmatrix.

b) Berechne, wie viele Einheiten Wasser, Kaffee und Milch man für 30 Espresso, 45 Milchkaffee und 55 Cappuccino benötigt.

a) Fülle die Tabelle aus:

	Espresso	Milchkaffee	Cappuccino
Wasser	2	4	3
Kaffee	8	7	7
Milch	0	7	$8\frac{1}{3}$

Bestimme die Prozessmatrix:

$$A = \begin{pmatrix} 2 & 4 & 3 \\ 8 & 7 & 7 \\ 0 & 7 & 8\frac{1}{3} \end{pmatrix}$$

b) Bestimme den Vektor $\vec{x}$ der Endprodukte:

$$\vec{x} = \begin{pmatrix} 30 \\ 45 \\ 55 \end{pmatrix}$$

Berechne den Vektor $\vec{y}$ der Ausgangsprodukte, indem du die Matrix A mit dem Vektor $\vec{x}$ der Endprodukte multiplizierst:

$$\vec{y} = \begin{pmatrix} 2 & 4 & 3 \\ 8 & 7 & 7 \\ 0 & 7 & 8\frac{1}{3} \end{pmatrix} \cdot \begin{pmatrix} 20 \\ 45 \\ 30 \end{pmatrix}$$

$$= \begin{pmatrix} 2 \cdot 20 + 4 \cdot 45 + 3 \cdot 30 \\ 8 \cdot 20 + 7 \cdot 45 + 7 \cdot 30 \\ 0 \cdot 20 + 7 \cdot 45 + 8\frac{1}{3} \cdot 30 \end{pmatrix} = \begin{pmatrix} 310 \\ 685 \\ 565 \end{pmatrix}$$

Schreibe einen Antwortsatz:

Insgesamt benötigt man 310 Einheiten Wasser, 685 Einheiten Kaffee und 565 Einheiten Milch.

Du bist dran

Für Espresso benötigt man 3 Einheiten Wasser, 8 Einheiten Kaffe und 0 Einheiten Milch. Für Milchkaffee benötigt man 6 Einheiten Wasser, 6 Einheiten Kaffee und 8 Einheiten Milch. Für Cappuccino benötigt man $4\frac{1}{3}$ Einheiten Wasser, 8 Einheiten Kaffee und 2 Einheiten Milch.

a) Bestimme die Prozessmatrix.

b) Berechne, wie viele Einheiten Wasser, Kaffee und Milch man für 30 Espresso, 45 Milchkaffee und 33 Cappuccino benötigt.

	Espresso	Milchkaffee	Cappuccino
Wasser			
Kaffee			
Milch			

○ **2** Zur Mischung des Parfüms Agnolie benötigst du 3 Einheiten der Chemikalie C_1, 2 Einheiten der Chemikalie C_2 und 4 Einheiten der Chemikalie C_3. Zur Mischung des Parfüms Beatrix benötigst du $3\frac{1}{2}$ Einheiten der Chemikalie C_1, $4\frac{1}{2}$ Einheiten der Chemikalie C_2 und 2 Einheiten der Chemikalie C_3.

a) Bestimme die Prozessmatrix.

b) Berechne, wie viele Einheiten der Chemikalien C_1, C_2 und C_3 benötigt werden, um 35 Einheiten des Parfüms Agnolie und 60 Einheiten des Parfüms Beatrix herzustellen.

○ **3** Zur Weihnachtszeit möchte Mia eine Plätzchenmischung backen. Für ein Butterplätzchen benötigt sie 2,5 g Butter, 1,6 g Zucker und 2,5 g Mehl. Für ein Nussplätzchen benötigt sie 1,5 g Butter, 1 g Zucker und 2,5 g Mehl. Für die Kokosplätzchen 2 g Butter, 2 g Zucker und 3 g Mehl.

a) Bestimme die Prozessmatrix.

b) Berechne, wie viel Butter, Zucker und Mehl Mia für 70 Butterplätzchen, 90 Nussplätzchen und 100 Kokosplätzchen benötigt.

◐ **4** Eine Firma stellt 3 verschiedene Schokoladenfiguren her. In Figur 1 sind 10 g Bitterschokolade, 40 g Milchschokolade und 10 g weiße Schokolade; in Figur 2 sind 40 g Bitterschokolade, 10 g Milchschokolade und 10 g weiße Schokolade und in Figur 3 sind 10 g Bitterschokolade, 10 g Milchschokolade und 40 g weiße Schokolade.

a) Bestimme die Prozessmatrix.

b) Berechne, wie viel g der verschiedenen Schokoladensorten man benötigt, wenn man 400-mal Figur 1, 300-mal Figur 2 und x-mal Figur 3 herstellen möchte. Problem: Es stehen nur 20 kg Bitterschokolade zur Verfügung.

c) Gib an, wie viel Milchschokolade und weiße Schokolade man für die Herstellung benötigt.

● **5** Um sich nach den Weihnachtsfeiertagen gesünder zu ernähren, möchte Familie Müller häufiger Rohkostsalat essen. Dabei hat sie drei Favoriten: Salat 1 enthält 75 g Gurke, 100 g Paprika, Salat 2 enthält 75 g Gurke, 50 g Paprika und 100 g Tomaten und Salat 3 enthält 50 g Gurke, 75 g Paprika und 75 g Tomaten.

a) Bestimme die Prozessmatrix.

b) Berechne, wie viel g der anderen Zutaten benötigt werden, wenn x-mal Salat 1, Salat 2 doppelt so oft wie Salat 1 und 3-mal Salat 3 zubereitet werden soll. Aber: Es sind nur noch 725 g Tomaten im Haus.

c) Gib zur Teilaufgabe b) an, wie viel Gurke und Paprika im Haushalt vorrätig sein müssen.

TIPPS ZUM LÖSEN DER AUFGABEN 4 UND 5

4 Setze die Zeile der Bitterschokolade mit den 200 g gleich, dann erhältst du die Anzahl der Figuren. **5** Setze die Zeile der Tomaten mit den 725 g gleich.

TRAINING

○ **1** Berechne. → Schritt 30

a) $\begin{pmatrix} 2 & -2 & 5 \\ 4 & -1 & 0 \\ 2 & -7 & 3 \end{pmatrix} + \begin{pmatrix} -1 & 0 & 5 \\ 9 & -7 & 5 \\ -3 & -2 & 0 \end{pmatrix}$

b) $\begin{pmatrix} 3 & 2 & 5 \\ -4 & 6 & -7 \\ 8 & 2 & -1 \end{pmatrix} - \begin{pmatrix} 1 & -2 & 5 \\ -7 & -9 & 4 \\ 6 & -8 & 3 \end{pmatrix}$

c) $3 \cdot \begin{pmatrix} -1 & 5 & -7 \\ 6 & 5 & -9 \\ 4 & -6 & 3 \end{pmatrix}$

d) $\begin{pmatrix} -2 & 3 & 5 \\ -1 & 4 & 4 \\ 1 & 0 & -6 \end{pmatrix} \cdot \begin{pmatrix} -4 & 3 & 5 \\ -2 & 4 & 1 \\ 3 & -2 & 3 \end{pmatrix}$

○ **2** Berechne die Inverse von A. → Schritt 31

a) $A = \begin{pmatrix} -2 & 3 & 1 \\ 1 & 1 & 1 \\ 0 & -2 & 1 \end{pmatrix}$

b) $A = \begin{pmatrix} 1 & -2 & 1 \\ 2 & 0 & 2 \\ -1 & 2 & 1 \end{pmatrix}$

◒ **3** Gegeben sind die Matrizen A und B. Berechne die Matrix X. → Schritt 31

$A = \begin{pmatrix} 1 & 0 & 2 \\ 4 & 3 & -1 \\ 2 & -1 & 0 \end{pmatrix}$, $B = \begin{pmatrix} 2 & 2 & 0 \\ 5 & 13 & 1 \\ 1 & 2 & -1 \end{pmatrix}$, $X \cdot A - A = X + B$

◒ **4** Eine Firma stellt 3 Werkstücke her. In Werkstück 1 sind 10 Einheiten Rohstoff 1, 15 Einheiten Rohstoff 2 und 17 Einheiten Rohstoff 3. In Werkstück 2 sind 29 Einheiten Rohstoff 1, 5 Einheiten Rohstoff 2 und 6 Einheiten Rohstoff 3 und in Werkstück 3 sind 13 Einheiten Rohstoff 1, 1 Einheit Rohstoff 2 und 7 Einheiten Rohstoff 3.

a) Bestimme die Prozessmatrix.

b) Berechne, wie viele Werkstücke hergestellt werden können, wenn man 2x-mal Werkstück 1, x-mal Werkstück 2 und 9-mal Werkstück 3 herstellen möchte. Allerdings stehen nur 433 Einheiten von Rohstoff 1 zur Verfügung.

c) Gib an, wie viele Einheiten man von Rohstoff 2 und Rohstoff 3 benötigt.

→ Schritt 32

● **5** Zur Herstellung von Kuchen benötigt man 3 Hauptzutaten: X, Y und Z. Für Kuchen 1 benötigt man 1 X, 3 Y und 2 Z, für Kuchen 2 benötigt man 4 X und 1 Y und für Kuchen 3 werden 3 X, 3 Y und 1 Z benötigt.

a) Stelle die Prozessmatrix A auf. → Schritt 30

b) Zeige, dass $B = \frac{1}{7}\begin{pmatrix} 1 & 3 & -2 \\ -4 & -5 & 8 \\ 9 & 6 & -11 \end{pmatrix}$ die Inverse zu A ist.
→ Schritte 31, 32

c) Bestimme die Anzahl der Kuchen, die man herstellen kann, wenn man 95 X, 63 Y, 100 Z zur Verfügung hat.
→ Schritt 32

LÖSUNGEN

GRUNDLAGEN

PUNKTE IN EIN KOORDINATENSYSTEM EINZEICHNEN

1 „Du bist dran" aus dem „So geht's"-Kasten

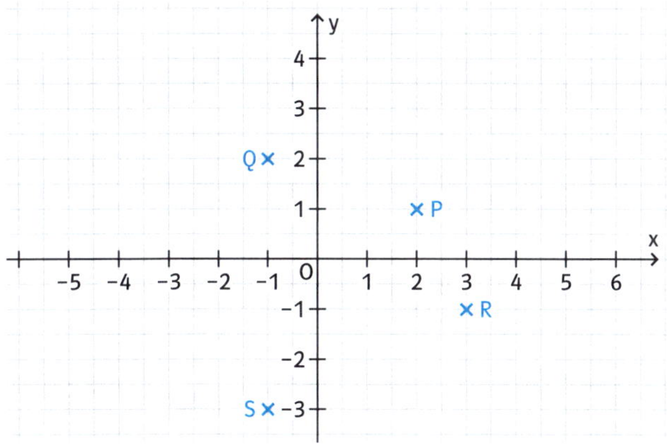

2 Aufgabe

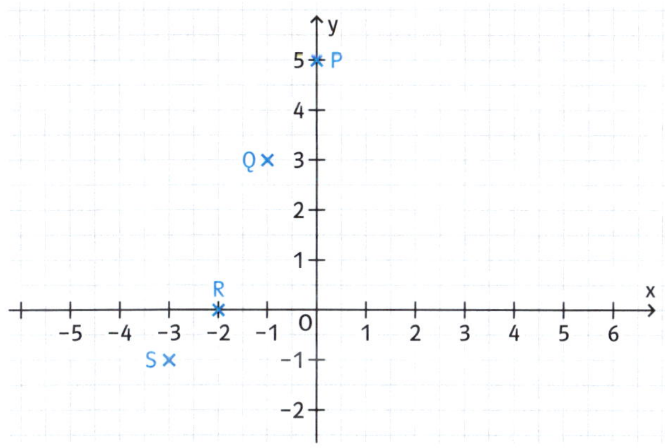

3 Aufgabe

$A(3|0)$

$B(-1{,}5|-2{,}5)$

$C(-2{,}5|0)$

$D(-1|3{,}5)$

RECHENGESETZE

1 „Du bist dran" aus dem „So geht's"-Kasten

a) Sortiere den Term zunächst mithilfe des Kommutativgesetzes:

$-6 + 2x + 4 - 5x$

$= 2x - 5x - 6 + 4$

Vereinfache den Term:

$= -3x - 2$

b) Wende zunächst das Distributivgesetz an, um die Klammern aufzulösen:

$-(-y + 2) + 3(-5 + 3y)$

$= -(-y) - 2 + 3 \cdot (-5) + 3 \cdot 3y$

$= y - 2 - 15 + 9y$

Sortiere den Term zunächst mithilfe des Kommutativgesetzes:

$= y + 9y - 2 - 15$

Vereinfache den Term:

$= 10y - 17$

2 Aufgabe

a) $2a + 6 - 3a + 5 - 4a$

$= 2a - 3a - 4a + 6 + 5$

$= -5a + 11$

b) $-r + 9 + 2r - 2 - r$

$= -r + 2r - r + 9 - 2$

$= 7$

c) $-x + 3y - 4 + 3x - 8x + 9$

$= -x + 3x - 8x + 3y - 4 + 9$

$= -6x + 3y + 5$

d) $-2 + 3a + b - 2c + 4 - 2a + 3c - 2$

$= 3a - 2a + b - 2c + 3c - 2 + 4 - 2$

$= a + b + c$

3 Aufgabe

a) $-(2 - 5x) + 2(3x - 7)$

$= -2 - (-5x) + 2 \cdot 3x + 2 \cdot (-7)$

$= -2 + 5x + 6x - 14$

$= 5x + 6x - 2 - 14$

$= 11x - 16$

b) $-4(a + 2) - a(2 - 3)$

$= -4a - 4 \cdot 2 - a \cdot 2 - a \cdot (-3)$

$= -4a - 8 - 2a + 3a$

$= -4a - 2a + 3a - 8$

$= -3a - 8$

c) $(y - 2x + 4) - (5 - 5x + 7)$

$= y - 2x + 4 - 5 - (-5x) - 7$

$= y - 2x + 4 - 5 + 5x - 7$

$= y - 2x + 5x + 4 - 5 - 7$

$= y + 3x - 8$

d) $2(-r + 2s - t) - (4s - 2t - 2r)$

$= 2 \cdot (-r) + 2 \cdot 2s + 2 \cdot (-t) - 4s - (-2t) - (-2r)$

$= -2r + 4s - 2t - 4s + 2t + 2r$

$= -2r + 2r + 4s - 4s - 2t + 2t$

$= 0$

LÖSEN VON LINEAREN GLEICHUNGEN

1 „Du bist dran" aus dem „So geht's"-Kasten

Löse die Gleichung mithilfe von Äquivalenzumformungen:

a)
$3x + 12 = 27 \quad | -12$

$3x = 15 \quad | :3$

$x = 5$

b)
$\frac{5}{2} \cdot x + 10 = 2x - 5 \quad | -2x$

$\frac{1}{2}x + 10 = -5 \quad | -10$

$\frac{1}{2}x = -15 \quad | \cdot 2$

$x = -30$

2 Aufgabe

a) $3x + 27 = 33 \quad | -27$

$3x = 6 \quad | :3$

$x = 2$

b) $-4x + 11 = -33 \quad | -11$

$-4x = -44 \quad | :(-4)$

$x = 11$

c) $-8x + 16 = 4 \quad | -16$

$-8x = -12 \quad | :(-8)$

$x = \frac{12}{8} = 1{,}5$

3 Aufgabe

a) $5x + 4 = 4x - 5 \quad | -4x$

$x + 4 = -5 \quad | -4$

$x = -9$

b) $-3x + 37 = 2x - 23 \quad | -2x$

$-5x + 37 = -23 \quad | -37$

$-5x = -50 \quad | :(-5)$

$x = 10$

c) $2x - 28 = 8x + 20 \quad | -8x$

$-6x - 28 = 20 \quad | +28$

$-6x = 48 \quad | :(-6)$

$x = -8$

4 Aufgabe

a) $\frac{1}{2}x + 4 = -3 \quad | -4$

$\frac{1}{2}x = -7 \quad | \cdot 2$

$x = -14$

b) $-\frac{7}{2}x - 3 = -3x + 12 \quad | +3x$

$-\frac{1}{2}x - 3 = 12 \quad | +3$

$-\frac{1}{2}x = 15 \quad | \cdot(-2)$

$x = -30$

c) $\frac{7}{4}x - 2 = x + 28 \quad | -x$

$\frac{3}{4}x - 2 = 28 \quad | +2$

$\frac{3}{4}x = 30 \quad | \cdot \frac{4}{3}$

$x = \frac{120}{3} = 40$

LÖSEN VON LINEAREN GLEICHUNGSSYSTEMEN (LGS) MIT DEM ADDITIONSVERFAHREN

1 „Du bist dran" aus dem „So geht's"-Kasten

Multipliziere eine der beiden Gleichungen mit einer Zahl, sodass die Variable x oder y zusammen mit ihrem Vorfaktor das Vielfache der entstehenden Variablen in der zweiten Gleichung mit umgekehrtem Vorzeichen ist:

I $\quad 3x - y = 5$

II $\quad -x + y = -1 \quad | \cdot 3$

I $\quad 3x - y = 5$

IIa $\quad -3x + 3y = -3$ (+)

I + IIa $\quad 2y = 2$

Löse die Gleichung nach der verbliebenen Variablen auf:

$2y = 2 \quad | :2$

$y = 1$

Setze deren Wert in die andere Gleichung ein:

$3x - 1 = 5 \quad | +1$

$3x = 6 \quad | :3$

$x = 2$

2 Aufgabe

a) I $\quad -x + 2y = 4$

II $\quad x - y = -1$ (+)

I + II $\quad y = 3$

$-x + 2 \cdot 3 = 4$

$-x + 6 = 4 \quad | -6$

$-x = -2 \quad | \cdot(-1)$

$x = 2$

b) I $\quad 2x - 3y = -4$

II $\quad -x + y = 1 \quad | \cdot 2$

I $\quad 2x - 3y = -4$

IIa $\quad -2x + 2y = 2$ (+)

I + IIa $\quad -y = -2 \quad | \cdot(-1)$

$y = 2$

$2x - 3 \cdot 2 = -4$

$2x - 6 = -4 \quad | +6$

$2x = 2 \quad | :2$

$x = 1$

c) I $\quad -x + 3y = -1$

II $\quad -y = -1 \quad | \cdot(-1)$

$y = 1$

$-x + 3 = -1 \quad | -3$

$-x = -4 \quad | \cdot(-1)$

$x = 4$

d) I $\quad 4x - 2y = -6 \quad | \cdot 5$

II $\quad 5x + 3y = -2 \quad | \cdot(-4)$

Ia $\quad 20x - 10y = -30$

IIa $\quad -20x - 12y = 8$ (+)

Ia $\quad 20x - 10y = -30$

$-22y = -22 \quad | :(-22)$

$y = 1$

$20x - 10 = -30 \quad | +10$

$20x = -20 \quad | :20$

$x = -1$

3 Aufgabe

a) Die Zahlen auf der rechten Seite wurden nicht addiert:

I $\quad -x - 2y = 5$

II $\quad x + 4 = 0$ (+)

$\text{I} + \text{II} \quad -y = 5 \quad | \cdot (-1)$
$y = -5$
$-x - 2 \cdot (-5) = 5$
$-x + 10 = 5 \quad | -10$
$-x = -5 \quad | \cdot (-1)$
$x = 5$

b) Die beiden Summanden mit x wurden falsch addiert:

$\text{I} \quad 2x + y = -3$
$\text{II} \quad -x - y = 1$ (+)

$\text{I} + \text{II} \quad x = -2$
$2 \cdot (-2) + y = -3$
$-4 + y = -3 \quad | +4$
$y = 1$

LÖSEN VON LINEAREN GLEICHUNGSSYSTEMEN (LGS) MIT DEM EINSETZUNGSVERFAHREN

1 „Du bist dran" aus dem „So geht's"-Kasten

Löse die erste Zeile des Gleichungssystems nach x auf:

$\text{I} \quad x + 2y = 8 \quad | -2y$
$x = 8 - 2y$

Ersetze x in der zweiten Zeile des LGS durch dieses Ergebnis und berechne den Wert von y:

$\text{II} \quad 2 \cdot (8 - 2y) + 3y = 14$
$16 - 4y + 3y = 14$
$16 - y = 14 \quad | -16$
$-y = -2 \quad | \cdot (-1)$
$y = 2$

Setze y in die erste Zeile des LGS ein und berechne den Wert von x:

$\text{I} \quad x + 2 \cdot 2 = 8$
$x + 4 = 8 \quad | -4$
$x = 4$

2 Aufgabe

a) $\text{I} \quad 2x + y = 4$
$\text{II} \quad 3x + 2y - 5$

$\text{I} \quad 2x + y = 4 \quad | -2x$
$y = 4 - 2x$

$\text{II} \quad 3x + 2 \cdot (4 - 2x) = 5$
$3x + 8 - 4x = 5 \quad | -8$
$-x = -3 \quad | \cdot (-1)$
$x = 3$

$2 \cdot 3 + y = 4 \quad | -6$
$y = -2$

b) $\text{I} \quad 9x + 6y = 15$
$\text{II} \quad 3x + 2y = 5$

$\text{I} \quad 9x + 6y = 15 \quad | -9x$
$6y = 15 - 9x \quad | :3$
$2y = 5 - 3x$

$\text{II} \quad 3x + 5 - 3x = 5$
$5 = 5$

Das lineare Gleichungssystem hat unendlich viele Lösungen.

c) $\text{I} \quad 6x + 4y = 8$
$\text{II} \quad 3x + 2y = 5$

$\text{I} \quad 6x + 4y = 8 \quad | -6x$
$4y = 8 - 6x \quad | :4$
$y = 2 - 1{,}5x$

$\text{II} \quad 3x + 2 \cdot (2 - 1{,}5x) = 5$
$3x + 4 - 3x = 5$
$4 = 5$

Dies ist eine falsche Aussage. Damit hat das lineare Gleichungssystem keine Lösung.

3 Aufgabe

a) $\text{I} \quad 6x + 3y = 15 \quad | :3$
$\text{II} \quad x + 2y = 5$

$\text{I} \quad 2x + y = 5 \quad | -2x$
$y = 5 - 2x$

$\text{II} \quad x + 2 \cdot (5 - 2x) = 5$
$x + 10 - 4x = 5 \quad | -10$
$-3x = -5 \quad | :(-3)$
$x = \frac{5}{3}$

$\text{I} \quad 6 \cdot \frac{5}{3} + 3y = 15$
$2 \cdot 5 + 3y = 15$
$10 + 3y = 15 \quad | -10$
$3y = 5 \quad | :5$
$y = \frac{5}{3}$

b) $\text{I} \quad x - 2y = 4 \quad | +2y$
$\text{II} \quad 2x + 3y = 15$

$\text{I} \quad x = 4 + 2y$
$\text{II} \quad 8 + 4y + 3y = 15$
$8 + 7y = 15 \quad | -8$
$7y = 7 \quad | :7$
$y = 1$

$\text{I} \quad x = 4 + 2 \cdot 1 = 6$

LÖSEN VON BETRAGSGLEICHUNGEN

1 „Du bist dran" aus dem „So geht's"-Kasten

Schreibe beide Fälle der Gleichungen ohne Betragszeichen:

1. Fall: $-5 + 3x = 7$
2. Fall: $-5 + 3x = -7$

Löse die erste Gleichung:

$-5 + 3x = 7 \quad | +5$
$3x = 12 \quad | :3$
$x = 4$

Löse die zweite Gleichung:

$-5+3x=-7 \quad |+5$

$3x=-2 \quad |:3$

$x=-\frac{2}{3}$

2 Aufgabe

a) 1. Fall: $-5+x=10 \quad |+5$

$x=15$

2. Fall: $-5+x=-10 \quad |+5$

$x=-5$

b) 1. Fall: $2y-2=6 \quad |+2$

$2y=8 \quad |:2$

$y=4$

2. Fall: $2y-2=-6 \quad |+2$

$2y=-4 \quad |:2$

$y=-2$

c) 1. Fall: $-4a+2=18 \quad |-2$

$-4a=16 \quad |:(-4)$

$a=-4$

2. Fall: $-4a+2=-18 \quad |-2$

$-4a=-20 \quad |:(-4)$

$a=5$

d) 1. Fall: $-3x-3=9 \quad |+3$

$-3x=12 \quad |:(-3)$

$x=-4$

2. Fall: $-3x-3=-9 \quad |+3$

$-3x=-6 \quad |:(-3)$

$x=2$

e) Es gibt nur eine Lösung:

$7r+14=0 \quad |-14$

$7r=-14 \quad |:7$

$r=-2$

f) Es gibt keine Lösung, da ein Betrag nie negativ ist.

EINFACHE GEOMETRISCHE FIGUREN UND KÖRPER

1 „Du bist dran" aus dem „So geht's"-Kasten

a) Setze die gegebenen Längen in die Formel für den Flächeninhalt ein:

$A=\frac{1}{2}a\cdot b=\frac{1}{2}\cdot 5\,mm\cdot 6\,mm=15\,mm^2$

b) Setze die gegebenen Längen in die Formel für das Volumen ein:

$V=a\cdot b\cdot c=3\,m\cdot 4\,m\cdot 2\,m=24\,m^3$

2 Aufgabe

a) $A=a\cdot b=5\,cm\cdot 2\,cm=10\,cm^2$

b) $2\,m=20\,dm$

$A=a\cdot b=12\,dm\cdot 20\,dm=240\,dm^2$

c) $A=\frac{1}{2}a\cdot b=\frac{1}{2}\cdot 6\,mm\cdot 8\,mm=24\,mm^2$

d) $1\,dm=100\,mm$

$A=\frac{1}{2}a\cdot b=\frac{1}{2}\cdot 24\,mm\cdot 100\,mm$

$=1200\,mm^2\ (=12\,cm^2)$

3 Aufgabe

a) $7\,dm=70\,cm,\ 3\,dm=30\,cm$

$V=a\cdot b\cdot c=70\,cm\cdot 30\,cm\cdot 3\,cm=6300\,cm^3$

b) $2\,m=20\,dm,\ 250\,cm=25\,dm$

$V=a\cdot b\cdot c=20\,dm\cdot 40\,dm\cdot 25\,dm$

$=20\,000\,dm^3\ (=20\,m^3)$

4 Aufgabe

a) $V=a\cdot b\cdot c \quad |:(a\cdot c)$

$b=\frac{V}{a\cdot c}=\frac{240\,m^3}{4\,m\cdot 6\,m}=\frac{240\,m^3}{24\,m^2}=10\,m$

b) $40\,cm=4\,dm$

$V=a\cdot b\cdot c \quad |:(b\cdot c)$

$b=\frac{V}{b\cdot c}=\frac{36\,dm^3}{3\,dm\cdot 4\,dm}=\frac{36\,dm^3}{12\,dm^2}=3\,dm$

MULTIPLIKATION VON BRÜCHEN

1 „Du bist dran" aus dem „So geht's"-Kasten

a) Multipliziere die beiden Zähler und Nenner miteinander:

$\frac{1}{3}\cdot\frac{7}{9}=\frac{1\cdot 7}{3\cdot 9}=\frac{7}{27}$

b) Kürze vor dem Multiplizieren die Brüche über Kreuz:

$\frac{\overset{6}{\cancel{30}}}{\underset{1}{\cancel{7}}}\cdot\frac{\overset{3}{\cancel{21}}}{\underset{1}{\cancel{5}}}=\frac{6\cdot 3}{1\cdot 1}=\frac{18}{1}=18$

2 Aufgabe

a) $\frac{1}{3}\cdot\frac{2}{5}=\frac{1\cdot 2}{3\cdot 5}=\frac{2}{15}$

b) $\frac{4}{3}\cdot\frac{5}{9}=\frac{4\cdot 5}{3\cdot 9}=\frac{20}{27}$

c) $4\cdot\frac{5}{9}=\frac{4}{1}\cdot\frac{5}{9}=\frac{4\cdot 5}{1\cdot 9}=\frac{20}{9}$

d) $\frac{7}{2}\cdot\frac{3}{4}=\frac{7\cdot 3}{2\cdot 4}=\frac{21}{8}$

3 Aufgabe

a) $\frac{\overset{4}{\cancel{8}}}{\underset{1}{\cancel{5}}}\cdot\frac{\overset{3}{\cancel{15}}}{\underset{1}{\cancel{2}}}=\frac{4\cdot 3}{1\cdot 1}=\frac{12}{1}=12$

b) $\frac{\overset{2}{\cancel{10}}}{\underset{1}{\cancel{4}}}\cdot\frac{\overset{4}{\cancel{16}}}{\underset{1}{\cancel{5}}}=\frac{2\cdot 4}{1\cdot 1}=\frac{8}{1}=8$

c) $\frac{\overset{1}{\cancel{12}}}{\underset{1}{\cancel{13}}}\cdot\frac{\overset{3}{\cancel{39}}}{\underset{4}{\cancel{48}}}=\frac{1}{1}\cdot\frac{3}{4}=\frac{3}{4}$

d) $\frac{\overset{2}{\cancel{132}}}{\underset{1}{\cancel{7}}}\cdot\frac{\overset{5}{\cancel{35}}}{\underset{1}{\cancel{66}}}=\frac{2\cdot 5}{1\cdot 1}=\frac{10}{1}=10$

SCHRITT 1

Das brauchst du wieder

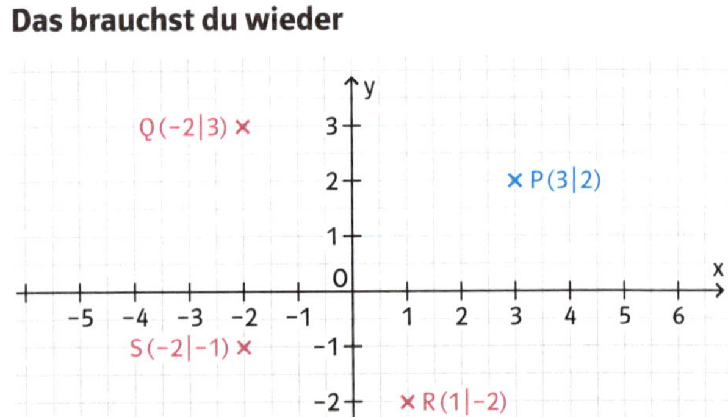

1 „Du bist dran“ aus dem „So geht's“-Kasten

a) Bestimme die Eckpunkte E,F,G und H, indem du von den Punkten A,B,C und D die x_3-Koordinate entsprechend der Höhe des Quaders veränderst.

A(6 | −2 | 0) ⇒ E(6 | −2 | 3)
B(6 | 3 | 0) ⇒ F(6 | 3 | 3)
C(2 | 3 | 0) ⇒ G(2 | 3 | 3)
D(2 | −2 | 0) ⇒ H(2 | −2 | 3)

b) Zeichne die Punkte in ein Koordinatensystem und verbinde sie zu einem Quader:

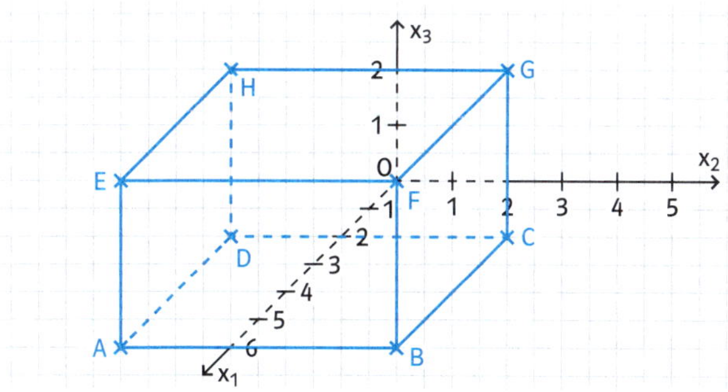

2 Würfel

a) A(0 | 0 | 0) ⇒ E(0 | 0 | 4)
B(0 | 4 | 0) ⇒ F(0 | 4 | 4)
C(−4 | 4 | 0) ⇒ G(−4 | 4 | 4)
D(−4 | 0 | 0) ⇒ H(−4 | 0 | 4)

b)

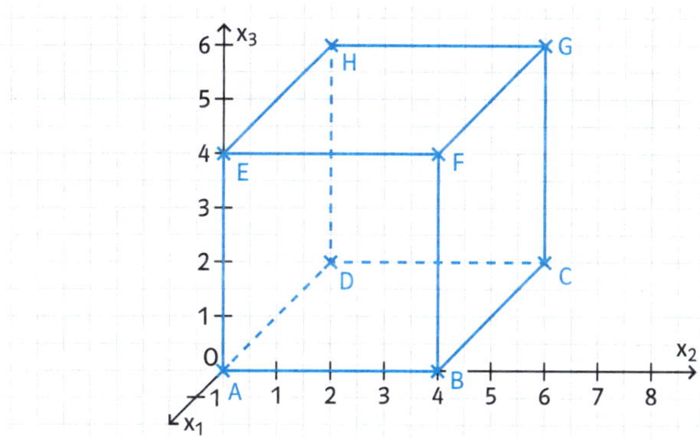

3 Quader

a) D(−1 | 0 | 0), E(3 | 0 | 5), F(3 | 4 | 5), G(−1 | 4 | 5), H(−1 | 0 | 5)

b)

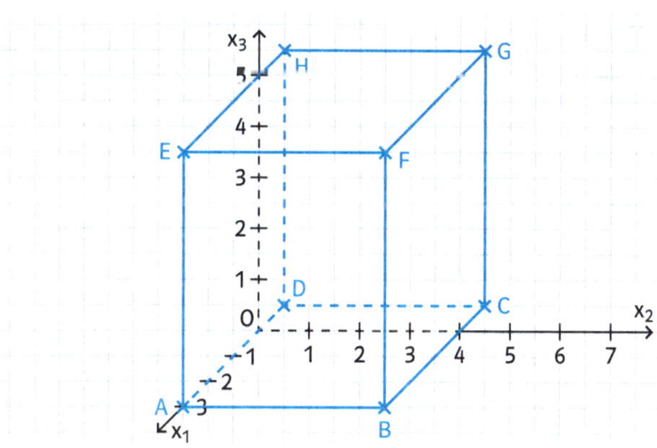

4 Koordinatenebene

x_1x_2-Ebene bedeutet, dass die Punkte keine Höhe besitzen, also die x_3-Koordinate null ist:
P(3 | 2 | 0), Q(−3 | 1 | 0)
x_2x_3-Ebene bedeutet, dass die x_1-Koordinate null ist:
R(0 | 2 | 2), S(0 | 4 | −2)
x_1x_3-Ebene bedeutet, dass die x_2-Koordinate null ist:
T(3 | 0 | 1), U(−3 | 0 | −1)

5 Quader mit Pyramide

a) A(0 | 0 | 0), B(4 | 0 | 0), C(4 | 5 | 0), D(0 | 5 | 0), E(0 | 0 | 4), F(4 | 0 | 4), G(4 | 5 | 4), H(0 | 5 | 4), S(2 | 2,5 | 7)

b)

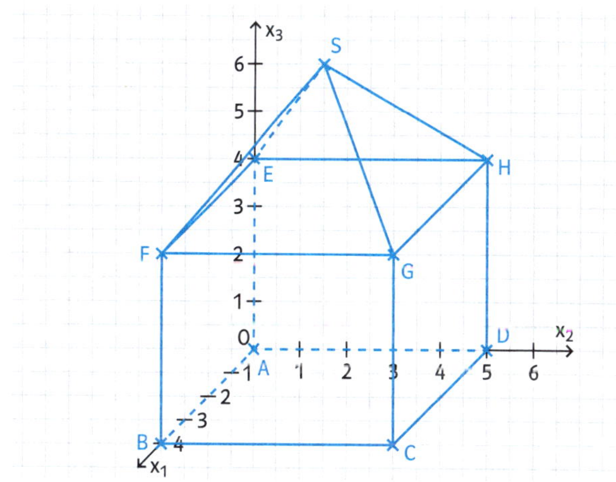

6 Eckpunkte eines Quaders

A(0 | 0 | 0), B(5 | 0 | 0), C(5 | 5 | 0), D(0 | 5 | 0), E(0 | 0 | 4), F(5 | 0 | 4), G(5 | 5 | 4), H(0 | 5 | 4)

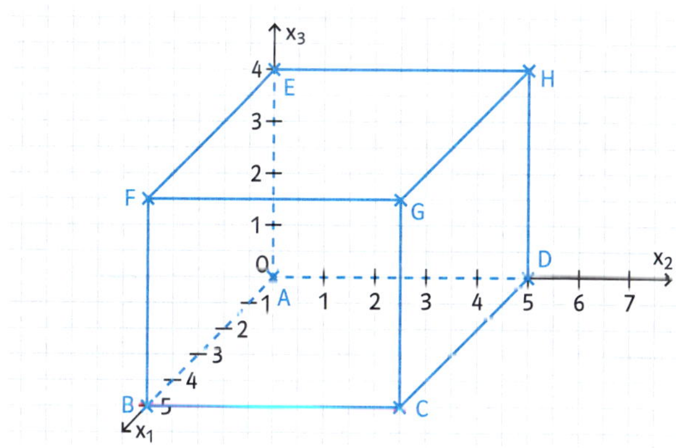

7 Spiegelung von Punkten

a) Spiegelung an der x_1x_2-Ebene bedeutet, dass nur die x_3-Koordinate ihr Vorzeichen ändert.
A′(3 | 2 | −1)

b) Spiegelung an der x_2x_3-Ebene bedeutet, dass nur die x_1-Koordinate ihr Vorzeichen ändert.
B′(3 | 5 | 6)

c) Spiegelung an der x_1x_3-Ebene bedeutet, dass nur die x_2-Koordinate ihr Vorzeichen ändert.
C′(5 | −4 | 6)

8 Koordinatenbestimmung

Da die x_3-Koordinate 4 ist, und die Grundfläche in der x_1x_2-Ebene liegt, hat der Quader die Höhe 4. Gehe vom Punkt P 4 LE senkrecht nach unten und nenne diesen Punkt P′. Dieser muss in der x_1x_2-Ebene liegen und ist ein Eckpunkt der Grundfläche des Quaders. Zeichne eine Gerade durch P′ parallel zur x_1-Achse; diese schneidet die x_2-Achse in der x_2-Koordinate des Punktes. Zeichne eine Gerade durch P′ parallel zur x_2-Achse; diese schneidet die x_1-Achse in der x_1-Koordinate des Punktes. Somit erhält man für P die Koordinaten P(2 | 3 | 4).

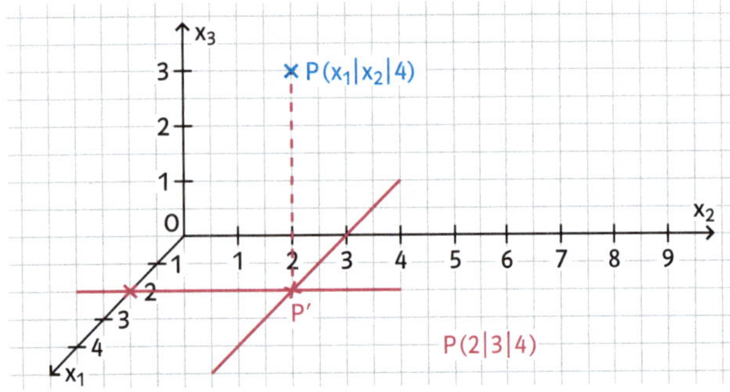

SCHRITT 2

Das brauchst du wieder

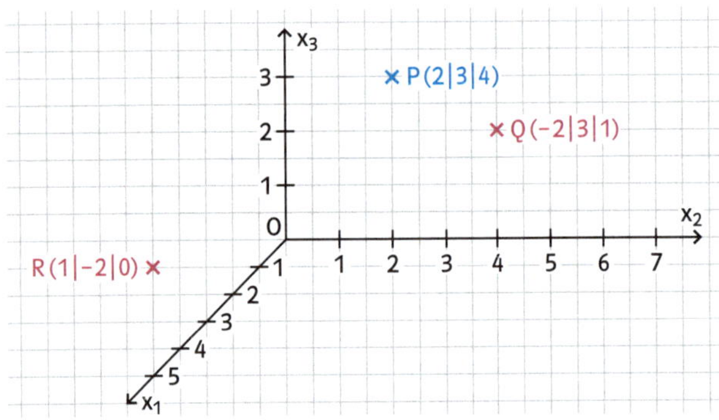

1 „Du bist dran" aus dem „So geht's"-Kasten

a) Berechne den Vektor $\overrightarrow{AB}$, indem du die Koordinaten des Punktes A von den Koordinaten des Punktes B abziehst.

$$\overrightarrow{AB} = \begin{pmatrix} 0 - 2 \\ -1 - (-3) \\ 3{,}5 - 2 \end{pmatrix} = \begin{pmatrix} -2 \\ 2 \\ 1{,}5 \end{pmatrix}$$

b) Berechne den Punkt D, indem du die Koordinaten des Vektors $\overrightarrow{AB}$ zu den Koordinaten des Punktes C addierst:

D(0 − 2 | 1 + 2 | 1 + 1,5)
D(−2 | 3 | 2,5)

c) Berechne den Vektor $\overrightarrow{EF}$ und vergleiche ihn mit dem Vektor $\overrightarrow{AB}$.

$$\overrightarrow{EF} = \begin{pmatrix} 3 - 5 \\ 5 - 3 \\ 1{,}5 - 0 \end{pmatrix} = \begin{pmatrix} -2 \\ 2 \\ 1{,}5 \end{pmatrix}$$

Da $\overrightarrow{AB} = \overrightarrow{EF}$, sind die beiden Strecken $\overline{AB}$ und $\overline{EF}$ parallel zueinander.

d) Zeichne alle Punkte und Pfeile in ein Koordinatensystem ein.

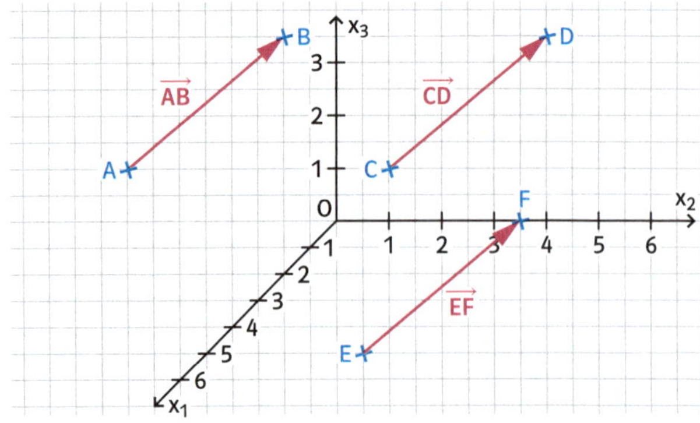

2 Vektorbestimmung und Verschiebung

a) $\overrightarrow{AB} = \begin{pmatrix} 2 - 3 \\ 4 - (-4) \\ 2 - 0 \end{pmatrix} = \begin{pmatrix} -1 \\ 8 \\ 2 \end{pmatrix}$

b) D(4 − 1 | −3 + 8 | 1 + 2)
D(3 | 5 | 3)

c)

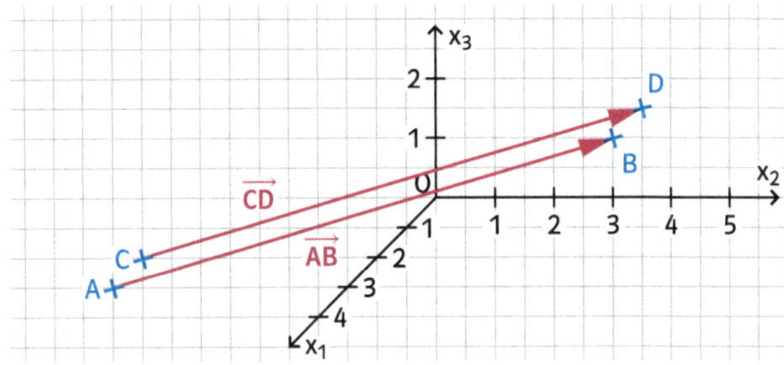

3 Gegenvektor

a) $\overrightarrow{AB} = \begin{pmatrix} 2 - 1 \\ 0 - 0 \\ 2 - 1 \end{pmatrix} = \begin{pmatrix} 1 \\ 0 \\ 1 \end{pmatrix}$, $\overrightarrow{BA} = \begin{pmatrix} 1 - 2 \\ 0 - 0 \\ 1 - 2 \end{pmatrix} = \begin{pmatrix} -1 \\ 0 \\ -1 \end{pmatrix}$

b) $\overrightarrow{AB} = \begin{pmatrix} 3 - 4 \\ 3 - (-4) \\ 3 - 0 \end{pmatrix} = \begin{pmatrix} -1 \\ 7 \\ 3 \end{pmatrix}$, $\overrightarrow{BA} = \begin{pmatrix} 4 - 3 \\ -4 - 3 \\ 0 - 3 \end{pmatrix} = \begin{pmatrix} 1 \\ -7 \\ -3 \end{pmatrix}$

c) $\overrightarrow{AB} = \begin{pmatrix} 5 - 0 \\ 4 - 3 \\ 3 - 4 \end{pmatrix} = \begin{pmatrix} 5 \\ 1 \\ -1 \end{pmatrix}$, $\overrightarrow{BA} = \begin{pmatrix} 0 - 5 \\ 3 - 4 \\ 4 - 3 \end{pmatrix} = \begin{pmatrix} -5 \\ -1 \\ 1 \end{pmatrix}$

Die Vektoren $\overrightarrow{AB}$ und $\overrightarrow{BA}$ unterscheiden sich nur in den Vorzeichen. Diese Vektoren werden auch Gegenvektoren genannt.

4 Verschiebungen

a) Berechne den Punkt F, indem du die Koordinaten des Vektors $\vec{v}$ zu den Koordinaten des Punktes E addierst:
F(1 + 2 | 2 + 3 | 3 + 4), also F(3 | 5 | 7)

b) Berechne den Punkt E, indem du die Koordinaten des Vektors $\vec{v}$ von den Koordinaten des Punktes F subtrahierst (da du sozusagen in die andere Richtung läufst):
E(6 − 1 | 6 − 4 | 8 − 4), also E(5 | 2 | 4)

c) $\vec{v} = \overrightarrow{EF} = \begin{pmatrix} 3-1 \\ 4-3 \\ 5-4 \end{pmatrix} = \begin{pmatrix} 2 \\ 1 \\ 1 \end{pmatrix}$

d)

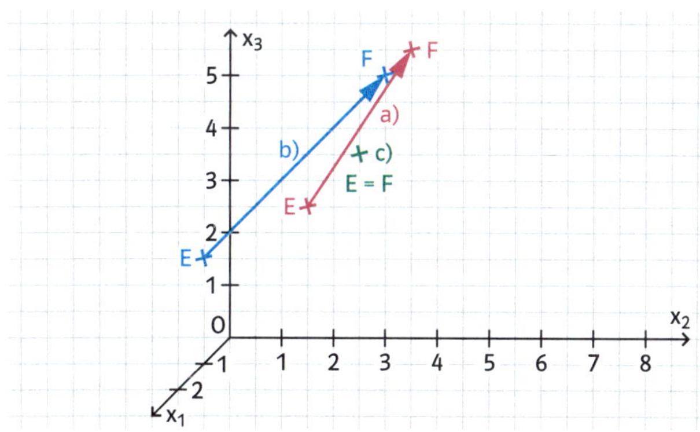

Anmerkung: Eine Verschiebung mit dem Vektor $\vec{v} = \begin{pmatrix} 2 \\ 1 \\ 1 \end{pmatrix}$ sieht im kartesischen Koordinatensystem so aus, als ob der Punkt auf sich selbst liegen würde.

5 Parallelogramm

$\overrightarrow{BA} = \begin{pmatrix} 1-3 \\ 2-3 \\ 3-5 \end{pmatrix} = \begin{pmatrix} -2 \\ -1 \\ -2 \end{pmatrix}$

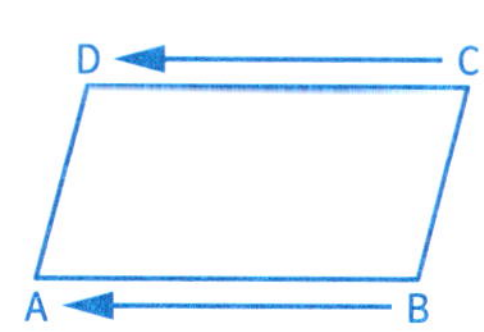

Berechne den Punkt D, indem du die Koordinaten des Vektors $\overrightarrow{BA}$ zu den Koordinaten des Punktes C addierst:
D(2 − 2 | 2 − 1 | 7 − 2), also D(0 | 1 | 5)

6 Vektorbestimmung im Quader

$\overrightarrow{GF} = \begin{pmatrix} 1-1 \\ 0-1 \\ 1-1 \end{pmatrix} = \begin{pmatrix} 0 \\ -1 \\ 0 \end{pmatrix}$, $\overrightarrow{DB} = \begin{pmatrix} 1-0 \\ 0-1 \\ 0-0 \end{pmatrix} = \begin{pmatrix} 1 \\ -1 \\ 0 \end{pmatrix}$

$\overrightarrow{AC} = \begin{pmatrix} 1-0 \\ 1-0 \\ 0-0 \end{pmatrix} = \begin{pmatrix} 1 \\ 1 \\ 0 \end{pmatrix}$, $\overrightarrow{CF} = \begin{pmatrix} 1-1 \\ 0-1 \\ 1-0 \end{pmatrix} = \begin{pmatrix} 0 \\ -1 \\ 1 \end{pmatrix}$

$\overrightarrow{EB} = \begin{pmatrix} 1-0 \\ 0-0 \\ 0-1 \end{pmatrix} = \begin{pmatrix} 1 \\ 0 \\ -1 \end{pmatrix}$, $\overrightarrow{GA} = \begin{pmatrix} 0-1 \\ 0-1 \\ 0-1 \end{pmatrix} = \begin{pmatrix} -1 \\ -1 \\ -1 \end{pmatrix}$

$\overrightarrow{BH} = \begin{pmatrix} 0-1 \\ 1-0 \\ 1-0 \end{pmatrix} = \begin{pmatrix} -1 \\ 1 \\ 1 \end{pmatrix}$

7 Koordinatenbestimmung von Parametern

a) i) B(a + 1 | 2a + 4 | 3a + 4)
ii) A(−b − 1 | 4b − 4 | −3b − 4)

b) i) B(a − 2 | a − 4 | a − 1)
ii) A(a + 1 | a | a)

c) i) B(3a − 1 | 2a + 2 | a + 5)
ii) A(b + 1 | b − 2 | b − 5)

d) i) B(−1 | c 4 | 3c + 5)
ii) A(−d | 9 − d | d)

SCHRITT 3

Das brauchst du wieder

b) A(4 | −3 | −5) und B(0 | −4 | 1)

$\overrightarrow{AB} = \begin{pmatrix} 0-\ 4 \\ -4-(-3) \\ 1-(-5) \end{pmatrix} = \begin{pmatrix} -4 \\ -1 \\ 6 \end{pmatrix}$

1 „Du bist dran" aus dem „So geht's"-Kasten

Berechne die Vektoren $\overrightarrow{AB}$, $\overrightarrow{AC}$ und $\overrightarrow{BC}$:

$\overrightarrow{AB} = \begin{pmatrix} 3-3 \\ 0-0 \\ 3-1 \end{pmatrix} = \begin{pmatrix} 0 \\ 0 \\ 2 \end{pmatrix}$

$\overrightarrow{AC} = \begin{pmatrix} 1-3 \\ -2-0 \\ 2-1 \end{pmatrix} = \begin{pmatrix} -2 \\ -2 \\ 1 \end{pmatrix}$

$\overrightarrow{BC} = \begin{pmatrix} 1-3 \\ -2-0 \\ 2-3 \end{pmatrix} = \begin{pmatrix} -2 \\ -2 \\ -1 \end{pmatrix}$

Berechne die jeweiligen Beträge:

$|\overrightarrow{AB}| = \sqrt{2^2} = 2$

$|\overrightarrow{AC}| = \sqrt{(-2)^2 + (-2)^2 + 1^2} = \sqrt{4 + 4 + 1} = \sqrt{9} = 3$

$|\overrightarrow{BC}| = \sqrt{(-2)^2 + (-2)^2 + (-1)^2} = \sqrt{4 + 4 + 1} = \sqrt{9} = 3$

Begründe, ob das Dreieck ABC gleichschenklig ist:

Da $|\overrightarrow{AC}| = |\overrightarrow{BC}|$, ist das Dreieck ABC gleichschenklig.

2 Dreieck

$\overrightarrow{AB} = \begin{pmatrix} 7-(-3) \\ 0-(-6) \\ 1-(-3) \end{pmatrix} = \begin{pmatrix} 10 \\ 6 \\ 4 \end{pmatrix}$

$\overrightarrow{AC} = \begin{pmatrix} 5-(-3) \\ -3-(-6) \\ -1-(-3) \end{pmatrix} = \begin{pmatrix} 8 \\ 3 \\ 2 \end{pmatrix}$

$\overrightarrow{BC} = \begin{pmatrix} 5-7 \\ -3-0 \\ -1-1 \end{pmatrix} = \begin{pmatrix} -2 \\ -3 \\ -2 \end{pmatrix}$

$|\overrightarrow{AB}| = \sqrt{10^2 + 6^2 + 4^2} = \sqrt{152}$

$|\overrightarrow{AC}| = \sqrt{8^2 + 3^2 + 2^2} = \sqrt{77}$

$|\overrightarrow{BC}| = \sqrt{(-2)^2 + (-3)^2 + (-2)^2} = \sqrt{17}$

Da $|\overrightarrow{AB}| \neq |\overrightarrow{AC}| \neq |\overrightarrow{BC}|$, ist das Dreieck ABC nicht gleichschenklig.

3 Parallelogramm

In einem Parallelogramm gilt, dass gegenüberliegende Seiten parallel und gleich lang sein müssen. Es muss also gelten:
$\overrightarrow{AB} = \overrightarrow{DC}$ und $\overrightarrow{AD} = \overrightarrow{BC}$.

a) $\overrightarrow{AB} = \begin{pmatrix} 2-\ 2 \\ -2-(-4) \\ 6-\ 5 \end{pmatrix} = \begin{pmatrix} 0 \\ 2 \\ 1 \end{pmatrix}$

$\overrightarrow{DC} = \begin{pmatrix} 1-\ 2 \\ -3-(-1) \\ 6-\ 5 \end{pmatrix} = \begin{pmatrix} -1 \\ -2 \\ 1 \end{pmatrix}$

Da $\overrightarrow{AB} \neq \overrightarrow{DC}$, kann es sich nicht um ein Parallelogramm handeln.

$|\overrightarrow{AB}| = \sqrt{(0)^2 + (2)^2 + (1)^2} = \sqrt{5}$

$|\overrightarrow{DC}| = \sqrt{(-1)^2 + (-2)^2 + (1)^2} = \sqrt{6}$

$|\overrightarrow{AD}| = \sqrt{(0)^2 + (3)^2 + (0)^2} = 3$

$|\overrightarrow{BC}| = \sqrt{(-1)^2 + (-1)^2 + (0)^2} = \sqrt{2}$

b) $\overrightarrow{AB} = \begin{pmatrix} -2-1 \\ 8-2 \\ 7-4 \end{pmatrix} = \begin{pmatrix} -3 \\ 6 \\ 3 \end{pmatrix}$

$\overrightarrow{DC} = \begin{pmatrix} 4-3 \\ 2-6 \\ 1-2 \end{pmatrix} = \begin{pmatrix} 1 \\ -4 \\ -1 \end{pmatrix}$

Da $\overrightarrow{AB} \neq \overrightarrow{DC}$, kann es sich nicht um ein Parallelogramm handeln.

$|\overrightarrow{AB}| = \sqrt{(-3)^2 + (6)^2 + (3)^2} = \sqrt{54}$

$|\overrightarrow{DC}| = \sqrt{(1)^2 + (-4)^2 + (-1)^2} = \sqrt{18}$

$|\overrightarrow{AD}| = \sqrt{(3)^2 + (0)^2 + (-3)^2} = \sqrt{18}$

$|\overrightarrow{BC}| = \sqrt{(5)^2 + (-2)^2 + (-5)^2} = \sqrt{54}$

c) $\overrightarrow{AB} = \begin{pmatrix} 3-2 \\ 5-3 \\ 7-4 \end{pmatrix} = \begin{pmatrix} 1 \\ 2 \\ 3 \end{pmatrix}$

$\overrightarrow{DC} = \begin{pmatrix} 4-5 \\ 1-3 \\ -1-2 \end{pmatrix} = \begin{pmatrix} -1 \\ -2 \\ -3 \end{pmatrix}$

Da $\overrightarrow{AB} \neq \overrightarrow{DC}$, kann es sich nicht um ein Parallelogramm handeln.

$|\overrightarrow{AB}| = \sqrt{(1)^2 + (2)^2 + (3)^2} = \sqrt{14}$

$|\overrightarrow{DC}| = \sqrt{(-1)^2 + (-2)^2 + (-3)^2} = \sqrt{14}$

$|\overrightarrow{AD}| = \sqrt{(3)^2 + (0)^2 + (-2)^2} = \sqrt{13}$

$|\overrightarrow{BC}| = \sqrt{(1)^2 + (-4)^2 + (-8)^2} = \sqrt{81} = 9$

4 Punktabstand mit Parameter

a) $|\overrightarrow{PQ}| = 3$

$\overrightarrow{PQ} = \begin{pmatrix} 1-3 \\ 2-p_2 \\ 3-4 \end{pmatrix} = \begin{pmatrix} -2 \\ 2-p_2 \\ -1 \end{pmatrix}$

$|\overrightarrow{PQ}| = \sqrt{(-2)^2 + (2-p_2)^2 + (-1)^2}$

$\sqrt{(-2)^2 + (2-p_2)^2 + (-1)^2} = 3$	quadrieren
$4 + (2-p_2)^2 + 1 = 9$	zusammenfassen
$5 + (2-p_2)^2 = 9$	$\mid -5$
$(2-p_2)^2 = 4$	Wurzel ziehen

1. Fall: $2 - p_2 = 2 \quad | -2$

$-p_2 = 0 \quad | \cdot(-1)$

$p_2 = 0$

$P(3|0|4)$

2. Fall: $2 - p_2 = -2 \quad | -2$

$-p_2 = -4 \quad | \cdot(-1)$

$p_2 = 4$

$P(3|4|4)$

b) $|\overrightarrow{PQ}| = 5$

$\overrightarrow{PQ} = \begin{pmatrix} 0 - p_1 \\ 1-(-2) \\ 2-(-2) \end{pmatrix} = \begin{pmatrix} -p_1 \\ 3 \\ 4 \end{pmatrix}$

$|\overrightarrow{PQ}| = \sqrt{(-p_1)^2 + (3)^2 + (4)^2}$

$\sqrt{(-p_1)^2 + (3)^2 + (4)^2} = 5$	quadrieren
$(p_1)^2 + 9 + 16 = 25$	zusammenfassen
$p_1^2 + 25 = 25$	$\mid -25$
$p_1^2 = 0$	Wurzel ziehen
$p_1 = 0$	

$P(0|-2|-2)$

5 Pyramide

Grundkanten:

$|\overrightarrow{AB}|, |\overrightarrow{BC}|$ und $|\overrightarrow{AC}|$

$\overrightarrow{AB} = \begin{pmatrix} -2 \\ 2 \\ 0 \end{pmatrix}$, $|\overrightarrow{AB}| = \sqrt{(-2)^2 + (2)^2 + (0)^2} = \sqrt{8}$

Der Punkt B hat die Koordinaten $B(0|2|0)$, da

$\overrightarrow{AB} = \begin{pmatrix} -2 \\ 2 \\ 0 \end{pmatrix} = \begin{pmatrix} b_1 - 2 \\ b_2 - 0 \\ b_3 - 0 \end{pmatrix}$.

$\overrightarrow{BC} = \begin{pmatrix} 0-0 \\ 0-2 \\ 2-0 \end{pmatrix} = \begin{pmatrix} 0 \\ -2 \\ 2 \end{pmatrix}$, $|\overrightarrow{BC}| = \sqrt{(0)^2 + (-2)^2 + (2)^2} = \sqrt{8}$

$\overrightarrow{AC} = \begin{pmatrix} 0-2 \\ 0-0 \\ 2-0 \end{pmatrix} = \begin{pmatrix} -2 \\ 0 \\ 2 \end{pmatrix}$, $|\overrightarrow{AC}| = \sqrt{(-2)^2 + (0)^2 + (2)^2} = \sqrt{8}$

Seitenkanten:

$|\overrightarrow{AS}|, |\overrightarrow{BS}|$ und $|\overrightarrow{CS}|$

Der Punkt S hat die Koordinaten $S(6|6|6)$,

da $\overrightarrow{CS} = \begin{pmatrix} 6 \\ 6 \\ 4 \end{pmatrix} = \begin{pmatrix} s_1 - 0 \\ s_2 - 0 \\ s_3 - 2 \end{pmatrix}$.

$\overrightarrow{AS} = \begin{pmatrix} 6-2 \\ 6-0 \\ 6-0 \end{pmatrix} = \begin{pmatrix} 4 \\ 6 \\ 6 \end{pmatrix}$, $|\overrightarrow{AS}| = \sqrt{(4)^2 + (6)^2 + (6)^2} = \sqrt{88}$

$\overrightarrow{BS} = \begin{pmatrix} 6-0 \\ 6-2 \\ 6-0 \end{pmatrix} = \begin{pmatrix} 6 \\ 4 \\ 6 \end{pmatrix}$, $|\overrightarrow{BS}| = \sqrt{(6)^2 + (4)^2 + (6)^2} = \sqrt{88}$

$\overrightarrow{CS} = \begin{pmatrix} 6 \\ 6 \\ 4 \end{pmatrix}$, $|\overrightarrow{CS}| = \sqrt{(6)^2 + (6)^2 + (4)^2} = \sqrt{88}$

6 Vektor mit Parameter

a) $|\vec{a}| = 7$

$$|\vec{a}| = \sqrt{(2)^2 + (3)^2 + (a_3)^2}$$

$\sqrt{(2)^2 + (3)^2 + (a_3)^2} = 7$	quadrieren
$4 + 9 + a_3^2 = 49$	zusammenfassen
$13 + a_3^2 = 49$	$\vert -13$
$a_3^2 = 36$	Wurzel ziehen

1. Fall: $a_3 = 6$

$$\vec{a} = \begin{pmatrix} 2 \\ 3 \\ 6 \end{pmatrix}$$

2. Fall: $a_3 = -6$

$$\vec{a} = \begin{pmatrix} 2 \\ 3 \\ -6 \end{pmatrix}$$

b) $|\vec{a}| = 3$

$$|\vec{a}| = \sqrt{(x)^2 + (2)^2 + (2x)^2}$$

$\sqrt{(x)^2 + (2)^2 + (2x)^2} = 3$	quadrieren
$x^2 + 4 + 4x^2 = 9$	zusammenfassen
$5x^5 + 4 = 9$	$\vert -4$
$5x^2 = 5$	$\vert :5$
$x^2 = 1$	Wurzel ziehen

1. Fall: $x = 1$

$$\vec{a} = \begin{pmatrix} 1 \\ 2 \\ 2 \end{pmatrix}$$

2. Fall: $x = -1$

$$\vec{a} = \begin{pmatrix} -1 \\ 2 \\ -2 \end{pmatrix}$$

SCHRITT 4

Das brauchst du wieder

$-2y + 5x + 8y - 9x = 5x - 9x - 2y + 8y = -4x + 6y$

$(2a + 3b) - 4b = 2a + (3b - 4b) = 2a - b$

$-2 \cdot (4b - a) = -2 \cdot 4b - 2 \cdot (-a) = -8b + 2a$

1 „Du bist dran" aus dem „So geht's"-Kasten

a) Addiere die Vektoren $\vec{a}$ und $\vec{b}$ koordinatenweise:

$$\vec{a} + \vec{b} = \begin{pmatrix} -1 \\ 4 \\ -2 \end{pmatrix} + \begin{pmatrix} 2 \\ 1 \\ 0 \end{pmatrix} = \begin{pmatrix} -1+2 \\ 4+1 \\ -2+0 \end{pmatrix} = \begin{pmatrix} 1 \\ 5 \\ -2 \end{pmatrix}$$

b) Subtrahiere die Vektoren $\vec{a}$ und $\vec{b}$ koordinatenweise:

$$\vec{a} - \vec{b} = \begin{pmatrix} -1 \\ 4 \\ -2 \end{pmatrix} - \begin{pmatrix} 2 \\ 1 \\ 0 \end{pmatrix} = \begin{pmatrix} -1-2 \\ 4-1 \\ -2-0 \end{pmatrix} = \begin{pmatrix} -3 \\ 3 \\ -2 \end{pmatrix}$$

c) Wende das Assoziativgesetz an:

$$4\vec{a} + 2\vec{b} - 7\vec{a} - \vec{b} = 4\vec{a} - 7\vec{a} + 2\vec{b} - \vec{b}$$

Vereinfache den Rechenausdruck:

$$4\vec{a} - 7\vec{a} + 2\vec{b} - \vec{b} = -3\vec{a} + \vec{b}$$

Setze die Vektoren ein und multipliziere sie mit den Faktoren, die vor den Vektoren stehen, und berechne das Ergebnis:

$$-3\vec{a} + \vec{b} = -3 \cdot \begin{pmatrix} -1 \\ 4 \\ -2 \end{pmatrix} + \begin{pmatrix} 2 \\ 1 \\ 0 \end{pmatrix}$$

$$= \begin{pmatrix} -3 \cdot (-1) \\ -3 \cdot 4 \\ -3 \cdot (-2) \end{pmatrix} + \begin{pmatrix} 2 \\ 1 \\ 0 \end{pmatrix}$$

$$= \begin{pmatrix} 3 \\ -12 \\ 6 \end{pmatrix} + \begin{pmatrix} 2 \\ 1 \\ 0 \end{pmatrix} = \begin{pmatrix} 5 \\ -11 \\ 6 \end{pmatrix}$$

2 Addition und Subtraktion

a) $\begin{pmatrix} 3 \\ -2 \\ -1 \end{pmatrix} + \begin{pmatrix} 4 \\ -8 \\ 5 \end{pmatrix} = \begin{pmatrix} 3+4 \\ -2-8 \\ -1+5 \end{pmatrix} = \begin{pmatrix} 7 \\ -10 \\ 4 \end{pmatrix}$

b) $\begin{pmatrix} 1 \\ 2 \\ 7 \end{pmatrix} \quad \begin{pmatrix} 7 \\ 2 \\ -3 \end{pmatrix} = \begin{pmatrix} 1-7 \\ 2 \quad 2 \\ 7+3 \end{pmatrix} = \begin{pmatrix} -6 \\ 4 \\ 10 \end{pmatrix}$

c) $\begin{pmatrix} 3 \\ -4 \\ 1 \end{pmatrix} + \begin{pmatrix} 2 \\ 6 \\ -5 \end{pmatrix} - \begin{pmatrix} 5 \\ 2 \\ -4 \end{pmatrix} = \begin{pmatrix} 3+2-5 \\ -4+6-2 \\ 1-5+4 \end{pmatrix} = \begin{pmatrix} 0 \\ 0 \\ 0 \end{pmatrix}$

d) $\begin{pmatrix} -1 \\ 2 \\ 3 \end{pmatrix} - \begin{pmatrix} 2 \\ 4 \\ -6 \end{pmatrix} + \begin{pmatrix} -3 \\ 7 \\ 4 \end{pmatrix} - \begin{pmatrix} 2 \\ 4 \\ 6 \end{pmatrix} = \begin{pmatrix} -1-2-3-2 \\ 2-4+7-4 \\ 3+6+4-6 \end{pmatrix}$

$= \begin{pmatrix} -8 \\ 1 \\ 7 \end{pmatrix}$

e) $\begin{pmatrix} 0 \\ 1 \\ 0 \end{pmatrix} + \begin{pmatrix} 2 \\ 0 \\ 0 \end{pmatrix} + \begin{pmatrix} 0 \\ 0 \\ 3 \end{pmatrix} = \begin{pmatrix} 0+2+0 \\ 1+0+0 \\ 0+0+3 \end{pmatrix} = \begin{pmatrix} 2 \\ 1 \\ 3 \end{pmatrix}$

f) $\begin{pmatrix} 7 \\ -2 \\ 5 \end{pmatrix} + \begin{pmatrix} 0 \\ 0 \\ 0 \end{pmatrix} - \begin{pmatrix} -3 \\ 2 \\ -1 \end{pmatrix} = \begin{pmatrix} 7+0+3 \\ -2+0-2 \\ 5+0+1 \end{pmatrix} = \begin{pmatrix} 10 \\ -4 \\ 6 \end{pmatrix}$

3 Multiplikation mit einer reellen Zahl

a) $\begin{pmatrix} -5 \\ 10 \\ 35 \end{pmatrix}$ b) $\begin{pmatrix} -4 \\ 0 \\ 40 \end{pmatrix}$ c) $\begin{pmatrix} 3 \\ -1 \\ 0 \end{pmatrix}$ d) $\begin{pmatrix} -4 \\ -20 \\ 12 \end{pmatrix}$

4 Vektoren mit Parametern

a) $\begin{pmatrix} 12 \\ -9 \\ 36 \end{pmatrix} = 3 \cdot \begin{pmatrix} a \\ b \\ c \end{pmatrix}$

$12 = 3a$	$\vert :3$
$4 = a$	
$-9 = 3b$	$\vert :3$
$-3 = b$	
$36 = 3c$	$\vert :3$
$12 = c$	

$$\begin{pmatrix}12\\-9\\36\end{pmatrix} = 3 \cdot \begin{pmatrix}4\\-3\\12\end{pmatrix}$$

b) $\begin{pmatrix}-\frac{1}{2}\\b\\\frac{1}{8}\end{pmatrix} = \frac{1}{8} \cdot \begin{pmatrix}a\\16\\c\end{pmatrix}$

$-\frac{1}{2} = \frac{1}{8}a \quad \Big| : \left(\frac{1}{8}\right)$

$-4 = a$

$b = \frac{1}{8} \cdot 16$ zusammenfassen

$b = 2$

$\frac{1}{8} = \frac{1}{8}c \quad \Big| : \left(\frac{1}{8}\right)$

$1 = c$

$$\begin{pmatrix}-\frac{1}{2}\\2\\\frac{1}{8}\end{pmatrix} = \frac{1}{8} \cdot \begin{pmatrix}-4\\16\\1\end{pmatrix}$$

c) $\begin{pmatrix}3\\1\\c\end{pmatrix} = 0{,}2 \cdot \begin{pmatrix}a\\b\\10\end{pmatrix}$

$3 = 0{,}2a \quad | : 0{,}2$

$15 = a$

$1 = 0{,}2b \quad | : 0{,}2$

$5 = b$

$c = 0{,}2 \cdot 10$ zusammenfassen

$c = 2$

$$\begin{pmatrix}3\\1\\2\end{pmatrix} = 0{,}2 \cdot \begin{pmatrix}15\\5\\10\end{pmatrix}$$

5 Linearkombinationen

a) $2\vec{a} - 3\vec{a} = -\vec{a}$

b) $\vec{a} + \frac{1}{2} \cdot (\vec{b} - \vec{a}) = \vec{a} + \frac{1}{2}\vec{b} - \frac{1}{2}\vec{a} = \frac{1}{2}\vec{b} + \frac{1}{2}\vec{a}$

c) $5 \cdot (\vec{a} - \vec{b}) + 7 \cdot (\vec{b} - 2\vec{a}) = 5\vec{a} - 5\vec{b} + 7\vec{b} - 14\vec{a}$

$= 2\vec{b} - 9\vec{a}$

d) $\frac{1}{3} \cdot (\vec{c} - \vec{b}) + \frac{1}{5} \cdot (\vec{b} - 2\vec{c}) = \frac{1}{3}\vec{c} - \frac{1}{3}\vec{b} + \frac{1}{5}\vec{b} - \frac{2}{5}\vec{c}$

$= \frac{5}{15}\vec{c} - \frac{5}{15}\vec{b} + \frac{3}{15}\vec{b} - \frac{6}{15}\vec{c}$

$= -\frac{1}{15}\vec{c} - \frac{2}{15}\vec{b}$

6 Mittelpunkt einer Strecke

Da M der Mittelpunkt der Strecke $\overline{AB}$ ist, muss man von A aus die Strecke $\overline{AM}$ zweimal anhängen, um zum Punkt B zu kommen.

a) $\overrightarrow{AM} = \begin{pmatrix}2-0\\4-0\\1-0\end{pmatrix} = \begin{pmatrix}2\\4\\1\end{pmatrix}$, $2 \cdot \overrightarrow{AM} = \begin{pmatrix}4\\8\\2\end{pmatrix} = \overrightarrow{AB}$,

$\overrightarrow{AB} = \begin{pmatrix}4\\8\\2\end{pmatrix} = \begin{pmatrix}b_1-0\\b_2-0\\b_3-0\end{pmatrix} \Rightarrow B(4|8|2)$

b) $\overrightarrow{AM} = \begin{pmatrix}1-2\\2-4\\3-5\end{pmatrix} = \begin{pmatrix}-1\\-2\\-2\end{pmatrix}$, $2 \cdot \overrightarrow{AM} = \begin{pmatrix}-2\\-4\\-4\end{pmatrix} = \overrightarrow{AB}$,

$\overrightarrow{AB} = \begin{pmatrix}-2\\-4\\-4\end{pmatrix} = \begin{pmatrix}b_1-2\\b_2-4\\b_3-5\end{pmatrix} \Rightarrow B(0|0|1)$

SCHRITT 5

Das brauchst du wieder

$$-\vec{a} + \frac{1}{2}\vec{b} = -\begin{pmatrix}1\\-3\\2\end{pmatrix} + \frac{1}{2}\begin{pmatrix}4\\8\\-6\end{pmatrix} = \begin{pmatrix}-1\\3\\-2\end{pmatrix} + \begin{pmatrix}2\\4\\-3\end{pmatrix} = \begin{pmatrix}1\\7\\-5\end{pmatrix}$$

$$-2\vec{b} + \vec{a} + \vec{b} = -2\vec{b} + \vec{b} + \vec{a} = -\vec{b} + \vec{a}$$

$$= -\begin{pmatrix}4\\8\\-6\end{pmatrix} + \begin{pmatrix}1\\-3\\2\end{pmatrix} = \begin{pmatrix}-3\\-11\\8\end{pmatrix}$$

1 „Du bist dran“ aus dem „So geht's“-Kasten

Skizziere ein Parallelogramm ABCD, markiere den gesuchten Punkt farbig und ergänze seinen Ortsvektor:

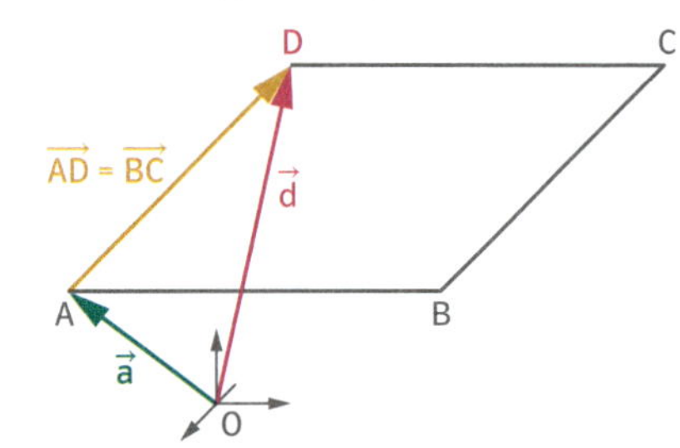

Überlege dir ausgehend vom skizzierten Ursprung eine Linearkombination von Vektoren so, dass deren Pfeile zum gesuchten Punkt führen:

$\vec{d} = \vec{a} + \overrightarrow{AD}$

Falls einer der verwendeten Vektoren den gesuchten Punkt enthält und nicht verwendet werden kann, ersetze ihn durch einen Vektor, dessen Pfeil gleich lang ist und in die gleiche Richtung zeigt:

$\vec{d} = \vec{a} + \overrightarrow{BC}$

Berechne den Ortsvektor und damit die Koordinaten des gesuchten Punktes:

$\vec{a} = \begin{pmatrix}1\\0\\-3\end{pmatrix}$

$\overrightarrow{BC} = \begin{pmatrix}-2-4\\-1-2\\3-(-1)\end{pmatrix} = \begin{pmatrix}-6\\-3\\4\end{pmatrix}$

$\vec{d} = \begin{pmatrix}1\\0\\-3\end{pmatrix} + \begin{pmatrix}-6\\-3\\4\end{pmatrix} = \begin{pmatrix}-5\\-3\\1\end{pmatrix}$

Der gesuchte Punkt hat die Koordinaten $D(-5|-3|1)$.

2 Parallelogramm

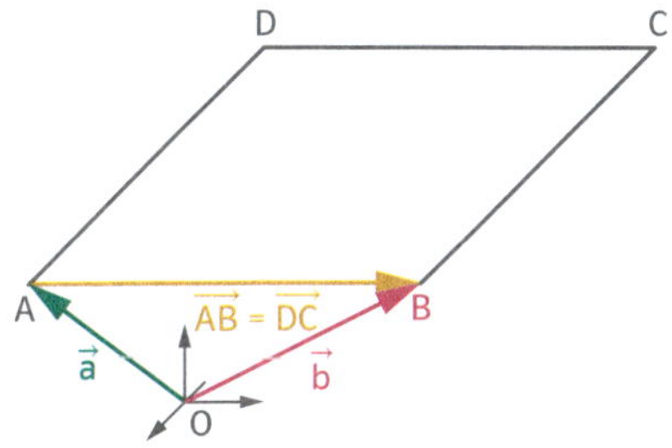

$\vec{b} = \vec{a} + \overrightarrow{AB}$

$\vec{b} = \vec{a} + \overrightarrow{DC}$

$$\vec{a} = \begin{pmatrix} 1 \\ -1 \\ 1 \end{pmatrix}$$

$$\overrightarrow{DC} = \begin{pmatrix} 0 - 2 \\ 3 - 1 \\ -5 - (-5) \end{pmatrix} = \begin{pmatrix} -2 \\ 2 \\ 0 \end{pmatrix}$$

$$\vec{b} = \begin{pmatrix} 1 \\ -1 \\ 1 \end{pmatrix} + \begin{pmatrix} -2 \\ 2 \\ 0 \end{pmatrix} = \begin{pmatrix} -1 \\ 1 \\ 1 \end{pmatrix}$$

Der gesuchte Punkt hat die Koordinaten B(−1 | 1 | 1).

3 Parallelogramm und Raute

a) In einem Parallelogramm gilt, dass gegenüberliegende Seiten parallel und gleich lang sein müssen.

Skizze:

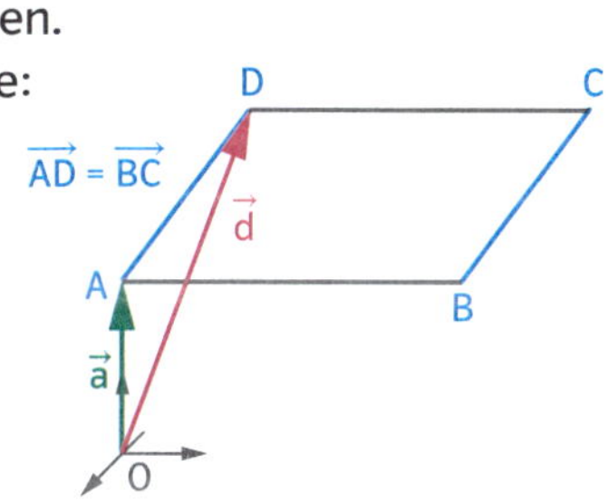

$$\overrightarrow{BC} = \begin{pmatrix} 2 - 2 \\ 5 - 4 \\ 9 - 6 \end{pmatrix} = \begin{pmatrix} 0 \\ 1 \\ 3 \end{pmatrix}$$

$$\vec{d} = \vec{a} + \overrightarrow{BC} = \begin{pmatrix} 1 \\ 1 \\ 2 \end{pmatrix} + \begin{pmatrix} 0 \\ 1 \\ 3 \end{pmatrix} = \begin{pmatrix} 1 \\ 2 \\ 5 \end{pmatrix}$$

D(1 | 2 | 5)

b) In einer Raute gilt, dass gegenüberliegende Seiten parallel und alle Seiten gleich lang sein müssen.

Skizze:

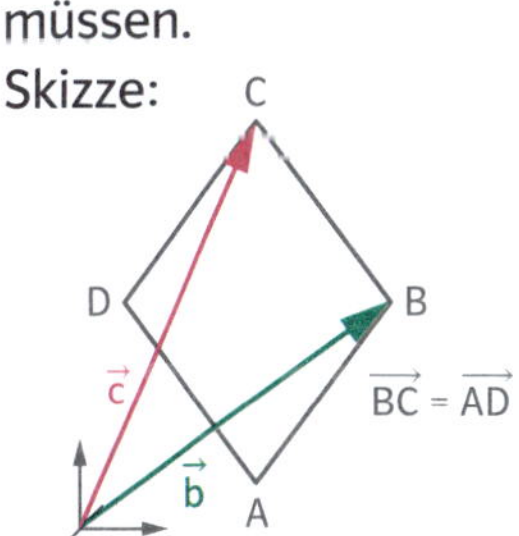

$$\overrightarrow{AD} = \begin{pmatrix} 5 - 1 \\ 1 - 1 \\ 1 - 2 \end{pmatrix} = \begin{pmatrix} 4 \\ 0 \\ -1 \end{pmatrix}$$

$$\vec{c} = \vec{b} + \overrightarrow{AD} = \begin{pmatrix} 2 \\ 1 \\ 6 \end{pmatrix} + \begin{pmatrix} 4 \\ 0 \\ -1 \end{pmatrix} = \begin{pmatrix} 6 \\ 1 \\ 5 \end{pmatrix}$$

C(6 | 1 | 5)

Hier muss man noch zeigen, dass zwei nebeneinanderliegende Seiten gleich lang sind.

$$\left|\overrightarrow{AD}\right| = \sqrt{(4)^2 + (0)^2 + (-1)^2} = \sqrt{17}$$

$$\overrightarrow{AB} = \begin{pmatrix} 2 - 1 \\ 1 - 1 \\ 6 - 2 \end{pmatrix} = \begin{pmatrix} 1 \\ 0 \\ 4 \end{pmatrix}$$

$$\left|\overrightarrow{AB}\right| = \sqrt{(1)^2 + (0)^2 + (4)^2} = \sqrt{17}$$

4 Linearkombinationen

a) $\overrightarrow{AC} = \vec{c} + \vec{a}$

$\overrightarrow{AD} = \vec{d} - \vec{a}$

$\overrightarrow{CD} = \vec{d} - \vec{c}$

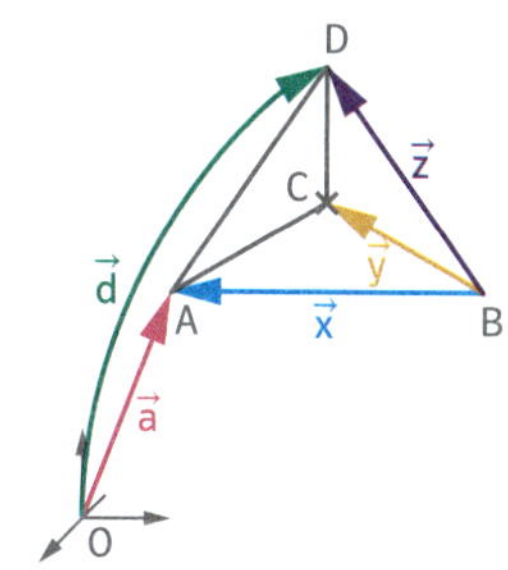

b) $$\overrightarrow{BA} = \begin{pmatrix} -2 - (-5) \\ 4 - 3 \\ -4 - 7 \end{pmatrix} = \begin{pmatrix} 3 \\ 1 \\ -11 \end{pmatrix} = \vec{x}$$

$$\vec{c} = \vec{a} - \vec{x} + \vec{y} = \begin{pmatrix} -2 \\ 4 \\ -4 \end{pmatrix} - \begin{pmatrix} 3 \\ 1 \\ -11 \end{pmatrix} + \begin{pmatrix} 2 \\ 1 \\ 5 \end{pmatrix} = \begin{pmatrix} -3 \\ 4 \\ 12 \end{pmatrix}$$

C(−3 | 4 | 12)

$$\vec{d} = \vec{b} + \vec{z} = \begin{pmatrix} -5 \\ 3 \\ 7 \end{pmatrix} + \begin{pmatrix} 0 \\ 2 \\ 7 \end{pmatrix} = \begin{pmatrix} -5 \\ 5 \\ 14 \end{pmatrix}$$

D(−5 | 5 | 14)

5 Linearkombinationen und Koordinatenbestimmung

a) $\overrightarrow{MC} = \vec{c} = \vec{b} + \vec{v}$ $\qquad$ $\overrightarrow{AB} = \vec{u} = -\vec{a} + \vec{b}$

$\overrightarrow{AD} = \vec{x} = -\vec{a} - \vec{b}$ $\qquad$ $\overrightarrow{MD} = \vec{d} = -\vec{b}$

$\overrightarrow{DC} = \vec{w} = 2\vec{b} + \vec{v}$

b) $$\overrightarrow{MB} = \vec{b} = \begin{pmatrix} 5 - 3 \\ 0 - 2 \\ 9 - 7 \end{pmatrix} = \begin{pmatrix} 2 \\ -2 \\ 2 \end{pmatrix}$$

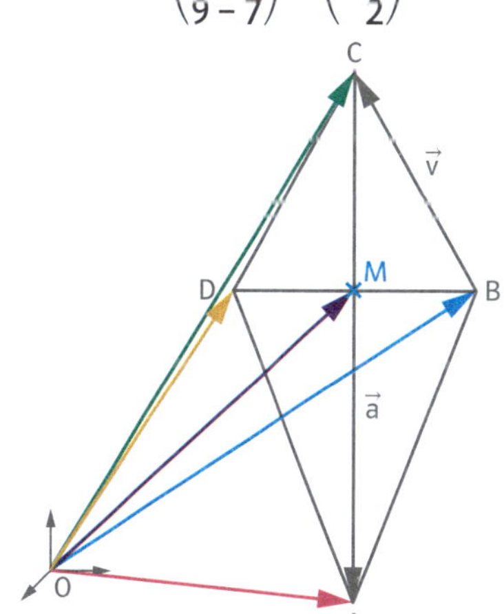

Punkt A:

$\overrightarrow{OA} = \overrightarrow{OM} + \vec{a} = \begin{pmatrix} 3 \\ 2 \\ 7 \end{pmatrix} + \begin{pmatrix} -2 \\ -3 \\ 7 \end{pmatrix} = \begin{pmatrix} 1 \\ -1 \\ 14 \end{pmatrix}$ A(1 | −1 | 14)

Punkt C:

$\overrightarrow{OC} = \overrightarrow{OB} + \vec{v} = \begin{pmatrix} 5 \\ 0 \\ 9 \end{pmatrix} + \begin{pmatrix} 0 \\ 4 \\ -2 \end{pmatrix} = \begin{pmatrix} 5 \\ 4 \\ 7 \end{pmatrix}$ C(5 | 4 | 7)

Punkt D:

$\overrightarrow{OD} = \overrightarrow{OM} - \overrightarrow{MB} = \begin{pmatrix} 3 \\ 2 \\ 7 \end{pmatrix} - \begin{pmatrix} 2 \\ -2 \\ 2 \end{pmatrix} = \begin{pmatrix} 1 \\ 4 \\ 5 \end{pmatrix}$ D(1 | 4 | 5)

6 Diagonalenschnittpunkte

Gegeben sind die Punkte A(6 | 2 | 1), B(6 | 7 | 1), D(4 | 2 | 1) und H(4 | 2 | 4).
Die Koordinaten der weiteren Punkte sind:
C(4 | 7 | 1), E(6 | 2 | 4), F(6 | 7 | 4), G(4 | 7 | 4).

Punkt M_1 in der Grundfläche:

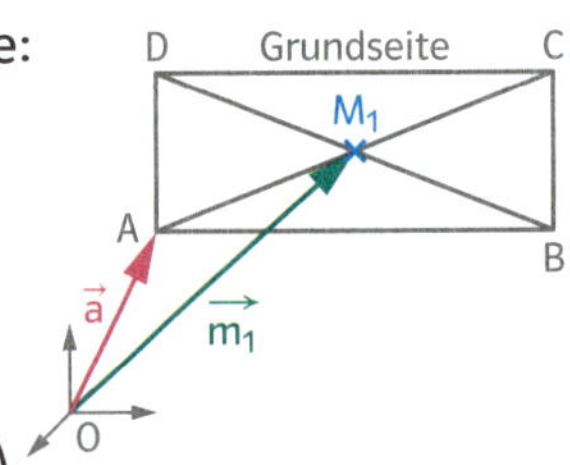

$\overrightarrow{AC} = \begin{pmatrix} 4-6 \\ 7-2 \\ 1-1 \end{pmatrix} = \begin{pmatrix} -2 \\ 5 \\ 0 \end{pmatrix}$

$\overrightarrow{m_1} = \vec{a} + \frac{1}{2} \cdot \overrightarrow{AC}$

$= \begin{pmatrix} 6 \\ 2 \\ 1 \end{pmatrix} + \frac{1}{2} \cdot \begin{pmatrix} -2 \\ 5 \\ 0 \end{pmatrix} = \begin{pmatrix} 5 \\ 4{,}5 \\ 1 \end{pmatrix}$

M_1 (5 | 4,5 | 1)

Punkt M_2 in der rechten Seitenfläche:

$\overrightarrow{BG} = \begin{pmatrix} 4-6 \\ 7-7 \\ 4-1 \end{pmatrix} = \begin{pmatrix} -2 \\ 0 \\ 3 \end{pmatrix}$

$\overrightarrow{m_2} = \vec{b} + \frac{1}{2} \cdot \overrightarrow{BG} = \begin{pmatrix} 6 \\ 7 \\ 1 \end{pmatrix} + \frac{1}{2} \cdot \begin{pmatrix} -2 \\ 0 \\ 3 \end{pmatrix} = \begin{pmatrix} 5 \\ 7 \\ 2{,}5 \end{pmatrix}$

M_2 (5 | 7 | 2,5)

Punkt M_3 in der Rückseite:

$\overrightarrow{DG} = \begin{pmatrix} 4-4 \\ 7-2 \\ 4-1 \end{pmatrix} = \begin{pmatrix} 0 \\ 5 \\ 3 \end{pmatrix}$

$\overrightarrow{m_3} = \vec{d} + \frac{1}{2} \cdot \overrightarrow{DG} = \begin{pmatrix} 4 \\ 2 \\ 1 \end{pmatrix} + \frac{1}{2} \cdot \begin{pmatrix} 0 \\ 5 \\ 3 \end{pmatrix} = \begin{pmatrix} 4 \\ 4{,}5 \\ 2{,}5 \end{pmatrix}$

M_3 (4 | 4,5 | 2,5)

Punkt M_4 in der linken Seitenfläche:

$\overrightarrow{AH} = \begin{pmatrix} 4-6 \\ 2-2 \\ 4-1 \end{pmatrix} = \begin{pmatrix} -2 \\ 0 \\ 3 \end{pmatrix}$

$\overrightarrow{m_4} = \vec{a} + \frac{1}{2} \cdot \overrightarrow{AH} = \begin{pmatrix} 6 \\ 2 \\ 1 \end{pmatrix} + \frac{1}{2} \cdot \begin{pmatrix} -2 \\ 0 \\ 3 \end{pmatrix} = \begin{pmatrix} 5 \\ 2 \\ 2{,}5 \end{pmatrix}$

M_4 (5 | 2 | 2,5)

$\overrightarrow{M_1M_2} = \begin{pmatrix} 5-5 \\ 7-4{,}5 \\ 2{,}5-1 \end{pmatrix} = \begin{pmatrix} 0 \\ 2{,}5 \\ 1{,}5 \end{pmatrix}$

$\overrightarrow{M_2M_3} = \begin{pmatrix} 4-5 \\ 4{,}5-7 \\ 2{,}5-2{,}5 \end{pmatrix} = \begin{pmatrix} -1 \\ -2{,}5 \\ 0 \end{pmatrix}$

$\overrightarrow{M_3M_4} = \begin{pmatrix} 5-4 \\ 2-4{,}5 \\ 2{,}5-2{,}5 \end{pmatrix} = \begin{pmatrix} 1 \\ -2{,}5 \\ 0 \end{pmatrix}$

$\overrightarrow{M_4M_1} = \begin{pmatrix} 5-5 \\ 4{,}5-2 \\ 1-2{,}5 \end{pmatrix} = \begin{pmatrix} 0 \\ 2{,}5 \\ -1{,}5 \end{pmatrix}$

SCHRITT 6

Das brauchst du wieder

$7 - 3a = 4 \quad | -7$

$-3a = -3 \quad | :(-3)$

$a = 1$

$y - 2 = 2y + 2 \quad | +2 - 2y$

$-y = 4 \quad | :(-1)$

$y = -4$

1 „Du bist dran" aus dem „So geht's"-Kasten

a) Berechne das Skalarprodukt der Vektoren $\vec{a}$ und $\vec{b}$:

$\vec{a} \cdot \vec{b} = 1 \cdot 3 + (-3) \cdot 7 + 2 \cdot (-5)$

$= 3 - 21 - 10$

$= -28$

Entscheide, ob die Vektoren orthogonal sind:

$\vec{a} \cdot \vec{b} \neq 0$, also sind $\vec{a}$ und $\vec{b}$ nicht orthogonal.

b) Berechne das Skalarprodukt der Vektoren $\vec{a}$ und $\vec{b}$:

$\vec{a} \cdot \vec{b} = 2 \cdot b_1 + (-1) \cdot (-10) + 4 \cdot (-1)$

$= 2b_1 + 10 - 4$

$= 2b_1 + 6$

Setze dein Ergebnis gleich null und bestimme die fehlende Koordinate:

$2b_1 + 6 = 0 \quad | -6$

$2b_1 = -6 \quad | :2$

$b_1 = -3$

2 Orthogonale Vektoren

a) $\vec{a} = \begin{pmatrix} -1 \\ 2 \\ 4 \end{pmatrix}$, $\vec{b} = \begin{pmatrix} 6 \\ 1 \\ -1 \end{pmatrix}$

$\vec{a} \cdot \vec{b} = -1 \cdot 6 + 2 \cdot 1 + 4 \cdot (-1) = -6 + 2 - 4 = -8$

$\vec{a} \cdot \vec{b} \neq 0$, also sind $\vec{a}$ und $\vec{b}$ nicht orthogonal.

b) $\vec{a} = \begin{pmatrix} 0 \\ 2 \\ 1 \end{pmatrix}$, $\vec{b} = \begin{pmatrix} 1 \\ 2 \\ 3 \end{pmatrix}$

$\vec{a} \cdot \vec{b} = 0 \cdot 1 + 2 \cdot 2 + 1 \cdot 3 = 4 + 3 = 7$

$\vec{a} \cdot \vec{b} \neq 0$, also sind $\vec{a}$ und $\vec{b}$ nicht orthogonal.

c) $\vec{a} = \begin{pmatrix} 1 \\ 0 \\ 0 \end{pmatrix}$, $\vec{b} = \begin{pmatrix} 0 \\ 4 \\ 2 \end{pmatrix}$

$\vec{a} \cdot \vec{b} = 1 \cdot 0 + 0 \cdot 4 + 0 \cdot 2 = 0$

$\vec{a} \cdot \vec{b} = 0$, also sind $\vec{a}$ und $\vec{b}$ orthogonal.

d) $\vec{a} = \begin{pmatrix} \frac{1}{2} \\ 1 \\ \frac{1}{4} \end{pmatrix}$, $\vec{b} = \begin{pmatrix} -2 \\ \frac{1}{4} \\ 3 \end{pmatrix}$

$\vec{a} \cdot \vec{b} = \frac{1}{2} \cdot (-2) + 1 \cdot \frac{1}{4} + \frac{1}{4} \cdot 3 = -1 + \frac{1}{4} + \frac{3}{4} = 0$

$\vec{a} \cdot \vec{b} = 0$, also sind $\vec{a}$ und $\vec{b}$ orthogonal.

e) $\vec{a} = \begin{pmatrix} 1 \\ \sqrt{3} \\ 2 \end{pmatrix}$, $\vec{b} = \begin{pmatrix} 1 \\ -\sqrt{3} \\ 1 \end{pmatrix}$

$\vec{a} \cdot \vec{b} = 1 \cdot 1 + \sqrt{3} \cdot (-\sqrt{3}) + 2 \cdot 1 = 1 - 3 + 2 = 0$

$\vec{a} \cdot \vec{b} = 0$, also sind $\vec{a}$ und $\vec{b}$ orthogonal.

f) $\vec{a} = \begin{pmatrix} 2 \\ 2 \\ \sqrt{5} \end{pmatrix}$, $\vec{b} = \begin{pmatrix} \sqrt{5} \\ -\sqrt{5} \\ 0 \end{pmatrix}$

$\vec{a} \cdot \vec{b} = 2 \cdot \sqrt{5} + 2 \cdot (-\sqrt{5}) + \sqrt{5} \cdot 0 = 2 \cdot \sqrt{5} - 2 \cdot \sqrt{5} = 0$

$\vec{a} \cdot \vec{b} = 0$, also sind $\vec{a}$ und $\vec{b}$ orthogonal.

3 Rechtwinklige Dreiecke

a) $\overrightarrow{AB} = \begin{pmatrix} 3-0 \\ 2-0 \\ 5-0 \end{pmatrix} = \begin{pmatrix} 3 \\ 2 \\ 5 \end{pmatrix}$

$\overrightarrow{BC} = \begin{pmatrix} 4-3 \\ 1-2 \\ 7-5 \end{pmatrix} = \begin{pmatrix} 1 \\ -1 \\ 2 \end{pmatrix}$

$\overrightarrow{CA} = \begin{pmatrix} 0-4 \\ 0-1 \\ 0-7 \end{pmatrix} = \begin{pmatrix} -4 \\ -1 \\ -7 \end{pmatrix}$

$\overrightarrow{AB} \cdot \overrightarrow{BC} = \begin{pmatrix} 3 \\ 2 \\ 5 \end{pmatrix} \cdot \begin{pmatrix} 1 \\ -1 \\ 2 \end{pmatrix} = 3 \cdot 1 + 2 \cdot (-1) + 5 \cdot 2 = 3 - 2 + 10 = 11$

$\overrightarrow{BC} \cdot \overrightarrow{CA} = \begin{pmatrix} 1 \\ -1 \\ 2 \end{pmatrix} \cdot \begin{pmatrix} -4 \\ -1 \\ -7 \end{pmatrix} = 1 \cdot (-4) - 1 \cdot (-1) + 2 \cdot (-7) = -4 + 1 - 14 = -17$

$\overrightarrow{AB} \cdot \overrightarrow{CA} = \begin{pmatrix} 3 \\ 2 \\ 5 \end{pmatrix} \cdot \begin{pmatrix} -4 \\ -1 \\ -7 \end{pmatrix} = 3 \cdot (-4) + 2 \cdot (-1) + 5 \cdot (-7) = -12 - 2 - 35 = -49$

Das Dreieck ABC ist nicht rechtwinklig.

b) $\overrightarrow{AB} = \begin{pmatrix} 4-2 \\ 5-3 \\ 4-3 \end{pmatrix} = \begin{pmatrix} 2 \\ 2 \\ 1 \end{pmatrix}$

$\overrightarrow{BC} = \begin{pmatrix} 5-4 \\ 3-5 \\ 6-4 \end{pmatrix} = \begin{pmatrix} 1 \\ -2 \\ 2 \end{pmatrix}$

$\overrightarrow{CA} = \begin{pmatrix} 2-5 \\ 3-3 \\ 3-6 \end{pmatrix} = \begin{pmatrix} -3 \\ 0 \\ -3 \end{pmatrix}$

$\overrightarrow{AB} \cdot \overrightarrow{BC} = \begin{pmatrix} 2 \\ 2 \\ 1 \end{pmatrix} \cdot \begin{pmatrix} 1 \\ -2 \\ 2 \end{pmatrix} = 2 \cdot 1 + 2 \cdot (-2) + 1 \cdot 2 = 2 - 4 + 2 = 0$

Das Dreieck ABC ist im Punkt B rechtwinklig.

c) $\overrightarrow{AB} = \begin{pmatrix} 1-0 \\ 0-2 \\ 7-4 \end{pmatrix} = \begin{pmatrix} 1 \\ -2 \\ 3 \end{pmatrix}$

$\overrightarrow{BC} = \begin{pmatrix} 4-1 \\ 3-0 \\ 8-7 \end{pmatrix} = \begin{pmatrix} 3 \\ 3 \\ 1 \end{pmatrix}$

$\overrightarrow{CA} = \begin{pmatrix} 0-4 \\ 2-3 \\ 4-8 \end{pmatrix} = \begin{pmatrix} -4 \\ -1 \\ -4 \end{pmatrix}$

$\overrightarrow{AB} \cdot \overrightarrow{BC} = \begin{pmatrix} 1 \\ -2 \\ 3 \end{pmatrix} \cdot \begin{pmatrix} 3 \\ 3 \\ 1 \end{pmatrix} = 1 \cdot 3 - 2 \cdot 3 + 3 \cdot 1 = 3 - 6 + 3 = 0$

Das Dreieck ABC ist im Punkt B rechtwinklig.

d) $\overrightarrow{AB} = \begin{pmatrix} 2-1 \\ 1-3 \\ 7-4 \end{pmatrix} = \begin{pmatrix} 1 \\ -2 \\ 3 \end{pmatrix}$

$\overrightarrow{BC} = \begin{pmatrix} 1-2 \\ 6-1 \\ 5-7 \end{pmatrix} = \begin{pmatrix} -1 \\ 5 \\ -2 \end{pmatrix}$

$\overrightarrow{CA} = \begin{pmatrix} 1-1 \\ 3-6 \\ 4-5 \end{pmatrix} = \begin{pmatrix} 0 \\ -3 \\ -1 \end{pmatrix}$

$\overrightarrow{AB} \cdot \overrightarrow{BC} = \begin{pmatrix} 1 \\ -2 \\ 3 \end{pmatrix} \cdot \begin{pmatrix} -1 \\ 5 \\ -2 \end{pmatrix} = 1 \cdot (-1) - 2 \cdot 5 + 3 \cdot (-2) = -1 - 10 - 6 = -17$

$\overrightarrow{AB} \cdot \overrightarrow{CA} = \begin{pmatrix} 1 \\ -2 \\ 3 \end{pmatrix} \cdot \begin{pmatrix} 0 \\ -3 \\ -1 \end{pmatrix} = 1 \cdot 0 - 2 \cdot (-3) + 3 \cdot (-1) = 0 + 6 - 3 = 3$

$\overrightarrow{CA} \cdot \overrightarrow{BC} = \begin{pmatrix} 0 \\ -3 \\ -1 \end{pmatrix} \cdot \begin{pmatrix} -1 \\ 5 \\ -2 \end{pmatrix} = 0 \cdot (-1) - 3 \cdot 5 - 1 \cdot (-2) = 0 - 15 + 2 = -13$

Das Dreieck ABC ist nicht rechtwinklig.

4 Rechteck, Raute, Quadrat

a) $\overrightarrow{AB} = \begin{pmatrix} 3-0 \\ 2-0 \\ 5-0 \end{pmatrix} = \begin{pmatrix} 3 \\ 2 \\ 5 \end{pmatrix}$ $\quad \overrightarrow{BC} = \begin{pmatrix} 4-3 \\ 1-2 \\ 7-5 \end{pmatrix} = \begin{pmatrix} 1 \\ -1 \\ 2 \end{pmatrix}$

$\overrightarrow{DC} = \begin{pmatrix} 4-2 \\ 1-1 \\ 7-6 \end{pmatrix} = \begin{pmatrix} 2 \\ 0 \\ 1 \end{pmatrix}$ $\quad \overrightarrow{AD} = \begin{pmatrix} 2-0 \\ 1-0 \\ 6-0 \end{pmatrix} = \begin{pmatrix} 2 \\ 1 \\ 6 \end{pmatrix}$

Da $\overrightarrow{AB} \neq \overrightarrow{DC}$ und $\overrightarrow{AD} \neq \overrightarrow{BC}$, kann es sich um keine der Figuren handeln.

b) $\overrightarrow{AB} = \begin{pmatrix} 3-1 \\ 4-2 \\ 4-3 \end{pmatrix} = \begin{pmatrix} 2 \\ 2 \\ 1 \end{pmatrix}$ $\quad \overrightarrow{BC} = \begin{pmatrix} 4-3 \\ 2-4 \\ 6-4 \end{pmatrix} = \begin{pmatrix} 1 \\ -2 \\ 2 \end{pmatrix}$

$\overrightarrow{DC} = \begin{pmatrix} 4-2 \\ 2-0 \\ 6-5 \end{pmatrix} = \begin{pmatrix} 2 \\ 2 \\ 1 \end{pmatrix}$ $\quad \overrightarrow{AD} = \begin{pmatrix} 2-1 \\ 0-2 \\ 5-3 \end{pmatrix} = \begin{pmatrix} 1 \\ -2 \\ 2 \end{pmatrix}$

$|\overrightarrow{AB}| = \sqrt{(2)^2 + (2)^2 + (1)^2} = \sqrt{9} = 3$

$|\overrightarrow{BC}| = \sqrt{(1)^2 + (-2)^2 + (2)^2} = \sqrt{9} = 3$

$|\overrightarrow{DC}| = \sqrt{(2)^2 + (2)^2 + (1)^2} = \sqrt{9} = 3$

$|\overrightarrow{AD}| = \sqrt{(1)^2 + (-2)^2 + (2)^2} = \sqrt{9} = 3$

Je zwei gegenüberliegende Seiten sind parallel und alle Seiten sind gleich lang. Es könnte sich um eine Raute oder ein Quadrat handeln.

$$\overrightarrow{AB}\cdot\overrightarrow{BC}=\begin{pmatrix}2\\2\\1\end{pmatrix}\cdot\begin{pmatrix}1\\-2\\2\end{pmatrix}=2\cdot1+2\cdot(-2)+1\cdot2=2-4+2=0$$

$\Rightarrow$ rechter Winkel bei B

$$\overrightarrow{AB}\cdot\overrightarrow{AD}=\begin{pmatrix}2\\2\\1\end{pmatrix}\cdot\begin{pmatrix}1\\-2\\2\end{pmatrix}=2\cdot1+2\cdot(-2)+1\cdot2=2-4+2=0$$

$\Rightarrow$ rechter Winkel bei A

Es handelt sich um ein Quadrat.

c) $\overrightarrow{AB}=\begin{pmatrix}2-1\\1-3\\7-4\end{pmatrix}=\begin{pmatrix}1\\-2\\3\end{pmatrix}$ $\quad\overrightarrow{BC}=\begin{pmatrix}4-2\\6-1\\8-7\end{pmatrix}=\begin{pmatrix}2\\5\\1\end{pmatrix}$

$\overrightarrow{DC}=\begin{pmatrix}4-3\\6-8\\8-5\end{pmatrix}=\begin{pmatrix}1\\-2\\3\end{pmatrix}$ $\quad\overrightarrow{AD}=\begin{pmatrix}3-1\\8-3\\5-4\end{pmatrix}=\begin{pmatrix}2\\5\\1\end{pmatrix}$

$|\overrightarrow{AB}|=\sqrt{(1)^2+(-2)^2+(3)^2}=\sqrt{14}$

$|\overrightarrow{BC}|=\sqrt{(2)^2+(5)^2+(1)^2}=\sqrt{30}$

$|\overrightarrow{DC}|=\sqrt{(1)^2+(-2)^2+(3)^2}=\sqrt{14}$

$|\overrightarrow{AD}|=\sqrt{(2)^2+(5)^2+(1)^2}=\sqrt{30}$

Je zwei gegenüberliegende Seiten sind parallel und gleich lang. Es könnte sich um ein Rechteck oder ein Parallelogramm handeln.

$$\overrightarrow{AB}\cdot\overrightarrow{BC}=\begin{pmatrix}1\\-2\\3\end{pmatrix}\cdot\begin{pmatrix}2\\5\\1\end{pmatrix}=1\cdot2-2\cdot5+3\cdot1=2-10+3=-5$$

Kein rechter Winkel, damit handelt es sich um ein Parallelogramm.

d) $\overrightarrow{AB}=\begin{pmatrix}2-2\\1-3\\7-4\end{pmatrix}=\begin{pmatrix}0\\-2\\3\end{pmatrix}$ $\quad\overrightarrow{BC}=\begin{pmatrix}6-2\\4-1\\8-7\end{pmatrix}=\begin{pmatrix}4\\3\\1\end{pmatrix}$

$\overrightarrow{DC}=\begin{pmatrix}6-5\\4-6\\8-5\end{pmatrix}=\begin{pmatrix}1\\-2\\3\end{pmatrix}$ $\quad\overrightarrow{AD}=\begin{pmatrix}5-2\\6-3\\5-4\end{pmatrix}=\begin{pmatrix}3\\3\\1\end{pmatrix}$

Es handelt sich um keine der Figuren, da $\overrightarrow{AB}\neq\overrightarrow{DC}$ und $\overrightarrow{BC}\neq\overrightarrow{AD}$.

e) $\overrightarrow{AB}=\begin{pmatrix}3-1\\2-0\\5-4\end{pmatrix}=\begin{pmatrix}2\\2\\1\end{pmatrix}$ $\quad\overrightarrow{BC}=\begin{pmatrix}2-3\\2-2\\6-5\end{pmatrix}=\begin{pmatrix}-1\\0\\1\end{pmatrix}$

$\overrightarrow{DC}=\begin{pmatrix}2-4\\2-4\\6-4\end{pmatrix}=\begin{pmatrix}-2\\-2\\2\end{pmatrix}$ $\quad\overrightarrow{AD}=\begin{pmatrix}4-1\\4-0\\4-4\end{pmatrix}=\begin{pmatrix}3\\4\\0\end{pmatrix}$

Es handelt sich um keine der Figuren, da $\overrightarrow{AB}\neq\overrightarrow{DC}$ und $\overrightarrow{BC}\neq\overrightarrow{AD}$.

5 Orthogonalität mit Parametern

a) $\vec{a}\cdot\vec{b}=\begin{pmatrix}-1\\a_2\\4\end{pmatrix}\cdot\begin{pmatrix}6\\1\\-1\end{pmatrix}=-1\cdot6+a_2\cdot1+4\cdot(-1)=-6+a_2-4=-10+a_2$

$-10+a_2=0\quad|+10$

$a_2=10$

b) $\vec{a}\cdot\vec{b}=\begin{pmatrix}3\\2\\1\end{pmatrix}\cdot\begin{pmatrix}-1\\b_2\\-3\end{pmatrix}=3\cdot(-1)+2\cdot b_2+1\cdot(-3)=-3+2b_2-3=-6+2b_2$

$-6+2b_2=0\quad|+6$

$2b_2=6\quad|:2$

$b_2=3$

c) $\vec{a}\cdot\vec{b}=\begin{pmatrix}1\\0\\a_3\end{pmatrix}\cdot\begin{pmatrix}0\\-4\\2\end{pmatrix}=1\cdot0+0\cdot(-4)+a_3\cdot2=0+0+2a_3=2a_3$

$2a_3=0\quad|:2$

$a_3=0$

d) $\vec{a}\cdot\vec{b}=\begin{pmatrix}-1\\2\\4\end{pmatrix}\cdot\begin{pmatrix}b_1\\0{,}5\\-1\end{pmatrix}=-1\cdot b_1+2\cdot0{,}5+4\cdot(-1)=-b_1+1-4=-b_1-3$

$-b_1-3=0\quad|+b_1$

$-3=b_1$

e) $\vec{a}\cdot\vec{b}=\begin{pmatrix}a_1\\2\\1\end{pmatrix}\cdot\begin{pmatrix}1\\2\\-7\end{pmatrix}=a_1\cdot1+2\cdot2+1\cdot(-7)=a_1+4-7=a_1-3$

$a_1-3=0\quad|+3$

$a_1=3$

f) $\vec{a}\cdot\vec{b}=\begin{pmatrix}1\\-4\\-2\end{pmatrix}\cdot\begin{pmatrix}0\\-4\\b_3\end{pmatrix}=1\cdot0-4\cdot(-4)-2\cdot b_3=0+16-2b_3=16-2b_3$

$16-2b_3=0\quad|+2b_3$

$16=2b_3\quad|:2$

$8=b_3$

g) $\vec{a}\cdot\vec{b}=\begin{pmatrix}a_1\\5\\-4\end{pmatrix}\cdot\begin{pmatrix}-1\\2\\-7\end{pmatrix}=a_1\cdot(-1)+5\cdot2-4\cdot(-7)=-a_1+10+28=-a_1+38$

$-a_1+38=0\quad|+a_1$

$38=a_1$

h) $\vec{a}\cdot\vec{b}=\begin{pmatrix}1\\-4\\-2\end{pmatrix}\cdot\begin{pmatrix}b_1\\-4\\0\end{pmatrix}=1\cdot b_1-4\cdot(-4)-2\cdot0=b_1+16+0=b_1+16$

$b_1+16=0\quad|-16$

$b_1=-16$

i) $\vec{a} \cdot \vec{b} = \begin{pmatrix} 0 \\ 2a_2 \\ 1 \end{pmatrix} \cdot \begin{pmatrix} 3 \\ 2 \\ -5 \end{pmatrix} = 0 \cdot 3 + 2a_2 \cdot 2 + 1 \cdot (-5)$
$= 0 + 4a_2 - 5$
$= 4a_2 - 5$

$4a_2 - 5 = 0 \quad | +5$
$4a_2 = 5 \quad | : 4$
$a_2 = \frac{5}{4}$

j) $\vec{a} \cdot \vec{b} = \begin{pmatrix} 3 \\ 4 \\ 4 \end{pmatrix} \cdot \begin{pmatrix} 0 \\ -4 \\ 2b_3 \end{pmatrix} = 3 \cdot 0 + 4 \cdot (-4) + 4 \cdot 2b_3$
$= 0 - 16 + 8b_3$
$= -16 + 8b_3$

$-16 + 8b_3 = 0 \quad | +16$
$8b_3 = 16 \quad | : 8$
$b_3 = 2$

6 Orthogonale Vektoren bestimmen

a) z.B. $\vec{b} = \begin{pmatrix} 0 \\ -4 \\ 2 \end{pmatrix}$, $\vec{c} = \begin{pmatrix} 4 \\ 0 \\ 1 \end{pmatrix}$

b) z.B. $\vec{b} = \begin{pmatrix} 0 \\ -1 \\ 2 \end{pmatrix}$, $\vec{c} = \begin{pmatrix} 1 \\ 0 \\ 0 \end{pmatrix}$

c) z.B. $\vec{b} = \begin{pmatrix} 0 \\ 1 \\ 0 \end{pmatrix}$, $\vec{c} = \begin{pmatrix} 0 \\ 0 \\ 1 \end{pmatrix}$

d) z.B. $\vec{b} = \begin{pmatrix} 5 \\ 0 \\ -3 \end{pmatrix}$, $\vec{c} = \begin{pmatrix} 0 \\ 5 \\ 4 \end{pmatrix}$

e) z.B. $\vec{b} = \begin{pmatrix} 0 \\ 1 \\ 0 \end{pmatrix}$, $\vec{c} = \begin{pmatrix} 1 \\ 0 \\ 2 \end{pmatrix}$

f) z.B. $\vec{b} = \begin{pmatrix} 3 \\ 0 \\ -1 \end{pmatrix}$, $\vec{c} = \begin{pmatrix} -2 \\ 1 \\ 0 \end{pmatrix}$

g) z.B. $\vec{b} = \begin{pmatrix} 0 \\ -3 \\ 2 \end{pmatrix}$, $\vec{c} = \begin{pmatrix} 2 \\ 0 \\ 0 \end{pmatrix}$

h) z.B. $\vec{b} = \begin{pmatrix} 3 \\ 0 \\ 5 \end{pmatrix}$, $\vec{c} = \begin{pmatrix} 2 \\ 5 \\ 0 \end{pmatrix}$

i) z.B. $\vec{b} = \begin{pmatrix} -4 \\ 7 \\ 0 \end{pmatrix}$, $\vec{c} = \begin{pmatrix} 0 \\ 2 \\ 4 \end{pmatrix}$

7 Orthogonalität zu zwei Vektoren

a) $\vec{a} \cdot \vec{c} = \begin{pmatrix} 1 \\ 0 \\ 0 \end{pmatrix} \cdot \begin{pmatrix} c_1 \\ c_2 \\ c_3 \end{pmatrix} = c_1 \Rightarrow c_1 = 0$

$\vec{b} \cdot \vec{c} = \begin{pmatrix} 0 \\ 1 \\ 0 \end{pmatrix} \cdot \begin{pmatrix} c_1 \\ c_2 \\ c_3 \end{pmatrix} = c_2 \Rightarrow c_2 = 0$

c_3 also beliebig, z.B. $c_3 = 1$

$\vec{c} = \begin{pmatrix} 0 \\ 0 \\ 1 \end{pmatrix}$

b) $\vec{a} \cdot \vec{c} = \begin{pmatrix} 3 \\ 2 \\ 0 \end{pmatrix} \cdot \begin{pmatrix} c_1 \\ c_2 \\ c_3 \end{pmatrix} = 3 \cdot c_1 + 2 \cdot c_2 \Rightarrow 3c_1 + 2c_2 = 0$

$\vec{b} \cdot \vec{c} = \begin{pmatrix} 3 \\ 1 \\ 0 \end{pmatrix} \cdot \begin{pmatrix} c_1 \\ c_2 \\ c_3 \end{pmatrix} = 3 \cdot c_1 + 1 \cdot c_2 \Rightarrow 3c_1 + 1c_2 = 0$

Additionsverfahren:
I $3c_1 + 2c_2 = 0$
II $3c_1 + 1c_2 = 0$

I − II: $c_2 = 0$
c_2 in I: $3c_1 = 0 \quad | : 3$
$c_1 = 0$
c_3 also beliebig, z.B. $c_3 = 1$

$\vec{c} = \begin{pmatrix} 0 \\ 0 \\ 1 \end{pmatrix}$

c) $\vec{a} \cdot \vec{c} = \begin{pmatrix} 1 \\ 2 \\ 3 \end{pmatrix} \cdot \begin{pmatrix} c_1 \\ c_2 \\ c_3 \end{pmatrix} = 1 \cdot c_1 + 2 \cdot c_2 + 3 \cdot c_3$
$= c_1 + 2c_2 + 3c_3 = 0$

$\vec{b} \cdot \vec{c} = \begin{pmatrix} 0 \\ -4 \\ 2 \end{pmatrix} \cdot \begin{pmatrix} c_1 \\ c_2 \\ c_3 \end{pmatrix} = 0 \cdot c_1 - 4 \cdot c_2 + 2 \cdot c_3$
$= -4c_2 + 2c_3 = 0$

Additionsverfahren:
I $c_1 + 2c_2 + 3c_3 = 0$
II $-4c_2 + 2c_3 = 0$

2I + II: $2c_1 + 8c_3 = 0 \quad | -8c_3$
$2c_1 = -8c_3 \quad | : 2$
$c_1 = -4c_3$
Wähle z.B. $c_3 = 1 \Rightarrow c_1 = -4$
c_1 und c_3 in I: $-4 + 2c_2 + 3 = 0$
$-1 + 2c_2 = 0 \quad | +1$
$2c_2 = 1 \quad | : 2$
$c_2 = 0{,}5$

$\vec{c} = \begin{pmatrix} -4 \\ 0{,}5 \\ 1 \end{pmatrix}$

d) $\vec{a} \cdot \vec{c} = \begin{pmatrix} -4 \\ 2 \\ 4 \end{pmatrix} \cdot \begin{pmatrix} c_1 \\ c_2 \\ c_3 \end{pmatrix} = -4 \cdot c_1 + 2 \cdot c_2 + 4 \cdot c_3$
$= -4c_1 + 2c_2 + 4c_3 = 0$

$\vec{b} \cdot \vec{c} = \begin{pmatrix} 3 \\ 0{,}5 \\ -1 \end{pmatrix} \cdot \begin{pmatrix} c_1 \\ c_2 \\ c_3 \end{pmatrix} = 3 \cdot c_1 + 0{,}5 \cdot c_2 - 1 \cdot c_3$
$= 3c_1 + 0{,}5c_2 - c_3 = 0$

Additionsverfahren:
I $-4c_1 + 2c_2 + 4c_3 = 0$
II $3c_1 + 0{,}5c_2 - c_3 = 0$

I − 4II: $-16c_1 + 8c_3 = 0 \quad | +16c_1$
$8c_3 = 16c_1 \quad | : 16$
$0{,}5c_3 = c_1$
Wähle z.B. $c_1 = 1 \Rightarrow c_3 = 2$
c_1 und c_3 in I: $-4 + 2c_2 + 8 = 0$
$2c_2 + 4 = 0 \quad | -4$
$2c_2 = -4 \quad | : 2$
$c_2 = -2$

$\vec{c} = \begin{pmatrix} 1 \\ -2 \\ 2 \end{pmatrix}$

8 Vielfache von orthogonalen Vektoren

Es sei $\vec{a} = \begin{pmatrix} a_1 \\ a_2 \\ a_3 \end{pmatrix}$ und $\vec{b} = \begin{pmatrix} b_1 \\ b_2 \\ b_3 \end{pmatrix}$.

Dann gilt $r \cdot \vec{a} = \begin{pmatrix} ra_1 \\ ra_2 \\ ra_3 \end{pmatrix}$ und $s \cdot \vec{b} = \begin{pmatrix} sb_1 \\ sb_2 \\ sb_3 \end{pmatrix}$.

$(r \cdot \vec{a}) \cdot (s \cdot \vec{b}) = \begin{pmatrix} ra_1 \\ ra_2 \\ ra_3 \end{pmatrix} \cdot \begin{pmatrix} sb_1 \\ sb_2 \\ sb_3 \end{pmatrix}$

$= ra_1 \cdot sb_1 + ra_2 \cdot sb_2 + ra_2 \cdot sb_3$ Kommutativgesetz

$= rs \cdot a_1b_1 + rs \cdot a_2b_2 + rs \cdot a_3b_3$ ausklammern

$= rs \cdot (a_1b_1 + a_2b_2 + a_3b_3)$

mit $a_1b_1 + a_2b_2 + a_3b_3 = 0$, da $\vec{a} \cdot \vec{b} = 0$

$= rs \cdot 0 = 0$

TRAINING 1

1 Quader

a) D(1 | 1 | 1), E(5 | 1 | 6), F(5 | 5 | 6), G(1 | 5 | 6), H(1 | 1 | 6)

b)

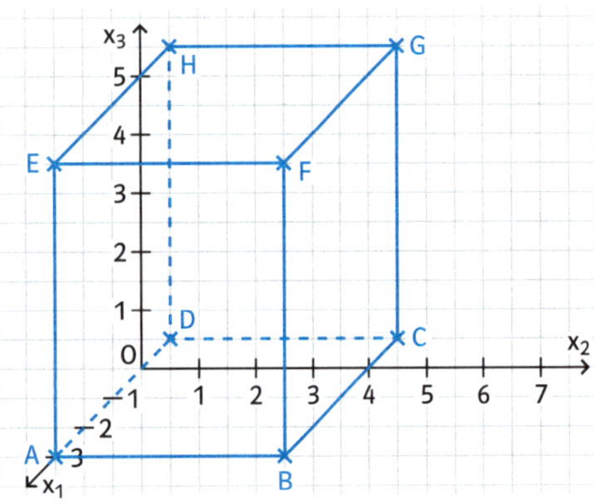

2 Oktaeder

Es entsteht ein Oktaeder. F und E sind die Spitzen der Doppelpyramide.

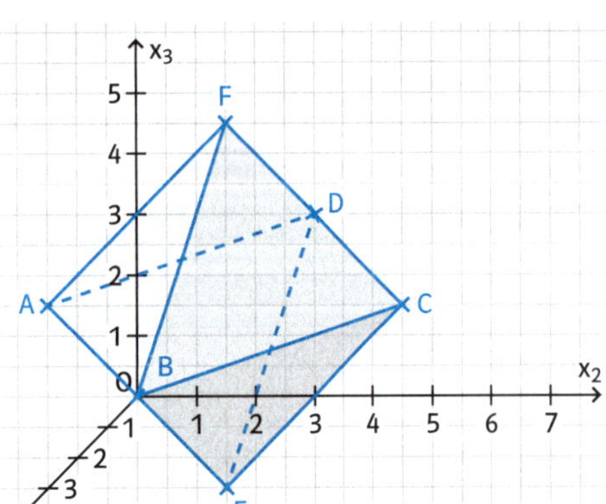

3 Parallelogramm, Verschiebung

a)

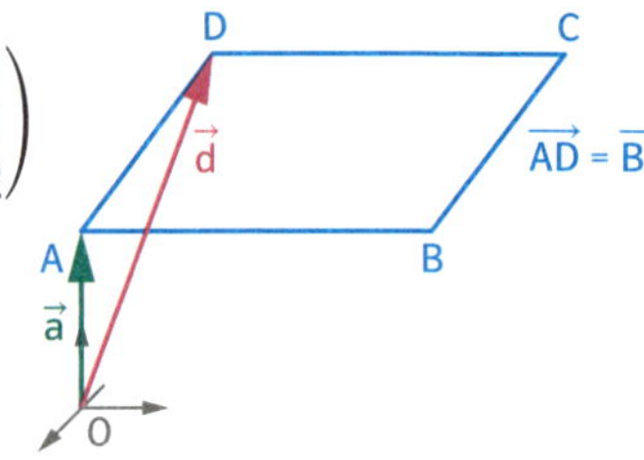

$\overrightarrow{BC} = \begin{pmatrix} 0-1 \\ 1-2 \\ 10-8 \end{pmatrix} = \begin{pmatrix} -1 \\ -1 \\ 2 \end{pmatrix}$

$\vec{d} = \vec{a} + \overrightarrow{BC}$

$= \begin{pmatrix} -1 \\ 1 \\ 6 \end{pmatrix} + \begin{pmatrix} -1 \\ -1 \\ 2 \end{pmatrix}$

$= \begin{pmatrix} -2 \\ 0 \\ 8 \end{pmatrix}$

D(−2 | 0 | 8)

b) i) $\vec{u} = \overrightarrow{AB} = \begin{pmatrix} 7-2 \\ 5-5 \\ 9-6 \end{pmatrix} = \begin{pmatrix} 5 \\ 0 \\ 3 \end{pmatrix}$

ii) $\vec{u} = \overrightarrow{AB} = \begin{pmatrix} -3-(-2) \\ -2-\ 6 \\ -1-\ 10 \end{pmatrix} = \begin{pmatrix} -1 \\ -8 \\ -11 \end{pmatrix}$

4 Pyramide

a) Grundkanten: $|\overrightarrow{AB}|, |\overrightarrow{BC}|, |\overrightarrow{CD}|$ und $|\overrightarrow{AD}|$

$\overrightarrow{AB} = \begin{pmatrix} 6 \\ 0 \\ 0 \end{pmatrix}$, $|\overrightarrow{AB}| = \sqrt{(6)^2 + (0)^2 + (0)^2} = \sqrt{36} = 6$

$= |\overrightarrow{BC}| = |\overrightarrow{CD}| = |\overrightarrow{AD}|$

Der Punkt B hat die Koordinaten B(6 | 0 | 0),

da $\overrightarrow{AB} = \begin{pmatrix} 6 \\ 0 \\ 0 \end{pmatrix} = \begin{pmatrix} b_1 - 0 \\ b_2 - 0 \\ b_3 - 0 \end{pmatrix}$.

$\vec{d} = \vec{c} - \overrightarrow{AB} = \begin{pmatrix} 6 \\ 0 \\ 6 \end{pmatrix} - \begin{pmatrix} 6 \\ 0 \\ 0 \end{pmatrix} = \begin{pmatrix} 0 \\ 0 \\ 6 \end{pmatrix}$, D(0 | 0 | 6)

Seitenkanten: $|\overrightarrow{AS}|, |\overrightarrow{BS}|, |\overrightarrow{CS}|$ und $|\overrightarrow{DS}|$

Der Punkt S hat die Koordinaten S(3 | 3 | 7),

da $\overrightarrow{CS} = \begin{pmatrix} -3 \\ 3 \\ 1 \end{pmatrix} = \begin{pmatrix} s_1 - 6 \\ s_2 - 0 \\ s_3 - 6 \end{pmatrix}$.

$\overrightarrow{AS} = \begin{pmatrix} 3-0 \\ 3-0 \\ 7-0 \end{pmatrix} = \begin{pmatrix} 3 \\ 3 \\ 7 \end{pmatrix}$

$|\overrightarrow{AS}| = \sqrt{(3)^2 + (3)^2 + (7)^2} = \sqrt{67}$

$\overrightarrow{BS} = \begin{pmatrix} 3-6 \\ 3-0 \\ 7-0 \end{pmatrix} = \begin{pmatrix} -3 \\ 3 \\ 7 \end{pmatrix}$

$|\overrightarrow{BS}| = \sqrt{(-3)^2 + (3)^2 + (7)^2} = \sqrt{67}$

$\overrightarrow{CS} = \begin{pmatrix} -3 \\ 3 \\ 1 \end{pmatrix}$

$|\overrightarrow{CS}| = \sqrt{(-3)^2 + (3)^2 + (1)^2} = \sqrt{19}$

$\overrightarrow{DS} = \begin{pmatrix} 3-0 \\ 3-0 \\ 7-6 \end{pmatrix} = \begin{pmatrix} 3 \\ 3 \\ 1 \end{pmatrix}$

$|\overrightarrow{DS}| = \sqrt{(3)^2 + (3)^2 + (1)^2} = \sqrt{19}$

b) $\overrightarrow{AB} \cdot \overrightarrow{BC} = \begin{pmatrix} 6 \\ 0 \\ 0 \end{pmatrix} \cdot \begin{pmatrix} 0 \\ 0 \\ 6 \end{pmatrix} = 6 \cdot 0 + 0 \cdot 0 + 0 \cdot 6 = 0$

5 Linearkombinationen

a) $\overrightarrow{AE} = \vec{v} - \vec{w}$ $\qquad \overrightarrow{BC} = -\vec{w} + \vec{x}$

$\overrightarrow{ED} = \vec{w} - \vec{v} + \vec{u}$ $\qquad \overrightarrow{CD} = -\vec{x} + \vec{w} - \vec{v} + \vec{u}$

b) $\vec{v} = \overrightarrow{AB} = \begin{pmatrix} 5-3 \\ 5-4 \\ 3-5 \end{pmatrix} = \begin{pmatrix} 2 \\ 1 \\ -2 \end{pmatrix}$

$\overrightarrow{AE} = \vec{v} - \vec{w} = \begin{pmatrix} 2 \\ 1 \\ -2 \end{pmatrix} - \begin{pmatrix} 3 \\ 2 \\ 2 \end{pmatrix} = \begin{pmatrix} -1 \\ -1 \\ -4 \end{pmatrix} = \begin{pmatrix} e_1-3 \\ e_2-4 \\ e_3-5 \end{pmatrix}$

E(2 | 3 | 1)

$\overrightarrow{ED} = \vec{w} - \vec{v} + \vec{u} = \begin{pmatrix} 3 \\ 2 \\ 2 \end{pmatrix} - \begin{pmatrix} 2 \\ 1 \\ -2 \end{pmatrix} + \begin{pmatrix} 0 \\ 5 \\ 7 \end{pmatrix}$

$= \begin{pmatrix} 1 \\ 6 \\ 11 \end{pmatrix} = \begin{pmatrix} d_1-2 \\ d_2-3 \\ d_3-1 \end{pmatrix}$

D(3 | 9 | 12)

$\overrightarrow{BC} = \begin{pmatrix} 5-5 \\ 9-5 \\ 3-3 \end{pmatrix} = \begin{pmatrix} 0 \\ 4 \\ 0 \end{pmatrix}$

$\overrightarrow{BC} = -\vec{w} + \vec{x}$

$\vec{x} = \overrightarrow{BC} + \vec{w} = \begin{pmatrix} 0 \\ 4 \\ 0 \end{pmatrix} + \begin{pmatrix} 3 \\ 2 \\ 2 \end{pmatrix} = \begin{pmatrix} 3 \\ 6 \\ 2 \end{pmatrix}$

6 Betrag des Vielfachen eines Vektors

$\vec{u} = \begin{pmatrix} u_1 \\ u_2 \\ u_3 \end{pmatrix} = \begin{pmatrix} kv_1 \\ kv_2 \\ kv_3 \end{pmatrix}$

$|\vec{u}| = \left|\begin{pmatrix} u_1 \\ u_2 \\ u_3 \end{pmatrix}\right| = \left|\begin{pmatrix} kv_1 \\ kv_2 \\ kv_3 \end{pmatrix}\right|$

$= \sqrt{(kv_1)^2 + (kv_2)^2 + (kv_3)^2}$

$= \sqrt{k^2v_1^2 + k^2v_2^2 + k^2v_3^2}$ $\qquad k^2$ ausklammern

$= \sqrt{k^2 \cdot (v_1^2 + v_2^2 + v_3^2)}$

$= k \cdot \sqrt{v_1^2 + v_2^2 + v_3^2}$

$= k \cdot \left|\begin{pmatrix} v_1 \\ v_2 \\ v_3 \end{pmatrix}\right|$

$= k \cdot |\vec{v}|$

7 Rechtwinkliges Dreieck

Bei B rechter Winkel $\Rightarrow \overrightarrow{AB} \cdot \overrightarrow{BC} = 0$

$\overrightarrow{AB} = \begin{pmatrix} t-1 \\ 2t-t \\ -3-3 \end{pmatrix} = \begin{pmatrix} t-1 \\ t \\ -6 \end{pmatrix}$

$\overrightarrow{BC} = \begin{pmatrix} 2t-t \\ 9-2t \\ -1-(-3) \end{pmatrix} = \begin{pmatrix} t \\ 9-2t \\ 2 \end{pmatrix}$

$\overrightarrow{AB} \cdot \overrightarrow{BC} = \begin{pmatrix} t-1 \\ t \\ -6 \end{pmatrix} \cdot \begin{pmatrix} t \\ 9-2t \\ 2 \end{pmatrix}$

$= (t-1) \cdot t + t \cdot (9-2t) - 6 \cdot 2$

$= t^2 - t + 9t - 2t^2 - 12$

$= -t^2 + 8t - 12$

$= 0$

(pq- oder abc-Formel)

$t_1 = 6$

$t_2 = 2$

SCHRITT 7

Das brauchst du wieder

b) A(−1 | 0 | 5) und B(−3 | 7 | 5)

$\overrightarrow{AB} = \begin{pmatrix} -3-(-1) \\ 7-0 \\ 5-5 \end{pmatrix} = \begin{pmatrix} -2 \\ 7 \\ 0 \end{pmatrix}$

1 „Du bist dran" aus dem „So geht's"-Kasten

a) Berechne den Vektor $\vec{u} = \overrightarrow{PR}$:

$\overrightarrow{PR} = \begin{pmatrix} 2-5 \\ 1-(-3) \\ -1-1 \end{pmatrix} = \begin{pmatrix} -3 \\ 4 \\ -2 \end{pmatrix}$

Stelle die 1. Gleichung $g: \vec{x} = \vec{p} + t \cdot \vec{u}$ für die Gerade g auf:

$g: \vec{x} = \begin{pmatrix} 5 \\ -3 \\ 1 \end{pmatrix} + t \cdot \begin{pmatrix} -3 \\ 4 \\ -2 \end{pmatrix};\ t \in \mathbb{R}$

Stelle die 2. Gleichung $g: \vec{x} = \vec{r} + t \cdot \vec{u}$ für die Gerade g auf:

$g: \vec{x} = \begin{pmatrix} 2 \\ 1 \\ -1 \end{pmatrix} + t \cdot \begin{pmatrix} -3 \\ 4 \\ -2 \end{pmatrix};\ t \in \mathbb{R}$

b) Setze den Ortsvektor $\vec{p}$ des Punktes P in die 1. Gleichung für g ein und vereinfache:

$\begin{pmatrix} -4 \\ 9 \\ 5 \end{pmatrix} = \begin{pmatrix} 5 \\ -3 \\ 1 \end{pmatrix} + t \cdot \begin{pmatrix} -3 \\ 4 \\ -2 \end{pmatrix} \quad \Big| - \begin{pmatrix} 5 \\ -3 \\ 1 \end{pmatrix}$

$\begin{pmatrix} -9 \\ 12 \\ 4 \end{pmatrix} = t \cdot \begin{pmatrix} -3 \\ 4 \\ -2 \end{pmatrix}$

Löse die erste Zeile der Geichung nach t auf und setze das Ergebnis in die zweite und dritte Zeile der Gleichung ein:

I $\ -9 = -3t \qquad | : (-3)$

$t = 3$

t = 3 in II: $12 = 3 \cdot 4$

$12 = 12$ $\qquad$ wahre Aussage

t = 3 in III: $4 = 3 \cdot (-2)$

$4 = -6$ $\qquad$ falsche Aussage

Es gibt also keine Zahl t, sodass die Gleichung

$\begin{pmatrix} -4 \\ 9 \\ 5 \end{pmatrix} = \begin{pmatrix} 5 \\ -3 \\ 1 \end{pmatrix} + t \cdot \begin{pmatrix} -3 \\ 4 \\ -2 \end{pmatrix}$ erfüllt ist.

Schreibe den Antwortsatz auf:

Der Punkt P liegt nicht auf der Geraden g.

2 Geradengleichungen – Punktprobe I

a) $\overrightarrow{PR} = \begin{pmatrix} 4-6 \\ 3-1 \\ 9-7 \end{pmatrix} = \begin{pmatrix} -2 \\ 2 \\ 2 \end{pmatrix}$

$g_1: \vec{x} = \begin{pmatrix} 4 \\ 3 \\ 9 \end{pmatrix} + t \cdot \begin{pmatrix} -2 \\ 2 \\ 2 \end{pmatrix};\ t \in \mathbb{R}$

$g_2: \vec{x} = \begin{pmatrix} 6 \\ 1 \\ 7 \end{pmatrix} + t \cdot \begin{pmatrix} -2 \\ 2 \\ 2 \end{pmatrix};\ t \in \mathbb{R}$

$g_3: \vec{x} = \begin{pmatrix} 4 \\ 3 \\ 9 \end{pmatrix} + t \cdot \begin{pmatrix} -4 \\ 4 \\ 4 \end{pmatrix};\ t \in \mathbb{R}$

b) $\begin{pmatrix} 0 \\ 2 \\ 4 \end{pmatrix} = \begin{pmatrix} 4 \\ 3 \\ 9 \end{pmatrix} + t \cdot \begin{pmatrix} -2 \\ 2 \\ 2 \end{pmatrix} \quad \Big| - \begin{pmatrix} 4 \\ 3 \\ 9 \end{pmatrix}$

$\begin{pmatrix} -4 \\ -1 \\ -5 \end{pmatrix} = t \cdot \begin{pmatrix} -2 \\ 2 \\ 2 \end{pmatrix}$

I $-4 = -2t \quad | : (-2)$
$t = 2$

$t = 2$ in II: $-1 = 2 \cdot 2$
$-1 = 4$ falsche Aussage
$t = 2$ in III: $-5 = 2 \cdot 2$
$-5 = 4$ falsche Aussage

Es gibt also keine Zahl t, sodass die Gleichung

$\begin{pmatrix} 0 \\ 2 \\ 4 \end{pmatrix} = \begin{pmatrix} 4 \\ 3 \\ 9 \end{pmatrix} + t \cdot \begin{pmatrix} -2 \\ 2 \\ 2 \end{pmatrix}$ erfüllt ist.

Der Punkt P liegt nicht auf der Geraden g.

3 Geradengleichungen – Punktprobe II

a) $\overrightarrow{AB} = \begin{pmatrix} 3-1 \\ 4-2 \\ 5-3 \end{pmatrix} = \begin{pmatrix} 2 \\ 2 \\ 2 \end{pmatrix}$

$g_1: \vec{x} = \begin{pmatrix} 1 \\ 2 \\ 3 \end{pmatrix} + t \cdot \begin{pmatrix} 2 \\ 2 \\ 2 \end{pmatrix};\ t \in \mathbb{R}$

$g_2: \vec{x} = \begin{pmatrix} 3 \\ 4 \\ 5 \end{pmatrix} + t \cdot \begin{pmatrix} 2 \\ 2 \\ 2 \end{pmatrix};\ t \in \mathbb{R}$

$g_3: \vec{x} = \begin{pmatrix} 1 \\ 2 \\ 3 \end{pmatrix} + t \cdot \begin{pmatrix} -2 \\ -2 \\ -2 \end{pmatrix};\ t \in \mathbb{R}$

b) $\begin{pmatrix} 2{,}5 \\ 3{,}5 \\ 4{,}5 \end{pmatrix} = \begin{pmatrix} 1 \\ 2 \\ 3 \end{pmatrix} + t \cdot \begin{pmatrix} 2 \\ 2 \\ 2 \end{pmatrix} \quad \Big| - \begin{pmatrix} 1 \\ 2 \\ 3 \end{pmatrix}$

$\begin{pmatrix} 1{,}5 \\ 1{,}5 \\ 1{,}5 \end{pmatrix} = t \cdot \begin{pmatrix} 2 \\ 2 \\ 2 \end{pmatrix}$

I $1{,}5 = 2t \quad | : 2$
$t = 0{,}75$

$t = 0{,}75$ in II: $1{,}5 = 2 \cdot (0{,}75)$
$1{,}5 = 1{,}5$ wahre Aussage

$t = 0{,}75$ in III: $1{,}5 = 2 \cdot (0{,}75)$
$1{,}5 = 1{,}5$ wahre Aussage

Der Punkt P liegt auf der Geraden g.

4 Punkte auf einer Geraden bestimmen

Für $t = 0$: $\begin{pmatrix} -1 \\ 2 \\ -3 \end{pmatrix} + 0 \cdot \begin{pmatrix} -5 \\ -2 \\ 1 \end{pmatrix} = \begin{pmatrix} -1 \\ 2 \\ -3 \end{pmatrix}$, $A(-1\,|\,2\,|\,-3)$

Für $t = 1$: $\begin{pmatrix} -1 \\ 2 \\ -3 \end{pmatrix} + 1 \cdot \begin{pmatrix} -5 \\ -2 \\ 1 \end{pmatrix} = \begin{pmatrix} -6 \\ 0 \\ -2 \end{pmatrix}$, $B(-6\,|\,0\,|\,-2)$

Für $t = -1$: $\begin{pmatrix} -1 \\ 2 \\ -3 \end{pmatrix} + (-1) \cdot \begin{pmatrix} -5 \\ -2 \\ 1 \end{pmatrix} = \begin{pmatrix} 4 \\ 4 \\ -4 \end{pmatrix}$, $C(4\,|\,4\,|\,-4)$

5 Bestimmung von t

a) $\begin{pmatrix} -3 \\ -3 \\ -2 \end{pmatrix} = \begin{pmatrix} 1 \\ 2 \\ 4 \end{pmatrix} + t \cdot \begin{pmatrix} 4 \\ 5 \\ 6 \end{pmatrix} \quad \Big| - \begin{pmatrix} 1 \\ 2 \\ 4 \end{pmatrix}$

$\begin{pmatrix} -4 \\ -5 \\ -6 \end{pmatrix} = t \cdot \begin{pmatrix} 4 \\ 5 \\ 6 \end{pmatrix}$

I $-4 = 4t \quad | : 4$
$t = -1$

II $-5 = -1 \cdot 5$
$-5 = -5$ wahre Aussage

III $-6 = -1 \cdot 6$
$-6 = -6$ wahre Aussage

Der Punkt P liegt für $t = -1$ auf der Geraden g.

b) $\begin{pmatrix} 7 \\ -3 \\ 6 \end{pmatrix} = \begin{pmatrix} 3 \\ -5 \\ 0 \end{pmatrix} + t \cdot \begin{pmatrix} 2 \\ 1 \\ 3 \end{pmatrix} \quad \Big| - \begin{pmatrix} 3 \\ -5 \\ 0 \end{pmatrix}$

$\begin{pmatrix} 4 \\ 2 \\ 6 \end{pmatrix} = t \cdot \begin{pmatrix} 2 \\ 1 \\ 3 \end{pmatrix}$

I $4 = 2t \quad | : 2$
$t = 2$

II $2 = 2 \cdot 1$
$2 = 2$ wahre Aussage

III $6 = 2 \cdot 3$
$6 = 6$ wahre Aussage

Der Punkt P liegt für $t = 2$ auf der Geraden g.

c) $\begin{pmatrix} -3 \\ -1 \\ -4 \end{pmatrix} = \begin{pmatrix} -7 \\ -3 \\ -1 \end{pmatrix} + t \cdot \begin{pmatrix} 8 \\ 4 \\ -6 \end{pmatrix} \quad \Big| - \begin{pmatrix} -7 \\ -3 \\ -1 \end{pmatrix}$

$\begin{pmatrix} 4 \\ 2 \\ -3 \end{pmatrix} = t \cdot \begin{pmatrix} 8 \\ 4 \\ -6 \end{pmatrix}$

I $4 = 8t \quad | : 8$
$t = 0{,}5$

II $2 = 0{,}5 \cdot 4$
$2 = 2$ wahre Aussage

III $-3 = 0{,}5 \cdot (-6)$
$-3 = -3$ wahre Aussage

Der Punkt P liegt für $t = 0{,}5$ auf der Geraden g.

6 Punkte mit Variable

a) $\begin{pmatrix} 2 \\ p_2 \\ -7 \end{pmatrix} = \begin{pmatrix} 8 \\ 9 \\ 5 \end{pmatrix} + t \cdot \begin{pmatrix} 2 \\ 2 \\ 4 \end{pmatrix} \quad \Big| - \begin{pmatrix} 8 \\ 9 \\ 5 \end{pmatrix}$

$\begin{pmatrix} -6 \\ p_2 - 9 \\ -12 \end{pmatrix} = t \cdot \begin{pmatrix} 2 \\ 2 \\ 4 \end{pmatrix}$

I $-6 = 2t \quad |:2$
$t = -3$

III $-12 = -3 \cdot 4$
$-12 = -12$ wahre Aussage

II $p_2 - 9 = -3 \cdot 2$
$p_2 - 9 = -6 \quad |+9$
$p_2 = 3$

Der Punkt P liegt für $p_2 = 3$ auf der Geraden g.

b) $\begin{pmatrix} p_1 \\ -10 \\ -15 \end{pmatrix} = \begin{pmatrix} 3 \\ -5 \\ 0 \end{pmatrix} + t \cdot \begin{pmatrix} 2 \\ 1 \\ 3 \end{pmatrix} \quad \Big| - \begin{pmatrix} 3 \\ -5 \\ 0 \end{pmatrix}$

$\begin{pmatrix} p_1 - 3 \\ -5 \\ -15 \end{pmatrix} = t \cdot \begin{pmatrix} 2 \\ 1 \\ 3 \end{pmatrix}$

II $-5 = t \cdot 1$
$t = -5$

III $-15 = -5 \cdot 3$
$-15 = -15$ wahre Aussage

I $p_1 - 3 = -5 \cdot 2$
$p_1 - 3 = -10 \quad |+3$
$p_1 = -7$

Der Punkt P liegt für $p_1 = -7$ auf der Geraden g.

c) $\begin{pmatrix} 0 \\ 0 \\ p_3 \end{pmatrix} = t \cdot \begin{pmatrix} 8 \\ 4 \\ 0 \end{pmatrix}$

I $0 = 8t \quad |:8$
$t = 0$

II $0 = 0 \cdot 4$
$0 = 0$ wahre Aussage

II $p_3 = 0 \cdot 0$
$p_3 = 0$

Der Punkt P liegt für $p_3 = 0$ auf der Geraden g.

7 Geradengleichungen mit Variable

a) $\begin{pmatrix} -1 \\ 1 \\ 4 \end{pmatrix} = \begin{pmatrix} -3 \\ 2 \\ a_3 \end{pmatrix} + t \cdot \begin{pmatrix} 2 \\ -1 \\ -1 \end{pmatrix} \quad \Big| - \begin{pmatrix} -3 \\ 2 \\ a_3 \end{pmatrix}$

$\begin{pmatrix} 2 \\ -1 \\ 4 - a_3 \end{pmatrix} = t \cdot \begin{pmatrix} 2 \\ -1 \\ -1 \end{pmatrix}$

I $2 = 2t \quad |:2$
$t = 1$

II $-1 = 1 \cdot (-1)$
$-1 = -1$ wahre Aussage

III $4 - a_3 = 1 \cdot (-1)$
$4 - a_3 = -1 \quad |-4$
$-a_3 = -5 \quad |:(-1)$
$a_3 = 5$

Der Punkt P liegt für $a_3 = 5$ auf der Geraden g.

b) $\begin{pmatrix} -3 \\ 3 \\ -3 \end{pmatrix} = \begin{pmatrix} 1 \\ -2 \\ 3 \end{pmatrix} + t \cdot \begin{pmatrix} -4 \\ 5 \\ b_3 \end{pmatrix} \quad \Big| - \begin{pmatrix} 1 \\ -2 \\ 3 \end{pmatrix}$

$\begin{pmatrix} -4 \\ 5 \\ -6 \end{pmatrix} = t \cdot \begin{pmatrix} -4 \\ 5 \\ b_3 \end{pmatrix}$

I $-4 = t \cdot (-4)$
$-4 = -4t \quad |:(-4)$
$t = 1$

II $5 = 1 \cdot 5$
$5 = 5$ wahre Aussage

III $-6 = 1 \cdot b_3$
$b_3 = -6$

Der Punkt P liegt für $b_3 = -6$ auf der Geraden g.

8 Variable a bestimmen

a) $\begin{pmatrix} -2a \\ -a \\ 2a \end{pmatrix} = \begin{pmatrix} a \\ 0 \\ 2a \end{pmatrix} + r \cdot \begin{pmatrix} 3a \\ a \\ 0 \end{pmatrix} \quad \Big| - \begin{pmatrix} a \\ 0 \\ 2a \end{pmatrix}$

$\begin{pmatrix} -3a \\ -a \\ 0 \end{pmatrix} = r \cdot \begin{pmatrix} 3a \\ a \\ 0 \end{pmatrix}$

I $-3a = r \cdot 3a \quad |:3a$
$r = -1$

II $-a = -1 \cdot a$
$-a = -a \quad |+a$
$0 = 0$ wahre Aussage

III $0 = -1 \cdot 0$
$0 = 0$ wahre Aussage

Für a kann jede beliebige Zahl eingesetzt werden, damit die Gleichung erfüllt ist.

b) $\begin{pmatrix} 4a - 2 \\ a + 1 \\ 0 \end{pmatrix} = \begin{pmatrix} 2a \\ a + 1 \\ -2a \end{pmatrix} + r \cdot \begin{pmatrix} a - 1 \\ 0 \\ a \end{pmatrix} \quad \Big| - \begin{pmatrix} 2a \\ a + 1 \\ -2a \end{pmatrix}$

$\begin{pmatrix} 2a - 2 \\ 0 \\ 2a \end{pmatrix} = r \cdot \begin{pmatrix} a - 1 \\ 0 \\ a \end{pmatrix}$

III $2a = r \cdot a \quad |:a$
$r = 2$

II $0 = 2 \cdot 0$
$0 = 0$ wahre Aussage

$$\text{I}\quad 2a-2=2\cdot(a-1)$$
$$2a-2=2a-2 \quad |+2$$
$$2a=2a \quad |-2a$$
$$0=0 \quad \text{wahre Aussage}$$

Für a kann jede beliebige Zahl eingesetzt werden, damit die Gleichung erfüllt ist.

SCHRITT 8

Das brauchst du wieder

b) $\begin{pmatrix}9\\15\\-3\end{pmatrix}=\begin{pmatrix}3\\6\\0\end{pmatrix}+t\cdot\begin{pmatrix}2\\3\\-1\end{pmatrix} \quad \left|-\begin{pmatrix}3\\6\\0\end{pmatrix}\right.$

$\begin{pmatrix}6\\9\\-3\end{pmatrix}=t\cdot\begin{pmatrix}2\\3\\-1\end{pmatrix}$

I $6=2t \quad |:2$

$t=3$

$t=3$ in II: $9=3\cdot3$ wahre Aussage

$t=3$ in III: $-3=3\cdot(-1)$ wahre Aussage

Der Punkt Q liegt auf der Geraden g.

1 „Du bist dran" aus dem „So geht's"-Kasten

Zeige, dass die Richtungsvektoren Vielfache voneinander und damit die Geraden zueinander parallel sind:

$t\cdot\begin{pmatrix}1\\2\\-3\end{pmatrix}=\begin{pmatrix}3\\6\\-9\end{pmatrix}$

I $t=3$

II $3\cdot2=6$ wahre Aussage

III $3\cdot(-3)=-9$ wahre Aussage

Also sind die beiden Geraden zueinander parallel.

Setze den Ortsvektor $\vec{p}$ des Punktes P in die Gleichung für h ein und vereinfache:

$\begin{pmatrix}-6\\-12\\5\end{pmatrix}=\begin{pmatrix}3\\6\\0\end{pmatrix}+t\cdot\begin{pmatrix}3\\6\\-9\end{pmatrix} \quad \left|-\begin{pmatrix}3\\6\\0\end{pmatrix}\right.$

$\begin{pmatrix}-9\\-18\\5\end{pmatrix}=t\cdot\begin{pmatrix}3\\6\\-9\end{pmatrix}$

Löse die erste Zeile der Geichung nach t auf und setze das Ergebnis in die zweite und dritte Zeile der Gleichung ein:

I $-9=3t \quad |:3$

$t=-3$

II $-18=-3\cdot6$ wahre Aussage

III $5=-3\cdot(-9)$ falsche Aussage

Schreibe den Antwortsatz auf:

Der Punkt P liegt nicht auf der Geraden g. Damit sind g und h zueinander parallel und verschieden.

2 Prüfung auf Parallelität I

$t\cdot\begin{pmatrix}4\\-2\\2\end{pmatrix}=\begin{pmatrix}16\\-8\\8\end{pmatrix}$

I $t\cdot4=16$

$t=4$

II $4\cdot(-2)=-8$ wahre Aussage

III $4\cdot2=8$ wahre Aussage

Also sind die beiden Geraden zueinander parallel.

Setze den Ortsvektor $\vec{p}$ des Punktes P in die Gleichung für h ein und vereinfache:

$\begin{pmatrix}-22\\7\\3\end{pmatrix}=\begin{pmatrix}10\\-9\\4\end{pmatrix}+t\cdot\begin{pmatrix}16\\-8\\8\end{pmatrix} \quad \left|-\begin{pmatrix}10\\-9\\4\end{pmatrix}\right.$

$\begin{pmatrix}-32\\16\\-1\end{pmatrix}=t\cdot\begin{pmatrix}16\\-8\\8\end{pmatrix}$

Löse die erste Zeile der Gleichung nach t auf und setze das Ergebnis in die zweite und dritte Zeile der Gleichung ein:

I $-32=16t \quad |:16$

$t=-2$

II $16=-2\cdot(-8)$ wahre Aussage

III $-1=-2\cdot8$ falsche Aussage

Schreibe den Antwortsatz auf:

Der Punkt P liegt nicht auf der Geraden g. Damit sind g und h zueinander parallel und verschieden.

3 Prüfung auf Parallelität II

$s\cdot\begin{pmatrix}2\\4\\8\end{pmatrix}=\begin{pmatrix}-1\\-2\\-4\end{pmatrix}$

I $2s=-1 \quad |:2$

$s=-0{,}5$

II $-0{,}5\cdot4=-2$

$-2=-2$ wahre Aussage

III $-0{,}5\cdot8=-4$

$-4=-4$ wahre Aussage

Also sind die beiden Geraden zueinander parallel.

$\begin{pmatrix}1\\2\\3\end{pmatrix}=\begin{pmatrix}3\\6\\11\end{pmatrix}+r\cdot\begin{pmatrix}-1\\-2\\-4\end{pmatrix} \quad \left|-\begin{pmatrix}3\\6\\11\end{pmatrix}\right.$

$\begin{pmatrix}-2\\-4\\-8\end{pmatrix}=r\cdot\begin{pmatrix}-1\\-2\\-4\end{pmatrix}$

I $-2=-1r \quad |:(-1)$

$2=r$

II $-4=2\cdot(-2)$

$-4=-4$ wahre Aussage

III $-8=2\cdot(-4)$

$-8=-8$ wahre Aussage

Der Punkt P liegt auf der Geraden g. Damit sind g und h zueinander parallel und identisch.

4 Prüfung auf Parallelität III

a) $s \cdot \begin{pmatrix} -2 \\ -1 \\ 1 \end{pmatrix} = \begin{pmatrix} 4 \\ 2 \\ -2 \end{pmatrix}$

I $\;-2s = 4 \quad |:(-2)$
$s = -2$

II $\;-2 \cdot (-1) = 2$
$2 = 2$ wahre Aussage

III $\;-2 \cdot 1 = -2$
$-2 = -2$ wahre Aussage

Also sind die beiden Geraden zueinander parallel.

$\begin{pmatrix} 0 \\ -1 \\ 6 \end{pmatrix} = \begin{pmatrix} 2 \\ 0 \\ 5 \end{pmatrix} + t \cdot \begin{pmatrix} -2 \\ -1 \\ 1 \end{pmatrix} \quad \left| - \begin{pmatrix} 2 \\ 0 \\ 5 \end{pmatrix} \right.$

$\begin{pmatrix} -2 \\ -1 \\ 1 \end{pmatrix} = t \cdot \begin{pmatrix} -2 \\ -1 \\ 1 \end{pmatrix}$

I $\;-2 = -2t \quad |:(-2)$
$t = 1$

II $\;-1 = 1 \cdot (-1)$
$-1 = -1$ wahre Aussage

III $\;1 = 1 \cdot 1$
$1 = 1$ wahre Aussage

Der Punkt P liegt auf der Geraden g. Damit sind g und h zueinander parallel und identisch.

b) $s \cdot \begin{pmatrix} -2 \\ -1 \\ 1 \end{pmatrix} = \begin{pmatrix} 6 \\ 3 \\ -3 \end{pmatrix}$

I $\;-2s = 6 \quad |:(-2)$
$s = -3$

II $\;-3 \cdot (-1) = 3$
$3 = 3$ wahre Aussage

III $\;-3 \cdot 1 = -3$
$-3 = -3$ wahre Aussage

Also sind die beiden Geraden zueinander parallel.

$\begin{pmatrix} 2 \\ -2 \\ 12 \end{pmatrix} = \begin{pmatrix} 2 \\ 0 \\ 5 \end{pmatrix} + t \cdot \begin{pmatrix} -2 \\ -1 \\ 1 \end{pmatrix} \quad \left| - \begin{pmatrix} 2 \\ 0 \\ 5 \end{pmatrix} \right.$

$\begin{pmatrix} 0 \\ -2 \\ 7 \end{pmatrix} = t \cdot \begin{pmatrix} -2 \\ -1 \\ 1 \end{pmatrix}$

I $\;0 = -2t \quad |:(-2)$
$t = 0$

II $\;-2 = 0 \cdot (-1)$
$-2 = 0$ falsche Aussage

Der Punkt P liegt nicht auf der Geraden g. Damit sind g und h zueinander parallel und verschieden.

c) $s \cdot \begin{pmatrix} -2 \\ -1 \\ 1 \end{pmatrix} = \begin{pmatrix} 1 \\ 4 \\ 2 \end{pmatrix}$

I $\;-2s = 1 \quad |:(-2)$
$s = -0{,}5$

II $\;-0{,}5 \cdot (-1) = 4$
$0{,}5 = 4$ falsche Aussage

Die Geraden g und h sind nicht zueinander parallel.

5 Variable bestimmen

a) $r \cdot \begin{pmatrix} 3 \\ -6 \\ b_3 \end{pmatrix} = \begin{pmatrix} 4 \\ -8 \\ 12 \end{pmatrix}$

I $\;3r = 4 \quad |:3$
$r = \frac{4}{3}$

II $\;\frac{4}{3} \cdot (-6) = -8$
$-8 = -8$ wahre Aussage

III $\;\frac{4}{3} \cdot b_3 = 12 \quad |:\frac{4}{3}$
$b_3 = 9$

Für $b_3 = 9$ sind die beiden Geraden zueinander parallel.

$\begin{pmatrix} 0 \\ 1 \\ 0 \end{pmatrix} = \begin{pmatrix} 3 \\ -5 \\ 9 \end{pmatrix} + s \cdot \begin{pmatrix} 4 \\ -8 \\ 12 \end{pmatrix} \quad \left| - \begin{pmatrix} 3 \\ -5 \\ 9 \end{pmatrix} \right.$

$\begin{pmatrix} -3 \\ 6 \\ -9 \end{pmatrix} = s \cdot \begin{pmatrix} 4 \\ -8 \\ 12 \end{pmatrix}$

I $\;-3 = 4s \quad |:4$
$s = -\frac{3}{4}$

II $\;6 = -\frac{3}{4} \cdot (-8)$
$6 = 6$ wahre Aussage

III $\;-9 = -\frac{3}{4} \cdot 12$
$-9 = -9$ wahre Aussage

Der Punkt P liegt auf der Geraden h. Damit sind g und h zueinander parallel und identisch.

b) $r \cdot \begin{pmatrix} -5 \\ 0 \\ -10 \end{pmatrix} = \begin{pmatrix} 2 \\ d_2 \\ 4 \end{pmatrix}$

I $\;-5r = 2 \quad |:(-5)$
$r = -\frac{2}{5} = -0{,}4$

II $\;-0{,}4 \cdot 0 = d_2$
$0 = d_2$

III $\;-0{,}4 \cdot (-10) = 4$
$4 = 4$ wahre Aussage

Für $d_2 = 0$ sind die beiden Geraden zueinander parallel.

$$\begin{pmatrix}4\\2\\1\end{pmatrix} = \begin{pmatrix}1\\2\\4\end{pmatrix} + t \cdot \begin{pmatrix}-5\\0\\-10\end{pmatrix} \quad \Big| - \begin{pmatrix}1\\2\\4\end{pmatrix}$$

$$\begin{pmatrix}3\\0\\-3\end{pmatrix} = t \cdot \begin{pmatrix}-5\\0\\-10\end{pmatrix}$$

I $3 = -5t \quad |:(-5)$
$t = -\frac{3}{5}$

II $0 = -\frac{3}{5} \cdot 0$
$0 = 0$ wahre Aussage

III $-3 = -\frac{3}{5} \cdot (-10)$
$-3 = 6$ falsche Aussage

Der Punkt P liegt nicht auf der Geraden g. Damit sind g und h zueinander parallel und verschieden.

c) $r \cdot \begin{pmatrix}-2\\b_2\\-5\end{pmatrix} = \begin{pmatrix}2\\-3\\5\end{pmatrix}$

I $-2r = 2 \quad |:(-2)$
$r = -1$

II $-1 \cdot b_2 = -3 \quad |\cdot(-1)$
$b_2 = 3$

III $-1 \cdot (-5) = 5$
$5 = 5$ wahre Aussage

Für $b_2 = 3$ sind die Geraden g und h zueinander parallel.

$$\begin{pmatrix}2\\1\\-4\end{pmatrix} = \begin{pmatrix}4\\-2\\1\end{pmatrix} + t \cdot \begin{pmatrix}-2\\3\\-5\end{pmatrix} \quad \Big| - \begin{pmatrix}4\\-2\\1\end{pmatrix}$$

$$\begin{pmatrix}-2\\3\\-5\end{pmatrix} = t \cdot \begin{pmatrix}-2\\3\\-5\end{pmatrix}$$

I $-2 = t \cdot (-2) \quad |:(-2)$
$1 = t$

II $3 = 1 \cdot 3$
$3 = 3$ wahre Aussage

III $-5 = 1 \cdot (-5)$
$-5 = -5$ wahre Aussage

Der Punkt P liegt auf der Geraden g. Damit sind die Geraden g und h identisch.

6 Quader

a) Gerade durch die Punkte A und B:

$\vec{x} = \vec{a} + s \cdot \overrightarrow{AB}, \; s \in \mathbb{R}$

$\overrightarrow{AB} = \begin{pmatrix}6-6\\7-2\\1-1\end{pmatrix} = \begin{pmatrix}0\\5\\0\end{pmatrix}$

$\vec{x} = \begin{pmatrix}6\\2\\1\end{pmatrix} + s \cdot \begin{pmatrix}0\\5\\0\end{pmatrix}, \; s \in \mathbb{R}$

Gerade durch die Punkte H und G:

$\vec{x} = \vec{h} + t \cdot \overrightarrow{HG}, \; t \in \mathbb{R}$

$\overrightarrow{HG} = \begin{pmatrix}4-4\\7-2\\4-4\end{pmatrix} = \begin{pmatrix}0\\5\\0\end{pmatrix}$

$\vec{x} = \begin{pmatrix}4\\2\\4\end{pmatrix} + t \cdot \begin{pmatrix}0\\5\\0\end{pmatrix}, \; t \in \mathbb{R}$

$r \cdot \begin{pmatrix}0\\5\\0\end{pmatrix} = \begin{pmatrix}0\\5\\0\end{pmatrix}$

I $0 \cdot r = 0$
$0 = 0$ wahre Aussage

II $r \cdot 5 = 5$
$5r = 5 \quad |:5$
$r = 1$

III $1 \cdot 0 = 0$
$0 = 0$ wahre Aussage

Die beiden Geraden sind zueinander parallel.

b) Gerade durch die Punkte B und G:

$\vec{x} = \vec{b} + s \cdot \overrightarrow{BG}, \; s \in \mathbb{R}$

$\overrightarrow{BG} = \begin{pmatrix}4-6\\7-7\\4-1\end{pmatrix} = \begin{pmatrix}-2\\0\\3\end{pmatrix}$

$\vec{x} = \begin{pmatrix}6\\7\\1\end{pmatrix} + s \cdot \begin{pmatrix}-2\\0\\3\end{pmatrix}, \; s \in \mathbb{R}$

Gerade durch die Punkte A und H:

$\vec{x} = \vec{a} + t \cdot \overrightarrow{AH}, \; t \in \mathbb{R}$

$\overrightarrow{AH} = \begin{pmatrix}4-6\\2-2\\4-1\end{pmatrix} = \begin{pmatrix}-2\\0\\3\end{pmatrix}$

$\vec{x} = \begin{pmatrix}6\\2\\1\end{pmatrix} + t \cdot \begin{pmatrix}-2\\0\\3\end{pmatrix}, \; t \in \mathbb{R}$

$r \cdot \begin{pmatrix}-2\\0\\3\end{pmatrix} = \begin{pmatrix}-2\\0\\3\end{pmatrix}$

I $-2r = -2 \quad |:(-2)$
$r = 1$

II $1 \cdot 0 = 0$
$0 = 0$ wahre Aussage

III $1 \cdot 3 = 3$
$3 = 3$ wahre Aussage

Die beiden Geraden sind zueinander parallel.

c) Gerade durch die Punkte C und H:

$\vec{x} = \vec{c} + s \cdot \overrightarrow{CH}, \; s \in \mathbb{R}$

$\overrightarrow{CH} = \begin{pmatrix}4-4\\2-7\\4-1\end{pmatrix} = \begin{pmatrix}0\\-5\\3\end{pmatrix}$

$\vec{x} = \begin{pmatrix} 4 \\ 7 \\ 1 \end{pmatrix} + s \cdot \begin{pmatrix} 0 \\ -5 \\ 3 \end{pmatrix}, \ s \in \mathbb{R}$

Gerade durch die Punkte E und B:

$\vec{x} = \vec{e} + t \cdot \overrightarrow{EB}, \ t \in \mathbb{R}$

$\overrightarrow{EB} = \begin{pmatrix} 6-6 \\ 7-2 \\ 1-4 \end{pmatrix} = \begin{pmatrix} 0 \\ 5 \\ -3 \end{pmatrix}$

$\vec{x} = \begin{pmatrix} 6 \\ 2 \\ 4 \end{pmatrix} + t \cdot \begin{pmatrix} 0 \\ 5 \\ -3 \end{pmatrix}, \ t \in \mathbb{R}$

$r \cdot \begin{pmatrix} 0 \\ -5 \\ 3 \end{pmatrix} = \begin{pmatrix} 0 \\ 5 \\ -3 \end{pmatrix}$

II $-5r = 5 \quad |:(-5)$
$r = -1$

I $-1 \cdot 0 = 0$
$0 = 0$ wahre Aussage

III $-1 \cdot 3 = -3$
$-3 = -3$ wahre Aussage

Die beiden Geraden sind zueinander parallel.

7 Zwei Variablen bestimmen

a) $r \cdot \begin{pmatrix} 2a \\ -4 \\ 6 \end{pmatrix} = \begin{pmatrix} b \\ 2 \\ -3 \end{pmatrix}$

III $6r = -3 \quad |:6$
$r = -0{,}5$

II $-0{,}5 \cdot (-4) = 2$
$2 = 2$ wahre Aussage

I $-0{,}5 \cdot 2a = b$
$-a = b$

Für $-a = b$ sind die beiden Geraden zueinander parallel.

$\begin{pmatrix} 0 \\ 3 \\ 6 \end{pmatrix} = \begin{pmatrix} a \\ 1 \\ 3 \end{pmatrix} + t \cdot \begin{pmatrix} 2a \\ -4 \\ 6 \end{pmatrix} \quad \left| - \begin{pmatrix} a \\ 1 \\ 3 \end{pmatrix} \right.$

$\begin{pmatrix} -a \\ 2 \\ 3 \end{pmatrix} = t \cdot \begin{pmatrix} 2a \\ -4 \\ 6 \end{pmatrix}$

II $2 = -4t \quad |:(-4)$
$t = -0{,}5$

III $3 = -0{,}5 \cdot 6$
$3 = -3$ falsche Aussage

Damit sind g und h zueinander parallel und verschieden unabhängig davon, welche Werte a annimmt.

b) $r \cdot \begin{pmatrix} 1 \\ 3 \\ 4 \end{pmatrix} = \begin{pmatrix} 3 \\ 9 \\ b \end{pmatrix}$

I $1r = 3$
$r = 3$

II $3 \cdot 3 = 9$
$9 = 9$ wahre Aussage

III $3 \cdot 4 = b$
$12 = b$

Für $b = 12$ sind die beiden Geraden zueinander parallel.

$\begin{pmatrix} 2 \\ 2 \\ 0 \end{pmatrix} = \begin{pmatrix} 2a \\ a+1 \\ 0 \end{pmatrix} + t \cdot \begin{pmatrix} 1 \\ 3 \\ 4 \end{pmatrix} \quad \left| - \begin{pmatrix} 2a \\ a+1 \\ 0 \end{pmatrix} \right.$

$\begin{pmatrix} 2-2a \\ 1-a \\ 0 \end{pmatrix} = t \cdot \begin{pmatrix} 1 \\ 3 \\ 4 \end{pmatrix}$

III $0 = 4t \quad |:4$
$t = 0$

I $2 - 2a = 0 \cdot 1$
$2 - 2a = 0 \quad |+2a$
$2 = 2a$
$a = 1$

II $1 - a = 0 \cdot 3$
$1 - a = 0 \quad |+a$
$a = 1$

Für $a = 1$ und $b = 12$ liegt der Punkt P auf der Geraden g. Damit sind g und h zueinander parallel und identisch.

SCHRITT 9

Das brauchst du wieder

I $r + s = 5 \quad |\cdot(-2)$ (+)
II $2r + 3s = 12$
$s = 2$

s in I: $r + 2 = 5 \quad |-2$
$r = 3$

1 „Du bist dran" aus dem „So geht's"-Kasten

Überprüfe, ob die Richtungsvektoren Vielfache voneinander sind:

$t \cdot \begin{pmatrix} 2 \\ 0 \\ 1 \end{pmatrix} = \begin{pmatrix} 0 \\ 1 \\ -1 \end{pmatrix}$

I $2 \cdot t = 0 \quad |:2$
$t = 0$

II $0 \cdot 0 = 1$ falsche Aussage

Also sind die beiden Geraden windschief zueinander oder schneiden sich.

Setze die zwei Geraden g und h gleich und vereinfache das lineare Gleichungsssystem:

$\begin{pmatrix} 1 \\ 2 \\ 1 \end{pmatrix} + r \cdot \begin{pmatrix} 2 \\ 0 \\ 1 \end{pmatrix} = \begin{pmatrix} 2 \\ 3 \\ 4 \end{pmatrix} + s \cdot \begin{pmatrix} 0 \\ 1 \\ -1 \end{pmatrix} \quad \left| -s \cdot \begin{pmatrix} 0 \\ 1 \\ -1 \end{pmatrix} - \begin{pmatrix} 1 \\ 2 \\ 1 \end{pmatrix} \right.$

$r \cdot \begin{pmatrix} 2 \\ 0 \\ 1 \end{pmatrix} - s \cdot \begin{pmatrix} 0 \\ 1 \\ -1 \end{pmatrix} = \begin{pmatrix} 1 \\ 1 \\ 3 \end{pmatrix}$

Schreibe das lineare Gleichungssystem auf:

I $2r = 1$
II $-s = 1$
III $r + s = 3$

Löse die ersten zwei Zeilen des linearen Gleichungssystem nach r und s auf:

I $2r = 1 \quad |:2$
I $r = \frac{1}{2}$
II $-s = 1 \quad |\cdot(-1)$
II $s = -1$

Setze r und s in die 3. Zeile des linearen Gleichungssystems ein und entscheide, ob die Geraden windschief zueinander sind oder sich schneiden:

r, s in III: $\frac{1}{2} - 1 = 3$ falsche Aussage

Die Geraden g und h schneiden sich nicht.

Bestimme gegebenenfalls den Schnittpunkt S:

Es kann kein Schnittpunkt berechnet werden.

2 Zwei Geraden untersuchen

$t \cdot \begin{pmatrix} 1 \\ 0 \\ 1 \end{pmatrix} = \begin{pmatrix} 2 \\ 1 \\ 1 \end{pmatrix}$

I $t = 2$
II $2 \cdot 0 = 1$ falsche Aussage

Also sind die beiden Geraden zueinander windschief oder schneiden sich.

$\begin{pmatrix} 0 \\ 1 \\ 1 \end{pmatrix} + r \cdot \begin{pmatrix} 1 \\ 0 \\ 1 \end{pmatrix} = \begin{pmatrix} 4 \\ 2 \\ 4 \end{pmatrix} + s \cdot \begin{pmatrix} 2 \\ 1 \\ 1 \end{pmatrix} \quad \left| -s \cdot \begin{pmatrix} 2 \\ 1 \\ 1 \end{pmatrix} - \begin{pmatrix} 0 \\ 1 \\ 1 \end{pmatrix} \right.$

$r \cdot \begin{pmatrix} 1 \\ 0 \\ 1 \end{pmatrix} - s \cdot \begin{pmatrix} 2 \\ 1 \\ 1 \end{pmatrix} = \begin{pmatrix} 4 \\ 1 \\ 3 \end{pmatrix}$

I $r - 2s = 4$
II $-s = 1$
III $r - s = 3$

II $-s = 1 \quad |\cdot(-1)$
$s = -1$

$s = -1$ in I: $r + 2 = 4 \quad |-2$
$r = 2$

r, s in III: $2 - (-1) = 3$ wahre Aussage

Die Geraden g und h schneiden sich.

r in g:

$\vec{s} = \begin{pmatrix} 0 \\ 1 \\ 1 \end{pmatrix} + 2 \cdot \begin{pmatrix} 1 \\ 0 \\ 1 \end{pmatrix} = \begin{pmatrix} 2 \\ 1 \\ 3 \end{pmatrix}$

$S(2|1|3)$

3 Drei Geraden gegenseitig untersuchen

Geraden g und h:

$t \cdot \begin{pmatrix} 3 \\ 0 \\ 4 \end{pmatrix} = \begin{pmatrix} -4 \\ 1 \\ 3 \end{pmatrix}$

I $3t = -4 \quad |:3$
$t = -\frac{4}{3}$

III $-\frac{4}{3} \cdot 4 = 3$
$-\frac{16}{3} = 3$ falsche Aussage

Also sind die beiden Geraden zueinander windschief oder schneiden sich.

$\begin{pmatrix} 1 \\ 2 \\ 0 \end{pmatrix} + r \cdot \begin{pmatrix} 3 \\ 0 \\ 4 \end{pmatrix} = \begin{pmatrix} -4 \\ 2 \\ 4 \end{pmatrix} + s \cdot \begin{pmatrix} -4 \\ 1 \\ 3 \end{pmatrix} \quad \left| -s \cdot \begin{pmatrix} -4 \\ 1 \\ 3 \end{pmatrix} - \begin{pmatrix} 1 \\ 2 \\ 0 \end{pmatrix} \right.$

$r \cdot \begin{pmatrix} 3 \\ 0 \\ 4 \end{pmatrix} - s \cdot \begin{pmatrix} -4 \\ 1 \\ 3 \end{pmatrix} = \begin{pmatrix} -5 \\ 0 \\ 4 \end{pmatrix}$

I $3r + 4s = -5$
II $0r - s = 0$
III $4r - 3s = 4$

II $0r - 1s = 0$
$s = 0$

s in I: $3r - 0 = -5 \quad |:3$
$r = -\frac{5}{3}$

r, s in III: $4 \cdot \left(-\frac{5}{3}\right) - 0 = 4$
$-\frac{20}{3} = 4$ falsche Aussage

Die Geraden g und h schneiden sich nicht, sind also zueinander windschief.

Geraden g und i:

$t \cdot \begin{pmatrix} 3 \\ 0 \\ 4 \end{pmatrix} = \begin{pmatrix} 8 \\ -2 \\ -6 \end{pmatrix}$

I $3t = 8 \quad |:3$
$t = \frac{8}{3}$

III $\frac{8}{3} \cdot 4 = -6$
$\frac{32}{3} = -6$ falsche Aussage

Also sind die beiden Geraden zueinander windschief oder schneiden sich.

$\begin{pmatrix} 1 \\ 2 \\ 0 \end{pmatrix} + r \cdot \begin{pmatrix} 3 \\ 0 \\ 4 \end{pmatrix} = \begin{pmatrix} -7 \\ 2 \\ -8 \end{pmatrix} + a \cdot \begin{pmatrix} 8 \\ -2 \\ -6 \end{pmatrix} \quad \left| -a \cdot \begin{pmatrix} 8 \\ -2 \\ -6 \end{pmatrix} - \begin{pmatrix} 1 \\ 2 \\ 0 \end{pmatrix} \right.$

$r \cdot \begin{pmatrix} 3 \\ 0 \\ 4 \end{pmatrix} - a \cdot \begin{pmatrix} 8 \\ -2 \\ -6 \end{pmatrix} = \begin{pmatrix} -8 \\ 0 \\ -8 \end{pmatrix}$

I $3r - 8a = -8$
II $0r + 2a = 0$
III $4r + 6a = -8$

II $0r + 2a = 0$
$a = 0$

$$\begin{aligned} &\text{a in I:} & 3r - 0 &= -8 \quad &|:3 \\ && r &= -\tfrac{8}{3} \\ &\text{r, a in III:} & -\tfrac{8}{3} \cdot 4 - 0 &= -8 \\ && -\tfrac{32}{3} &= -8 \quad &\text{falsche Aussage} \end{aligned}$$

Die Geraden g und h schneiden sich nicht, sie sind also zueinander windschief.

Geraden h und i:

$$t \cdot \begin{pmatrix} -4 \\ 1 \\ 3 \end{pmatrix} = \begin{pmatrix} 8 \\ -2 \\ -6 \end{pmatrix}$$

$$\begin{aligned} &\text{I} & -4t &= 8 \quad &|:(-4) \\ && t &= -2 \end{aligned}$$

$$\begin{aligned} &\text{II} & -2 \cdot 1 &= -2 \\ && -2 &= -2 \quad &\text{wahre Aussage} \end{aligned}$$

$$\begin{aligned} &\text{III} & -2 \cdot 3 &= -6 \\ && -6 &= -6 \quad &\text{wahre Aussage} \end{aligned}$$

Also sind die beiden Geraden h und i parallel.
Das heißt, sie sind weder zueinander windschief noch schneiden sie sich.

4 Parallelogramm

In einem Parallelogramm gilt, dass gegenüberliegende Seiten parallel und gleich lang sein müssen.

$$\overrightarrow{BC} = \begin{pmatrix} -2-4 \\ 7-5 \\ 5-6 \end{pmatrix} = \begin{pmatrix} -6 \\ 2 \\ -1 \end{pmatrix}$$

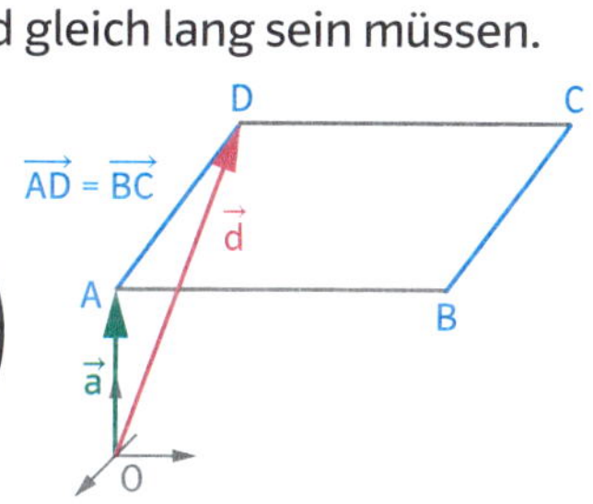

$$\vec{d} = \vec{a} + \overrightarrow{BC} = \begin{pmatrix} -1 \\ -1 \\ -1 \end{pmatrix} + \begin{pmatrix} -6 \\ 2 \\ -1 \end{pmatrix} = \begin{pmatrix} -7 \\ 1 \\ -2 \end{pmatrix}$$

D(−7 | 1 | −2)

Gerade durch die Punkte A und C:

$\vec{x} = \vec{a} + s \cdot \overrightarrow{AC}, \; s \in \mathbb{R}$

$$\overrightarrow{AC} = \begin{pmatrix} 2-(-1) \\ 7-(-1) \\ 5-(-1) \end{pmatrix} = \begin{pmatrix} -1 \\ 8 \\ 6 \end{pmatrix}$$

$$g: \vec{x} = \begin{pmatrix} -1 \\ -1 \\ -1 \end{pmatrix} + s \cdot \begin{pmatrix} -1 \\ 8 \\ 6 \end{pmatrix}, \; s \in \mathbb{R}$$

Gerade durch die Punkte B und D:

$\vec{x} = \vec{b} + t \cdot \overrightarrow{BD}, \; t \in \mathbb{R}$

$$\overrightarrow{BD} = \begin{pmatrix} -7-4 \\ 1-5 \\ -2-6 \end{pmatrix} = \begin{pmatrix} -11 \\ -4 \\ -8 \end{pmatrix}$$

$$h: \vec{x} = \begin{pmatrix} 4 \\ 5 \\ 6 \end{pmatrix} + t \cdot \begin{pmatrix} -11 \\ -4 \\ -8 \end{pmatrix}, \; t \in \mathbb{R}$$

$$r \cdot \begin{pmatrix} -1 \\ 8 \\ 6 \end{pmatrix} = \begin{pmatrix} -11 \\ -4 \\ -8 \end{pmatrix}$$

$$\begin{aligned} &\text{I} & -1r &= -11 \quad &|:(-1) \\ && r &= 11 \end{aligned}$$

$$\begin{aligned} &\text{II} & 11 \cdot 8 &= -4 \\ && 88 &= -4 \quad &\text{falsche Aussage} \end{aligned}$$

Also sind die beiden Geraden zueinander windschief oder schneiden sich.

$$\begin{pmatrix} -1 \\ -1 \\ -1 \end{pmatrix} + s \cdot \begin{pmatrix} -1 \\ 8 \\ 6 \end{pmatrix} = \begin{pmatrix} 4 \\ 5 \\ 6 \end{pmatrix} + t \cdot \begin{pmatrix} -11 \\ -4 \\ -8 \end{pmatrix} \quad \left| -t \cdot \begin{pmatrix} -11 \\ -4 \\ -8 \end{pmatrix} - \begin{pmatrix} -1 \\ -1 \\ -1 \end{pmatrix} \right.$$

$$s \cdot \begin{pmatrix} -1 \\ 8 \\ 6 \end{pmatrix} - t \cdot \begin{pmatrix} -11 \\ -4 \\ -8 \end{pmatrix} = \begin{pmatrix} 5 \\ 6 \\ 7 \end{pmatrix}$$

$$\begin{aligned} &\text{I} & -s + 11t &= 5 \quad &|\cdot 8 \\ &\text{II} & 8s + 4t &= 6 & {+} \\ && 92t &= 46 \quad &|:92 \\ && t &= 0{,}5 \end{aligned}$$

$$\begin{aligned} &\text{t in I:} & -s + 5{,}5 &= 5 \quad &|-5{,}5 \\ && -s &= -0{,}5 \quad &|:(-1) \\ && s &= \tfrac{1}{2} \end{aligned}$$

$$\begin{aligned} &\text{r, s in III:} & 6 \cdot \tfrac{1}{2} + 8 \cdot \tfrac{1}{2} &= 7 \\ && 3 + 4 &= 7 \\ && 7 &= 7 \quad &\text{wahre Aussage} \end{aligned}$$

Die Geraden g und h schneiden sich.

s in g:

$$\vec{s} = \begin{pmatrix} -1 \\ -1 \\ -1 \end{pmatrix} + \tfrac{1}{2} \cdot \begin{pmatrix} -1 \\ 8 \\ 6 \end{pmatrix} = \begin{pmatrix} -1{,}5 \\ 3 \\ 2 \end{pmatrix}$$

S(−1,5 | 3 | 2)

5 Quader

Aus der Zeichnung: D(0 | 5 | 0), F(5 | 0 | 5), G(5 | 5 | 5), H (0 | 5 | 5)

Koordinaten M_1:

$$\overrightarrow{EF} = \begin{pmatrix} 5-0 \\ 0-0 \\ 5-5 \end{pmatrix} = \begin{pmatrix} 5 \\ 0 \\ 0 \end{pmatrix}$$

$$\overrightarrow{m_1} = \vec{e} + \tfrac{1}{2}\overrightarrow{EF} = \begin{pmatrix} 0 \\ 0 \\ 5 \end{pmatrix} + \tfrac{1}{2} \cdot \begin{pmatrix} 5 \\ 0 \\ 0 \end{pmatrix} = \begin{pmatrix} 2{,}5 \\ 0 \\ 5 \end{pmatrix}$$

M_1(2,5 | 0 | 5)

Gerade durch die Punkte M_1 und B:

$\vec{x} = \overrightarrow{m_1} + s \cdot \overrightarrow{M_1B}, \; s \in \mathbb{R}$

$$\overrightarrow{M_1B} = \begin{pmatrix} 5-2{,}5 \\ 0-0 \\ 0-5 \end{pmatrix} = \begin{pmatrix} 2{,}5 \\ 0 \\ -5 \end{pmatrix}$$

$$g: \vec{x} = \begin{pmatrix} 2{,}5 \\ 0 \\ 5 \end{pmatrix} + s \cdot \begin{pmatrix} 2{,}5 \\ 0 \\ -5 \end{pmatrix}, \; s \in \mathbb{R}$$

Koordinaten M_2:

$\overrightarrow{EH} = \begin{pmatrix} 0-0 \\ 5-0 \\ 5-5 \end{pmatrix} = \begin{pmatrix} 0 \\ 5 \\ 0 \end{pmatrix}$

$\overrightarrow{m_2} = \vec{e} + \frac{1}{2}\overrightarrow{EH} = \begin{pmatrix} 0 \\ 0 \\ 5 \end{pmatrix} + \frac{1}{2} \cdot \begin{pmatrix} 0 \\ 5 \\ 0 \end{pmatrix} = \begin{pmatrix} 0 \\ 2,5 \\ 5 \end{pmatrix}$

$M_2(0 \mid 2,5 \mid 5)$

Gerade durch die Punkte M_2 und C:

$\vec{x} = m_2 + s \cdot \overrightarrow{M_2C}, \; s \in \mathbb{R}$

$\overrightarrow{M_2C} = \begin{pmatrix} 5-0 \\ 5-2,5 \\ 0-5 \end{pmatrix} = \begin{pmatrix} 5 \\ 2,5 \\ -5 \end{pmatrix}$

$h\colon \vec{x} = \begin{pmatrix} 0 \\ 2,5 \\ 5 \end{pmatrix} + r \cdot \begin{pmatrix} 5 \\ 2,5 \\ -5 \end{pmatrix}, \; r \in \mathbb{R}$

$\begin{pmatrix} 2,5 \\ 0 \\ 5 \end{pmatrix} + s \cdot \begin{pmatrix} 2,5 \\ 0 \\ -5 \end{pmatrix} = \begin{pmatrix} 0 \\ 2,5 \\ 5 \end{pmatrix} + r \cdot \begin{pmatrix} 5 \\ 2,5 \\ -5 \end{pmatrix} \quad \left| -r \cdot \begin{pmatrix} 5 \\ 2,5 \\ -5 \end{pmatrix} - \begin{pmatrix} 2,5 \\ 0 \\ 5 \end{pmatrix} \right.$

$s \cdot \begin{pmatrix} 2,5 \\ 0 \\ -5 \end{pmatrix} - r \cdot \begin{pmatrix} 5 \\ 2,5 \\ -5 \end{pmatrix} = \begin{pmatrix} -2,5 \\ 2,5 \\ 0 \end{pmatrix}$

$\text{II} \quad 0s - 2,5r = 2,5 \quad |:2,5$
$r = -1$

$r \text{ in I: } 2,5s + 5 = -2,5 \quad |-5$
$2,5s = -7,5 \quad |:2,5$
$s = -3$

$r,s \text{ in III: } -3 \cdot (-5) + (-1) \cdot 5 = 0$
$15 - 5 = 0$
$10 = 0$ falsche Aussage

Die Geraden g und h schneiden sich nicht. Da die Richtungsvektoren keine Vielfachen voneinander sind, sind die Geraden g und h zueinander windschief.

6 Flugzeuge

$r \cdot \begin{pmatrix} -3 \\ -4 \\ -5 \end{pmatrix} = \begin{pmatrix} 7 \\ 3 \\ 4 \end{pmatrix}$

$\text{I} \quad -3r = 7 \quad |:(-3)$
$r = -\frac{7}{3}$

$\text{II} \quad -\frac{7}{3} \cdot (-4) = 3$
$\frac{28}{3} = 3$ falsche Aussage

Also sind die beiden Geraden zueinander windschief oder schneiden sich.

$\begin{pmatrix} 1 \\ 2 \\ 15 \end{pmatrix} + s \cdot \begin{pmatrix} -3 \\ -4 \\ -5 \end{pmatrix} = \begin{pmatrix} -8 \\ -10 \\ 0 \end{pmatrix} + t \cdot \begin{pmatrix} 7 \\ 3 \\ 4 \end{pmatrix} \quad \left| -t \cdot \begin{pmatrix} 7 \\ 3 \\ 4 \end{pmatrix} - \begin{pmatrix} 1 \\ 2 \\ 15 \end{pmatrix} \right.$

$s \cdot \begin{pmatrix} -3 \\ -4 \\ -5 \end{pmatrix} - t \cdot \begin{pmatrix} 7 \\ 3 \\ 4 \end{pmatrix} = \begin{pmatrix} -9 \\ -12 \\ -15 \end{pmatrix}$

$\text{I} \quad -3s - 7t = -9 \quad |\cdot(-4)$
$\text{II} \quad -4s - 3t = -12 \quad |\cdot 3 \quad (+)$
$19t = 0 \quad |:19$
$t = 0$

$t \text{ in I: } -3s - 0 = -9 \quad |:(-3)$
$s = 3$

$t,s \text{ in III: } 3 \cdot (-5) - 0 = -15$
$-15 = -15$ wahre Aussage

Die Geraden g und h schneiden sich.

t in h:

$\vec{s} = \begin{pmatrix} -8 \\ -10 \\ 0 \end{pmatrix} + 0 \cdot \begin{pmatrix} 7 \\ 3 \\ 4 \end{pmatrix} = \begin{pmatrix} -8 \\ -10 \\ 0 \end{pmatrix}$

$S(-8 \mid -10 \mid 0)$

Die Flugbahnen schneiden sich, jedoch zu unterschiedlichen Zeitpunkten ($t = 0$ und $s = 3$), daher kollidieren die Flugzeuge nicht.

7 Variable bestimmen

a) $t \cdot \begin{pmatrix} 1 \\ -1 \\ 4 \end{pmatrix} = \begin{pmatrix} 0 \\ -8 \\ 6 \end{pmatrix}$

$\text{I} \quad 1t = 0$
$t = 0$

$\text{II} \quad 0 \cdot (-1) = -8$
$0 = -8$ falsche Aussage

Die beiden Geraden schneiden sich oder sind zueinander windschief.

$r \cdot \begin{pmatrix} 1 \\ -1 \\ 4 \end{pmatrix} = \begin{pmatrix} a \\ 5 \\ 6 \end{pmatrix} + s \cdot \begin{pmatrix} 0 \\ -8 \\ 6 \end{pmatrix} \quad \left| -s \cdot \begin{pmatrix} 0 \\ -8 \\ 6 \end{pmatrix} \right.$

$r \cdot \begin{pmatrix} 1 \\ -1 \\ 4 \end{pmatrix} - s \cdot \begin{pmatrix} 0 \\ -8 \\ 6 \end{pmatrix} = \begin{pmatrix} a \\ 5 \\ 6 \end{pmatrix}$

$\text{II} \quad -1r + 8s = 5 \quad |\cdot 4$
$\text{III} \quad 4r - 6s = 6 \quad (+)$
$26s = 26 \quad |:26$
$s = 1$

$s \text{ in II: } -1r + 8 = 5 \quad |-8$
$-r = -3 \quad |:(-1)$
$r = 3$

$r,s \text{ in I: } 3 - 0 = a$
$a = 3$

Für $a = 3$ schneiden sich die beiden Geraden.

b) $t \cdot \begin{pmatrix} 3 \\ -2 \\ 4 \end{pmatrix} = \begin{pmatrix} 4 \\ 0 \\ -3 \end{pmatrix}$

$\text{I} \quad 3t = 4 \quad |:3$
$t = \frac{4}{3}$

$\text{II} \quad \frac{4}{3} \cdot (-2) = 0$
$-\frac{8}{3} = 0$ falsche Aussage

Die beiden Geraden schneiden sich oder sind zueinander windschief.

$$\begin{pmatrix}-1\\0\\2\end{pmatrix} + r\cdot\begin{pmatrix}3\\-2\\4\end{pmatrix} = \begin{pmatrix}1\\-4\\b\end{pmatrix} + s\cdot\begin{pmatrix}4\\0\\-3\end{pmatrix} \quad \Big| -s\cdot\begin{pmatrix}4\\0\\-3\end{pmatrix} - \begin{pmatrix}-1\\0\\2\end{pmatrix}$$

$$r\cdot\begin{pmatrix}3\\-2\\4\end{pmatrix} - s\cdot\begin{pmatrix}4\\0\\-3\end{pmatrix} = \begin{pmatrix}2\\-4\\b-2\end{pmatrix}$$

$$\begin{aligned} \text{II}\quad -2r - 0 &= -4 \quad &&|:(-2)\\ r &= 2 \end{aligned}$$

$$\begin{aligned} r \text{ in I:}\quad 6 - 4s &= 2 \quad &&|-6\\ -4s &= -4 \quad &&|:(-4)\\ s &= 1 \end{aligned}$$

$$\begin{aligned} r, s \text{ in III:}\quad 8 + 3 &= b - 2\\ 11 &= b - 2 \quad &&|+2\\ 13 &= b \end{aligned}$$

Für $b = 13$ schneiden sich die beiden Geraden, da diese jedoch zueinander windschief sein sollen, muss $b \neq 13$ sein.

8 U-Boote

U-Boot 1:

$$\overrightarrow{AB} = \begin{pmatrix}-3-0\\-6-0\\-7-(-10)\end{pmatrix} = \begin{pmatrix}-3\\-6\\3\end{pmatrix}$$

Da es sich in 30 Minuten entlang des Vektors $\overrightarrow{AB}$ bewegt, benötigt es in einer Stunde den doppelten Vektor.

$$\vec{e} = \vec{a} + 2\overrightarrow{AB} = \begin{pmatrix}0\\0\\-10\end{pmatrix} + \begin{pmatrix}-6\\-12\\6\end{pmatrix} = \begin{pmatrix}-6\\-12\\-4\end{pmatrix}$$

$E(-6\,|\,-12\,|\,-4)$

Nach einer Stunde befindet sich das U-Boot im Punkt E. Ab jetzt fahren die beiden Schiffe zur gleichen Zeit.

$$\vec{x} = \vec{e} + t\cdot 2\overrightarrow{AB}$$

$$h:\ \vec{x} = \begin{pmatrix}-6\\-12\\-4\end{pmatrix} + t\begin{pmatrix}-6\\-12\\6\end{pmatrix}$$

U-Boot 2:

$$\overrightarrow{CD} = \begin{pmatrix}10-4\\-6-(-6)\\-10-(-4)\end{pmatrix} = \begin{pmatrix}6\\0\\-6\end{pmatrix}$$

$$\vec{x} = \vec{c} + s\cdot\overrightarrow{CD}$$

$$g:\ \vec{x} = \begin{pmatrix}4\\-6\\-4\end{pmatrix} + s\cdot\begin{pmatrix}6\\0\\-6\end{pmatrix}$$

$$r\cdot\begin{pmatrix}-6\\-12\\6\end{pmatrix} = \begin{pmatrix}6\\0\\-6\end{pmatrix}$$

$$\begin{aligned} \text{I}\quad -6r &= 6 \quad &&|:(-6)\\ r &= -1 \end{aligned}$$

$$\begin{aligned} \text{II}\quad -1\cdot(-12) &= 0\\ 12 &= 0 \quad &&\text{falsche Aussage} \end{aligned}$$

Also sind die beiden Geraden zueinander windschief oder schneiden sich.

$$\begin{pmatrix}-6\\-12\\-4\end{pmatrix} + t\cdot\begin{pmatrix}-6\\-12\\6\end{pmatrix} = \begin{pmatrix}4\\-6\\-4\end{pmatrix} + s\cdot\begin{pmatrix}6\\0\\-6\end{pmatrix} \quad \Big| -s\cdot\begin{pmatrix}6\\0\\-6\end{pmatrix} - \begin{pmatrix}-6\\-12\\-4\end{pmatrix}$$

$$t\cdot\begin{pmatrix}-6\\-12\\6\end{pmatrix} - s\cdot\begin{pmatrix}6\\0\\-6\end{pmatrix} = \begin{pmatrix}10\\6\\0\end{pmatrix}$$

$$\begin{aligned} \text{II}\quad -12t - 0 &= 6 \quad &&|:(-12)\\ t &= -0{,}5 \end{aligned}$$

$$\begin{aligned} \text{I}\quad -0{,}5\cdot(-6) - 6s &= 10\\ 3 - 6s &= 10 \quad &&|-3\\ -6s &= 7 \quad &&|:(-6)\\ s &= -\tfrac{7}{6} \end{aligned}$$

$$\begin{aligned} t, s \text{ in III:}\quad -0{,}5\cdot 6 + \tfrac{7}{6}\cdot(-6) &= 0\\ -3 - 7 &= 0\\ -10 &= 0 \quad &&\text{falsche Aussage} \end{aligned}$$

Die Geraden schneiden sich nicht, es kommt also zu keiner Kollision.

TRAINING 2

1 Punktprobe

a) Gerade g:

$$\begin{pmatrix}1\\2\\3\end{pmatrix} = \begin{pmatrix}1\\2\\3\end{pmatrix} + t\cdot\begin{pmatrix}-8\\4\\-16\end{pmatrix} \quad \Big| -\begin{pmatrix}1\\2\\3\end{pmatrix}$$

$$\begin{pmatrix}0\\0\\0\end{pmatrix} = t\cdot\begin{pmatrix}-8\\4\\-16\end{pmatrix}$$

$$\begin{aligned} \text{I}\quad 0 &= t\cdot(-8)\\ 0 &= -8t \quad &&|:(-8)\\ t &= 0 \end{aligned}$$

$$\begin{aligned} \text{II}\quad 0 &= 0\cdot 4\\ 0 &= 0 \quad &&\text{wahre Aussage} \end{aligned}$$

$$\begin{aligned} \text{III}\quad 0 &= 0\cdot(-16)\\ 0 &= 0 \quad &&\text{wahre Aussage} \end{aligned}$$

Der Punkt P liegt für $t = 0$ auf der Geraden g.

$$\begin{pmatrix}-3\\4\\-5\end{pmatrix} = \begin{pmatrix}1\\2\\3\end{pmatrix} + t\cdot\begin{pmatrix}-8\\4\\-16\end{pmatrix} \quad \Big| -\begin{pmatrix}1\\2\\3\end{pmatrix}$$

$$\begin{pmatrix}-4\\2\\-8\end{pmatrix} = t\cdot\begin{pmatrix}-8\\4\\-16\end{pmatrix}$$

I $-4 = t\cdot(-8)$

$-4 = -8t \quad |:(-8)$

$t = 0{,}5$

II $2 = 0{,}5\cdot 4$

$2 = 2$ wahre Aussage

III $-8 = 0{,}5\cdot(-16)$

$-8 = -8$ wahre Aussage

Der Punkt Q liegt für $t = 0{,}5$ auf der Geraden g.

Gerade h:

$$\begin{pmatrix}1\\2\\3\end{pmatrix} = \begin{pmatrix}-3\\4\\-5\end{pmatrix} + s\cdot\begin{pmatrix}6\\-3\\12\end{pmatrix} \quad \left|-\begin{pmatrix}-3\\4\\-5\end{pmatrix}\right.$$

$$\begin{pmatrix}4\\-2\\8\end{pmatrix} = s\cdot\begin{pmatrix}6\\-3\\12\end{pmatrix}$$

I $4 = s\cdot 6$

$4 = 6s \quad |:6$

$t = \frac{2}{3}$

II $-2 = \frac{2}{3}\cdot(-3)$

$-2 = -2$ wahre Aussage

III $8 = \frac{2}{3}\cdot 12$

$8 = 8$ wahre Aussage

Der Punkt P liegt für $t = \frac{2}{3}$ auf der Geraden h.

$$\begin{pmatrix}-3\\4\\-5\end{pmatrix} = \begin{pmatrix}-3\\4\\-5\end{pmatrix} + s\cdot\begin{pmatrix}6\\-3\\12\end{pmatrix} \quad \left|-\begin{pmatrix}-3\\4\\-5\end{pmatrix}\right.$$

$$\begin{pmatrix}0\\0\\0\end{pmatrix} = s\cdot\begin{pmatrix}6\\-3\\12\end{pmatrix}$$

I $0 = s\cdot 6$

$0 = 6s \quad |:6$

$t = 0$

II $0 = 0\cdot(-3)$

$0 = 0$ wahre Aussage

III $0 = 0\cdot 12$

$0 = 0$ wahre Aussage

Der Punkt Q liegt für $t = 0$ auf der Geraden h.

b) Da P und Q beide auf der Geraden g und beide auf der Geraden h liegen, bedeutet das, dass die beiden Geraden zueinander parallel und identisch sein müssen.

2 Koordinate bestimmen I

a) $$\begin{pmatrix}2\\-6\\4\end{pmatrix} = \begin{pmatrix}-4\\8\\2\end{pmatrix} + t\cdot\begin{pmatrix}3\\b_2\\1\end{pmatrix} \quad \left|-\begin{pmatrix}-4\\8\\2\end{pmatrix}\right.$$

$$\begin{pmatrix}6\\-14\\2\end{pmatrix} = t\cdot\begin{pmatrix}3\\b_2\\1\end{pmatrix}$$

I $6 = t\cdot 3$

$6 = 3t \quad |:3$

$t = 2$

III $2 = 2\cdot 1$

$2 = 2$ wahre Aussage

II $-14 = 2\cdot b_2$

$-14 = 2b_2 \quad |:2$

$b_2 = -7$

Der Punkt P liegt für $b_2 = -7$ auf der Geraden g.

b) $$\begin{pmatrix}6\\6\\6\end{pmatrix} = \begin{pmatrix}-1\\a_2\\-1\end{pmatrix} + t\cdot\begin{pmatrix}1\\1\\1\end{pmatrix} \quad \left|-\begin{pmatrix}-1\\a_2\\-1\end{pmatrix}\right.$$

$$\begin{pmatrix}7\\6-a_2\\7\end{pmatrix} = t\cdot\begin{pmatrix}1\\1\\1\end{pmatrix}$$

I $7 = t\cdot 1$

$t = 7$

III $7 = 7\cdot 1$

$7 = 7$ wahre Aussage

II $6 - a_2 = 7\cdot 1$

$6 - a_2 = 7 \quad |-6$

$-a_2 = 1 \quad |:(-1)$

$a_2 = -1$

Der Punkt P liegt für $a_2 = -1$ auf der Geraden g.

3 Lage von Geraden

a) $$r\cdot\begin{pmatrix}2\\3\\1\end{pmatrix} = \begin{pmatrix}1\\3\\1\end{pmatrix}$$

I $2r = 1 \quad |:2$

$r = 0{,}5$

II $0{,}5\cdot 3 = 3$

$1{,}5 = 3$ falsche Aussage

Die Geraden schneiden sich oder sind zueinander windschief.

$$\begin{pmatrix}1\\1\\2\end{pmatrix} + t\cdot\begin{pmatrix}2\\3\\1\end{pmatrix} = \begin{pmatrix}1\\-2\\1\end{pmatrix} + s\cdot\begin{pmatrix}1\\3\\1\end{pmatrix} \quad \left|-s\cdot\begin{pmatrix}1\\3\\1\end{pmatrix} - \begin{pmatrix}1\\1\\2\end{pmatrix}\right.$$

$$t\cdot\begin{pmatrix}2\\3\\1\end{pmatrix} - s\cdot\begin{pmatrix}1\\3\\1\end{pmatrix} = \begin{pmatrix}0\\-3\\-1\end{pmatrix}$$

I $2t - s = 0 \quad |\cdot(-3)$ ⌉ +

II $3t - 3s = -3$

$-3t = -3 \quad |:(-3)$

$t = 1$

t in I: $2 - s = 0 \quad |+s$

$s = 2$

t, s in III: $1 - 2 = -1$

$-1 = -1$ wahre Aussage

Die Geraden schneiden sich.

t in g:

$\vec{s} = \begin{pmatrix} 1 \\ 1 \\ 2 \end{pmatrix} + 1 \cdot \begin{pmatrix} 2 \\ 3 \\ 1 \end{pmatrix} = \begin{pmatrix} 3 \\ 4 \\ 3 \end{pmatrix}$

$S(3 \mid 4 \mid 3)$

b) $r \cdot \begin{pmatrix} -8 \\ -12 \\ 4 \end{pmatrix} = \begin{pmatrix} 4 \\ 8 \\ 2 \end{pmatrix}$

$\text{I} \quad -8r = 4 \qquad | : (-8)$

$r = -0{,}5$

$\text{II} \quad -0{,}5 \cdot (-12) = 8$

$6 = 8$ falsche Aussage

Die Geraden schneiden sich oder sind zueinander windschief.

$\begin{pmatrix} 1 \\ 0 \\ 3 \end{pmatrix} + t \cdot \begin{pmatrix} -8 \\ -12 \\ 4 \end{pmatrix} = \begin{pmatrix} 3 \\ 6 \\ 4 \end{pmatrix} + s \cdot \begin{pmatrix} 4 \\ 8 \\ 2 \end{pmatrix} \qquad \Big| -s \cdot \begin{pmatrix} 4 \\ 8 \\ 2 \end{pmatrix} - \begin{pmatrix} 1 \\ 0 \\ 3 \end{pmatrix}$

$t \cdot \begin{pmatrix} -8 \\ -12 \\ 4 \end{pmatrix} - s \cdot \begin{pmatrix} 4 \\ 8 \\ 2 \end{pmatrix} = \begin{pmatrix} 2 \\ 6 \\ 1 \end{pmatrix}$

$\text{I} \quad -8t - 4s = 2 \qquad | \cdot (-2)$ +

$\text{II} \quad -12t - 8s = 6$

$4t = 2 \qquad | : 4$

$t = 0{,}5$

t in I: $-4 - 4s = 2 \qquad | +4$

$-4s = 6 \qquad | : (-4)$

$s = -\frac{3}{2}$

t, s in III: $0{,}5 \cdot 4 + \frac{3}{2} \cdot 2 = 1$

$2 + 3 = 1$

$5 = 1$ falsche Aussage

Die Geraden g und h schneiden sich nicht, sind also zueinander windschief.

c) $r \cdot \begin{pmatrix} 3 \\ 2 \\ 1 \end{pmatrix} = \begin{pmatrix} -6 \\ -4 \\ -2 \end{pmatrix}$

$\text{I} \quad 3r = -6 \qquad | : 3$

$r = -2$

$\text{II} \quad -2 \cdot 2 = -4$

$-4 = -4$ wahre Aussage

$\text{III} \quad -2 \cdot 1 = -2$

$-2 = -2$ wahre Aussage

Die Geraden sind zueinander parallel.

$\begin{pmatrix} 5 \\ -2 \\ 2 \end{pmatrix} = \begin{pmatrix} 3 \\ 0 \\ 2 \end{pmatrix} + t \cdot \begin{pmatrix} 3 \\ 2 \\ 1 \end{pmatrix} \qquad \Big| - \begin{pmatrix} 3 \\ 0 \\ 2 \end{pmatrix}$

$\begin{pmatrix} 2 \\ -2 \\ 0 \end{pmatrix} = t \cdot \begin{pmatrix} 3 \\ 2 \\ 1 \end{pmatrix}$

$\text{I} \quad 2 = 3t \qquad | : 3$

$t = \frac{2}{3}$

$\text{II} \quad -2 = \frac{2}{3} \cdot 2$

$-2 = \frac{4}{3}$ falsche Aussage

Der Punkt P liegt nicht auf der Geraden g. Damit sind g und h zueinander parallel und verschieden.

d) $r \cdot \begin{pmatrix} 2 \\ 3 \\ 6 \end{pmatrix} = \begin{pmatrix} -4 \\ -6 \\ -12 \end{pmatrix}$

$\text{I} \quad 2r = -4 \qquad | : 2$

$r = -2$

$\text{II} \quad -2 \cdot 3 = -6$

$-6 = -6$ wahre Aussage

$\text{III} \quad -2 \cdot 6 = -12$

$-12 = -12$ wahre Aussage

Die beiden Geraden sind zueinander parallel.

$\begin{pmatrix} -7 \\ -11 \\ -23 \end{pmatrix} = \begin{pmatrix} 1 \\ 1 \\ 1 \end{pmatrix} + t \cdot \begin{pmatrix} 2 \\ 3 \\ 6 \end{pmatrix} \qquad \Big| - \begin{pmatrix} 1 \\ 1 \\ 1 \end{pmatrix}$

$\begin{pmatrix} -8 \\ -12 \\ -24 \end{pmatrix} = t \cdot \begin{pmatrix} 2 \\ 3 \\ 6 \end{pmatrix}$

$\text{I} \quad -8 = 2t \qquad | : 2$

$t = -4$

$\text{II} \quad -12 = -4 \cdot 3$

$-12 = -12$ wahre Aussage

$\text{III} \quad -24 = -4 \cdot 6$

$-24 = -24$ wahre Aussage

Der Punkt P liegt auf der Geraden g. Damit sind g und h zueinander parallel und identisch.

4 Koordinate bestimmen II

a) $r \cdot \begin{pmatrix} 3 \\ -6 \\ b_3 \end{pmatrix} = \begin{pmatrix} 7 \\ -14 \\ 21 \end{pmatrix}$

$\text{I} \quad 3r = 7 \qquad | : 3$

$r = \frac{7}{3}$

$\text{II} \quad \frac{7}{3} \cdot (-6) = -14$

$-14 = -14$ wahre Aussage

$\text{III} \quad \frac{7}{3} \cdot b_3 = 21 \qquad | : \frac{7}{3}$

$b_3 = 9$

Für $b_3 = 9$ sind die beiden Geraden zueinander parallel.

$\begin{pmatrix} 0 \\ 1 \\ 0 \end{pmatrix} = \begin{pmatrix} 2 \\ 5 \\ -9 \end{pmatrix} + s \cdot \begin{pmatrix} 7 \\ -14 \\ 21 \end{pmatrix} \qquad \Big| - \begin{pmatrix} 2 \\ 5 \\ -9 \end{pmatrix}$

$\begin{pmatrix} -2 \\ -4 \\ 9 \end{pmatrix} = s \cdot \begin{pmatrix} 7 \\ -14 \\ 21 \end{pmatrix}$

$I\ -2 = 7s \quad |:7$

$s = -\frac{2}{7}$

$II\ -4 = -\frac{2}{7} \cdot (-14)$

$-4 = 4$ falsche Aussage

Der Punkt P liegt nicht auf der Geraden h. Damit sind g und h zueinander parallel und verschieden.

b) $r \cdot \begin{pmatrix} -5 \\ 0 \\ -10 \end{pmatrix} = \begin{pmatrix} 3 \\ d_2 \\ 6 \end{pmatrix}$

$I\ -5r = 3 \quad |:(-5)$

$r = -\frac{3}{5} = -0{,}6$

$II\ -0{,}6 \cdot 0 = d_2$

$0 = d_2$

$III\ -0{,}6 \cdot (-10) = 6$

$6 = 6$ wahre Aussage

Für $d_2 = 0$ sind die beiden Geraden zueinander parallel.

$$\begin{pmatrix} -6 \\ -2 \\ 1 \end{pmatrix} = \begin{pmatrix} 1 \\ 2 \\ 4 \end{pmatrix} + t \cdot \begin{pmatrix} -5 \\ 0 \\ -10 \end{pmatrix} \quad \Big| - \begin{pmatrix} 1 \\ 2 \\ 4 \end{pmatrix}$$

$$\begin{pmatrix} -7 \\ -4 \\ -3 \end{pmatrix} = t \cdot \begin{pmatrix} -5 \\ 0 \\ -10 \end{pmatrix}$$

$I\ -7 = -5t \quad |:(-5)$

$t = \frac{7}{5}$

$II\ -4 = \frac{7}{5} \cdot 0$

$-4 = 0$ falsche Aussage

Der Punkt P liegt nicht auf der Geraden g. Damit sind g und h zueinander parallel und verschieden.

5 Zeppeline

Zeppelin 2:

$$\overrightarrow{QR} = \begin{pmatrix} 7-\ 11 \\ 3-\ 7 \\ 4-(-4) \end{pmatrix} = \begin{pmatrix} -4 \\ -4 \\ 8 \end{pmatrix}$$

Da der Zeppelin sich in 2 h entlang des Vektors $\overrightarrow{QR}$ bewegt, benötigt er in einer Stunde den halben Vektor.

$\vec{x} = \vec{Q} + t \cdot 0{,}5 \cdot \overrightarrow{QR}$

$$h:\ \vec{x} = \begin{pmatrix} 11 \\ 7 \\ -4 \end{pmatrix} + t \cdot \begin{pmatrix} -2 \\ -2 \\ 4 \end{pmatrix},\ t \in \mathbb{R}$$

Zeppelin 1:

$$g:\ \vec{x} = \begin{pmatrix} 2 \\ -1 \\ a \end{pmatrix} + s \cdot \begin{pmatrix} 5 \\ 4 \\ -1 \end{pmatrix},\ s \in \mathbb{R}$$

$$r \cdot \begin{pmatrix} -2 \\ -2 \\ 4 \end{pmatrix} = \begin{pmatrix} 5 \\ 4 \\ -1 \end{pmatrix}$$

$I\ -2r = 5 \quad |:(-2)$

$r = -2{,}5$

$II\ -2{,}5 \cdot (-2) = 4$

$5 = 4$ falsche Aussage

Also sind die beiden Geraden windschief zueinander oder schneiden sich.

$$\begin{pmatrix} 11 \\ 7 \\ -4 \end{pmatrix} + t \cdot \begin{pmatrix} -2 \\ -2 \\ 4 \end{pmatrix} = \begin{pmatrix} 2 \\ -1 \\ a \end{pmatrix} + s \cdot \begin{pmatrix} 5 \\ 4 \\ -1 \end{pmatrix} \quad \Big| -s \cdot \begin{pmatrix} 5 \\ 4 \\ -1 \end{pmatrix} - \begin{pmatrix} 11 \\ 7 \\ -4 \end{pmatrix}$$

$$t \cdot \begin{pmatrix} -2 \\ -2 \\ 4 \end{pmatrix} - s \cdot \begin{pmatrix} 5 \\ 4 \\ -1 \end{pmatrix} = \begin{pmatrix} -9 \\ -8 \\ a+4 \end{pmatrix}$$

$I\ -2t - 5s = -9$

$II\ -2t - 4s = -8$

$I - II$

$IIb\ -s = -1 \quad |:(-1)$

$s = 1$

s in I:

$-2t - 5 = -9 \quad |+5$

$-2t = -4 \quad |:2$

$t = 2$

s, t in II:

$2 \cdot (-2) - 4 \cdot 1 = -8$

$-4 - 4 = -8$

$-8 = -8$ wahre Aussage

s, t in III:

$4 \cdot 2 - 1 \cdot (-1) = a + 4 \quad |-4$

$5 = a$

Für $a = 5$ schneiden sich die Flugbahnen.

Der Schnittpunkt lautet:

$$\vec{s} = \begin{pmatrix} 11 \\ 7 \\ -4 \end{pmatrix} + 2 \cdot \begin{pmatrix} -2 \\ -2 \\ 4 \end{pmatrix} = \begin{pmatrix} 7 \\ 3 \\ 4 \end{pmatrix},\ S(7|3|8)$$

(Gleichung Zeppelin 2)

Da Zeppelin 1 nach einer Stunde an dem Punkt angelangt ist, Zeppelin 2 aber erst nach 2 Stunden, kommt es zu keiner Kollision.

Schritt 10

Das brauchst du wieder

b) $I\ -3a + 2b = 5$

$II\ 2a - 8b = -10 \quad |+8b$

$I\ -3a + 2b = 5$

$IIa\ 2a = -10 + 8b \quad |:2$

$I\ -3a + 2b = 5$

$IIb\ a = -5 + 4b$

$$\begin{aligned} -3\cdot(-5+4b)+2b&=5 \\ 15-12b+2b&=5 \quad &|-15 \\ -10b&=-10 \quad &|\cdot(-1) \\ b&=1 \end{aligned}$$

b in IIb: $a=-5+4\cdot 1$
$=-1$

1 „Du bist dran“ aus dem „So geht's“-Kasten

a) Berechne die Vektoren $\overrightarrow{AB}$ und $\overrightarrow{AC}$:

$$\vec{u}=\overrightarrow{AB}=\begin{pmatrix}1-2\\5-0\\-3-(-1)\end{pmatrix}=\begin{pmatrix}-1\\5\\-2\end{pmatrix}$$

$$\vec{v}=\overrightarrow{AC}=\begin{pmatrix}-2-2\\7-0\\3-(-1)\end{pmatrix}=\begin{pmatrix}-4\\7\\4\end{pmatrix}$$

Stelle die Gleichung $E: \vec{x}=\vec{a}+r\cdot\overrightarrow{AB}+s\cdot\overrightarrow{AC}$ für die Ebene E auf:

$$E: \vec{x}=\begin{pmatrix}2\\0\\-1\end{pmatrix}+r\cdot\begin{pmatrix}-1\\5\\-2\end{pmatrix}+s\cdot\begin{pmatrix}-4\\7\\4\end{pmatrix};\ r,s\in\mathbb{R}$$

b) Setze den Ortsvektor $\vec{d}$ des Punktes D mit der Gleichung der Ebene E gleich und vereinfache:

$$\begin{pmatrix}-2\\7\\-5\end{pmatrix}=\begin{pmatrix}2\\0\\-1\end{pmatrix}+r\cdot\begin{pmatrix}-1\\5\\-2\end{pmatrix}+s\cdot\begin{pmatrix}-4\\7\\4\end{pmatrix}\quad \Big|-\begin{pmatrix}2\\0\\-1\end{pmatrix}$$

$$\begin{pmatrix}-4\\7\\-4\end{pmatrix}=r\cdot\begin{pmatrix}-1\\5\\-2\end{pmatrix}+s\cdot\begin{pmatrix}-4\\7\\4\end{pmatrix}$$

Stelle diese Gleichung zeilenweise als LGS dar:

$$\begin{aligned} &\text{I} & -4&=-r-4s \\ &\text{II} & 7&=5r+7s \\ &\text{III} & -4&=-2r+4s \end{aligned}$$

Löse die erste Zeile der Gleichung nach r auf:

$$\begin{aligned} \text{I}\quad -4&=-r-4s \quad &|+4s \\ -r&=-4+4s \quad &|:(-1) \\ r&=4-4s \end{aligned}$$

Ersetze r in der zweiten und dritten Zeile des LGS durch dieses Ergebnis und berechne jeweils den Wert von s:

$$\begin{aligned} \text{II}\quad 7&=5\cdot(4-4s)+7s \\ 7&=20-20s+7s \\ 7&=20-13s \quad &|-20 \\ -13&=-13s \quad &|:(-13) \\ 1&=s \end{aligned}$$

$$\begin{aligned} \text{III}\quad -4&=-2\cdot(4-4s)+4s \\ -4&=-8+8s+4s \\ -4&=-8+12s \quad &|+8 \\ 4&=12s \quad &|:12 \\ \tfrac{1}{3}&=s \end{aligned}$$

Schreibe den Antwortsatz auf:

Der Punkt D liegt nicht in der Ebene E.

2 Ebene durch drei Punkte gegeben

a) $\vec{u}=\overrightarrow{AB}=\begin{pmatrix}0-0\\-5-0\\0-(-2)\end{pmatrix}=\begin{pmatrix}0\\-5\\2\end{pmatrix}$

$\vec{v}=\overrightarrow{AC}=\begin{pmatrix}5-0\\0-0\\1-(-2)\end{pmatrix}=\begin{pmatrix}5\\0\\3\end{pmatrix}$

$$E: \vec{x}=\begin{pmatrix}0\\0\\-2\end{pmatrix}+r\cdot\begin{pmatrix}0\\-5\\2\end{pmatrix}+s\cdot\begin{pmatrix}5\\0\\3\end{pmatrix};\ r,s\in\mathbb{R}$$

Punktprobe:

$$\begin{pmatrix}10\\-5\\6\end{pmatrix}=\begin{pmatrix}0\\0\\-2\end{pmatrix}+r\cdot\begin{pmatrix}0\\-5\\2\end{pmatrix}+s\cdot\begin{pmatrix}5\\0\\3\end{pmatrix}\quad \Big|-\begin{pmatrix}0\\0\\-2\end{pmatrix}$$

$$\begin{pmatrix}10\\-5\\8\end{pmatrix}=r\cdot\begin{pmatrix}0\\-5\\2\end{pmatrix}+s\cdot\begin{pmatrix}5\\0\\3\end{pmatrix}$$

$$\begin{aligned} &\text{I} & 10&=5s \quad &|:5 \\ &\text{II} & -5&=-5r \quad &|:(-5) \\ &\text{III} & 8&=2r+3s \end{aligned}$$

$$\begin{aligned} &\text{I} & 2&=s \\ &\text{II} & 1&=r \\ &\text{III} & 8&=2r+3s \end{aligned}$$

r und s in III: $8=2\cdot 2+3\cdot 1$
$8=7$ falsche Aussage

Der Punkt D liegt nicht in der Ebene E.

b) $\vec{u}=\overrightarrow{AB}=\begin{pmatrix}0-2\\6-1\\1-0\end{pmatrix}=\begin{pmatrix}-2\\5\\1\end{pmatrix}$

$\vec{v}=\overrightarrow{AC}=\begin{pmatrix}3-2\\2-1\\3-0\end{pmatrix}=\begin{pmatrix}1\\1\\3\end{pmatrix}$

$$E: \vec{x}=\begin{pmatrix}2\\1\\0\end{pmatrix}+r\cdot\begin{pmatrix}-2\\5\\1\end{pmatrix}+s\cdot\begin{pmatrix}1\\1\\3\end{pmatrix};\ r,s\in\mathbb{R}$$

Punktprobe:

$$\begin{pmatrix}5\\-3\\2\end{pmatrix}=\begin{pmatrix}2\\1\\0\end{pmatrix}+r\cdot\begin{pmatrix}-2\\5\\1\end{pmatrix}+s\cdot\begin{pmatrix}1\\1\\3\end{pmatrix}\quad \Big|-\begin{pmatrix}2\\1\\0\end{pmatrix}$$

$$\begin{pmatrix}3\\-4\\2\end{pmatrix}=r\cdot\begin{pmatrix}-2\\5\\1\end{pmatrix}+s\cdot\begin{pmatrix}1\\1\\3\end{pmatrix}$$

$$\begin{aligned} &\text{I} & 3&=-2r+s \quad &|+2r \\ &\text{II} & -4&=5r+s \\ &\text{III} & 2&=r+3s \end{aligned}$$

I nach s aufgelöst:
$\text{I}\quad 3+2r=s$

s eingesetzt in II und III:

$$\begin{aligned} \text{II}\quad -4&=5r+3+2r \\ -4&=7r+3 \quad &|-3 \\ -7&=7r \quad &|:7 \\ r&=-1 \end{aligned}$$

III $2 = r + 3(3 + 2r)$
$2 = r + 9 + 6r$
$2 = 7r + 9 \quad |-9$
$-7 = 7r \quad |:7$
$r = -1$

Der Punkt D liegt in der Ebene E.

3 Punktprobe, Variable bestimmen

a) Punkt A:

$$\begin{pmatrix}2\\-1\\-8\end{pmatrix} = \begin{pmatrix}1\\2\\-1\end{pmatrix} + r \cdot \begin{pmatrix}1\\3\\4\end{pmatrix} + s \cdot \begin{pmatrix}2\\0\\-3\end{pmatrix} \quad \left| - \begin{pmatrix}1\\2\\-1\end{pmatrix}\right.$$

$$\begin{pmatrix}1\\-3\\-7\end{pmatrix} = r \cdot \begin{pmatrix}1\\3\\4\end{pmatrix} + s \cdot \begin{pmatrix}2\\0\\-3\end{pmatrix}$$

I $1 = r + 2s$
II $-3 = 3r$
III $-7 = 4r - 3s$

Aus II: $-3 = 3r \quad |:3$
$-1 = r$

r in I:
$1 = -1 + 2s \quad |+1$
$2 = 2s \quad |:2$
$1 = s$

r und s in III:
$-7 = 4 \cdot (-1) - 3 \cdot 1$
$-7 = -4 - 3 = -7$ wahre Aussage

Der Punkt A liegt in der Ebene.

Punkt B:

$$\begin{pmatrix}0\\0\\0\end{pmatrix} = \begin{pmatrix}1\\2\\-1\end{pmatrix} + r \cdot \begin{pmatrix}1\\3\\4\end{pmatrix} + s \cdot \begin{pmatrix}2\\0\\-3\end{pmatrix} \quad \left| - \begin{pmatrix}1\\2\\-1\end{pmatrix}\right.$$

$$\begin{pmatrix}-1\\-2\\1\end{pmatrix} = r \cdot \begin{pmatrix}1\\3\\4\end{pmatrix} + s \cdot \begin{pmatrix}2\\0\\-3\end{pmatrix}$$

I $-1 = r + 2s$
II $-2 = 3r$
III $1 = 4r - 3s$

Aus II: $-2 = 3r \quad |:3$
$-\frac{2}{3} = r$

r in I:
$-1 = -\frac{2}{3} + 2s \quad |+\frac{2}{3}$
$-\frac{1}{3} = 2s \quad |:2$
$-\frac{1}{6} = s$

r und s in III:
$1 = 4 \cdot \left(-\frac{2}{3}\right) - 3 \cdot \left(-\frac{1}{6}\right)$
$1 = -\frac{8}{3} + \frac{3}{6} = -\frac{13}{6}$ falsche Aussage

Der Punkt B liegt nicht in der Ebene.

Punkt C:

$$\begin{pmatrix}2\\8\\14\end{pmatrix} = \begin{pmatrix}1\\2\\-1\end{pmatrix} + r \cdot \begin{pmatrix}1\\3\\4\end{pmatrix} + s \cdot \begin{pmatrix}2\\0\\-3\end{pmatrix} \quad \left| - \begin{pmatrix}1\\2\\-1\end{pmatrix}\right.$$

$$\begin{pmatrix}1\\6\\15\end{pmatrix} = r \cdot \begin{pmatrix}1\\3\\4\end{pmatrix} + s \cdot \begin{pmatrix}2\\0\\-3\end{pmatrix}$$

I $1 = r + 2s$
II $6 = 3r$
III $15 = 4r - 3s$

Aus II: $6 = 3r \quad |:3$
$2 = r$

r in I:
$1 = 2 + 2s \quad |-2$
$-1 = 2s \quad |:2$
$-\frac{1}{2} = s$

r und s in III:
$15 = 4 \cdot 2 - 3 \cdot \left(-\frac{1}{2}\right)$
$15 = 8 + 1{,}5 = 9{,}5$ falsche Aussage

Der Punkt C liegt nicht in der Ebene.

b) i) Punkt $P(4\,|\,a\,|-4)$:

$$\begin{pmatrix}4\\a\\-4\end{pmatrix} = \begin{pmatrix}1\\2\\-1\end{pmatrix} + r \cdot \begin{pmatrix}1\\3\\4\end{pmatrix} + s \cdot \begin{pmatrix}2\\0\\-3\end{pmatrix} \quad \left| - \begin{pmatrix}1\\2\\-1\end{pmatrix}\right.$$

$$\begin{pmatrix}3\\a-2\\-3\end{pmatrix} = r \cdot \begin{pmatrix}1\\3\\4\end{pmatrix} + s \cdot \begin{pmatrix}2\\0\\-3\end{pmatrix}$$

I $3 = r + 2s$
II $a - 2 = 3r$
III $-3 = 4r - 3s$

Aus I: $3 = r + 2s \quad |-2s$
$3 - 2s = r$

r in III:
$-3 = 4 \cdot (3 - 2s) - 3s$
$-3 = 12 - 8s - 3s$
$-3 = 12 - 11s \quad |-12$
$-15 = -11s \quad |:(-11)$
$\frac{15}{11} = s$

s in I:
$3 - 2 \cdot \frac{15}{11} = r$
$3 - \frac{30}{11} = r$
$\frac{3}{11} = r$

r in II:
$a - 2 = 3 \cdot \frac{3}{11}$
$a - 2 = \frac{9}{11} \quad |+2$
$a = \frac{31}{11}$

Für $a = \frac{31}{11}$ liegt der Punkt P in der Ebene.

ii) Punkt P(5 | −4 | a)

$$\begin{pmatrix}5\\-4\\a\end{pmatrix} = \begin{pmatrix}1\\2\\-1\end{pmatrix} + r\cdot\begin{pmatrix}1\\3\\4\end{pmatrix} + s\cdot\begin{pmatrix}2\\0\\-3\end{pmatrix} \quad \Big| - \begin{pmatrix}1\\2\\-1\end{pmatrix}$$

$$\begin{pmatrix}4\\-6\\a+1\end{pmatrix} = r\cdot\begin{pmatrix}1\\3\\4\end{pmatrix} + s\cdot\begin{pmatrix}2\\0\\-3\end{pmatrix}$$

I $\quad 4 = r + 2s$
II $\quad -6 = 3r$
III $\quad a + 1 = 4r - 3s$

Aus II: $-6 = 3r \quad |:3$
$-2 = r$

r in I:
$4 = -2 + 2s \quad |+2$
$6 = 2s \quad |:2$
$3 = s$

s und r in III:
$a + 1 = 4\cdot(-2) - 3\cdot 3$
$a + 1 = -8 - 9$
$a + 1 = -17 \quad |-1$
$a = -18$

Für $a = -18$ liegt der Punkt P in der Ebene.

4 Parametergleichung bestimmen

a) A(1 | 1 | 5), B(2 | −3 | 7), C(4 | 5 | 11)

$E: \vec{x} = \overrightarrow{OA} + s\cdot\overrightarrow{AB} + t\cdot\overrightarrow{AC}$

$$\overrightarrow{AB} = \begin{pmatrix}2-1\\-3-1\\7-5\end{pmatrix} = \begin{pmatrix}1\\-4\\2\end{pmatrix}$$

$$\overrightarrow{AC} = \begin{pmatrix}4-1\\5-1\\11-5\end{pmatrix} = \begin{pmatrix}3\\4\\6\end{pmatrix}$$

Da $\overrightarrow{AB}$ und $\overrightarrow{AC}$ keine Vielfachen voneinander sind, kann man die Ebenengleichung aufstellen.

$$E: \vec{x} = \begin{pmatrix}1\\1\\5\end{pmatrix} + s\cdot\begin{pmatrix}1\\-4\\2\end{pmatrix} + t\cdot\begin{pmatrix}3\\4\\6\end{pmatrix}$$

b) A(1 | 0 | 4), B(2 | −3 | 7), C(3 | −6 | 10)

$E: \vec{x} = \overrightarrow{OA} + s\cdot\overrightarrow{AB} + t\cdot\overrightarrow{AC}$

$$\overrightarrow{AB} = \begin{pmatrix}2-1\\-3-0\\7-4\end{pmatrix} = \begin{pmatrix}1\\-3\\3\end{pmatrix}$$

$$\overrightarrow{AC} = \begin{pmatrix}4-1\\-6-0\\10-4\end{pmatrix} = \begin{pmatrix}2\\-6\\6\end{pmatrix}$$

Da $\overrightarrow{AB}$ und $\overrightarrow{AC}$ Vielfache voneinander sind, kann man keine Ebenengleichung aufstellen.

5 Ebenengleichung aus Gerade und Punkt

a) $g: \vec{x} = \begin{pmatrix}1\\-2\\3\end{pmatrix} + r\cdot\begin{pmatrix}1\\-3\\4\end{pmatrix}$; $r \in \mathbb{R}$, P(2 | 3 | 5)

$g: \vec{x} = \overrightarrow{OA} + r\cdot\overrightarrow{AB}$

$E: \vec{x} = \overrightarrow{OA} + s\cdot\overrightarrow{AB} + t\cdot\overrightarrow{AP}$

$$\overrightarrow{AP} = \begin{pmatrix}2-1\\3-(-2)\\5-3\end{pmatrix} = \begin{pmatrix}1\\5\\2\end{pmatrix}$$

$$E: \vec{x} = \begin{pmatrix}1\\-2\\3\end{pmatrix} + s\cdot\begin{pmatrix}1\\-3\\4\end{pmatrix} + t\cdot\begin{pmatrix}1\\5\\2\end{pmatrix}$$

b) $g: \vec{x} = \begin{pmatrix}1\\2\\-1\end{pmatrix} + s\cdot\begin{pmatrix}2\\0\\-3\end{pmatrix}$; $s \in \mathbb{R}$, P(4 | −2 | −4)

$g: \vec{x} = \overrightarrow{OA} + r\cdot\overrightarrow{AB}$

$E: \vec{x} = \overrightarrow{OA} + s\cdot\overrightarrow{AB} + t\cdot\overrightarrow{AP}$

$$\overrightarrow{AP} = \begin{pmatrix}4-1\\-2-2\\-4-(-1)\end{pmatrix} = \begin{pmatrix}3\\-4\\-3\end{pmatrix}$$

$$E: \vec{x} = \begin{pmatrix}1\\2\\-1\end{pmatrix} + s\cdot\begin{pmatrix}2\\0\\-3\end{pmatrix} + t\cdot\begin{pmatrix}3\\-4\\-3\end{pmatrix}$$

6 Parameter bestimmen

a) $$\begin{pmatrix}0\\0\\0\end{pmatrix} = \begin{pmatrix}5\\6\\a\end{pmatrix} + r\cdot\begin{pmatrix}2\\3\\-1\end{pmatrix} + s\cdot\begin{pmatrix}1\\0\\4\end{pmatrix} \quad \Big| - \begin{pmatrix}5\\6\\a\end{pmatrix}$$

$$\begin{pmatrix}-5\\-6\\-a\end{pmatrix} = r\cdot\begin{pmatrix}2\\3\\-1\end{pmatrix} + s\cdot\begin{pmatrix}1\\0\\4\end{pmatrix}$$

I $\quad -5 = 2r + s$
II $\quad -6 = 3r$
III $\quad -a = -r + 4s$

Aus II: $-6 = 3r \quad |:3$
$-2 = r$

r in I:
$-5 = 2\cdot(-2) + s$
$-5 = -4 + s \quad |+4$
$-1 = s$

r und s in III:
$-a = -(-2) + 4\cdot(-1)$
$-a = 2 - 4$
$-a = -2 \quad |:(-1)$
$a = 2$

Für $a = 2$ liegt der Ursprung in der Ebene.

b) Damit die Gleichung keine Ebene beschreibt, müssen die Spannvektoren ein Vielfaches voneinander sein.

$$\begin{pmatrix}-3\\-6\\a\end{pmatrix} = k\cdot\begin{pmatrix}a\\2a\\a\end{pmatrix}$$

I $\quad -3 = k\cdot a$
II $\quad -6 = k\cdot 2a$
III $\quad a = k\cdot a$

Aus III: $a = k\cdot a \quad |:a$
$1 = k$

k in I:
$-3 = a$

a und k in II:
$-6 = 1 \cdot 2 \cdot (-2)$
$-6 = -6$ wahre Aussage

Für $a = -3$ beschreibt die Gleichung keine Ebene, da hier die Richtungsvektoren linear abhängig sind.

SCHRITT 11

Das brauchst du wieder

b) $\vec{a} = \begin{pmatrix} 3 \\ 4 \\ 10 \end{pmatrix}$, $\vec{b} = \begin{pmatrix} 0 \\ 5 \\ -2 \end{pmatrix}$

$\vec{a} \cdot \vec{b} = 3 \cdot 0 + 4 \cdot 5 + 10 \cdot (-2)$
$= 20 - 20$
$= 0$

c) $\vec{a} = \begin{pmatrix} 2 \\ -5 \\ 7 \end{pmatrix}$, $\vec{b} = \begin{pmatrix} 1 \\ -3 \\ -2 \end{pmatrix}$

$\vec{a} \cdot \vec{b} = 2 \cdot 1 + (-5) \cdot (-3) + 7 \cdot (-2)$
$= 2 + 15 - 14$
$= 3$

1 „Du bist dran“ aus dem „So geht's“-Kasten

a) Stelle mithilfe des Normalenvektors zunächst den Ansatz für die Ebenengleichung auf:
$E{:}\ 2x_1 + 1x_2 - 2x_3 = d$
Setze die Koordinaten des Stützvektors in die Ebenengleichung ein, um d zu bestimmen:
$d = 2 \cdot 1 + 1 \cdot 2 - 2 \cdot (-4) = 2 + 2 + 8 = 12$
Gib die Ebenengleichung an:
$E{:}\ 2x_1 + 1x_2 - 2x_3 = 12$

b) Setze die Koordinaten von Q in die Koordinatengleichung ein:
$2 \cdot (-2) + 1 \cdot 4 - 2 \cdot (-6) = -4 + 4 + 12 = 12$
Der Punkt Q liegt in der Ebene E.

2 Koordinatengleichung, Punktprüfung I

a) $E{:}\ n_1x_1 + n_2x_2 + n_3x_3 = d$
$3 \cdot 1 - 2 \cdot 1 + 1 \cdot (-4) = 3 - 2 - 4 = -3 = d$
$E{:}\ 3x_1 - 2x_2 + x_3 = -3$

Punkt Q: $3 \cdot 0 - 2 \cdot 0 + (-3) = 0 + 0 - 3 = -3$

Der Punkt Q liegt in der Ebene.

b) $E{:}\ n_1x_1 + n_2x_2 + n_3x_3 = d$
$-1 \cdot 4 + 0 \cdot (-3) + 2 \cdot 4 = -4 + 0 + 8 = 4 = d$
$E{:}\ -1x_1 + 2x_3 = 4$

Punkt Q: $-1 \cdot 7 + 2 \cdot 0 = -7 + 0 = -7 \neq 4$

Der Punkt Q liegt nicht in der Ebene.

3 Koordinatengleichung, Punktprüfung II

a) $E{:}\ n_1x_1 + n_2x_2 + n_3x_3 = d$
$1 \cdot 2 + 2 \cdot 8 + 7 \cdot (-1) = 2 + 16 - 7 = 11 = d$
$E{:}\ 1x_1 + 2x_2 + 7x_3 = 11$

b) Punkt A: $1 \cdot 0 + 2 \cdot 0 + 7 \cdot 0 = 0 + 0 + 0 = 0$
$0 \neq 11$
Der Punkt A liegt nicht in der Ebene.

Punkt B: $1 \cdot 22 + 2 \cdot (-11) + 7 \cdot 0 = 22 - 22 + 0 = 0$
$0 \neq 11$
Der Punkt B liegt nicht in der Ebene.

Punkt C: $1 \cdot 4 + 2 \cdot 2 + 7 \cdot 1 = 4 + 4 + 7 = 15$
$15 \neq 11$
Der Punkt C liegt nicht in der Ebene.

4 Normalengleichung → Koordinatengleichung

a) $E{:}\ \left(\vec{x} - \begin{pmatrix} -1 \\ 2 \\ 3 \end{pmatrix}\right) \cdot \begin{pmatrix} -1 \\ 2 \\ 3 \end{pmatrix} = 0$

$\vec{n} = \begin{pmatrix} -1 \\ 2 \\ 3 \end{pmatrix}$, $P(-1|2|3)$

$E{:}\ n_1x_1 + n_2x_2 + n_3x_3 = d$
$-1 \cdot (-1) + 2 \cdot 2 + 3 \cdot 3 = 1 + 4 + 9 = 14 = d$
$E{:}\ -1x_1 + 2x_2 + 3x_3 = 14$

b) $E{:}\ \left(\vec{x} - \begin{pmatrix} 3 \\ 2 \\ 1 \end{pmatrix}\right) \cdot \begin{pmatrix} 4 \\ 1 \\ 5 \end{pmatrix} = 0$

$\vec{n} = \begin{pmatrix} 4 \\ 1 \\ 5 \end{pmatrix}$, $P(3|2|1)$

$E{:}\ n_1x_1 + n_2x_2 + n_3x_3 = d$
$4 \cdot 3 + 1 \cdot 2 + 5 \cdot 1 = 12 + 2 + 5 = 19$
$E{:}\ 4x_1 + 1x_2 + 5x_3 = 19$

c) $E{:}\ \left(\vec{x} - \begin{pmatrix} -3 \\ 0 \\ 4 \end{pmatrix}\right) \cdot \begin{pmatrix} 2 \\ 0 \\ -5 \end{pmatrix} = 0$

$\vec{n} = \begin{pmatrix} 2 \\ 0 \\ -5 \end{pmatrix}$, $P(-3|0|4)$

$E{:}\ n_1x_1 + n_2x_2 + n_3x_3 = d$
$2 \cdot (-3) + 0 \cdot 0 - 5 \cdot 4 = -6 + 0 - 20 = -26 = d$
$E{:}\ 2x_1 - 5x_3 = -26$

d) $E{:}\ \left(\vec{x} - \begin{pmatrix} 1 \\ 3 \\ -2 \end{pmatrix}\right) \cdot \begin{pmatrix} -1 \\ 3 \\ 4 \end{pmatrix} = 0$

$\vec{n} = \begin{pmatrix} -1 \\ 3 \\ 4 \end{pmatrix}$, $P(1|3|-2)$

$E{:}\ n_1x_1 + n_2x_2 + n_3x_3 = d$
$-1 \cdot 1 + 3 \cdot 3 + 4 \cdot (-2) = -1 + 9 - 8 = 0 = d$
$E{:}\ -1x_1 + 3x_2 + 4x_3 = 0$

5 Koordinatengleichung → Normalengleichung

a) $E_1{:}\ -1x_1 + 3x_2 + 4x_3 = 12$

$\vec{n} = \begin{pmatrix} -1 \\ 3 \\ 4 \end{pmatrix}$

Beliebigen Punkt P ermitteln;
z. B. x_1- und x_2-Koordinate null setzen:
$4x_3 = 12 \quad |:4$
$x_3 = 3 \quad \Rightarrow P(0|0|3)$

$E: \left(\vec{x} - \begin{pmatrix} 0 \\ 0 \\ 3 \end{pmatrix}\right) \cdot \begin{pmatrix} -1 \\ 3 \\ 4 \end{pmatrix} = 0$

b) E_2: $3x_1 - 2x_2 + 7x_3 = 42$

$\vec{n} = \begin{pmatrix} 3 \\ -2 \\ 7 \end{pmatrix}$

Beliebigen Punkt P ermitteln;
z. B. x_1- und x_2-Koordinate null setzen:

$7x_3 = 42 \quad | : 7$
$x_3 = 6 \quad \Rightarrow \quad P(0|0|6)$

$E: \left(\vec{x} - \begin{pmatrix} 0 \\ 0 \\ 6 \end{pmatrix}\right) \cdot \begin{pmatrix} 3 \\ -2 \\ 7 \end{pmatrix} = 0$

c) E_3: $-5x_1 + 3x_2 - x_3 = 15$

$\vec{n} = \begin{pmatrix} -5 \\ 3 \\ -1 \end{pmatrix}$

Beliebigen Punkt P ermitteln;
z. B. x_1- und x_2-Koordinate null setzen:

$-x_3 = 15 \quad | : (-1)$
$x_3 = -15 \quad \Rightarrow \quad P(0|0|-15)$

$E: \left(\vec{x} - \begin{pmatrix} 0 \\ 0 \\ -15 \end{pmatrix}\right) \cdot \begin{pmatrix} -5 \\ 3 \\ -1 \end{pmatrix} = 0$

6 Koordinate bestimmen

a) $P(a|1|-2)$

$1 \cdot a + 2 \cdot 1 + 7 \cdot (-2) = 11$
$a + 2 - 14 = 11$
$a - 12 = 11 \quad | +12$
$a = 23$

Für $a = 23$ liegt der Punkt P in der Ebene
$\Rightarrow P(23|1|-2)$.

b) $P(2a|1|a)$

$1 \cdot 2a + 2 \cdot 1 + 7 \cdot a = 11$
$2a + 2 + 7a = 11$
$9a + 2 = 11 \quad | -2$
$9a = 9 \quad | : 9$
$a = 1$

Für $a = 1$ liegt der Punkt P in der Ebene
$\Rightarrow P(2|1|1)$.

7 Ebene untersuchen I

a) $\vec{n} = \begin{pmatrix} 2 \\ 2 \\ -1 \end{pmatrix}$

b) $\vec{n} = \begin{pmatrix} 2 \\ 2 \\ -1 \end{pmatrix}$

Beliebigen Punkt P ermitteln;
z. B. x_1- und x_2-Koordinate null setzen:

$-x_3 = 6 \quad | : (-1)$
$x_3 = -6 \quad \Rightarrow \quad P(0|0|-6)$

$E: \left(\vec{x} - \begin{pmatrix} 0 \\ 0 \\ -6 \end{pmatrix}\right) \cdot \begin{pmatrix} 2 \\ 2 \\ -1 \end{pmatrix} = 0$

c) x_1- und x_2-Koordinate null setzen:

$-x_3 = 6 \quad | : (-1)$
$x_3 = -6 \quad \Rightarrow \quad P(0|0|-6)$

x_2- und x_3-Koordinate null setzen:

$2x_1 = 6 \quad | : 2$
$x_1 = 3 \quad \Rightarrow \quad P(3|0|0)$

x_1- und x_3-Koordinate null setzen:

$2x_2 = 6 \quad | : 2$
$x_2 = 3 \quad \Rightarrow \quad P(0|3|0)$

Wähle z. B. $x_1 = 1$ und $x_2 = 1$ und berechne x_3:

$2 \cdot 1 + 2 \cdot 1 - x_3 = 6$
$2 + 2 - x_3 = 6$
$4 - x_3 = 6 \quad | -4$
$-x_3 = 2 \quad | : (-1)$
$x_3 = -2 \quad \Rightarrow \quad P(1|1|-2)$

d) Damit ein Punkt auf der x_1-Achse liegt, müssen die x_2- und die x_3-Koordinate null sein. Man muss also in der Ebenengleichung die x_2- und die x_3-Koordinate null setzen und den Rest der Gleichung lösen. Somit erhält man die x_1-Koordinate und kann dann den Punkt aufstellen.
Damit ein Punkt auf der x_2-Achse liegt, müssen die x_1- und die x_3-Koordinate null sein. Man muss also in der Ebenengleichung die x_1- und die x_3-Koordinate null setzen und den Rest der Gleichung lösen. Somit erhält man die x_2-Koordinate und kann dann den Punkt aufstellen.
Damit ein Punkt auf der x_3-Achse liegt, müssen die x_1- und die x_2-Koordinate null sein. Man muss also in der Ebenengleichung die x_1- und die x_2-Koordinate null setzen und den Rest der Gleichung lösen. Somit erhält man die x_3-Koordinate und kann dann den Punkt aufstellen.

8 Ebene untersuchen II

a) Punkt A: $0 - 0 = 0 = 0$
Der Punkt A liegt in der Ebene.

Punkt B: $4 - 4 = 0 = 0$
Der Punkt B liegt in der Ebene.

Punkt C: $1 - 5 = -4 \neq 0$
Der Punkt C liegt nicht in der Ebene.

b) $\vec{n} = \begin{pmatrix} 1 \\ -1 \\ 0 \end{pmatrix}$

9 Ebene untersuchen III

a) Bei allen Punkten muss der Wert der x_1-Koordinate 5 sein.

b) $\vec{n} = \begin{pmatrix} 1 \\ 0 \\ 0 \end{pmatrix}$

c) Da die x_1-Koordinate 5 sein muss, kann man beliebige Zahlen für x_2 und x_3 einsetzen.
z.B. $A(5|0|0)$, $B(5|-1|1)$, $C(5|7|2)$

d) $O(0|0|0)$
$0 = 5$ falsche Aussage
Der Ursprung liegt nicht in der Ebene.

e) $\vec{n} = \begin{pmatrix}1\\0\\0\end{pmatrix}$ aus b) und $A(5|0|0)$ aus c)

$$E: \left(\vec{x} - \begin{pmatrix}5\\0\\0\end{pmatrix}\right) \cdot \begin{pmatrix}1\\0\\0\end{pmatrix} = 0$$

SCHRITT 12

Das brauchst du wieder

b) $\overrightarrow{AB} = \begin{pmatrix}1\\3\\3\end{pmatrix}$; $\overrightarrow{AC} = \begin{pmatrix}3\\7\\2\end{pmatrix}$

$$E: \vec{x} = \begin{pmatrix}-2\\0\\2\end{pmatrix} + r \cdot \begin{pmatrix}1\\3\\3\end{pmatrix} + s \cdot \begin{pmatrix}3\\7\\2\end{pmatrix}$$

1 „Du bist dran" aus dem „So geht's"-Kasten

Schreibe die beiden Spannvektoren zweimal übereinander und streiche die erste und letzte Zeile:

$$\begin{array}{cc} \not{1} & \not{5} \\ 1 & 3 \\ 2 & 2 \\ 1 & 5 \\ 1 & 3 \\ \not{2} & \not{2} \end{array}$$

Verbinde die einzelnen Koordinaten kreuzweise orthogonal und bilde das Vektorprodukt:

$$\vec{u} \times \vec{v} = \begin{pmatrix}1 \cdot (-2) - 3 \cdot 2\\ 2 \cdot 5 - (-2) \cdot 1\\ 1 \cdot 3 - 5 \cdot 1\end{pmatrix} = \begin{pmatrix}-2-6\\ 10-(-2)\\ 3-5\end{pmatrix} = \begin{pmatrix}-8\\12\\-2\end{pmatrix}$$

Vereinfache das Ergebnis (falls möglich) und notiere den Normalenvektor:

$$\vec{n} = \begin{pmatrix}-4\\6\\-1\end{pmatrix}$$

Setze die Koordinaten des Normalenvektors in die allgemeine Form der Koordinatengleichung ein:
$E: -4x_1 + 6x_2 - 1x_3 = d$
Setze die Koordinaten des Stützvektors der Parametergleichung in die Koordinatenform ein, um d zu erhalten:
$-4 \cdot 2 + 6 \cdot 1 - 1 \cdot 4 = -8 + 6 - 4 = -6$
Gib die Koordinatengleichung an:
$E: -4x_1 + 6x_2 - x_3 = -6$

2 Koordinatengleichung I

$$\begin{array}{cc} \not{3} & \not{4} \\ -1 & 3 \\ 2 & 2 \\ 3 & 4 \\ -1 & 3 \\ \not{2} & \not{2} \end{array} \qquad \vec{u} \times \vec{v} = \begin{pmatrix}-1 \cdot (-2) - 3 \cdot 2\\ 2 \cdot 4 - (-2) \cdot 3\\ 3 \cdot 3 - 4 \cdot (-1)\end{pmatrix} = \begin{pmatrix}2-6\\8+6\\9+4\end{pmatrix} = \begin{pmatrix}-4\\14\\13\end{pmatrix}$$

$$\vec{n} = \begin{pmatrix}-4\\14\\13\end{pmatrix}$$

$E: -4x_1 + 14x_2 + 13x_3 = d$
$-4 \cdot 2 + 14 \cdot 1 + 13 \cdot 0 = -8 + 14 + 0 = 6$
$E: -4x_1 + 14x_2 + 13x_3 = 6$

3 Koordinatengleichung II

$$\begin{pmatrix}5 \cdot 1 - 3 \cdot 1\\ 3 \cdot 2 - (-2) \cdot 1\\ -2 \cdot 1 - 5 \cdot 2\end{pmatrix} = \begin{pmatrix}2\\8\\-12\end{pmatrix}$$

Möglicher Normalenvektor $\vec{n} = \begin{pmatrix}1\\4\\-6\end{pmatrix}$

$E: n_1x_1 + n_2x_2 + n_3x_3 = d$
$1 \cdot 5 + 4 \cdot 2 - 6 \cdot (-3) = 5 + 8 + 18 = 31$
$E: 1x_1 + 4x_2 - 6x_3 = 31$

4 Koordinatengleichung – Ebenenvergleich

$$\begin{pmatrix}1 \cdot 0 - 3 \cdot (-3)\\ 3 \cdot (-1) - 2 \cdot 0\\ 2 \cdot (-3) - 1 \cdot (-1)\end{pmatrix} = \begin{pmatrix}9\\-3\\-5\end{pmatrix}$$

Möglicher Normalenvektor $\vec{n} = \begin{pmatrix}9\\-3\\-5\end{pmatrix}$

$E: n_1x_1 + n_2x_2 + n_3x_3 = d$
$9 \cdot 1 - 3 \cdot 0 - 5 \cdot 0 = 9 + 0 + 0 = 9$
$E_1: 9x_1 - 3x_2 - 5x_3 = 9$

Multipliziert man die Ebene E_1 mit -3 erhält man nicht die Ebene E_2. Die Ebenen unterscheiden sich nur durch die rechte Seite nach dem Gleichheitszeichen, sie sind also parallel (vgl. Schritt 16).

5 Koordinatengleichung ⟶ Parametergleichung

a) $E: 1x_1 - 2x_2 + 7x_3 = 14$

x_1 und x_2 null setzen:
$7x_3 = 14 \quad |:7$
$x_3 = 2 \quad \Rightarrow A(0|0|2)$

x_1 und x_3 null setzen:
$-2x_2 = 14 \quad |:(-2)$
$x_2 = -7 \quad \Rightarrow B(0|-7|0)$

x_2 und x_3 null setzen:
$x_1 = 14 \quad \Rightarrow C(14|0|0)$

$E: \vec{x} = \overrightarrow{OA} + t \cdot \overrightarrow{AB} + s \cdot \overrightarrow{AC}$

$$\overrightarrow{AB} = \begin{pmatrix}0-0\\-7-0\\0-2\end{pmatrix} = \begin{pmatrix}0\\-7\\-2\end{pmatrix}$$

$\overrightarrow{AC} = \begin{pmatrix} 14-0 \\ 0-0 \\ 0-2 \end{pmatrix} = \begin{pmatrix} 14 \\ 0 \\ -2 \end{pmatrix}$

$E\colon \vec{x} = \begin{pmatrix} 0 \\ 0 \\ 2 \end{pmatrix} + t \cdot \begin{pmatrix} 0 \\ -7 \\ -2 \end{pmatrix} + s \cdot \begin{pmatrix} 14 \\ 0 \\ -2 \end{pmatrix}$

b) $E\colon -3x_1 + 5x_2 - 15x_3 = 0$

x_1 und x_2 null setzen:

$-15x_3 = 0 \quad | : (-15)$

$x_3 = 0 \quad \Rightarrow A(0|0|0)$

setze $x_1 = 1$ und $x_3 = 0$

$-3 + 5x_2 = 0 \quad | +3$

$5x_2 = 3 \quad | : 5$

$x_2 = \frac{3}{5} = 0{,}6 \quad \Rightarrow B(1|0{,}6|0)$

setze $x_1 = 0$ und $x_2 = 3$

$5 \cdot 3 - 15x_3 = 0$

$15 - 15x_3 = 0 \quad | -15$

$-15x_3 = -15 \quad | : (-15)$

$x_3 = 1 \quad \Rightarrow C(0|3|1)$

$E\colon \vec{x} = \overrightarrow{OA} + t \cdot \overrightarrow{AB} + s \cdot \overrightarrow{AC}$

$\overrightarrow{AB} = \begin{pmatrix} 1-0 \\ 0{,}6-0 \\ 0-0 \end{pmatrix} = \begin{pmatrix} 1 \\ 0{,}6 \\ 0 \end{pmatrix}$

$\overrightarrow{AC} = \begin{pmatrix} 0-0 \\ 3-0 \\ 1-0 \end{pmatrix} = \begin{pmatrix} 0 \\ 3 \\ 1 \end{pmatrix}$

$E\colon \vec{x} = \begin{pmatrix} 0 \\ 0 \\ 0 \end{pmatrix} + t \cdot \begin{pmatrix} 1 \\ 0{,}6 \\ 0 \end{pmatrix} + s \cdot \begin{pmatrix} 0 \\ 3 \\ 1 \end{pmatrix}$

c) $E\colon 2x_1 + x_3 = 0$

setze $x_1 = 1$ und $x_2 = 1$

$2 \cdot 1 + x_3 = 0$

$2 + x_3 = 0 \quad | -2$

$x_3 = -2 \quad \Rightarrow A(1|1|-2)$

setze $x_2 = 1$ und $x_3 = 1$

$2x_1 + 1 = 0 \quad | -1$

$2x_1 = -1 \quad | : 2$

$x_1 = -0{,}5 \quad \Rightarrow B(-0{,}5|1|1)$

Es gilt: $2x_1 = -x_3$

z.B. $x_1 = 3 \Rightarrow x_3 = -6 \Rightarrow C(3|0|-6)$

$E\colon \vec{x} = \overrightarrow{OA} + t \cdot \overrightarrow{AB} + s \cdot \overrightarrow{AC}$

$\overrightarrow{AB} = \begin{pmatrix} -0{,}5-1 \\ 1-1 \\ 1-(-2) \end{pmatrix} = \begin{pmatrix} -1{,}5 \\ 0 \\ 3 \end{pmatrix}$

$\overrightarrow{AC} = \begin{pmatrix} 3-1 \\ 0-1 \\ -6-(-2) \end{pmatrix} = \begin{pmatrix} 2 \\ -1 \\ -4 \end{pmatrix}$

$E\colon \vec{x} = \begin{pmatrix} 1 \\ 1 \\ -2 \end{pmatrix} + t \cdot \begin{pmatrix} -1{,}5 \\ 0 \\ 3 \end{pmatrix} + s \cdot \begin{pmatrix} 2 \\ -1 \\ -4 \end{pmatrix}$

d) $E\colon x_3 = 0$

Hier kann man sich drei beliebige Punkte auswählen, es muss nur jedes Mal die x_3-Koordinate null sein, z.B. $A(1|1|0)$, $B(-2|5|0)$, $C(3|4|0)$.

$E\colon \vec{x} = \overrightarrow{OA} + t \cdot \overrightarrow{AB} + s \cdot \overrightarrow{AC}$

$\overrightarrow{AB} = \begin{pmatrix} -2-1 \\ 5-1 \\ 0-0 \end{pmatrix} = \begin{pmatrix} -3 \\ 4 \\ 0 \end{pmatrix}$

$\overrightarrow{AC} = \begin{pmatrix} 3-1 \\ 4-1 \\ 0-0 \end{pmatrix} = \begin{pmatrix} 2 \\ 3 \\ 0 \end{pmatrix}$

$E\colon \vec{x} = \begin{pmatrix} 1 \\ 1 \\ 0 \end{pmatrix} + t \cdot \begin{pmatrix} -3 \\ 4 \\ 0 \end{pmatrix} + s \cdot \begin{pmatrix} 2 \\ 3 \\ 0 \end{pmatrix}$

6 Drei Punkte → Ebenengleichungen

a) $A(2|2|2)$, $B(1|3|7)$, $C(-5|2|8)$

$E\colon \vec{x} = \overrightarrow{OA} + t \cdot \overrightarrow{AB} + s \cdot \overrightarrow{AC}$

$\overrightarrow{AB} = \begin{pmatrix} 1-2 \\ 3-2 \\ 7-2 \end{pmatrix} = \begin{pmatrix} -1 \\ 1 \\ 5 \end{pmatrix}$

$\overrightarrow{AC} = \begin{pmatrix} -5-2 \\ 2-2 \\ 8-2 \end{pmatrix} = \begin{pmatrix} -7 \\ 0 \\ 6 \end{pmatrix}$

$E\colon \vec{x} = \begin{pmatrix} 2 \\ 2 \\ 2 \end{pmatrix} + t \cdot \begin{pmatrix} -1 \\ 1 \\ 5 \end{pmatrix} + s \cdot \begin{pmatrix} -7 \\ 0 \\ 6 \end{pmatrix}$

$\begin{pmatrix} 1 \cdot 6 - 5 \cdot 0 \\ 5 \cdot (-7) - (-1) \cdot 6 \\ -1 \cdot 0 - 1 \cdot (-7) \end{pmatrix} = \begin{pmatrix} 6 \\ -29 \\ 7 \end{pmatrix}$

Möglicher Normalenvektor $\vec{n} = \begin{pmatrix} 6 \\ -29 \\ 7 \end{pmatrix}$

$E\colon n_1x_1 + n_2x_2 + n_3x_3 = d$

$6 \cdot 2 - 29 \cdot 2 + 7 \cdot 2 = 12 - 58 + 14 = -32$

$E\colon 6x_1 - 29x_2 + 7x_3 = -32$

b) $A(-1|3|4)$, $B(0|5|-1)$, $C(-3|0|6)$

$E\colon \vec{x} = \overrightarrow{OA} + t \cdot \overrightarrow{AB} + s \cdot \overrightarrow{AC}$

$\overrightarrow{AB} = \begin{pmatrix} 0-(-1) \\ 5-3 \\ -1-4 \end{pmatrix} = \begin{pmatrix} 1 \\ 2 \\ -5 \end{pmatrix}$

$\overrightarrow{AC} = \begin{pmatrix} -3-(-1) \\ 0-3 \\ 6-4 \end{pmatrix} = \begin{pmatrix} -2 \\ -3 \\ 2 \end{pmatrix}$

$E\colon \vec{x} = \begin{pmatrix} -1 \\ 3 \\ 4 \end{pmatrix} + t \cdot \begin{pmatrix} 1 \\ 2 \\ -5 \end{pmatrix} + s \cdot \begin{pmatrix} -2 \\ -3 \\ 2 \end{pmatrix}$

$\begin{pmatrix} 2 \cdot 2 - (-5) \cdot (-3) \\ -5 \cdot (-2) - 1 \cdot 2 \\ 1 \cdot (-3) - 2 \cdot (-2) \end{pmatrix} = \begin{pmatrix} -11 \\ 8 \\ 1 \end{pmatrix}$

Möglicher Normalenvektor $\vec{n} = \begin{pmatrix} -11 \\ 8 \\ 1 \end{pmatrix}$

$E\colon n_1x_1 + n_2x_2 + n_3x_3 = d$

$-11 \cdot (-1) + 8 \cdot 3 + 1 \cdot 4 = 11 + 24 + 4 = 39$

$E\colon -11x_1 + 8x_2 + x_3 = 39$

c) $A(1|0|0), B(0|4|0), C(0|0|-3)$

$E: \vec{x} = \overrightarrow{OA} + t \cdot \overrightarrow{AB} + s \cdot \overrightarrow{AC}$

$\overrightarrow{AB} = \begin{pmatrix} 0-1 \\ 4-0 \\ 0-0 \end{pmatrix} = \begin{pmatrix} -1 \\ 4 \\ 0 \end{pmatrix}$

$\overrightarrow{AC} = \begin{pmatrix} 0-1 \\ 0-0 \\ -3-0 \end{pmatrix} = \begin{pmatrix} -1 \\ 0 \\ -3 \end{pmatrix}$

$E: \vec{x} = \begin{pmatrix} 1 \\ 0 \\ 0 \end{pmatrix} + t \cdot \begin{pmatrix} -1 \\ 4 \\ 0 \end{pmatrix} + s \cdot \begin{pmatrix} -1 \\ 0 \\ -3 \end{pmatrix}$

$\begin{pmatrix} 4 \cdot (-3) - 0 \cdot 0 \\ 0 \cdot (-1) - (-1) \cdot (-3) \\ -1 \cdot 0 - 4 \cdot (-1) \end{pmatrix} = \begin{pmatrix} -12 \\ -3 \\ 4 \end{pmatrix}$

Möglicher Normalenvektor $\vec{n} = \begin{pmatrix} -12 \\ -3 \\ 4 \end{pmatrix}$

$E: n_1x_1 + n_2x_2 + n_3x_3 = d$

$-12 \cdot 1 - 3 \cdot 0 + 4 \cdot 0 = -12 + 0 + 0 = -12$

$E_1: -12x_1 - 3x_2 + 4x_3 = -12$

d) $A(2|5|4), B(0|0|0), C(-3|-5|-1)$

$E: \vec{x} = \overrightarrow{OA} + t \cdot \overrightarrow{AB} + s \cdot \overrightarrow{AC}$

$\overrightarrow{AB} = \begin{pmatrix} 0-2 \\ 0-5 \\ 0-4 \end{pmatrix} = \begin{pmatrix} -2 \\ -5 \\ -4 \end{pmatrix}$

$\overrightarrow{AC} = \begin{pmatrix} -3-2 \\ -5-5 \\ -1-4 \end{pmatrix} = \begin{pmatrix} -5 \\ -10 \\ -5 \end{pmatrix}$

$E: \vec{x} = \begin{pmatrix} 2 \\ 5 \\ 4 \end{pmatrix} + t \cdot \begin{pmatrix} -2 \\ -5 \\ -4 \end{pmatrix} + s \cdot \begin{pmatrix} -5 \\ -10 \\ -5 \end{pmatrix}$

$\begin{pmatrix} -5 \cdot (-5) - (-4) \cdot (-10) \\ -4 \cdot (-5) - (-2) \cdot (-5) \\ -2 \cdot (-10) - (-5) \cdot (-5) \end{pmatrix} = \begin{pmatrix} -15 \\ 10 \\ -5 \end{pmatrix}$

Möglicher Normalenvektor $\vec{n} = \begin{pmatrix} -3 \\ 2 \\ -1 \end{pmatrix}$

$E: n_1x_1 + n_2x_2 + n_3x_3 = d$

$-3 \cdot 2 + 2 \cdot 5 - 1 \cdot 4 = -6 + 10 - 4 = 0$

$E_1: -3x_1 + 2x_2 - 1x_3 = 0$

7 Ebenen gegenseitig untersuchen

a) $E_1: \vec{x} = \begin{pmatrix} 2 \\ 1 \\ 0 \end{pmatrix} + r \cdot \begin{pmatrix} 3 \\ -1 \\ 2 \end{pmatrix} + s \cdot \begin{pmatrix} 4 \\ 3 \\ -2 \end{pmatrix}, \ r, s \in \mathbb{R}$

$\begin{pmatrix} -1 \cdot (-2) - 2 \cdot 3 \\ 2 \cdot 4 - 3 \cdot (-2) \\ 3 \cdot 3 - (-1) \cdot 4 \end{pmatrix} = \begin{pmatrix} -4 \\ 14 \\ 13 \end{pmatrix}$

Möglicher Normalenvektor $\vec{n} = \begin{pmatrix} -4 \\ 14 \\ 13 \end{pmatrix}$

$E: n_1x_1 + n_2x_2 + n_3x_3 = d$

$-4 \cdot 2 + 14 \cdot 1 + 13 \cdot 0 = -8 + 14 + 0 = 6$

$E_1: -4x_1 + 14x_2 + 13x_3 = 6$

b) $E_2: \vec{x} = \begin{pmatrix} 2 \\ -1 \\ 0 \end{pmatrix} + r \cdot \begin{pmatrix} 3 \\ 1 \\ -2 \end{pmatrix} + s \cdot \begin{pmatrix} 4 \\ -3 \\ 2 \end{pmatrix}, \ r, s \in \mathbb{R}$

$\begin{pmatrix} 1 \cdot 2 - (-2) \cdot (-3) \\ -2 \cdot 4 - 3 \cdot 2 \\ 3 \cdot (-3) - 1 \cdot 4 \end{pmatrix} = \begin{pmatrix} -4 \\ -14 \\ -13 \end{pmatrix}$

Möglicher Normalenvektor $\vec{n} = \begin{pmatrix} -4 \\ -14 \\ -13 \end{pmatrix}$

$E: n_1x_1 + n_2x_2 + n_3x_3 = d$

$-4 \cdot 2 - 14 \cdot (-1) - 13 \cdot 0 = -8 + 14 + 0 = 6$

$E_2: -4x_1 - 14x_2 - 13x_3 = 6$

c) $E_3: \vec{x} = \begin{pmatrix} 6 \\ 4 \\ -2 \end{pmatrix} + r \cdot \begin{pmatrix} -1 \\ -4 \\ 4 \end{pmatrix} + s \cdot \begin{pmatrix} -4 \\ -3 \\ 2 \end{pmatrix}, \ r, s \in \mathbb{R}$

$\begin{pmatrix} -4 \cdot 2 - 4 \cdot (-3) \\ 4 \cdot (-4) - (-1) \cdot 2 \\ -1 \cdot (-3) - (-4) \cdot (-4) \end{pmatrix} = \begin{pmatrix} 4 \\ -14 \\ -13 \end{pmatrix}$

Möglicher Normalenvektor $\vec{n} = \begin{pmatrix} 4 \\ -14 \\ -13 \end{pmatrix}$

$E: n_1x_1 + n_2x_2 + n_3x_3 = d$

$4 \cdot 6 - 14 \cdot 4 - 13 \cdot (-2) = 24 - 56 + 26 = -6$

$E_3: 4x_1 - 14x_2 - 13x_3 = -6$

d) $E_4: \vec{x} = \begin{pmatrix} 5 \\ 0 \\ -2 \end{pmatrix} + r \cdot \begin{pmatrix} 1 \\ -4 \\ 4 \end{pmatrix} + s \cdot \begin{pmatrix} -3 \\ -1 \\ 2 \end{pmatrix}, \ r, s \in \mathbb{R}$

$\begin{pmatrix} -4 \cdot 2 - 4 \cdot (-1) \\ 4 \cdot (-3) - 1 \cdot 2 \\ 1 \cdot (-1) - (-4) \cdot (-3) \end{pmatrix} = \begin{pmatrix} -4 \\ -14 \\ -13 \end{pmatrix}$

Möglicher Normalenvektor $\vec{n} = \begin{pmatrix} -4 \\ -14 \\ -13 \end{pmatrix}$

$E: n_1x_1 + n_2x_2 + n_3x_3 = d$

$-4 \cdot 5 - 14 \cdot 0 - 13 \cdot (-2) = -20 + 0 + 26 = 6$

$E_4: -4x_1 - 14x_2 - 13x_3 = 6$

Die Ebenen E_1 und E_3 und die Ebenen E_2 und E_4 sind identisch.

8 Parameter bestimmen

$E: 2x_1 + 4x_2 - 8x_3 = 24$

$F: 3x_1 + (4+k)x_2 - 6kx_3 = 36$

Man vergleicht zunächst die Zahlen vor dem x_1. Damit erhält man, dass $1{,}5 \cdot E = F$ sein muss.
Nun vergleicht man die Zahlen vor dem x_2:
Es muss gelten:

$1{,}5 \cdot 4 = (4+k)$

$6 = 4 + k \quad | -4$

$2 = k$

Nun vergleicht man die Zahlen vor dem x_3:
Es muss gelten:

$1{,}5 \cdot (-8) = -6k$

$-12 = -6k \quad | :(-6)$

$2 = k$

Jetzt vergleicht man noch die Zahlen rechts vom Gleichheitszeichen:
Es gilt $1{,}5 \cdot 24 = 36$.

Ergebnis: Für $k = 2$ sind die Ebenen identisch.

SCHRITT 13

Das brauchst du wieder

b)

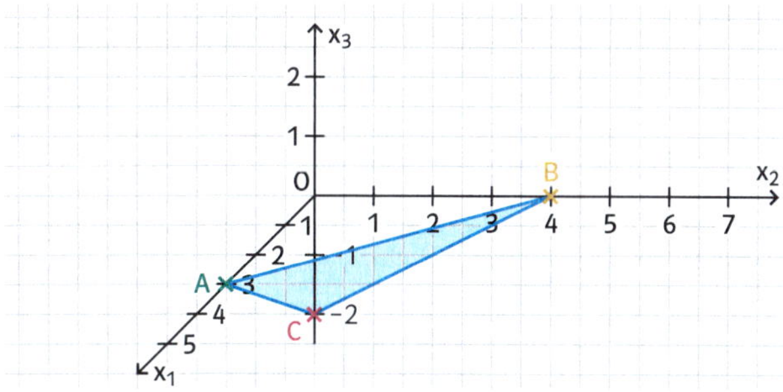

1 „Du bist dran" aus dem „So geht's"-Kasten

a) Bestimme die Spurpunkte der Ebene. Setze dafür die jeweils anderen beiden Koordinaten gleich null und löse die entstehende Gleichung:

S_1: $-6x_1 = -12 \Rightarrow x_1 = 2 \Rightarrow S_1(2|0|0)$

S_2: $4x_2 = -12 \Rightarrow x_2 = -3 \Rightarrow S_2(0|-3|0)$

S_3: $-4x_3 = -12 \Rightarrow x_3 = 3 \Rightarrow S_3(0|0|3)$

Zeichne ein dreidimensionales Koordinatensystem, trage die Spurpunkte ein und verbinde sie. Dadurch erhältst du die Darstellung der Ebene E:

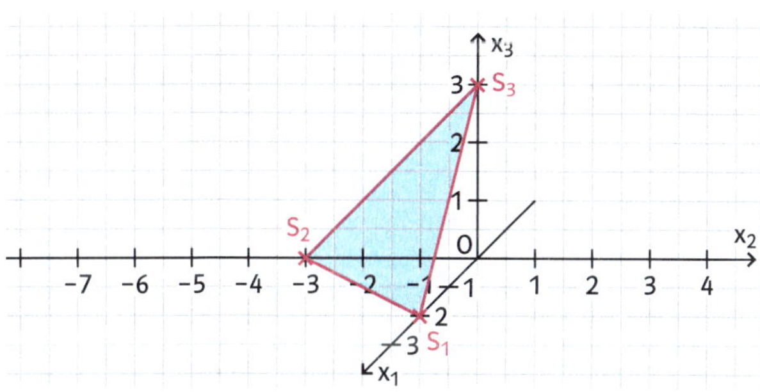

b) Bestimme die Spurpunkte der Ebene. Setze dafür die jeweils anderen beiden Koordinate gleich null und löse die entstehende Gleichung:

S_2: $-2x_2 = 8 \Rightarrow x_2 = -4 \Rightarrow S_2(0|-4|0)$

S_3: $4x_3 = 8 \Rightarrow x_3 = 2 \Rightarrow S_3(0|0|2)$

Zeichne ein dreidimensionales Koordinatensystem und trage die Spurpunkte dort ein. Zeichne ausgehend von den Spurpunkten zwei zu der Koordinatenachse ohne Spurpunkt parallele Geraden ein. Dadurch erhältst du die Darstellung der Ebene E:

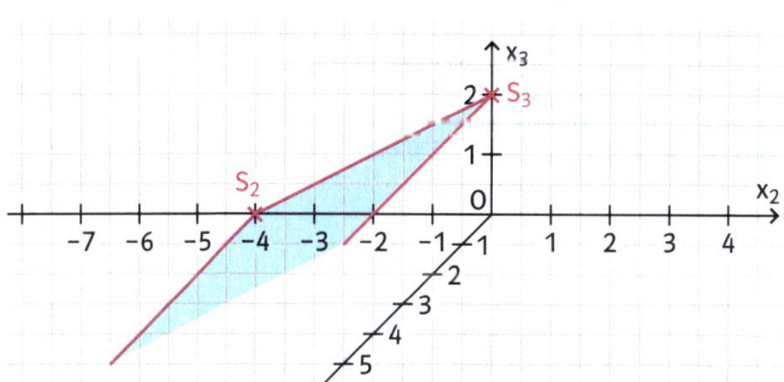

c) Bestimme den Spurpunkt der Ebene.

S_2: $6x_2 = 18 \Rightarrow x_2 = 3 \Rightarrow S_2(0|3|0)$

Zeichne ein dreidimensionales Koordinatensystem und trage den Spurpunkt dort ein. Zeichne ausgehend vom Spurpunkt jeweils eine zu den beiden Achsen ohne Spurpunkt parallele Gerade ein. Dadurch erhältst du die Darstellung der Ebene E:

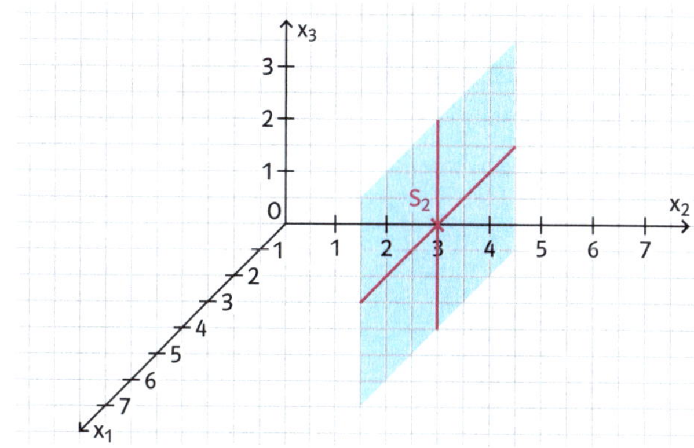

2 Spurpunkte I

a) S_1: $2x_1 = 8 \Rightarrow x_1 = 4 \Rightarrow S_1(4|0|0)$

S_2: $-4x_2 = 8 \Rightarrow x_2 = -2 \Rightarrow S_2(0|-2|0)$

S_3: $4x_3 = 8 \Rightarrow x_3 = 2 \Rightarrow S_3(0|0|2)$

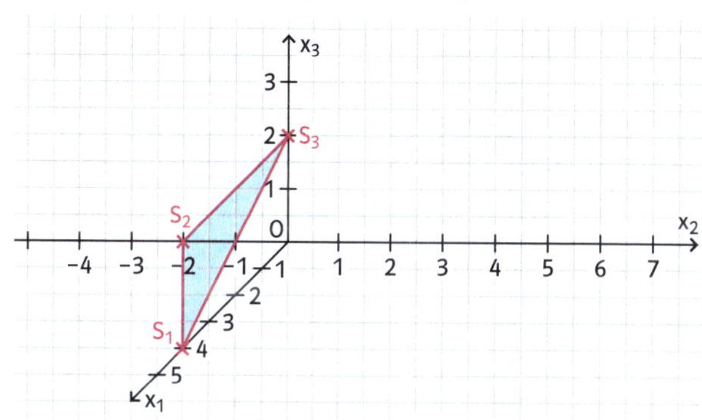

b) S_1: $-3x_1 = 9 \Rightarrow x_1 = -3 \Rightarrow S_1(-3|0|0)$

S_2: $3x_2 = 9 \Rightarrow x_2 = 3 \Rightarrow S_2(0|3|0)$

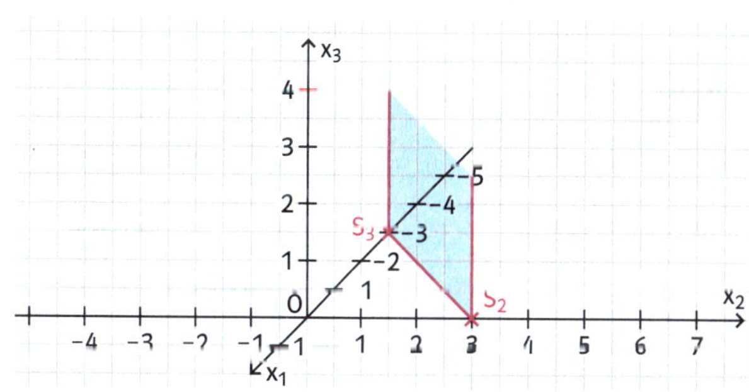

c) S_1: $5x_1 = 15 \Rightarrow x_1 = 3 \Rightarrow S_1(3|0|0)$

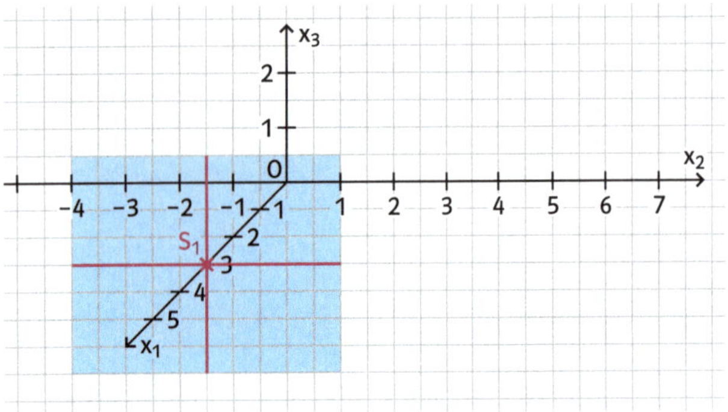

3 Spurpunkte II

a) E_1: $3x_1 + 4x_2 - 3x_3 = 12$

S_1: $3x_1 = 12 \quad |:3$

$x_1 = 4 \quad \Rightarrow S_1(4|0|0)$

S_2: $4x_2 = 12 \quad |:4$

$x_2 = 3 \quad \Rightarrow S_2(0|3|0)$

S_3: $-3x_3 = 12 \quad |:(-3)$

$x_3 = -4 \quad \Rightarrow S_3(0|0|-4)$

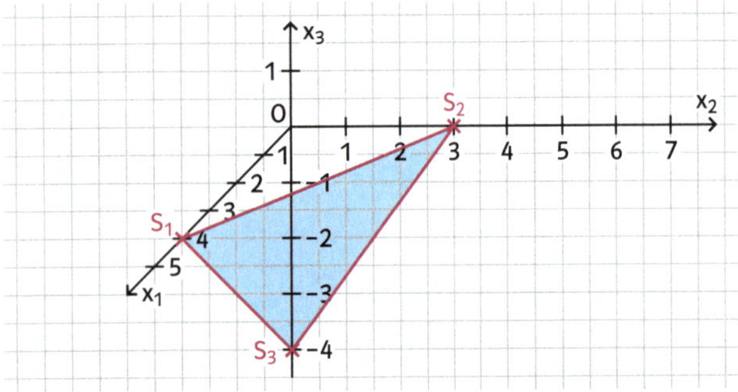

b) E_2: $7x_1 + 2x_2 = 14$

S_1: $7x_1 = 14 \quad |:7$

$x_1 = 2 \quad \Rightarrow S_1(2|0|0)$

S_2: $2x_2 = 14 \quad |:2$

$x_2 = 7 \quad \Rightarrow S_2(0|7|0)$

S_3: existiert nicht $\Rightarrow$ E_2 ist parallel zur x_3-Achse.

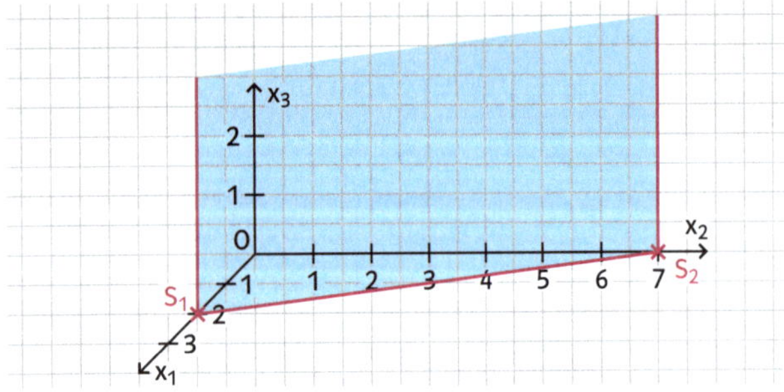

c) E_3: $2x_3 = 0$

S_1: existiert nicht

S_2: existiert nicht

S_3: $2x_3 = 0 \quad |:2$

$x_3 = 0 \quad \Rightarrow S_3(0|0|0)$

Es handelt sich also um die x_1x_2-Ebene.

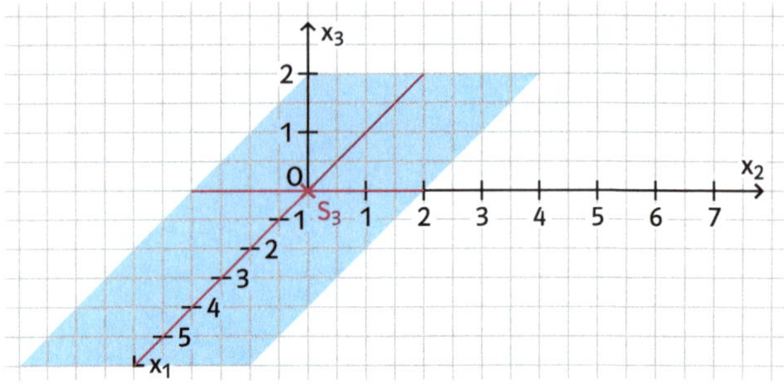

4 Spurpunkte – Parametergleichung I

a) $S_1(2|0|0)$, $S_2(0|-4|0)$, $S_3(0|0|3)$

$E: \vec{x} = \overrightarrow{OS_1} + s \cdot \overrightarrow{S_1S_2} + t \cdot \overrightarrow{S_1S_3}$

$$\overrightarrow{S_1S_2} = \begin{pmatrix} 0-2 \\ -4-0 \\ 0-0 \end{pmatrix} = \begin{pmatrix} -2 \\ -4 \\ 0 \end{pmatrix}$$

$$\overrightarrow{S_1S_3} = \begin{pmatrix} 0-2 \\ 0-0 \\ 3-0 \end{pmatrix} = \begin{pmatrix} -2 \\ 0 \\ 3 \end{pmatrix}$$

$$E: \vec{x} = \begin{pmatrix} 2 \\ 0 \\ 0 \end{pmatrix} + s \cdot \begin{pmatrix} -2 \\ -4 \\ 0 \end{pmatrix} + t \cdot \begin{pmatrix} -2 \\ 0 \\ 3 \end{pmatrix}$$

b) $S_1(-2|0|0)$, $S_2(0|5|0)$, $S_3(0|0|-2)$

$E: \vec{x} = \overrightarrow{OS_1} + s \cdot \overrightarrow{S_1S_2} + t \cdot \overrightarrow{S_1S_3}$

$$\overrightarrow{S_1S_2} = \begin{pmatrix} 0-(-2) \\ 5-\ 0 \\ 0-\ 0 \end{pmatrix} = \begin{pmatrix} 2 \\ 5 \\ 0 \end{pmatrix}$$

$$\overrightarrow{S_1S_3} = \begin{pmatrix} 0-(-2) \\ 0-\ 0 \\ -2-\ 0 \end{pmatrix} = \begin{pmatrix} 2 \\ 0 \\ -2 \end{pmatrix}$$

$$E: \vec{x} = \begin{pmatrix} -2 \\ 0 \\ 0 \end{pmatrix} + s \cdot \begin{pmatrix} 2 \\ 5 \\ 0 \end{pmatrix} + t \cdot \begin{pmatrix} 2 \\ 0 \\ -2 \end{pmatrix}$$

c) $S_1(-1|0|0)$, $S_2(0|-1|0)$, $S_3(0|0|-1)$

$E: \vec{x} = \overrightarrow{OS_1} + s \cdot \overrightarrow{S_1S_2} + t \cdot \overrightarrow{S_1S_3}$

$$\overrightarrow{S_1S_2} = \begin{pmatrix} 0-(-1) \\ -1-\ 0 \\ 0-\ 0 \end{pmatrix} = \begin{pmatrix} 1 \\ -1 \\ 0 \end{pmatrix}$$

$$\overrightarrow{S_1S_3} = \begin{pmatrix} 0-(-1) \\ 0-\ 0 \\ -1-\ 0 \end{pmatrix} = \begin{pmatrix} 1 \\ 0 \\ -1 \end{pmatrix}$$

$$E: \vec{x} = \begin{pmatrix} -1 \\ 0 \\ 0 \end{pmatrix} + s \cdot \begin{pmatrix} 1 \\ -1 \\ 0 \end{pmatrix} + t \cdot \begin{pmatrix} 1 \\ 0 \\ -1 \end{pmatrix}$$

5 Spurpunkte – Parametergleichung II

a) E_1: $5x_1 - 3x_2 + x_3 = 30$

S_1: $5x_1 = 30 \quad |:5$

$x_1 = 6$

$\Rightarrow S_1(6|0|0)$

S_2: $-3x_2 = 30 \quad |:(-3)$

$x_2 = -10$

$\Rightarrow S_2(0|-10|0)$

$S_3:\ x_3 = 30$
$\Rightarrow S_3(0\,|\,0\,|\,30)$

$E:\ \vec{x} = \overrightarrow{OS_1} + s \cdot \overrightarrow{S_1S_2} + t \cdot \overrightarrow{S_1S_3}$

$\overrightarrow{S_1S_2} = \begin{pmatrix} 0-6 \\ -10-0 \\ 0-0 \end{pmatrix} = \begin{pmatrix} -6 \\ -10 \\ 0 \end{pmatrix}$

$\overrightarrow{S_1S_3} = \begin{pmatrix} 0-6 \\ 0-0 \\ 30-0 \end{pmatrix} = \begin{pmatrix} -6 \\ 0 \\ 30 \end{pmatrix}$

$E:\ \vec{x} = \begin{pmatrix} 6 \\ 0 \\ 0 \end{pmatrix} + s \cdot \begin{pmatrix} -6 \\ -10 \\ 0 \end{pmatrix} + t \cdot \begin{pmatrix} -6 \\ 0 \\ 30 \end{pmatrix}$

b) $E_1:\ -7x_1 + x_2 - 3x_3 = 21$

$S_1:\ -7x_1 = 21 \quad |:(-7)$
$x_1 = -3$
$\Rightarrow S_1(-3\,|\,0\,|\,0)$

$S_2:\ x_2 = 21$
$\Rightarrow S_2(0\,|\,21\,|\,0)$

$S_3:\ -3x_3 = 21 \quad |:(-3)$
$x_3 = -7$
$\Rightarrow S_3(0\,|\,0\,|\,-7)$

$E:\ \vec{x} = \overrightarrow{OS_1} + s \cdot \overrightarrow{S_1S_2} + t \cdot \overrightarrow{S_1S_3}$

$\overrightarrow{S_1S_2} = \begin{pmatrix} 0-(-3) \\ 21-\ 0 \\ 0-\ 0 \end{pmatrix} = \begin{pmatrix} 3 \\ 21 \\ 0 \end{pmatrix}$

$\overrightarrow{S_1S_3} = \begin{pmatrix} 0-(-3) \\ 0-\ 0 \\ -7-\ 0 \end{pmatrix} = \begin{pmatrix} 3 \\ 0 \\ -7 \end{pmatrix}$

$E:\ \vec{x} = \begin{pmatrix} -3 \\ 0 \\ 0 \end{pmatrix} + s \cdot \begin{pmatrix} 3 \\ 21 \\ 0 \end{pmatrix} + t \cdot \begin{pmatrix} 3 \\ 0 \\ -7 \end{pmatrix}$

c) $E_1:\ x_1 + 2x_2 - 5x_3 = -40$

$S_1:\ x_1 = -40$
$\Rightarrow S_1(-40\,|\,0\,|\,0)$

$S_2:\ 2x_2 = -40 \quad |:2$
$x_2 = -20$
$\Rightarrow S_2(0\,|\,-20\,|\,0)$

$S_3:\ -5x_3 = -40 \quad |:(-5)$
$x_3 = 8$
$\Rightarrow S_3(0\,|\,0\,|\,8)$

$E:\ \vec{x} = \overrightarrow{OS_1} + s \cdot \overrightarrow{S_1S_2} + t \cdot \overrightarrow{S_1S_3}$

$\overrightarrow{S_1S_2} = \begin{pmatrix} 0-(-40) \\ -20-\ 0 \\ 0-\ 0 \end{pmatrix} = \begin{pmatrix} 40 \\ -20 \\ 0 \end{pmatrix}$

$\overrightarrow{S_1S_3} = \begin{pmatrix} 0-(-40) \\ 0-\ 0 \\ 8-\ 0 \end{pmatrix} = \begin{pmatrix} 40 \\ 0 \\ 8 \end{pmatrix}$

$E:\ \vec{x} = \begin{pmatrix} -40 \\ 0 \\ 0 \end{pmatrix} + s \cdot \begin{pmatrix} 40 \\ -20 \\ 0 \end{pmatrix} + t \cdot \begin{pmatrix} 40 \\ 0 \\ 8 \end{pmatrix}$

6 Drei geeignete Punkte bestimmen

a) $E_1:\ 2x_1 - x_3 = 10$

$S_1:\ 2x_1 = 10 \quad |:2$
$x_1 = 5$
$\Rightarrow S_1(5\,|\,0\,|\,0)$

S_2: existiert nicht
Wähle $x_1 = 1$:
$2 - x_3 = 10 \quad |-2$
$-x_3 = 8 \quad |:(-1)$
$x_3 = -8$
$\Rightarrow P(1\,|\,0\,|\,-8)$

$S_3:\ -x_3 = 10 \quad |:(-1)$
$x_3 = -10$
$\Rightarrow S_3(0\,|\,0\,|\,-10)$

$E:\ \vec{x} = \overrightarrow{OS_1} + s \cdot \overrightarrow{S_1P} + t \cdot \overrightarrow{S_1S_3}$

$\overrightarrow{S_1P} = \begin{pmatrix} 1-5 \\ 0-0 \\ -8-0 \end{pmatrix} = \begin{pmatrix} -4 \\ 0 \\ -8 \end{pmatrix}$

$\overrightarrow{S_1S_3} = \begin{pmatrix} 0-5 \\ 0-0 \\ -10-0 \end{pmatrix} = \begin{pmatrix} -5 \\ 0 \\ -10 \end{pmatrix}$

$E:\ \vec{x} = \begin{pmatrix} 5 \\ 0 \\ 0 \end{pmatrix} + s \cdot \begin{pmatrix} -4 \\ 0 \\ -8 \end{pmatrix} + t \cdot \begin{pmatrix} -5 \\ 0 \\ -10 \end{pmatrix}$

b) $E_2:\ x_2 + x_3 = 0$

S_1: existiert nicht
$\Rightarrow P(1\,|\,0\,|\,0)$

$S_2:\ x_2 = 0$
$\Rightarrow S_2(0\,|\,0\,|\,0)$

S_3: Da S_3 identisch mit S_2, wähle $x_2 = 2$.
$2 + x_3 = 0 \quad |-2$
$x_3 = -2$
$\Rightarrow Q(0\,|\,2\,|\,-2)$

$E:\ \vec{x} = \overrightarrow{OP} + s \cdot \overrightarrow{PS_2} + t \cdot \overrightarrow{PQ}$

$\overrightarrow{PS_2} = \begin{pmatrix} 0-1 \\ 0-0 \\ 0-0 \end{pmatrix} = \begin{pmatrix} -1 \\ 0 \\ 0 \end{pmatrix}$

$\overrightarrow{PQ} = \begin{pmatrix} 0-1 \\ 2-0 \\ -2-0 \end{pmatrix} = \begin{pmatrix} -1 \\ 2 \\ -2 \end{pmatrix}$

$E:\ \vec{x} = \begin{pmatrix} 1 \\ 0 \\ 0 \end{pmatrix} + s \cdot \begin{pmatrix} -1 \\ 0 \\ 0 \end{pmatrix} + t \cdot \begin{pmatrix} -1 \\ 2 \\ -2 \end{pmatrix}$

c) $E_3{:}\ 2x_2 = 4$

Es existiert nur der Spurpunkt S_2.

$S_2{:}\ 2x_2 = 4 \quad |:2$

$x_2 = 2$

$\Rightarrow S_2(0|2|0)$

Nun kannst du dir zwei beliebige Punkt ausdenken, die die x_2-Koordinate 2 haben, z. B. $P(1|2|0)$ und $Q(-1|2|3)$.

$E{:}\ \vec{x} = \overrightarrow{OP} + s\cdot\overrightarrow{PS_2} + t\cdot\overrightarrow{PQ}$

$\overrightarrow{PS_2} = \begin{pmatrix}0-1\\2-2\\0-0\end{pmatrix} = \begin{pmatrix}-1\\0\\0\end{pmatrix}$, $\overrightarrow{PQ} = \begin{pmatrix}-1-1\\2-2\\3-0\end{pmatrix} = \begin{pmatrix}-2\\0\\3\end{pmatrix}$

$E{:}\ \vec{x} = \begin{pmatrix}1\\2\\0\end{pmatrix} + s\cdot\begin{pmatrix}-1\\0\\0\end{pmatrix} + t\cdot\begin{pmatrix}-2\\0\\3\end{pmatrix}$

d) $E_4{:}\ -3x_3 = 9$

Es existiert nur der Spurpunkt S_3.

$S_3{:}\ -3x_3 = 9 \quad |:(-3)$

$x_3 = -3 \quad \Rightarrow S_3(0|0|-3)$

Nun kannst du dir zwei beliebige Punkt ausdenken, die die x_3-Koordinate -3 haben, z. B. $P(1|0|-3)$ und $Q(-1|2|-3)$.

$E{:}\ \vec{x} = \overrightarrow{OP} + s\cdot\overrightarrow{PQ} + t\cdot\overrightarrow{PS_3}$

$\overrightarrow{PQ} = \begin{pmatrix}-1-1\\2-0\\-3-(-3)\end{pmatrix} = \begin{pmatrix}-2\\2\\0\end{pmatrix}$

$\overrightarrow{PS_3} = \begin{pmatrix}0-1\\0-0\\-3-(-3)\end{pmatrix} = \begin{pmatrix}-1\\0\\0\end{pmatrix}$

$E{:}\ \vec{x} = \begin{pmatrix}1\\0\\-3\end{pmatrix} + s\cdot\begin{pmatrix}-2\\2\\0\end{pmatrix} + t\cdot\begin{pmatrix}-1\\0\\0\end{pmatrix}$

7 Spurpunkte ablesen → Koordinatenform

a) $S_1(1|0|0), S_2(0|2|0), S_3(0|0|3)$

Überlege dir ein Vielfaches von 1, 2 und 3 ⇒ 6

Teile nun 6 durch den Wert des Spurpunktes, dann erhältst du den Koeffizienten in der Ebenengleichung.

$6x_1 + 3x_2 + 2x_3 = 6$

b) $S_1(-2|0|0), S_2(0|2|0), S_3(0|0|-2)$

Überlege dir ein Vielfaches von -2, 2 und -2 ⇒ 2

Teile nun 2 durch den Wert des Spurpunktes, dann erhältst du den Koeffizienten in der Ebenengleichung.

$-x_1 + x_2 - x_3 = 2$

c) $S_1(2|0|0), S_2(0|2|0)$, S_3 exisitiert nicht

Überlege dir ein Vielfaches von 2 und 2 ⇒ 2

Teile nun 2 durch den Wert des Spurpunktes, dann erhältst du den Koeffizienten in der Ebenengleichung.

$x_1 + x_2 = 2$

d) $S_1(5|0|0)$

$\Rightarrow x_1 = 5$

8 Spurpunkte ablesen → Parameterform

a) $S_2(0|1|0), S_3(0|0|2)$, S_1 existiert nicht.

$E{:}\ 2x_2 + x_3 = 2$

Wähle z. B. den Punkt $P(1|0|2)$, welcher die Gleichung erfüllt.

$E{:}\ \vec{x} = \overrightarrow{OP} + s\cdot\overrightarrow{PS_2} + t\cdot\overrightarrow{PS_3}$

$\overrightarrow{PS_2} = \begin{pmatrix}0-1\\1-0\\0-2\end{pmatrix} = \begin{pmatrix}-1\\1\\-2\end{pmatrix}$

$\overrightarrow{PS_3} = \begin{pmatrix}0-1\\0-0\\2-2\end{pmatrix} = \begin{pmatrix}-1\\0\\0\end{pmatrix}$

$E{:}\ \vec{x} = \begin{pmatrix}1\\0\\2\end{pmatrix} + s\cdot\begin{pmatrix}-1\\1\\-2\end{pmatrix} + t\cdot\begin{pmatrix}-1\\0\\0\end{pmatrix}$

b) $S_2(0|2|0)$, S_1 und S_3 existieren nicht.

$E{:}\ x_2 = 2$

$P(1|2|1)$ und $Q(1|2|3)$ sind z. B. zwei beliebige Punkte, die die Gleichung erfüllen.

$E{:}\ \vec{x} = \overrightarrow{OP} + s\cdot\overrightarrow{PS_2} + t\cdot\overrightarrow{PQ}$

$\overrightarrow{PS_2} = \begin{pmatrix}0-1\\2-2\\0-1\end{pmatrix} = \begin{pmatrix}-1\\0\\-1\end{pmatrix}$

$\overrightarrow{PQ} = \begin{pmatrix}1-1\\2-2\\3-1\end{pmatrix} = \begin{pmatrix}0\\0\\2\end{pmatrix}$

$E{:}\ \vec{x} = \begin{pmatrix}1\\2\\1\end{pmatrix} + s\cdot\begin{pmatrix}-1\\0\\-1\end{pmatrix} + t\cdot\begin{pmatrix}0\\0\\2\end{pmatrix}$

TRAINING 3

1 Unterschiedliche Parametergleichungen

a) Variante 1:

$E{:}\ \vec{x} = \overrightarrow{OA} + s\cdot\overrightarrow{AB} + t\cdot\overrightarrow{AC}$

$\overrightarrow{AB} = \begin{pmatrix}5-2\\1-3\\3-(-1)\end{pmatrix} = \begin{pmatrix}3\\-2\\4\end{pmatrix}$

$\overrightarrow{AC} = \begin{pmatrix}5-2\\3-3\\3-(-1)\end{pmatrix} = \begin{pmatrix}3\\0\\4\end{pmatrix}$

Da $\overrightarrow{AB}$ und $\overrightarrow{AC}$ keine Vielfachen voneinander sind, kann man die Ebenengleichung aufstellen.

$E{:}\ \vec{x} = \begin{pmatrix}2\\3\\-1\end{pmatrix} + s\cdot\begin{pmatrix}3\\-2\\4\end{pmatrix} + t\cdot\begin{pmatrix}3\\0\\4\end{pmatrix}$

Variante 2:

$E{:}\ \vec{x} = \overrightarrow{OB} + s\cdot\overrightarrow{BA} + t\cdot\overrightarrow{BC}$

$\overrightarrow{BA} = \begin{pmatrix}2-5\\3-1\\-1-3\end{pmatrix} = \begin{pmatrix}-3\\2\\-4\end{pmatrix}$

$\overrightarrow{BC} = \begin{pmatrix}5-5\\3-1\\3-3\end{pmatrix} = \begin{pmatrix}0\\2\\0\end{pmatrix}$

Da $\overrightarrow{BA}$ und $\overrightarrow{BC}$ keine Vielfachen voneinander sind, kann man die Ebenengleichung aufstellen.

$$E:\ \vec{x} = \begin{pmatrix}5\\1\\3\end{pmatrix} + s\cdot\begin{pmatrix}-3\\2\\-4\end{pmatrix} + t\cdot\begin{pmatrix}0\\2\\0\end{pmatrix}$$

b) Mit Variante 1 der Ebenengleichung:

i) $D(0|0|0)$

$$\begin{pmatrix}0\\0\\0\end{pmatrix} = \begin{pmatrix}2\\3\\-1\end{pmatrix} + s\cdot\begin{pmatrix}3\\-2\\4\end{pmatrix} + t\cdot\begin{pmatrix}3\\0\\4\end{pmatrix} \quad \Big|-\begin{pmatrix}2\\3\\-1\end{pmatrix}$$

$$\begin{pmatrix}-2\\-3\\1\end{pmatrix} = s\cdot\begin{pmatrix}3\\-2\\4\end{pmatrix} + t\cdot\begin{pmatrix}3\\0\\4\end{pmatrix}$$

I $\quad -2 = 3s + 3t$
II $\quad -3 = -2s$
III $\quad 1 = 4s + 4t$

Aus II: $-3 = -2s \quad |:(-2)$
$\frac{3}{2} = 1{,}5 = s$

s in I:
$-2 = 3\cdot(1{,}5) + 3t$
$-2 = 4{,}5 + 3t \quad |-4{,}5$
$-6{,}5 = 3t \quad |:3$
$-\frac{13}{6} = t$

t und s in III:
$1 = 4\cdot\left(-\frac{13}{6}\right) + 4\cdot\left(\frac{3}{2}\right)$
$1 = -\frac{26}{3} + 6 = -\frac{8}{3}$ falsche Aussage

Der Punkt D liegt nicht in der Ebene.

ii) $D(2|5|-1)$

$$\begin{pmatrix}2\\5\\-1\end{pmatrix} = \begin{pmatrix}2\\3\\-1\end{pmatrix} + s\cdot\begin{pmatrix}3\\-2\\4\end{pmatrix} + t\cdot\begin{pmatrix}3\\0\\4\end{pmatrix} \quad \Big|-\begin{pmatrix}2\\3\\-1\end{pmatrix}$$

$$\begin{pmatrix}0\\2\\0\end{pmatrix} = s\cdot\begin{pmatrix}3\\-2\\4\end{pmatrix} + t\cdot\begin{pmatrix}3\\0\\4\end{pmatrix}$$

I $\quad 0 = 3s + 3t$
II $\quad 2 = -2s$
III $\quad 0 = 4s + 4t$

Aus II: $2 = -2s \quad |:(-2)$
$-1 = s$

s in I:
$0 = 3\cdot(-1) + 3t$
$0 = -3 + 3t \quad |+3$
$3 = 3t \quad |:3$
$1 = t$

t und s in III:
$0 = 4\cdot(-1) + 4\cdot(1)$
$0 = -4 + 4 = 0$ wahre Aussage

Der Punkt D liegt in der Ebene.

c) Mit Variante 1 der Ebenengleichung:
z.B.
für $s = 2$ und $t = -1 \Rightarrow E(5|-1|3)$
für $s = -1$ und $t = -1 \Rightarrow F(-4|5|-9)$
für $s = 0$ und $t = 2 \Rightarrow G(8|3|7)$

2 Spurpunkte

a) $E:\ -3x_3 - 4x_2 + x_3 = 12$

$S_1:\ -3x_1 = 12 \quad |:(-3)$
$x_1 = -4$
$\Rightarrow S_1(-4|0|0)$

$S_2:\ -4x_2 = 12 \quad |:(-4)$
$x_2 = -3$
$\Rightarrow S_2(0|-3|0)$

$S_3:\ x_3 = 12$
$\Rightarrow S_3(0|0|12)$

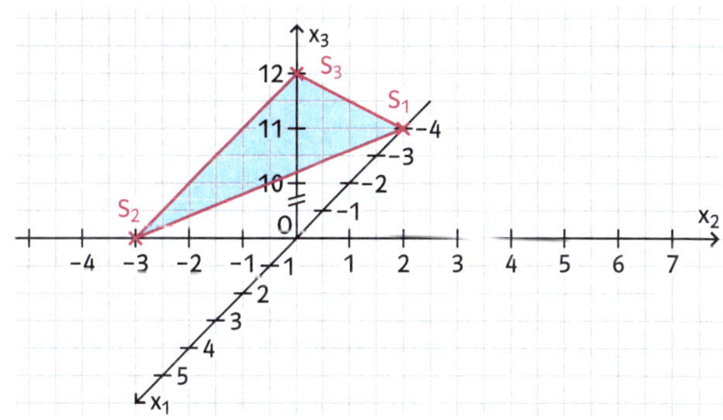

b) $E:\ -5x_1 + 3x_2 = 30$

$S_1:\ -5x_1 = 30 \quad |:(-5)$
$x_1 = -6$
$\Rightarrow S_1(-6|0|0)$

$S_2:\ 3x_2 = 30 \quad |:3$
$x_2 = 10$
$\Rightarrow S_2(0|10|0)$

S_3: existiert nicht
$\Rightarrow$ Ebene liegt parallel zur x_3-Achse.

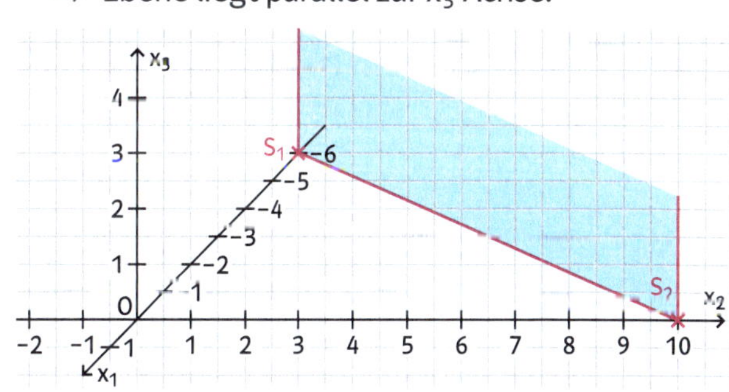

c) E: $x_1 = 1$

S_1: $x_1 = 1$
$\Rightarrow S_1(1|0|0)$

S_2: existiert nicht
$\Rightarrow$ Ebene liegt parallel zur x_2-Achse.

S_3: existiert nicht
$\Rightarrow$ Ebene liegt parallel zur x_3-Achse.

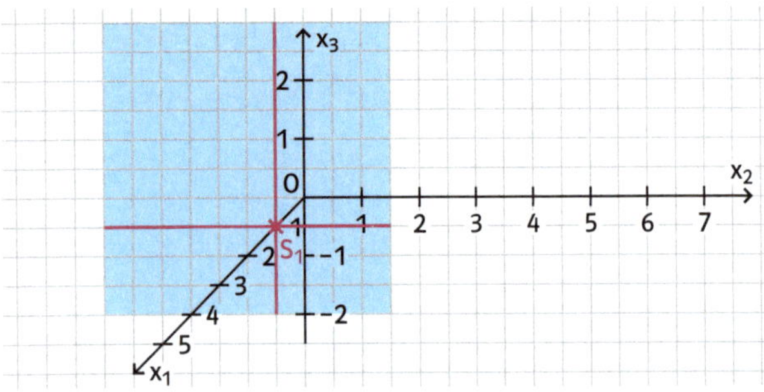

3 Punkte in einer Ebene?

a) $A(2|0|1), B(3|3|6), C(4|-1|2), D(7|5|4)$

E: $\vec{x} = \overrightarrow{OA} + s\cdot\overrightarrow{AB} + t\cdot\overrightarrow{AC}$

$$\overrightarrow{AB} = \begin{pmatrix}3-2\\3-0\\6-1\end{pmatrix} = \begin{pmatrix}1\\3\\5\end{pmatrix}$$

$$\overrightarrow{AC} = \begin{pmatrix}4-2\\-1-0\\2-1\end{pmatrix} = \begin{pmatrix}2\\-1\\1\end{pmatrix}$$

Da $\overrightarrow{AB}$ und $\overrightarrow{AC}$ keine Vielfachen voneinander sind, kann man die Ebenengleichung aufstellen.

$$E: \vec{x} = \begin{pmatrix}2\\0\\1\end{pmatrix} + s\cdot\begin{pmatrix}1\\3\\5\end{pmatrix} + t\cdot\begin{pmatrix}2\\-1\\1\end{pmatrix}$$

$$\begin{pmatrix}7\\5\\4\end{pmatrix} = \begin{pmatrix}2\\0\\1\end{pmatrix} + s\cdot\begin{pmatrix}1\\3\\5\end{pmatrix} + t\cdot\begin{pmatrix}2\\-1\\1\end{pmatrix} \quad \Big| - \begin{pmatrix}2\\0\\1\end{pmatrix}$$

$$\begin{pmatrix}5\\5\\3\end{pmatrix} = s\cdot\begin{pmatrix}1\\3\\5\end{pmatrix} + t\cdot\begin{pmatrix}2\\-1\\1\end{pmatrix}$$

I $5 = s + 2t$
II $5 = 3s - t$
III $3 = 5s + t$

Aus I:
$5 = s + 2t \quad |-2t$
$5 - 2t = s$

s in II:
$5 = 3\cdot(5-2t) - t$
$5 = 15 - 6t - t$
$5 = 15 - 7t \quad |-15$
$-10 = -7t \quad |:(-7)$
$\frac{10}{7} = t$

s in III:
$3 = 5\cdot(5-2t) + t$
$3 = 25 - 10t + t$
$3 = 25 - 9t \quad |-25$
$-22 = -9t \quad |:(-9)$
$\frac{22}{9} = t$
$\frac{10}{7} \neq \frac{22}{9}$

Der Punkt D liegt nicht in einer Ebene mit den Punkten A, B und C.

b) $A(0|0|0), B(1|0|3), C(3|1|2), D(4|1|5)$

E: $\vec{x} = \overrightarrow{OA} + s\cdot\overrightarrow{AB} + t\cdot\overrightarrow{AC}$

$$\overrightarrow{AB} = \begin{pmatrix}1-0\\0-0\\3-0\end{pmatrix} = \begin{pmatrix}1\\0\\3\end{pmatrix}$$

$$\overrightarrow{AC} = \begin{pmatrix}3-0\\1-0\\2-0\end{pmatrix} = \begin{pmatrix}3\\1\\2\end{pmatrix}$$

Da $\overrightarrow{AB}$ und $\overrightarrow{AC}$ keine Vielfachen voneinander sind, kann man die Ebenengleichung aufstellen.

$$E: \vec{x} = \begin{pmatrix}0\\0\\0\end{pmatrix} + s\cdot\begin{pmatrix}1\\0\\3\end{pmatrix} + t\cdot\begin{pmatrix}3\\1\\2\end{pmatrix}$$

$$\begin{pmatrix}4\\1\\5\end{pmatrix} = \begin{pmatrix}0\\0\\0\end{pmatrix} + s\cdot\begin{pmatrix}1\\0\\3\end{pmatrix} + t\cdot\begin{pmatrix}3\\1\\2\end{pmatrix} \quad \Big| - \begin{pmatrix}0\\0\\0\end{pmatrix}$$

$$\begin{pmatrix}4\\1\\5\end{pmatrix} = s\cdot\begin{pmatrix}1\\0\\3\end{pmatrix} + t\cdot\begin{pmatrix}3\\1\\2\end{pmatrix}$$

I $4 = s + 3t$
II $1 = t$
III $5 = 3s + 2t$

Aus II: $1 = t$

t in I:
$4 = s + 3\cdot 1 \quad |-3$
$1 = s$

t und s in III:
$5 = 3\cdot 1 + 2\cdot 1 = 5$ wahre Aussage

Der Punkt D liegt in einer Ebene mit den Punkten A, B und C.

4 Gleiche Ebene?

$$E: \vec{x} = \begin{pmatrix}2\\-4\\5\end{pmatrix} + r\cdot\begin{pmatrix}-4\\7\\-3\end{pmatrix} + s\cdot\begin{pmatrix}0\\8\\-1\end{pmatrix},\ r, s \in \mathbb{R}$$

$$\begin{pmatrix}7\cdot(-1)-(-3)\cdot 8\\-3\cdot 0-(-4)\cdot(-1)\\-4\cdot 8-7\cdot 0\end{pmatrix} = \begin{pmatrix}17\\-4\\-32\end{pmatrix}$$

Möglicher Normalenvektor $\vec{n} = \begin{pmatrix}17\\-4\\-32\end{pmatrix}$

E: $n_1x_1 + n_2x_2 + n_3x_3 = d$
$17\cdot 2 - 4\cdot(-4) - 32\cdot 5 = 34 + 16 - 160 = -110$
E: $17x_1 - 4x_2 - 32x_3 = -110$

$F: \vec{x} = \begin{pmatrix} -2 \\ 3 \\ 2 \end{pmatrix} + r \cdot \begin{pmatrix} 4 \\ -6 \\ 3 \end{pmatrix} + s \cdot \begin{pmatrix} 4 \\ 1 \\ 2 \end{pmatrix}, \ r, s \in \mathbb{R}$

$\begin{pmatrix} -6 \cdot 2 - 3 \cdot 1 \\ 3 \cdot 4 - 4 \cdot 2 \\ 4 \cdot 1 - (-6) \cdot 4 \end{pmatrix} = \begin{pmatrix} -15 \\ 4 \\ 28 \end{pmatrix}$

Möglicher Normalenvektor $\vec{n} = \begin{pmatrix} -15 \\ 4 \\ -28 \end{pmatrix}$

$F: \ n_1x_1 + n_2x_2 + n_3x_3 = d$
$-15 \cdot (-2) + 4 \cdot 3 - 28 \cdot 2 = 30 + 12 - 56 = -14$
$F: \ -15x_1 + 4x_2 - 28x_3 = -14$

$G: \ \vec{x} = \begin{pmatrix} 2 \\ 4 \\ 4 \end{pmatrix} + r \cdot \begin{pmatrix} 0 \\ -8 \\ 1 \end{pmatrix} + s \cdot \begin{pmatrix} -4 \\ -1 \\ -2 \end{pmatrix}, \ r, s \in \mathbb{R}$

$\begin{pmatrix} -8 \cdot (-2) - 1 \cdot (-1) \\ 1 \cdot (-4) - 0 \cdot (-2) \\ 0 \cdot (-1) - (-8) \cdot (-4) \end{pmatrix} = \begin{pmatrix} 17 \\ -4 \\ -32 \end{pmatrix}$

Möglicher Normalenvektor $\vec{n} = \begin{pmatrix} 17 \\ -4 \\ -32 \end{pmatrix}$

$G: \ n_1x_1 + n_2x_2 + n_3x_3 = d$
$17 \cdot 2 - 4 \cdot 4 - 32 \cdot 4 = 34 - 16 - 128 = -110$
$G: \ 17x_1 - 4x_2 - 32x_3 = -110$

E und G beschreiben die gleiche Ebene.

5 Ebene untersuchen

a) Alle Punkte haben an der Stelle der x_2-Koordinate eine Null.

b) $\vec{n} = \begin{pmatrix} 0 \\ 1 \\ 0 \end{pmatrix}$

c) z.B. $A(1|0|2), B(2|0|-3), C(-5|0|3)$

d) $E: \ 0 = 0$ wahre Aussage, der Ursprung liegt in der Ebene.

e) $E: \ \left(\vec{x} - \begin{pmatrix} 1 \\ 0 \\ 2 \end{pmatrix}\right) \cdot \begin{pmatrix} 0 \\ 1 \\ 0 \end{pmatrix} = 0$

6 Punktprüfung und Punktbestimmung

a) Punkt $A(4|5|1)$:

$\begin{pmatrix} 4 \\ 5 \\ 1 \end{pmatrix} = \begin{pmatrix} 1 \\ 2 \\ -1 \end{pmatrix} + r \cdot \begin{pmatrix} 1 \\ 3 \\ 4 \end{pmatrix} + s \cdot \begin{pmatrix} 2 \\ 0 \\ -2 \end{pmatrix} \quad \left| - \begin{pmatrix} 1 \\ 2 \\ -1 \end{pmatrix} \right.$

$\begin{pmatrix} 3 \\ 3 \\ 2 \end{pmatrix} = r \cdot \begin{pmatrix} 1 \\ 3 \\ 4 \end{pmatrix} + s \cdot \begin{pmatrix} 2 \\ 0 \\ -2 \end{pmatrix}$

I $\ 3 = r + 2s$
II $\ 3 = 3r$
III $\ 2 = 4r - 2s$

Aus II:
$3 = 3r \quad |:3$
$1 = r$

r in I:
$3 = 1 + 2s \quad |-1$
$2 = 2s \quad |:2$
$1 = s$

r und s in III:
$2 = 4 \cdot 1 - 2 \cdot 1$
$2 = 4 - 2 = 2$ wahre Aussage

Der Punkt A liegt in der Ebene.

Punkt $B(2|-1|-7)$:

$\begin{pmatrix} 2 \\ -1 \\ -7 \end{pmatrix} = \begin{pmatrix} 1 \\ 2 \\ -1 \end{pmatrix} + r \cdot \begin{pmatrix} 1 \\ 3 \\ 4 \end{pmatrix} + s \cdot \begin{pmatrix} 2 \\ 0 \\ -2 \end{pmatrix} \quad \left| - \begin{pmatrix} 1 \\ 2 \\ -1 \end{pmatrix} \right.$

$\begin{pmatrix} 1 \\ -3 \\ -6 \end{pmatrix} = r \cdot \begin{pmatrix} 1 \\ 3 \\ 4 \end{pmatrix} + s \cdot \begin{pmatrix} 2 \\ 0 \\ -2 \end{pmatrix}$

I $\ 1 = r + 2s$
II $\ -3 = 3r$
III $\ -6 = 4r - 2s$

Aus II:
$-3 = 3r \quad |:3$
$-1 = r$

r in I:
$1 = -1 + 2s \quad |+1$
$2 = 2s \quad |:2$
$1 = s$

r und s in III:
$-6 = 4 \cdot (-1) - 2 \cdot 1$
$-6 = -4 - 2 = -6$ wahre Aussage

Der Punkt B liegt in der Ebene.

Punkt $C(7|11|5)$:

$\begin{pmatrix} 7 \\ 11 \\ 5 \end{pmatrix} = \begin{pmatrix} 1 \\ 2 \\ -1 \end{pmatrix} + r \cdot \begin{pmatrix} 1 \\ 3 \\ 4 \end{pmatrix} + s \cdot \begin{pmatrix} 2 \\ 0 \\ -2 \end{pmatrix} \quad \left| - \begin{pmatrix} 1 \\ 2 \\ -1 \end{pmatrix} \right.$

$\begin{pmatrix} 6 \\ 9 \\ 6 \end{pmatrix} = r \cdot \begin{pmatrix} 1 \\ 3 \\ 4 \end{pmatrix} + s \cdot \begin{pmatrix} 2 \\ 0 \\ -2 \end{pmatrix}$

I $\ 6 = r + 2s$
II $\ 9 = 3r$
III $\ 6 = 4r - 2s$

Aus II:
$9 = 3r \quad |:3$
$3 = r$

r in I:
$6 = 3 + 2s \quad |-3$
$3 = 2s \quad |:2$
$1{,}5 = s$

r und s in III:
$6 = 4 \cdot 3 - 2 \cdot 1{,}5$
$6 = 12 - 3 = 9$ falsche Aussage

Der Punkt C liegt nicht in der Ebene.

b) i) $P(0|2+a|0)$

$$\begin{pmatrix}0\\2+a\\0\end{pmatrix}=\begin{pmatrix}1\\2\\-1\end{pmatrix}+r\cdot\begin{pmatrix}1\\3\\4\end{pmatrix}+s\cdot\begin{pmatrix}2\\0\\-2\end{pmatrix}\quad \Big|-\begin{pmatrix}1\\2\\-1\end{pmatrix}$$

$$\begin{pmatrix}-1\\a\\1\end{pmatrix}=r\cdot\begin{pmatrix}1\\3\\4\end{pmatrix}+s\cdot\begin{pmatrix}2\\0\\-2\end{pmatrix}$$

I $\quad -1=r+2s$
II $\quad a=3r$
III $\quad 1=4r-2s$

Aus I:
$-1=r+2s \quad |-2s$
$-1-2s=r$

r in III:
$1=4\cdot(-1-2s)-2s$
$1=-4-8s-2s$
$1=-4-10s \quad |+4$
$5=-10s \quad |:(-10)$
$-0{,}5=s$
$\Rightarrow\; r=-1-2s=-1-2\cdot(-0{,}5)=-1+1=0$

r in II:
$a=3\cdot 0=0$

Für $a=0$ liegt der Punkt P in der Ebene.

ii) $P(3a|3a+5|2a+5)$

$$\begin{pmatrix}3a\\3a+5\\2a+5\end{pmatrix}=\begin{pmatrix}1\\2\\-1\end{pmatrix}+r\cdot\begin{pmatrix}1\\3\\4\end{pmatrix}+s\cdot\begin{pmatrix}2\\0\\-2\end{pmatrix}\quad \Big|-\begin{pmatrix}1\\2\\-1\end{pmatrix}$$

$$\begin{pmatrix}3a-1\\3a+3\\2a+6\end{pmatrix}=r\cdot\begin{pmatrix}1\\3\\4\end{pmatrix}+s\cdot\begin{pmatrix}2\\0\\-2\end{pmatrix}$$

I $\quad 3a-1=r+2s$
II $\quad 3a+3=3r$
III $\quad 2a+6=4r-2s$

Aus II:
$3a+3=3r \quad |:3$
$a+1=r$

r in I:
$3a-1=a+1+2s \quad |-1$
$3a-2=a+2s \quad |-a$
$2a-2=2s \quad |:2$
$a-1=s$

r und s in III:
$2a+6=4\cdot(a+1)-2\cdot(a-1)$
$2a+6=4a+4-2a+2$
$2a+6=2a+6 \quad |-2a$
$6=6 \quad$ wahre Aussage

Für alle Werte von a liegt der Punkt P in der Ebene.

SCHRITT 14

Das brauchst du wieder

b) $\vec{a}\cdot\vec{b}=3\cdot(-3)+(-5)\cdot 2+1\cdot(-4)$
$=-9-10-4\neq 0$

$\vec{a}\cdot\vec{b}\neq 0$, also sind $\vec{a}$ und $\vec{b}$ nicht orthogonal.

1 „Du bist dran" aus dem „So geht's"-Kasten

Überprüfe das Skalarprodukt $\vec{n}\cdot\vec{u}$ und überprüfe damit die Parallelität:

$$\vec{n}\cdot\vec{u}=\begin{pmatrix}2\\-4\\1\end{pmatrix}\cdot\begin{pmatrix}-2\\1\\8\end{pmatrix}=2\cdot(-2)+(-4)\cdot 1+1\cdot 8=-4-4+8=0$$

Die Ebene E und die Gerade g sind zueinander parallel.

Setze den Ortsvektor $\vec{p}$ des Punktes P der Geraden g in die Ebenengleichung E ein und vereinfache:

$2\cdot 4-4\cdot 1+3$
$=8-4+3=7$

Vergleiche mit der rechten Seite der Ebenengleichung:

$7=7$

Schreibe den Antwortsatz auf:

Der Punkt P liegt in E.
Damit liegt die Gerade g in der Ebene E.

2 Ebene – Gerade

a) $\vec{n}\cdot\vec{u}=\begin{pmatrix}1\\-3\\2\end{pmatrix}\cdot\begin{pmatrix}-1\\1\\2\end{pmatrix}=1\cdot(-1)+(-3)\cdot 1+2\cdot 2=-1-3+4=0$

Die Ebene E und die Gerade g sind zueinander parallel.

Punkt P in E:
$1\cdot 2-3\cdot 1+2\cdot 1$
$=2-3+2=1$
$1=1$

Der Punkt P liegt in der Ebene E. Damit liegt die Gerade g in der Ebene E.

b) $\vec{n}\cdot\vec{u}=\begin{pmatrix}1\\-3\\2\end{pmatrix}\cdot\begin{pmatrix}3\\1\\0\end{pmatrix}=1\cdot 3+(-3)\cdot 1+2\cdot 0=3-3+0=0$

Die Ebene E und die Gerade g sind zueinander parallel.

Punkt P in E:
$3-3\cdot 2+2\cdot(-2)$
$=3-6-4=-7$
$-7\neq 1$

Der Punkt P liegt nicht in E.

Damit liegt die Gerade g nicht in der Ebene E.

c) $\vec{n} \cdot \vec{u} = \begin{pmatrix} 1 \\ -3 \\ 2 \end{pmatrix} \cdot \begin{pmatrix} 2 \\ -1 \\ -2 \end{pmatrix} = 1 \cdot 2 + (-3) \cdot (-1) + 2 \cdot (-2)$
$= 2 + 3 - 4 \neq 0$

Die Ebene E und die Gerade g schneiden sich.

3 Gerade – Ebene

a) $\vec{n} \cdot \vec{u} = \begin{pmatrix} 3 \\ -6 \\ -3 \end{pmatrix} \cdot \begin{pmatrix} 4 \\ -2 \\ 8 \end{pmatrix} = 3 \cdot 4 + (-6) \cdot (-2) + (-3) \cdot 8$
$= 12 + 12 - 24$
$= 0$

Die Ebene E und die Gerade g sind zueinander parallel.

Punkt P in E:
$3 \cdot 1 - 6 \cdot 2 - 3 \cdot (-1) = 3 - 12 + 3 = -6$
$-6 = -6$

Der Punkt P liegt in E. Damit liegt die Gerade g in der Ebene E.

b) $\vec{n} \cdot \vec{u} = \begin{pmatrix} 2 \\ -1 \\ 3 \end{pmatrix} \cdot \begin{pmatrix} 4 \\ -2 \\ 8 \end{pmatrix} = 2 \cdot 4 + (-1) \cdot (-2) + 3 \cdot 8$
$= 8 + 2 + 24 = 34$

$34 \neq 0$

Die Ebene E und die Gerade g schneiden sich.

c) $\vec{n} \cdot \vec{u} = \begin{pmatrix} 5 \\ -10 \\ -5 \end{pmatrix} \cdot \begin{pmatrix} 4 \\ -2 \\ 8 \end{pmatrix} = 5 \cdot 4 + (-10) \cdot (-2) + (-5) \cdot 8$
$= 20 + 20 - 40$
$= 0$

Die Ebene E und die Gerade g sind zueinander parallel.

$5 \cdot 1 - 10 \cdot 2 - 5 \cdot (-1) = 5 - 20 + 5 = -10$
$-10 \neq 15$

Der Punkt P liegt nicht in E. Damit liegt die Gerade g nicht in der Ebene E.

4 Parameter bestimmen

a) $\vec{n} \cdot \vec{u} = \begin{pmatrix} 2 \\ 1 \\ 2 \end{pmatrix} \cdot \begin{pmatrix} k+1 \\ k \\ k-4 \end{pmatrix} = 2 \cdot (k+1) + 1 \cdot k + 2 \cdot (k-4)$
$= 2k + 2 + k + 2k - 8$
$= 5k - 6$

$5k - 6 = 0 \quad | +6$
$5k = 6 \quad | : 5$

$k = \frac{6}{5} = 1{,}2 \Rightarrow \vec{u} = \begin{pmatrix} 1{,}2+1 \\ 1{,}2 \\ 1{,}2-4 \end{pmatrix} = \begin{pmatrix} 2{,}2 \\ 1{,}2 \\ -2{,}8 \end{pmatrix}$

Für $k = 1{,}2$ sind die Ebene E und die Gerade g zueinander parallel.

Punkt P in E:
$2 \cdot 2 + 1 \cdot 7 + 2 \cdot 2 = 4 + 7 + 4 = 15$
$15 = 15$

Der Punkt P liegt in E. Damit liegt die Gerade g in der Ebene E.

b) $\vec{n} \cdot \vec{u} = \begin{pmatrix} k+1 \\ 2-k \\ 1 \end{pmatrix} \cdot \begin{pmatrix} -3 \\ 4 \\ 2 \end{pmatrix}$
$= (k+1) \cdot (-3) + (2-k) \cdot 4 + 1 \cdot 2$
$= -3k - 3 + 8 - 4k + 2$
$= -7k + 7$

$-7k + 7 = 0 \quad | -7$
$-7k = -7 \quad | : (-7)$
$k = 1$

$\Rightarrow \vec{n} = \begin{pmatrix} 1+1 \\ 2-1 \\ 1 \end{pmatrix} = \begin{pmatrix} 2 \\ 1 \\ 1 \end{pmatrix}$

Für $k = 1$ sind die Ebene E und die Gerade g zueinander parallel.

Punkt P in E:
$2 \cdot 2 + 1 \cdot 1 + 1 \cdot 4 = 4 + 1 + 4 = 9$
$9 = 9$

Der Punkt P liegt in E. Damit liegt die Gerade g in der Ebene E.

5 Zwei Parameter bestimmen

$\vec{n} \cdot \vec{u} = \begin{pmatrix} 1 \\ 2 \\ 2 \end{pmatrix} \cdot \begin{pmatrix} 4b \\ 2b-6 \\ -6 \end{pmatrix} = 1 \cdot 4b + 2 \cdot (2b-6) + 2 \cdot (-6)$
$= 4b + 4b - 12 - 12$
$= 8b - 24$

$8b - 24 = 0 \quad | +24$
$8b = 24 \quad | : 8$
$b = 3$

$b = 3 \Rightarrow \vec{u} = \begin{pmatrix} 4 \cdot 3 \\ 2 \cdot 3 - 6 \\ -6 \end{pmatrix} = \begin{pmatrix} 12 \\ 0 \\ -6 \end{pmatrix}$

Für $k = 3$ sind die Ebene E und die Gerade g zueinander parallel.

Punkt P in E:
$1 \cdot a + 2 \cdot 0 + 2 \cdot a = a + 2a = 3a$

$3a = 18 \quad | : 3$
$a = 6$

Der Punkt P liegt für $a = 6$ in E. Damit liegt die Gerade g mit $a = 6$ und $b = 3$ in der Ebene E.

6 Schwierigere Parameterbestimmung

$\vec{n} \cdot \vec{u} = \begin{pmatrix} 2 \\ -1 \\ k \end{pmatrix} \cdot \begin{pmatrix} k \\ -4k \\ -k-1 \end{pmatrix}$
$= 2 \cdot k + (-1) \cdot (-4k) + k \cdot (-k-1)$
$= 2k + 4k - k^2 - k$
$= -k^2 + 5k$

$-k^2 + 5k = 0$
$k \cdot (-k + 5) = 0$ Satz vom Nullprodukt

1. Fall: $k_1 = 0 \Rightarrow \vec{n} = \begin{pmatrix} 2 \\ -1 \\ 0 \end{pmatrix},\ \vec{u} = \begin{pmatrix} 0 \\ 0 \\ -1 \end{pmatrix}$

2. Fall: $-k_2 + 5 = 0 \quad | +k_2$

$5 = k_2 \Rightarrow \vec{n} = \begin{pmatrix} 2 \\ -1 \\ 5 \end{pmatrix},\ \vec{u} = \begin{pmatrix} 5 \\ -20 \\ -6 \end{pmatrix}$

Für $k_1 = 0$ und $k_2 = 5$ sind die Ebene E und die Gerade g zueinander parallel.

Für $k_1 = 0$ lautet die Geradengleichung:

$g\colon \vec{x} = \begin{pmatrix} 0 \\ 0 \\ 0 \end{pmatrix} + t \cdot \begin{pmatrix} 0 \\ 0 \\ -1 \end{pmatrix}$ und die Ebenengleichung

$E\colon 2x_1 - x_2 = 5$

Punkt P in E:
$2 \cdot 0 - 0 = 0 + 0 = 0$
$0 = 5$

Wie man sieht, liegt der Ursprung auf der Geraden, aber nicht in der Ebene, damit liegt für $k_1 = 0$ die Gerade g nicht in der Ebene E.

Für $k_2 = 5$ lautet die Geradengleichung:

$g\colon \vec{x} = \begin{pmatrix} 5 \\ 5 \\ 0 \end{pmatrix} + t \cdot \begin{pmatrix} 5 \\ -20 \\ -6 \end{pmatrix}$ und die Ebenengleichung

$E\colon 2x_1 - x_2 + 5x_3 = 5$

Punkt P in E:
$2 \cdot 5 - 5 + 5 \cdot 0 = 10 - 5 + 0 = 5$
$5 = 5$

Der Punkt $P(5|5|0)$ liegt in der Ebene, folglich liegt für $k_2 = 5$ die Gerade in der Ebene.

SCHRITT 15

Das brauchst du wieder

b) $-2 \cdot 2 + 4 \cdot 3 + 3 \cdot (-1)$
$= -4 + 12 - 3 = 5 = 5$

Der Punkt Q liegt in der Ebene E.

1 „Du bist dran" aus dem „So geht's"-Kasten

Überprüfe das Skalarprodukt $\vec{n} \cdot \vec{u}$ und überprüfe damit die Parallelität:

$\vec{n} \cdot \vec{u} = \begin{pmatrix} 2 \\ -5 \\ 1 \end{pmatrix} \cdot \begin{pmatrix} -2 \\ 1 \\ 8 \end{pmatrix} = 2 \cdot (-2) + (-5) \cdot 1 + 1 \cdot 8 = -4 - 5 + 8 = -1 \neq 0$

Die Ebene E und die Gerade g schneiden sich.

Schreibe die x_1-, x_2- und x_3-Koordinaten der Geraden g auf:

$x_1 = 4 - 2t$
$x_2 = 1 + t$
$x_3 = 3 + 8t$

Ersetze in der Ebenengleichung die Koordinaten und löse nach dem Parameter t auf:

$2 \cdot (4 - 2t) - 5 \cdot (1 + t) + (3 + 8t) = 7$
$8 - 4t - 5 - 5t + 3 + 8t = 7$

$6 - 1t = 7 \quad | -6$
$-t = 1 \quad | \cdot (-1)$
$t = -1$

Setze t in die Geradengleichung ein, um den Ortsvektor $\vec{s}$ des Schnittpunktes S zu erhalten:

$\vec{s} = \begin{pmatrix} 4 \\ 1 \\ 3 \end{pmatrix} + (-1) \cdot \begin{pmatrix} -2 \\ 1 \\ 8 \end{pmatrix} = \begin{pmatrix} 6 \\ 0 \\ -5 \end{pmatrix}$

$S(6|0|-5)$

2 Ebene in Koordinatengleichung gegeben

a) $n \cdot \vec{u} = \begin{pmatrix} 1 \\ 3 \\ -4 \end{pmatrix} \cdot \begin{pmatrix} 4 \\ 0 \\ 3 \end{pmatrix} = 1 \cdot 4 + 3 \cdot 0 + (-4) \cdot 3 = 4 - 12 = -8 \neq 0$

Die Ebene E und die Gerade g schneiden sich.

$x_1 = 2 + 4t$
$x_2 = 1$
$x_3 = 5 + 3t$

$2 + 4t + 3 \cdot 1 - 4 \cdot (5 + 3t) = -23$
$2 + 4t + 3 - 20 - 12t = -23$

$-15 - 8t = -23 \quad | +15$
$-8t = -8 \quad | : (-8)$
$t = 1$

$\vec{s} = \begin{pmatrix} 2 \\ 1 \\ 5 \end{pmatrix} + 1 \cdot \begin{pmatrix} 4 \\ 0 \\ 3 \end{pmatrix} = \begin{pmatrix} 6 \\ 1 \\ 8 \end{pmatrix}$

$S(6|1|8)$

b) $\vec{n} \cdot \vec{u} = \begin{pmatrix} 1 \\ 3 \\ -4 \end{pmatrix} \cdot \begin{pmatrix} -2 \\ 2 \\ 1 \end{pmatrix} = 1 \cdot (-2) + 3 \cdot 2 + (-4) \cdot 1 = -2 + 6 - 4 = 0$

Die Ebene E und die Gerade h sind zueinander parallel.

Punkt P in E:
$1 + 3 \cdot 2 - 4 \cdot 3$
$= 1 + 6 - 12 = -5$
$-5 \neq -23$

Der Punkt P liegt nicht in E.

Damit liegt die Gerade h nicht in der Ebene E.

3 Ebene in Normalengleichung gegeben

a) $\left(\vec{x} - \begin{pmatrix} 2 \\ 3 \\ 4 \end{pmatrix}\right) \cdot \begin{pmatrix} -1 \\ 2 \\ -1 \end{pmatrix} = 0$

Ebene in Koordinatengleichung umrechnen:
$-1 \cdot 2 + 2 \cdot 3 - 1 \cdot 4 = -2 + 6 - 4 = 0$

$E\colon -1x_1 + 2x_2 - 1x_3 = 0$

$\vec{n} \cdot \vec{u} = \begin{pmatrix} -1 \\ 2 \\ -1 \end{pmatrix} \cdot \begin{pmatrix} 3 \\ -6 \\ 3 \end{pmatrix} = -1 \cdot 3 + 2 \cdot (-6) + (-1) \cdot 3 = -3 - 12 - 3 = -18 \neq 0$

Die Ebene E und die Gerade g schneiden sich.

$x_1 = 3 + 3t$
$x_2 = 2 - 6t$
$x_3 = 1 + 3t$

$-1 \cdot (3 + 3t) + 2 \cdot (2 - 6t) - 1 \cdot (1 + 3t) = 0$
$-3 - 3t + 4 - 12t - 1 - 3t = 0$

$-18t = 0 \quad |:(-18)$
$t = 0$

$$\vec{s} = \begin{pmatrix} 3 \\ 2 \\ 1 \end{pmatrix} + 0 \cdot \begin{pmatrix} 3 \\ -6 \\ 3 \end{pmatrix} = \begin{pmatrix} 3 \\ 2 \\ 1 \end{pmatrix}$$

$S(3|2|1)$

b) $\left(\vec{x} - \begin{pmatrix} 2 \\ 3 \\ 4 \end{pmatrix}\right) \cdot \begin{pmatrix} -1 \\ 2 \\ -1 \end{pmatrix} = 0$

Ebene in Koordinatengleichung umrechnen:
$-1 \cdot 2 + 2 \cdot 3 - 1 \cdot 4 = -2 + 6 - 4 = 0$
$E: -1x_1 + 2x_2 - 1x_3 = 0$

$$\vec{n} \cdot \vec{u} = \begin{pmatrix} -1 \\ 2 \\ -1 \end{pmatrix} \cdot \begin{pmatrix} 4 \\ 2 \\ 0 \end{pmatrix} = -1 \cdot 4 + 2 \cdot 2 + (-1) \cdot 0 = -4 + 4 + 0 = 0$$

Die Ebene E und die Gerade h sind zueinander parallel.

Punkt P in E:
$-1 \cdot 2 + 2 \cdot 4 - 1 \cdot (-1) = 7$
$7 \neq 0$

Der Punkt P liegt nicht in E. Damit liegt die Gerade h nicht in der Ebene E.

4 Ebene in Parametergleichung gegeben

a) $E: \vec{x} = \begin{pmatrix} 1 \\ 0 \\ 0 \end{pmatrix} + t \cdot \begin{pmatrix} 2 \\ 0 \\ 2 \end{pmatrix} + s \cdot \begin{pmatrix} 3 \\ 1 \\ 4 \end{pmatrix}$

Ebene in Koordinatengleichung umrechnen:

$$\vec{u} \times \vec{v} = \begin{pmatrix} 0 \cdot 4 - 2 \cdot 1 \\ 2 \cdot 3 - 2 \cdot 4 \\ 2 \cdot 1 - 0 \cdot 3 \end{pmatrix} = \begin{pmatrix} -2 \\ -2 \\ 2 \end{pmatrix}$$

Möglicher Normalenvektor $\vec{n} = \begin{pmatrix} -1 \\ -1 \\ 1 \end{pmatrix}$

$-1 \cdot 1 - 1 \cdot 0 + 1 \cdot 0 = -1$
$E: -1x_1 - 1x_2 + 1x_3 = -1$

$$\vec{n} \cdot \vec{u} = \begin{pmatrix} -1 \\ -1 \\ 1 \end{pmatrix} \cdot \begin{pmatrix} 1 \\ 1 \\ -1 \end{pmatrix} = -1 \cdot 1 - 1 \cdot 1 + 1 \cdot (-1) = -1 - 1 - 1 = -3 \neq 0$$

Die Ebene E und die Gerade g schneiden sich.

$x_1 = 6 + 1r$
$x_2 = -1 + 1r$
$x_3 = 4 - 1r$

$-1 \cdot (6 + 1r) - 1 \cdot (-1 + 1r) + 1 \cdot (4 - 1r) = -1$
$-6 - 1r + 1 - 1r + 4 - 1r = -1$

$-1 - 3r = -1 \quad |+1$
$-3r = 0 \quad |:(-3)$
$r = 0$

$$\vec{s} = \begin{pmatrix} 6 \\ -1 \\ 4 \end{pmatrix} + 0 \cdot \begin{pmatrix} 1 \\ 1 \\ -1 \end{pmatrix} = \begin{pmatrix} 6 \\ -1 \\ 4 \end{pmatrix}$$

$S(6|-1|4)$

b) $E: \vec{x} = \begin{pmatrix} 1 \\ 0 \\ 0 \end{pmatrix} + t \cdot \begin{pmatrix} 2 \\ 0 \\ 2 \end{pmatrix} + s \cdot \begin{pmatrix} 3 \\ 1 \\ 4 \end{pmatrix}$

Ebene in Koordinatengleichung umrechnen:

$$\vec{u} \times \vec{v} = \begin{pmatrix} 0 \cdot 4 - 2 \cdot 1 \\ 2 \cdot 3 - 2 \cdot 4 \\ 2 \cdot 1 - 0 \cdot 3 \end{pmatrix} = \begin{pmatrix} -2 \\ -2 \\ 2 \end{pmatrix}$$

Möglicher Normalenvektor $\vec{n} = \begin{pmatrix} -1 \\ -1 \\ 1 \end{pmatrix}$

$-1 \cdot 1 - 1 \cdot 0 + 1 \cdot 0 = -1$
$E: -1x_1 - 1x_2 + 1x_3 = -1$

$$\vec{n} \cdot \vec{u} = \begin{pmatrix} -1 \\ -1 \\ 1 \end{pmatrix} \cdot \begin{pmatrix} -2 \\ -2 \\ 2 \end{pmatrix} = -1 \cdot (-2) - 1 \cdot (-2) + 1 \cdot 2 = 2 + 2 + 2 = 6 \neq 0$$

Die Ebene E und die Gerade h schneiden sich.

$x_1 = 8 - 2r$
$x_2 = -2r$
$x_3 = 4 + 2r$

$-1 \cdot (8 - 2r) - 1 \cdot (-2r) + 1 \cdot (4 + 2r) = -1$
$-8 + 2r + 2r + 4 + 2r = -1$

$-4 + 6r = -1 \quad |+4$
$6r = 3 \quad |:6$
$r = \frac{1}{2}$

$$\vec{s} = \begin{pmatrix} 8 \\ 0 \\ 4 \end{pmatrix} + \frac{1}{2} \cdot \begin{pmatrix} -2 \\ -2 \\ 2 \end{pmatrix} = \begin{pmatrix} 7 \\ -1 \\ 5 \end{pmatrix}$$

$S(7|-1|5)$

5 Schnittpunkt Ebene mit Koordinatenachsen

a) $E: 2x_1 + x_2 + 2x_3 = 4$

$S_1: 2x_1 = 4 \quad |:2$
$x_1 = 2$
$S_1(2|0|0)$

$S_2: x_2 = 4$
$S_2(0|4|0)$

$S_3: 2x_3 = 4 \quad |:2$
$x_3 = 2$
$S_3(0|0|2)$

b) $E: 2x_1 + 2x_3 = 6$

$S_1: 2x_1 = 6 \quad |:2$
$x_1 = 3$
$S_1(3|0|0)$

S_2: existiert nicht

$S_3: 2x_3 = 6 \quad |:2$
$x_3 = 3$
$S_3(0|0|3)$

c) E: $4x_3 = 12$

S_1: existiert nicht

S_2: existiert nicht

S_3: $4x_3 = 12 \quad |:4$

$x_3 = 3$

$S_3(0|0|3)$

6 Orthogonalität prüfen

a) $\vec{n} \cdot \vec{u} = \begin{pmatrix} 6 \\ 4 \\ -2 \end{pmatrix} \cdot \begin{pmatrix} 3 \\ 2 \\ -1 \end{pmatrix} = 6 \cdot 3 + 4 \cdot 2 - 2 \cdot (-1) = 18 + 8 + 2 = 28 \neq 0$

Die Ebene E und die Gerade g schneiden sich. Da der Richtungsvektor der Geraden ein Vielfaches vom Normalenvektor der Ebene ist, schneiden sich die beiden orthogonal.

$x_1 = 4 + 3t$
$x_2 = 2t$
$x_3 = 3 - 1t$

$6 \cdot (4 + 3t) + 4 \cdot (2t) - 2 \cdot (3 - 1t) = 4$
$24 + 18t + 8t - 6 + 2t = 4$

$18 + 28t = 4 \quad | -18$
$28t = -14 \quad | :28$
$t = -\frac{14}{28} = -\frac{1}{2}$

$\vec{s} = \begin{pmatrix} 4 \\ 0 \\ 3 \end{pmatrix} - \frac{1}{2} \cdot \begin{pmatrix} 3 \\ 2 \\ -1 \end{pmatrix} = \begin{pmatrix} 2{,}5 \\ -1 \\ 3{,}5 \end{pmatrix}$

$S(2{,}5|-1|3{,}5)$

b) $\vec{n} \cdot \vec{u} = \begin{pmatrix} 1 \\ -5 \\ 1 \end{pmatrix} \cdot \begin{pmatrix} 2 \\ -5 \\ 1 \end{pmatrix} = 1 \cdot 2 - 5 \cdot (-5) + 1 \cdot 1 = 2 + 25 + 1 = 28 \neq 0$

Die Ebene E und die Gerade g schneiden sich. Da der Richtungsvektor der Geraden kein Vielfaches vom Normalenvektor der Ebene ist, schneiden sich die beiden nicht orthogonal.

$x_1 = -1 + 2t$
$x_2 = 1 - 5t$
$x_3 = 2 + 1t$

$1 \cdot (-1 + 2t) - 5 \cdot (1 - 5t) + 1 \cdot (2 + 1t) = 4$
$-1 + 2t - 5 + 25t + 2 + t = 4$

$-4 + 28t = 4 \quad | +4$
$28t = 8 \quad | :28$
$t = \frac{8}{28} = \frac{2}{7}$

$\vec{s} = \begin{pmatrix} -1 \\ 1 \\ 2 \end{pmatrix} + \frac{2}{7} \cdot \begin{pmatrix} 2 \\ -5 \\ 1 \end{pmatrix} = \begin{pmatrix} -\frac{3}{7} \\ -\frac{3}{7} \\ \frac{16}{7} \end{pmatrix}$

$S\left(-\frac{3}{7}\middle|-\frac{3}{7}\middle|\frac{16}{7}\right)$

c) $\vec{n} \cdot \vec{u} = \begin{pmatrix} 6 \\ 4 \\ -2 \end{pmatrix} \cdot \begin{pmatrix} 4 \\ 0 \\ -2 \end{pmatrix} = 6 \cdot 4 + 4 \cdot 0 - 2 \cdot (-2) = 24 + 0 + 4 = 28 \neq 0$

Die Ebene E und die Gerade g schneiden sich. Da der Richtungsvektor der Geraden kein Vielfaches vom Normalenvektor der Ebene ist, schneiden sich die beiden nicht orthogonal.

$x_1 = 3 + 4t$
$x_2 = 2$
$x_3 = 3 - 2t$

$6 \cdot (3 + 4t) + 4 \cdot (2) - 2 \cdot (3 - 2t) = -8$
$18 + 24t + 8 - 6 + 4t = -8$

$20 + 28t = -8 \quad | -20$
$28t = -28 \quad | :28$
$t = -1$

$\vec{s} = \begin{pmatrix} 3 \\ 2 \\ 3 \end{pmatrix} - 1 \cdot \begin{pmatrix} 4 \\ 0 \\ -2 \end{pmatrix} = \begin{pmatrix} -1 \\ 2 \\ 5 \end{pmatrix}$

$S(-1|2|5)$

7 Geradengleichung bestimmen

a) Die Gerade g muss einen Richtungsvektor besitzen, der ein Vielfaches des Normalenvektor der Ebene E ist.

b) Der Richtungsvektor der Geraden darf kein Vielfaches des Normalenvektors der Ebene sein, damit sind sie nicht orthogonal. Das Skalarprodukt aus Richtungsvektor und Normalenvektor darf nicht null sein, damit sie nicht parallel sind.

c) Der Normalenvektor der Ebene muss senkrecht auf dem Richtungsvektor der Geraden stehen. Das Skalarprodukt aus Richtungsvektor und Normalenvektor muss null sein.

8 Vogelfluglinien

Schwarm A: g: $\vec{x} = \begin{pmatrix} 10 \\ 3 \\ 14 \end{pmatrix} + t \cdot \begin{pmatrix} 1 \\ -1 \\ 4 \end{pmatrix}$

$\vec{n} \cdot \vec{u} = \begin{pmatrix} 1 \\ -1 \\ 4 \end{pmatrix} \cdot \begin{pmatrix} 1 \\ -1 \\ 4 \end{pmatrix} = 1 \cdot 1 - 1 \cdot (-1) + 4 \cdot 4 = 1 + 1 + 16 = 18 \neq 0$

Die Ebene E und die Gerade g schneiden sich.

$x_1 = 10 + t$
$x_2 = 3 - t$
$x_3 = 14 + 4t$

$1 \cdot (10 + t) - 1 \cdot (3 - t) + 4 \cdot (14 + 4t) = 12$
$10 + t - 3 + t + 56 + 16t = 12$

$63 + 18t = 12 \quad | -63$
$18t = -51 \quad | :18$
$t = -\frac{51}{18} = -\frac{17}{6}$

$$\vec{s} = \begin{pmatrix} 10 \\ 3 \\ 14 \end{pmatrix} - \frac{17}{6} \cdot \begin{pmatrix} 1 \\ -1 \\ 4 \end{pmatrix} = \begin{pmatrix} \frac{43}{6} \\ \frac{35}{6} \\ \frac{8}{3} \end{pmatrix}$$

$S\left(\frac{43}{6} \middle| \frac{35}{6} \middle| \frac{8}{3}\right)$

Schwarm A kollidiert mit dem Netz im Punkt $S\left(\frac{43}{6} \middle| \frac{35}{6} \middle| \frac{8}{3}\right)$.

Schwarm B: $\vec{u} = \overrightarrow{RQ} = \begin{pmatrix} 3-7 \\ 7-7 \\ 20-14 \end{pmatrix} = \begin{pmatrix} -4 \\ 0 \\ 6 \end{pmatrix}$

$g\colon \vec{x} = \begin{pmatrix} 7 \\ 7 \\ 14 \end{pmatrix} + t \cdot \begin{pmatrix} -4 \\ 0 \\ 6 \end{pmatrix}$

$$\vec{n} \cdot \vec{u} = \begin{pmatrix} 1 \\ -1 \\ 4 \end{pmatrix} \cdot \begin{pmatrix} -4 \\ 0 \\ 6 \end{pmatrix} = 1 \cdot (-4) - 1 \cdot 0 + 4 \cdot 6 = -4 + 0 + 24 = 20 \neq 0$$

Die Ebene E und die Gerade g schneiden sich.

$x_1 = 7 - 4t$
$x_2 = 7$
$x_3 = 14 + 6t$

$1 \cdot (7 - 4t) - 1 \cdot (7) + 4 \cdot (14 + 6t) = 12$
$7 - 4t - 7 + 56 + 24t = 12$

$56 + 20t = 12 \quad | -56$
$20t = -44 \quad | :20$
$t = -\frac{44}{20} = -\frac{22}{10} = -2{,}2$

$$\vec{s} = \begin{pmatrix} 7 \\ 7 \\ 14 \end{pmatrix} - 2{,}2 \cdot \begin{pmatrix} -4 \\ 0 \\ 6 \end{pmatrix} = \begin{pmatrix} 15{,}8 \\ 7 \\ 0{,}8 \end{pmatrix}$$

$S(15{,}8 \mid 7 \mid 0{,}8)$

Schwarm B kollidiert mit dem Netz im Punkt $S(15{,}8 \mid 7 \mid 0{,}8)$.

Schwarm C: $g\colon \vec{x} = \begin{pmatrix} 6 \\ 6 \\ 9 \end{pmatrix} + t \cdot \begin{pmatrix} 11 \\ 3 \\ 4 \end{pmatrix}$

$$\vec{n} \cdot \vec{u} = \begin{pmatrix} 1 \\ -1 \\ 4 \end{pmatrix} \cdot \begin{pmatrix} 11 \\ 3 \\ 4 \end{pmatrix} = 1 \cdot 11 - 1 \cdot 3 + 4 \cdot 4 = 11 - 3 + 16 = 24 \neq 0$$

Die Ebene E und die Gerade g schneiden sich.

$x_1 = 6 + 11t$
$x_2 = 6 + 3t$
$x_3 = 9 + 4t$

$1 \cdot (6 + 11t) - 1 \cdot (6 + 3t) + 4 \cdot (9 + 4t) = 12$
$6 + 11t - 6 - 3t + 36 + 16t = 12$

$36 + 24t = 12 \quad | -36$
$24t = -24 \quad | :24$
$t = -1$

$$\vec{s} = \begin{pmatrix} 6 \\ 6 \\ 9 \end{pmatrix} - 1 \cdot \begin{pmatrix} 11 \\ 3 \\ 4 \end{pmatrix} = \begin{pmatrix} -5 \\ 3 \\ 5 \end{pmatrix}$$

$S(-5 \mid 3 \mid 5)$

Schwarm C kollidiert mit dem Netz im Punkt $S(-5 \mid 3 \mid 5)$.

9 Garten-Stehlampe

$A(5 \mid 5 \mid 5)$, $B(5 \mid 15 \mid 0)$, $C(0 \mid 15 \mid 0)$

Ebene der Plane:

$$\overrightarrow{AB} = \begin{pmatrix} 5-5 \\ 15-5 \\ 0-5 \end{pmatrix} = \begin{pmatrix} 0 \\ 10 \\ -5 \end{pmatrix}, \quad \overrightarrow{AC} = \begin{pmatrix} 0-5 \\ 15-5 \\ 0-5 \end{pmatrix} = \begin{pmatrix} -5 \\ 10 \\ -5 \end{pmatrix},$$

$$E\colon \vec{x} = \begin{pmatrix} 5 \\ 5 \\ 5 \end{pmatrix} + t \cdot \begin{pmatrix} 0 \\ 10 \\ -5 \end{pmatrix} + s \cdot \begin{pmatrix} -5 \\ 10 \\ -5 \end{pmatrix}$$

Ebene in Koordinatengleichung umrechnen:

$$\vec{u} \times \vec{v} = \begin{pmatrix} 10 \cdot (-5) - (-5) \cdot 10 \\ -5 \cdot (-5) - 0 \cdot (-5) \\ 0 \cdot 10 - 10 \cdot (-5) \end{pmatrix} = \begin{pmatrix} 0 \\ 25 \\ 50 \end{pmatrix}$$

Möglicher Normalenvektor $\vec{n} = \begin{pmatrix} 0 \\ 1 \\ 2 \end{pmatrix}$

$0 \cdot 5 + 1 \cdot 5 + 2 \cdot 5 = 15$
$E\colon x_2 + 2x_3 = 15$

Stehlampe: $g\colon \vec{x} = \begin{pmatrix} 3 \\ 10 \\ 0 \end{pmatrix} + t \cdot \begin{pmatrix} 0 \\ 0 \\ 1 \end{pmatrix}$

$$\vec{n} \cdot \vec{u} = \begin{pmatrix} 0 \\ 1 \\ 2 \end{pmatrix} \cdot \begin{pmatrix} 0 \\ 0 \\ 1 \end{pmatrix} = 0 \cdot 0 + 1 \cdot 0 - 2 \cdot 1 = 0 + 0 + 2 = 2 \neq 0$$

Die Ebene E und die Gerade g schneiden sich.

$x_1 = 3$
$x_2 = 10$
$x_3 = t$

$0 \cdot (3) + 1 \cdot (10) + 2 \cdot (t) = 15$

$10 + 2t = 15 \quad | -10$
$2t = 5 \quad | :2$
$t = 2{,}5$

$$\vec{s} = \begin{pmatrix} 3 \\ 10 \\ 0 \end{pmatrix} + 2{,}5 \cdot \begin{pmatrix} 0 \\ 0 \\ 1 \end{pmatrix} = \begin{pmatrix} 3 \\ 10 \\ 2{,}5 \end{pmatrix}$$

$S(3 \mid 10 \mid 2{,}5)$

Der Abstand von S zur x_1x_2-Ebene beträgt 2,5 m (x_3-Koordinate).
Da die Lampe die Höhe 3 m besitzt, würde sie die Plane beschädigen.

SCHRITT 16

Das brauchst du wieder

b) $\vec{a} = \begin{pmatrix} -1 \\ 2 \\ 3 \end{pmatrix}$, $\vec{b} = \begin{pmatrix} 5 \\ 2 \\ -3 \end{pmatrix}$

$$\begin{array}{cc} 1 & 5 \\ 2 & 2 \\ 3 & 3 \\ -1 & 5 \\ 2 & 2 \\ 3 & -3 \end{array} \qquad \begin{pmatrix} 2 \cdot (-3) - 2 \cdot 3 = -12 \\ 3 \cdot 5 - (-3) \cdot (-1) = 12 \\ (-1) \cdot 2 - 5 \cdot 2 = -12 \end{pmatrix}$$

$$\vec{a} \times \vec{b} = \begin{pmatrix} -12 \\ 12 \\ -12 \end{pmatrix}$$

1 **„Du bist dran" aus dem „So geht's"-Kasten**

Berechne den Normalenvektor $\vec{n_1}$ der Ebene E_1:

$$\begin{array}{cc} 4 & 5 \\ 5 & 1 \\ -1 & 4 \\ 4 & 5 \\ 5 & 1 \\ 1 & 4 \end{array} \qquad \begin{pmatrix} 5 \cdot 4 - 1 \cdot (-1) = 21 \\ (-1) \cdot 5 - 4 \cdot 4 = -21 \\ 4 \cdot 1 - 5 \cdot 5 = -21 \end{pmatrix}$$

$$\vec{n_1} = \begin{pmatrix} 1 \\ -1 \\ -1 \end{pmatrix}$$

Überprüfe, ob die Normalenvektoren $\vec{n_1}$ und $\vec{n_2}$ Vielfache voneinander sind:

$$\begin{pmatrix} -7 \\ 7 \\ 7 \end{pmatrix} = -7 \cdot \begin{pmatrix} 1 \\ -1 \\ -1 \end{pmatrix}$$

Die Normalenvektoren sind Vielfache voneinander. Damit sind die Ebenen zueinander parallel.

Setze den Ortsvektor $\vec{p}$ des Punktes P der Ebene E_1 in die Ebenengleichung E_2 ein und vereinfache:

$-7 \cdot 0 + 7 \cdot 3 + 7 \cdot 2$
$= 0 + 21 + 14$
$= 35 \neq 0$

Schreibe den Antwortsatz auf:

Der Punkt P liegt nicht in der Ebene E_1.
Damit sind die Ebenen zueinander parallel und verschieden.

2 **Gegenseitige Lage von Ebenen I**

a)
$$\begin{array}{cc} 1 & 2 \\ 1 & 0 \\ 3 & 2 \\ -1 & 2 \\ 1 & 0 \\ 3 & -2 \end{array} \qquad \begin{pmatrix} 1 \cdot (-2) - 0 \cdot 3 = -2 \\ 3 \cdot 2 - (-2) \cdot (-1) = 4 \\ (-1) \cdot 1 - 2 \cdot 1 = -2 \end{pmatrix}$$

$$\vec{n_1} = \begin{pmatrix} -1 \\ 2 \\ -1 \end{pmatrix}$$

$$\begin{pmatrix} 2 \\ -4 \\ 2 \end{pmatrix} = -2 \cdot \begin{pmatrix} -1 \\ 2 \\ -1 \end{pmatrix}$$

Die Normalenvektoren sind Vielfache voneinander. Damit sind die Ebenen zueinander parallel.

P der Ebene E_2 in E_1:

$2 \cdot 2 - 4 \cdot 1 + 2 \cdot (-1)$
$= 2 - 8 - 4 = -10 \neq -6$

Der Punkt P liegt nicht in der Ebene E_1.
Damit sind die Ebenen zueinander parallel und verschieden.

b)
$$\begin{array}{cc} 3 & 4 \\ 1 & 2 \\ 1 & 0 \\ 3 & 4 \\ 1 & 2 \\ 1 & 0 \end{array} \qquad \begin{pmatrix} 1 \cdot 0 - 2 \cdot 1 = -2 \\ 1 \cdot 4 - 3 \cdot 0 = 4 \\ 3 \cdot 2 - 4 \cdot 1 = 2 \end{pmatrix}$$

$$\vec{n_1} = \begin{pmatrix} -1 \\ 2 \\ 1 \end{pmatrix}$$

$$\begin{pmatrix} 2 \\ -4 \\ 2 \end{pmatrix} = k \cdot \begin{pmatrix} -1 \\ 2 \\ 1 \end{pmatrix}$$

I $2 = k \cdot (-1) \Rightarrow k = -2$
$k = -2$ in II: $-4 = -2 \cdot 2$ wahre Aussage
$k = -2$ in III: $2 = -2 \cdot 1$ falsche Aussage

Die Normalenvektoren sind keine Vielfachen voneinander. Damit schneiden sich die Ebenen.

3 **Gegenseitige Lage von Ebenen II**

a) E_2: $5x_1 + 20x_2 - 15x_3 = 30$

$$\vec{n_1} = \begin{pmatrix} 4 \\ 12 \\ -8 \end{pmatrix} \text{ und } \vec{n_2} = \begin{pmatrix} 5 \\ 20 \\ -15 \end{pmatrix}$$

$$\begin{pmatrix} 4 \\ 12 \\ -8 \end{pmatrix} \neq k \cdot \begin{pmatrix} -6 \\ 3 \\ 9 \end{pmatrix}$$

Die Normalenvektoren sind keine Vielfache voneinander. Damit schneiden sich die Ebenen.

b) E_3: $3x_1 + 9x_2 - 6x_3 = 18$

$$\vec{n_1} = \begin{pmatrix} 4 \\ 12 \\ -8 \end{pmatrix} \text{ und } \vec{n_2} = \begin{pmatrix} 3 \\ 9 \\ -6 \end{pmatrix}$$

$$\begin{pmatrix} 4 \\ 12 \\ -8 \end{pmatrix} = \frac{4}{3} \cdot \begin{pmatrix} 3 \\ 9 \\ -6 \end{pmatrix}$$

Die Normalenvektoren sind Vielfache voneinander. Damit sind die Ebenen zueinander parallel.

Punkt P von E_1: $P(6|0|0)$ (Spurpunkt S_1) in E_3:
$3 \cdot 6 + 9 \cdot 0 - 6 \cdot 0 = 18 + 0 + 0 = 18 = 18$
Der Punkt P liegt in der Ebene E_3:
Damit sind die Ebenen zueinander parallel und identisch.

c) E_4: $7x_1 + 21x_2 - 14x_3 = 49$

$$\vec{n_1} = \begin{pmatrix} 4 \\ 12 \\ -8 \end{pmatrix} \text{ und } \vec{n_2} = \begin{pmatrix} 7 \\ 21 \\ -14 \end{pmatrix}$$

$$1{,}75 \cdot \begin{pmatrix} 4 \\ 12 \\ -8 \end{pmatrix} = \begin{pmatrix} 7 \\ 21 \\ -14 \end{pmatrix}$$

Die Normalenvektoren sind Vielfache voneinander. Damit sind die Ebenen parallel zueinander.

Punkt P von E_1: $P(6|0|0)$ (Spurpunkt S_1) in E_4:
$7 \cdot 6 + 21 \cdot 0 - 14 \cdot 0 = 42 + 0 + 0 = 42 \neq 49$
Der Punkt P liegt nicht in der Ebene E_4.
Damit sind die Ebenen zueinander parallel und nicht identisch.

4 Gegenseitige Lage von Ebenen III

a) $A(6|0|0)$, $B(0|2|0)$ und $C(0|0|-3)$

Ebene:
$$\overrightarrow{AB} = \begin{pmatrix} 0-6 \\ 2-0 \\ 0-0 \end{pmatrix} = \begin{pmatrix} -6 \\ 2 \\ 0 \end{pmatrix}, \ \overrightarrow{AC} = \begin{pmatrix} 0-6 \\ 0-0 \\ -3-0 \end{pmatrix} = \begin{pmatrix} -6 \\ 0 \\ -3 \end{pmatrix},$$
$$E_2: \vec{x} = \begin{pmatrix} 6 \\ 0 \\ 0 \end{pmatrix} + t \cdot \begin{pmatrix} -6 \\ 2 \\ 0 \end{pmatrix} + s \cdot \begin{pmatrix} -6 \\ 0 \\ -3 \end{pmatrix}$$

Ebene in Koordinatengleichung umrechnen:
$$\vec{u} \times \vec{v} = \begin{pmatrix} 2 \cdot (-3) - 0 \cdot 0 \\ 0 \cdot (-6) - (-6) \cdot (-3) \\ -6 \cdot 0 - 2 \cdot (-6) \end{pmatrix} = \begin{pmatrix} -6 \\ -18 \\ 12 \end{pmatrix}$$

Möglicher Normalenvektor $\vec{n} = \begin{pmatrix} -1 \\ -3 \\ 2 \end{pmatrix}$

$-1 \cdot 6 - 3 \cdot 0 + 2 \cdot 0 = -6$

E_2: $-x_1 - 3x_2 + 2x_3 = -6$

$$\vec{n_1} = \begin{pmatrix} 1 \\ 3 \\ -2 \end{pmatrix} \text{ und } \vec{n_2} = \begin{pmatrix} -1 \\ -3 \\ 2 \end{pmatrix}$$
$$-1 \cdot \begin{pmatrix} 1 \\ 3 \\ -2 \end{pmatrix} = \begin{pmatrix} -1 \\ -3 \\ 2 \end{pmatrix}$$

Die Normalenvektoren sind Vielfache voneinander. Damit sind die Ebenen zueinander parallel.

Punkt P von E_1: $P(6|0|0)$ (Spurpunkt S_1) in E_2:
$-1 \cdot 6 - 3 \cdot 0 + 2 \cdot 0 = -6 + 0 + 0 = -6$
$-6 = -6$
Der Punkt P liegt in der Ebene E_2.
Damit sind die Ebenen zueinander parallel und identisch.

b) $$E_2: \vec{x} = \begin{pmatrix} 5 \\ 2 \\ 3 \end{pmatrix} + t \cdot \begin{pmatrix} 2 \\ 2 \\ 4 \end{pmatrix} + s \cdot \begin{pmatrix} 0 \\ 2 \\ 3 \end{pmatrix}$$

Ebene in Koordinatengleichung umrechnen:
$$\vec{u} \times \vec{v} = \begin{pmatrix} 2 \cdot 3 - 4 \cdot 2 \\ 4 \cdot 0 - 2 \cdot 3 \\ 2 \cdot 2 - 2 \cdot 0 \end{pmatrix} = \begin{pmatrix} -2 \\ -6 \\ 4 \end{pmatrix}$$

Möglicher Normalenvektor $\vec{n} = \begin{pmatrix} -1 \\ -3 \\ 2 \end{pmatrix}$

$-1 \cdot 5 - 3 \cdot 2 + 2 \cdot 3 = -5$
E_2: $-x_1 - 3x_2 + 2x_3 = -5$

$$\vec{n_1} = \begin{pmatrix} 1 \\ 3 \\ -2 \end{pmatrix} \text{ und } \vec{n_2} = \begin{pmatrix} -1 \\ -3 \\ 2 \end{pmatrix}$$
$$-1 \cdot \begin{pmatrix} 1 \\ 3 \\ -2 \end{pmatrix} = \begin{pmatrix} -1 \\ -3 \\ 2 \end{pmatrix}$$

Die Normalenvektoren sind Vielfache voneinander. Damit sind die Ebenen zueinander parallel.

Punkt P von E_1: $P(6|0|0)$ (Spurpunkt S_1) in E_2:
$-1 \cdot 6 - 3 \cdot 0 + 2 \cdot 0 = -6 + 0 + 0 = -6$
$-6 \neq -5$
Der Punkt P liegt nicht in der Ebene E_2.
Damit sind die Ebenen zueinander parallel und nicht identisch.

5 Parallele Ebene durch einen Punkt

Eine Ebene, die parallel zur Ebene
E: $4x_1 + 3x_2 + 2x_3 = 5$ ist, hat dann den gleichen Normalenvektor.
E_2: $4x_1 + 3x_2 + 2x_3 = d$
$4 \cdot 2 + 3 \cdot 1 + 2 \cdot 1 = 8 + 3 + 2 = 13$
E_2: $4x_1 + 3x_2 + 2x_3 = 13$

6 Parameter bestimmen

a) Wenn die Ebenen parallel sind, müssen sie ein Vielfaches voneinander sein. Man kann dieses Vielfache bestimmen, indem man den Quotienten der beiden rechten Seiten der Gleichungen bildet:
$42 : 6 = 7$

Nun teilt man die Ebenengleichung E durch 7:
E: $x_1 - x_2 + 6x_3 = 6$

Jetzt vergleicht man die Kooefizienten vor dem jeweiligen x_1. Daraus ergibt sich, dass $a = 1$ sein muss. Damit gilt: E_1: $1x_1 - 1x_2 + 6x_3 = 6$

b) Für alle anderen Werte von a sind die Ebenen damit weder identisch noch zueinander parallel.
Es gilt $a \in \mathbb{R} \setminus \{1\}$, also $a \neq 1$.

SCHRITT 17

Das brauchst du wieder

$S_3(0|0|-2)$

$$\vec{v} = \overrightarrow{S_2S_3} = \begin{pmatrix} 0 & 0 \\ 0-5 \\ -2 & 0 \end{pmatrix} = \begin{pmatrix} 0 \\ -5 \\ -2 \end{pmatrix}$$

Ebene in Parameterform:
$$F_2: \vec{x} = \begin{pmatrix} 10 \\ 0 \\ 0 \end{pmatrix} + t \cdot \begin{pmatrix} -10 \\ 5 \\ 0 \end{pmatrix} + s \cdot \begin{pmatrix} 0 \\ -5 \\ -2 \end{pmatrix}$$

1 „Du bist dran“ aus dem „So geht's“-Kasten

Berechne den Normalenvektor $\overrightarrow{n_2}$ der Ebene E_2:

$$\begin{array}{cc} \not{1} & \not{1} \\ 2 & 1 \\ -2 & 5 \\ 1 & 1 \\ 2 & 1 \\ \not{2} & \not{-5} \end{array} \qquad \begin{pmatrix} 2\cdot(-5)-1\cdot(-2)=-8 \\ (-2)\cdot 1-(-5)\cdot 1=3 \\ 1\cdot 1-1\cdot 2=-1 \end{pmatrix}$$

$$\overrightarrow{n_2}=\begin{pmatrix}-8\\3\\-1\end{pmatrix}$$

Überprüfe, ob die Normalenvektoren $\overrightarrow{n_1}$ und $\overrightarrow{n_2}$ Vielfache voneinander sind:

$$\begin{pmatrix}-8\\3\\1\end{pmatrix}=k\cdot\begin{pmatrix}2\\3\\-1\end{pmatrix}$$

I $\quad -8=k\cdot 2 \Rightarrow k=-4$

$k=-4$ in II: $3=-4\cdot 3$ falsche Aussage

Die Normalenvektoren sind keine Vielfachen voneinander.
Damit schneiden sich die Ebenen.

Schreibe die x_1-, x_2- und x_3-Koordinaten der Ebene E_2 auf:

$x_1=2+t+s$
$x_2=-4+2t+s$
$x_3=-5-2t-5s$

Setze die Ebenengleichung der Ebene E_2 in die Ebenengleichung der Ebene E_1 ein und löse nach dem Parameter t auf:

$2\cdot(2+t+s)+3\cdot(-4+2t+s)-(-5-2t-5s)=7$
$4+2t+2s-12+6t+3s+5+2t+5s=7$

$$\begin{aligned} -3+10t+10s&=7 && |+3-10s \\ 10t&=10-10s && |:10 \\ t&=1-s \end{aligned}$$

Setze t in die Ebenengleichung der Ebene E_2 ein, um die Schnittgerade g zu erhalten:

$$g:\ \vec{x}=\begin{pmatrix}2\\-4\\-5\end{pmatrix}+(1-s)\cdot\begin{pmatrix}1\\2\\-2\end{pmatrix}+s\cdot\begin{pmatrix}1\\1\\-5\end{pmatrix}$$

$$g:\ \vec{x}=\begin{pmatrix}2\\-4\\-5\end{pmatrix}+\begin{pmatrix}1\\2\\-2\end{pmatrix}+s\cdot\begin{pmatrix}-1\\-2\\2\end{pmatrix}+s\cdot\begin{pmatrix}1\\1\\-5\end{pmatrix}$$

$$g:\ \vec{x}=\begin{pmatrix}3\\-2\\-7\end{pmatrix}+s\cdot\begin{pmatrix}0\\-1\\-3\end{pmatrix}$$

2 Schnittgerade bestimmen I

a)

$$\begin{array}{cc} \not{1} & \not{0} \\ 0 & 1 \\ -2 & 3 \\ 1 & 0 \\ 0 & 1 \\ \not{0{,}5} & \not{-3} \end{array} \qquad \begin{pmatrix} 0\cdot(-3)-1\cdot 2=2 \\ 2\cdot 0-(-3)\cdot 1=3 \\ 1\cdot 1-0\cdot 0=1 \end{pmatrix}$$

$$\overrightarrow{n_2}=\begin{pmatrix}2\\3\\-1\end{pmatrix}$$

$$\begin{pmatrix}2\\3\\1\end{pmatrix}=k\cdot\begin{pmatrix}4\\3\\2\end{pmatrix}$$

I $\quad 2=k\cdot 4 \Rightarrow k=0{,}5$

$k=0{,}5$ in II: $3=0{,}5\cdot 3$ falsche Aussage

Die Normalenvektoren sind keine Vielfachen voneinander. Damit schneiden sich die Ebenen.

$x_1=3+t$
$x_2=1+s$
$x_3=2+2t-3s$

E_2 in E_1:
$4\cdot(3+t)+3\cdot(1+s)+2\cdot(2+2t-3s)=5$
$12+4t+3+3s+4+4t-6s=5$

$$\begin{aligned} 19+8t-3s&=5 && |-19+3s \\ 8t&=-14+3s && |:8 \\ t&=-\tfrac{7}{4}+\tfrac{3}{8}s \end{aligned}$$

t in E_2:

$$g:\ \vec{x}=\begin{pmatrix}3\\1\\2\end{pmatrix}+\left(-\tfrac{7}{4}+\tfrac{3}{8}s\right)\cdot\begin{pmatrix}1\\0\\2\end{pmatrix}+s\cdot\begin{pmatrix}0\\1\\-3\end{pmatrix}$$

$$g:\ \vec{x}=\begin{pmatrix}3\\1\\2\end{pmatrix}+\begin{pmatrix}-\frac{7}{4}\\0\\-\frac{7}{2}\end{pmatrix}+s\cdot\begin{pmatrix}\frac{3}{8}\\0\\\frac{3}{4}\end{pmatrix}+s\cdot\begin{pmatrix}0\\1\\-3\end{pmatrix}$$

$$g:\ \vec{x}=\begin{pmatrix}\frac{5}{4}\\1\\-0{,}5\end{pmatrix}+s\cdot\begin{pmatrix}\frac{3}{8}\\1\\-\frac{9}{4}\end{pmatrix}$$

b)

$$\begin{array}{cc} \not{-2} & \not{3} \\ 3 & 1 \\ -1 & 0 \\ -2 & 3 \\ 3 & 1 \\ \not{-1} & \not{0} \end{array} \qquad \begin{pmatrix} 3\cdot 0-1\cdot(-1)=1 \\ (-1)\cdot 3-0\cdot(-2)=-3 \\ (-2)\cdot 1-3\cdot 3=-11 \end{pmatrix}$$

$$\overrightarrow{n_2}=\begin{pmatrix}1\\-3\\-11\end{pmatrix}$$

$$\begin{pmatrix}1\\-3\\-11\end{pmatrix}=k\cdot\begin{pmatrix}4\\3\\2\end{pmatrix}$$

I $\quad 1=k\cdot 4 \Rightarrow k=0{,}25$

$k=0{,}25$ in II: $-3=0{,}25\cdot 3$ falsche Aussage

Die Normalenvektoren sind keine Vielfachen voneinander. Damit schneiden sich die Ebenen.

$x_1 = 2 - 2t + 3s$
$x_2 = 2 + 3t + s$
$x_3 = 3 - t$

E_2 in E_1:
$4 \cdot (2 - 2t + 3s) + 3 \cdot (2 + 3t + s) + 2 \cdot (3 - t) = 5$
$8 - 8t + 12s + 6 + 9t + 3s + 6 - 2t = 5$

$$\begin{aligned} 20 - t + 15s &= 5 && \mid -20 - 15s \\ -t &= -15 - 15s && \mid :(-1) \\ t &= 15 + 15s \end{aligned}$$

t in E_2:

$$g\colon \vec{x} = \begin{pmatrix} 2 \\ 2 \\ 3 \end{pmatrix} + (15 + 15s) \cdot \begin{pmatrix} -2 \\ 3 \\ -1 \end{pmatrix} + s \cdot \begin{pmatrix} 3 \\ 1 \\ 0 \end{pmatrix}$$

$$g\colon \vec{x} = \begin{pmatrix} 2 \\ 2 \\ 3 \end{pmatrix} + \begin{pmatrix} -30 \\ 45 \\ -15 \end{pmatrix} + s \cdot \begin{pmatrix} -30 \\ 45 \\ -15 \end{pmatrix} + s \cdot \begin{pmatrix} 3 \\ 1 \\ 0 \end{pmatrix}$$

$$g\colon \vec{x} = \begin{pmatrix} -28 \\ 47 \\ -12 \end{pmatrix} + s \cdot \begin{pmatrix} -27 \\ 46 \\ -15 \end{pmatrix}$$

3 Schnittgerade bestimmen II

a) $E_1\colon \vec{u} \times \vec{v} = \begin{pmatrix} 0 \cdot 0 - 0 \cdot 2 \\ 0 \cdot 2 - (-2) \cdot 0 \\ -2 \cdot 2 - 0 \cdot 2 \end{pmatrix} = \begin{pmatrix} 0 \\ 0 \\ -4 \end{pmatrix}$

Möglicher Normalenvektor $\vec{n} = \begin{pmatrix} 0 \\ 0 \\ 1 \end{pmatrix}$

$0 \cdot 1 + 0 \cdot 0 + 1 \cdot 3 = 0 + 0 + 3 = 3$
$E_1\colon x_3 = 3$

$E_2\colon \vec{u} \times \vec{v} = \begin{pmatrix} -3 \cdot 1 - (-3) \cdot 0 \\ -3 \cdot 2 - 0 \cdot 1 \\ 0 \cdot 0 - (-3) \cdot 2 \end{pmatrix} = \begin{pmatrix} -3 \\ -6 \\ 6 \end{pmatrix}$

Möglicher Normalenvektor $\vec{n} = \begin{pmatrix} 1 \\ 2 \\ -2 \end{pmatrix}$

$1 \cdot 2 + 2 \cdot 3 - 2 \cdot 2 = 2 + 6 - 4 = 4$
$E_2\colon x_1 + 2x_2 - 2x_3 = 4$

$\begin{pmatrix} 0 \\ 0 \\ 1 \end{pmatrix} = k \cdot \begin{pmatrix} 1 \\ 2 \\ 2 \end{pmatrix}$

I $0 = k \cdot 1 \Rightarrow k = 0$
$k = 0$ in II: $0 = 0 \cdot 2$ wahre Aussage
$k = 0$ in III: $1 = 0 \cdot (-2)$ falsche Aussage

Die Normalenvektoren sind keine Vielfachen voneinander. Damit schneiden sich die Ebenen.

Schreibe die x_1-, x_2- und x_3-Koordinaten der Ebene E_2 auf:
$x_1 = 2 + 2s$
$x_2 = 3 - 3t$
$x_3 = 2 - 3t + s$

In Ebene E_1 einsetzen und nach dem Parameter t auflösen:

$$\begin{aligned} 2 - 3t + s &= 3 && \mid -s \\ 2 - 3t &= 3 - s && \mid -2 \\ -3t &= 1 - s && \mid :(-3) \\ t &= -\tfrac{1}{3} + \tfrac{1}{3}s \end{aligned}$$

Setze t in die Ebenengleichung der Ebene E_2 ein, um die Schnittgerade g zu erhalten:

$$g\colon \vec{x} = \begin{pmatrix} 2 \\ 3 \\ 2 \end{pmatrix} + \left(-\tfrac{1}{3} + \tfrac{1}{3}s\right) \cdot \begin{pmatrix} 0 \\ -3 \\ -3 \end{pmatrix} + s \cdot \begin{pmatrix} 2 \\ 0 \\ 1 \end{pmatrix}$$

$$g\colon \vec{x} = \begin{pmatrix} 2 \\ 3 \\ 2 \end{pmatrix} + \begin{pmatrix} 0 \\ 1 \\ 1 \end{pmatrix} + s \cdot \begin{pmatrix} 0 \\ -1 \\ -1 \end{pmatrix} + s \cdot \begin{pmatrix} 2 \\ 0 \\ 1 \end{pmatrix}$$

$$g\colon \vec{x} = \begin{pmatrix} 2 \\ 4 \\ 3 \end{pmatrix} + s \cdot \begin{pmatrix} 2 \\ -1 \\ 0 \end{pmatrix}$$

b) $E_1\colon \vec{u} \times \vec{v} = \begin{pmatrix} 0 \cdot 2 - 2 \cdot (-1) \\ -1 \cdot 2 - 3 \cdot 2 \\ 3 \cdot 2 - 0 \cdot 2 \end{pmatrix} = \begin{pmatrix} 2 \\ -8 \\ 6 \end{pmatrix}$

Möglicher Normalenvektor $\vec{n} = \begin{pmatrix} 1 \\ -4 \\ 3 \end{pmatrix}$

$1 \cdot 1 - 4 \cdot 2 + 3 \cdot 3 = 1 - 8 + 9 = 2$
$E_1\colon x_1 - 4x_2 + 3x_3 = 2$

$E_2\colon \vec{u} \times \vec{v} = \begin{pmatrix} 2 \cdot 0 - 3 \cdot 1 \\ 3 \cdot 2 - 1 \cdot 0 \\ 1 \cdot 1 - 2 \cdot 2 \end{pmatrix} = \begin{pmatrix} -3 \\ 6 \\ -3 \end{pmatrix}$

Möglicher Normalenvektor $\vec{n} = \begin{pmatrix} 1 \\ -2 \\ 1 \end{pmatrix}$

$1 \cdot 0 - 2 \cdot 0 + 1 \cdot 0 = 0 + 0 + 0 = 0$
$E_2\colon x_1 - 2x_2 + 1x_3 = 0$

$\begin{pmatrix} 1 \\ -4 \\ 3 \end{pmatrix} = k \cdot \begin{pmatrix} 1 \\ -2 \\ 1 \end{pmatrix}$

I $1 = k \cdot 1 \Rightarrow k = 1$
$k = 1$ in II $-4 = 1 \cdot (-2) = -2$ falsche Aussage
Die Normalenvektoren sind keine Vielfachen voneinander.
Damit schneiden sich die Ebenen.

Schreibe die x_1-, x_2- und x_3-Koordinaten der Ebene E_2 auf:
$x_1 = t + 2s$
$x_2 - 2t + s$
$x_3 = 3t$

In Ebene E_1 einsetzen und nach dem Parameter t auflösen:

$$\begin{aligned} 1(t + 2s) - 4(2t + s) + 3(3t) &= 2 \\ t + 2s - 8t - 4s + 9t &= 2 \\ 2t - 2s &= 2 && \mid +2s \\ 2t &= 2 + 2s && \mid :2 \\ t &= 1 + s \end{aligned}$$

Setze t in die Ebenengleichung der Ebene E_2 ein, um die Schnittgerade g zu erhalten:

$$g: \vec{x} = (1+s) \cdot \begin{pmatrix} 1 \\ 2 \\ 3 \end{pmatrix} + s \cdot \begin{pmatrix} 2 \\ 1 \\ 0 \end{pmatrix}$$

$$g: \vec{x} = \begin{pmatrix} 1 \\ 2 \\ 3 \end{pmatrix} + s \cdot \begin{pmatrix} 1 \\ 2 \\ 3 \end{pmatrix} + s \cdot \begin{pmatrix} 2 \\ 1 \\ 0 \end{pmatrix}$$

$$g: \vec{x} = \begin{pmatrix} 1 \\ 2 \\ 3 \end{pmatrix} + s \cdot \begin{pmatrix} 3 \\ 3 \\ 3 \end{pmatrix}$$

4 Schnittgerade bestimmen III

a) $E_1: \ 2x_1 + 2x_2 - 4x_3 = -2$ und
$E_2: \ 6x_1 + 3x_2 - 9x_3 = 6$

$$\begin{pmatrix} 2 \\ 2 \\ -4 \end{pmatrix} = k \cdot \begin{pmatrix} 6 \\ 3 \\ -9 \end{pmatrix}$$

I $\ 2 = k \cdot 6 \ \Rightarrow \ k = \frac{1}{3}$

$k = \frac{1}{3}$ in II $\ 2 = \frac{1}{3} \cdot 3 = 1$ falsche Aussage

Die Normalenvektoren sind keine Vielfachen voneinander. Damit schneiden sich die Ebenen.

I $\ 2x_1 + 2x_2 - 4x_3 = -2$
II $\ 6x_1 + 3x_2 - 9x_3 = 6$

$3 \cdot \text{I} - \text{II}$
$3x_2 - 3x_3 = -12$ wähle $x_3 = t$

$3x_2 - 3t = -12 \quad | +3t$
$3x_2 = -12 + 3t \quad | :3$
$x_2 = -4 + t$

x_2 und x_3 in I:
$2x_1 + 2(-4+t) - 4t = -2$
$2x_1 - 8 + 2t - 4t = -2$

$2x_1 - 8 - 2t = -2 \quad | +8$
$2x_1 - 2t = 6 \quad | +2t$
$2x_1 = 6 + 2t \quad | :2$
$x_1 = 3 + t$

$$g: \vec{x} = \begin{pmatrix} x_1 \\ x_2 \\ x_3 \end{pmatrix} = \begin{pmatrix} 3+t \\ -4+t \\ t \end{pmatrix} = \begin{pmatrix} 3 \\ -4 \\ 0 \end{pmatrix} + t \cdot \begin{pmatrix} 1 \\ 1 \\ 1 \end{pmatrix}$$

b) $E_1: \ x_1 + 5x_3 = 6$ und $E_2: \ x_1 + x_2 + x_3 = 3$

$$\begin{pmatrix} 1 \\ 0 \\ 5 \end{pmatrix} = k \cdot \begin{pmatrix} 1 \\ 1 \\ 1 \end{pmatrix}$$

I $\ 1 = k \cdot 1 \ \Rightarrow \ k = 1$
$k = 1$ in II $\ 0 = 1 \cdot 1 = 1$ falsche Aussage

Die Normalenvektoren sind keine Vielfachen voneinander. Damit schneiden sich die Ebenen.

I $\ x_1 + 5x_3 = 6$
II $\ x_1 + x_2 + x_3 = 3$
wähle $x_3 = t$
in I: $x_1 + 5t = 6 \quad | -5t$
$x_1 = 6 - 5t$

x_1 und x_3 in II:
$(6 - 5t) + x_2 + t = 3$

$6 - 4t + x_2 = 3 \quad | -6$
$-4t + x_2 = -3 \quad | +4t$
$x_2 = -3 + 4t$

$$g: \vec{x} = \begin{pmatrix} x_1 \\ x_2 \\ x_3 \end{pmatrix} = \begin{pmatrix} 6-5t \\ -3+4t \\ t \end{pmatrix} = \begin{pmatrix} 6 \\ -3 \\ 0 \end{pmatrix} + t \cdot \begin{pmatrix} -5 \\ 4 \\ 1 \end{pmatrix}$$

c) $E_1: \ 2x_1 + x_2 + 3x_3 = 10$ und
$E_2: \ 6x_1 - x_2 + x_3 = 14$

$$\begin{pmatrix} 2 \\ 1 \\ 3 \end{pmatrix} = k \cdot \begin{pmatrix} 6 \\ -1 \\ 1 \end{pmatrix}$$

I $\ 2 = k \cdot 6 \ \Rightarrow \ k = \frac{1}{3}$

$k = \frac{1}{3}$ in II: $\ 1 = \frac{1}{3} \cdot (-1) = -\frac{1}{3}$ falsche Aussage

Die Normalenvektoren sind keine Vielfachen voneinander. Damit schneiden sich die Ebenen.

I $\ 2x_1 + x_2 + 3x_3 = 10$
II $\ 6x_1 - x_2 + x_3 = 14$

$3 \cdot \text{I} - \text{II}$:
$4x_2 + 8x_3 = 16$ wähle $x_3 = t$

$4x_2 + 8t = 16 \quad | -8t$
$4x_2 = 16 - 8t \quad | :4$
$x_2 = 4 - 2t$

x_2 und x_3 in I:
$2x_1 + (4 - 2t) + 3t = 10$
$2x_1 + 4 - 2t + 3t = 10$

$2x_1 + 4 + t = 10 \quad | -4$
$2x_1 + t = 6 \quad | -t$
$2x_1 = 6 - t \quad | :2$
$x_1 = 3 - 0{,}5t$

$$g: \vec{x} = \begin{pmatrix} x_1 \\ x_2 \\ x_3 \end{pmatrix} = \begin{pmatrix} 3-0{,}5t \\ 4-2t \\ t \end{pmatrix} = \begin{pmatrix} 2 \\ 4 \\ 0 \end{pmatrix} + t \cdot \begin{pmatrix} -0{,}5 \\ -2 \\ 1 \end{pmatrix}$$

5 Quader

$A(4|0|0)$, $D(0|0|0)$, $G(0|6|3)$

$E_{ADG}: \ \vec{x} = \overrightarrow{OA} + s \cdot \overrightarrow{AD} + t \cdot \overrightarrow{AG}$

$$\overrightarrow{AD} = \begin{pmatrix} 0-4 \\ 0-0 \\ 0-0 \end{pmatrix} = \begin{pmatrix} -4 \\ 0 \\ 0 \end{pmatrix}, \ \overrightarrow{AG} = \begin{pmatrix} 0-4 \\ 6-0 \\ 3-0 \end{pmatrix} = \begin{pmatrix} -4 \\ 6 \\ 3 \end{pmatrix}$$

$$E_{ADG}: \ \vec{x} = \begin{pmatrix} 4 \\ 0 \\ 0 \end{pmatrix} + s \cdot \begin{pmatrix} -4 \\ 0 \\ 0 \end{pmatrix} + t \cdot \begin{pmatrix} -4 \\ 6 \\ 3 \end{pmatrix}$$

$$\vec{u} \times \vec{v} = \begin{pmatrix} 0 \cdot 3 - 0 \cdot 6 \\ 0 \cdot (-4) - (-4) \cdot 3 \\ -4 \cdot 6 - 0 \cdot (-4) \end{pmatrix} = \begin{pmatrix} 0 \\ 12 \\ -24 \end{pmatrix}$$

Möglicher Normalenvektor $\vec{n} = \begin{pmatrix} 0 \\ 1 \\ -2 \end{pmatrix}$

$0 \cdot 4 + 1 \cdot 0 - 2 \cdot 0 = 0$
$E_{ADG}: \ x_2 - 2x_3 = 0$

$H(0|0|3), B(4|6|0), C(0|6|0)$

$E_{HBC}: \vec{x} = \overrightarrow{OH} + s \cdot \overrightarrow{HB} + t \cdot \overrightarrow{HC}$

$\overrightarrow{HB} = \begin{pmatrix} 4-0 \\ 6-0 \\ 0-3 \end{pmatrix} = \begin{pmatrix} 4 \\ 6 \\ -3 \end{pmatrix}, \overrightarrow{HC} = \begin{pmatrix} 0-0 \\ 6-0 \\ 0-3 \end{pmatrix} = \begin{pmatrix} 0 \\ 6 \\ -3 \end{pmatrix}$

$E_{HBC}: \vec{x} = \begin{pmatrix} 0 \\ 0 \\ 3 \end{pmatrix} + s \cdot \begin{pmatrix} 4 \\ 6 \\ -3 \end{pmatrix} + t \cdot \begin{pmatrix} 0 \\ 6 \\ -3 \end{pmatrix}$

$\vec{u} \times \vec{v} = \begin{pmatrix} 6 \cdot (-3) - (-3) \cdot 6 \\ -3 \cdot 0 - 4 \cdot (-3) \\ 4 \cdot 6 - 6 \cdot 0 \end{pmatrix} = \begin{pmatrix} 0 \\ 12 \\ 24 \end{pmatrix}$

Möglicher Normalenvektor $\vec{n} = \begin{pmatrix} 0 \\ 1 \\ 2 \end{pmatrix}$

$0 \cdot 0 + 1 \cdot 0 + 2 \cdot 3 = 6$

$E_{HBC}: x_2 + 2x_3 = 6$

I $E_{ADG}: x_2 - 2x_3 = 0$
II $E_{HBC}: x_2 + 2x_3 = 6$

$\text{I} - \text{II} \quad -4x_3 = -6 \quad |:(-4)$

$x_3 = \frac{6}{4} = \frac{3}{2} = 1{,}5$

x_3 in I: $x_2 - 2 \cdot 1{,}5 = 0$

$x_2 - 3 = 0 \quad |+3$

$x_2 = 3$

Da x_1 hier nicht auftaucht, kannst du $x_1 = t$ wählen.

$g: \vec{x} = \begin{pmatrix} x_1 \\ x_2 \\ x_3 \end{pmatrix} = \begin{pmatrix} t \\ 3 \\ 1{,}5 \end{pmatrix} = \begin{pmatrix} 0 \\ 3 \\ 1{,}5 \end{pmatrix} + t \cdot \begin{pmatrix} 1 \\ 0 \\ 0 \end{pmatrix}$

6 Besondere Ebenengleichungen

a) $E_2: x_3 = 5$

$\begin{pmatrix} 2 \\ 3 \\ -5 \end{pmatrix} = k \cdot \begin{pmatrix} 0 \\ 0 \\ 1 \end{pmatrix}$

I $2 = k \cdot 0 \Rightarrow$ nicht lösbar

Die Normalenvektoren sind keine Vielfachen voneinander. Damit schneiden sich die Ebenen.

I $E_1: 2x_1 + 3x_2 - 5x_3 = -7$
II $E_2: x_3 = 5$
wähle $x_1 = t$
setze x_1 und x_3 in I:
$2t + 3x_2 - 5 \cdot 5 = -7$

$2t + 3x_2 - 25 = -7 \quad |+25$
$2t + 3x_2 = 18 \quad |-2t$
$3x_2 = 18 - 2t \quad |:3$
$x_2 = 6 - \frac{2}{3}t$

$g: \vec{x} = \begin{pmatrix} x_1 \\ x_2 \\ x_3 \end{pmatrix} = \begin{pmatrix} t \\ 6 - \frac{2}{3}t \\ 5 \end{pmatrix} = \begin{pmatrix} 0 \\ 6 \\ 5 \end{pmatrix} + t \cdot \begin{pmatrix} 1 \\ -\frac{2}{3} \\ 0 \end{pmatrix}$

b) $E_3: x_1 = 4$

$\begin{pmatrix} 2 \\ 3 \\ -5 \end{pmatrix} = k \cdot \begin{pmatrix} 4 \\ 0 \\ 0 \end{pmatrix}$

I $2 = k \cdot 4 \Rightarrow k = 0{,}5$
$k = 0{,}5$ in II: $3 = 0{,}5 \cdot 0 = 0$ falsche Aussage

Die Normalenvektoren sind keine Vielfachen voneinander. Damit schneiden sich die Ebenen.

I $E_1: 2x_1 + 3x_2 - 5x_3 = -7$
II $E_3: x_1 = 4$
wähle $x_2 = t$
setze x_1 und x_2 in I:
$2 \cdot 4 + 3t - 5x_3 = -7$

$8 + 3t - 5x_3 = -7 \quad |-8$
$3t - 5x_3 = -15 \quad |-3t$
$-5x_3 = -15 - 3t \quad |:(-5)$
$x_3 = 3 + \frac{3}{5}t$

$g: \vec{x} = \begin{pmatrix} x_1 \\ x_2 \\ x_3 \end{pmatrix} = \begin{pmatrix} 4 \\ t \\ 3 + \frac{3}{5}t \end{pmatrix} = \begin{pmatrix} 4 \\ 0 \\ 3 \end{pmatrix} + t \cdot \begin{pmatrix} 0 \\ 1 \\ \frac{3}{5} \end{pmatrix}$

c) $E_4: x_2 = 10$

$\begin{pmatrix} 2 \\ 3 \\ -5 \end{pmatrix} = k \cdot \begin{pmatrix} 0 \\ 10 \\ 0 \end{pmatrix}$

I $2 = k \cdot 0 \Rightarrow$ nicht lösbar

Die Normalenvektoren sind keine Vielfachen voneinander. Damit schneiden sich die Ebenen.
I $E_1: 2x_1 + 3x_2 - 5x_3 = -7$
II $E_4: x_2 = 10$
wähle $x_1 = t$
setze x_1 und x_2 in I:
$2t + 3 \cdot 10 - 5x_3 = -7$

$2t + 30 - 5x_3 = -7 \quad |-30$
$2t - 5x_3 = -37 \quad |-2t$
$-5x_3 = -37 - 2t \quad |:(-5)$
$x_3 = \frac{37}{5} + \frac{2}{5}t$

$g: \vec{x} = \begin{pmatrix} x_1 \\ x_2 \\ x_3 \end{pmatrix} = \begin{pmatrix} t \\ 10 \\ \frac{37}{5} + \frac{2}{5}t \end{pmatrix} = \begin{pmatrix} 0 \\ 10 \\ \frac{37}{5} \end{pmatrix} + t \cdot \begin{pmatrix} 1 \\ 0 \\ \frac{2}{5} \end{pmatrix}$

7 Ebene durch drei Punkte

$E_1: \vec{x} = \overrightarrow{OA} + s \cdot \overrightarrow{AB} + t \cdot \overrightarrow{AC}$

$\overrightarrow{AB} = \begin{pmatrix} 2-1 \\ 1-1 \\ 0-1 \end{pmatrix} = \begin{pmatrix} 1 \\ 0 \\ -1 \end{pmatrix}, \overrightarrow{AC} = \begin{pmatrix} -1-1 \\ 5-1 \\ 1-1 \end{pmatrix} = \begin{pmatrix} -2 \\ 4 \\ 0 \end{pmatrix}$

$E_1: \vec{x} = \begin{pmatrix} 1 \\ 1 \\ 1 \end{pmatrix} + s \cdot \begin{pmatrix} 1 \\ 0 \\ -1 \end{pmatrix} + t \cdot \begin{pmatrix} -2 \\ 4 \\ 0 \end{pmatrix}$

$E_1: \vec{u} \times \vec{v} = \begin{pmatrix} 0 \cdot 0 - (-1) \cdot 4 \\ -1 \cdot (-2) - 1 \cdot 0 \\ 1 \cdot 4 - 0 \cdot (-2) \end{pmatrix} = \begin{pmatrix} 4 \\ 2 \\ 4 \end{pmatrix}$

Möglicher Normalenvektor $\vec{n} = \begin{pmatrix} 2 \\ 1 \\ 2 \end{pmatrix}$

$2 \cdot 1 + 1 \cdot 1 + 2 \cdot 1 = 2 + 1 + 2 = 5$

$E_1: 2x_1 + 1x_2 + 2x_2 = 5$

$E_2\colon \vec{x} = \begin{pmatrix} 0 \\ 3 \\ 1 \end{pmatrix} + s \cdot \begin{pmatrix} -1 \\ 2 \\ 0 \end{pmatrix} + t \cdot \begin{pmatrix} 2 \\ 1 \\ 2 \end{pmatrix}$

$E_2\colon \vec{u} \times \vec{v} = \begin{pmatrix} 2 \cdot 2 - 0 \cdot 1 \\ 0 \cdot 2 - (-1) \cdot 2 \\ -1 \cdot 1 - 2 \cdot 2 \end{pmatrix} = \begin{pmatrix} 4 \\ 2 \\ -5 \end{pmatrix}$

Möglicher Normalenvektor $\vec{n} = \begin{pmatrix} 4 \\ 2 \\ -5 \end{pmatrix}$

$4 \cdot 0 + 2 \cdot 3 - 5 \cdot 1 = 0 + 6 - 5 = 1$

$E_2\colon 4x_1 + 2x_2 - 5x_3 = 1$

Die Normalenvektoren sind keine Vielfachen voneinander. Damit schneiden sich die Ebenen.

I $E_1\colon 2x_1 + 1x_2 + 2x_3 = 5$
II $E_2\colon 4x_1 + 2x_2 - 5x_3 = 1$
$2 \cdot \text{I} - \text{II}$:
$9x_3 = 9 \quad |:9$
$x_3 = 1$
wähle $x_1 = t$
setze x_1 und x_3 in II:
$2t + x_2 + 2 \cdot 1 = 5$

$2t + x_2 + 2 = 5 \quad |-2$
$2t + x_2 = 3 \quad |-2t$
$x_2 = 3 - 2t$

$g\colon \vec{x} = \begin{pmatrix} x_1 \\ x_2 \\ x_3 \end{pmatrix} = \begin{pmatrix} t \\ 3-2t \\ 1 \end{pmatrix} = \begin{pmatrix} 0 \\ 3 \\ 1 \end{pmatrix} + t \cdot \begin{pmatrix} 1 \\ -2 \\ 0 \end{pmatrix}$

8 Spurgeraden

a) x_1x_2-Ebene $\Rightarrow x_3 = 0$

i) $E_1\colon 2x_1 - 3x_2 + 5x_3 = 60$
I $x_3 = 0$
II $2x_1 - 3x_2 + 5x_3 = 60$
wähle $x_2 = t$
setze x_2 und x_3 in I:
$2x_1 - 3t + 5 \cdot 0 = 60$

$2x_1 - 3t = 60 \quad |+3t$
$2x_1 = 60 + 3t \quad |:2$
$x_1 = 30 + 1{,}5t$

$g\colon \vec{x} = \begin{pmatrix} x_1 \\ x_2 \\ x_3 \end{pmatrix} = \begin{pmatrix} 30 + 1{,}5t \\ t \\ 0 \end{pmatrix} = \begin{pmatrix} 30 \\ 0 \\ 0 \end{pmatrix} + t \cdot \begin{pmatrix} 1{,}5 \\ 1 \\ 0 \end{pmatrix}$

ii) $E_2\colon \vec{x} = \begin{pmatrix} 1 \\ 1 \\ 9 \end{pmatrix} + t \cdot \begin{pmatrix} -1 \\ 0 \\ 4 \end{pmatrix} + s \cdot \begin{pmatrix} -1 \\ 1 \\ 9 \end{pmatrix}$

$E_2\colon \vec{u} \times \vec{v} = \begin{pmatrix} 0 \cdot 9 - 4 \cdot 1 \\ 4 \cdot (-1) - (-1) \cdot 9 \\ -1 \cdot 1 - 0 \cdot (-1) \end{pmatrix} = \begin{pmatrix} -4 \\ 5 \\ -1 \end{pmatrix}$

Möglicher Normalenvektor $\vec{n} = \begin{pmatrix} -4 \\ 5 \\ -1 \end{pmatrix}$

$-4 \cdot 1 + 5 \cdot 1 - 1 \cdot 9 = -4 + 5 - 9 = -8$

$E_2\colon -4x_1 + 5x_2 - x_3 = -8$

I $x_3 = 0$
II $-4x_1 + 5x_2 - x_3 = -8$
wähle $x_1 = t$
setze x_1 und x_3 in II:
$-4t + 5x_2 - 0 = -8$

$-4t + 5x_2 = -8 \quad |+4t$
$5x_2 = -8 + 4t \quad |:5$
$x_2 = -\frac{8}{5} + \frac{4}{5}t$

$g\colon \vec{x} = \begin{pmatrix} x_1 \\ x_2 \\ x_3 \end{pmatrix} = \begin{pmatrix} t \\ -\frac{8}{5} + \frac{4}{5}t \\ 0 \end{pmatrix} = \begin{pmatrix} 0 \\ -\frac{8}{5} \\ 0 \end{pmatrix} + t \cdot \begin{pmatrix} 1 \\ \frac{4}{5} \\ 0 \end{pmatrix}$

b) x_2x_3-Ebene $\Rightarrow x_1 = 0$

i) $E_1\colon x_1 + x_2 + x_3 = 12$
I $x_1 = 0$
II $x_1 + x_2 + x_3 = 12$
wähle $x_2 = t$
setze x_1 und x_2 in II:
$1 \cdot 0 + t + 1 \cdot x_3 = 12$

$t + x_3 = 12 \quad |-t$
$x_3 = 12 - t$

$g\colon \vec{x} = \begin{pmatrix} x_1 \\ x_2 \\ x_3 \end{pmatrix} = \begin{pmatrix} 0 \\ t \\ 12-t \end{pmatrix} = \begin{pmatrix} 0 \\ 0 \\ 12 \end{pmatrix} + t \cdot \begin{pmatrix} 0 \\ 1 \\ -1 \end{pmatrix}$

ii) $E_2\colon \vec{x} = \begin{pmatrix} 2 \\ 2 \\ 3 \end{pmatrix} + t \cdot \begin{pmatrix} -2 \\ 3 \\ -1 \end{pmatrix} + s \cdot \begin{pmatrix} 3 \\ 1 \\ 0 \end{pmatrix}$

$E_2\colon \vec{u} \times \vec{v} = \begin{pmatrix} 3 \cdot 0 - (-1) \cdot 1 \\ (-1) \cdot 3 - (-2) \cdot 0 \\ -2 \cdot 1 - 3 \cdot 3 \end{pmatrix} = \begin{pmatrix} 1 \\ -3 \\ -11 \end{pmatrix}$

Möglicher Normalenvektor $\vec{n} = \begin{pmatrix} 1 \\ -3 \\ -11 \end{pmatrix}$

$1 \cdot 2 - 3 \cdot 2 - 11 \cdot 3 = 2 - 6 - 33 = -37$

$E_2\colon 1x_1 - 3x_2 - 11x_3 = -37$

I $x_1 = 0$
II $1x_1 - 3x_2 - 11x_3 = -37$
wähle $x_3 = t$
setze x_1 und x_3 in II:
$1 \cdot 0 - 3x_2 - 11t = -37$

$-3x_2 - 11t = -37 \quad |+11t$
$-3x_2 = -37 + 11t \quad |:(-3)$
$x_2 = \frac{37}{3} - \frac{11}{3}t$

$g\colon \vec{x} = \begin{pmatrix} x_1 \\ x_2 \\ x_3 \end{pmatrix} = \begin{pmatrix} 0 \\ \frac{37}{3} - \frac{11}{3}t \\ t \end{pmatrix} = \begin{pmatrix} 0 \\ \frac{37}{3} \\ 0 \end{pmatrix} + t \cdot \begin{pmatrix} 0 \\ -\frac{11}{3} \\ 1 \end{pmatrix}$

c) x_1x_3-Ebene $\Rightarrow x_2 = 0$

i) $E_1: 4x_1 - 5x_2 + x_3 = 8$

I $x_2 = 0$
II $4x_1 - 5x_2 + x_3 = 8$
wähle $x_1 = t$
setze x_1 und x_2 in II:
$4t - 5 \cdot 0 + 1x_3 = 8$

$$\begin{aligned} 4t + x_3 &= 8 \quad &|-4t \\ x_3 &= 8 - 4t \end{aligned}$$

$$g: \vec{x} = \begin{pmatrix} x_1 \\ x_2 \\ x_3 \end{pmatrix} = \begin{pmatrix} t \\ 0 \\ 8-4t \end{pmatrix} = \begin{pmatrix} 0 \\ 0 \\ 8 \end{pmatrix} + t \cdot \begin{pmatrix} 1 \\ 0 \\ -4 \end{pmatrix}$$

ii) $E_2: \vec{x} = \begin{pmatrix} 12 \\ -12 \\ 0 \end{pmatrix} + t \cdot \begin{pmatrix} -2 \\ 2 \\ 2 \end{pmatrix} + s \cdot \begin{pmatrix} 3 \\ 2 \\ 0 \end{pmatrix}$

$$E_2: \vec{u} \times \vec{v} = \begin{pmatrix} 2 \cdot 0 - 2 \cdot 2 \\ 2 \cdot 3 - (-2) \cdot 0 \\ -2 \cdot 2 - 2 \cdot 3 \end{pmatrix} = \begin{pmatrix} -4 \\ 6 \\ -10 \end{pmatrix}$$

Möglicher Normalenvektor $\vec{n} = \begin{pmatrix} -2 \\ 3 \\ -5 \end{pmatrix}$

$-2 \cdot 12 + 3 \cdot (-12) - 5 \cdot 0 = -24 - 36 + 0 = -60$
$E_2: -2x_1 + 3x_2 - 5x_3 = -60$

I $x_2 = 0$
II $-2x_1 + 3x_2 - 5x_3 = -60$
wähle $x_3 = t$
setze x_2 und x_3 in II:
$-2x_1 + 3 \cdot 0 - 5t = -60$

$$\begin{aligned} -2x_1 - 5t &= -60 \quad &|+5t \\ -2x_1 &= -60 + 5t \quad &|:(-2) \\ x_1 &= 30 - 2{,}5t \end{aligned}$$

$$g: \vec{x} = \begin{pmatrix} x_1 \\ x_2 \\ x_3 \end{pmatrix} = \begin{pmatrix} 30-2{,}5t \\ 0 \\ t \end{pmatrix} = \begin{pmatrix} 30 \\ 0 \\ 0 \end{pmatrix} + t \cdot \begin{pmatrix} -2{,}5 \\ 0 \\ 1 \end{pmatrix}$$

TRAINING 4

1 Lage Gerade – Ebene

a) $\vec{n} \cdot \vec{u} = \begin{pmatrix} 1 \\ 2 \\ -5 \end{pmatrix} \cdot \begin{pmatrix} 5 \\ 5 \\ 3 \end{pmatrix} = 1 \cdot 5 + 2 \cdot 5 + (-5) \cdot 3 = 5 + 10 - 15 = 0$

Die Ebene E und die Gerade g sind zueinander parallel.

$1 \cdot 1 + 2 \cdot 0 - 5 \cdot 4 = 1 + 0 - 20 = 19 \neq 10$

Der Punkt P liegt nicht in E. Damit ist die Gerade g parallel zur Ebene E.

b) Normalenvektor der Ebene:

$$\begin{pmatrix} 0 \cdot 1 - 1 \cdot 1 \\ 1 \cdot 3 - 5 \cdot 1 \\ 5 \cdot 1 - 0 \cdot 3 \end{pmatrix} = \begin{pmatrix} -1 \\ -2 \\ 5 \end{pmatrix}$$

$-1 \cdot 10 - 2 \cdot 1 + 5 \cdot 2 = -10 - 2 + 10 = -2$
$E: -1x_1 - 2x_2 + 5x_3 = -2$

$$\vec{n} \cdot \vec{u} = \begin{pmatrix} -1 \\ -2 \\ 5 \end{pmatrix} \cdot \begin{pmatrix} 5 \\ 5 \\ 3 \end{pmatrix} = -1 \cdot 5 - 2 \cdot 5 + 5 \cdot 3 = -5 - 10 + 15 = 0$$

Die Ebene E und die Gerade g sind zueinander parallel.

$-1 \cdot 1 - 2 \cdot 0 + 5 \cdot 4 = -1 + 20 = -19 \neq -2$

Der Punkt P liegt nicht in E. Damit ist die Gerade g parallel zur Ebene E.

2 Lage Ebene – Ebene

a) $\vec{u} \times \vec{v} = \begin{pmatrix} 0 \cdot 1 - 1 \cdot 1 \\ 1 \cdot 3 - 5 \cdot 1 \\ 5 \cdot 1 - 0 \cdot 3 \end{pmatrix} = \begin{pmatrix} -1 \\ -2 \\ 5 \end{pmatrix}$

Möglicher Normalenvektor $\vec{n_2} = \begin{pmatrix} -1 \\ -2 \\ 5 \end{pmatrix}$

$-1 \cdot 10 - 2 \cdot 5 + 5 \cdot 2 = -10 - 10 + 10 = -10$
$E_2: -x_1 - 2x_2 + 5x_3 = -10$

$\vec{n_1} = k \cdot \vec{n_2}$

$\begin{pmatrix} 1 \\ 2 \\ -5 \end{pmatrix} = k \cdot \begin{pmatrix} -1 \\ -2 \\ 5 \end{pmatrix}$ für $k = -1$ sind die Vektoren Vielfache voneinander, die Ebenen sind zueinander parallel oder identisch.

P in E_1:
$1 \cdot 10 + 2 \cdot 5 - 5 \cdot 2 = 10 + 10 - 10 = 10 = 10$
Die Ebenen sind identisch.

b) $\vec{u} \times \vec{v} = \begin{pmatrix} 2 \cdot 1 - 1 \cdot 1 \\ 1 \cdot 3 - 5 \cdot 1 \\ 5 \cdot 1 - 2 \cdot 3 \end{pmatrix} = \begin{pmatrix} 1 \\ -2 \\ -1 \end{pmatrix}$

Möglicher Normalenvektor $\vec{n_2} = \begin{pmatrix} 1 \\ -2 \\ -1 \end{pmatrix}$

$1 \cdot 1 - 2 \cdot 2 - 1 \cdot 1 = 1 - 4 - 1 = -4$
$E_2: x_1 - 2x_2 - x_3 = -4$

$\vec{n_1} = k \cdot \vec{n_2}$:

$\begin{pmatrix} 1 \\ 2 \\ -5 \end{pmatrix} \neq k \cdot \begin{pmatrix} 1 \\ -2 \\ -1 \end{pmatrix}$, die Normalenvektoren sind keine Vielfachen voneinander, die Ebenen schneiden sich.

I $x_1 + 2x_2 - 5x_3 = 10$
II $x_1 - 2x_2 - x_3 = -4$

I – II
$4x_2 - 4x_3 = 14$
wähle $x_2 = t$

$$\begin{aligned} 4t - 4x_3 &= 14 \quad &|-4t \\ -4x_3 &= 14 - 4t \quad &|:(-4) \\ x_3 &= -3{,}5 + t \end{aligned}$$

x_2 und x_3 in I:
$x_1 + 2t - 5 \cdot (-3{,}5 + t) = 10$

$$x_1 + 2t + 17{,}5 - 5t = 10$$
$$x_1 - 3t + 17{,}5 = 10 \quad |-17{,}5$$
$$x_1 - 3t = -7{,}5 \quad |+3t$$
$$x_1 = -7{,}5 + 3t$$
$$g\colon \vec{x} = \begin{pmatrix} x_1 \\ x_2 \\ x_3 \end{pmatrix} = \begin{pmatrix} -7{,}5+3t \\ t \\ -3{,}5+t \end{pmatrix} = \begin{pmatrix} -7{,}5 \\ 0 \\ -3{,}5 \end{pmatrix} + t \cdot \begin{pmatrix} 3 \\ 1 \\ 1 \end{pmatrix}$$

3 Orthogonalität Gerade – Ebene

a) $g\colon \vec{x} = \begin{pmatrix} 3 \\ -5 \\ 5 \end{pmatrix} + t \cdot \begin{pmatrix} 2 \\ -4 \\ 4 \end{pmatrix}$

$\vec{n} = k \cdot \vec{u}$:

$\begin{pmatrix} 1 \\ -2 \\ 2 \end{pmatrix} = k \cdot \begin{pmatrix} 2 \\ -4 \\ 4 \end{pmatrix}$ für $k = 0{,}5$

Der Normalenvektor der Ebene und der Richtungsvektor der Geraden sind also Vielfache voneinander. Deshalb schneidet die Gerade die Ebene orthogonal.

$x_1 = 3 + 2t$
$x_2 = -5 - 4t$
$x_3 = 5 + 4t$

$$3 + 2t - 2 \cdot (-5 - 4t) + 2 \cdot (5 + 4t) = 5$$
$$3 + 2t + 10 + 8t + 10 + 8t = 5$$
$$18t + 23 = 5 \quad |-23$$
$$18t = -18 \quad |:18$$
$$t = -1$$

$$\vec{s} = \begin{pmatrix} 3 \\ -5 \\ 5 \end{pmatrix} - 1 \cdot \begin{pmatrix} 2 \\ -4 \\ 4 \end{pmatrix} = \begin{pmatrix} 1 \\ -1 \\ 1 \end{pmatrix}$$

$\Rightarrow S(1|-1|1)$

b) $g\colon \vec{x} = t \cdot \begin{pmatrix} -3 \\ 6 \\ -6 \end{pmatrix}$

$\vec{n} = k \cdot \vec{u}$:

$\begin{pmatrix} 1 \\ -2 \\ 2 \end{pmatrix} = k \cdot \begin{pmatrix} -3 \\ 6 \\ -6 \end{pmatrix}$ für $k = -\frac{1}{3}$

Der Normalenvektor der Ebene und der Richtungsvektor der Geraden sind also Vielfache voneinander. Deshalb schneidet die Gerade die Ebene orthogonal.

$x_1 = -3t$
$x_2 = 6t$
$x_3 = -6t$

$$-3t - 2 \cdot 6t + 2 \cdot (-6t) = 5$$
$$-3t - 12t - 12t = 5$$
$$-27t = 5 \quad |:(-27)$$
$$t = -\frac{5}{27}$$

$$\vec{s} = -\frac{5}{27} \cdot \begin{pmatrix} -3 \\ 6 \\ -6 \end{pmatrix} = \begin{pmatrix} \frac{5}{9} \\ -\frac{10}{9} \\ \frac{10}{9} \end{pmatrix} \Rightarrow S\left(\tfrac{5}{9} \middle| -\tfrac{10}{9} \middle| \tfrac{10}{9}\right)$$

c) $g\colon \vec{x} = \begin{pmatrix} 1 \\ -1 \\ 1 \end{pmatrix} + t \cdot \begin{pmatrix} 2 \\ 1 \\ 0 \end{pmatrix}$

$\vec{n} = k \cdot \vec{u}$:

$\begin{pmatrix} 1 \\ -2 \\ 2 \end{pmatrix} \neq k \cdot \begin{pmatrix} 2 \\ 1 \\ 0 \end{pmatrix}$, der Normalenvektor der Ebene und der Richtungsvektor der Geraden sind keine Vielfachen voneinander, also schneidet die Gerade die Ebene nicht orthogonal.

$x_1 = 1 + 2t$
$x_2 = -1 + t$
$x_3 = 1$

$$1 + 2t - 2 \cdot (-1 + t) + 2 \cdot 1 = 5$$
$$1 + 2t + 2 - 2t + 2 = 5$$
$$5 = 5$$

Die Gerade g liegt in der Ebene E.

4 Parameter bestimmen

Der Richtungsvektor der Geraden muss ein Vielfaches des Normalenvektors der Ebene sein. Wir setzen der Einfachheit halber $\vec{n} = \vec{u}$.

$$\begin{pmatrix} 1 \\ -4 \\ 3 \end{pmatrix} = \begin{pmatrix} a+3 \\ 2a \\ a+5 \end{pmatrix}$$

I $\quad 1 = a + 3$
II $\quad -4 = 2a$
III $\quad 3 = a + 5$

I: $\quad 1 = a + 3 \quad |-3$
$\quad -2 = a$

a in II:
$-4 = 2 \cdot (-2) - 4 = -4$

a in III:
$3 = -2 + 5$
$3 = 3$

$\Rightarrow h\colon \vec{x} = \begin{pmatrix} 3 \\ -5 \\ 5 \end{pmatrix} + t \cdot \begin{pmatrix} 1 \\ -4 \\ 3 \end{pmatrix}$

$x_1 = 3 + t$
$x_2 = -5 - 4t$
$x_3 = 5 + 3t$

$$1 \cdot (3 + t) - 4(-5 - 4t) + 3(5 + 3t) = 90$$
$$3 + t + 20 + 16t + 15 + 9t = 90$$
$$38 + 26t = 90 \quad |-38$$
$$26t = 52 \quad |:26$$
$$t = 2$$

$$\vec{s} = \begin{pmatrix} 3 \\ -5 \\ 5 \end{pmatrix} + 2 \cdot \begin{pmatrix} 1 \\ -4 \\ 3 \end{pmatrix} = \begin{pmatrix} 5 \\ -13 \\ 11 \end{pmatrix}$$

$S(5|-13|11)$

5 Zwei Ebenen in Koordinatenform

a) Die Normalenvektoren sind keine Vielfachen voneinander, das heißt, dass sich die Ebenen schneiden.

I $3x_1 - 1x_2 + 2x_3 = 7$
II $x_2 + x_3 = 5 \;\Rightarrow\;$ wähle $x_2 = t$
$t + x_3 = 5 \quad | -t$
$x_3 = 5 - t$
x_2 und x_3 in I:
$3x_1 - t + 2\cdot(5 - t) = 7$
$3x_1 - t + 10 - 2t = 7$

$$\begin{aligned} 3x_1 - 3t + 10 &= 7 && |-10 \\ 3x_1 - 3t &= -3 && |+3t \\ 3x_1 &= -3 + 3t && |:3 \\ x_1 &= -1 + t \end{aligned}$$

$$g:\ \vec{x} = \begin{pmatrix} x_1 \\ x_2 \\ x_3 \end{pmatrix} = \begin{pmatrix} -1+t \\ t \\ 5-t \end{pmatrix} = \begin{pmatrix} -1 \\ 0 \\ 5 \end{pmatrix} + t \cdot \begin{pmatrix} 1 \\ 1 \\ -1 \end{pmatrix}$$

b) Die Normalenvektoren sind Vielfache voneinander, die Ebenen schneiden sich nicht.

c) Die Normalenvektoren sind keine Vielfachen voneinander, das heißt, dass sich die Ebenen schneiden.

$$\begin{aligned} \text{I}\quad 2x_1 - x_2 &= 7 \\ \text{II}\quad 2x_2 &= 18 && |:2 \\ x_2 &= 9 \end{aligned}$$

x_2 in I:

$$\begin{aligned} 2x_1 - 9 &= 7 && |+9 \\ 2x_1 &= 16 && |:2 \\ x_1 &= 8 \end{aligned}$$

Da x_3 nicht vorkommt, wähle $x_3 = t$.

$$g:\ \vec{x} = \begin{pmatrix} x_1 \\ x_2 \\ x_3 \end{pmatrix} = \begin{pmatrix} 8 \\ 9 \\ t \end{pmatrix} = \begin{pmatrix} 8 \\ 9 \\ 0 \end{pmatrix} + t \cdot \begin{pmatrix} 0 \\ 0 \\ 1 \end{pmatrix}$$

6 Gerade bestimmen

a) Normalenvektor – Richtungsvektor

$$g:\ \vec{x} = \begin{pmatrix} 2 \\ 0 \\ 0 \end{pmatrix} + t \cdot \begin{pmatrix} -2 \\ 8 \\ -6 \end{pmatrix}$$

b) Der Richtungsvektor darf kein Vielfaches und nicht orthogonal zum Normalenvektor sein.

$$\text{z.B. } g:\ \vec{x} = \begin{pmatrix} 1 \\ 0 \\ 0 \end{pmatrix} + t \cdot \begin{pmatrix} -2 \\ 5 \\ -6 \end{pmatrix}$$

c) Der Richtungsvektor muss orthogonal zum Normalenvektor stehen und die Gerade muss einen Punkt der Ebene enthalten.

S_1: $-2x_1 = -4 \quad |:(-2)$
$x_1 = 2$
$S_1(2\,|\,0\,|\,0)$

$$\vec{n} \cdot \vec{u} = 0,\ \text{z.B. } \vec{u} = \begin{pmatrix} 4 \\ 1 \\ 0 \end{pmatrix}$$

$$\Rightarrow\ g:\ \vec{x} = \begin{pmatrix} 2 \\ 0 \\ 0 \end{pmatrix} + t \cdot \begin{pmatrix} 4 \\ 1 \\ 0 \end{pmatrix}$$

7 Gerade mit Parameter

Normalenvektor der Ebene:

$$\begin{pmatrix} 1\cdot 3 - 3\cdot 10 \\ 3\cdot(-3) - 1\cdot 3 \\ 1\cdot 10 - 1\cdot(-3) \end{pmatrix} = \begin{pmatrix} -27 \\ -12 \\ 13 \end{pmatrix}$$

Möglicher Normalenvektor $\vec{n} = \begin{pmatrix} -27 \\ -12 \\ 13 \end{pmatrix}$

$-17\cdot 0 - 12\cdot 0 + 13\cdot(-2) = 0 + 0 - 26 = -26$
E: $-27x_1 - 12x_2 + 13x_3 = -26$

$\vec{n} \cdot \vec{v} = 0$:

$$\begin{aligned} \begin{pmatrix} -27 \\ -12 \\ 13 \end{pmatrix} \cdot \begin{pmatrix} 2-t \\ 2t \\ t-2 \end{pmatrix} &= -27\cdot(2-t) - 127\cdot(2t) + 137\cdot(t-2) \\ &= -54 + 27t - 24t + 13t - 26 \\ &= 16t - 80 \end{aligned}$$

$$\begin{aligned} 16t - 80 &= 0 && |+80 \\ 16t &= 80 && |:16 \\ t &= 5 \end{aligned}$$

SCHRITT 18

Das brauchst du wieder

b) $\vec{p} = \vec{a} = \begin{pmatrix} -2 \\ 1 \\ 4 \end{pmatrix}$

$$\vec{u} = \overrightarrow{AB} = \begin{pmatrix} 1-(-2) \\ -2-\ \ 1 \\ 1-\ \ 4 \end{pmatrix} = \begin{pmatrix} 3 \\ -3 \\ -3 \end{pmatrix}$$

$$g:\ \vec{x} = \begin{pmatrix} -2 \\ 1 \\ 4 \end{pmatrix} + t \cdot \begin{pmatrix} 3 \\ -3 \\ -3 \end{pmatrix}$$

1 „Du bist dran“ aus dem „So geht's“-Kasten

a) Stelle die Lotgerade g auf:

$$\vec{r} = \begin{pmatrix} 5 \\ 1 \\ 0 \end{pmatrix} \text{ und } \vec{n} = \begin{pmatrix} 2 \\ -1 \\ 1 \end{pmatrix}$$

$$g:\ \vec{x} = \vec{r} + t\cdot\vec{n} = \begin{pmatrix} 5 \\ 1 \\ 0 \end{pmatrix} + t \cdot \begin{pmatrix} 2 \\ -1 \\ 1 \end{pmatrix}$$

Schneide die Gerade g mit der Ebene E:

$2\cdot(5 + 2t)\quad 1\cdot(1 - t) + t = 18$

Löse die Gleichung nach dem Parameter t auf:

$$\begin{aligned} 10 + 4t - 1 + t + t &= 18 \\ 9 + 6t &= 18 && |-9 \\ 6t &= 9 && |:6 \\ t &= 1{,}5 \end{aligned}$$

Setze t in die Gleichung der Lotgeraden g ein und bestimme dadurch den Lotfußpunkt F:

$\vec{f} = \begin{pmatrix} 5 \\ 1 \\ 0 \end{pmatrix} + 1{,}5 \cdot \begin{pmatrix} 2 \\ -1 \\ 1 \end{pmatrix} = \begin{pmatrix} 5 \\ 1 \\ 0 \end{pmatrix} + \begin{pmatrix} 3 \\ -1{,}5 \\ 1{,}5 \end{pmatrix} = \begin{pmatrix} 8 \\ -0{,}5 \\ 1{,}5 \end{pmatrix}$

$F(8 \mid -0{,}5 \mid 1{,}5)$

b) *Bestimme den Abstand des Punktes P von der Ebene als Abstand der Punkte P und F:*

$d(R;E) = d(R;F) = |\overrightarrow{RF}|$

Bestimme zunächst den Vektor $\overrightarrow{RF}$:

$\overrightarrow{RF} = \begin{pmatrix} 8 - 5 \\ -0{,}5 - 1 \\ 1{,}5 - 0 \end{pmatrix} = \begin{pmatrix} 3 \\ -1{,}5 \\ 1{,}5 \end{pmatrix}$

Berechne $|\overrightarrow{RF}|$:

$|\overrightarrow{RF}| = \sqrt{3^2 + (-1{,}5)^2 + 1{,}5^2} = \sqrt{9 + 2{,}25 + 2{,}25}$

$= \sqrt{13{,}5} \approx 3{,}67$

2 Lotfußpunkt – Abstand I

a) $\vec{r} = \begin{pmatrix} -3 \\ 0 \\ 2 \end{pmatrix}$ und $\vec{n} = \begin{pmatrix} 2 \\ 3 \\ -1 \end{pmatrix}$

$g\colon \vec{x} = \vec{r} + t \cdot \vec{n} = \begin{pmatrix} -3 \\ 0 \\ 2 \end{pmatrix} + t \cdot \begin{pmatrix} 2 \\ 3 \\ -1 \end{pmatrix}$

$$\begin{aligned} 2(-3+2t) + 3(0+3t) - 1(2-t) &= 6 \\ -6 + 4t + 9t - 2 + t &= 6 \\ -8 + 14t &= 6 \quad |+8 \\ 14t &= 14 \quad |:14 \\ t &= 1 \end{aligned}$$

$\vec{f} = \begin{pmatrix} -3 \\ 0 \\ 2 \end{pmatrix} + 1 \cdot \begin{pmatrix} 2 \\ 3 \\ -1 \end{pmatrix} = \begin{pmatrix} -1 \\ 3 \\ 1 \end{pmatrix}$

$F(-1 \mid 3 \mid 1)$

b) $d(R;E) = d(R;F) = |\overrightarrow{RF}|$

$\overrightarrow{RF} = \begin{pmatrix} -1 - (-3) \\ 3 - 0 \\ 1 - 2 \end{pmatrix} = \begin{pmatrix} 2 \\ 3 \\ -1 \end{pmatrix}$

$|\overrightarrow{RF}| = \sqrt{2^2 + 3^2 + (-1)^2} = \sqrt{4 + 9 + 1} = \sqrt{14} \approx 3{,}74$

3 Lotfußpunkt – Abstand II

a) $\vec{r} = \begin{pmatrix} 3 \\ 5 \\ -5 \end{pmatrix}$ und $\vec{n} = \begin{pmatrix} 1 \\ 2 \\ -2 \end{pmatrix}$

$g\colon \vec{x} = \vec{r} + t \cdot \vec{n} = \begin{pmatrix} 3 \\ 5 \\ -5 \end{pmatrix} + t \cdot \begin{pmatrix} 1 \\ 2 \\ -2 \end{pmatrix}$

$$\begin{aligned} (3+t) + 2 \cdot (5+2t) - 2 \cdot (-5-2t) &= 5 \\ 3 + t + 10 + 4t + 10 + 4t &= 5 \\ 23 + 9t &= 5 \quad |-23 \\ 9t &= -18 \quad |:9 \\ t &= -2 \end{aligned}$$

$\vec{f} = \begin{pmatrix} 3 \\ 5 \\ -5 \end{pmatrix} - 2 \cdot \begin{pmatrix} 1 \\ 2 \\ -2 \end{pmatrix} = \begin{pmatrix} 1 \\ 1 \\ -1 \end{pmatrix}$, $F(1 \mid 1 \mid -1)$

b) $d(R;E) = d(R;F) = |\overrightarrow{RF}|$

$\overrightarrow{RF} = \begin{pmatrix} 1 - 3 \\ 1 - 5 \\ -1 - (-5) \end{pmatrix} = \begin{pmatrix} -2 \\ -4 \\ 4 \end{pmatrix}$

$|\overrightarrow{RF}| = \sqrt{(-2)^2 + (-4)^2 + (4)^2} = \sqrt{4 + 16 + 16}$

$= \sqrt{36} = 6$

4 Lotfußpunkt zweier Punkte

a) $E\colon\ 2 \cdot 1 + 1 \cdot 2 + 2 \cdot 1 = 2 + 2 + 2 = 6$

$E\colon\ 2x_1 + x_2 + 2x_3 = 6$

$\vec{r} = \begin{pmatrix} 0 \\ 0 \\ 0 \end{pmatrix}$ und $\vec{n} = \begin{pmatrix} 2 \\ 1 \\ 2 \end{pmatrix}$

$g\colon\ \vec{x} = \vec{r} + t \cdot \vec{n} = \begin{pmatrix} 0 \\ 0 \\ 0 \end{pmatrix} + t \cdot \begin{pmatrix} 2 \\ 1 \\ 2 \end{pmatrix}$

$$\begin{aligned} 2 \cdot 2t + 1 \cdot 1t + 2 \cdot 2t &= 6 \\ 4t + 1t + 4t &= 6 \\ 9t &= 6 \quad |:9 \\ t &= \tfrac{6}{9} = \tfrac{2}{3} \end{aligned}$$

$\vec{f} = \begin{pmatrix} 0 \\ 0 \\ 0 \end{pmatrix} + \frac{2}{3} \cdot \begin{pmatrix} 2 \\ 1 \\ 2 \end{pmatrix} = \begin{pmatrix} \frac{4}{3} \\ \frac{2}{3} \\ \frac{4}{3} \end{pmatrix}$

$F_R\left(\frac{4}{3} \middle| \frac{2}{3} \middle| \frac{4}{3}\right)$

$\vec{p} = \begin{pmatrix} 3 \\ 3 \\ 0 \end{pmatrix}$ und $\vec{n} = \begin{pmatrix} 2 \\ 1 \\ 2 \end{pmatrix}$

$g\colon\ \vec{x} = \vec{p} + t \cdot \vec{n} = \begin{pmatrix} 3 \\ 3 \\ 0 \end{pmatrix} + t \cdot \begin{pmatrix} 2 \\ 1 \\ 2 \end{pmatrix}$

$$\begin{aligned} 2 \cdot (3+2t) + 1 \cdot (3+1t) + 2 \cdot 2t &= 6 \\ 6 + 4t + 3 + 1t + 4t &= 6 \\ 9 + 9t &= 6 \quad |-9 \\ 9t &= -3 \quad |:9 \\ t &= -\tfrac{3}{9} = -\tfrac{1}{3} \end{aligned}$$

$\vec{f} = \begin{pmatrix} 3 \\ 3 \\ 0 \end{pmatrix} - \frac{1}{3} \cdot \begin{pmatrix} 2 \\ 1 \\ 2 \end{pmatrix} = \begin{pmatrix} \frac{7}{3} \\ \frac{8}{3} \\ -\frac{2}{3} \end{pmatrix}$

$F_P\left(\frac{7}{3} \middle| \frac{8}{3} \middle| -\frac{2}{3}\right)$

b) $d(R;E) = d(R;F_R) = |\overrightarrow{RF_R}|$

$\overrightarrow{RF_R} = \begin{pmatrix} \frac{4}{3} - 0 \\ \frac{2}{3} - 0 \\ \frac{4}{3} - 0 \end{pmatrix} = \begin{pmatrix} \frac{4}{3} \\ \frac{2}{3} \\ \frac{4}{3} \end{pmatrix}$

$$|\overrightarrow{RF}| = \sqrt{\left(\frac{4}{3}\right)^2 + \left(\frac{2}{3}\right)^2 + \left(\frac{4}{3}\right)^2} = \sqrt{\frac{16}{9} + \frac{4}{9} + \frac{16}{9}}$$
$$= \sqrt{\frac{36}{9}} = 2$$

$$d(P;E) = d(P;F_P) = |\overrightarrow{PF_P}|$$

$$\overrightarrow{PF_P} = \begin{pmatrix} \frac{7}{3} - 3 \\ \frac{8}{3} - 3 \\ -\frac{2}{3} - 0 \end{pmatrix} = \begin{pmatrix} -\frac{2}{3} \\ -\frac{1}{3} \\ -\frac{2}{3} \end{pmatrix}$$

$$|\overrightarrow{PF}| = \sqrt{\left(-\frac{2}{3}\right)^2 + \left(-\frac{1}{3}\right)^2 + \left(-\frac{2}{3}\right)^2} = \sqrt{\frac{4}{9} + \frac{1}{9} + \frac{4}{9}}$$
$$= \sqrt{\frac{9}{9}} = 1$$

5 Abstand zu den Koordinatenebenen

a) Zur x_1x_2-Ebene hat der Punkt den Abstand 5.
Zur x_1x_3-Ebene hat der Punkt den Abstand 3.
Zur x_2x_3-Ebene hat der Punkt den Abstand 2.

b) Der Betrag der x_1-Koordinate gibt den Abstand zur x_2x_3-Ebene, der Betrag der x_2-Koordinate gibt den Abstand zur x_1x_3-Ebene und der Betrag der x_3-Koordinate gibt den Abstand zur x_1x_2-Ebene an.

6 Abstand Punkt – Ebene

a) $2 \cdot 0 - 5 \cdot 0 + 3 \cdot 0 = 0 + 0 + 0 = 0$

$E\colon\ 2x_1 - 5x_2 + 3x_3 = 0$

$$\vec{a} = \begin{pmatrix} 3 \\ 7 \\ -3 \end{pmatrix} \text{ und } \vec{n} = \begin{pmatrix} 2 \\ -5 \\ 3 \end{pmatrix}$$

$$g\colon\ \vec{x} = \vec{a} + t \cdot \vec{n} = \begin{pmatrix} 3 \\ 7 \\ -3 \end{pmatrix} + t \cdot \begin{pmatrix} 2 \\ -5 \\ 3 \end{pmatrix}$$

$$2 \cdot (3 + 2t) - 5 \cdot (7 - 5t) + 3 \cdot (-3 + 3t) = 0$$
$$6 + 4t - 35 + 25t - 9 + 9t = 0$$

$$-38 + 38t = 0 \quad | +38$$
$$38t = 38 \quad | :38$$
$$t = 1$$

$$\vec{f} = \begin{pmatrix} 3 \\ 7 \\ -3 \end{pmatrix} + 1 \cdot \begin{pmatrix} 2 \\ -5 \\ 3 \end{pmatrix} = \begin{pmatrix} 5 \\ 2 \\ 0 \end{pmatrix}$$

$F(5 \mid 2 \mid 0)$

$$d(A;E) = d(A;F) = |\overrightarrow{AF}|$$

$$\overrightarrow{AF} = \begin{pmatrix} 5 - 3 \\ 2 - 7 \\ 0 - (-3) \end{pmatrix} = \begin{pmatrix} 2 \\ -5 \\ 3 \end{pmatrix}$$

$$|\overrightarrow{AF}| = \sqrt{(2)^2 + (-5)^2 + (3)^2} = \sqrt{4 + 25 + 9}$$
$$= \sqrt{38} \approx 6{,}16$$

b) $E\colon\ \vec{x} = \overrightarrow{OA} + s \cdot \overrightarrow{AB} + t \cdot \overrightarrow{AC}$

$$\overrightarrow{AB} = \begin{pmatrix} 2 - 1 \\ -2 - 1 \\ 0 - 8 \end{pmatrix} = \begin{pmatrix} 1 \\ -3 \\ -8 \end{pmatrix},\ \overrightarrow{AC} = \begin{pmatrix} 2 - 1 \\ 0 - 1 \\ 4 - 8 \end{pmatrix} = \begin{pmatrix} 1 \\ -1 \\ -4 \end{pmatrix}$$

$$E\colon\ \vec{x} = \begin{pmatrix} 1 \\ 1 \\ 8 \end{pmatrix} + s \cdot \begin{pmatrix} 1 \\ -3 \\ -8 \end{pmatrix} + t \cdot \begin{pmatrix} 1 \\ -1 \\ -4 \end{pmatrix}$$

$$\vec{u} \times \vec{v} = \begin{pmatrix} -3 \cdot (-4) - (-8) \cdot (-1) \\ -8 \cdot 1 - 1 \cdot (-4) \\ 1 \cdot (-1) - (-3) \cdot 1 \end{pmatrix} = \begin{pmatrix} 4 \\ -4 \\ 2 \end{pmatrix}$$

Möglicher Normalenvektor $\vec{n} = \begin{pmatrix} 2 \\ -2 \\ 1 \end{pmatrix}$

$2 \cdot 1 - 2 \cdot 1 + 1 \cdot 8 = 2 - 2 + 8 = 8$

$E\colon\ 2x_1 - 2x_2 + x_3 = 8$

$$\vec{p} = \begin{pmatrix} 7 \\ -5 \\ 11 \end{pmatrix} \text{ und } \vec{n} = \begin{pmatrix} 2 \\ -2 \\ 1 \end{pmatrix}$$

$$g\colon\ \vec{x} = \vec{p} + t \cdot \vec{n} = \begin{pmatrix} 7 \\ -5 \\ 11 \end{pmatrix} + t \cdot \begin{pmatrix} 2 \\ -2 \\ 1 \end{pmatrix}$$

$$2 \cdot (7 + 2t) - 2 \cdot (-5 - 2t) + 1 \cdot (11 + t) = 8$$
$$14 + 4t + 10 + 4t + 11 + t = 0$$

$$35 + 9t = 8 \quad | -35$$
$$9t = -27 \quad | :9$$
$$t = -3$$

$$\vec{f} = \begin{pmatrix} 7 \\ -5 \\ 11 \end{pmatrix} - 3 \cdot \begin{pmatrix} 2 \\ -2 \\ 1 \end{pmatrix} = \begin{pmatrix} 1 \\ 1 \\ 8 \end{pmatrix}$$

$F(1 \mid 1 \mid 8)$

$$d(P;E) = d(P;F) = |\overrightarrow{PF}|$$

$$\overrightarrow{PF} = \begin{pmatrix} 1 - 7 \\ 1 - (-5) \\ 8 - 11 \end{pmatrix} = \begin{pmatrix} -6 \\ 6 \\ -3 \end{pmatrix}$$

$$|\overrightarrow{PF}| = \sqrt{(-6)^2 + 6^2 + (-3)^2} = \sqrt{36 + 36 + 9}$$
$$= \sqrt{81} = 9$$

7 Abstand zweier Ebenen

a) Die Ebenen sind zueinander parallel, aber nicht identisch, da die Normalenvektoren ein Vielfaches voneinander sind, jedoch die Zahl auf der rechten Seite der Gleichung nicht.

b) Wähle einen Punkt auf der Ebene E_1, z. B. $S_2(0 \mid -5 \mid 0)$ und bestimme den Abstand zur Ebene $E_2\colon\ 4x_1 - 2x_2 + 8x_3 = 11$.

$$\vec{s} = \begin{pmatrix} 0 \\ -5 \\ 0 \end{pmatrix} \text{ und } \vec{n} = \begin{pmatrix} 4 \\ -2 \\ 8 \end{pmatrix}$$

$$g\colon\ \vec{x} = \vec{s} + t \cdot \vec{n} = \begin{pmatrix} 0 \\ -5 \\ 0 \end{pmatrix} + t \cdot \begin{pmatrix} 4 \\ -2 \\ 8 \end{pmatrix}$$

$$4(4t) - 2(-5 - 2t) + 8(8t) = 11$$
$$16t + 10 + 4t + 64t = 11$$

$$84t + 10 = 11 \quad | -10$$
$$84t = 1 \quad | :84$$
$$t = \frac{1}{84}$$

$$\vec{f} = \begin{pmatrix} 0 \\ -5 \\ 0 \end{pmatrix} + \frac{1}{84} \cdot \begin{pmatrix} 4 \\ -2 \\ 8 \end{pmatrix} = \begin{pmatrix} \frac{4}{84} \\ -\frac{422}{84} \\ \frac{8}{84} \end{pmatrix}$$

$F\left(\frac{4}{84} \,\middle|\, -\frac{422}{84} \,\middle|\, \frac{8}{84}\right)$

$$d(S;E) = d(S;F) = |\overrightarrow{SF}|$$

$$\overrightarrow{SF} = \begin{pmatrix} \frac{4}{84} - 0 \\ -\frac{422}{84} - (-5) \\ \frac{8}{84} - 0 \end{pmatrix} = \begin{pmatrix} \frac{4}{84} \\ -\frac{2}{84} \\ \frac{8}{84} \end{pmatrix}$$

$$|\overrightarrow{SF}| = \sqrt{\left(\frac{4}{84}\right)^2 + \left(-\frac{2}{48}\right)^2 + \left(\frac{8}{84}\right)^2}$$

$$= \sqrt{\frac{16}{7056} + \frac{4}{7056} + \frac{64}{7056}} = \sqrt{\frac{84}{7056}} \approx 0{,}11$$

8 Zeppelin

Der Boden liegt in der x_1x_2-Ebene und und enthält den Ursprung, damit lautet die Gleichung des Bodens $E:\ x_3 = 0$.

Zum Zeitpunkt $t = 0$ befindet sich der Zeppelin im Punkt $A(15\,|\,15\,|\,15)$.
Der Abstand zum Boden beträgt 15. Der Betrag der x_3-Koordinaten gibt in diesem Fall den Abstand an.

Zum Zeitpunkt $t = 2$ befindet sich der Zeppelin im Punkt B:

$$\vec{b} = \begin{pmatrix} 15 \\ 15 \\ 15 \end{pmatrix} + 2 \cdot \begin{pmatrix} 12 \\ -5 \\ 1 \end{pmatrix} = \begin{pmatrix} 39 \\ 5 \\ 17 \end{pmatrix},\ B(39\,|\,5\,|\,17)$$

Der Abstand zum Boden beträgt 17. Der Betrag der x_3-Koordinaten gibt in diesem Fall den Abstand an.

9 Lage aller Punkte mit vorgegebenem Abstand

a) Bestimme den Abstand des Punktes A zur Ebene E.

$$\vec{a} = \begin{pmatrix} 3 \\ -5 \\ 4 \end{pmatrix} \text{ und } \vec{n} = \begin{pmatrix} 2 \\ -1 \\ 2 \end{pmatrix}$$

$$g:\ \vec{x} = \vec{a} + t \cdot \vec{n} = \begin{pmatrix} 3 \\ -5 \\ 4 \end{pmatrix} + t \cdot \begin{pmatrix} 2 \\ -1 \\ 2 \end{pmatrix}$$

$$2 \cdot (3 + 2t) - 1 \cdot (-5 - t) + 2 \cdot (4 + 2t) = 10$$

$$6 + 4t + 5 + t + 8 + 4t = 10$$

$$19 + 9t = 10 \quad |-19$$

$$9t = -9 \quad |:9$$

$$t = -1$$

$$\vec{f} = \begin{pmatrix} 3 \\ -5 \\ 4 \end{pmatrix} - 1 \cdot \begin{pmatrix} 2 \\ -1 \\ 2 \end{pmatrix} = \begin{pmatrix} 1 \\ -4 \\ 2 \end{pmatrix},\ F(1\,|\,-4\,|\,2)$$

$$d(A;E) = d(A;F) = |\overrightarrow{AF}|$$

$$\overrightarrow{AF} = \begin{pmatrix} 1 - 3 \\ -4 - (-5) \\ 2 - 4 \end{pmatrix} = \begin{pmatrix} -2 \\ 1 \\ -2 \end{pmatrix}$$

$$|\overrightarrow{AF}| = \sqrt{(-2)^2 + (1)^2 + (-2)^2} = \sqrt{4 + 1 + 4}$$

$$= \sqrt{9} = 3$$

b) Finde einen Punkt P auf der Ebene E. Da der Normelenvektor die Länge 3 besitzt, muss man diesen genau einmal verwenden. (Ob + oder – ist egal, da es zur Ebene E zwei parallele Ebenen gibt, die den gesuchten Abstand haben.) Damit erhält man Punkte, die von E den Abstand 3 besitzen.
Zum Beispiel:
$P(0\,|\,0\,|\,5)$

$$\vec{r} = \begin{pmatrix} 0 \\ 0 \\ 5 \end{pmatrix} - 1 \cdot \begin{pmatrix} 2 \\ -1 \\ 2 \end{pmatrix} = \begin{pmatrix} -2 \\ 1 \\ 3 \end{pmatrix}$$

$R(-2\,|\,1\,|\,3)$ besitzt den Abstand 3 LE zur Ebene.

$Q(5\,|\,0\,|\,0)$

$$\vec{k} = \begin{pmatrix} 5 \\ 0 \\ 0 \end{pmatrix} - 1 \cdot \begin{pmatrix} 2 \\ -1 \\ 2 \end{pmatrix} = \begin{pmatrix} 3 \\ 1 \\ -2 \end{pmatrix}$$

$K(3\,|\,1\,|\,-2)$ besitzt den Abstand 3 LE zur Ebene.

$D(0\,|\,-10\,|\,0)$

$$\vec{r} = \begin{pmatrix} 0 \\ -10 \\ 0 \end{pmatrix} - 1 \cdot \begin{pmatrix} 2 \\ -1 \\ 2 \end{pmatrix} = \begin{pmatrix} -2 \\ -9 \\ -2 \end{pmatrix}$$

$R(-2\,|\,-9\,|\,-2)$ besitzt den Abstand 3 LE zur Ebene.

c) Alle Punkte, die den Abstand 6 LE von der Ebene E besitzen liegen in zwei parallelen Ebenen zu E.

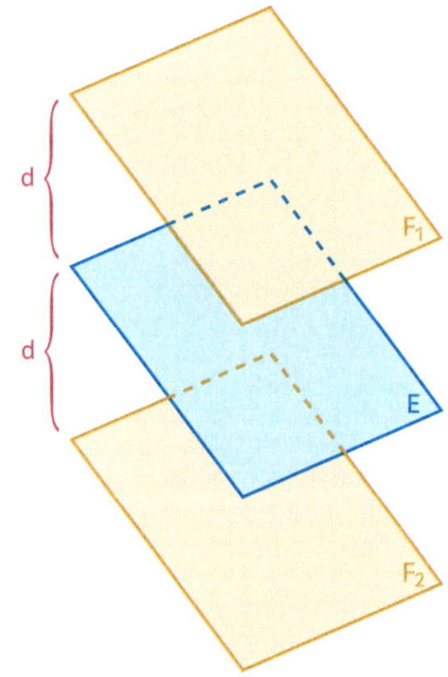

SCHRITT 19

Das brauchst du wieder

$$\text{b) } \overrightarrow{AB} = \begin{pmatrix} 3 - (-2) \\ -3 - \ \ 1 \\ 1 - \ \ 4 \end{pmatrix} = \begin{pmatrix} 5 \\ -4 \\ -3 \end{pmatrix}$$

$$|\overrightarrow{AB}| = \sqrt{(5)^2 + (-4)^2 + (-3)^2}$$

$$= \sqrt{50} \approx 7{,}07$$

1 „Du bist dran" aus dem „So geht's"-Kasten

a) Setze die Koeffizienten der Ebene E und die Koordinaten des Punktes R in die Hesse'sche Normalenform ein:

$$d(R;E) = \frac{|-1 \cdot 4 + 2 \cdot 1 - 2 \cdot (-2) + 4|}{\sqrt{(-1)^2 + 2^2 + (-2)^2}}$$

Vereinfache:

$$= \frac{|-4 + 2 + 4 + 4|}{\sqrt{1 + 4 + 4}} = \frac{|6|}{\sqrt{9}} = \frac{6}{3} = 2$$

2 Abstandsberechnung I

Punkt A:

$$d(A;E)=\frac{|-1\cdot 1+2\cdot(-4)-3\cdot 2-7|}{\sqrt{(-1)^2+2^2+(-3)^2}}$$

$$=\frac{|-1-8-6-7|}{\sqrt{1+4+9}}=\frac{|-22|}{\sqrt{14}}=\frac{22}{\sqrt{14}}\approx 5{,}88$$

Punkt B:

$$d(B;E)=\frac{|-1\cdot(-2)+2\cdot(-2)-3\cdot 0-7|}{\sqrt{(-1)^2+2^2+(-3)^2}}$$

$$=\frac{|2-4-7|}{\sqrt{1+4+9}}=\frac{|-9|}{\sqrt{14}}=\frac{9}{\sqrt{14}}\approx 2{,}41$$

Punkt C:

$$d(C;E)=\frac{|-1\cdot 1+2\cdot 1-3\cdot(-2)-7|}{\sqrt{(-1)^2+2^2+(-3)^2}}$$

$$=\frac{|-1+2+6-7|}{\sqrt{1+4+9}}=\frac{|0|}{\sqrt{14}}=0$$

Der Punkt C liegt in der Ebene.

3 Abstandsberechnung II

Punkt A:

$$d(A;E)=\frac{|2\cdot 1-10\cdot 2+11\cdot 3-0|}{\sqrt{(2)^2+(-10)^2+(11)^2}}$$

$$=\frac{|2-20+33-0|}{\sqrt{4+100+121}}=\frac{|15|}{\sqrt{225}}=\frac{15}{15}=1$$

Punkt B:

$$d(B;E)=\frac{|2\cdot 4-10\cdot 5+11\cdot 0-0|}{\sqrt{(2)^2+(-10)^2+(11)^2}}$$

$$=\frac{|8-50+0-0|}{\sqrt{4+100+121}}=\frac{|-42|}{\sqrt{225}}=\frac{42}{15}=2{,}8$$

Punkt C:

$$d(C;E)=\frac{|2\cdot 5-10\cdot 1+11\cdot 0-0|}{\sqrt{(2)^2+(-10)^2+(11)^2}}$$

$$=\frac{|10-10+0-0|}{\sqrt{4+100+121}}=\frac{|0|}{\sqrt{225}}=\frac{0}{15}=0$$

Der Punkt C liegt in der Ebene.

4 Ebene in Normalenform

$E: 6x_1+1x_2-6x_3=d$

$6\cdot 1+1\cdot 2-6\cdot 1=6+2-6=2$

$E: 6x_1+1x_2-6x_3=2$

Punkt A: $$d(A;E)=\frac{|6\cdot 5+1\cdot 2-6\cdot 5-2|}{\sqrt{(6)^2+(1)^2+(-6)^2}}$$

$$=\frac{|30+2-30-2|}{\sqrt{36+1+36}}=\frac{|0|}{\sqrt{73}}=0$$

Der Punkt A liegt in der Ebene.

Punkt B: $$d(B;E)=\frac{|6\cdot 1+1\cdot 2-6\cdot 3-2|}{\sqrt{(6)^2+(1)^2+(-6)^2}}$$

$$=\frac{|6+2-18-2|}{\sqrt{36+1+36}}=\frac{|-12|}{\sqrt{73}}=\frac{12}{\sqrt{73}}\approx 1{,}40$$

5 Ebene durch drei Punkte

a) $E: \vec{x}=\overrightarrow{OA}+s\cdot\overrightarrow{AB}+t\cdot\overrightarrow{AC}$

$$\overrightarrow{AB}=\begin{pmatrix}0-1\\5-1\\0-1\end{pmatrix}=\begin{pmatrix}-1\\4\\-1\end{pmatrix},\ \overrightarrow{AC}=\begin{pmatrix}1-1\\5-1\\-1-1\end{pmatrix}=\begin{pmatrix}0\\4\\-2\end{pmatrix}$$

$$E: \vec{x}=\begin{pmatrix}1\\1\\1\end{pmatrix}+s\cdot\begin{pmatrix}-1\\4\\-1\end{pmatrix}+t\cdot\begin{pmatrix}0\\4\\-2\end{pmatrix}$$

$$\vec{u}\times\vec{v}=\begin{pmatrix}4\cdot(-2)-(-1)\cdot 4\\-1\cdot 0-(-1)\cdot(-2)\\-1\cdot 4-4\cdot 0\end{pmatrix}=\begin{pmatrix}-4\\-2\\-4\end{pmatrix}$$

Möglicher Normalenvektor $\vec{n}=\begin{pmatrix}-2\\-1\\-2\end{pmatrix}$

$-2\cdot 1-1\cdot 1-2\cdot 1=-2-1-2=-5$

$E: -2x_1-x_2-2x_3=-5$

$$d(O;E)=\frac{|-2\cdot 0-1\cdot 0-2\cdot 0+5|}{\sqrt{(-2)^2+(-1)^2+(-2)^2}}$$

$$=\frac{|0+0+0+5|}{\sqrt{4+1+4}}=\frac{|5|}{\sqrt{9}}=\frac{5}{3}\approx 1{,}67$$

b) $$d(R;E)=\frac{|-2\cdot 5-1\cdot 7-2\cdot 5+5|}{\sqrt{(2)^2+(-1)^2+(-2)^2}}$$

$$=\frac{|-10-7-10+5|}{\sqrt{4+1+4}}=\frac{|-22|}{\sqrt{9}}=\frac{22}{3}\approx 7{,}33$$

6 Flugbahn eines Adlers

Der Boden liegt in der x_1x_2-Ebene und enthält den Ursprung. Damit lautet die Gleichung des Bodens $E: x_3=0$.

Zum Zeitpunkt $t=0$ befindet sich der Adler im Punkt $A(12|14|15)$.
Der Abstand zum Boden beträgt 15. Der Betrag der x_3-Koordinaten gibt in diesem Fall den Abstand an.

Zum Zeitpunkt $t=2$ befindet sich der Adler im Punkt B:

$$\vec{b}=\begin{pmatrix}12\\14\\15\end{pmatrix}+2\cdot\begin{pmatrix}12\\-5\\1\end{pmatrix}=\begin{pmatrix}36\\4\\17\end{pmatrix},\ B(36|4|17)$$

Der Abstand zum Boden beträgt 17. Der Betrag der x_3-Koordinaten gibt in diesem Fall den Abstand an.

7 Ebene durch Spurpunkte gegeben

$E: 1x_1+3x_2+2x_3=6$

$$d(R;E)=\frac{|1\cdot 1+3\cdot 1+2\cdot 1-6|}{\sqrt{(1)^2+(3)^2+(2)^2}}=\frac{|1+3+2-6|}{\sqrt{1+9+4}}=\frac{|0|}{\sqrt{14}}=0$$

Der Punkt R hat den Abstand null und liegt somit in der Ebene.

8 Pyramide

a) $\overrightarrow{AB} = \begin{pmatrix} 10-10 \\ 6-0 \\ 8-0 \end{pmatrix} = \begin{pmatrix} 0 \\ 6 \\ 8 \end{pmatrix}$,

$|\overrightarrow{AB}| = \sqrt{(0)^2 + (6)^2 + (8)^2} = \sqrt{0+36+64} = \sqrt{100} = 10$

$\overrightarrow{BC} = \begin{pmatrix} 0-10 \\ 6-6 \\ 8-8 \end{pmatrix} = \begin{pmatrix} -10 \\ 0 \\ 0 \end{pmatrix}$,

$|\overrightarrow{BC}| = \sqrt{(-10)^2 + (0)^2 + (0)^2} = \sqrt{100+0+0} = 10$

$\overrightarrow{CD} = \begin{pmatrix} 0-0 \\ 0-6 \\ 0-8 \end{pmatrix} = \begin{pmatrix} 0 \\ -6 \\ -8 \end{pmatrix}$,

$|\overrightarrow{CD}| = \sqrt{(0)^2 + (-6)^2 + (-8)^2} = \sqrt{0+36+64}$
$= \sqrt{100} = 10$

$\overrightarrow{DA} = \begin{pmatrix} 10-0 \\ 0-0 \\ 0-0 \end{pmatrix} = \begin{pmatrix} 10 \\ 0 \\ 0 \end{pmatrix}$,

$|\overrightarrow{DA}| = \sqrt{(10)^2 + (0)^2 + (0)^2} = \sqrt{100+0+0} = 10$

Gegenüberliegende Seiten sind parallel und alle Seiten sind gleich lang.

$\overrightarrow{AB} \cdot \overrightarrow{BC} = \begin{pmatrix} 0 \\ 6 \\ 8 \end{pmatrix} \cdot \begin{pmatrix} -10 \\ 0 \\ 0 \end{pmatrix} = 0 \cdot (-10) + 6 \cdot 0 + 8 \cdot 0$
$= 0 + 0 + 0 = 0$

$\Rightarrow$ rechter Winkel bei B.

$\overrightarrow{BC} \cdot \overrightarrow{CD} = \begin{pmatrix} -10 \\ 0 \\ 0 \end{pmatrix} \cdot \begin{pmatrix} 0 \\ -6 \\ -8 \end{pmatrix}$
$= -10 \cdot 0 + 0 \cdot (-6) + 0 \cdot (-8) = 0 + 0 + 0 = 0$

$\Rightarrow$ rechter Winkel bei C.

$\overrightarrow{CD} \cdot \overrightarrow{DA} = \begin{pmatrix} 0 \\ -6 \\ -8 \end{pmatrix} \cdot \begin{pmatrix} 10 \\ 0 \\ 0 \end{pmatrix}$
$= 0 \cdot 10 - 6 \cdot 0 - 8 \cdot 0 = 0 + 0 + 0 = 0$

$\Rightarrow$ rechter Winkel bei D.

Die Grundfläche ist ein Quadrat.

b) $E\colon \vec{x} = \overrightarrow{OA} + s \cdot \overrightarrow{AB} + t \cdot \overrightarrow{AC}$

$\overrightarrow{AB} = \begin{pmatrix} 10-10 \\ 6-0 \\ 8-0 \end{pmatrix} = \begin{pmatrix} 0 \\ 6 \\ 8 \end{pmatrix}$

$\overrightarrow{AC} = \begin{pmatrix} 0-10 \\ 6-0 \\ 8-0 \end{pmatrix} = \begin{pmatrix} -10 \\ 6 \\ 8 \end{pmatrix}$

$E\colon \vec{x} = \begin{pmatrix} 10 \\ 0 \\ 0 \end{pmatrix} + s \cdot \begin{pmatrix} 0 \\ 6 \\ 8 \end{pmatrix} + t \cdot \begin{pmatrix} -10 \\ 6 \\ 8 \end{pmatrix}$

$\vec{u} \times \vec{v} = \begin{pmatrix} 6 \cdot 8 - 8 \cdot 6 \\ 8 \cdot (-10) - 0 \cdot 8 \\ 0 \cdot 6 - 6 \cdot (-10) \end{pmatrix} = \begin{pmatrix} 0 \\ -80 \\ 60 \end{pmatrix}$

Möglicher Normalenvektor $\vec{n} = \begin{pmatrix} 0 \\ -4 \\ 3 \end{pmatrix}$

$0 \cdot 10 - 4 \cdot 0 + 3 \cdot 0 = 0 + 0 + 0 = 0$
$E\colon -4x_2 + 3x_3 = 0$

$d(S;E) = \frac{|0 \cdot 5 - 4 \cdot 15 + 3 \cdot (-5) + 0|}{\sqrt{(0)^2 + (-4)^2 + (3)^2}}$
$= \frac{|0 - 60 - 15 - 0|}{\sqrt{0+16+9}} = \frac{|-75|}{\sqrt{25}} = \frac{75}{5} = 15$

$V = \frac{1}{3} \cdot G \cdot h = \frac{1}{3} \cdot (|\overrightarrow{AB}| \cdot |\overrightarrow{BC}|) \cdot d(S;E)$
$= \frac{1}{3} \cdot 10 \cdot 10 \cdot 15 = \frac{1}{3} \cdot 1500 = 500$

Das Volumen der Pyramide beträgt 500 VE.

9 Ebenen zwischen zwei Punkten

a) $\overrightarrow{AB} = \begin{pmatrix} 8-2 \\ 7-3 \\ 10-4 \end{pmatrix} = \begin{pmatrix} 6 \\ 4 \\ 6 \end{pmatrix}$

$\vec{m} = \overrightarrow{OA} + \frac{1}{2} \cdot \overrightarrow{AB} = \begin{pmatrix} 2 \\ 3 \\ 4 \end{pmatrix} + \frac{1}{2} \cdot \begin{pmatrix} 6 \\ 4 \\ 6 \end{pmatrix} = \begin{pmatrix} 5 \\ 5 \\ 7 \end{pmatrix}$

$M(5|5|7)$

$E\colon 6x_1 + 4x_2 + 6x_3 = d$
$6 \cdot 5 + 4 \cdot 5 + 6 \cdot 7 = 30 + 20 + 42 = 92$
$E\colon 6x_1 + 4x_2 + 6x_3 = 92$

b) Bestimme den Abstand der Punkte A und B von der Ebene:

$d(A;E) = \frac{|6 \cdot 2 + 4 \cdot 3 + 6 \cdot 4 - 92|}{\sqrt{(6)^2 + (4)^2 + (6)^2}}$
$= \frac{|12 + 12 + 24 - 92|}{\sqrt{36+16+36}} = \frac{|-44|}{\sqrt{88}} = \frac{44}{\sqrt{88}} \approx 4{,}69$

Da der Punkt B symmetrisch zum Punkt B liegt, hat dieser den gleichen Abstand.
(Alternativ hätte man auch die Länge von $\frac{1}{2} \cdot \overrightarrow{AB}$ berechnen können.)

SCHRITT 20

Das brauchst du wieder

b) $|x + 4| = 7$

1. Fall: $x + 4 = 7 \quad |-4$
$x = 3$

2. Fall: $x + 4 = -7 \quad |-4$
$x = -11$

1 „Du bist dran" aus dem „So geht's"-Kasten

$E\colon 4x_1 - 12x_2 + 6x_3 = 7$

a) Beschreibe den Abstand eines beliebigen Punktes R von der Ebene E mit der Hesse'schen Normalenform:

$d(R;E) = \frac{|(4r_1 - 12r_2 + 6r_3 - 7)|}{\sqrt{4^2 + (-12)^2 + 6^2}}$

Gib eine mögliche Ebenengleichung einer zur Ebene E parallelen Ebene F an:

$F\colon 4x_1 - 12x_2 + 6x_3 = k$

Setze den allgemeinen Punkt $R(r_1|r_2|r_3)$ in die Ebene F ein:

$4r_1 - 12r_2 + 6r_3 = k$

Ersetze den entsprechenden Teil der Hesse'schen Normalenform durch k und setze diese mit dem gesuchten Abstand der parallelen Ebenen gleich:

$\frac{|(k-7)|}{\sqrt{4^2+(-12)^2+6^2}} = 4$

Vereinfache die Gleichung:

$\frac{|(k-7)|}{\sqrt{16+144+36}} = 4$

$\frac{|(k-7)|}{\sqrt{196}} = 4$

$\frac{|(k-7)|}{14} = 4 \quad | \cdot 14$

$|(k-7)| = 56$

Bestimme beide Werte von k durch eine Fallunterscheidung:

1. Fall: $k - 7 = 56 \quad | +7$
$k = 63$

2. Fall: $k - 7 = -56 \quad | +7$
$k = -49$

Gib die beiden zu E parallelen Ebenen F_1 und F_2 an:

$F_1\colon\ 4x_1 - 12x_2 + 6x_3 = 63$
$F_2\colon\ 4x_1 - 12x_2 + 6x_3 = -49$

2 Parallele Ebenen mit festem Abstand

$E\colon\ 6x_1 + 3x_2 - 2x_3 = 8,\ d = 3$

$\frac{|6x_1 + 3x_2 - 2x_3 - 8|}{\sqrt{6^2 + 3^2 + (-2)^2}} = 3$

ersetze $6x_1 + 3x_2 - 2x_3$ durch k

$\frac{|k-8|}{\sqrt{49}} = 3$

$\frac{|k-8|}{7} = 3 \quad | \cdot 7$

$|k-8| = 21$

1. Fall: $k - 8 = 21 \quad | +8$
$k = 29$

2. Fall: $k - 8 = -21 \quad | +8$
$k = -13$

$F_1\colon\ 6x_1 + 3x_2 - 2x_3 = 29$
$F_2\colon\ 6x_1 + 3x_2 - 2x_3 = -13$

3 Parallele Ebenen mit unterschiedlichen Abständen

a) $E\colon\ 8x_1 - 8x_2 + 4x_3 = 5,\ d = 3$

$\frac{|8x_1 - 8x_2 + 4x_3 - 5|}{\sqrt{(8)^2 + (-8)^2 + (4)^2}} = 3$

ersetze $8x_1 - 8x_2 + 4x_3$ durch k

$\frac{|k-5|}{\sqrt{144}} = 3$

$\frac{|k-5|}{12} = 3 \quad | \cdot 12$

$|k-5| = 36$

1. Fall: $k - 5 = 36 \quad | +5$
$k = 41$

2. Fall: $k - 5 = -36 \quad | +5$
$k = -31$

$F_1\colon\ 8x_1 - 8x_2 + 4x_3 = 41$
$F_2\colon\ 8x_1 - 8x_2 + 4x_3 = -31$

b) $E\colon\ 3x_1 - 4x_2 + 12x_3 = 8,\ d = 8$

$\frac{|3x_1 - 4x_2 + 12x_3 - 8|}{\sqrt{(3)^2 + (-4)^2 + (12)^2}} = 8$

ersetze $3x_1 - 4x_2 + 12x_3$ durch k

$\frac{|k-8|}{\sqrt{169}} = 8$

$\frac{|k-8|}{13} = 8 \quad | \cdot 13$

$|k-8| = 104$

1. Fall: $k - 8 = 104 \quad | +8$
$k = 112$

2. Fall: $k - 8 = -104 \quad | +8$
$k = -96$

$F_1\colon\ 3x_1 - 4x_2 + 12x_3 = 112$
$F_2\colon\ 3x_1 - 4x_2 + 12x_3 = -96$

c) $E\colon\ 30x_1 + 6x_2 - 5x_3 = 3,\ d = 1$

$\frac{|30x_1 + 6x_2 - 5x_3 - 3|}{\sqrt{(30)^2 + (6)^2 + (-5)^2}} = 1$

ersetze $30x_1 + 6x_2 - 5x_3$ durch k

$\frac{|k-3|}{\sqrt{961}} = 1$

$\frac{|k-3|}{31} = 1 \quad | \cdot 31$

$|k-3| = 31$

1. Fall: $k - 3 = 31 \quad | +3$
$k = 34$

2. Fall: $k - 3 = -31 \quad | +3$
$k = -28$

$F_1\colon\ 30x_1 + 6x_2 - 5x_3 = 31$
$F_2\colon\ 30x_1 + 6x_2 - 5x_3 = -28$

d) $E\colon\ 6x_1 - 6x_2 - 3x_3 = 4,\ d = 0$

Da der Abstand null ist, bedeutet das, dass die Ebenen identisch sind.

Dies zeigt auch die Rechnung.

$\frac{|6x_1 - 6x_2 - 3x_3 - 4|}{\sqrt{(6)^2 + (-6)^2 + (-3)^2}} = 0$

ersetze $6x_1 - 6x_2 - 3x_3$ durch k

$\frac{|k-4|}{\sqrt{81}} = 0$

$\frac{|k-4|}{9} = 0 \quad | \cdot 9$

$|k-4| = 0$

1. Fall: $k - 4 = 0 \quad | +4$
$k = 4$
2. Fall: $k - 4 = -0 \quad | +4$
$k = 4$

$F_1: 6x_1 - 6x_2 - 3x_3 = 4$
$F_2: 6x_1 - 6x_2 - 3x_3 = 4$

Die Ebenen sind identisch.

4 Abstände mit Wurzelzeichen

a) E: $\vec{x} = \overrightarrow{OA} + s \cdot \overrightarrow{AB} + t \cdot \overrightarrow{AC}$

$$\overrightarrow{AB} = \begin{pmatrix} 1-2 \\ 1-0 \\ -1-0 \end{pmatrix} = \begin{pmatrix} -1 \\ 1 \\ -1 \end{pmatrix}, \overrightarrow{AC} = \begin{pmatrix} 3-2 \\ -2-0 \\ -1-0 \end{pmatrix} = \begin{pmatrix} 1 \\ -2 \\ -1 \end{pmatrix}$$

$$E: \vec{x} = \begin{pmatrix} 2 \\ 0 \\ 0 \end{pmatrix} + s \cdot \begin{pmatrix} -1 \\ 1 \\ -1 \end{pmatrix} + t \cdot \begin{pmatrix} 1 \\ -2 \\ -1 \end{pmatrix}$$

$$\vec{u} \times \vec{v} = \begin{pmatrix} 1 \cdot (-1) - (-1) \cdot (-2) \\ -1 \cdot 1 - (-1) \cdot (-1) \\ -1 \cdot (-2) - 1 \cdot 1 \end{pmatrix} = \begin{pmatrix} -3 \\ -2 \\ 1 \end{pmatrix}$$

Möglicher Normalenvektor $\vec{n} = \begin{pmatrix} 3 \\ 2 \\ -1 \end{pmatrix}$

$3 \cdot 2 + 2 \cdot 0 - 1 \cdot 0 = 6 + 0 + 0 = 6$
E: $3x_1 + 2x_2 - x_3 = 6$

$$\frac{|3x_1 + 2x_2 - x_3 - 6|}{\sqrt{(3)^2 + (2)^2 + (-1)^2}} = 2\sqrt{14}$$

ersetze $3x_1 + 2x_2 - x_3$ durch k

$$\frac{|k-6|}{\sqrt{14}} = 2\sqrt{14} \quad | \cdot \sqrt{14}$$

$|k - 6| = 2 \cdot 14$
$|k - 6| = 28$

1. Fall: $k - 6 = 28 \quad | +6$
$k = 34$
2. Fall: $k - 6 = -28 \quad | +6$
$k = -22$

$F_1: 3x_1 + 2x_2 - x_3 = 34$
$F_2: 3x_1 + 2x_2 - x_3 = -22$

b) E: $\vec{x} = \overrightarrow{OA} + s \cdot \overrightarrow{AB} + t \cdot \overrightarrow{AC}$

$$\overrightarrow{AB} = \begin{pmatrix} 3 - 0 \\ 0 - 1 \\ 1 - (-1) \end{pmatrix} = \begin{pmatrix} 3 \\ -1 \\ 2 \end{pmatrix}$$

$$\overrightarrow{AC} = \begin{pmatrix} -3 - 0 \\ -2 - 1 \\ -4 - (-1) \end{pmatrix} = \begin{pmatrix} -3 \\ -3 \\ -3 \end{pmatrix}$$

$$E: \vec{x} = \begin{pmatrix} 0 \\ 1 \\ -1 \end{pmatrix} + s \cdot \begin{pmatrix} 3 \\ -1 \\ 2 \end{pmatrix} + t \cdot \begin{pmatrix} -3 \\ -3 \\ -3 \end{pmatrix}$$

$$\vec{u} \times \vec{v} = \begin{pmatrix} -1 \cdot (-3) - 2 \cdot (-3) \\ 2 \cdot (-3) - 3 \cdot (-3) \\ 3 \cdot (-3) - (-1) \cdot (-3) \end{pmatrix} = \begin{pmatrix} 9 \\ 3 \\ -12 \end{pmatrix}$$

Möglicher Normalenvektor $\vec{n} = \begin{pmatrix} 3 \\ 1 \\ -4 \end{pmatrix}$

$3 \cdot 0 + 1 \cdot 1 - 4 \cdot (-1) = 0 + 1 + 4 = 5$
E: $3x_1 + x_2 - 4x_3 = 5$

$$\frac{|3x_1 + x_2 - 4x_3 - 5|}{\sqrt{(3)^2 + (1)^2 + (-4)^2}} = 4\sqrt{26}$$

ersetze $3x_1 + x_2 - 4x_3$ durch k

$$\frac{|k-5|}{\sqrt{26}} = 4\sqrt{26} \quad | \cdot \sqrt{26}$$

$|k - 5| = 4 \cdot 26$
$|k - 5| = 104$

1. Fall: $k - 5 = 104 \quad | +5$
$k = 109$
2. Fall: $k - 5 = -104 \quad | +5$
$k = -99$

$F_1: 3x_1 + x_2 - 4x_3 = 109$
$F_2: 3x_1 + x_2 - 4x_3 = -99$

c) E: $4x_1 + 4x_2 - 8x_3 = 7$, $d = \sqrt{6}$

$$\frac{|4x_1 + 4x_2 - 8x_3 - 7|}{\sqrt{(4)^2 + (4)^2 + (-8)^2}} = \sqrt{6}$$

ersetze $4x_1 + 4x_2 - 8x_3$ durch k

$$\frac{|k-7|}{\sqrt{96}} = \sqrt{6} \quad | \cdot \sqrt{96}$$

$|k - 7| = \sqrt{576}$
$|k - 7| = 24$

1. Fall: $k - 7 = 24 \quad | +7$
$k = 31$
2. Fall: $k - 7 = -24 \quad | +7$
$k = -17$

$F_1: 4x_1 + 4x_2 - 8x_3 = 31$
$F_2: 4x_1 + 4x_2 - 8x_3 = -17$

d) E: $2x_1 - 6x_2 - 8x_3 = 7$, $d = \sqrt{26}$

$$\frac{|2x_1 - 6x_2 - 8x_3 - 7|}{\sqrt{(2)^2 + (-6)^2 + (-8)^2}} = \sqrt{26}$$

ersetze $2x_1 - 6x_2 - 8x_3$ durch k

$$\frac{|k-7|}{\sqrt{104}} = \sqrt{26} \quad | \cdot \sqrt{104}$$

$|k - 7| = \sqrt{2704}$
$|k - 7| = 52$

1. Fall: $k - 7 = 52 \quad | +7$
$k = 59$
2. Fall: $k - 7 = -52 \quad | +7$
$k = -45$

$F_1: 2x_1 - 6x_2 - 8x_3 = 59$
$F_2: 2x_1 - 6x_2 - 8x_3 = -45$

5 Peters Aufschrieb

Peters Vorgehen ist richtig. Er verwendet eine Gerade, die senkrecht zur Ebene steht (Normalenvektor der Ebene ist der Richtungsvektor der Geraden) und einen Punkt (hier einen Spurpunkt), der in der Ebene liegt. Der Normalenvektor hat die Länge 3. Da der Abstand 9 LE sein soll, muss er den Normalenvektor 3-mal (in beide Richtungen) nehmen und erhält die Punkte der Geraden, die von der Ebene den Abstand 9 haben.

$E: 2x_1 + 2x_2 + x_3 = 8,\ d = 9$
$P(0|0|8)$

$g: \vec{x} = \begin{pmatrix} 0 \\ 0 \\ 8 \end{pmatrix} + s \cdot \begin{pmatrix} 2 \\ 2 \\ 1 \end{pmatrix},\ \left|\begin{pmatrix} 2 \\ 2 \\ 1 \end{pmatrix}\right| = 3$

$P_1: \vec{x} = \begin{pmatrix} 0 \\ 0 \\ 8 \end{pmatrix} + 3 \cdot \begin{pmatrix} 2 \\ 2 \\ 1 \end{pmatrix} = \begin{pmatrix} 6 \\ 6 \\ 11 \end{pmatrix},\ P_1(6|6|11)$

$P_2: \vec{x} = \begin{pmatrix} 0 \\ 0 \\ 8 \end{pmatrix} - 3 \cdot \begin{pmatrix} 2 \\ 2 \\ 1 \end{pmatrix} = \begin{pmatrix} -6 \\ -6 \\ 5 \end{pmatrix},\ P_2(-6|-6|5)$

P_1 in $E: 2 \cdot 6 + 2 \cdot 6 + 11 = k$
$35 = k$

$F_1: 2x_1 + 2x_2 + x_3 - 35$
P_2 in $E: 2 \cdot (-6) + 2 \cdot (-6) + 5 = k$
$-19 = k$
$F_2: 2x_1 + 2x_2 + x_3 = -19$

6 Ebenenabstände im Verhältnis 1 : 2

a) $E_1: 3x_1 - 4x_2 + 12x_3 = 12$
$E_2: 3x_1 - 4x_2 + 12x_3 = 30$

Da die Normalenvektoren identisch sind, sind sie ein Vielfaches voneinander. Der Punkt $P(4|0|0)$ liegt in E_1, aber nicht in E_2. Folglich sind die Ebenen zueinander parallel.
Bestimme den Abstand des Punkte $P(4|0|0)$ zu $3x_1 - 4x_2 + 12x_3 = 30$.

$d(P;E_2) = \frac{|3 \cdot 4 - 4 \cdot 0 + 12 \cdot 0 - 30|}{\sqrt{(3)^2 + (4)^2 + (12)^2}} = \frac{|12 - 30|}{\sqrt{169}} = \frac{|-18|}{13} = \frac{18}{13}$

Der Abstand beider Ebenen beträgt $\frac{18}{13}$ LE.
Ein Drittel des Abstandes ist $\frac{6}{13}$ LE und zwei Drittel ist $\frac{12}{13}$ LE.
Die gesuchte Ebene muss nun zur Ebene E_1 den Abstand $\frac{12}{13}$ LE haben und von E_2 den Abstand $\frac{6}{13}$ LE.

E_1:

$\frac{|3x_1 - 4x_2 + 12x_3 - 12|}{\sqrt{(3)^2 + (4)^2 + (12)^2}} = \frac{12}{13}$

ersetze $3x_1 - 4x_2 + 12x_3$ durch k

$\frac{|k - 12|}{\sqrt{169}} = \frac{12}{13}$

$\frac{|k - 12|}{13} = \frac{12}{13} \quad | \cdot 13$

$|k - 12| = 12$

1. Fall: $k - 12 = 12 \quad | + 12$
$k = 24$
2. Fall: $k - 12 = -12 \quad | + 12$
$k = 0$

$F_1: 3x_1 - 4x_2 + 12x_3 = 24$
$F_2: 3x_1 - 4x_2 + 12x_3 = 0$

E_2:

$\frac{|3x_1 - 4x_2 + 12x_3 - 30|}{\sqrt{(3)^2 + (4)^2 + (12)^2}} = \frac{6}{13}$

ersetze $3x_1 - 4x_2 + 12x_3$ durch k

$\frac{|k - 30|}{\sqrt{169}} = \frac{6}{13}$

$\frac{|k - 30|}{13} = \frac{6}{13} \quad | \cdot 13$

$|k - 30| = 6$

1. Fall: $k - 30 = 6 \quad | + 30$
$k = 36$
2. Fall: $k - 30 = -6 \quad | + 30$
$k = 24$

$G_1: 3x_1 - 4x_2 + 12x_3 = 36$
$G_2: 3x_1 - 4x_2 + 12x_3 = 24$

Da die gesuchte Ebene beide Bedingungen erfüllen muss, kann dies nur die Ebene $F_1 = G_2: 3x_1 - 4x_2 + 12x_3 = 24$ sein.

b) $E_1: x_1 + 2x_2 - 2x_3 = 3$
$E_2: 3x_1 + 6x_2 - 6x_3 = -18$

Die Normalenvektoren sind ein Vielfaches voneinander (3-Fache) und der Punkt $P(3|0|0)$ liegt in E_1, aber nicht in E_2. Folglich sind die Ebenen zueinander parallel.

$d(P;E_2) = \frac{|3 \cdot 3 - 6 \cdot 0 + 6 \cdot 0 + 18|}{\sqrt{(3)^2 + (6)^2 + (6)^2}} = \frac{|9 + 18|}{\sqrt{81}}$
$= \frac{|27|}{9} = \frac{27}{9} = 3$

Der Abstand beider Ebenen beträgt 3 LE. Ein Drittel des Abstandes ist 1 LE und zwei Drittel ist 2 LE.

Die gesuchte Ebene muss nun zur Ebene E_1 den Abstand 2 LE haben und von E_2 den Abstand 1 LE.

E_1:

$\frac{|x_1 + 2x_2 - 2x_3 - 3|}{\sqrt{(1)^2 + (2)^2 + (-2)^2}} = 2$

ersetze $x_1 + 2x_2 - 2x_3$ durch k

$\frac{|k-3|}{\sqrt{9}} = 2$

$\frac{|k-3|}{3} = 2 \qquad |\cdot 3$

$|k-3| = 6$

1. Fall: $k - 3 = 6 \quad |+3$
   $k = 9$
2. Fall: $k - 3 = -6 \quad |+3$
   $k = -3$

$F_1: x_1 + 2x_2 - 2x_3 = 9$
$F_2: x_1 + 2x_2 - 2x_3 = -3$

E_2:

$\frac{|3x_1 + 6x_2 - 6x_3 + 18|}{\sqrt{(3)^2 + (6)^2 + (-6)^2}} = 1$

ersetze $3x_1 + 6x_2 - 6x_3$ durch k

$\frac{|k+18|}{\sqrt{81}} = 1$

$\frac{|k+18|}{9} = 1 \qquad |\cdot 9$

$|k+18| = 9$

1. Fall: $k + 18 = 9 \quad |-18$
   $k = -9$
2. Fall: $k + 18 = -9 \quad |-18$
   $k = -27$

$G_1: 3x_1 + 6x_2 - 6x_3 = -9$
$G_2: 3x_1 + 6x_2 - 6x_3 = -27$

Da die gesuchte Ebene beide Bedingungen erfüllen muss, kann dies nur die Ebene $F_2 = G_1$: $3x_1 + 6x_2 - 6x_3 = -9$ sein, da die Ebene G_1 das 3-Fache der Ebene F_2 ist, und somit die gleiche Ebene darstellt.

7 Zwischenebene

Die Ebene E_1 liegt genau zwischen den Ebenen E_2 und E_3. Bestimme zunächst den Abstand der Ebenen E_2 und E_3.
Die Normalenvektoren sind identisch (also ein Vielfaches) und der Punkt $P(3|0|0)$ der Ebene E_2 liegt nicht in der Ebene E_3. Damit sind die Ebenen zueinander parallel.

$d(P; E_3) = \frac{|4\cdot 3 - 12\cdot 0 + 3\cdot 0 + 2|}{\sqrt{(4)^2 + (12)^2 + (3)^2}} = \frac{|12+2|}{\sqrt{169}} = \frac{|14|}{13} = \frac{14}{13}$

Der Abstand beider Ebenen beträgt $\frac{14}{13}$ LE. Die Hälfte davon ist $\frac{7}{13}$.
Die gesuchte Ebene muss nun zur Ebene E_2 und zur E_3 den Abstand $\frac{7}{13}$ LE haben.

E_2:

$\frac{|4x_1 - 12x_2 + 3x_3 - 12|}{\sqrt{(4)^2 + (-12)^2 + (3)^2}} = \frac{7}{13}$

ersetze $4x_1 - 12x_2 + 3x_3$ durch k

$\frac{|k-12|}{\sqrt{169}} = \frac{7}{13}$

$\frac{|k-12|}{13} = \frac{7}{13} \qquad |\cdot 13$

$|k-12| = 7$

1. Fall: $k - 12 = 7 \quad |+12$
   $k = 19$
2. Fall: $k - 12 = -7 \quad |+12$
   $k = 5$

$F_1: 4x_1 - 12x_2 + 3x_3 = 19$
$F_2: 4x_1 - 12x_2 + 3x_3 = 5$

E_3:

$\frac{|4x_1 - 12x_2 + 3x_3 + 2|}{\sqrt{(4)^2 + (-12)^2 + (3)^2}} = \frac{7}{13}$

ersetze $4x_1 - 12x_2 + 3x_3$ durch k

$\frac{|k+2|}{\sqrt{169}} = \frac{7}{13}$

$\frac{|k+2|}{13} = \frac{7}{13} \qquad |\cdot 13$

$|k+2| = 7$

1. Fall: $k + 2 = 7 \quad |-2$
   $k = 5$
2. Fall: $k + 2 = -7 \quad |-2$
   $k = -9$

$G_1: 4x_1 - 12x_2 + 3x_3 = 5$
$G_2: 4x_1 - 12x_2 + 3x_3 = -9$

Die Ebene E_1 muss die Koordinatengleichung $F_2 = G_1 = E_1$: $4x_1 - 12x_2 + 3x_3 = 5$ besitzen.

SCHRITT 21

Das brauchst du wieder

b) $\vec{n} = \begin{pmatrix} 2 \\ -2 \\ 1 \end{pmatrix}$; $P(1|-3|4)$

$E: 2x_1 - 2x_2 + x_3 = d$
$d = 2\cdot 1 - 2\cdot(-3) + 1\cdot 4$
$= 2 + 6 + 4 = 12$
$E: 2x_1 - 2x_2 + x_3 = 12$

1 „Du bist dran" aus dem „So geht's"-Kasten

Stelle mit dem Richtungsvektor der Geraden den Ansatz der Hilfsebene auf:
$H: 2x_1 + 2x_2 = k$
Setze den Punkt R in den Ansatz der Hilfsebene ein:
$k = 2\cdot 2 + 2\cdot 3 = 4 + 6 = 10$
Stelle die vollständige Hilfsebene H auf:
$H: 2x_1 + 2x_2 = 10$
Setze die Gerade g in die Hilfsebene H ein:
$2(2 + 2t) + 2(1 + 2t) = 10$

Löse die Gleichung nach t auf:

$$\begin{aligned} 4+4t+2+4t&=10 \\ 6+8t&=10 \quad &|-6 \\ 8t&=4 \quad &|:8 \\ t&=0{,}5 \end{aligned}$$

Setze den Wert von t in die Gerade g ein um den Lotfußpunkt F zu bestimmen:

$$\vec{f}=\begin{pmatrix}2\\1\\1\end{pmatrix}+0{,}5\cdot\begin{pmatrix}2\\2\\0\end{pmatrix}=\begin{pmatrix}2\\1\\1\end{pmatrix}+\begin{pmatrix}1\\1\\0\end{pmatrix}=\begin{pmatrix}3\\2\\1\end{pmatrix}$$

$F(3\,|\,2\,|\,1)$

Bestimme den Vektor $\overrightarrow{RF}$:

$$\overrightarrow{RF}=\begin{pmatrix}3\\2\\1\end{pmatrix}-\begin{pmatrix}2\\3\\1\end{pmatrix}=\begin{pmatrix}1\\-1\\0\end{pmatrix}$$

Bestimme den Abstand des Punktes R von der Geraden g:

$$d(R;g)=d(R;F)=|\overrightarrow{RF}|$$
$$=\sqrt{1^2+(-1)^2}=\sqrt{2}\approx 1{,}41$$

2 Abstand Punkt – Gerade I

a) $H:\ -4x_1+x_2+x_3=k$

R in H:

$k=-4\cdot 0+5+6=5+6=11$

$H:\ -4x_1+x_2+x_3=11$

$$\begin{aligned} \text{g in H: } -4(2-4t)+t+(1+t)&=11 \\ -8+16t+t+1+t&=11 \\ -7+18t&=11 \quad &|+7 \\ 18t&=18 \quad &|:18 \\ t&=1 \end{aligned}$$

$$\vec{f}=\begin{pmatrix}2\\0\\1\end{pmatrix}+1\cdot\begin{pmatrix}-4\\1\\1\end{pmatrix}=\begin{pmatrix}2\\0\\1\end{pmatrix}+\begin{pmatrix}-4\\1\\1\end{pmatrix}=\begin{pmatrix}-2\\1\\2\end{pmatrix}$$

$$\overrightarrow{RF}=\begin{pmatrix}-2\\1\\2\end{pmatrix}-\begin{pmatrix}0\\5\\6\end{pmatrix}=\begin{pmatrix}-2\\-4\\-4\end{pmatrix}$$

$$d(R;g)=d(R;F)=|\overrightarrow{RF}|$$
$$=\sqrt{(-2)^2+(-4)^2+(-4)^2}=\sqrt{36}=6$$

b) $H:\ 2x_1+5x_2+2x_3=k$

R in H:

$k=2\cdot 10+5\cdot 6+2\cdot 10=20+30+20=70$

$H:\ 2x_1+5x_2+2x_3=70$

$$\begin{aligned} \text{g in H: } 2(1+2t)+5(5t)+2(1+2t)&=70 \\ 2+4t+25t+2+4t&=70 \\ 4+33t&=70 \quad &|-4 \\ 33t&=66 \quad &|:33 \\ t&=2 \end{aligned}$$

$$\vec{f}=\begin{pmatrix}1\\0\\1\end{pmatrix}+2\cdot\begin{pmatrix}2\\5\\2\end{pmatrix}=\begin{pmatrix}1\\0\\1\end{pmatrix}+\begin{pmatrix}4\\10\\4\end{pmatrix}=\begin{pmatrix}5\\10\\5\end{pmatrix}$$

$$\overrightarrow{RF}=\begin{pmatrix}5\\10\\5\end{pmatrix}-\begin{pmatrix}10\\6\\10\end{pmatrix}=\begin{pmatrix}-5\\4\\-5\end{pmatrix}$$

$$d(R;g)=d(R;F)=|\overrightarrow{RF}|$$
$$=\sqrt{(-5)^2+(4)^2+(-5)^2}=\sqrt{66}\approx 8{,}12$$

c) $H:\ 3x_1+2x_2-4x_3=k$

R in H:

$k=3\cdot 5+2\cdot 1-4\cdot 1=15+2-4=13$

$H:\ 3x_1+2x_2-4x_3=13$

g in H:

$$\begin{aligned} 3(-5+3t)+2(-5+2t)-4(5-4t)&=13 \\ -15+9t-10+4t-20+16t&=13 \\ -45+29t&=13 \quad &|+45 \\ 29t&=58 \quad &|:29 \\ t&=2 \end{aligned}$$

$$\vec{f}=\begin{pmatrix}-5\\-5\\5\end{pmatrix}+2\cdot\begin{pmatrix}3\\2\\-4\end{pmatrix}=\begin{pmatrix}-5\\-5\\5\end{pmatrix}+\begin{pmatrix}6\\4\\-8\end{pmatrix}=\begin{pmatrix}1\\-1\\-3\end{pmatrix}$$

$$\overrightarrow{RF}=\begin{pmatrix}1\\-1\\-3\end{pmatrix}-\begin{pmatrix}5\\1\\1\end{pmatrix}=\begin{pmatrix}-4\\-2\\-4\end{pmatrix}$$

$$d(R;g)=d(R;F)=|\overrightarrow{RF}|$$
$$=\sqrt{(-4)^2+(-2)^2+(-4)^2}=\sqrt{36}=6$$

d) $H:\ 2x_1-x_2-x_3=k$

R in H:

$k=2\cdot 1-1\cdot 3-1\cdot 3=2-3-3=-4$

$H:\ 2x_1-x_2-x_3=-4$

$$\begin{aligned} \text{g in H: } 2(2+2t)-(1-t)-(1-t)&=-4 \\ 4+4t-1+t-1+t&=-4 \\ 2+6t&=-4 \quad &|-2 \\ 6t&=-6 \quad &|:6 \\ t&=-1 \end{aligned}$$

$$\vec{f}=\begin{pmatrix}2\\1\\1\end{pmatrix}-\begin{pmatrix}2\\-1\\-1\end{pmatrix}=\begin{pmatrix}0\\2\\2\end{pmatrix}$$

$$\overrightarrow{RF}=\begin{pmatrix}0\\2\\2\end{pmatrix}-\begin{pmatrix}1\\3\\3\end{pmatrix}=\begin{pmatrix}-1\\-1\\-1\end{pmatrix}$$

$$d(R;g)=d(R;F)=|\overrightarrow{RF}|$$
$$=\sqrt{(-1)^2+(-1)^2+(-1)^2}=\sqrt{3}\approx 1{,}73$$

3 Abstand Punkt – Gerade II

a) $H:\ 1x_1+2x_2+3x_3=k$

$k=1\cdot 8+2\cdot 4+3\cdot 0=8+8+0=16$

$H:\ 1x_1+2x_2+3x_3=16$

$$\begin{aligned} 1\cdot(1+1t)+2\cdot(2+2t)+3\cdot(-1+3t)&=16 \\ 1+1t+4+4t-3+9t&=16 \\ 2+14t&=16 \quad &|-2 \\ 14t&=14 \quad &|:14 \\ t&=1 \end{aligned}$$

$$\vec{f}=\begin{pmatrix}1\\2\\-1\end{pmatrix}+1\cdot\begin{pmatrix}1\\2\\3\end{pmatrix}=\begin{pmatrix}1\\2\\-1\end{pmatrix}+\begin{pmatrix}1\\2\\3\end{pmatrix}=\begin{pmatrix}2\\4\\2\end{pmatrix}$$

$$\overrightarrow{RF}=\begin{pmatrix}2\\4\\2\end{pmatrix}-\begin{pmatrix}8\\4\\0\end{pmatrix}=\begin{pmatrix}-6\\0\\2\end{pmatrix}$$

$$d(R;g) = d(R;F) = |\overrightarrow{RF}| = \sqrt{(-6)^2 + (0)^2 + (2)^2} = \sqrt{40} \approx 6{,}32$$

b) $H:\ 2x_1 + 4x_2 + 6x_3 = k$

$k = 2 \cdot 7 + 4 \cdot (-6) + 6 \cdot 7 = 14 - 24 + 42 = 32$

$H:\ 2x_1 + 4x_2 + 6x_3 = 32$

$$\begin{aligned} 2 \cdot (2 + 2t) + 4 \cdot (-4 + 4t) + 6 \cdot (-2 + 6t) &= 32 \\ 4 + 4t - 16 + 16t - 12 + 36t &= 32 \\ -24 + 56t &= 32 \quad |+24 \\ 56t &= 56 \quad |:56 \\ t &= 1 \end{aligned}$$

$$\vec{f} = \begin{pmatrix} 2 \\ -4 \\ -2 \end{pmatrix} + 1 \cdot \begin{pmatrix} 2 \\ 4 \\ 6 \end{pmatrix} = \begin{pmatrix} 2 \\ -4 \\ -2 \end{pmatrix} + \begin{pmatrix} 2 \\ 4 \\ 6 \end{pmatrix} = \begin{pmatrix} 4 \\ 0 \\ 4 \end{pmatrix}$$

$$\overrightarrow{RF} = \begin{pmatrix} 4 \\ 0 \\ 4 \end{pmatrix} - \begin{pmatrix} 7 \\ -6 \\ 7 \end{pmatrix} = \begin{pmatrix} -3 \\ 6 \\ -3 \end{pmatrix}$$

$$d(R;g) = d(R;F) = |\overrightarrow{RF}| = \sqrt{(-3)^2 + (6)^2 + (-3)^2} = \sqrt{54} \approx 7{,}35$$

c) $H:\ 1x_1 + 2x_2 + 3x_3 = k$

$k = 1 \cdot (-2) + 2 \cdot 2 + 3 \cdot (-5) = -2 + 4 - 15 = -13$

$H:\ 1x_1 + 2x_2 + 3x_3 = -13$

$$\begin{aligned} 1 \cdot (6 + 1t) + 2 \cdot (4 + 2t) + 3 \cdot (-2 + 3t) &= -13 \\ 6 + 1t + 8 + 4t - 6 + 9t &= -13 \\ 8 + 14t &= -13 \quad |-8 \\ 14t &= -21 \quad |:14 \\ t &= -\tfrac{21}{14} \\ &= -\tfrac{3}{2} = -1{,}5 \end{aligned}$$

$$\vec{f} = \begin{pmatrix} 6 \\ 4 \\ -2 \end{pmatrix} - 1{,}5 \cdot \begin{pmatrix} 1 \\ 2 \\ 3 \end{pmatrix} = \begin{pmatrix} 6 \\ 4 \\ -2 \end{pmatrix} + \begin{pmatrix} -1{,}5 \\ -3 \\ -4{,}5 \end{pmatrix} = \begin{pmatrix} 4{,}5 \\ 1 \\ -6{,}5 \end{pmatrix}$$

$$\overrightarrow{RF} = \begin{pmatrix} 4{,}5 \\ 1 \\ -6{,}5 \end{pmatrix} - \begin{pmatrix} -2 \\ 2 \\ -5 \end{pmatrix} = \begin{pmatrix} 6{,}5 \\ -1 \\ -1{,}5 \end{pmatrix}$$

$$d(R;g) = d(R;F) = |\overrightarrow{RF}| = \sqrt{(6{,}5)^2 + (-1)^2 + (-1{,}5)^2} = \sqrt{45{,}5} \approx 6{,}75$$

d) $H:\ 2x_1 + 1x_2 - 1x_3 = k$

$k = 2 \cdot 2 + 1 \cdot (-3) - 1 \cdot 5 = 4 - 3 - 5 = -4$

$H:\ 2x_1 + 1x_2 - 1x_3 = -4$

$$\begin{aligned} 2 \cdot (4 + 2t) + 1 \cdot (3 + t) - 1 \cdot (3 - t) &= -4 \\ 8 + 4t + 3 + t - 3 + t &= -4 \\ 8 + 6t &= -4 \quad |-8 \\ 6t &= -12 \quad |:6 \\ t &= -2 \end{aligned}$$

$$\vec{f} = \begin{pmatrix} 4 \\ 3 \\ 3 \end{pmatrix} - 2 \cdot \begin{pmatrix} 2 \\ 1 \\ -1 \end{pmatrix} = \begin{pmatrix} 4 \\ 3 \\ 3 \end{pmatrix} + \begin{pmatrix} -4 \\ -2 \\ 2 \end{pmatrix} = \begin{pmatrix} 0 \\ 1 \\ 5 \end{pmatrix}$$

$$\overrightarrow{RF} = \begin{pmatrix} 0 \\ 1 \\ 5 \end{pmatrix} - \begin{pmatrix} 2 \\ -3 \\ 5 \end{pmatrix} = \begin{pmatrix} -2 \\ 4 \\ 0 \end{pmatrix}$$

$$d(R;g) = d(R;F) = |\overrightarrow{RF}| = \sqrt{(-2)^2 + (4)^2 + (0)^2} = \sqrt{20} \approx 4{,}47$$

4 Abstand paralleler Geraden

a) Wähle auf der Geraden g den Punkt $P(2|0|1)$ und bestimme den Abstand des Punktes P zur Geraden h:

$H:\ 2x_1 - 2x_2 + 1x_3 = k$

$k = 2 \cdot 2 - 2 \cdot 0 + 1 \cdot 1 = 4 + 0 + 1 = 5$

$H:\ 2x_1 - 2x_2 + x_3 = 5$

$$\begin{aligned} 2 \cdot (2 + 2t) - 2 \cdot (-2t) + 1 \cdot (3 + t) &= 5 \\ 4 + 4t + 4t + 3 + t &= 5 \\ 7 + 9t &= 5 \quad |-7 \\ 9t &= -2 \quad |:9 \\ t &= -\tfrac{2}{9} \end{aligned}$$

$$\vec{f} = \begin{pmatrix} 2 \\ 0 \\ 3 \end{pmatrix} - \frac{2}{9} \cdot \begin{pmatrix} 2 \\ -2 \\ 1 \end{pmatrix} = \begin{pmatrix} 2 \\ 0 \\ 3 \end{pmatrix} + \begin{pmatrix} -\frac{4}{9} \\ \frac{4}{9} \\ -\frac{2}{9} \end{pmatrix} = \begin{pmatrix} \frac{14}{9} \\ \frac{4}{9} \\ \frac{25}{9} \end{pmatrix}$$

$$\overrightarrow{PF} = \begin{pmatrix} \frac{14}{9} \\ \frac{4}{9} \\ \frac{25}{9} \end{pmatrix} - \begin{pmatrix} 2 \\ 0 \\ 1 \end{pmatrix} = \begin{pmatrix} -\frac{4}{9} \\ \frac{4}{9} \\ \frac{16}{9} \end{pmatrix}$$

$$d(P;h) = d(P;F) = |\overrightarrow{PF}| = \sqrt{\left(-\tfrac{4}{9}\right)^2 + \left(\tfrac{4}{9}\right)^2 + \left(\tfrac{16}{9}\right)^2} = \sqrt{\tfrac{288}{81}} \approx 1{,}89$$

b) Wähle auf der Geraden g den Punkt $P(1|2|3)$ und bestimme den Abstand des Punktes P zur Geraden h:

$H:\ 15x_1 - 9x_2 - 12x_3 = k$

$k = 15 \cdot 1 - 9 \cdot 2 - 12 \cdot 3 = 15 - 18 - 36 = -39$

$H:\ 15x_1 - 9x_2 - 12x_3 = -39$

$$\begin{aligned} 15 \cdot (15r) - 9 \cdot (-11 - 9r) - 12 \cdot (-1 - 12r) &= -39 \\ 225r + 99 + 81r + 12 + 144r &= -39 \\ 111 + 450r &= -39 \quad |-111 \\ 450r &= -150 \quad |:450 \\ r &= -\tfrac{1}{3} \end{aligned}$$

$$\vec{f} = \begin{pmatrix} 0 \\ -11 \\ -1 \end{pmatrix} - \frac{1}{3} \cdot \begin{pmatrix} 15 \\ -9 \\ -12 \end{pmatrix} = \begin{pmatrix} 0 \\ -11 \\ -1 \end{pmatrix} + \begin{pmatrix} -5 \\ 3 \\ 4 \end{pmatrix} = \begin{pmatrix} -5 \\ -8 \\ 3 \end{pmatrix}$$

$$\overrightarrow{PF} = \begin{pmatrix} -5 \\ -8 \\ 3 \end{pmatrix} - \begin{pmatrix} 1 \\ 2 \\ 3 \end{pmatrix} = \begin{pmatrix} -6 \\ -10 \\ 0 \end{pmatrix}$$

$$d(P;h) = d(P;F) = |\overrightarrow{PF}| = \sqrt{(-6)^2 + (-10)^2 + (0)^2} = \sqrt{136} \approx 11{,}66$$

c) Wähle auf der Geraden g den Punkt $P(-1|-1|6)$ und bestimme den Abstand des Punktes P zur Geraden h:

$H:\ -4x_1 + 12x_2 + 2x_3 = k$

$k = -4 \cdot (-1) + 12 \cdot (-1) + 2 \cdot 6 = 4 - 12 + 12 = 4$

$H:\ -4x_1 + 12x_2 + 2x_3 = 4$

$$-4(3-4r)+12(4+12r)+2(25+2r)=4$$
$$-12+16r+48+144r+50+4r=4$$
$$86+164r=4 \quad |-86$$
$$164r=4-86$$
$$164r=-82 \quad |:164$$
$$r=-0{,}5$$

$$\vec{f}=\begin{pmatrix}3\\4\\25\end{pmatrix}-0{,}5\cdot\begin{pmatrix}-4\\12\\2\end{pmatrix}=\begin{pmatrix}3\\4\\25\end{pmatrix}+\begin{pmatrix}2\\-6\\-1\end{pmatrix}=\begin{pmatrix}5\\-2\\24\end{pmatrix}$$

$$\overrightarrow{PF}=\begin{pmatrix}5\\-2\\24\end{pmatrix}-\begin{pmatrix}-1\\-1\\6\end{pmatrix}=\begin{pmatrix}6\\-1\\18\end{pmatrix}$$

$$d(P;h)=d(P;F)=|\overrightarrow{PF}|$$
$$=\sqrt{(6)^2+(-1)^2+(18)^2}=\sqrt{361}=19$$

5 Quader

Wähle A im Ursprung. Daraus ergeben sich die folgenden Punkte:
$A(0|0|0)$, $B(4|0|0)$, $C(4|6|0)$, $D(0|6|0)$, $E(0|0|5)$, $F(4|0|5)$, $G(4|6|5)$, $H(0|6|5)$, $N(0|3|5)$, $M(2|3|0)$

a) $M(2|3|0)$, $g\colon \vec{x}=\vec{f}+t\cdot\overrightarrow{FG}$

$$\overrightarrow{FG}=\begin{pmatrix}4\\6\\5\end{pmatrix}-\begin{pmatrix}4\\0\\5\end{pmatrix}=\begin{pmatrix}0\\6\\0\end{pmatrix}$$

$$g\colon \vec{x}=\begin{pmatrix}4\\0\\5\end{pmatrix}+t\cdot\begin{pmatrix}0\\6\\0\end{pmatrix}$$

$H\colon 6x_2=k$
$6\cdot 3=18$

$H\colon 6x_2=18$
$6(6t)=18$
$36t=18 \quad |:36$
$t=0{,}5$

$$\vec{s}=\begin{pmatrix}4\\0\\5\end{pmatrix}+0{,}5\cdot\begin{pmatrix}0\\6\\0\end{pmatrix}=\begin{pmatrix}4\\0\\5\end{pmatrix}+\begin{pmatrix}0\\3\\0\end{pmatrix}=\begin{pmatrix}4\\3\\5\end{pmatrix}$$

$$\overrightarrow{MS}=\begin{pmatrix}4\\3\\5\end{pmatrix}-\begin{pmatrix}2\\3\\0\end{pmatrix}=\begin{pmatrix}2\\0\\5\end{pmatrix}$$

$$d(M;g)=d(M;S)=|\overrightarrow{MS}|$$
$$=\sqrt{(2)^2+(0)^2+(5)^2}=\sqrt{29}\approx 5{,}39$$

b) $N(0|3|5)$, $g\colon \vec{x}=\vec{g}+t\cdot\overrightarrow{GH}$

$$\overrightarrow{GH}=\begin{pmatrix}0\\6\\5\end{pmatrix}-\begin{pmatrix}4\\6\\5\end{pmatrix}=\begin{pmatrix}-4\\0\\0\end{pmatrix}$$

$$g\colon \vec{x}=\begin{pmatrix}4\\6\\5\end{pmatrix}+t\cdot\begin{pmatrix}-4\\0\\0\end{pmatrix}$$

$H\colon -4x_1=k$
$-4\cdot 0=0$

$H\colon -4x_1=0$
$-4(4-4t)=0$
$-16+16t=0 \quad |+16$
$16t=16 \quad |:16$
$t=1$

$$\vec{s}=\begin{pmatrix}4\\6\\5\end{pmatrix}+1\cdot\begin{pmatrix}-4\\0\\0\end{pmatrix}=\begin{pmatrix}4\\6\\5\end{pmatrix}+\begin{pmatrix}-4\\0\\0\end{pmatrix}=\begin{pmatrix}0\\6\\5\end{pmatrix}$$

$$\overrightarrow{NS}=\begin{pmatrix}0\\6\\5\end{pmatrix}-\begin{pmatrix}0\\3\\5\end{pmatrix}=\begin{pmatrix}0\\3\\0\end{pmatrix}$$

$$d(N;g)=d(N;S)=|\overrightarrow{NS}|$$
$$=\sqrt{(0)^2+(3)^2+(0)^2}=\sqrt{9}=3$$

c) $N(0|3|5)$, $g\colon \vec{x}=\vec{c}+t\cdot\overrightarrow{CD}$

$$\overrightarrow{CD}=\begin{pmatrix}0\\6\\0\end{pmatrix}-\begin{pmatrix}4\\6\\0\end{pmatrix}=\begin{pmatrix}-4\\0\\0\end{pmatrix}$$

$$g\colon \vec{x}=\begin{pmatrix}4\\6\\0\end{pmatrix}+t\cdot\begin{pmatrix}-4\\0\\0\end{pmatrix}$$

$H\colon -4x_1=k$
$-4\cdot 0=0$

$H\colon -4x_1=0$
$-4(4-4t)=0$
$-16+16t=0 \quad |+16$
$16t=16 \quad |:16$
$t=1$

$$\vec{s}=\begin{pmatrix}4\\6\\0\end{pmatrix}+1\cdot\begin{pmatrix}-4\\0\\0\end{pmatrix}=\begin{pmatrix}4\\6\\0\end{pmatrix}+\begin{pmatrix}-4\\0\\0\end{pmatrix}=\begin{pmatrix}0\\6\\0\end{pmatrix}$$

$$\overrightarrow{NS}=\begin{pmatrix}0\\6\\0\end{pmatrix}-\begin{pmatrix}0\\3\\5\end{pmatrix}=\begin{pmatrix}0\\3\\-5\end{pmatrix}$$

$$d(N;g)=d(N;S)=|\overrightarrow{NS}|$$
$$=\sqrt{(0)^2+(3)^2+(-5)^2}=\sqrt{34}\approx 2{,}41$$

d) Der Abstand des Punktes C zur Geraden durch die Punkte E und G ist 5 LE, da der Punkt C direkt unter dem Punkt G liegt.

e) $F(4|0|5)$, $g\colon \vec{x}=\vec{e}+t\cdot\overrightarrow{EC}$

$$\overrightarrow{EC}=\begin{pmatrix}4\\6\\0\end{pmatrix}-\begin{pmatrix}0\\0\\5\end{pmatrix}=\begin{pmatrix}4\\6\\-5\end{pmatrix}$$

$$g\colon \vec{x}=\begin{pmatrix}0\\0\\5\end{pmatrix}+t\cdot\begin{pmatrix}4\\6\\-5\end{pmatrix}$$

$H\colon 4x_1+6x_2-5x_3=k$
$4\cdot 4+6\cdot 0-5\cdot 5=16+0-25=-9$

$H\colon 4x_1+6x_2-5x_3=-9$
$4(4t)+6(6t)-5(5-5t)=-9$
$16t+36t-25+25t=-9$
$77t-25=-9 \quad |+25$
$77t=16 \quad |:77$
$t=\frac{16}{77}$

$$\vec{s}=\begin{pmatrix}0\\0\\5\end{pmatrix}+\frac{16}{77}\cdot\begin{pmatrix}4\\6\\-5\end{pmatrix}=\begin{pmatrix}0\\0\\5\end{pmatrix}+\begin{pmatrix}\frac{64}{77}\\\frac{96}{77}\\-\frac{80}{77}\end{pmatrix}=\begin{pmatrix}\frac{64}{77}\\\frac{96}{77}\\\frac{305}{77}\end{pmatrix}$$

$$\overrightarrow{FS} = \begin{pmatrix} \frac{64}{77} \\ \frac{96}{77} \\ \frac{305}{77} \end{pmatrix} - \begin{pmatrix} 4 \\ 0 \\ 5 \end{pmatrix} = \begin{pmatrix} -\frac{244}{77} \\ \frac{96}{77} \\ -\frac{80}{77} \end{pmatrix}$$

$$d(F;g) = d(F;S) = |\overrightarrow{FS}|$$
$$= \sqrt{\left(-\frac{244}{77}\right)^2 + \left(\frac{96}{77}\right)^2 + \left(-\frac{80}{77}\right)^2} = \sqrt{\frac{976}{77}} \approx 3{,}56$$

6 Punkt auf Gerade

$A(0|3|1)$, $g: \vec{x} = \vec{b} + t \cdot \overrightarrow{BC}$

$$\overrightarrow{BC} = \begin{pmatrix} 2 \\ 4 \\ 9 \end{pmatrix} - \begin{pmatrix} 5 \\ 3 \\ 6 \end{pmatrix} = \begin{pmatrix} -3 \\ 1 \\ 3 \end{pmatrix}$$

$$g: \vec{x} = \begin{pmatrix} 5 \\ 3 \\ 6 \end{pmatrix} + t \cdot \begin{pmatrix} -3 \\ 1 \\ 3 \end{pmatrix}$$

$H: -3x_1 + 1x_2 + 3x_3 = k$
$-3 \cdot 0 + 1 \cdot 3 + 3 \cdot 1 = 0 + 3 + 3 = 6$

$H: -3x_1 + 1x_2 + 3x_3 = 6$
$$\begin{aligned} -3(5-3t) + 1(3+1t) + 3(6+3t) &= 6 \\ -15 + 9t + 3 + t + 18 + 9t &= 6 \\ 6 + 19t &= 6 \quad &&|-6 \\ 19t &= 0 \quad &&|:19 \\ t &= 0 \end{aligned}$$

$$\vec{s} = \begin{pmatrix} 5 \\ 3 \\ 6 \end{pmatrix} + 0 \cdot \begin{pmatrix} -3 \\ 1 \\ 3 \end{pmatrix} = \begin{pmatrix} 5 \\ 3 \\ 6 \end{pmatrix}$$

Der Lotfußpunkt S der Geraden g hat den kürzesten Abstand zum Punkt A. Da der Lotfußpunkt dem Punkt B entspricht, hat B den kürzesten Abstand zu A.

7 Abstand Bus – Auto

Da hier nur die Draufsicht benötigt wird, modelliert man in einem zweidimensionalen Koordinatensystem.

1. Fall: Zweiter Teil des Überholvorgangs, der Pkw fährt parallel zum Bus.

Da die Straße 7,5 m breit ist und sich der rechte vordere Punkt des Pkw in $A^*(1|5)$ befindet, ist er 5 m vom rechten Fahrbahnrand entfernt. Der Bus ragt nur 2,5 m in die Fahrbahn, damit beträgt der Abstand zum Bus $5\,m - 2{,}5\,m = 2{,}5\,m$. Der Pkw hält den Abstand ein.

2. Fall: Start des Überholvorganges, der Pkw schert aus.

Der rechte vordere Punkt des Pkw bewegt sich geradlinig von $A(-5|0{,}5)$ zu $A^*(1|5)$.

Die rechte Seite des Pkw bewegt sich damit auf der Geraden $g: \vec{x} = \begin{pmatrix} -5 \\ 0{,}5 \end{pmatrix} + r \cdot \left(\begin{pmatrix} 1 \\ 5 \end{pmatrix} - \begin{pmatrix} -5 \\ 0{,}5 \end{pmatrix}\right)$.

Ihr Richtungsvektor ist $\begin{pmatrix} 6 \\ 4{,}5 \end{pmatrix}$ oder $\begin{pmatrix} 4 \\ 3 \end{pmatrix}$.

Damit ist $g: \vec{x} = \begin{pmatrix} -5 \\ 0{,}5 \end{pmatrix} + r \cdot \begin{pmatrix} 4 \\ 3 \end{pmatrix}$.

Beim Ausscheren kommt die linke hintere Ecke des Busses dem Pkw am nächsten. Da der Bus 2,5 m breit ist, hat die linke hintere Ecke des Busses die Koordinaten $B(0|2{,}5)$.

Gesucht ist also der Abstand des Punktes B zur Geraden g.

Stelle eine Hilfsgerade h auf, die den Punkt B enthält und orthogonal zur Geraden g ist.

Da die Gerade g den Richtungsvektor $\vec{v} = \begin{pmatrix} 4 \\ 3 \end{pmatrix}$ besitzt, hat die Gerade h den Richtungsvektor $\vec{u} = \begin{pmatrix} -3 \\ 4 \end{pmatrix}$. Die Gleichung der Geraden h ist

$$h: \vec{x} = \begin{pmatrix} 0 \\ 2{,}5 \end{pmatrix} + t \cdot \begin{pmatrix} -3 \\ 4 \end{pmatrix}.$$

Schnittpunkt der Geraden g und h:

$\begin{pmatrix} -5 \\ 0{,}5 \end{pmatrix} + r \cdot \begin{pmatrix} 4 \\ 3 \end{pmatrix} = \begin{pmatrix} 0 \\ 2{,}5 \end{pmatrix} + t \cdot \begin{pmatrix} -3 \\ 4 \end{pmatrix}$ liefert die Gleichungen

$$\begin{aligned} &(1) \quad -5 + 4r = 0 - 3t \\ &(2) \quad 0{,}5 + 3r = 2{,}5 + 4t \quad &&|\text{ umformen} \\ &(1) \quad 4r + 3t = 5 \quad &&|\cdot 4 \\ &(2) \quad 3r - 4t = 2 \quad &&|\cdot 3 \end{aligned}$$

Addieren ergibt

$$\begin{aligned} 25r &= 26 \quad &&|:25 \\ r &= 1{,}04 \quad &&\text{In (1) einsetzen} \end{aligned}$$

$$\begin{aligned} 4 \cdot 1{,}04 + 3t &= 5 \quad &&|-4{,}16 \\ 3t &= 0{,}84 \quad &&|:3 \\ t &= 0{,}28 \end{aligned}$$

Setze r in g ein $g: \vec{c} = \begin{pmatrix} -5 \\ 0{,}5 \end{pmatrix} + 1{,}04 \cdot \begin{pmatrix} 4 \\ 3 \end{pmatrix} = \begin{pmatrix} -0{,}84 \\ 3{,}62 \end{pmatrix}$

$C(-0{,}84|3{,}62)$

Der Abstand der Punkte B und C ist der kleinste Abstand, den die rechte Autoseite von der linken hinteren Ecke des Busses hat.

$$\begin{aligned} d(B;C) &= \sqrt{(-0{,}84-0)^2 + (3{,}62-2{,}5)^2} \\ &= \sqrt{0{,}7056 + 1{,}2544} = \sqrt{1{,}96} \\ &= 1{,}4 \end{aligned}$$

Da die rechte Autoseite beim Ausscheren bis auf 1,4 m an die linke hintere Ecke des Busses kommt, wird der Sicherheitsabstand von 2 m nicht eingehalten.

SCHRITT 22

Das brauchst du wieder

b) $\vec{u} = \begin{pmatrix} 3 \\ 2 \\ -2 \end{pmatrix}$; $\vec{v} = \begin{pmatrix} 1 \\ 4 \\ -2 \end{pmatrix}$

$$\vec{u} \times \vec{v} = \begin{pmatrix} 2 \cdot (-2) - (-2) \cdot 4 \\ -2 \cdot 1 - 3 \cdot (-2) \\ 3 \cdot 4 - 2 \cdot 1 \end{pmatrix} = \begin{pmatrix} -4 + 8 \\ -2 + 6 \\ 12 - 2 \end{pmatrix} = \begin{pmatrix} 4 \\ 4 \\ 10 \end{pmatrix}$$

1 **„Du bist dran" aus dem „So geht's"-Kasten**

Schreibe die beiden Spannvektoren zweimal übereinander und streiche die erste und letzte Zeile:

$$\begin{matrix} \not{-3} & \not{3} \\ 0 & -4 \\ 2 & 1 \\ -3 & 3 \\ 0 & -4 \\ \not{2} & \not{1} \end{matrix}$$

Verbinde die einzelnen Koordinaten kreuzweise orthogonal und bilde das Vektorprodukt:

$$\vec{u} \times \vec{v} = \begin{pmatrix} 0 \cdot 1 - 2 \cdot (-4) \\ 2 \cdot 3 - (-3) \cdot 1 \\ -3 \cdot (-4) - 0 \cdot 3 \end{pmatrix} = \begin{pmatrix} 8 \\ 9 \\ 12 \end{pmatrix}$$

Vereinfache das Ergebnis (falls möglich) und notiere den Normalenvektor:

$$\vec{n} = \begin{pmatrix} 8 \\ 9 \\ 12 \end{pmatrix}$$

Setze die Koordinaten des Normalenvektors in die allgemeine Form der Koordinatengleichung der Hilfsebene H ein:

$H\colon\ 8x_1 + 9x_2 + 12x_3 = d$

Setze die Koordinaten des Stützvektors P der Geraden g in die Koordinatengleichung ein, um den Parameter d zu bestimmen:

$8 \cdot 1 + 9 \cdot 1 + 12 \cdot 1$

$= 8 + 9 + 12 = 29$

Gib die Koordinatengleichung der Hilfsebene an:

$H\colon\ 8x_1 + 9x_2 + 12x_3 = 29$

Setze die Koeffizienten der Ebene H und die Koordinaten des Punktes Q in die Hesse'sche Normalenform ein:

$$d(g;h) = d(Q;H) = \frac{|8 \cdot 6 + 9 \cdot 6 + 12 \cdot 18 - 29|}{\sqrt{8^2 + 9^2 + 12^2}} = \frac{|48 + 54 + 216 - 29|}{\sqrt{64 + 81 + 144}} = \frac{289}{\sqrt{289}} = 17$$

2 **Abstand zweier windschiefer Geraden**

a)
$$\begin{matrix} \not{4} & \not{-4} \\ 1 & -3 \\ -1 & 2 \\ 4 & -4 \\ 1 & -3 \\ \not{-1} & \not{2} \end{matrix}$$

$$\vec{u} \times \vec{v} = \begin{pmatrix} 1 \cdot 2 - (-1) \cdot (-3) \\ (-1) \cdot (-4) - 4 \cdot 2 \\ 4 \cdot (-3) - 1 \cdot (-4) \end{pmatrix} = \begin{pmatrix} -1 \\ -4 \\ -8 \end{pmatrix}$$

$$\vec{n} = \begin{pmatrix} -1 \\ -4 \\ -8 \end{pmatrix}$$

$H\colon\ -x_1 - 4x_2 - 8x_3 = d$

Stützvektor von g einsetzen:

$-5 - 8 \cdot (-1)$

$= -5 + 8 = 3$

$H\colon\ -x_1 - 4x_2 - 8x_3 = 3$

$$d(g;h) = d(Q;H) = \frac{|(-1) \cdot 6 - 4 \cdot 6 - 8 \cdot 6 - 3|}{\sqrt{(-1)^2 + (-4)^2 + (-8)^2}} = \frac{|-6 - 24 - 48 - 3|}{\sqrt{1 + 16 + 64}} = \frac{|-81|}{\sqrt{81}} = 9$$

b)
$$\begin{matrix} \not{0} & \not{1} \\ 1 & 2 \\ 2 & 1 \\ 0 & 1 \\ 1 & 2 \\ \not{2} & \not{1} \end{matrix}$$

$$\vec{u} \times \vec{v} = \begin{pmatrix} 1 \cdot 1 - 2 \cdot 2 \\ 2 \cdot 1 - 0 \cdot 1 \\ 0 \cdot 2 - 1 \cdot 1 \end{pmatrix} = \begin{pmatrix} -1 \\ 2 \\ -1 \end{pmatrix}$$

$$\vec{n} = \begin{pmatrix} -1 \\ 2 \\ -1 \end{pmatrix}$$

$H\colon\ -x_1 + 2x_2 - x_3 = d$

Stützvektor von g einsetzen:

$-(-7) + 2 \cdot 2 - (-3)$

$= 7 + 4 + 3 = 14$

$H\colon\ -x_1 + 2x_2 - x_3 = 14$

$$d(g;h) = d(Q;H) = \frac{|(-1) \cdot (-3) + 2 \cdot (-3) - 3 - 14|}{\sqrt{(-1)^2 + 2^2 + (-1)^2}} = \frac{|3 - 6 - 3 - 14|}{\sqrt{6}} = \frac{|-20|}{\sqrt{6}} \approx 8{,}16$$

3 **Parameterbestimmung**

a) $P(2\,|\,1\,|\,0)$, $Q(1\,|\,2\,|\,-1)$

$$\vec{u} \times \vec{v} = \begin{pmatrix} 4 \cdot 0 - a \cdot 4 \\ a \cdot 3 - 3 \cdot 0 \\ 3 \cdot 4 - 4 \cdot 3 \end{pmatrix} = \begin{pmatrix} -4a \\ 3a \\ 0 \end{pmatrix}$$

$$\vec{n} = \begin{pmatrix} -4a \\ 3a \\ 0 \end{pmatrix}$$

$H\colon\ -4ax_1 + 3ax_2 = d$

$-4a \cdot 2 + 3a \cdot 1 = -8a + 3a = -5a$

$H\colon\ -4ax_1 + 3ax_2 = -5a$

$$d(g;h) = d(Q;H) = \frac{|(-4a)\cdot 1 + 3a\cdot 2 + 5a|}{\sqrt{(-4a)^2 + (3a)^2 + 0^2}}$$
$$= \frac{|7a|}{\sqrt{16a^2 + 9a^2 + 0}} = \frac{|7a|}{\sqrt{25a^2}} = \frac{7a}{5a}$$
$$\frac{7a}{5a} = \frac{7}{5}$$
$$a = 1$$

b) $P(0|3|6), Q(3|2|-5)$

$$\vec{u}\times\vec{v} = \begin{pmatrix} 2\cdot(-2) - 2\cdot 1 \\ 2\cdot 1 - (-a)\cdot(-2) \\ -a\cdot 1 - 2\cdot 1 \end{pmatrix} = \begin{pmatrix} -6 \\ 2-2a \\ -a-2 \end{pmatrix}$$

$$\vec{n} = \begin{pmatrix} -6 \\ 2-2a \\ -a-2 \end{pmatrix}$$

$H\colon -6x_1 + (2-2a)x_2 + (-a-2)x_3 = d$
$-6\cdot 0 + (2-2a)\cdot 3 + (-a-2)\cdot 6$
$= 0 + 6 - 6a - 6a - 12 = -6 - 12a$

$H\colon -6x_1 + (2-2a)x_2 + (-a-2)x_3 = -6 - 12a$

$$d(g;h) = d(Q;H)$$
$$= \frac{|(-6)\cdot 3 + (2-2a)\cdot 2 + (-a-2)\cdot(-5) + 6 + 12a|}{\sqrt{(-6)^2 + (2-2a)^2 + (-a-2)^2}}$$
$$= \frac{|-18 + 4 - 4a + 5a + 10 + 6 + 12a|}{\sqrt{36 + 4 - 8a + 4a^2 + a^2 + 4a + 4}}$$
$$= \frac{|13a + 2|}{\sqrt{5a^2 - 4a + 44}}$$
$$\frac{|13a+2|}{\sqrt{5a^2 - 4a + 44}} = \frac{80}{\sqrt{200}}$$

Nenner:

$\sqrt{5a^2 - 4a + 44} = \sqrt{200}$ quadrieren
$5a^2 - 4a + 44 = 200$ $|-200$
$5a^2 - 4a - 156 = 0$

pq- oder abc-Formel:
$a_1 = -5{,}2$
$a_2 = 6$

Im Zähler überprüfen:
$|13\cdot(-5{,}2) + 2| = 80$
$|-67{,}6 + 2| = 80$
$|-65{,}6| = 80$

$65{,}6 = 80$ falsche Aussage, keine Lösung

$|13\cdot 6 + 2| = 80$
$|78 + 2| = 80$
$|80| = 80$

$80 = 80$ wahre Aussage

Für $a_2 = 6$ haben die Geraden den gegebenen Abstand.

4 Pyramide

$\vec{e} = \vec{a} + 0{,}5\cdot\overrightarrow{AB}$

$$\overrightarrow{AB} = \begin{pmatrix} 4 \\ 6 \\ 3 \end{pmatrix} - \begin{pmatrix} 3 \\ -2 \\ 0 \end{pmatrix} = \begin{pmatrix} 1 \\ 8 \\ 3 \end{pmatrix}$$

$$\vec{e} = \begin{pmatrix} 3 \\ -2 \\ 0 \end{pmatrix} + 0{,}5\cdot\begin{pmatrix} 1 \\ 8 \\ 3 \end{pmatrix} = \begin{pmatrix} 3 \\ -2 \\ 0 \end{pmatrix} + \begin{pmatrix} 0{,}5 \\ 4 \\ 1{,}5 \end{pmatrix} = \begin{pmatrix} 3{,}5 \\ 2 \\ 1{,}5 \end{pmatrix}$$

$\vec{f} = \vec{b} + 0{,}5\cdot\overrightarrow{BC}$

$$\overrightarrow{BC} = \begin{pmatrix} 6 \\ 2 \\ -1 \end{pmatrix} - \begin{pmatrix} 4 \\ 6 \\ 3 \end{pmatrix} = \begin{pmatrix} 2 \\ -4 \\ -4 \end{pmatrix}$$

$$\vec{f} = \begin{pmatrix} 4 \\ 6 \\ 3 \end{pmatrix} + 0{,}5\cdot\begin{pmatrix} 2 \\ -4 \\ -4 \end{pmatrix} = \begin{pmatrix} 4 \\ 6 \\ 3 \end{pmatrix} + \begin{pmatrix} 1 \\ -2 \\ -2 \end{pmatrix} = \begin{pmatrix} 5 \\ 4 \\ 1 \end{pmatrix}$$

$\vec{g} = \vec{c} + 0{,}5\cdot\overrightarrow{CD}$

$$\overrightarrow{CD} = \begin{pmatrix} 5 \\ 1 \\ 13 \end{pmatrix} - \begin{pmatrix} 6 \\ 2 \\ -1 \end{pmatrix} = \begin{pmatrix} -1 \\ -1 \\ 14 \end{pmatrix}$$

$$\vec{g} = \begin{pmatrix} 6 \\ 2 \\ -1 \end{pmatrix} + 0{,}5\cdot\begin{pmatrix} -1 \\ -1 \\ 14 \end{pmatrix} = \begin{pmatrix} 6 \\ 2 \\ -1 \end{pmatrix} + \begin{pmatrix} -0{,}5 \\ -0{,}5 \\ 7 \end{pmatrix} = \begin{pmatrix} 5{,}5 \\ 1{,}5 \\ 6 \end{pmatrix}$$

$\vec{h} = \vec{b} + 0{,}5\cdot\overrightarrow{BD}$

$$\overrightarrow{BD} = \begin{pmatrix} 5 \\ 1 \\ 13 \end{pmatrix} - \begin{pmatrix} 4 \\ 6 \\ 3 \end{pmatrix} = \begin{pmatrix} 1 \\ -5 \\ 10 \end{pmatrix}$$

$$\vec{h} = \begin{pmatrix} 4 \\ 6 \\ 3 \end{pmatrix} + 0{,}5\cdot\begin{pmatrix} 1 \\ -5 \\ 10 \end{pmatrix} = \begin{pmatrix} 4 \\ 6 \\ 3 \end{pmatrix} + \begin{pmatrix} 0{,}5 \\ -2{,}5 \\ 5 \end{pmatrix} = \begin{pmatrix} 4{,}5 \\ 3{,}5 \\ 8 \end{pmatrix}$$

$g\colon \vec{x} = \vec{e} + s\cdot\overrightarrow{EF}$

$$\overrightarrow{EF} = \begin{pmatrix} 5 \\ 4 \\ 1 \end{pmatrix} - \begin{pmatrix} 3{,}5 \\ 2 \\ 1{,}5 \end{pmatrix} = \begin{pmatrix} 1{,}5 \\ 2 \\ -0{,}5 \end{pmatrix}$$

$$g\colon \vec{x} = \begin{pmatrix} 3{,}5 \\ 2 \\ 1{,}5 \end{pmatrix} + s\cdot\begin{pmatrix} 1{,}5 \\ 2 \\ -0{,}5 \end{pmatrix}$$

$h\colon \vec{x} = \vec{g} + t\cdot\overrightarrow{GH}$

$$\overrightarrow{GH} = \begin{pmatrix} 4{,}5 \\ 3{,}5 \\ 8 \end{pmatrix} - \begin{pmatrix} 5{,}5 \\ 1{,}5 \\ 6 \end{pmatrix} = \begin{pmatrix} -1 \\ 2 \\ 2 \end{pmatrix}$$

$$H\colon \vec{x} = \begin{pmatrix} 5{,}5 \\ 1{,}5 \\ 6 \end{pmatrix} + t\cdot\begin{pmatrix} -1 \\ 2 \\ 2 \end{pmatrix}$$

$\overrightarrow{EF}$ und $\overrightarrow{GH}$ sind keine Vielfachen voneinander, damit schneiden sich die Geraden oder sie sind zueinander windschief.

Prüfen der gegenseitigen Lage von g und h:

$$\begin{pmatrix} 3{,}5 \\ 2 \\ 1{,}5 \end{pmatrix} + s\cdot\begin{pmatrix} 1{,}5 \\ 2 \\ -0{,}5 \end{pmatrix} = \begin{pmatrix} 5{,}5 \\ 1{,}5 \\ 6 \end{pmatrix} + t\cdot\begin{pmatrix} -1 \\ 2 \\ 2 \end{pmatrix} \quad \left| -\begin{pmatrix} 5{,}5 \\ 1{,}5 \\ 6 \end{pmatrix}\right.$$

$$\begin{pmatrix} -2 \\ 0{,}5 \\ -4{,}5 \end{pmatrix} + s\cdot\begin{pmatrix} 1{,}5 \\ 2 \\ -0{,}5 \end{pmatrix} = t\cdot\begin{pmatrix} -1 \\ 2 \\ 2 \end{pmatrix} \quad \left| -s\cdot\begin{pmatrix} 1{,}5 \\ 2 \\ -0{,}5 \end{pmatrix}\right.$$

$$\begin{pmatrix}-2\\0{,}5\\-4{,}5\end{pmatrix}=t\cdot\begin{pmatrix}-1\\2\\2\end{pmatrix}-s\cdot\begin{pmatrix}1{,}5\\2\\-0{,}5\end{pmatrix}$$

I $\quad -2=-t-1{,}5s$
II $\quad 0{,}5=2t-2s$
III $\quad -4{,}5=2t+0{,}5s$

I nach t auflösen:

$$\begin{aligned}-2&=-t-1{,}5s &&|+1{,}5s\\ -2+1{,}5s&=-t &&|:(-1)\\ 2-1{,}5s&=t\end{aligned}$$

t in II einsetzen:

$$\begin{aligned}0{,}5&=2\cdot(2-1{,}5s)-2s\\ 0{,}5&=4-3s-2s\\ 0{,}5&=4-5s &&|-4\\ -3{,}5&=-5s &&|:(-5)\\ 0{,}7&=s\end{aligned}$$

t in III einsetzen:

$$\begin{aligned}-4{,}5&=2\cdot(2-1{,}5s)+0{,}5s\\ -4{,}5&=4-3s+0{,}5s\\ -4{,}5&=4-2{,}5s &&|-4\\ -8{,}5&=-2{,}5s &&|:2{,}5\\ 3{,}4&=s\end{aligned}$$

Unterschiedliche Werte für s: Es gibt keinen gemeinsamen Punkt, also sind die Geraden zueinander windschief.

$$g:\ \vec{x}=\begin{pmatrix}3{,}5\\2\\1{,}5\end{pmatrix}+s\cdot\begin{pmatrix}1{,}5\\2\\-0{,}5\end{pmatrix}$$

$$h:\ \vec{x}=\begin{pmatrix}5{,}5\\1{,}5\\6\end{pmatrix}+t\cdot\begin{pmatrix}-1\\2\\2\end{pmatrix}$$

$P(3{,}5\,|\,2\,|\,1{,}5),\ Q(5{,}5\,|\,1{,}5\,|\,6)$

$$\vec{u}\times\vec{v}=\begin{pmatrix}2\cdot2-(-0{,}5)\cdot2\\-0{,}5\cdot(-1)-1{,}5\cdot2\\1{,}5\cdot2-2\cdot(-1)\end{pmatrix}=\begin{pmatrix}5\\-2{,}5\\5\end{pmatrix}$$

$$\vec{n}=\begin{pmatrix}2\\-1\\2\end{pmatrix}$$

$H:\ 2x_1-1x_2+2x_3=d$
$2\cdot3{,}5-1\cdot2+2\cdot1{,}5=7-2+3=8$
$H:\ 2x_1-1x_2+2x_3=8$

$$d(g;h)=d(Q;H)=\frac{|2\cdot5{,}5-1\cdot1{,}5+2\cdot6-8|}{\sqrt{2^2+(-1)^2+2^2}}=\frac{|13{,}5|}{\sqrt{4+1+4}}=\frac{13{,}5}{3}=4{,}5$$

Der Abstand der beiden Geraden beträgt 4,5 LE.

5 Berechnungen am Quader

$A(0|0|0), B(5|0|0), C(5|6|0), D(0|6|0),$
$E(0|0|4), F(5|0|4), G(5|6|4), H(0|6|4),$
$N(0|3|4), M(2{,}5|3|0)$

a) $g:\ \vec{x}=\vec{c}+t\cdot\overrightarrow{CM}$

$$\overrightarrow{CM}=\begin{pmatrix}2{,}5\\3\\0\end{pmatrix}-\begin{pmatrix}5\\6\\0\end{pmatrix}=\begin{pmatrix}-2{,}5\\-3\\0\end{pmatrix}$$

$$g:\ \vec{x}=\begin{pmatrix}5\\6\\0\end{pmatrix}+t\cdot\begin{pmatrix}-2{,}5\\-3\\0\end{pmatrix}$$

$h:\ \vec{x}=\vec{g}+s\cdot\overrightarrow{GB}$

$$\overrightarrow{GB}=\begin{pmatrix}5\\0\\0\end{pmatrix}-\begin{pmatrix}5\\6\\4\end{pmatrix}=\begin{pmatrix}0\\-6\\-4\end{pmatrix}$$

$$h:\ \vec{x}=\begin{pmatrix}5\\6\\4\end{pmatrix}+s\cdot\begin{pmatrix}0\\-6\\-4\end{pmatrix}$$

$P(5|6|0), Q(5|6|4)$

$$\vec{u}\times\vec{v}=\begin{pmatrix}-3\cdot(-4)-0\cdot(-6)\\0\cdot0-(-2{,}5)\cdot(-4)\\-2{,}5\cdot(-6)-(-3)\cdot0\end{pmatrix}=\begin{pmatrix}12\\-10\\15\end{pmatrix}$$

$$\vec{n}=\begin{pmatrix}12\\-10\\15\end{pmatrix}$$

$H:\ 12x_1-10x_2+15x_3=d$
$12\cdot5-10\cdot6+15\cdot0=60-60+0=0$
$H:\ 12x_1-10x_2+15x_3=0$

$$d(g;h)=d(Q;H)=\frac{|12\cdot5-10\cdot6+15\cdot4-0|}{\sqrt{(12)^2+(10)^2+(15)^2}}=\frac{|60-60+60-0|}{\sqrt{144+100+225}}=\frac{|60|}{\sqrt{469}}\approx2{,}77$$

$A(0|0|0), B(5|0|0), C(5|6|0), D(0|6|0),$
$E(0|0|4), F(5|0|4), G(5|6|4), H(0|6|4),$
$N(0|3|4), M(2{,}5|3|0)$

b) $g:\ \vec{x}=\vec{n}+t\cdot\overrightarrow{NA}$

$$\overrightarrow{NA}=\begin{pmatrix}0\\0\\0\end{pmatrix}-\begin{pmatrix}0\\3\\4\end{pmatrix}=\begin{pmatrix}0\\-3\\-4\end{pmatrix}$$

$$g:\ \vec{x}=\begin{pmatrix}0\\3\\4\end{pmatrix}+t\cdot\begin{pmatrix}0\\-3\\-4\end{pmatrix}$$

$h:\ \vec{x}=\vec{c}+s\cdot\overrightarrow{CH}$

$$\overrightarrow{CH}=\begin{pmatrix}0\\6\\4\end{pmatrix}-\begin{pmatrix}5\\6\\0\end{pmatrix}=\begin{pmatrix}-5\\0\\4\end{pmatrix}$$

$$h:\ \vec{x}=\begin{pmatrix}5\\6\\0\end{pmatrix}+s\cdot\begin{pmatrix}-5\\0\\4\end{pmatrix}$$

$P(0|3|4), Q(5|6|0)$

$$\vec{u}\times\vec{v}=\begin{pmatrix}-3\cdot4-(-4)\cdot0\\-4\cdot(-5)-0\cdot4\\0\cdot0-(-3)\cdot(-5)\end{pmatrix}=\begin{pmatrix}-12\\20\\-15\end{pmatrix}$$

$$\vec{n}=\begin{pmatrix}-12\\20\\-15\end{pmatrix}$$

$H: -12x_1 + 20x_2 - 15x_3 = d$

$-12 \cdot 0 + 20 \cdot 3 - 15 \cdot 4 = 0 + 60 - 60 = 0$

$H: -12x_1 + 20x_2 - 15x_3 = 0$

$$d(g;h) = d(Q;H) = \frac{|(-12) \cdot 5 + 20 \cdot 6 - 15 \cdot 0 + 0|}{\sqrt{(-12)^2 + (20)^2 + (-15)^2}}$$

$$= \frac{|(-60) + 120 - 0 - 0|}{\sqrt{144 + 400 + 225}} = \frac{|60|}{\sqrt{769}} \approx 2{,}16$$

c) $A(0|0|0)$, $B(5|0|0)$, $C(5|6|0)$, $D(0|6|0)$, $E(0|0|4)$, $F(5|0|4)$, $G(5|6|4)$, $H(0|6|4)$, $N(0|3|4)$, $M(2{,}5|3|0)$

$g: \vec{x} = \vec{b} + t \cdot \overrightarrow{BH}$

$$\overrightarrow{BH} = \begin{pmatrix} 0 \\ 6 \\ 4 \end{pmatrix} - \begin{pmatrix} 5 \\ 0 \\ 0 \end{pmatrix} = \begin{pmatrix} -5 \\ 6 \\ 4 \end{pmatrix}$$

$$g: \vec{x} = \begin{pmatrix} 5 \\ 0 \\ 0 \end{pmatrix} + t \cdot \begin{pmatrix} -5 \\ 6 \\ 4 \end{pmatrix}$$

$h: \vec{x} = \vec{c} + s \cdot \overrightarrow{CE}$

$$\overrightarrow{CE} = \begin{pmatrix} 0 \\ 0 \\ 4 \end{pmatrix} - \begin{pmatrix} 5 \\ 6 \\ 0 \end{pmatrix} = \begin{pmatrix} -5 \\ -6 \\ 4 \end{pmatrix}$$

$$h: \vec{x} = \begin{pmatrix} 5 \\ 6 \\ 0 \end{pmatrix} + s \cdot \begin{pmatrix} -5 \\ -6 \\ 4 \end{pmatrix}$$

Die Richtungsvektoren der beiden Geraden sind keine Vielfachen voneinander, die Geraden sind also zueinander windschief oder schneiden sich.

Prüfen der gegenseitigen Lage von g und h:

$$\begin{pmatrix} 5 \\ 0 \\ 0 \end{pmatrix} + t \cdot \begin{pmatrix} -5 \\ 6 \\ 4 \end{pmatrix} = \begin{pmatrix} 5 \\ 6 \\ 0 \end{pmatrix} + s \cdot \begin{pmatrix} -5 \\ -6 \\ 4 \end{pmatrix} \quad \Bigg| - \begin{pmatrix} 5 \\ 6 \\ 0 \end{pmatrix}$$

$$\begin{pmatrix} 0 \\ -6 \\ 0 \end{pmatrix} + t \cdot \begin{pmatrix} -5 \\ 6 \\ 4 \end{pmatrix} = s \cdot \begin{pmatrix} -5 \\ -6 \\ 4 \end{pmatrix} \quad \Bigg| -t \cdot \begin{pmatrix} -5 \\ 6 \\ 4 \end{pmatrix}$$

$$\begin{pmatrix} 0 \\ -6 \\ 0 \end{pmatrix} = s \cdot \begin{pmatrix} -5 \\ -6 \\ 4 \end{pmatrix} - t \cdot \begin{pmatrix} -5 \\ 6 \\ 4 \end{pmatrix}$$

I $\quad 0 = -5s + 5t$

II $\quad -6 = -6s - 6t$

III $\quad 0 = 4s - 4$

aus I: $5s = 5t \quad |:5$

$s = t$

t in II: $-6 = -6s - 6s$

$-6 = -12s \quad |:(-12)$

$s = 0{,}5$

s, t in III: $0 = 4 \cdot 0{,}5 - 4 \cdot 0{,}5$

$0 = 2 - 2$

$t = 0 \quad$ wahr

Die Geraden schneiden sich für $t = s = 0{,}5$ und haben somit den Abstand null.

6 Berechnungen mit Parameter

Eine Gerade, die die x_2-Achse darstellt:

$$h: \vec{x} = \begin{pmatrix} 0 \\ 0 \\ 0 \end{pmatrix} + t \cdot \begin{pmatrix} 0 \\ 1 \\ 0 \end{pmatrix}$$

Die Richtungsvektoren der beiden Geraden sind keine Vielfachen voneinander, die Geraden sind also zueinander windschief oder schneiden sich.

Prüfen der gegenseitigen Lage von g und h:

$$\begin{pmatrix} 1 \\ 0 \\ 0 \end{pmatrix} + s \cdot \begin{pmatrix} a \\ 0 \\ 1 \end{pmatrix} = \begin{pmatrix} 0 \\ 0 \\ 0 \end{pmatrix} + t \cdot \begin{pmatrix} 0 \\ 1 \\ 0 \end{pmatrix} \quad \Bigg| -s \cdot \begin{pmatrix} a \\ 0 \\ 1 \end{pmatrix}$$

$$\begin{pmatrix} 1 \\ 0 \\ 0 \end{pmatrix} = t \cdot \begin{pmatrix} 0 \\ 1 \\ 0 \end{pmatrix} - s \cdot \begin{pmatrix} a \\ 0 \\ 1 \end{pmatrix}$$

I $\quad 1 = -as$

II $\quad 0 = t$

III $\quad 0 = -s$

$s = 0$

s in I: $1 = -a \cdot 0 \Rightarrow 1 = 0$

Egal, welche Zahl man für a einsetzt: Die Gleichung I wird nicht erfüllt, das heißt die Geraden sind zueinander windschief.

$P(1|0|0)$, $Q(0|0|0)$

$$\vec{u} \times \vec{v} = \begin{pmatrix} 0 \cdot 0 - 1 \cdot 1 \\ 1 \cdot 0 - a \cdot 0 \\ a \cdot 1 - 0 \cdot 0 \end{pmatrix} = \begin{pmatrix} -1 \\ 0 \\ a \end{pmatrix}$$

$$\vec{n} = \begin{pmatrix} -1 \\ 0 \\ a \end{pmatrix}$$

$H: -1x_1 + ax_3 = d$

$-1 \cdot 1 + a \cdot 0 = -1 + 0 = -1$

$H: -1x_1 + ax_3 = -1$

$$d(g;h) = d(Q;H) = \frac{|(-1) \cdot 0 + a \cdot 0 + 1|}{\sqrt{(-1)^2 + (0)^2 + (a)^2}} = \frac{|1|}{\sqrt{1 + a^2}} = \frac{1}{\sqrt{1 + a^2}}$$

TRAINING 5

1 Abstand Punkt – Ebene

a) $\vec{p} = \begin{pmatrix} 1 \\ 2 \\ 2 \end{pmatrix}$ und $\vec{n} = \begin{pmatrix} 2 \\ -1 \\ -2 \end{pmatrix}$

$$g: \vec{x} = \vec{p} + t \cdot \vec{n} = \begin{pmatrix} 1 \\ 2 \\ 2 \end{pmatrix} + t \cdot \begin{pmatrix} 2 \\ -1 \\ -2 \end{pmatrix}$$

$2 \cdot (1 + 2t) - 1 \cdot (2 - 1t) - 2 \cdot (2 - 2t) = 5$

$2 + 4t - 2 + t - 4 + 4t = 5$

$-4 + 9t = 5 \quad |+4$

$9t = 9 \quad |:9$

$t = 1$

$$\vec{f} = \begin{pmatrix} 1 \\ 2 \\ 2 \end{pmatrix} + 1 \cdot \begin{pmatrix} 2 \\ -1 \\ -2 \end{pmatrix} = \begin{pmatrix} 3 \\ 1 \\ 0 \end{pmatrix}$$

$F(3|1|0)$

$d(P;E) = d(P;F) = |\overrightarrow{PF}|$

$\overrightarrow{PF} = \begin{pmatrix} 3-1 \\ 1-2 \\ 0-2 \end{pmatrix} = \begin{pmatrix} 2 \\ -1 \\ -2 \end{pmatrix}$

$|\overrightarrow{PF}| = \sqrt{(2)^2 + (-1)^2 + (-2)^2} = \sqrt{4+1+4} = \sqrt{9} = 3$

b) Punkt P:

$d(P;E) = \frac{|2 \cdot 1 - 1 \cdot 2 - 2 \cdot 2 - 5|}{\sqrt{(2)^2 + (-1)^2 + (-2)^2}}$

$= \frac{|2-2-4-5|}{\sqrt{4+1+4}} = \frac{|-9|}{\sqrt{9}} = \frac{9}{3} = 3$

2 Würfel

Koordinaten des Würfels: Man legt D in den Ursprung.
A(5 | 0 | 0), B(5 | 5 | 0), C(0 | 5 | 0), D(0 | 0 | 0),
E(5 | 0 | 5), F(5 | 5 | 5), G(0 | 5 | 5), H(0 | 0 | 5)

a) B(5 | 5 | 0), g: $\vec{x} = \vec{h} + t \cdot \overrightarrow{HE}$

$\overrightarrow{HE} = \begin{pmatrix} 5 \\ 0 \\ 5 \end{pmatrix} - \begin{pmatrix} 0 \\ 0 \\ 5 \end{pmatrix} = \begin{pmatrix} 5 \\ 0 \\ 0 \end{pmatrix}$

$g: \vec{x} = \begin{pmatrix} 0 \\ 0 \\ 5 \end{pmatrix} + t \cdot \begin{pmatrix} 5 \\ 0 \\ 0 \end{pmatrix}$

$H: 5x_1 = k$
$5 \cdot 5 = 25$

$H: 5x_1 = 25$
$5 \cdot 5t = 25$
$25t = 25 \quad | : 25$
$t = 1$

$\vec{s} = \begin{pmatrix} 0 \\ 0 \\ 5 \end{pmatrix} + 1 \cdot \begin{pmatrix} 5 \\ 0 \\ 0 \end{pmatrix} = \begin{pmatrix} 0 \\ 0 \\ 5 \end{pmatrix} + \begin{pmatrix} 5 \\ 0 \\ 0 \end{pmatrix} = \begin{pmatrix} 5 \\ 0 \\ 5 \end{pmatrix}$

$\overrightarrow{BS} = \begin{pmatrix} 5 \\ 0 \\ 5 \end{pmatrix} - \begin{pmatrix} 5 \\ 5 \\ 0 \end{pmatrix} = \begin{pmatrix} 0 \\ -5 \\ 5 \end{pmatrix}$

$d(B;g) = d(B;S) = |\overrightarrow{BS}|$
$= \sqrt{(0)^2 + (-5)^2 + (5)^2} = \sqrt{50} \approx 7{,}07$

Der Abstand des Punktes B zur Geraden durch H und E beträgt etwa 7,07 LE.

b) g: $\vec{x} = \vec{b} + s \cdot \overrightarrow{BC}$

$\overrightarrow{BC} = \begin{pmatrix} 0 \\ 5 \\ 0 \end{pmatrix} - \begin{pmatrix} 5 \\ 5 \\ 0 \end{pmatrix} = \begin{pmatrix} -5 \\ 0 \\ 0 \end{pmatrix}$

$g: \vec{x} = \begin{pmatrix} 5 \\ 5 \\ 0 \end{pmatrix} + s \cdot \begin{pmatrix} -5 \\ 0 \\ 0 \end{pmatrix}$

$h: \vec{x} = \vec{e} + t \cdot \overrightarrow{EH}$

$\overrightarrow{EH} = \begin{pmatrix} 0 \\ 0 \\ 5 \end{pmatrix} - \begin{pmatrix} 5 \\ 0 \\ 5 \end{pmatrix} = \begin{pmatrix} -5 \\ 0 \\ 0 \end{pmatrix}$

$h: \vec{x} = \begin{pmatrix} 5 \\ 0 \\ 5 \end{pmatrix} + t \cdot \begin{pmatrix} -5 \\ 0 \\ 0 \end{pmatrix}$

$\overrightarrow{BC}$ und $\overrightarrow{EH}$ sind Vielfache voneinander, damit sind die Geraden zueinander parallel und verschieden oder zueinander parallel und identisch.

Punktprobe (B in h):

$\begin{pmatrix} 5 \\ 5 \\ 0 \end{pmatrix} = \begin{pmatrix} 5 \\ 0 \\ 5 \end{pmatrix} + t \cdot \begin{pmatrix} -5 \\ 0 \\ 0 \end{pmatrix} \quad \left| - \begin{pmatrix} 5 \\ 0 \\ 5 \end{pmatrix} \right.$

$\begin{pmatrix} 0 \\ 5 \\ -5 \end{pmatrix} = t \cdot \begin{pmatrix} -5 \\ 0 \\ 0 \end{pmatrix}$

I $5 = 0t \quad | : (-5)$
$5 = 0$

Falsche Aussage $\Rightarrow$ Die Geraden sind zueinander parallel und verschieden.
Damit kann man den Abstand des Punktes B(5 | 5 | 0) der Geraden g zur Geraden

$h: \vec{x} = \begin{pmatrix} 5 \\ 0 \\ 5 \end{pmatrix} + t \cdot \begin{pmatrix} -5 \\ 0 \\ 0 \end{pmatrix}$ bestimmen.

$H: -5x_1 = k$
$-5 \cdot 5 = -25$

$H: -5x_1 = -25$
$-5 \cdot (5 - 5s) = -25$

$-25 + 25s = -25 \quad | +25$
$25s = 0 \quad | : 25$
$s = 0$

$\vec{s} = \begin{pmatrix} 5 \\ 0 \\ 5 \end{pmatrix} + 0 \cdot \begin{pmatrix} -5 \\ 0 \\ 0 \end{pmatrix} = \begin{pmatrix} 5 \\ 0 \\ 5 \end{pmatrix}$

$\overrightarrow{BS} = \begin{pmatrix} 5 \\ 0 \\ 5 \end{pmatrix} - \begin{pmatrix} 5 \\ 5 \\ 0 \end{pmatrix} = \begin{pmatrix} 0 \\ -5 \\ 5 \end{pmatrix}$

$d(B;g) = d(B;S) = |\overrightarrow{BS}|$
$= \sqrt{(0)^2 + (-5)^2 + (5)^2} = \sqrt{50} \approx 7{,}07$

c) Grundfläche:

$E: \vec{x} = \vec{d} + t \cdot \overrightarrow{DA} + s \cdot \overrightarrow{DB}$

$\overrightarrow{DA} = \begin{pmatrix} 5 \\ 0 \\ 0 \end{pmatrix} - \begin{pmatrix} 0 \\ 0 \\ 0 \end{pmatrix} = \begin{pmatrix} 5 \\ 0 \\ 0 \end{pmatrix}$

$\overrightarrow{DB} = \begin{pmatrix} 5 \\ 5 \\ 0 \end{pmatrix} - \begin{pmatrix} 0 \\ 0 \\ 0 \end{pmatrix} = \begin{pmatrix} 5 \\ 5 \\ 0 \end{pmatrix}$

$E: \vec{x} = \begin{pmatrix} 0 \\ 0 \\ 0 \end{pmatrix} + t \cdot \begin{pmatrix} 5 \\ 0 \\ 0 \end{pmatrix} + s \cdot \begin{pmatrix} 5 \\ 5 \\ 0 \end{pmatrix}$

$\overrightarrow{DA} \times \overrightarrow{DB} = \begin{pmatrix} 0 \cdot 0 - 0 \cdot 5 \\ 0 \cdot 5 - 5 \cdot 0 \\ 5 \cdot 5 - 0 \cdot 5 \end{pmatrix} = \begin{pmatrix} 0 \\ 0 \\ 25 \end{pmatrix}$

$\vec{n} = \begin{pmatrix} 0 \\ 0 \\ 1 \end{pmatrix}$

$E: 1x_3 = d$
$d = 1 \cdot 0 = 0$
$1x_3 = 0$

Punkt S:

$d(S;E) = \frac{|1 \cdot 12 - 0|}{\sqrt{(0)^2 + (0)^2 + (1)^2}} = \frac{|12 - 0|}{\sqrt{1}} = \frac{|12|}{\sqrt{1}} = \frac{12}{1} = 12$

d) $g: \vec{x} = \vec{a} + s \cdot \overrightarrow{AG}$

$\overrightarrow{AG} = \begin{pmatrix} 0 \\ 5 \\ 5 \end{pmatrix} - \begin{pmatrix} 5 \\ 0 \\ 0 \end{pmatrix} = \begin{pmatrix} -5 \\ 5 \\ 5 \end{pmatrix}$

$g: \vec{x} = \begin{pmatrix} 5 \\ 0 \\ 0 \end{pmatrix} + s \cdot \begin{pmatrix} -5 \\ 5 \\ 5 \end{pmatrix}$

$h: \vec{x} = \vec{d} + t \cdot \overrightarrow{DC}$

$\overrightarrow{DC} = \begin{pmatrix} 0 \\ 5 \\ 0 \end{pmatrix} - \begin{pmatrix} 0 \\ 0 \\ 0 \end{pmatrix} = \begin{pmatrix} 0 \\ 5 \\ 0 \end{pmatrix}$

$h: \vec{x} = \begin{pmatrix} 0 \\ 0 \\ 0 \end{pmatrix} + t \cdot \begin{pmatrix} 0 \\ 5 \\ 0 \end{pmatrix}$

$\overrightarrow{AG}$ und $\overrightarrow{DA}$ sind keine Vielfachen voneinander. Somit sind die Geraden zueinander windschief oder sie schneiden sich.

Prüfen der gegenseitigen Lage von g und h:

$\begin{pmatrix} 5 \\ 0 \\ 0 \end{pmatrix} + s \cdot \begin{pmatrix} -5 \\ 5 \\ 5 \end{pmatrix} = \begin{pmatrix} 0 \\ 0 \\ 0 \end{pmatrix} + t \cdot \begin{pmatrix} 0 \\ 5 \\ 0 \end{pmatrix}$

$\begin{pmatrix} 5 \\ 0 \\ 0 \end{pmatrix} + s \cdot \begin{pmatrix} -5 \\ 5 \\ 5 \end{pmatrix} = t \cdot \begin{pmatrix} 0 \\ 5 \\ 0 \end{pmatrix} \qquad \left| -s \cdot \begin{pmatrix} -5 \\ 5 \\ 5 \end{pmatrix} \right.$

$\begin{pmatrix} 5 \\ 0 \\ 0 \end{pmatrix} = t \cdot \begin{pmatrix} 0 \\ 5 \\ 0 \end{pmatrix} - s \cdot \begin{pmatrix} -5 \\ 5 \\ 5 \end{pmatrix}$

I $\quad 5 = 5s \Rightarrow s = 1$

II $\quad 0 = 5t - 5s$

III $\quad 0 = -5s \Rightarrow s = 0$

Kein gemeinsamer Punkt, damit sind die Geraden zueinander windschief.

$A(5|0|0), D(0|0|0)$

$\vec{u} \times \vec{v} = \begin{pmatrix} 5 \cdot 0 - 5 \cdot 5 \\ 5 \cdot 0 - (-5) \cdot 0 \\ -5 \cdot 5 - 5 \cdot 0 \end{pmatrix} = \begin{pmatrix} -25 \\ 0 \\ -25 \end{pmatrix}$

$\vec{n} = \begin{pmatrix} 1 \\ 0 \\ 1 \end{pmatrix}$

$H: 1x_1 + 1x_3 = d$

$d = 1 \cdot 5 + 1 \cdot 0 = 5$

$H: 1x_1 + 1x_3 = 5$

$d(g;h) = d(D;H) = \frac{|1 \cdot 0 + 1 \cdot 0 - 5|}{\sqrt{(1)^2 + (0)^2 + (1)^2}}$

$= \frac{|-5|}{\sqrt{1 + 0 + 1}} = \frac{5}{\sqrt{2}} \approx 3{,}54$

3 Haus

a) Wähle D im Ursprung:

$g: \vec{x} = \vec{e} + s \cdot \overrightarrow{ES}$

$\overrightarrow{ES} = \begin{pmatrix} 3 \\ 3 \\ 12 \end{pmatrix} - \begin{pmatrix} 6 \\ 0 \\ 8 \end{pmatrix} = \begin{pmatrix} -3 \\ 3 \\ 4 \end{pmatrix}$

$g: \vec{x} = \begin{pmatrix} 6 \\ 0 \\ 8 \end{pmatrix} + s \cdot \begin{pmatrix} -3 \\ 3 \\ 4 \end{pmatrix}$

Punkt $F(6|6|8)$

$H: -3x_1 + 3x_2 + 4x_3 = k$

$k = -3 \cdot 6 + 3 \cdot 6 + 4 \cdot 8 = -18 + 18 + 32 = 32$

$H: -3x_1 + 3x_2 + 4x_3 = 32$

$-3 \cdot (6 - 3s) + 3 \cdot (3s) + 4 \cdot (8 + 4s) = 32$

$-18 + 9s + 9s + 32 + 16s = 32$

$14 + 34s = 32 \qquad | -14$

$34s = 18 \qquad | : 34$

$t = \frac{18}{34} = \frac{9}{17}$

$\vec{t} = \begin{pmatrix} 6 \\ 0 \\ 8 \end{pmatrix} + \frac{9}{17} \cdot \begin{pmatrix} -3 \\ 3 \\ 4 \end{pmatrix} = \begin{pmatrix} 6 \\ 0 \\ 8 \end{pmatrix} + \begin{pmatrix} -\frac{27}{17} \\ \frac{27}{17} \\ \frac{36}{17} \end{pmatrix} = \begin{pmatrix} \frac{75}{17} \\ \frac{27}{17} \\ \frac{172}{17} \end{pmatrix}$

$\overrightarrow{FT} = \begin{pmatrix} \frac{75}{17} \\ \frac{27}{17} \\ \frac{172}{17} \end{pmatrix} - \begin{pmatrix} 6 \\ 6 \\ 8 \end{pmatrix} = \begin{pmatrix} -\frac{27}{17} \\ -\frac{75}{17} \\ -\frac{109}{17} \end{pmatrix}$

$d(F;g) = d(F;T) = |\overrightarrow{FT}|$

$= \sqrt{\left(-\frac{27}{17}\right)^2 + \left(-\frac{75}{17}\right)^2 + \left(-\frac{109}{17}\right)^2}$

$= \sqrt{\frac{18\,235}{289}} \approx 7{,}94$

b) $\vec{m} = \vec{g} + 0{,}5 \cdot \overrightarrow{GF}$

$\overrightarrow{GF} = \begin{pmatrix} 6 \\ 6 \\ 8 \end{pmatrix} - \begin{pmatrix} 0 \\ 6 \\ 8 \end{pmatrix} = \begin{pmatrix} 6 \\ 0 \\ 0 \end{pmatrix}$

$\vec{m} = \begin{pmatrix} 0 \\ 6 \\ 8 \end{pmatrix} + 0{,}5 \cdot \begin{pmatrix} 6 \\ 0 \\ 0 \end{pmatrix} = \begin{pmatrix} 0 \\ 6 \\ 8 \end{pmatrix} + \begin{pmatrix} 3 \\ 0 \\ 0 \end{pmatrix} = \begin{pmatrix} 3 \\ 6 \\ 8 \end{pmatrix}$

$M(3|6|8)$

$g: \vec{x} = \vec{e} + s \cdot \overrightarrow{ES}$

$\overrightarrow{ES} = \begin{pmatrix} 3 \\ 3 \\ 12 \end{pmatrix} - \begin{pmatrix} 6 \\ 0 \\ 8 \end{pmatrix} = \begin{pmatrix} -3 \\ 3 \\ 4 \end{pmatrix}$

$g: \vec{x} = \begin{pmatrix} 6 \\ 0 \\ 8 \end{pmatrix} + s \cdot \begin{pmatrix} -3 \\ 3 \\ 4 \end{pmatrix}$

$H: -3x_1 + 3x_2 + 4x_3 = k$

$k = -3 \cdot 3 + 3 \cdot 6 + 4 \cdot 8 = -9 + 18 + 32 = 41$

$H: -3x_1 + 3x_2 + 4x_3 = 41$

$$-3(6-3s)+3(3s)+4(8+4s)=41$$
$$-18+9s+9s+32+16s=41$$
$$14+34s=41 \quad |-14$$
$$34s=27 \quad |:34$$
$$t=\frac{27}{34}$$

$$\vec{x}=\begin{pmatrix}6\\0\\8\end{pmatrix}+\frac{27}{34}\cdot\begin{pmatrix}-3\\3\\4\end{pmatrix}=\begin{pmatrix}6\\0\\8\end{pmatrix}+\begin{pmatrix}-\frac{81}{34}\\\frac{81}{34}\\\frac{108}{34}\end{pmatrix}=\begin{pmatrix}\frac{123}{34}\\\frac{81}{34}\\\frac{190}{17}\end{pmatrix}$$

$$\overrightarrow{MX}=\begin{pmatrix}\frac{123}{34}\\\frac{81}{34}\\\frac{190}{17}\end{pmatrix}-\begin{pmatrix}3\\6\\8\end{pmatrix}=\begin{pmatrix}\frac{21}{34}\\-\frac{123}{34}\\\frac{54}{17}\end{pmatrix}$$

$$d(M;g)=d(M;X)=|\overrightarrow{MX}|$$
$$=\sqrt{\left(\frac{21}{34}\right)^2+\left(-\frac{123}{34}\right)^2+\left(\frac{54}{17}\right)^2}=\sqrt{\frac{9243}{578}}\approx 4$$

4 Zwischenebene

a) $E_1:\ 2x_1+3x_2-6x_3=6,\ E_2:\ 2x_1+3x_2-6x_3=34$

Die Normalenvektoren sind identisch (also ein Vielfaches) und der Punkt $P(3|0|0)$ der Ebene E_1 liegt nicht auf der Ebene E_2. Damit sind die Ebenen zueinander parallel und verschieden.

$$d(P;E_2)=\frac{|2\cdot3+3\cdot0-6\cdot0-34|}{\sqrt{2^2+3^2+(-6)^2}}=\frac{|6-34|}{\sqrt{49}}=\frac{|-28|}{7}=\frac{28}{7}=4$$

Der Abstand beider Ebenen beträgt 4 LE.
Die Hälfte davon ist 2.
Die gesuchte Ebene muss daher von den Ebenen E_1 und E_2 jeweils den Abstand 2 LE haben.

$$E_1:\ \frac{|2x_1+3x_2-6x_3-34|}{\sqrt{2^2+3^2+(-6)^2}}=2$$

Ersetze $2x_1+3x_2-6x_3$ durch k:

$$\frac{|k-34|}{\sqrt{49}}=2$$
$$\frac{|k-34|}{7}=2 \quad |\cdot7$$
$$|k-34|=14$$

1. Fall: $k-34=14 \quad |+34$
$k=48$
2. Fall: $k-34=-14 \quad |+34$
$k=20$

$F_1:\ 2x_1+3x_2-6x_3=48$
$F_2:\ 2x_1+3x_2-6x_3=20$

$$E_2:\ \frac{|2x_1+3x_2-6x_3-6|}{\sqrt{2^2+3^2+(-6)^2}}=2$$

Ersetze $2x_1+3x_2-6x_3$ durch k:

$$\frac{|k-6|}{\sqrt{49}}=2$$
$$\frac{|k-6|}{7}=2 \quad |\cdot7$$
$$|k-6|=14$$

1. Fall: $k-6=14 \quad |+6$
$k=20$
2. Fall: $k-6=-14 \quad |+6$
$k=-8$

$G_1:\ 2x_1+3x_2-6x_3=20$
$G_2:\ 2x_1+3x_2-6x_3=-8$

Die Ebene F muss die Koordinatengleichung $F_2=G_1=F:\ 2x_1+3x_2-6x_3=20$ besitzen.

b) $E_1:\ x_1+2x_2-2x_3=8,\ E_2:\ 2x_1+4x_2-4x_3=4$

Die Normalenvektoren sind das Doppelte voneinander (also Vielfache) und der Punkt $P(8|0|0)$ der Ebene E_1 liegt nicht auf der Ebene E_2. Damit sind die Ebenen zueinander parallel und verschieden.

$$d(P;E_2)=\frac{|2\cdot8+4\cdot0-4\cdot0-4|}{\sqrt{2^2+4^2+4^2}}=\frac{|16-4|}{\sqrt{36}}=\frac{|12|}{6}=\frac{12}{6}=2$$

Der Abstand beider Ebenen beträgt 2 LE.
Die Hälfte davon ist 1.
Die gesuchte Ebene muss daher von den Ebenen E_1 und E_2 jeweils den Abstand 1 LE haben.

$$E_1:\ \frac{|x_1+2x_2-2x_3-8|}{\sqrt{1^2+2^2+(-2)^2}}=1$$

Ersetze $x_1+2x_2-2x_3$ durch k:

$$\frac{|k-8|}{\sqrt{9}}=1$$
$$\frac{|k-8|}{3}=1 \quad |\cdot3$$
$$|k-8|=3$$

1. Fall: $k-8=3 \quad |+8$
$k=11$
2. Fall: $k-8=-3 \quad |+8$
$k=5$

$F_1:\ x_1+2x_2-2x_3=11$
$F_2:\ x_1+2x_2-2x_3=5$

$$E_2:\ \frac{|2x_1+4x_2-4x_3-4|}{\sqrt{2^2+4^2+(-4)^2}}=1$$

Ersetze $2x_1+4x_2-4x_3$ durch k:

$$\frac{|k-4|}{\sqrt{36}}=1$$
$$\frac{|k-4|}{6}=1 \quad |\cdot6$$
$$|k-4|=6$$

1. Fall: $k - 4 = 6 \quad | +4$
$k = 10$
2. Fall: $k - 4 = -6 \quad | +4$
$k = -2$

$G_1: 2x_1 + 4x_2 - 4x_3 = 10$
$G_2: 2x_1 + 4x_2 - 4x_3 = -2$

Die Ebene E_1 muss die Koordinatengleichung $F_2 = G_1 = F$, $F: 2x_1 + 4x_2 - 4x_3 = 10$ besitzen, da G_2 das Doppelte von F_1 ist.

5 Drohnen am Himmel

Drohne 1 und 2:
Die Richtungsvektoren sind Vielfache voneinander, damit sind die Geraden zueinander parallel und identisch oder zueinander parallel und verschieden.

Punktprobe: $\begin{pmatrix}3\\1\\2\end{pmatrix} = \begin{pmatrix}5\\5\\3\end{pmatrix} + s \cdot \begin{pmatrix}4\\4\\2\end{pmatrix} \quad \Big| - \begin{pmatrix}5\\5\\3\end{pmatrix}$

$\begin{pmatrix}-2\\-4\\-1\end{pmatrix} = s \cdot \begin{pmatrix}4\\4\\2\end{pmatrix}$

I $\;-2 = 4s \Rightarrow s = -\frac{1}{2}$
II $\;-4 = s \Rightarrow s = -1$

Die Geraden sind zueinander parallel und verschieden. Damit kann man den Abstand der beiden Geraden durch den Abstand eines Punktes zur Geraden berechnen.

$P(3|1|2)$

$h: \vec{x} = \begin{pmatrix}5\\5\\3\end{pmatrix} + s \cdot \begin{pmatrix}4\\4\\2\end{pmatrix}$

$H: 4x_1 + 4x_2 + 2x_3 = k$
$k = 4 \cdot 3 + 4 \cdot 1 + 2 \cdot 2 = 12 + 4 + 4 = 20$
$H: 4x_1 + 4x_2 + 2x_3 = 20$

$4 \cdot (5 + 4s) + 4 \cdot (5 + 4s) + 2 \cdot (3 + 2s) = 20$
$20 + 16s + 20 + 16s + 6 + 4s = 20$
$46 + 36s = 20 \quad | -46$
$36s = -26 \quad | :36$
$s = -\frac{26}{36} = -\frac{13}{18}$

$\vec{s} = \begin{pmatrix}5\\5\\3\end{pmatrix} - \frac{13}{18} \cdot \begin{pmatrix}4\\4\\2\end{pmatrix}$

$= \begin{pmatrix}5\\5\\3\end{pmatrix} + \begin{pmatrix}-\frac{52}{18}\\-\frac{52}{18}\\-\frac{26}{18}\end{pmatrix} = \begin{pmatrix}5\\5\\3\end{pmatrix} + \begin{pmatrix}-\frac{26}{9}\\-\frac{26}{9}\\-\frac{13}{9}\end{pmatrix} = \begin{pmatrix}\frac{19}{9}\\\frac{19}{9}\\\frac{14}{9}\end{pmatrix}$

$\overrightarrow{PS} = \begin{pmatrix}\frac{19}{9}\\\frac{19}{9}\\\frac{14}{9}\end{pmatrix} - \begin{pmatrix}3\\1\\2\end{pmatrix} = \begin{pmatrix}-\frac{8}{9}\\\frac{10}{9}\\-\frac{4}{9}\end{pmatrix}$

$d(P;g) = d(P;S) = |\overrightarrow{PS}|$
$= \sqrt{\left(-\frac{8}{9}\right)^2 + \left(\frac{10}{9}\right)^2 + \left(-\frac{4}{9}\right)^2} = \sqrt{\frac{180}{81}} \approx 1{,}48$

Drohne 1 und 3:
Die Richtungsvektoren sind keine Vielfachen voneinander, damit sind die Geraden zueinander windschief oder sie schneiden sich.

Prüfen der gegenseitigen Lage von g und i:

$\begin{pmatrix}3\\1\\2\end{pmatrix} + t \cdot \begin{pmatrix}2\\2\\1\end{pmatrix} = \begin{pmatrix}5\\6\\5\end{pmatrix} + s \cdot \begin{pmatrix}2\\1\\0\end{pmatrix} \quad \Big| - \begin{pmatrix}5\\6\\5\end{pmatrix}$

$\begin{pmatrix}-2\\-5\\-3\end{pmatrix} + t \cdot \begin{pmatrix}2\\2\\1\end{pmatrix} = s \cdot \begin{pmatrix}2\\1\\0\end{pmatrix} \quad \Big| -t \cdot \begin{pmatrix}2\\2\\1\end{pmatrix}$

$\begin{pmatrix}-2\\-5\\-3\end{pmatrix} = s \cdot \begin{pmatrix}2\\1\\0\end{pmatrix} - t \cdot \begin{pmatrix}2\\2\\1\end{pmatrix}$

I $\;-2 = 2s - 2t$
II $\;-5 = s - 2t$
III $\;-3 = -t \quad | :(-1)$
$3 = t$

t in I: $-2 = 2s - 6 \quad | +6$
$4 = 2s \quad | :2$
$2 = s$

t in II $\;-5 = s - 6 \quad | +6$
$1 = s$ Widerspruch zu $2 = s$

Die Geraden habe keine gemeinsamen Punkte, sie sind also zueinander windschief.

$g: \vec{x} = \begin{pmatrix}3\\1\\2\end{pmatrix} + t \cdot \begin{pmatrix}2\\2\\1\end{pmatrix}$, $P(3|1|2)$

$i: \vec{x} = \begin{pmatrix}5\\6\\5\end{pmatrix} + s \cdot \begin{pmatrix}2\\1\\0\end{pmatrix}$, $R(5|6|5)$

$\vec{u} \times \vec{v} = \begin{pmatrix}2 \cdot 0 - 1 \cdot 1\\1 \cdot 2 - 2 \cdot 0\\2 \cdot 1 - 2 \cdot 2\end{pmatrix} = \begin{pmatrix}-1\\2\\-2\end{pmatrix}$

$\vec{n} = \begin{pmatrix}-1\\2\\-2\end{pmatrix}$

$H: -1x_1 + 2x_2 - 2x_3 = d$
$d = (-1) \cdot 3 + 2 \cdot 1 - 2 \cdot 2 = -3 + 2 - 4 = -5$
$H: -1x_1 + 2x_2 - 2x_3 = -5$

$d(g;h) = d(R;H)$
$= \frac{|(-1) \cdot 5 + 2 \cdot 6 - 2 \cdot 5 + 5|}{\sqrt{(-1)^2 + 2^2 + (-2)^2}}$
$= \frac{|(-5) + 12 - 10 + 5|}{\sqrt{1 + 4 + 4}} = \frac{|2|}{\sqrt{9}} = \frac{2}{3} \approx 0{,}67$

SCHRITT 23

Das brauchst du wieder

$$\begin{pmatrix}3\\2\\1\end{pmatrix}\cdot\begin{pmatrix}2\\4\\-1\end{pmatrix}=3\cdot2+2\cdot4+1\cdot(-1)=6+8-1=13$$

$$\begin{pmatrix}5\\4\\-2\end{pmatrix}\cdot\begin{pmatrix}-2\\0\\-4\end{pmatrix}=-10+0+8=-2$$

1 „Du bist dran" aus dem „So geht's"-Kasten

a) Berechne $\cos(\alpha)$ mit der oben genannten Formel:

$$\cos(\alpha)=\frac{\begin{pmatrix}2\\3\\0\end{pmatrix}\cdot\begin{pmatrix}-4\\-2\\1\end{pmatrix}}{\left|\begin{pmatrix}2\\3\\0\end{pmatrix}\right|\cdot\left|\begin{pmatrix}-4\\-2\\1\end{pmatrix}\right|}=\frac{2\cdot(-4)+3\cdot(-2)+0\cdot1}{\sqrt{2^2+3^2+0^2}\cdot\sqrt{(-4)^2+(-2)^2+1^2}}$$

$$=\frac{-8-6}{\sqrt{13}\cdot\sqrt{21}}=\frac{-14}{\sqrt{273}}$$

Berechne α mit $\cos^{-1}(\ )$:

$$\alpha=\cos^{-1}\left(\frac{-14}{\sqrt{273}}\right)\approx147{,}92°$$

b) Berechne β mit dem Zusammenhang $\beta=360°-\alpha$:

$$\beta=360°-\alpha=360°-147{,}92°=212{,}08°$$

2 Winkelgröße berechnen

a) $\vec{a}=\begin{pmatrix}4\\2\\3\end{pmatrix},\ \vec{b}=\begin{pmatrix}2\\1\\-1\end{pmatrix}$

$$\cos(\alpha)=\frac{\begin{pmatrix}4\\2\\3\end{pmatrix}\cdot\begin{pmatrix}2\\1\\-1\end{pmatrix}}{\left|\begin{pmatrix}4\\2\\3\end{pmatrix}\right|\cdot\left|\begin{pmatrix}2\\1\\-1\end{pmatrix}\right|}=\frac{4\cdot2+2\cdot1+3\cdot(-1)}{\sqrt{4^2+2^2+3^2}\cdot\sqrt{2^2+1^2+(-1)^2}}$$

$$=\frac{8+2-3}{\sqrt{29}\cdot\sqrt{6}}=\frac{7}{\sqrt{29}\cdot\sqrt{6}}=\frac{7}{\sqrt{174}}$$

$$\alpha=\cos^{-1}\left(\frac{7}{\sqrt{174}}\right)\approx57{,}95°$$

$$\beta=360°-\alpha=360°-57{,}95°=302{,}05°$$

b) $\vec{a}=\begin{pmatrix}3\\2\\-1\end{pmatrix},\ \vec{b}=\begin{pmatrix}-1\\2\\3\end{pmatrix}$

$$\cos(\alpha)=\frac{\begin{pmatrix}3\\2\\-1\end{pmatrix}\cdot\begin{pmatrix}-1\\2\\3\end{pmatrix}}{\left|\begin{pmatrix}3\\2\\-1\end{pmatrix}\right|\cdot\left|\begin{pmatrix}-1\\2\\3\end{pmatrix}\right|}=\frac{3\cdot(-1)+2\cdot2+(-1)\cdot3}{\sqrt{3^2+2^2+(-1)^2}\cdot\sqrt{(-1)^2+2^2+3^2}}$$

$$=\frac{-3+4-3}{\sqrt{14}\cdot\sqrt{14}}=\frac{-2}{\sqrt{196}}$$

$$\alpha=\cos^{-1}\left(\frac{-2}{\sqrt{196}}\right)\approx98{,}21°$$

$$\beta=360°-\alpha=360°-98{,}21°=261{,}79°$$

c) $\vec{a}=\begin{pmatrix}1\\3\\-2\end{pmatrix},\ \vec{b}=\begin{pmatrix}0\\4\\2\end{pmatrix}$

$$\cos(\alpha)=\frac{\begin{pmatrix}1\\3\\-2\end{pmatrix}\cdot\begin{pmatrix}0\\4\\2\end{pmatrix}}{\left|\begin{pmatrix}1\\3\\-2\end{pmatrix}\right|\cdot\left|\begin{pmatrix}0\\4\\2\end{pmatrix}\right|}=\frac{1\cdot0+3\cdot4+(-2)\cdot2}{\sqrt{1^2+3^2+(-2)^2}\cdot\sqrt{0^2+4^2+2^2}}$$

$$=\frac{0+12-4}{\sqrt{14}\cdot\sqrt{20}}=\frac{8}{\sqrt{280}}$$

$$\alpha=\cos^{-1}\left(\frac{8}{\sqrt{280}}\right)\approx61{,}44°$$

$$\beta=360°-\alpha=360°-61{,}44°=298{,}56°$$

3 Zuordnung Winkelgröße – Schnittwinkel

Kärtchen I:

$\vec{a}=\begin{pmatrix}-1\\3\\1\end{pmatrix},\ \vec{b}=\begin{pmatrix}2\\-3\\4\end{pmatrix}$

$$\cos(\alpha)=\frac{\begin{pmatrix}-1\\3\\1\end{pmatrix}\cdot\begin{pmatrix}2\\-3\\4\end{pmatrix}}{\left|\begin{pmatrix}-1\\3\\1\end{pmatrix}\right|\cdot\left|\begin{pmatrix}2\\-3\\4\end{pmatrix}\right|}=\frac{(-1)\cdot2+3\cdot(-3)+1\cdot4}{\sqrt{(-1)^2+3^2+1^2}\cdot\sqrt{2^2+(-3)^2+4^2}}$$

$$=\frac{(-2)-9+4}{\sqrt{11}\cdot\sqrt{29}}=\frac{-7}{\sqrt{11}\cdot\sqrt{29}}$$

$$\alpha=\cos^{-1}\left(\frac{-7}{\sqrt{11}\cdot\sqrt{29}}\right)\approx113{,}07°\ \Rightarrow\ \text{Kärtchen B}$$

Kärtchen II:

$\vec{a}=\begin{pmatrix}3\\2\\-1\end{pmatrix},\ \vec{b}=\begin{pmatrix}-3\\2\\-5\end{pmatrix}$

$$\cos(\alpha)=\frac{\begin{pmatrix}3\\2\\-1\end{pmatrix}\cdot\begin{pmatrix}-3\\2\\-5\end{pmatrix}}{\left|\begin{pmatrix}3\\2\\-1\end{pmatrix}\right|\cdot\left|\begin{pmatrix}-3\\2\\-5\end{pmatrix}\right|}=\frac{3\cdot(-3)+2\cdot2+(-1)\cdot(-5)}{\sqrt{3^2+2^2+(-1)^2}\cdot\sqrt{(-3)^2+2^2+(-5)^2}}$$

$$=\frac{-9+4+5}{\sqrt{14}\cdot\sqrt{38}}=0$$

$$\alpha=\cos^{-1}(0)=90°\ \Rightarrow\ \text{Kärtchen C}$$

Kärtchen III:

$\vec{a}=\begin{pmatrix}-7\\-2\\1\end{pmatrix},\ \vec{b}=\begin{pmatrix}1\\2\\3\end{pmatrix}$

$$\cos(\alpha)=\frac{\begin{pmatrix}-7\\-2\\1\end{pmatrix}\cdot\begin{pmatrix}1\\2\\3\end{pmatrix}}{\left|\begin{pmatrix}-7\\-2\\1\end{pmatrix}\right|\cdot\left|\begin{pmatrix}1\\2\\3\end{pmatrix}\right|}=\frac{(-7)\cdot1+(-2)\cdot2+1\cdot3}{\sqrt{(-7)^2+(-2)^2+1^2}\cdot\sqrt{1^2+2^2+3^2}}$$

$$=\frac{(-7)-4+3}{\sqrt{54}\cdot\sqrt{14}}=\frac{-8}{\sqrt{54}\cdot\sqrt{14}}$$

$$\alpha=\cos^{-1}\left(\frac{-8}{\sqrt{54}\cdot\sqrt{14}}\right)\approx106{,}92°\ \Rightarrow\ \text{Kärtchen A}$$

4 Viereck

$\overrightarrow{AB} = \begin{pmatrix} 2-1 \\ -1-0 \\ 3-1 \end{pmatrix} = \begin{pmatrix} 1 \\ -1 \\ 2 \end{pmatrix}$ $\quad \overrightarrow{BA} = \begin{pmatrix} -1 \\ 1 \\ -2 \end{pmatrix}$

$\overrightarrow{AD} = \begin{pmatrix} 2-1 \\ 3-0 \\ -4-1 \end{pmatrix} = \begin{pmatrix} 1 \\ 3 \\ -5 \end{pmatrix}$ $\quad \overrightarrow{DA} = \begin{pmatrix} -1 \\ -3 \\ 5 \end{pmatrix}$

$\overrightarrow{BC} = \begin{pmatrix} 4-\ 2 \\ 1-(-1) \\ 0-\ 3 \end{pmatrix} = \begin{pmatrix} 2 \\ 2 \\ -3 \end{pmatrix}$ $\quad \overrightarrow{CB} = \begin{pmatrix} -2 \\ -2 \\ 3 \end{pmatrix}$

$\overrightarrow{CD} = \begin{pmatrix} 2-4 \\ 3-1 \\ -4-0 \end{pmatrix} = \begin{pmatrix} -2 \\ 2 \\ -4 \end{pmatrix}$ $\quad \overrightarrow{DC} = \begin{pmatrix} 2 \\ -2 \\ 4 \end{pmatrix}$

$$\cos(\alpha) = \frac{\overrightarrow{AB} \cdot \overrightarrow{AD}}{|\overrightarrow{AB}| \cdot |\overrightarrow{AD}|}$$

$$\cos(\alpha) = \frac{\begin{pmatrix} 1 \\ -1 \\ 2 \end{pmatrix} \cdot \begin{pmatrix} 1 \\ 3 \\ -5 \end{pmatrix}}{\left|\begin{pmatrix} 1 \\ -1 \\ 2 \end{pmatrix}\right| \cdot \left|\begin{pmatrix} 1 \\ 3 \\ -5 \end{pmatrix}\right|} = \frac{1 \cdot 1 + (-1) \cdot 3 + 2 \cdot (-5)}{\sqrt{1^2 + (-1)^2 + 2^2} \cdot \sqrt{1^2 + 3^2 + (-5)^2}}$$

$$= \frac{1-3-10}{\sqrt{6} \cdot \sqrt{35}} = \frac{-12}{\sqrt{6} \cdot \sqrt{35}}$$

$$\alpha = \cos^{-1}\left(\frac{-12}{\sqrt{6} \cdot \sqrt{35}}\right) \approx 145{,}90°$$

$$\cos(\beta) = \frac{\overrightarrow{BA} \cdot \overrightarrow{BC}}{|\overrightarrow{BA}| \cdot |\overrightarrow{BC}|}$$

$$\cos(\beta) = \frac{\begin{pmatrix} -1 \\ 1 \\ -2 \end{pmatrix} \cdot \begin{pmatrix} 2 \\ 2 \\ -3 \end{pmatrix}}{\left|\begin{pmatrix} -1 \\ 1 \\ -2 \end{pmatrix}\right| \cdot \left|\begin{pmatrix} 2 \\ 2 \\ -3 \end{pmatrix}\right|} = \frac{(-1) \cdot 2 + 1 \cdot 2 + (-2) \cdot (-3)}{\sqrt{(-1)^2 + 1^2 + (-2)^2} \cdot \sqrt{2^2 + 2^2 + (-3)^2}}$$

$$= \frac{-2+2+6}{\sqrt{6} \cdot \sqrt{17}} = \frac{6}{\sqrt{6} \cdot \sqrt{17}}$$

$$\beta = \cos^{-1}\left(\frac{6}{\sqrt{6} \cdot \sqrt{17}}\right) \approx 53{,}55°$$

$$\cos(\gamma) = \frac{\overrightarrow{CB} \cdot \overrightarrow{CD}}{|\overrightarrow{CB}| \cdot |\overrightarrow{CD}|}$$

$$\cos(\gamma) = \frac{\begin{pmatrix} -2 \\ -2 \\ 3 \end{pmatrix} \cdot \begin{pmatrix} -2 \\ 2 \\ -4 \end{pmatrix}}{\left|\begin{pmatrix} -2 \\ -2 \\ 3 \end{pmatrix}\right| \cdot \left|\begin{pmatrix} -2 \\ 2 \\ -4 \end{pmatrix}\right|}$$

$$= \frac{(-2) \cdot (-2) + (-2) \cdot 2 + 3 \cdot (-4)}{\sqrt{(-2)^2 + (-2)^2 + 3^2} \cdot \sqrt{(-2)^2 + 2^2 + (-4)^2}}$$

$$= \frac{4-4-12}{\sqrt{17} \cdot \sqrt{24}} = \frac{-12}{\sqrt{17} \cdot \sqrt{24}}$$

$$\gamma = \cos^{-1}\left(\frac{-12}{\sqrt{17} \cdot \sqrt{24}}\right) \approx 126{,}45°$$

$$\delta = 360° - \alpha - \beta - \gamma$$
$$\approx 360° - 145{,}90° - 53{,}55° - 126{,}45°$$
$$= 34{,}10°$$

Winkel zwischen der Diagonalen $\overline{AC}$ und der Seite $\overline{AB}$:

$\overrightarrow{AB} = \begin{pmatrix} 1 \\ -1 \\ 2 \end{pmatrix}$ $\quad \overrightarrow{AC} = \begin{pmatrix} 4-1 \\ 1-0 \\ 0-1 \end{pmatrix} = \begin{pmatrix} 3 \\ 1 \\ -1 \end{pmatrix}$

$$\cos(\varepsilon) = \frac{\overrightarrow{AB} \cdot \overrightarrow{AC}}{|\overrightarrow{AB}| \cdot |\overrightarrow{AC}|}$$

$$\cos(\varepsilon) = \frac{\begin{pmatrix} 1 \\ -1 \\ 2 \end{pmatrix} \cdot \begin{pmatrix} 3 \\ 1 \\ -1 \end{pmatrix}}{\left|\begin{pmatrix} 1 \\ -1 \\ 2 \end{pmatrix}\right| \cdot \left|\begin{pmatrix} 3 \\ 1 \\ -1 \end{pmatrix}\right|} = \frac{1 \cdot 3 + (-1) \cdot 1 + 2 \cdot (-1)}{\sqrt{1^2 + (-1)^2 + 2^2} \cdot \sqrt{3^2 + 1^2 + (-1)^2}}$$

$$= \frac{3-1-2}{\sqrt{6} \cdot \sqrt{11}} = \frac{0}{\sqrt{6} \cdot \sqrt{11}}$$

$$\varepsilon = \cos^{-1}(0) = 90°$$

5 Pyramide

a) Die Punkte sind O(0 | 0 | 0), A(4 | 0 | 0), B(4 | 4 | 0), C(0 | 4 | 0) und S(2 | 2 | 6).

b) $\overrightarrow{AS} = \begin{pmatrix} 2-4 \\ 2-0 \\ 6-0 \end{pmatrix} = \begin{pmatrix} -2 \\ 2 \\ 6 \end{pmatrix}$ $\quad \overrightarrow{SA} = \begin{pmatrix} 2 \\ -2 \\ -6 \end{pmatrix}$

$\overrightarrow{BS} = \begin{pmatrix} 2-4 \\ 2-4 \\ 6-0 \end{pmatrix} = \begin{pmatrix} -2 \\ -2 \\ 6 \end{pmatrix}$ $\quad \overrightarrow{SB} = \begin{pmatrix} 2 \\ 2 \\ -6 \end{pmatrix}$

$$\cos(\alpha) = \frac{\overrightarrow{SA} \cdot \overrightarrow{SB}}{|\overrightarrow{SA}| \cdot |\overrightarrow{SB}|}$$

$$\cos(\alpha) = \frac{\begin{pmatrix} 2 \\ -2 \\ -6 \end{pmatrix} \cdot \begin{pmatrix} 2 \\ 2 \\ -6 \end{pmatrix}}{\left|\begin{pmatrix} 2 \\ -2 \\ -6 \end{pmatrix}\right| \cdot \left|\begin{pmatrix} 2 \\ 2 \\ -6 \end{pmatrix}\right|}$$

$$= \frac{2 \cdot 2 + (-2) \cdot 2 + (-6) \cdot (-6)}{\sqrt{2^2 + (-2)^2 + (-6)^2} \cdot \sqrt{2^2 + 2^2 + (-6)^2}}$$

$$= \frac{4-4+36}{\sqrt{44} \cdot \sqrt{44}} = \frac{36}{44}$$

$$\alpha = \cos^{-1}\left(\frac{36}{44}\right) \approx 35{,}10°$$

c) $\overrightarrow{BS} = \begin{pmatrix} -2 \\ -2 \\ 6 \end{pmatrix}$ $\quad \overrightarrow{BO} = \begin{pmatrix} 0-4 \\ 0-4 \\ 0-0 \end{pmatrix} = \begin{pmatrix} -4 \\ -4 \\ 0 \end{pmatrix}$

$$\cos(\alpha) = \frac{\overrightarrow{BS} \cdot \overrightarrow{BO}}{|\overrightarrow{BS}| \cdot |\overrightarrow{BO}|}$$

$$\cos(\alpha) = \frac{\begin{pmatrix} -2 \\ -2 \\ 6 \end{pmatrix} \cdot \begin{pmatrix} -4 \\ -4 \\ 0 \end{pmatrix}}{\left|\begin{pmatrix} -2 \\ -2 \\ 6 \end{pmatrix}\right| \cdot \left|\begin{pmatrix} -4 \\ -4 \\ 0 \end{pmatrix}\right|}$$

$$= \frac{(-2) \cdot (-4) + -2 \cdot (-4) + 6 \cdot 0}{\sqrt{(-2)^2 + (-2)^2 + 6^2} \cdot \sqrt{(-4)^2 + (-4)^2 + 0^2}}$$

$$= \frac{8+8+0}{\sqrt{44} \cdot \sqrt{32}} = \frac{16}{\sqrt{44} \cdot \sqrt{32}}$$

$$\alpha = \cos^{-1}\left(\frac{16}{\sqrt{44} \cdot \sqrt{32}}\right) \approx 64{,}76°$$

d) Der Mittelpunkt der Seite BC ist M(2 | 4 | 0).
Der Lotfußpunkt L der Höhe ist L(2 | 2 | 0).

Höhe Pyramide: $\overrightarrow{SL} = \begin{pmatrix} 2-2 \\ 2-2 \\ 0-6 \end{pmatrix} = \begin{pmatrix} 0 \\ 0 \\ -6 \end{pmatrix}$

Höhe Seitendreieck: $\overrightarrow{SM} = \begin{pmatrix} 2-2 \\ 4-2 \\ 0-6 \end{pmatrix} = \begin{pmatrix} 0 \\ 2 \\ -6 \end{pmatrix}$

$$\cos(\alpha) = \frac{\overrightarrow{SL} \cdot \overrightarrow{SM}}{|\overrightarrow{SL}| \cdot |\overrightarrow{SM}|}$$

$$\cos(\alpha) = \frac{\begin{pmatrix} 0 \\ 0 \\ -6 \end{pmatrix} \cdot \begin{pmatrix} 0 \\ 2 \\ -6 \end{pmatrix}}{\left|\begin{pmatrix} 0 \\ 0 \\ -6 \end{pmatrix}\right| \cdot \left|\begin{pmatrix} 0 \\ 2 \\ -6 \end{pmatrix}\right|}$$

$$= \frac{0 \cdot 0 + 0 \cdot 2 + (-6) \cdot (-6)}{\sqrt{0^2 + 0^2 + (-6)^2} \cdot \sqrt{0^2 + 2^2 + (-6)^2}}$$

$$= \frac{0 + 0 + 36}{\sqrt{36} \cdot \sqrt{40}} = \frac{36}{6 \cdot \sqrt{40}}$$

$$\alpha = \cos^{-1}\left(\frac{6}{\sqrt{40}}\right) \approx 18{,}43°$$

SCHRITT 24

Das brauchst du wieder

$$\cos(\alpha) = \frac{2 \cdot 3 + 3 \cdot 0 + 0 \cdot (-4)}{\sqrt{2^2 + 3^2 + 0^2} \cdot \sqrt{3^2 + 0^2 + (-4)^2}} = \frac{6}{\sqrt{13} \cdot 5}$$

$$\alpha = \cos^{-1}\left(\frac{6}{\sqrt{13} \cdot 5}\right) \approx 70{,}56°$$

1 „Du bist dran" aus dem „So geht's"-Kasten

a) Notiere die Richtungsvektoren $\vec{u}$ und $\vec{v}$:

Die Richtungsvektoren sind

$\vec{u} = \begin{pmatrix} -5 \\ 2 \\ 0 \end{pmatrix}$ und $\vec{v} = \begin{pmatrix} 0 \\ 2 \\ 2 \end{pmatrix}$.

Berechne $\cos(\alpha)$ mit der oben genannten Formel:

$$\cos(\alpha) = \frac{\begin{pmatrix} -5 \\ 2 \\ 0 \end{pmatrix} \cdot \begin{pmatrix} 0 \\ 2 \\ 2 \end{pmatrix}}{\left|\begin{pmatrix} -5 \\ 2 \\ 0 \end{pmatrix}\right| \cdot \left|\begin{pmatrix} 0 \\ 2 \\ 2 \end{pmatrix}\right|} = \frac{4}{\sqrt{29} \cdot \sqrt{8}}$$

Berechne α mit $\cos^{-1}(\;)$:

$$\alpha = \cos^{-1}\left(\frac{4}{\sqrt{29} \cdot \sqrt{8}}\right) \approx 74{,}77°$$

b) Notiere die Normalenvektoren $\overrightarrow{n_E}$ und $\overrightarrow{n_F}$:

Die Normalenvektoren sind

$\overrightarrow{n_E} = \begin{pmatrix} -2 \\ 0 \\ 1 \end{pmatrix}$ und $\overrightarrow{n_F} = \begin{pmatrix} 1 \\ 2 \\ 3 \end{pmatrix}$.

Berechne $\cos(\alpha)$ mit der oben genannten Formel:

$$\cos(\alpha) = \frac{\begin{pmatrix} -2 \\ 0 \\ 1 \end{pmatrix} \cdot \begin{pmatrix} 1 \\ 2 \\ 3 \end{pmatrix}}{\left|\begin{pmatrix} -2 \\ 0 \\ 1 \end{pmatrix}\right| \cdot \left|\begin{pmatrix} 1 \\ 2 \\ 3 \end{pmatrix}\right|} = \frac{-2 + 3}{\sqrt{5} \cdot \sqrt{14}} = \frac{1}{\sqrt{70}}$$

Berechne α mit $\cos^{-1}(\;)$:

$$\alpha = \cos^{-1}\left(\frac{1}{\sqrt{70}}\right) \approx 83{,}14°$$

c) Notiere den Richtungsvektor $\vec{u}$ der Geraden g und den Normalenvektor $\overrightarrow{n_E}$ der Ebene E:

Der Richtungsvektor $\vec{u}$ von g ist $\begin{pmatrix} -5 \\ 2 \\ 0 \end{pmatrix}$ und der Normalenvektor $\overrightarrow{n_E}$ von E ist $\begin{pmatrix} -2 \\ 0 \\ 1 \end{pmatrix}$.

Berechne $\sin(\alpha)$ mit der oben genannten Formel:

$$\sin(\alpha) = \frac{\begin{pmatrix} -5 \\ 2 \\ 0 \end{pmatrix} \cdot \begin{pmatrix} -2 \\ 0 \\ 1 \end{pmatrix}}{\left|\begin{pmatrix} -5 \\ 2 \\ 0 \end{pmatrix}\right| \cdot \left|\begin{pmatrix} -2 \\ 0 \\ 1 \end{pmatrix}\right|} = \frac{10}{\sqrt{29} \cdot \sqrt{5}}$$

Berechne α mit $\sin^{-1}(\;)$:

$$\alpha = \sin^{-1}\left(\frac{10}{\sqrt{29} \cdot \sqrt{5}}\right) \approx 56{,}15°$$

2 Schnittwinkel von Geraden und Ebenen I

a) Die Richtungsvektoren sind

$\vec{u} = \begin{pmatrix} -2 \\ 3 \\ 5 \end{pmatrix}$ und $\vec{v} = \begin{pmatrix} 3 \\ -1 \\ 2 \end{pmatrix}$.

$$\cos(\alpha) = \frac{\begin{pmatrix} -2 \\ 3 \\ 5 \end{pmatrix} \cdot \begin{pmatrix} 3 \\ -1 \\ 2 \end{pmatrix}}{\left|\begin{pmatrix} -2 \\ 3 \\ 5 \end{pmatrix}\right| \cdot \left|\begin{pmatrix} 3 \\ -1 \\ 2 \end{pmatrix}\right|} = \frac{(-6) + (-3) + 10}{\sqrt{38} \cdot \sqrt{14}}$$

$$\alpha = \cos^{-1}\left(\frac{1}{\sqrt{38} \cdot \sqrt{14}}\right) \approx 87{,}52°$$

b) Die Normalenvektoren sind

$\overrightarrow{n_E} = \begin{pmatrix} 3 \\ 4 \\ 1 \end{pmatrix}$ und $\overrightarrow{n_F} = \begin{pmatrix} 2 \\ 3 \\ 0 \end{pmatrix}$.

$$\cos(\alpha) = \frac{\begin{pmatrix} 3 \\ 4 \\ 1 \end{pmatrix} \cdot \begin{pmatrix} 2 \\ 3 \\ 0 \end{pmatrix}}{\left|\begin{pmatrix} 3 \\ 4 \\ 1 \end{pmatrix}\right| \cdot \left|\begin{pmatrix} 2 \\ 3 \\ 0 \end{pmatrix}\right|} = \frac{6 + 12}{\sqrt{26} \cdot \sqrt{13}}$$

$$\alpha = \cos^{-1}\left(\frac{18}{\sqrt{26} \cdot \sqrt{13}}\right) \approx 11{,}74°$$

c) Der Richtungsvektor $\vec{u}$ von g ist $\begin{pmatrix} -2 \\ 3 \\ 5 \end{pmatrix}$ und der Normalenvektor $\overrightarrow{n_E}$ von E ist $\begin{pmatrix} 3 \\ 4 \\ 1 \end{pmatrix}$.

$$\sin(\alpha) = \frac{\begin{pmatrix} -2 \\ 3 \\ 5 \end{pmatrix} \cdot \begin{pmatrix} 3 \\ 4 \\ 1 \end{pmatrix}}{\left|\begin{pmatrix} -2 \\ 3 \\ 5 \end{pmatrix}\right| \cdot \left|\begin{pmatrix} 3 \\ 4 \\ 1 \end{pmatrix}\right|} = \frac{(-6) + 12 + 5}{\sqrt{38} \cdot \sqrt{26}}$$

$$\alpha = \sin^{-1}\left(\frac{11}{\sqrt{38} \cdot \sqrt{26}}\right) \approx 20{,}48°$$

3 Schnittwinkel von Geraden und Ebenen II

a) $\begin{pmatrix} 1 \\ 2 \\ 4 \end{pmatrix} + t \cdot \begin{pmatrix} 1 \\ 0 \\ 3 \end{pmatrix} = \begin{pmatrix} -1 \\ 4 \\ 4 \end{pmatrix} + s \cdot \begin{pmatrix} 4 \\ -2 \\ 6 \end{pmatrix}$

I $\quad 1 + 1t = -1 + 4s$
II $\quad 2 = 4 - 2s$
III $\quad 4 + 3t = 4 + 6s$

Aus II $2 = 4 - 2s$ folgt $-2 = -2s$, also $s = 1$.
In III einsetzen: $4 + 3t = 4 + 6$, daraus folgt $3t = 6$, also $t = 2$.
In I einsetzen: $1 + 2 = -1 + 4$ ist eine wahre Aussage, die Geraden schneiden sich (in $P(3|2|10)$).

Schnittwinkel:

$$\cos(\alpha) = \frac{\begin{pmatrix}1\\0\\3\end{pmatrix} \cdot \begin{pmatrix}4\\-2\\6\end{pmatrix}}{\left|\begin{pmatrix}1\\0\\3\end{pmatrix}\right| \cdot \left|\begin{pmatrix}4\\-2\\6\end{pmatrix}\right|} = \frac{1 \cdot 4 + 0 \cdot (-2) + 3 \cdot 6}{\sqrt{1^2 + 0^2 + 3^2} \cdot \sqrt{4^2 + (-2)^2 + 6^2}}$$

$$= \frac{4 + 0 + 18}{\sqrt{10} \cdot \sqrt{56}} = \frac{22}{\sqrt{10} \cdot \sqrt{56}}$$

$$\alpha = \cos^{-1}\left(\frac{22}{\sqrt{10} \cdot \sqrt{56}}\right) \approx 21{,}62°$$

b) $$\cos(\alpha) = \frac{\begin{pmatrix}2\\3\\-1\end{pmatrix} \cdot \begin{pmatrix}1\\0\\-2\end{pmatrix}}{\left|\begin{pmatrix}2\\3\\-1\end{pmatrix}\right| \cdot \left|\begin{pmatrix}1\\0\\-2\end{pmatrix}\right|} = \frac{2 \cdot 1 + 3 \cdot 0 + (-1) \cdot (-2)}{\sqrt{2^2 + 3^2 + (-1)^2} \cdot \sqrt{1^2 + 0^2 + (-2)^2}}$$

$$= \frac{2 + 0 + 2}{\sqrt{14} \cdot \sqrt{5}} = \frac{4}{\sqrt{14} \cdot \sqrt{5}}$$

$$\alpha = \cos^{-1}\left(\frac{4}{\sqrt{14} \cdot \sqrt{5}}\right) \approx 61{,}44°$$

c) $g: \vec{x} = \begin{pmatrix}1\\2\\4\end{pmatrix} + t \cdot \begin{pmatrix}1\\0\\3\end{pmatrix}$ und

Ebene E: $2x_1 + 3x_2 - x_3 = 4$

$$\sin(\alpha) = \frac{\begin{pmatrix}1\\0\\3\end{pmatrix} \cdot \begin{pmatrix}2\\3\\-1\end{pmatrix}}{\left|\begin{pmatrix}1\\0\\3\end{pmatrix}\right| \cdot \left|\begin{pmatrix}2\\3\\-1\end{pmatrix}\right|} = \frac{1 \cdot 2 + 0 \cdot 3 + 3 \cdot (-1)}{\sqrt{1^2 + 0^2 + 3^2} \cdot \sqrt{2^2 + 3^2 + (-1)^2}}$$

$$= \frac{2 - 3}{\sqrt{10} \cdot \sqrt{14}} = \frac{-1}{\sqrt{10} \cdot \sqrt{14}}$$

$$\alpha = \sin^{-1}\left(\frac{-1}{\sqrt{10} \cdot \sqrt{14}}\right) \approx -4{,}85°$$

Da der Winkel positiv sein und zwischen 0° und 90° liegen muss, beträgt er 4,85°.

Gerade g: $\vec{x} = \begin{pmatrix}1\\2\\4\end{pmatrix} + t \cdot \begin{pmatrix}1\\0\\3\end{pmatrix}$

Ebene F: $x_1 - 2x_3 = 0$

$$\sin(\alpha) = \frac{\begin{pmatrix}1\\0\\3\end{pmatrix} \cdot \begin{pmatrix}1\\0\\-2\end{pmatrix}}{\left|\begin{pmatrix}1\\0\\3\end{pmatrix}\right| \cdot \left|\begin{pmatrix}1\\0\\-2\end{pmatrix}\right|} = \frac{1 \cdot 1 + 0 \cdot 0 + 3 \cdot (-2)}{\sqrt{1^2 + 0^2 + 3^2} \cdot \sqrt{1^2 + 0^2 + (-2)^2}}$$

$$= \frac{1 - 6}{\sqrt{10} \cdot \sqrt{5}} = \frac{-5}{\sqrt{10} \cdot \sqrt{5}}$$

$\alpha = \sin^{-1}\left(\frac{-5}{\sqrt{10} \cdot \sqrt{5}}\right) \approx -45°$ Wegen $0 \leqq \alpha \leqq 90°$ beträgt der Schnittwinkel 45°.

4 Diagonalenschnittwinkel im Viereck

Gerade durch A und C:

$g: \vec{x} = \vec{a} + t \cdot \overrightarrow{AC}$

$$\overrightarrow{AC} = \begin{pmatrix}4\\2\\7\end{pmatrix} - \begin{pmatrix}1\\0\\3\end{pmatrix} = \begin{pmatrix}3\\2\\4\end{pmatrix}$$

$$g: \vec{x} = \begin{pmatrix}1\\0\\3\end{pmatrix} + t \cdot \begin{pmatrix}3\\2\\4\end{pmatrix}$$

Gerade durch B und D:

$g: \vec{x} = \vec{b} + t \cdot \overrightarrow{BD}$

$$\overrightarrow{BD} = \begin{pmatrix}2\\10\\3\end{pmatrix} - \begin{pmatrix}2\\-4\\5\end{pmatrix} = \begin{pmatrix}0\\14\\-2\end{pmatrix}$$

$$g: \vec{x} = \begin{pmatrix}2\\-4\\5\end{pmatrix} + t \cdot \begin{pmatrix}0\\14\\-2\end{pmatrix}$$

Schnittwinkel:

$$\cos(\alpha) = \frac{\begin{pmatrix}3\\2\\4\end{pmatrix} \cdot \begin{pmatrix}0\\14\\-2\end{pmatrix}}{\left|\begin{pmatrix}3\\2\\4\end{pmatrix}\right| \cdot \left|\begin{pmatrix}0\\14\\-2\end{pmatrix}\right|} = \frac{3 \cdot 0 + 2 \cdot 14 + 4 \cdot (-2)}{\sqrt{3^2 + 2^2 + 4^2} \cdot \sqrt{0^2 + 14^2 + (-2)^2}}$$

$$= \frac{0 + 28 - 8}{\sqrt{29} \cdot \sqrt{200}} = \frac{20}{\sqrt{29} \cdot \sqrt{200}}$$

$$\alpha = \cos^{-1}\left(\frac{20}{\sqrt{29} \cdot \sqrt{200}}\right) \approx 74{,}77°$$

5 Symmetrische Pyramide

a) $\vec{c} = \vec{b} + \vec{d} = \begin{pmatrix}6\\0\\0\end{pmatrix} + \begin{pmatrix}0\\6\\0\end{pmatrix} = \begin{pmatrix}6\\6\\0\end{pmatrix} \Rightarrow C(6|6|0)$

Der Punkt S liegt in der Mitte der Grundfläche und hat die Höhe 8 $\Rightarrow$ $S(3|3|8)$

b) $\overrightarrow{BS} = \begin{pmatrix}3\\3\\8\end{pmatrix} - \begin{pmatrix}6\\0\\0\end{pmatrix} = \begin{pmatrix}-3\\3\\8\end{pmatrix}$, $\overrightarrow{SB} = \begin{pmatrix}3\\-3\\-8\end{pmatrix}$

$\overrightarrow{CS} = \begin{pmatrix}3\\3\\8\end{pmatrix} - \begin{pmatrix}6\\6\\0\end{pmatrix} = \begin{pmatrix}-3\\-3\\8\end{pmatrix}$, $\overrightarrow{SC} = \begin{pmatrix}3\\3\\-8\end{pmatrix}$

$$\cos(\alpha) = \frac{\overrightarrow{SB} \cdot \overrightarrow{SC}}{|\overrightarrow{SB}| \cdot |\overrightarrow{SC}|}$$

$$\cos(\alpha) = \frac{\begin{pmatrix}3\\-3\\-8\end{pmatrix} \cdot \begin{pmatrix}3\\3\\-8\end{pmatrix}}{\left|\begin{pmatrix}3\\-3\\-8\end{pmatrix}\right| \cdot \left|\begin{pmatrix}3\\3\\-8\end{pmatrix}\right|}$$

$$= \frac{3 \cdot 3 + (-3) \cdot 3 + (-8) \cdot (-8)}{\sqrt{3^2 + (-3)^2 + (-8)^2} \cdot \sqrt{3^2 + 3^2 + (-8)^2}}$$

$$= \frac{9 - 9 + 64}{\sqrt{82} \cdot \sqrt{82}} = \frac{64}{82}$$

$$\alpha = \cos^{-1}\left(\frac{64}{82}\right) \approx 38{,}69°$$

c) Die Grundfläche ABCD hat die Koordinatengleichung $x_3 = 0$.

Damit ist $\vec{n} = \begin{pmatrix} 0 \\ 0 \\ 1 \end{pmatrix}$.

$$\sin(\alpha) = \frac{\begin{pmatrix} -3 \\ -3 \\ 8 \end{pmatrix} \cdot \begin{pmatrix} 0 \\ 0 \\ 1 \end{pmatrix}}{\left|\begin{pmatrix} -3 \\ -3 \\ 8 \end{pmatrix}\right| \cdot \left|\begin{pmatrix} 0 \\ 0 \\ 1 \end{pmatrix}\right|} = \frac{(-3)\cdot 0 + (-3)\cdot 0 + 8 \cdot 1}{\sqrt{(-3)^2 + (-3)^2 + 8^2} \cdot \sqrt{0^2 + 0^2 + 1^2}}$$

$$= \frac{0 + 0 + 8}{\sqrt{82} \cdot \sqrt{1}} = \frac{8}{\sqrt{82}}.$$

$$\alpha = \sin^{-1}\left(\frac{8}{\sqrt{82}}\right) \approx 62{,}06°$$

d) Die Seitenfläche ABS geht durch den Ursprung und die Richtungsvektoren sind:

$\vec{u} = \overrightarrow{OB}$ und $\vec{v} = \overrightarrow{OS}$

Damit ist $\vec{u} = \begin{pmatrix} 6 \\ 0 \\ 0 \end{pmatrix}$ und $\vec{v} = \begin{pmatrix} 3 \\ 3 \\ 8 \end{pmatrix}$.

Die Ebene hat die Gleichung

$$\vec{x} = \begin{pmatrix} 0 \\ 0 \\ 0 \end{pmatrix} + t \cdot \begin{pmatrix} 6 \\ 0 \\ 0 \end{pmatrix} + s \cdot \begin{pmatrix} 3 \\ 3 \\ 8 \end{pmatrix}.$$

Ein möglicher Normalenvektor ist damit

$$\vec{n} = \begin{pmatrix} 0 \\ 8 \\ -3 \end{pmatrix}.$$

Die Grundfläche hat die Koordinatengleichung $x_3 = 0$.

Damit ist $\vec{m} = \begin{pmatrix} 0 \\ 0 \\ 1 \end{pmatrix}$ ein Normalenvektor.

$$\cos(\alpha) = \frac{\vec{n} \cdot \vec{m}}{|\vec{n}| \cdot |\vec{m}|}$$

$$\cos(\alpha) = \frac{\begin{pmatrix} 0 \\ 8 \\ -3 \end{pmatrix} \cdot \begin{pmatrix} 0 \\ 0 \\ 1 \end{pmatrix}}{\left|\begin{pmatrix} 0 \\ 8 \\ -3 \end{pmatrix}\right| \cdot \left|\begin{pmatrix} 0 \\ 0 \\ 1 \end{pmatrix}\right|} = \frac{0 \cdot 0 + 8 \cdot 0 + (-3) \cdot 1}{\sqrt{0^2 + 8^2 + (-3)^2} \cdot \sqrt{0^2 + 0^2 + 1^2}}$$

$$= \frac{0 + 0 - 3}{\sqrt{73} \cdot \sqrt{1}} = \frac{-3}{\sqrt{73}}$$

$$\alpha = \cos^{-1}\left(\frac{-3}{\sqrt{73}}\right) \approx 110{,}56°$$

Da der Winkel nicht größer als 90° sein kann, beträgt die Größe des Schnittwinkels 180° – 110,56° = 69,44°.

6 Schnittwinkel Ebene – Koordinatenebenen

a) $E\colon\ 2x_1 - 3x_2 + x_3 = 5$

Schnittwinkel mit den Koordinatenebenen

Die x_1x_2-Ebene hat den Normalenvektor $\vec{n} = \begin{pmatrix} 0 \\ 0 \\ 1 \end{pmatrix}$.

Die x_1x_3-Ebene hat den Normalenvektor $\vec{n} = \begin{pmatrix} 0 \\ 1 \\ 0 \end{pmatrix}$.

Die x_2x_3-Ebene hat den Normalenvektor $\vec{n} = \begin{pmatrix} 1 \\ 0 \\ 0 \end{pmatrix}$.

Der Normalenvektor der Ebene E ist $\vec{m} = \begin{pmatrix} 2 \\ -3 \\ 1 \end{pmatrix}$.

Winkel zwischen E und der x_1x_2-Ebene:

$$\cos(\alpha_1) = \frac{\vec{n} \cdot \vec{m}}{|\vec{n}| \cdot |\vec{m}|}$$

$$\cos(\alpha_1) = \frac{\begin{pmatrix} 2 \\ -3 \\ 1 \end{pmatrix} \cdot \begin{pmatrix} 0 \\ 0 \\ 1 \end{pmatrix}}{\left|\begin{pmatrix} 2 \\ -3 \\ 1 \end{pmatrix}\right| \cdot \left|\begin{pmatrix} 0 \\ 0 \\ 1 \end{pmatrix}\right|} = \frac{2 \cdot 0 + (-3) \cdot 0 + 1 \cdot 1}{\sqrt{2^2 + (-3)^2 + 1^2} \cdot \sqrt{0^2 + 0^2 + 1^2}}$$

$$= \frac{0 + 0 + 1}{\sqrt{14} \cdot \sqrt{1}} = \frac{1}{\sqrt{14}}$$

$$\alpha_1 = \cos^{-1}\left(\frac{1}{\sqrt{14}}\right) \approx 74{,}50°$$

Winkel zwischen E und der x_1x_3-Ebene:

$$\cos(\alpha_2) = \frac{\vec{n} \cdot \vec{m}}{|\vec{n}| \cdot |\vec{m}|}$$

$$\cos(\alpha_2) = \frac{\begin{pmatrix} 2 \\ -3 \\ 1 \end{pmatrix} \cdot \begin{pmatrix} 0 \\ 1 \\ 0 \end{pmatrix}}{\left|\begin{pmatrix} 2 \\ -3 \\ 1 \end{pmatrix}\right| \cdot \left|\begin{pmatrix} 0 \\ 1 \\ 0 \end{pmatrix}\right|} = \frac{2 \cdot 0 + (-3) \cdot 1 + 1 \cdot 0}{\sqrt{2^2 + (-3)^2 + 1^2} \cdot \sqrt{0^2 + 1^2 + 0^2}}$$

$$= \frac{0 - 3 + 0}{\sqrt{14} \cdot \sqrt{1}} = \frac{-3}{\sqrt{14}}$$

$$\alpha_2 = \cos^{-1}\left(\frac{-3}{\sqrt{14}}\right) \approx 143{,}30°$$

Da der Winkel zwischen 2 Ebenen nicht größer als 90° ist, beträgt die Größe des Schnittwinkels 180° – 143,30° = 36,70°.

Winkel zwischen E und der x_2x_3-Ebene:

$$\cos(\alpha_3) = \frac{\vec{n} \cdot \vec{m}}{|\vec{n}| \cdot |\vec{m}|}$$

$$\cos(\alpha_3) = \frac{\begin{pmatrix} 2 \\ -3 \\ 1 \end{pmatrix} \cdot \begin{pmatrix} 1 \\ 0 \\ 0 \end{pmatrix}}{\left|\begin{pmatrix} 2 \\ -3 \\ 1 \end{pmatrix}\right| \cdot \left|\begin{pmatrix} 1 \\ 0 \\ 0 \end{pmatrix}\right|} = \frac{2 \cdot 1 + (-3) \cdot 0 + 1 \cdot 0}{\sqrt{2^2 + (-3)^2 + 1^2} \cdot \sqrt{1^2 + 0^2 + 0^2}}$$

$$= \frac{2 + 0 + 0}{\sqrt{14} \cdot \sqrt{1}} = \frac{2}{\sqrt{14}}$$

$$\alpha_3 = \cos^{-1}\left(\frac{2}{\sqrt{14}}\right) \approx 57{,}69°$$

Die x_1-Achse hat die Gleichung: $\vec{x} = \begin{pmatrix} 0 \\ 0 \\ 0 \end{pmatrix} + t \cdot \begin{pmatrix} 1 \\ 0 \\ 0 \end{pmatrix}$.

Die x_2-Achse hat die Gleichung: $\vec{x} = \begin{pmatrix} 0 \\ 0 \\ 0 \end{pmatrix} + t \cdot \begin{pmatrix} 0 \\ 1 \\ 0 \end{pmatrix}$.

Die x_3-Achse hat die Gleichung: $\vec{x} = \begin{pmatrix} 0 \\ 0 \\ 0 \end{pmatrix} + t \cdot \begin{pmatrix} 0 \\ 0 \\ 1 \end{pmatrix}$.

Schnittwinkel zwischen der Ebene und der x_1-Achse:

$$\sin(\beta_1) = \frac{\vec{n} \cdot \vec{u}}{|\vec{n}| \cdot |\vec{u}|}$$

$$\sin(\beta_1) = \frac{\begin{pmatrix} 2 \\ -3 \\ 1 \end{pmatrix} \cdot \begin{pmatrix} 1 \\ 0 \\ 0 \end{pmatrix}}{\left|\begin{pmatrix} 2 \\ -3 \\ 1 \end{pmatrix}\right| \cdot \left|\begin{pmatrix} 1 \\ 0 \\ 0 \end{pmatrix}\right|} = \frac{2 \cdot 1 + (-3) \cdot 0 + 1 \cdot 0}{\sqrt{2^2 + (-3)^2 + 1^2} \cdot \sqrt{1^2 + 0^2 + 0^2}}$$

$$= \frac{2 + 0 + 0}{\sqrt{14} \cdot \sqrt{1}} = \frac{2}{\sqrt{14}}$$

$$\beta_1 = \sin^{-1}\left(\frac{2}{\sqrt{14}}\right) \approx 32{,}31°$$

Schnittwinkel zwischen der Ebene und der x_2-Achse:

$$\sin(\beta_2) = \frac{\begin{pmatrix} 2 \\ -3 \\ 1 \end{pmatrix} \cdot \begin{pmatrix} 0 \\ 1 \\ 0 \end{pmatrix}}{\left|\begin{pmatrix} 2 \\ -3 \\ 1 \end{pmatrix}\right| \cdot \left|\begin{pmatrix} 0 \\ 1 \\ 0 \end{pmatrix}\right|}$$

$$= \frac{2 \cdot 0 + (-3) \cdot 1 + 1 \cdot 0}{\sqrt{2^2 + (-3)^2 + 1^2} \cdot \sqrt{0^2 + 1^2 + 0^2}}$$

$$= \frac{0 - 3 + 0}{\sqrt{14} \cdot \sqrt{1}} = \frac{-3}{\sqrt{14}}$$

$$\beta_2 = \sin^{-1}\left(\frac{-3}{\sqrt{14}}\right) = -53{,}30°$$

Die Größe des Winkels beträgt also $\beta_2 = 53{,}30°$.

Schnittwinkel zwischen der Ebene und der x_3-Achse:

$$\sin(\beta_3) = \frac{\begin{pmatrix} 2 \\ -3 \\ 1 \end{pmatrix} \cdot \begin{pmatrix} 0 \\ 0 \\ 1 \end{pmatrix}}{\left|\begin{pmatrix} 2 \\ -3 \\ 1 \end{pmatrix}\right| \cdot \left|\begin{pmatrix} 0 \\ 0 \\ 1 \end{pmatrix}\right|} = \frac{2 \cdot 0 + (-3) \cdot 0 + 1 \cdot 1}{\sqrt{2^2 + (-3)^2 + 1^2} \cdot \sqrt{0^2 + 0^2 + 1^2}}$$

$$= \frac{0 + 0 + 1}{\sqrt{14} \cdot \sqrt{1}} = \frac{1}{\sqrt{14}}$$

$$\beta_3 = \sin^{-1}\left(\frac{1}{\sqrt{14}}\right) \approx 15{,}50°$$

b) E: $3x_1 + 4x_2 = 7$
Der Normalenvektor der Ebene E ist $\vec{m} = \begin{pmatrix} 3 \\ 4 \\ 0 \end{pmatrix}$.

Winkel zwischen E und der x_1x_2-Ebene:

$$\cos(\alpha_1) = \frac{\vec{n} \cdot \vec{m}}{|\vec{n}| \cdot |\vec{m}|}$$

$$\cos(\alpha_1) = \frac{\begin{pmatrix} 3 \\ 4 \\ 0 \end{pmatrix} \cdot \begin{pmatrix} 0 \\ 0 \\ 1 \end{pmatrix}}{\left|\begin{pmatrix} 3 \\ 4 \\ 0 \end{pmatrix}\right| \cdot \left|\begin{pmatrix} 0 \\ 0 \\ 1 \end{pmatrix}\right|} = \frac{3 \cdot 0 + 4 \cdot 0 + 0 \cdot 1}{\sqrt{3^2 + 4^2 + 0^2} \cdot \sqrt{0^2 + 0^2 + 1^2}}$$

$$= \frac{0 + 0 + 0}{\sqrt{25} \cdot \sqrt{1}} = \frac{0}{5}$$

$$\alpha_1 = \cos^{-1}(0) = 90°$$

Winkel zwischen E und der x_1x_3-Ebene:

$$\cos(\alpha_2) = \frac{\vec{n} \cdot \vec{m}}{|\vec{n}| \cdot |\vec{m}|}$$

$$\cos(\alpha_2) = \frac{\begin{pmatrix} 3 \\ 4 \\ 0 \end{pmatrix} \cdot \begin{pmatrix} 0 \\ 1 \\ 0 \end{pmatrix}}{\left|\begin{pmatrix} 3 \\ 4 \\ 0 \end{pmatrix}\right| \cdot \left|\begin{pmatrix} 0 \\ 1 \\ 0 \end{pmatrix}\right|} = \frac{3 \cdot 0 + 4 \cdot 1 + 0 \cdot 0}{\sqrt{3^2 + 4^2 + 0^2} \cdot \sqrt{0^2 + 1^2 + 0^2}}$$

$$= \frac{0 + 4 + 0}{\sqrt{25} \cdot \sqrt{1}} = \frac{4}{5}$$

$$\alpha_2 = \cos^{-1}\left(\frac{4}{5}\right) \approx 36{,}87°$$

Winkel zwischen E und der x_2x_3-Ebene:

$$\cos(\alpha_3) = \frac{\vec{n} \cdot \vec{u}}{|\vec{n}| \cdot |\vec{u}|}$$

$$\cos(\alpha_3) = \frac{\begin{pmatrix} 3 \\ 4 \\ 0 \end{pmatrix} \cdot \begin{pmatrix} 1 \\ 0 \\ 0 \end{pmatrix}}{\left|\begin{pmatrix} 3 \\ 4 \\ 0 \end{pmatrix}\right| \cdot \left|\begin{pmatrix} 1 \\ 0 \\ 0 \end{pmatrix}\right|} = \frac{3 \cdot 1 + 4 \cdot 0 + 0 \cdot 0}{\sqrt{3^2 + 4^2 + 0^2} \cdot \sqrt{1^2 + 0^2 + 0^2}}$$

$$= \frac{3 + 0 + 0}{\sqrt{25} \cdot \sqrt{1}} = \frac{3}{5}$$

$$\alpha_3 = \cos^{-1}\left(\frac{3}{5}\right) \approx 53{,}13°$$

Schnittwinkel zwischen der Ebene und der x_1-Achse:

$$\sin(\beta_1) = \frac{\vec{n} \cdot \vec{m}}{|\vec{n}| \cdot |\vec{m}|}$$

$$\sin(\beta_1) = \frac{\begin{pmatrix} 3 \\ 4 \\ 0 \end{pmatrix} \cdot \begin{pmatrix} 1 \\ 0 \\ 0 \end{pmatrix}}{\left|\begin{pmatrix} 3 \\ 4 \\ 0 \end{pmatrix}\right| \cdot \left|\begin{pmatrix} 1 \\ 0 \\ 0 \end{pmatrix}\right|} = \frac{3 \cdot 1 + 4 \cdot 0 + 0 \cdot 0}{\sqrt{3^2 + 4^2 + 0^2} \cdot \sqrt{1^2 + 0^2 + 0^2}}$$

$$= \frac{3 + 0 + 0}{\sqrt{25} \cdot \sqrt{1}} = \frac{3}{5}$$

$$\beta_1 = \sin^{-1}\left(\frac{3}{5}\right) \approx 36{,}87°$$

Schnittwinkel zwischen der Ebene und der x_2-Achse:

$$\sin(\beta_2) = \frac{\begin{pmatrix} 3 \\ 4 \\ 0 \end{pmatrix} \cdot \begin{pmatrix} 0 \\ 1 \\ 0 \end{pmatrix}}{\left|\begin{pmatrix} 3 \\ 4 \\ 0 \end{pmatrix}\right| \cdot \left|\begin{pmatrix} 0 \\ 1 \\ 0 \end{pmatrix}\right|} = \frac{3 \cdot 0 + 4 \cdot 1 + 0 \cdot 0}{\sqrt{3^2 + 4^2 + 0^2} \cdot \sqrt{0^2 + 1^2 + 0^2}}$$

$$= \frac{0 + 4 + 0}{\sqrt{25} \cdot \sqrt{1}} = \frac{4}{5}$$

$$\beta_2 = \sin^{-1}\left(\frac{4}{5}\right) \approx 53{,}13°$$

Schnittwinkel zwischen der Ebene und der x_3-Achse:

$$\sin(\beta_3) = \frac{\begin{pmatrix} 3 \\ 4 \\ 0 \end{pmatrix} \cdot \begin{pmatrix} 0 \\ 0 \\ 1 \end{pmatrix}}{\left|\begin{pmatrix} 3 \\ 4 \\ 0 \end{pmatrix}\right| \cdot \left|\begin{pmatrix} 0 \\ 0 \\ 1 \end{pmatrix}\right|} = \frac{3 \cdot 0 + 4 \cdot 0 + 0 \cdot 1}{\sqrt{3^2 + 4^2 + 0^2} \cdot \sqrt{0^2 + 0^2 + 1^2}}$$

$$= \frac{0 + 0 + 0}{\sqrt{25} \cdot \sqrt{1}} = \frac{0}{5}$$

$$\beta_3 = \sin^{-1}(0) = 0°$$

Da die Ebene $E:\ 3x_1 + 4x_2 = 7$ keinen Schnittpunkt mit der x_3-Achse hat, ist die x_3-Achse zur Ebene parallel.

7 Parameterbestimmung

Der Ursprung liegt in der x_1x_3-Ebene, sie hat den Normalenvektor $\vec{n} = \begin{pmatrix} 0 \\ 1 \\ 0 \end{pmatrix}$.

$E:\ 1x_2 = 0$

$g:\ \vec{x} = \begin{pmatrix} 0 \\ 0 \\ 0 \end{pmatrix} + t \cdot \begin{pmatrix} 3 \\ a \\ 4 \end{pmatrix}$

$$\sin(\alpha) = \frac{\vec{n} \cdot \vec{v}}{|\vec{n}| \cdot |\vec{v}|} = \frac{\begin{pmatrix} 0 \\ 1 \\ 0 \end{pmatrix} \cdot \begin{pmatrix} 3 \\ a \\ 4 \end{pmatrix}}{\sqrt{0^2 + 1^2 + 0^2} \cdot \sqrt{3^2 + a^2 + 4^2}}$$

$$= \frac{0 \cdot 3 + 1 \cdot a + 0 \cdot 4}{\sqrt{1} \cdot \sqrt{9 + a^2 + 16}} = \frac{a}{\sqrt{25 + a^2}}$$

$\sin(45°) = \frac{\sqrt{2}}{2}$

$\frac{a}{\sqrt{25 + a^2}} = \frac{\sqrt{2}}{2} \quad | \cdot \sqrt{25 + a^2}$

$a = \frac{\sqrt{2}}{2} \cdot \sqrt{25 + a^2} \quad | \cdot 2$

$2a = \sqrt{2} \cdot \sqrt{25 + a^2} \quad |$ quadrieren

$4a^2 = 2(25 + a^2)$

$4a^2 = 50 + 2a^2 \quad | -2a^2$

$2a^2 = 50 \quad | :2$

$a^2 = 25 \quad |$ Wurzel ziehen

$a_1 = 5$

$a_2 = -5$

SCHRITT 25

Das brauchst du wieder

Schneide die Gerade $g:\ \vec{x} = \begin{pmatrix} 2 \\ 2 \\ 3 \end{pmatrix} + t \cdot \begin{pmatrix} -1 \\ 2 \\ 1 \end{pmatrix}$ mit der Ebene $E:\ x_1 + 3x_2 - 4x_3 = -23$.

$2 - t + 3(2 + 2t) - 4(3 + t) = -23$

$2 - t + 6 + 6t - 12 - 4t = -23$

$t - 4 = -23 \quad | +4$

$t = -19$

$\vec{s} = \begin{pmatrix} 2 \\ 2 \\ 3 \end{pmatrix} + (-19) \cdot \begin{pmatrix} -1 \\ 2 \\ 1 \end{pmatrix} = \begin{pmatrix} 2 \\ 2 \\ 3 \end{pmatrix} + \begin{pmatrix} 19 \\ -38 \\ -19 \end{pmatrix} = \begin{pmatrix} 21 \\ -36 \\ -16 \end{pmatrix}$

$S(21 \mid -36 \mid -16)$

1 „Du bist dran" aus dem „So geht's"-Kasten

a) Berechne $\overrightarrow{PZ}$:

$\overrightarrow{PZ} = \begin{pmatrix} 2 \\ 0 \\ -3 \end{pmatrix} - \begin{pmatrix} 3 \\ -2 \\ 1 \end{pmatrix} = \begin{pmatrix} -1 \\ 2 \\ -4 \end{pmatrix}$

Berechne P′ mit der oben genannten Formel:

$\vec{p'} = \vec{z} + \overrightarrow{PZ} = \begin{pmatrix} 2 \\ 0 \\ -3 \end{pmatrix} + \begin{pmatrix} -1 \\ 2 \\ -4 \end{pmatrix} = \begin{pmatrix} 1 \\ 2 \\ -7 \end{pmatrix}$

$P'(1 \mid 2 \mid -7)$

b) Bestimme die Hilfsgerade g und verwende dazu den Normalenvektor der Ebene als Richtungsvektor:

$g:\ \vec{x} = \begin{pmatrix} 3 \\ -2 \\ 1 \end{pmatrix} + t \cdot \begin{pmatrix} 2 \\ 1 \\ 1 \end{pmatrix}$

Schneide die Gerade g mit der Ebene E:

$2(3 + 2t) + (-2 + t) + (1 + t) = 2$

Löse die Gleichung nach dem Parameter t auf:

$6 + 4t - 2 + t + 1 + t = 2$

$5 + 6t = 2 \quad | -5$

$6t = -3 \quad | :6$

$t = -\frac{1}{2}$

Setze t in die Gleichung der Lotgeraden g ein und bestimme dadurch den Lotfußpunkt F:

$\vec{f} = \begin{pmatrix} 3 \\ -2 \\ 1 \end{pmatrix} + \left(-\frac{1}{2}\right) \cdot \begin{pmatrix} 2 \\ 1 \\ 1 \end{pmatrix} = \begin{pmatrix} 3 \\ -2 \\ 1 \end{pmatrix} - \begin{pmatrix} 1 \\ 0{,}5 \\ 0{,}5 \end{pmatrix} = \begin{pmatrix} 2 \\ -2{,}5 \\ 0{,}5 \end{pmatrix}$

$F(2 \mid -2{,}5 \mid 0{,}5)$

Berechne $\overrightarrow{PF}$:

$\overrightarrow{PF} = \begin{pmatrix} 2 \\ -2{,}5 \\ 0{,}5 \end{pmatrix} - \begin{pmatrix} 3 \\ -2 \\ 1 \end{pmatrix} = \begin{pmatrix} -1 \\ -0{,}5 \\ -0{,}5 \end{pmatrix}$

Berechne P′ mit der oben genannten Formel:

$\vec{p'} = \vec{f} + \overrightarrow{PF} = \begin{pmatrix} 2 \\ -2{,}5 \\ 0{,}5 \end{pmatrix} + \begin{pmatrix} -1 \\ -0{,}5 \\ -0{,}5 \end{pmatrix} = \begin{pmatrix} 1 \\ -3 \\ 0 \end{pmatrix}$

$P(1 \mid -3 \mid 0)$

c) Bestimme die Hilfsebene E, indem du den Richtungsvektor der gegebenen Geraden verwendest:

$E:\ 3x_1 - x_2 + 2x_3 = d$

P in E: $9 - (-2) + 2 \cdot (1) = d$

$d = 13$

$E:\ 3x_1 - x_2 + 2x_3 = 13$

Schneide die Gerade g mit der Ebene E:

$3(-7 + 3t) - (4 - t) + 2(-2 + 2t) = 13$

Löse die Gleichung nach dem Parameter t auf:

$-21 + 9t - 4 + t - 4 + 4t = 13$

$-29 + 14t = 13 \quad | +29$

$14t = 42 \quad | :14$

$t = 3$

Setze t in die Gleichung der Lotgeraden g ein und bestimme dadurch den Lotfußpunkt F:

$\vec{f} = \begin{pmatrix} -7 \\ 4 \\ -2 \end{pmatrix} + 3 \cdot \begin{pmatrix} 3 \\ -1 \\ 2 \end{pmatrix} = \begin{pmatrix} 2 \\ 1 \\ 4 \end{pmatrix}$

$F(2 \mid 1 \mid 4)$

Berechne $\overrightarrow{PF}$:

$\overrightarrow{PF} = \begin{pmatrix} 2 \\ 1 \\ 4 \end{pmatrix} - \begin{pmatrix} 3 \\ -2 \\ 1 \end{pmatrix} = \begin{pmatrix} -1 \\ 3 \\ 3 \end{pmatrix}$

Berechne P′ mit der oben genannten Formel:

$\vec{p'} = \vec{f} + \overrightarrow{PF} = \begin{pmatrix} 2 \\ 1 \\ 4 \end{pmatrix} + \begin{pmatrix} -1 \\ 3 \\ 3 \end{pmatrix} = \begin{pmatrix} 1 \\ 4 \\ 7 \end{pmatrix}$

$P'(1 \mid 4 \mid 7)$

2 Spiegelung eines Punktes I

a) $\overrightarrow{PZ} = \begin{pmatrix}-3\\1\\0\end{pmatrix} - \begin{pmatrix}-3\\5\\1\end{pmatrix} = \begin{pmatrix}0\\-4\\-1\end{pmatrix}$

Berechne P′ mit der oben genannten Formel:

$\vec{p}\,' = \vec{z} + \overrightarrow{PZ} = \begin{pmatrix}-3\\1\\0\end{pmatrix} + \begin{pmatrix}0\\-4\\-1\end{pmatrix} = \begin{pmatrix}-3\\-3\\-1\end{pmatrix}$

$P'(-3\,|\,-3\,|\,-1)$

b) $g\colon\ \vec{x} = \begin{pmatrix}-3\\5\\1\end{pmatrix} + t\cdot\begin{pmatrix}3\\-1\\1\end{pmatrix}$

$$\begin{aligned} 3(-3+3t)-(5-t)+(1+t) &= -2 \\ -9+9t-5+t+1+t &= -2 \\ -13+11t &= -2 \quad &&|+13 \\ 11t &= 11 \quad &&|:11 \\ t &= 1 \end{aligned}$$

$\vec{f} = \begin{pmatrix}-3\\5\\1\end{pmatrix} + 1\cdot\begin{pmatrix}3\\-1\\1\end{pmatrix} = \begin{pmatrix}0\\4\\2\end{pmatrix}$

$F(0\,|\,4\,|\,2)$

$\overrightarrow{PF} = \begin{pmatrix}0\\4\\2\end{pmatrix} - \begin{pmatrix}-3\\5\\1\end{pmatrix} = \begin{pmatrix}3\\-1\\1\end{pmatrix}$

$\vec{p}\,' = \vec{f} + \overrightarrow{PF} = \begin{pmatrix}0\\4\\2\end{pmatrix} + \begin{pmatrix}3\\-1\\1\end{pmatrix} = \begin{pmatrix}3\\3\\3\end{pmatrix}$

$P'(3\,|\,3\,|\,3)$

c) Bestimme die Hilfsebene E, indem du den Richtungsvektor der gegebenen Geraden verwendest:

$E\colon\ x_1 - 2x_2 + 2x_3 = d$

P in E: $-3 - 2\cdot5 + 2\cdot1 = d$

$d = -11$

$E\colon\ x_1 - 2x_2 + 2x_3 = -11$

$$\begin{aligned} (-2+t)-2(1-2t)+2(1+2t) &= -11 \\ -2+t-2+4t+2+4t &= -11 \\ -2+9t &= -11 \quad &&|+2 \\ 9t &= -9 \quad &&|:9 \\ t &= -1 \end{aligned}$$

$\vec{f} = \begin{pmatrix}2\\1\\1\end{pmatrix} + (-1)\cdot\begin{pmatrix}1\\-2\\2\end{pmatrix} = \begin{pmatrix}1\\3\\-1\end{pmatrix}$

$F(1\,|\,3\,|\,-1)$

$\overrightarrow{PF} = \begin{pmatrix}1\\3\\-1\end{pmatrix} - \begin{pmatrix}-3\\5\\1\end{pmatrix} = \begin{pmatrix}4\\-2\\-2\end{pmatrix}$

$\vec{p}\,' = \vec{f} + \overrightarrow{PF} = \begin{pmatrix}1\\3\\-1\end{pmatrix} + \begin{pmatrix}4\\-2\\-2\end{pmatrix} = \begin{pmatrix}5\\1\\-3\end{pmatrix}$

$P'(5\,|\,1\,|\,-3)$

3 Spiegelung eines Punktes II

a) $\overrightarrow{PQ} = \begin{pmatrix}1\\4\\2\end{pmatrix} - \begin{pmatrix}3\\2\\6\end{pmatrix} = \begin{pmatrix}-2\\2\\-4\end{pmatrix}$

$\vec{p}\,' = \vec{q} + \overrightarrow{PQ} = \begin{pmatrix}1\\4\\2\end{pmatrix} + \begin{pmatrix}-2\\2\\-4\end{pmatrix} = \begin{pmatrix}-1\\6\\-2\end{pmatrix}$

Der Spiegelpunkt hat die Koordinaten $P'(-1\,|\,6\,|\,2)$.

b) $g\colon\ \vec{x} = \begin{pmatrix}6\\-1\\9\end{pmatrix} + t\cdot\begin{pmatrix}1\\-1\\4\end{pmatrix}$

$H\colon\ x_1 - x_2 + 4x_3 = d$

P in E: $d = 1\cdot3 - 1\cdot2 + 4\cdot6 = 25$

$d = 25$

$E\colon\ x_1 - x_2 + 4x_3 = 25$

$$\begin{aligned} (6+t)-(-1-t)+4\cdot(9+4t) &= 25 \\ 6+t+1+t+36+16t &= 25 \\ 43+18t &= 25 \quad &&|-43 \\ 18t &= -18 \quad &&|:(-18) \\ t &= -1 \end{aligned}$$

$\vec{f} = \begin{pmatrix}6\\-1\\9\end{pmatrix} - 1\cdot\begin{pmatrix}1\\-1\\4\end{pmatrix} = \begin{pmatrix}5\\0\\5\end{pmatrix}$

$F(5\,|\,0\,|\,5)$

$\overrightarrow{PF} = \begin{pmatrix}5\\0\\5\end{pmatrix} - \begin{pmatrix}3\\2\\6\end{pmatrix} = \begin{pmatrix}2\\-2\\-1\end{pmatrix}$

$\vec{p}\,' = \vec{f} + \overrightarrow{PF} = \begin{pmatrix}5\\0\\5\end{pmatrix} + \begin{pmatrix}2\\-2\\-1\end{pmatrix} = \begin{pmatrix}7\\-2\\4\end{pmatrix}$

$P'(7\,|\,-2\,|\,4)$

c) $h\colon\ \vec{x} = \begin{pmatrix}3\\2\\6\end{pmatrix} + t\cdot\begin{pmatrix}1\\3\\-4\end{pmatrix}$

$$\begin{aligned} (3+t)+3(2+3t)-4(6-4t) &= 37 \\ 3+t+6+9t-24+16t &= 37 \\ -15+26t &= 37 \quad &&|+15 \\ 26t &= 52 \quad &&|:26 \\ t &= 2 \end{aligned}$$

$\vec{f} = \begin{pmatrix}3\\2\\6\end{pmatrix} + 2\cdot\begin{pmatrix}1\\3\\-4\end{pmatrix} = \begin{pmatrix}5\\8\\-2\end{pmatrix}$

$F(5\,|\,8\,|\,-2)$

$\overrightarrow{PF} = \begin{pmatrix}5\\8\\-2\end{pmatrix} - \begin{pmatrix}3\\2\\6\end{pmatrix} = \begin{pmatrix}2\\6\\-8\end{pmatrix}$

$\vec{p}\,' = \vec{f} + \overrightarrow{PF} = \begin{pmatrix}5\\8\\-2\end{pmatrix} + \begin{pmatrix}2\\6\\-8\end{pmatrix} = \begin{pmatrix}7\\14\\-10\end{pmatrix}$

$P'(7\,|\,14\,|\,-10)$

4 Mehrfachspiegelung

$$\overrightarrow{AM} = \begin{pmatrix}2\\0\\4\end{pmatrix} - \begin{pmatrix}1\\-2\\5\end{pmatrix} = \begin{pmatrix}1\\2\\-1\end{pmatrix}$$

$$\vec{a}' = \vec{m} + \overrightarrow{AM} = \begin{pmatrix}2\\0\\4\end{pmatrix} + \begin{pmatrix}1\\2\\-1\end{pmatrix} = \begin{pmatrix}3\\2\\3\end{pmatrix}$$

Der Spiegelpunkt hat die Koordinaten $A'(3|2|3)$.

$$\overrightarrow{AA'} = \begin{pmatrix}3\\2\\3\end{pmatrix} - \begin{pmatrix}1\\-2\\5\end{pmatrix} = \begin{pmatrix}2\\4\\-2\end{pmatrix}$$

$$\vec{a}'' = \vec{a}' + \overrightarrow{AA'} = \begin{pmatrix}3\\2\\3\end{pmatrix} + \begin{pmatrix}2\\4\\-2\end{pmatrix} = \begin{pmatrix}5\\6\\1\end{pmatrix}$$

Der Spiegelpunkt hat die Koordinaten $A''(5|6|1)$.

$$\overrightarrow{BM} = \begin{pmatrix}2\\0\\4\end{pmatrix} - \begin{pmatrix}5\\-1\\-2\end{pmatrix} = \begin{pmatrix}-3\\1\\6\end{pmatrix}$$

$$\vec{b}' = \vec{m} + \overrightarrow{BM} = \begin{pmatrix}2\\0\\4\end{pmatrix} + \begin{pmatrix}-3\\1\\6\end{pmatrix} = \begin{pmatrix}-1\\1\\10\end{pmatrix}$$

Der Spiegelpunkt hat die Koordinaten $B'(-1|1|10)$.

5 Spiegelung einer Geraden

a) Zunächst überprüft man, ob die Gerade parallel zur Ebene liegt. Dazu muss das Produkt vom Normalenvektor der Ebene und dem Richtungsvektor der Geraden null ergeben.

$$\begin{pmatrix}2\\-1\\2\end{pmatrix} \cdot \begin{pmatrix}5\\-9\\4\end{pmatrix} = 2\cdot5 - 1\cdot(-9) + 2\cdot4 = 10 + 9 + 8 = 27 \neq 0$$

Die Gerade g und die Ebene E schneiden sich. Man wählt sich also zwei beliebige Punkte der Geraden und spiegelt diese an der Ebene.

$P(7|-4|7), Q(12|-13|11)$

$$h: \vec{x} = \begin{pmatrix}7\\-4\\7\end{pmatrix} + t\cdot\begin{pmatrix}2\\-1\\2\end{pmatrix}$$

$$\begin{aligned} 2(7+2t) - 1(-4-t) + 2(7+2t) &= 5 \\ 14 + 4t + 4 + t + 14 + 4t &= 5 \\ 32 + 9t &= 5 \quad |-32 \\ 9t &= -27 \quad |:9 \\ t &= -3 \end{aligned}$$

$$\vec{f} = \begin{pmatrix}7\\-4\\7\end{pmatrix} - 3\cdot\begin{pmatrix}2\\-1\\2\end{pmatrix} = \begin{pmatrix}7\\-4\\7\end{pmatrix} + \begin{pmatrix}-6\\3\\6\end{pmatrix} = \begin{pmatrix}1\\-1\\1\end{pmatrix}$$

$F(1|-1|-1)$

$$\overrightarrow{PF} = \begin{pmatrix}1\\-1\\1\end{pmatrix} - \begin{pmatrix}7\\-4\\7\end{pmatrix} = \begin{pmatrix}-6\\3\\-6\end{pmatrix}$$

$$\vec{p}' = \vec{f} + \overrightarrow{PF} = \begin{pmatrix}1\\-1\\1\end{pmatrix} + \begin{pmatrix}-6\\3\\-6\end{pmatrix} = \begin{pmatrix}-5\\2\\-5\end{pmatrix}$$

$P'(-5|2|-5)$

$$h: \vec{x} = \begin{pmatrix}12\\-13\\11\end{pmatrix} + t\cdot\begin{pmatrix}2\\-1\\2\end{pmatrix}$$

$$\begin{aligned} 2(12+2t) - 1(-13-t) + 2(11+2t) &= 5 \\ 24 + 4t + 13 + t + 22 + 4t &= 5 \\ 59 + 9t &= 5 \quad |-59 \\ 9t &= -54 \quad |:9 \\ t &= -6 \end{aligned}$$

$$\vec{f} = \begin{pmatrix}12\\-13\\11\end{pmatrix} - 6\cdot\begin{pmatrix}2\\-1\\2\end{pmatrix} = \begin{pmatrix}12\\-13\\11\end{pmatrix} + \begin{pmatrix}-12\\6\\-12\end{pmatrix} = \begin{pmatrix}0\\-7\\-1\end{pmatrix}$$

$F(0|-7|-1)$

$$\overrightarrow{QF} = \begin{pmatrix}0\\-7\\-1\end{pmatrix} - \begin{pmatrix}12\\-13\\11\end{pmatrix} = \begin{pmatrix}-12\\6\\-12\end{pmatrix}$$

$$\vec{q}' = \vec{f} + \overrightarrow{QF} = \begin{pmatrix}0\\-7\\-1\end{pmatrix} + \begin{pmatrix}-12\\6\\-12\end{pmatrix} = \begin{pmatrix}-12\\-1\\-13\end{pmatrix}$$

$Q'(-12|-1|-13)$

Anschließend stellt man aus den beiden Bildpunkten die Bildgerade auf.

$$h': \vec{x} = \vec{p}' + t\cdot\overrightarrow{P'Q'}$$

$$\overrightarrow{P'Q'} = \begin{pmatrix}-12\\-1\\-13\end{pmatrix} - \begin{pmatrix}-5\\2\\-5\end{pmatrix} = \begin{pmatrix}-7\\-3\\-8\end{pmatrix}$$

$$h': \vec{x} = \begin{pmatrix}5\\2\\-5\end{pmatrix} + t\cdot\begin{pmatrix}-7\\-3\\-8\end{pmatrix}$$

b) Zunächst überprüft man, ob die Gerade parallel zur Ebene liegt. Dazu muss das Produkt vom Normalenvektor der Ebene und dem Richtungsvektor der Geraden null ergeben.

$$\begin{pmatrix}2\\-1\\2\end{pmatrix} \cdot \begin{pmatrix}2\\8\\2\end{pmatrix} = 2\cdot2 - 1\cdot8 + 2\cdot2 = 4 - 8 + 4 = 0$$

Entweder sind g und E zueinander parallel und g liegt in E oder g und E sind zueinander parallel und g liegt nicht in E.

Punktprobe:
$2\cdot5 - 1\cdot(-3) + 2\cdot5 = 10 + 3 + 10 = 23 \neq 5$

g und E sind zueinander parallel und g liegt nicht in E.
Um die Bildgerade zu erhalten, spiegelt man den den zum Stützvektor $\vec{p} = \begin{pmatrix}5\\-3\\5\end{pmatrix}$ gehörenden Punkt $P(5|-3|5)$ der Geraden an der Ebene. Dadurch entsteht der Bildpunkt P'. Aus diesem und dem Richtungsvektor der Geraden kann man nun eine Gleichung der Bildgeraden aufstellen.

$$h: \vec{x} = \begin{pmatrix}5\\-3\\5\end{pmatrix} + t\cdot\begin{pmatrix}2\\-1\\2\end{pmatrix}$$

$$\begin{aligned} 2(5+2t) - 1(-3-t) + 2(5+2t) &= 5 \\ 10 + 4t + 3 + t + 10 + 4t &= 5 \\ 23 + 9t &= 5 \quad |-23 \\ 9t &= -18 \quad |:9 \\ t &= -2 \end{aligned}$$

$$\vec{f} = \begin{pmatrix} 5 \\ -3 \\ 5 \end{pmatrix} - 2 \cdot \begin{pmatrix} 2 \\ -1 \\ 2 \end{pmatrix} = \begin{pmatrix} 5 \\ -3 \\ 5 \end{pmatrix} + \begin{pmatrix} -4 \\ 2 \\ -4 \end{pmatrix} = \begin{pmatrix} 1 \\ -1 \\ 1 \end{pmatrix}$$

$F(1|-1|1)$

$$\overrightarrow{PF} = \begin{pmatrix} 1 \\ -1 \\ 1 \end{pmatrix} - \begin{pmatrix} 5 \\ -3 \\ 5 \end{pmatrix} = \begin{pmatrix} -4 \\ 2 \\ -4 \end{pmatrix}$$

$$\vec{p'} = \vec{f} + \overrightarrow{PF} = \begin{pmatrix} 1 \\ -1 \\ 1 \end{pmatrix} + \begin{pmatrix} -4 \\ 2 \\ -4 \end{pmatrix} = \begin{pmatrix} -3 \\ 1 \\ -3 \end{pmatrix}$$

$P'(-3|1|-3)$

$$g'\colon \vec{x} = \begin{pmatrix} -3 \\ 1 \\ -3 \end{pmatrix} + t \cdot \begin{pmatrix} 2 \\ 8 \\ 2 \end{pmatrix}$$

6 Spiegelung Ebene – Ebene

Wenn beide Ebenen parallel sind, wählt man einen Punkt P der Ebene E und spiegelt ihn an der Ebene F. Die Bildebene E' enthält den Punkt P' und hat denselben Normalenvektor wie E. Damit kann man mithilfe des Punktes P' und dem Normalenvektor eine Koordinatenform der Ebene E' aufstellen.

Wenn die Ebenen sich schneiden, liegt die Schnittgerade ebenfalls in E'. Nun wählt man einen Punkt P der Ebene E, der nicht auf der Schnittgeraden liegt und spiegelt ihn an der Ebene F. Nun kann man mithilfe des Bildpunktes P' und der Schnittgeraden g eine Parameterform der Bildebene E' aufstellen.

a) Bestimmen des Normalenvektors mithilfe des Kreuzprodukts:

$$\vec{u} \times \vec{v} = \begin{pmatrix} 2 \cdot 4 - 2 \cdot 1 \\ 2 \cdot 3 - 4 \cdot 4 \\ 4 \cdot 1 - 2 \cdot 3 \end{pmatrix} = \begin{pmatrix} 6 \\ -10 \\ -2 \end{pmatrix}$$

Möglicher Normalenvektor: $\vec{n} = \begin{pmatrix} 3 \\ -5 \\ -1 \end{pmatrix}$

$E\colon 3x_1 - 5x_2 - x_3 = d$
$d = 3 \cdot 1 - 5 \cdot 1 - 2 = 3 - 5 - 2 = -4$
$E\colon 3x_1 - 5x_2 - x_3 = -4$

Die Normalenvektoren von F und E sind keine Vielfachen voneinander, das heißt, die Ebenen schneiden sich. Wähle $P(0|0|4)$. Dieser Punkt von E liegt nicht in F und somit nicht auf der Schnittgeraden.

Spiegele P an F:

$$h\colon \vec{x} = \begin{pmatrix} 0 \\ 0 \\ 4 \end{pmatrix} + t \cdot \begin{pmatrix} 1 \\ 1 \\ 1 \end{pmatrix}$$

$1(0+t) + 1(0+t) + 1(4+t) = 0$
$t + t + 4 + t = 0$
$3t + 4 = 0 \quad |-4$
$3t = -4 \quad |:3$
$t = -\frac{4}{3}$

$$\vec{f} = \begin{pmatrix} 0 \\ 0 \\ 4 \end{pmatrix} - \frac{4}{3} \cdot \begin{pmatrix} 1 \\ 1 \\ 1 \end{pmatrix} = \begin{pmatrix} 0 \\ 0 \\ 4 \end{pmatrix} + \begin{pmatrix} -\frac{4}{3} \\ -\frac{4}{3} \\ -\frac{4}{3} \end{pmatrix} = \begin{pmatrix} -\frac{4}{3} \\ -\frac{4}{3} \\ \frac{8}{3} \end{pmatrix}$$

$F\left(-\frac{4}{3}\middle|-\frac{4}{3}\middle|\frac{8}{3}\right)$

$$\overrightarrow{PF} = \begin{pmatrix} -\frac{4}{3} \\ -\frac{4}{3} \\ \frac{8}{3} \end{pmatrix} - \begin{pmatrix} 0 \\ 0 \\ 4 \end{pmatrix} = \begin{pmatrix} -\frac{4}{3} \\ -\frac{4}{3} \\ -\frac{4}{3} \end{pmatrix}$$

$$\vec{p'} = \vec{f} + \overrightarrow{PF} = \begin{pmatrix} -\frac{4}{3} \\ -\frac{4}{3} \\ \frac{8}{3} \end{pmatrix} + \begin{pmatrix} -\frac{4}{3} \\ -\frac{4}{3} \\ -\frac{4}{3} \end{pmatrix} = \begin{pmatrix} -\frac{8}{3} \\ -\frac{8}{3} \\ \frac{4}{3} \end{pmatrix}$$

$P'\left(-\frac{8}{3}\middle|-\frac{8}{3}\middle|\frac{4}{3}\right)$

Schnittgerade von E und F bestimmen:
$E_1\colon 3x_1 - 5x_2 - x_3 = -4$
$F\colon x_1 + x_2 + x_3 = 0$

$E_1 + F$:
$4x_1 - 4x_2 = -4 \quad$ wähle $x_1 = t$
$4t - 4x_2 = -4 \quad |-4t$
$-4x_2 = -4 - 4t \quad |:(-4)$
$x_2 = 1 + t$

x_1 und x_2 in F:
$t + 1 + t + x_3 = 0$
$2t + 1 + x_3 = 0 \quad |-2t$
$1 + x_3 = -2t \quad |-1$
$x_3 = -2t - 1$

$$s\colon \vec{x} = \begin{pmatrix} t \\ 1+t \\ -2t-1 \end{pmatrix} = \begin{pmatrix} 0 \\ 1 \\ -1 \end{pmatrix} + t \cdot \begin{pmatrix} 1 \\ 1 \\ -2 \end{pmatrix}$$

$$E' = \begin{pmatrix} 0 \\ 1 \\ -1 \end{pmatrix} + t \cdot \begin{pmatrix} 1 \\ 1 \\ -2 \end{pmatrix} + s \cdot \left(\vec{p'} - \begin{pmatrix} 0 \\ 1 \\ -1 \end{pmatrix}\right)$$

$$E' = \begin{pmatrix} 0 \\ 1 \\ -1 \end{pmatrix} + t \cdot \begin{pmatrix} 1 \\ 1 \\ -2 \end{pmatrix} + s \cdot \left(\begin{pmatrix} -\frac{8}{3} \\ -\frac{8}{3} \\ \frac{4}{3} \end{pmatrix} - \begin{pmatrix} 0 \\ 1 \\ -1 \end{pmatrix}\right)$$

$$E' = \begin{pmatrix} 0 \\ 1 \\ -1 \end{pmatrix} + t \cdot \begin{pmatrix} 1 \\ 1 \\ -2 \end{pmatrix} + s \cdot \begin{pmatrix} -\frac{8}{3} \\ -\frac{11}{3} \\ \frac{7}{3} \end{pmatrix}$$

oder

$$E' = \begin{pmatrix} 0 \\ 1 \\ -1 \end{pmatrix} + t \cdot \begin{pmatrix} 1 \\ 1 \\ -2 \end{pmatrix} + s \cdot \begin{pmatrix} -8 \\ -11 \\ 7 \end{pmatrix}$$

b) Die Normalenvektoren der Ebenen sind Vielfache voneinander, jedoch nicht die komplette Ebenengleichung. Somit sind die Ebenen parallel. Wähle einen beliebigen Punkt auf der Ebene E, z. B. $P(0|0|6)$.

$h\colon \vec{x} = \begin{pmatrix}0\\0\\6\end{pmatrix} + t \cdot \begin{pmatrix}1\\1\\1\end{pmatrix}$

$$\begin{aligned} 1(0+t)+1(0+t)+1(6+t) &= 0 \\ t+t+6+t &= 0 \\ 3t+6 &= 0 \quad |-6 \\ 3t &= -6 \quad |:3 \\ t &= -2 \end{aligned}$$

$\vec{f} = \begin{pmatrix}0\\0\\6\end{pmatrix} - 2 \cdot \begin{pmatrix}1\\1\\1\end{pmatrix} = \begin{pmatrix}0\\0\\6\end{pmatrix} + \begin{pmatrix}-2\\-2\\-2\end{pmatrix} = \begin{pmatrix}-2\\-2\\4\end{pmatrix}$

$F(-2|-2|4)$

$\overrightarrow{PF} = \begin{pmatrix}-2\\-2\\4\end{pmatrix} - \begin{pmatrix}0\\0\\6\end{pmatrix} = \begin{pmatrix}-2\\-2\\-2\end{pmatrix}$

$\vec{p'} = \vec{f} + \overrightarrow{PF} = \begin{pmatrix}-2\\-2\\4\end{pmatrix} + \begin{pmatrix}-2\\-2\\-2\end{pmatrix} = \begin{pmatrix}-4\\-4\\2\end{pmatrix}$

$P'(-4|-4|2)$

$E'\colon\ 1x_1 + 1x_2 + 1x_3 = d$
$d = 1 \cdot (-4) + 1 \cdot (-4) + 1 \cdot 2 = -4 - 4 + 2 = -6$
$E'\colon\ 1x_1 + 1x_2 + 1x_3 = -6$

7 Vorzeichenwechsel bei Spiegelungen

a) $\overrightarrow{AO} = \begin{pmatrix}0\\0\\0\end{pmatrix} - \begin{pmatrix}2\\3\\-1\end{pmatrix} = \begin{pmatrix}-2\\-3\\1\end{pmatrix}$

$\vec{a'} = \vec{o} + \overrightarrow{AO} = \begin{pmatrix}0\\0\\0\end{pmatrix} + \begin{pmatrix}-2\\-3\\1\end{pmatrix} = \begin{pmatrix}-2\\-3\\1\end{pmatrix}$

$A'(-2|-3|1)$

Wie man an der Rechnung erkennen kann, ändern sich bei der Spiegelung am Ursprung lediglich die Vorzeichen.
Der Bildpunkt von B ist somit $B'(-5|4|-7)$.

b) Die x_1x_2-Ebene hat die Gleichung $x_3 = 0$ und den Normalenvektor $\vec{n} = \begin{pmatrix}0\\0\\1\end{pmatrix}$.

$g\colon \vec{x} = \begin{pmatrix}2\\3\\-1\end{pmatrix} + t \cdot \begin{pmatrix}0\\0\\1\end{pmatrix}$

$-1 + t = 0$ ergibt
$t = 1$

$\vec{f} = \begin{pmatrix}2\\3\\-1\end{pmatrix} + 1 \cdot \begin{pmatrix}0\\0\\1\end{pmatrix} = \begin{pmatrix}2\\3\\0\end{pmatrix}$

$F(2|3|0)$

$\overrightarrow{AF} = \begin{pmatrix}2\\3\\0\end{pmatrix} - \begin{pmatrix}2\\3\\-1\end{pmatrix} = \begin{pmatrix}0\\0\\1\end{pmatrix}$

$\vec{a'} = \vec{f} + \overrightarrow{AF} = \begin{pmatrix}2\\3\\0\end{pmatrix} + \begin{pmatrix}0\\0\\1\end{pmatrix} = \begin{pmatrix}2\\3\\1\end{pmatrix}$

$A'(2|3|1)$

Wie man an der Rechnung erkennen kann, ändert sich bei der Spiegelung an der x_1x_2-Ebene lediglich das Vorzeichen der x_3-Koordinate des Punktes. Der Bildpunkt von B bei der Spiegelung an der x_1x_2-Ebene ist somit $B'(5|-4|-7)$.

Bei Spiegelung an der x_1x_3-Ebene ändert sich lediglich das Vorzeichen der x_2-Koordinate. Die Bildpunkte von A und B sind somit $A'(2|-3|-1)$ und $B'(5|4|7)$.

Bei Spiegelung an der x_2x_3-Ebene ändert sich lediglich das Vorzeichen der x_1-Koordinate. Die Bildpunkte von A und B sind somit $A'(-2|3|-1)$ und $B'(-5|-4|7)$.

c) Die x_1-Achse hat die Gleichung

$g\colon \vec{x} = \begin{pmatrix}0\\0\\0\end{pmatrix} + t \cdot \begin{pmatrix}1\\0\\0\end{pmatrix}$, also $g\colon \vec{x} = t \cdot \begin{pmatrix}1\\0\\0\end{pmatrix}$.

$H\colon\ x_1 = d$

A in E: $2 = d$
$H\colon\ x_1 = 2$
$t = 2$

$\vec{f} = \begin{pmatrix}0\\0\\0\end{pmatrix} + 2 \cdot \begin{pmatrix}1\\0\\0\end{pmatrix} = \begin{pmatrix}2\\0\\0\end{pmatrix}$

$F(2|0|0)$

$\overrightarrow{AF} = \begin{pmatrix}2\\0\\0\end{pmatrix} - \begin{pmatrix}2\\3\\-1\end{pmatrix} = \begin{pmatrix}0\\-3\\1\end{pmatrix}$

$\vec{a'} = \vec{f} + \overrightarrow{AF} = \begin{pmatrix}2\\0\\0\end{pmatrix} + \begin{pmatrix}0\\-3\\1\end{pmatrix} = \begin{pmatrix}2\\-3\\1\end{pmatrix}$

$A'(2|-3|1)$

Bei der Spiegelung an der x_1-Achse ändern lediglich die Werte der x_2- und x_3-Koordinate ihr Vorzeichen. Der Bildpunkt von B ist somit $B'(5|4|-7)$.

Analog kann man berechnen, dass sich bei Spiegelung an der x_2-Achse lediglich die Vorzeichen der Werte der x_1- und x_3-Koordinaten ändern. Der Bildpunkt von A ist somit $A'(-2|3|1)$. Der Bildpunkt von B ist somit $B'(-5|-4|-7)$.

Ebenso kann man berechnen, dass sich bei Spiegelung an der x_3-Achse lediglich die Vorzeichen der Werte der x_1- und x_2-Koordinaten ändern. Der Bildpunkt von A ist demnach $A'(-2|-3|-1)$. Der Bildpunkt von B ist somit $B'(-5|4|7)$.

SCHRITT 26

Das brauchst du wieder

b) A(2 | 3 | 0), B(−2 | −5 | 6)

$$\overrightarrow{AB} = \begin{pmatrix} -2-2 \\ -5-3 \\ 6-0 \end{pmatrix} = \begin{pmatrix} -4 \\ -8 \\ 6 \end{pmatrix}$$

$$\vec{m} = \begin{pmatrix} 2 \\ 3 \\ 0 \end{pmatrix} + \frac{1}{2}\begin{pmatrix} -4 \\ -8 \\ 6 \end{pmatrix} = \begin{pmatrix} 0 \\ -1 \\ 3 \end{pmatrix}$$

M(0 | −1 | 3)

1 „Du bist dran" aus dem „So geht's"-Kasten

Berechne $\overrightarrow{PP'}$:

$$\overrightarrow{PP'} = \begin{pmatrix} 4 \\ 3 \\ -6 \end{pmatrix} - \begin{pmatrix} 2 \\ -3 \\ -2 \end{pmatrix} = \begin{pmatrix} 2 \\ 6 \\ -4 \end{pmatrix}$$

Bestimme einen Ansatz für die Ebenengleichung, indem du $\overrightarrow{PP'}$ als Normalenvektor $\vec{n}$ verwendest:

E: $2x_1 + 6x_2 - 4x_3 = d$

Bestimme den Mittelpunkt M durch $\vec{m} = \vec{p} + \frac{1}{2}\overrightarrow{PP'}$:

$$\vec{m} = \begin{pmatrix} 2 \\ -3 \\ -2 \end{pmatrix} + \frac{1}{2} \cdot \begin{pmatrix} 2 \\ 6 \\ -4 \end{pmatrix} = \begin{pmatrix} 2 \\ -3 \\ -2 \end{pmatrix} + \begin{pmatrix} 1 \\ 3 \\ -2 \end{pmatrix} = \begin{pmatrix} 3 \\ 0 \\ -4 \end{pmatrix}$$

M(3 | 0 | −4)

Setze M in deinen Ansatz für die Ebenengleichung ein:

$$2 \cdot 3 + 6 \cdot 0 - 4 \cdot (-4) = d$$
$$6 + 16 = d$$
$$d = 22$$

Notiere die Ebenengleichungen E:

E: $2x_1 + 6x_2 - 4x_3 = 22$

2 Symmetrieebene

$$\overrightarrow{PP'} = \begin{pmatrix} -2 \\ -4 \\ -6 \end{pmatrix} - \begin{pmatrix} 4 \\ 6 \\ 8 \end{pmatrix} = \begin{pmatrix} -6 \\ -10 \\ -14 \end{pmatrix}$$

E: $-6x_1 - 10x_2 - 14x_3 = d$

$$\vec{m} = \begin{pmatrix} 4 \\ 6 \\ 8 \end{pmatrix} + \frac{1}{2} \cdot \begin{pmatrix} -6 \\ -10 \\ -14 \end{pmatrix} = \begin{pmatrix} 4 \\ 6 \\ 8 \end{pmatrix} + \begin{pmatrix} -3 \\ -5 \\ -7 \end{pmatrix} = \begin{pmatrix} 1 \\ 1 \\ 1 \end{pmatrix}$$

M(1 | 1 | 1)

$$-6 \cdot 1 - 10 \cdot 1 - 14 \cdot 1 = d$$
$$-6 - 10 - 14 = d$$
$$d = -30$$

E: $-6x_1 - 10x_2 - 14x_3 = -30$

3 Verkettung von Spiegelungen

$$h_1: \vec{x} = \begin{pmatrix} 3 \\ 1 \\ -1 \end{pmatrix} + t \cdot \begin{pmatrix} 1 \\ 2 \\ 3 \end{pmatrix}$$

$$1(3 + 1t) + 2(1 + 2t) + 3(-1 + 3t) = 16$$
$$3 + 1t + 2 + 4t - 3 + 9t = 16$$
$$2 + 14t = 16 \quad | -2$$
$$14t = 14 \quad | : 14$$
$$t = 1$$

$$\vec{f} = \begin{pmatrix} 3 \\ 1 \\ -1 \end{pmatrix} + 1 \cdot \begin{pmatrix} 1 \\ 2 \\ 3 \end{pmatrix} = \begin{pmatrix} 3 \\ 1 \\ -1 \end{pmatrix} + \begin{pmatrix} 1 \\ 2 \\ 3 \end{pmatrix} = \begin{pmatrix} 4 \\ 3 \\ 2 \end{pmatrix}$$

$F_1 = (4 | 3 | 2)$

$$\overrightarrow{PF_1} = \begin{pmatrix} 4 \\ 3 \\ 2 \end{pmatrix} - \begin{pmatrix} 3 \\ 1 \\ -1 \end{pmatrix} = \begin{pmatrix} 1 \\ 2 \\ 3 \end{pmatrix}$$

$$\vec{p'} = \vec{f} + \overrightarrow{PF_1} = \begin{pmatrix} 4 \\ 3 \\ 2 \end{pmatrix} + \begin{pmatrix} 1 \\ 2 \\ 3 \end{pmatrix} = \begin{pmatrix} 5 \\ 5 \\ 5 \end{pmatrix}$$

P(5 | 5 | 5)

$$h_2: \vec{x} = \begin{pmatrix} 5 \\ 5 \\ 5 \end{pmatrix} + t \cdot \begin{pmatrix} 1 \\ -1 \\ 2 \end{pmatrix}$$

$$1(5 + 1t) - 1(5 - 1t) + 2(5 + 2t) = 16$$
$$5 + 1t - 5 + 1t + 10 + 4t = 16$$
$$10 + 6t = 16 \quad | -10$$
$$6t = 6 \quad | : 6$$
$$t = 1$$

$$\vec{f} = \begin{pmatrix} 5 \\ 5 \\ 5 \end{pmatrix} + 1 \cdot \begin{pmatrix} 1 \\ -1 \\ 2 \end{pmatrix} = \begin{pmatrix} 5 \\ 5 \\ 5 \end{pmatrix} + \begin{pmatrix} 1 \\ -1 \\ 2 \end{pmatrix} = \begin{pmatrix} 6 \\ 4 \\ 7 \end{pmatrix}$$

$F_2 = (6 | 4 | 7)$

$$\overrightarrow{P'F_2} = \begin{pmatrix} 6 \\ 4 \\ 7 \end{pmatrix} - \begin{pmatrix} 5 \\ 5 \\ 5 \end{pmatrix} = \begin{pmatrix} 1 \\ -1 \\ 2 \end{pmatrix}$$

$$\vec{p''} = \vec{f} + \overrightarrow{P'F_2} = \begin{pmatrix} 6 \\ 4 \\ 7 \end{pmatrix} + \begin{pmatrix} 1 \\ -1 \\ 2 \end{pmatrix} = \begin{pmatrix} 7 \\ 3 \\ 9 \end{pmatrix}$$

P″(7 | 3 | 9)

$$\overrightarrow{PP''} = \begin{pmatrix} 7 \\ 3 \\ 9 \end{pmatrix} - \begin{pmatrix} 3 \\ 1 \\ -1 \end{pmatrix} = \begin{pmatrix} 4 \\ 2 \\ 10 \end{pmatrix}$$

E: $4x_1 + 2x_2 + 10x_3 = d$

$\vec{m} = \vec{p} + \frac{1}{2}\overrightarrow{PP''}$:

$$\vec{m} = \begin{pmatrix} 3 \\ 1 \\ -1 \end{pmatrix} + \frac{1}{2} \cdot \begin{pmatrix} 4 \\ 2 \\ 10 \end{pmatrix} = \begin{pmatrix} 3 \\ 1 \\ -1 \end{pmatrix} + \begin{pmatrix} 2 \\ 1 \\ 5 \end{pmatrix} = \begin{pmatrix} 5 \\ 2 \\ 4 \end{pmatrix}$$

M(5 | 2 | 4)

$d = 4 \cdot 5 + 2 \cdot 2 + 10 \cdot 4 = 20 + 4 + 40 = 64$

E: $4x_1 + 2x_2 + 10x_3 = 64$

4 Ebenen auf Symmetrieebene überprüfen

$$\overrightarrow{PP'} = \begin{pmatrix} -9 \\ 11 \\ 4 \end{pmatrix} - \begin{pmatrix} 3 \\ 1 \\ 8 \end{pmatrix} = \begin{pmatrix} -12 \\ 10 \\ -4 \end{pmatrix}$$

E: $-12x_1 + 10x_2 - 4x_3 = d$

$\vec{m} = \vec{p} + \frac{1}{2}\overrightarrow{PP'}$:

$\vec{m} = \begin{pmatrix}3\\1\\8\end{pmatrix} + \frac{1}{2} \cdot \begin{pmatrix}-12\\10\\-4\end{pmatrix} = \begin{pmatrix}3\\1\\8\end{pmatrix} + \begin{pmatrix}-6\\5\\-2\end{pmatrix} = \begin{pmatrix}-3\\6\\6\end{pmatrix}$

M(−3 | 6 | 6)

$d = -12 \cdot (-3) + 10 \cdot 6 - 4 \cdot 6 = 36 + 60 - 24 = 72$
$E\colon\ -12x_1 + 10x_2 - 4x_3 = 72$

a) Die Ebene E_1 ist eine Spiegelebene, da sie ein Vielfaches der Ebene E ist.

b) Die Ebene E_2 kann keine Spiegelebene sein, da sie kein Vielfaches der Ebene E ist.

c) Die Ebene E_3 kann keine Spiegelebene sein, da sie kein Vielfaches der Ebene E ist.

d) Der Normalenvektor der Ebene E_4 kann man mithilfe des Kreuzprodukts bestimmen:

$\vec{u} \times \vec{v} = \begin{pmatrix}0 \cdot 2 - (-3) \cdot 2\\-3 \cdot 1 - 1 \cdot 2\\1 \cdot 2 - 0 \cdot 1\end{pmatrix} = \begin{pmatrix}6\\-5\\2\end{pmatrix}$

$\vec{n} = \begin{pmatrix}6\\-5\\2\end{pmatrix}$

$E_4\colon\ 6x_1 - 5x_2 + 2x_3 = d$
$d = 6 \cdot 0 - 5 \cdot 8 + 2 \cdot 2 = 0 - 40 + 4 = -36$
$E_4\colon\ 6x_1 - 5x_2 + 2x_3 = -36$

Die Ebene E_4 ist eine Spiegelebene, da sie ein Vielfaches der Ebene E ist.

TRAINING 6

1 Innenwinkel eines Dreiecks

a) A(1 | −3 | 4), B(3 | 1 | 5), C(2 | 2 | 6)

$\overrightarrow{AB} = \begin{pmatrix}3 - 1\\1 - (-3)\\5 - 4\end{pmatrix} = \begin{pmatrix}2\\4\\1\end{pmatrix}$ $\quad \overrightarrow{BA} = \begin{pmatrix}-2\\-4\\-1\end{pmatrix}$

$\overrightarrow{AC} = \begin{pmatrix}2 - 1\\2 - (-3)\\6 - 4\end{pmatrix} = \begin{pmatrix}1\\5\\2\end{pmatrix}$ $\quad \overrightarrow{BC} = \begin{pmatrix}2 - 3\\2 - 1\\6 - 5\end{pmatrix} = \begin{pmatrix}-1\\1\\1\end{pmatrix}$

$\cos(\alpha) = \frac{\overrightarrow{AB} \cdot \overrightarrow{AC}}{|\overrightarrow{AB}| \cdot |\overrightarrow{AC}|}$

$\cos(\alpha) = \frac{\begin{pmatrix}2\\4\\1\end{pmatrix} \cdot \begin{pmatrix}1\\5\\2\end{pmatrix}}{\left|\begin{pmatrix}2\\4\\1\end{pmatrix}\right| \cdot \left|\begin{pmatrix}1\\5\\2\end{pmatrix}\right|} = \frac{2 \cdot 1 + 4 \cdot 5 + 1 \cdot 2}{\sqrt{2^2 + 4^2 + 1^2} \cdot \sqrt{1^2 + 5^2 + 2^2}}$

$= \frac{2 + 20 + 2}{\sqrt{21} \cdot \sqrt{30}} = \frac{24}{\sqrt{21} \cdot \sqrt{30}}$

$\alpha = \cos^{-1}\left(\frac{24}{\sqrt{21} \cdot \sqrt{30}}\right) = 17{,}02°$

$\cos(\beta) = \frac{\overrightarrow{BA} \cdot \overrightarrow{BC}}{|\overrightarrow{BA}| \cdot |\overrightarrow{BC}|}$

$\cos(\beta) = \frac{\begin{pmatrix}-2\\-4\\-1\end{pmatrix} \cdot \begin{pmatrix}-1\\1\\1\end{pmatrix}}{\left|\begin{pmatrix}-2\\-4\\-1\end{pmatrix}\right| \cdot \left|\begin{pmatrix}-1\\1\\1\end{pmatrix}\right|}$

$= \frac{(-2) \cdot (-1) + (-4) \cdot 1 + (-1) \cdot 1}{\sqrt{(-2)^2 + (-4)^2 + (-1)^2} \cdot \sqrt{(-1)^2 + 1^2 + 1^2}}$

$= \frac{2 - 4 - 1}{\sqrt{21} \cdot \sqrt{3}} = \frac{-3}{\sqrt{21} \cdot \sqrt{3}}$

$\beta = \cos^{-1}\left(\frac{-3}{\sqrt{21} \cdot \sqrt{3}}\right) = 112{,}21°$

$\gamma = 180° - \alpha - \beta$
$= 180° - 17{,}02° - 112{,}21°$
$= 50{,}77°$

b) A(−1 | 2 | 1), B(5 | 8 | 7), C(5 | 2 | 4)

$\overrightarrow{AB} = \begin{pmatrix}5 - (-1)\\8 - 2\\7 - 1\end{pmatrix} = \begin{pmatrix}6\\6\\6\end{pmatrix}$ $\quad \overrightarrow{BA} = \begin{pmatrix}-6\\-6\\-6\end{pmatrix}$

$\overrightarrow{AC} = \begin{pmatrix}5 - (-1)\\2 - 2\\4 - 1\end{pmatrix} = \begin{pmatrix}6\\0\\3\end{pmatrix}$ $\quad \overrightarrow{BC} = \begin{pmatrix}5 - 5\\2 - 8\\4 - 7\end{pmatrix} = \begin{pmatrix}0\\-6\\-3\end{pmatrix}$

$\cos(\alpha) = \frac{\overrightarrow{AB} \cdot \overrightarrow{AC}}{|\overrightarrow{AB}| \cdot |\overrightarrow{AC}|}$

$\cos(\alpha) = \frac{\begin{pmatrix}6\\6\\6\end{pmatrix} \cdot \begin{pmatrix}6\\0\\3\end{pmatrix}}{\left|\begin{pmatrix}6\\6\\6\end{pmatrix}\right| \cdot \left|\begin{pmatrix}6\\0\\3\end{pmatrix}\right|} = \frac{6 \cdot 6 + 6 \cdot 0 + 6 \cdot 3}{\sqrt{6^2 + 6^2 + 6^2} \cdot \sqrt{6^2 + 0^2 + 3^2}}$

$= \frac{36 + 0 + 18}{\sqrt{108} \cdot \sqrt{45}} = \frac{54}{\sqrt{108} \cdot \sqrt{45}}$

$\alpha = \cos^{-1}\left(\frac{54}{\sqrt{108} \cdot \sqrt{45}}\right) = 39{,}23°$

$\cos(\beta) = \frac{\overrightarrow{BA} \cdot \overrightarrow{BC}}{|\overrightarrow{BA}| \cdot |\overrightarrow{BC}|}$

$\cos(\beta) = \frac{\begin{pmatrix}-6\\-6\\-6\end{pmatrix} \cdot \begin{pmatrix}0\\-6\\-3\end{pmatrix}}{\left|\begin{pmatrix}-6\\-6\\-6\end{pmatrix}\right| \cdot \left|\begin{pmatrix}0\\-6\\-3\end{pmatrix}\right|}$

$= \frac{(-6) \cdot 0 + (-6) \cdot (-6) + (-6) \cdot (-3)}{\sqrt{(-6)^2 + (-6)^2 + (-6)^2} \cdot \sqrt{0^2 + (-6)^2 + (-3)^2}}$

$= \frac{0 + 36 + 18}{\sqrt{108} \cdot \sqrt{45}} = \frac{54}{\sqrt{108} \cdot \sqrt{45}}$

$\beta = \cos^{-1}\left(\frac{54}{\sqrt{108} \cdot \sqrt{45}}\right) = 39{,}23°$

$\gamma = 180° - \alpha - \beta$
$= 180° - 39{,}23° - 39{,}23°$
$= 101{,}54°$

c) $A(3|-2|8), B(5|6|6), C(9|2|12)$

$$\overrightarrow{AB} = \begin{pmatrix} 5-3 \\ 6-(-2) \\ 6-8 \end{pmatrix} = \begin{pmatrix} 2 \\ 8 \\ -2 \end{pmatrix} \quad \overrightarrow{BA} = \begin{pmatrix} -2 \\ -8 \\ 2 \end{pmatrix}$$

$$\overrightarrow{AC} = \begin{pmatrix} 9-3 \\ 2-(-2) \\ 12-8 \end{pmatrix} = \begin{pmatrix} 6 \\ 4 \\ 4 \end{pmatrix} \quad \overrightarrow{BC} = \begin{pmatrix} 9-5 \\ 2-6 \\ 12-6 \end{pmatrix} = \begin{pmatrix} 4 \\ -4 \\ 6 \end{pmatrix}$$

$$\cos(\alpha) = \frac{\overrightarrow{AB} \cdot \overrightarrow{AC}}{|\overrightarrow{AB}| \cdot |\overrightarrow{AC}|}$$

$$\cos(\alpha) = \frac{\begin{pmatrix} 2 \\ 8 \\ -2 \end{pmatrix} \cdot \begin{pmatrix} 6 \\ 4 \\ 4 \end{pmatrix}}{\left|\begin{pmatrix} 2 \\ 8 \\ -2 \end{pmatrix}\right| \cdot \left|\begin{pmatrix} 6 \\ 4 \\ 4 \end{pmatrix}\right|} = \frac{2 \cdot 6 + 8 \cdot 4 + (-2) \cdot 4}{\sqrt{2^2 + 8^2 + (-2)^2} \cdot \sqrt{6^2 + 4^2 + 4^2}}$$

$$= \frac{12 + 32 - 8}{\sqrt{72} \cdot \sqrt{68}} = \frac{36}{\sqrt{72} \cdot \sqrt{68}}$$

$$\alpha = \cos^{-1}\left(\frac{36}{\sqrt{72} \cdot \sqrt{68}}\right) = 59{,}04°$$

$$\cos(\beta) = \frac{\overrightarrow{BA} \cdot \overrightarrow{BC}}{|\overrightarrow{BA}| \cdot |\overrightarrow{BC}|}$$

$$\cos(\beta) = \frac{\begin{pmatrix} -2 \\ -8 \\ 2 \end{pmatrix} \cdot \begin{pmatrix} 4 \\ -4 \\ 6 \end{pmatrix}}{\left|\begin{pmatrix} -2 \\ -8 \\ 2 \end{pmatrix}\right| \cdot \left|\begin{pmatrix} 4 \\ -4 \\ 6 \end{pmatrix}\right|}$$

$$= \frac{(-2) \cdot 4 + (-8) \cdot (-4) + 2 \cdot 6}{\sqrt{(-2)^2 + (-8)^2 + 2^2} \cdot \sqrt{4^2 + (-4)^2 + 6^2}}$$

$$= \frac{-8 + 32 + 12}{\sqrt{72} \cdot \sqrt{68}} = \frac{36}{\sqrt{72} \cdot \sqrt{68}}$$

$$\beta = \cos^{-1}\left(\frac{36}{\sqrt{72} \cdot \sqrt{68}}\right) = 59{,}04°$$

$$\gamma = 180° - \alpha - \beta$$
$$= 180° - 59{,}04° - 59{,}04°$$
$$= 61{,}92°$$

2 Symmetrieebene bestimmen

$$\overrightarrow{PP'} = \begin{pmatrix} 5 \\ 2 \\ 2 \end{pmatrix} - \begin{pmatrix} 3 \\ 6 \\ 10 \end{pmatrix} = \begin{pmatrix} 2 \\ -4 \\ -8 \end{pmatrix}$$

$E\colon\ 2x_1 - 4x_2 - 8x_3 = d$

$\vec{m} = \vec{p} + \frac{1}{2} \cdot \overrightarrow{PP'}$:

$$\vec{m} = \begin{pmatrix} 3 \\ 6 \\ 10 \end{pmatrix} + \frac{1}{2} \cdot \begin{pmatrix} 2 \\ -4 \\ -8 \end{pmatrix} = \begin{pmatrix} 3 \\ 6 \\ 10 \end{pmatrix} + \begin{pmatrix} 1 \\ -2 \\ -4 \end{pmatrix} = \begin{pmatrix} 4 \\ 4 \\ 6 \end{pmatrix}$$

$M(4|4|6)$

$d = 2 \cdot 4 - 4 \cdot 4 - 8 \cdot 6 = 8 - 16 - 48 = -56$

$E\colon\ 2x_1 - 4x_2 - 8x_3 = -56$

3 Berechnungen am Quader

a) $A(0|0|0), B(3|0|0), C(3|5|0), D(0|5|0),$
$E(0|0|4), F(3|0|4), G(3|5|4), H(0|5|4),$
$M(0|2{,}5|4), N(1{,}5|2{,}5|0)$

b) $$\overrightarrow{GB} = \begin{pmatrix} 3 \\ 0 \\ 0 \end{pmatrix} - \begin{pmatrix} 3 \\ 5 \\ 4 \end{pmatrix} = \begin{pmatrix} 0 \\ -5 \\ -4 \end{pmatrix}$$

$E\colon\ \vec{x} = \vec{a} + t \cdot \overrightarrow{AB} + s \cdot \overrightarrow{AC}$

$$\overrightarrow{AB} = \begin{pmatrix} 3 \\ 0 \\ 0 \end{pmatrix} - \begin{pmatrix} 0 \\ 0 \\ 0 \end{pmatrix} = \begin{pmatrix} 3 \\ 0 \\ 0 \end{pmatrix}$$

$$\overrightarrow{AC} = \begin{pmatrix} 3 \\ 5 \\ 0 \end{pmatrix} - \begin{pmatrix} 0 \\ 0 \\ 0 \end{pmatrix} = \begin{pmatrix} 3 \\ 5 \\ 0 \end{pmatrix}$$

$$E\colon\ \vec{x} = \begin{pmatrix} 0 \\ 0 \\ 0 \end{pmatrix} + t \cdot \begin{pmatrix} 3 \\ 0 \\ 0 \end{pmatrix} + s \cdot \begin{pmatrix} 3 \\ 5 \\ 0 \end{pmatrix}$$

$$\vec{u} \times \vec{v} = \begin{pmatrix} 0 \cdot 0 - 0 \cdot 5 \\ 0 \cdot 3 - 3 \cdot 0 \\ 3 \cdot 5 - 0 \cdot 3 \end{pmatrix} = \begin{pmatrix} 0 \\ 0 \\ 15 \end{pmatrix}$$

Möglicher Normalenvektor: $\vec{n} = \begin{pmatrix} 0 \\ 0 \\ 1 \end{pmatrix}$

$$\sin(\alpha) = \frac{\overrightarrow{GB} \cdot \vec{n}}{|\overrightarrow{GB}| \cdot |\vec{n}|} = \frac{\begin{pmatrix} 0 \\ -5 \\ -4 \end{pmatrix} \cdot \begin{pmatrix} 0 \\ 0 \\ 1 \end{pmatrix}}{\left|\begin{pmatrix} 0 \\ -5 \\ -4 \end{pmatrix}\right| \cdot \left|\begin{pmatrix} 0 \\ 0 \\ 1 \end{pmatrix}\right|}$$

$$= \frac{0 \cdot 0 - 5 \cdot 0 - 4 \cdot 1}{\sqrt{0^2 + (-5)^2 + (-4)^2} \cdot \sqrt{0^2 + 0^2 + 1^2}}$$

$$= -\frac{4}{\sqrt{0 + 25 + 16} \cdot \sqrt{0 + 0 + 1}} = -\frac{4}{\sqrt{41}}$$

$\alpha \approx -38{,}66°$

Da der Winkel positiv sein muss, beträgt er $\alpha \approx 38{,}66°$.

c) $$\overrightarrow{MB} = \begin{pmatrix} 3 \\ 0 \\ 0 \end{pmatrix} - \begin{pmatrix} 0 \\ 2{,}5 \\ 4 \end{pmatrix} = \begin{pmatrix} 3 \\ -2{,}5 \\ -4 \end{pmatrix}$$

$$\overrightarrow{HB} = \begin{pmatrix} 3 \\ 0 \\ 0 \end{pmatrix} - \begin{pmatrix} 0 \\ 5 \\ 4 \end{pmatrix} = \begin{pmatrix} 3 \\ -5 \\ -4 \end{pmatrix}$$

$$\cos(\alpha) = \frac{\overrightarrow{MB} \cdot \overrightarrow{HB}}{|\overrightarrow{MB}| \cdot |\overrightarrow{HB}|} = \frac{\begin{pmatrix} 3 \\ -2{,}5 \\ -4 \end{pmatrix} \cdot \begin{pmatrix} 3 \\ -5 \\ -4 \end{pmatrix}}{\left|\begin{pmatrix} 3 \\ -2{,}5 \\ -4 \end{pmatrix}\right| \cdot \left|\begin{pmatrix} 3 \\ -5 \\ -4 \end{pmatrix}\right|}$$

$$= \frac{3 \cdot 3 - 2{,}5 \cdot (-5) - 4 \cdot (-4)}{\sqrt{3^2 + (-2{,}5)^2 + (-4)^2} \cdot \sqrt{3^2 + (-5)^2 + (-4)^2}}$$

$$= \frac{9 + 12{,}5 + 16}{\sqrt{9 + 6{,}25 + 16} \cdot \sqrt{9 + 25 + 16}} = \frac{37{,}5}{\sqrt{31{,}25} \cdot \sqrt{50}}$$

$\alpha \approx 18{,}43°$

d) $$\overrightarrow{CM} = \begin{pmatrix} 0 \\ 2{,}5 \\ 4 \end{pmatrix} - \begin{pmatrix} 3 \\ 5 \\ 0 \end{pmatrix} = \begin{pmatrix} -3 \\ -2{,}5 \\ 4 \end{pmatrix}$$

$$\overrightarrow{AC} = \begin{pmatrix} 3 \\ 5 \\ 0 \end{pmatrix} - \begin{pmatrix} 0 \\ 0 \\ 0 \end{pmatrix} = \begin{pmatrix} 3 \\ 5 \\ 0 \end{pmatrix}$$

$$\cos(\alpha) = \frac{\overrightarrow{CM} \cdot \overrightarrow{AC}}{|\overrightarrow{CM}| \cdot |\overrightarrow{AC}|} = \frac{\begin{pmatrix}-3\\-2{,}5\\4\end{pmatrix} \cdot \begin{pmatrix}3\\5\\0\end{pmatrix}}{\left|\begin{pmatrix}-3\\-2{,}5\\4\end{pmatrix}\right| \cdot \left|\begin{pmatrix}3\\5\\0\end{pmatrix}\right|}$$

$$= \frac{-3 \cdot 3 - 2{,}5 \cdot 5 + 4 \cdot 0}{\sqrt{(-3)^2 + (-2{,}5)^2 + 4^2} \cdot \sqrt{3^2 + 5^2 + 0^2}}$$

$$= \frac{-9 - 12{,}5 + 0}{\sqrt{9 + 6{,}25 + 16} \cdot \sqrt{9 + 25 + 0}} = \frac{-21{,}5}{\sqrt{31{,}25} \cdot \sqrt{34}}$$

$\alpha \approx 131{,}27°$

Da der Winkel $\leqq 90°$ sein muss, beträgt er $\alpha \approx 180° - 131{,}27° = 48{,}73°$.

e) $\overrightarrow{EC} = \begin{pmatrix}3\\5\\0\end{pmatrix} - \begin{pmatrix}0\\0\\4\end{pmatrix} = \begin{pmatrix}3\\5\\-4\end{pmatrix}$

$\vec{n} = \begin{pmatrix}0\\0\\1\end{pmatrix}$ aus Teilaufgabe a)

$$\sin(\alpha) = \frac{\overrightarrow{EC} \cdot \vec{n}}{|\overrightarrow{EC}| \cdot |\vec{n}|} = \frac{\begin{pmatrix}3\\5\\-4\end{pmatrix} \cdot \begin{pmatrix}0\\0\\1\end{pmatrix}}{\left|\begin{pmatrix}3\\5\\-4\end{pmatrix}\right| \cdot \left|\begin{pmatrix}0\\0\\1\end{pmatrix}\right|}$$

$$= \frac{3 \cdot 0 + 5 \cdot 0 - 4 \cdot 1}{\sqrt{3^2 + (5)^2 + (-4)^2} \cdot \sqrt{0^2 + 0^2 + 1^2}}$$

$$= -\frac{4}{\sqrt{9 + 25 + 16} \cdot \sqrt{0 + 0 + 1}} = -\frac{4}{\sqrt{50}}$$

$\alpha \approx -34{,}45°$

Da der Winkel positiv sein muss, beträgt er $\alpha \approx 34{,}45°$.

f) $E\colon \vec{x} = \vec{u} + t \cdot \overrightarrow{AB} + s \cdot \overrightarrow{AC}$

$\overrightarrow{AB} = \begin{pmatrix}3\\0\\0\end{pmatrix} - \begin{pmatrix}0\\0\\0\end{pmatrix} = \begin{pmatrix}3\\0\\0\end{pmatrix}$

$\overrightarrow{AC} = \begin{pmatrix}3\\5\\0\end{pmatrix} - \begin{pmatrix}0\\0\\0\end{pmatrix} = \begin{pmatrix}3\\5\\0\end{pmatrix}$

$E\colon \vec{x} = \begin{pmatrix}0\\0\\0\end{pmatrix} + t \cdot \begin{pmatrix}3\\0\\0\end{pmatrix} + s \cdot \begin{pmatrix}3\\5\\0\end{pmatrix}$

$\vec{u} \times \vec{v} = \begin{pmatrix}0 \cdot 0 - 0 \cdot 5\\0 \cdot 3 - 3 \cdot 0\\3 \cdot 5 - 0 \cdot 3\end{pmatrix} = \begin{pmatrix}0\\0\\15\end{pmatrix}$

Möglicher Normalenvektor: $\vec{n_1} = \begin{pmatrix}0\\0\\1\end{pmatrix}$

$E\colon \vec{x} = \vec{m} + t \cdot \overrightarrow{MB} + s \cdot \overrightarrow{MH}$

$\overrightarrow{MB} = \begin{pmatrix}3\\0\\0\end{pmatrix} - \begin{pmatrix}0\\2{,}5\\4\end{pmatrix} = \begin{pmatrix}3\\-2{,}5\\-4\end{pmatrix}$

$\overrightarrow{MH} = \begin{pmatrix}0\\5\\4\end{pmatrix} - \begin{pmatrix}0\\2{,}5\\4\end{pmatrix} = \begin{pmatrix}0\\2{,}5\\0\end{pmatrix}$

$E\colon \vec{x} = \begin{pmatrix}0\\2{,}5\\4\end{pmatrix} + t \cdot \begin{pmatrix}3\\-2{,}5\\-4\end{pmatrix} + s \cdot \begin{pmatrix}0\\2{,}5\\0\end{pmatrix}$

$\vec{u} \times \vec{v} = \begin{pmatrix}-2{,}5 \cdot 0 - (-4) \cdot 2{,}5\\-4 \cdot 0 - 3 \cdot 0\\3 \cdot 2{,}5 - (-2{,}5) \cdot 0\end{pmatrix} = \begin{pmatrix}10\\0\\7{,}5\end{pmatrix}$

Möglicher Normalenvektor: $\vec{n_2} = \begin{pmatrix}10\\0\\7{,}5\end{pmatrix}$

$$\cos(\alpha) = \frac{\vec{n_1} \cdot \vec{n_2}}{|\vec{n_1}| \cdot |\vec{n_2}|} = \frac{\begin{pmatrix}0\\0\\1\end{pmatrix} \cdot \begin{pmatrix}10\\0\\7{,}5\end{pmatrix}}{\left|\begin{pmatrix}0\\0\\1\end{pmatrix}\right| \cdot \left|\begin{pmatrix}10\\0\\7{,}5\end{pmatrix}\right|}$$

$$= \frac{0 \cdot 10 + 0 \cdot 0 + 1 \cdot 7{,}5}{\sqrt{0^2 + 0^2 + (1)^2} \cdot \sqrt{10^2 + (0)^2 + 7{,}5^2}}$$

$$= \frac{0 + 0 + 7{,}5}{\sqrt{0 + 0 + 1} \cdot \sqrt{100 + 0 + 56{,}25}} = \frac{7{,}5}{\sqrt{1} \cdot \sqrt{156{,}25}}$$

$\alpha \approx 53{,}13°$

4 Bedingungen für Spiegelgeraden

a) Alle Spiegelgeraden, die P auf P′ abbilden, müssen in der Spiegelebene liegen und den Mittelpunkt der Strecke $\overline{PP'}$ enthalten.

b) $\overrightarrow{PP'} = \begin{pmatrix}5\\0\\3\end{pmatrix} - \begin{pmatrix}3\\2\\1\end{pmatrix} = \begin{pmatrix}2\\-2\\2\end{pmatrix}$

$E\colon 2x_1 - 2x_2 + 2x_3 = d$

$\vec{m} = \vec{p} + \frac{1}{2} \cdot \overrightarrow{PP'}$:

$\vec{m} = \begin{pmatrix}3\\2\\1\end{pmatrix} + \frac{1}{2} \cdot \begin{pmatrix}2\\-2\\2\end{pmatrix} = \begin{pmatrix}3\\2\\1\end{pmatrix} + \begin{pmatrix}1\\-1\\1\end{pmatrix} = \begin{pmatrix}4\\1\\2\end{pmatrix}$

$M(4\,|\,1\,|\,2)$

$d = 2 \cdot 4 - 2 \cdot 1 + 2 \cdot 2 = 8 - 2 + 4 = 10$

$E\colon 2x_1 - 2x_2 + 2x_3 = 10$ Spiegelebene

In der Spiegelebene liegen alle Spiegelgeraden.

I Punktprobe:
$2 \cdot 0 - 2 \cdot 0 + 2 \cdot 0 = 0 + 0 + 0 = 0 \neq 10$

Da der Ursprung kein Punkt der Spiegelebene ist, gibt es keine Spiegelgerade, die durch den Ursprung verläuft.

II Punktprobe:
A: $2 \cdot 4 - 2 \cdot 1 + 2 \cdot 2 = 8 - 2 + 4 = 10 = 10$
B: $2 \cdot 2 - 2 \cdot 2 + 2 \cdot 5 = 4 - 4 + 10 = 10 = 10$

Die Punkte A und B liegen in der Spiegelebene. Jetzt muss noch überprüft werden, ob der Mittelpunkt auf der Geraden durch die Punkte A und B liegt.

$g\colon \vec{x} = \vec{a} + t \cdot \overrightarrow{AB}$

$\overrightarrow{AB} = \begin{pmatrix}2\\2\\5\end{pmatrix} - \begin{pmatrix}4\\1\\2\end{pmatrix} = \begin{pmatrix}-2\\1\\3\end{pmatrix}$

$g\colon \vec{x} = \begin{pmatrix}4\\1\\2\end{pmatrix} + t \cdot \begin{pmatrix}-2\\1\\3\end{pmatrix}$

Punktprobe: $\vec{m} = \vec{a} + t \cdot \overrightarrow{AB}$

$$\begin{pmatrix}4\\1\\2\end{pmatrix} = \begin{pmatrix}4\\1\\2\end{pmatrix} + t \cdot \begin{pmatrix}-2\\1\\3\end{pmatrix} \quad \Big| - \begin{pmatrix}4\\1\\2\end{pmatrix}$$

$$\begin{pmatrix}0\\0\\0\end{pmatrix} = t \cdot \begin{pmatrix}-2\\1\\3\end{pmatrix}$$

Für $t = 0$ sind die Vektoren Vielfache voneinander. Somit liegt der Punkt M auf der Geraden und die Gerade ist eine Spiegelgerade.

III Punktprobe:
C: $2 \cdot 6 - 2 \cdot 0 + 2 \cdot (-1) = 12 - 0 - 2 = 10 = 10$
D: $2 \cdot 0 - 2 \cdot 3 + 2 \cdot 8 = 0 - 6 + 16 = 10 = 10$

Die Punkte C und D liegen in der Spiegelebene. Jetzt muss noch überpüft werden, ob der Mittelpunkt auf der Geraden durch die Punkte C und D liegt.

$g\colon \vec{x} = \vec{c} + t \cdot \overrightarrow{CD}$

$$\overrightarrow{CD} = \begin{pmatrix}0\\3\\8\end{pmatrix} - \begin{pmatrix}6\\0\\-1\end{pmatrix} = \begin{pmatrix}-6\\3\\9\end{pmatrix}$$

$$g\colon \vec{x} = \begin{pmatrix}6\\0\\-1\end{pmatrix} + t \cdot \begin{pmatrix}-6\\3\\9\end{pmatrix}$$

Punktprobe: $\vec{m} = \vec{c} + t \cdot \overrightarrow{CD}$

$$\begin{pmatrix}4\\1\\2\end{pmatrix} = \begin{pmatrix}6\\0\\-1\end{pmatrix} + t \cdot \begin{pmatrix}-6\\3\\9\end{pmatrix} \quad \Big| - \begin{pmatrix}6\\0\\-1\end{pmatrix}$$

$$\begin{pmatrix}-2\\1\\3\end{pmatrix} = t \cdot \begin{pmatrix}-6\\3\\9\end{pmatrix}$$

Für $t = 3$ sind die Vektoren Vielfache voneinander. Somit liegt der Punkt M auf der Geraden und die Gerade ist eine Spiegelgerade.

IV Punktprobe:
E: $2 \cdot 2 - 2 \cdot 1 + 2 \cdot 1 = 4 - 2 + 2 = 4 \neq 10$

Da der Punkt E nicht in der Ebene E liegt, kann es keine Spiegelgerade durch diesen Punkt geben.

V Liegt eine Gerade in einer Ebene, so müssen sie gemeinsame Punkte besitzen und der Richtungsvektor der Geraden muss senkrecht auf dem Normalenvektor der Ebene stehen.

$$\vec{n} \cdot \vec{u} = \begin{pmatrix}2\\-2\\2\end{pmatrix} \cdot \begin{pmatrix}2\\-1\\-3\end{pmatrix} = 2 \cdot 2 - 2 \cdot (-1) + 2 \cdot (-3) = 4 + 2 - 6 = 0$$

Punktprobe:
$2 \cdot 0 - 2 \cdot 3 + 2 \cdot 8 = 0 - 6 + 16 = 10 = 10$

Die Gerade g muss den Punkt M enthalten.

$$\begin{pmatrix}4\\1\\2\end{pmatrix} = \begin{pmatrix}0\\3\\8\end{pmatrix} + t \cdot \begin{pmatrix}2\\-1\\-3\end{pmatrix} \quad \Big| - \begin{pmatrix}0\\3\\8\end{pmatrix}$$

$$\begin{pmatrix}4\\-2\\-6\end{pmatrix} = t \cdot \begin{pmatrix}2\\-1\\-3\end{pmatrix}$$

Für $t = 2$ sind die Vektoren Vielfache voneinander, somit liegt der Punkt M auf der Geraden g und somit ist g eine Spiegelgerade der Punkte P und P′.

5 Symmetrie – Bedingungen für ein Punktepaar

a) Liegen zwei Punkte symmetrisch zu einer Koordinatenebene, ändert sich nur bei einer Koordinate das Vorzeichen.
Zum Beispiel: $P(1|2|3)$ und $P'(-1|2|3)$ liegen symmetrisch zur x_2x_3-Ebene, da sich beim Spiegeln nur der x_1-Wert ändert.

b) Liegen zwei Punkte symmetrisch zu einer Koordinatenachse, ändern sich die beiden anderen x-Koordinaten.
Zum Beispiel: $P(1|2|3)$ und $P'(-1|-2|3)$ liegen symmetrisch zur x_3-Achse, da sich beim Spiegeln der Wert von x_3 nicht ändert.

c) Wird ein Punkt am Ursprung gespiegelt, so ändern sich alle Koordinaten. Es handelt sich hier um eine Punktspiegelung.
Zum Beispiel: $P(1|2|3)$ und $P'(-1|-2|-3)$.

SCHRITT 27

Das brauchst du wieder

b) $A(-1|2|5)$, $B(-3|-4|2)$

$$\vec{u} = \overrightarrow{AB} = \begin{pmatrix}-3\\-4\\2\end{pmatrix} - \begin{pmatrix}-1\\2\\5\end{pmatrix} = \begin{pmatrix}-3+1\\-4-2\\2-5\end{pmatrix} = \begin{pmatrix}-2\\-6\\-3\end{pmatrix}$$

$$g\colon \vec{x} = \vec{a} + t \cdot \overrightarrow{AB} = \begin{pmatrix}-3\\-4\\2\end{pmatrix} + t \cdot \begin{pmatrix}-2\\-6\\-3\end{pmatrix}$$

1 „Du bist dran“ aus dem „So geht's“-Kasten

a) Bestimme mit dem Vektor $\overrightarrow{AB}$ zunächst die Bewegungsrichtung des Schiffs:

$$\overrightarrow{AB} = \begin{pmatrix}-13\\28\end{pmatrix} - \begin{pmatrix}2\\7\end{pmatrix} = \begin{pmatrix}-15\\21\end{pmatrix}$$

Bestimme den Richtungsvektor $\vec{v}$ der Zeit-Ort-Gleichung:

$\overrightarrow{AB}$ gibt die Verschiebung in drei Stunden an, daher gilt:

$$\vec{v} = \tfrac{1}{3}\overrightarrow{AB} = \tfrac{1}{3} \cdot \begin{pmatrix}-15\\21\end{pmatrix} = \begin{pmatrix}-5\\7\end{pmatrix}$$

Stelle die Zeit-Ort-Gleichung auf:

$\vec{x} = \vec{a} + t \cdot \vec{v} = \begin{pmatrix} 2 \\ 7 \end{pmatrix} + t \cdot \begin{pmatrix} -5 \\ 7 \end{pmatrix}$

b) *Setze die Werte von t in die Zeit-Ort-Gleichung ein:*

$\vec{x} = \begin{pmatrix} 2 \\ 7 \end{pmatrix} + 4 \cdot \begin{pmatrix} -5 \\ 7 \end{pmatrix} = \begin{pmatrix} -18 \\ 35 \end{pmatrix}$

$\vec{x} = \begin{pmatrix} 2 \\ 7 \end{pmatrix} - 6 \cdot \begin{pmatrix} -5 \\ 7 \end{pmatrix} = \begin{pmatrix} 32 \\ -35 \end{pmatrix}$

Gib die Positionen des Schiffs an:

4 Stunden nach Beobachtungsbeginn befindet sich das Schiff an Position $\begin{pmatrix} -18 \\ 35 \end{pmatrix}$. 6 Stunden vor Beobachtungsbeginn war es an Position $\begin{pmatrix} 32 \\ -35 \end{pmatrix}$.

c) *Berechne den Betrag des Vektors $\vec{v}$:*

$|\vec{v}| = \left| \begin{pmatrix} -5 \\ 7 \end{pmatrix} \right| = \sqrt{(-5)^2 + 7^2} = \sqrt{25 + 49} = \sqrt{74} \approx 8{,}6$

Gib die Geschwindigkeit des Schiffs an:

Das Schiff hat eine Geschwindigkeit von $8{,}6\,\frac{km}{h}$.

2 Flugzeug

a) $\overrightarrow{AB} = \begin{pmatrix} 1580 \\ 1240 \\ 10 \end{pmatrix} - \begin{pmatrix} 20 \\ 40 \\ 10 \end{pmatrix} = \begin{pmatrix} 1560 \\ 1200 \\ 0 \end{pmatrix}$

$\overrightarrow{AB}$ gibt die Verschiebung in vier Stunden an, daher gilt:

$\vec{v} = \frac{1}{4}\overrightarrow{AB} = \frac{1}{4} \cdot \begin{pmatrix} 1560 \\ 1200 \\ 0 \end{pmatrix} = \begin{pmatrix} 390 \\ 300 \\ 0 \end{pmatrix}$

$\vec{x} = \vec{a} + t \cdot \vec{v} = \begin{pmatrix} 20 \\ 40 \\ 10 \end{pmatrix} + t \cdot \begin{pmatrix} 390 \\ 300 \\ 0 \end{pmatrix}$

b) $\vec{x} = \begin{pmatrix} 20 \\ 40 \\ 10 \end{pmatrix} + 6 \cdot \begin{pmatrix} 390 \\ 300 \\ 0 \end{pmatrix} = \begin{pmatrix} 2360 \\ 1840 \\ 10 \end{pmatrix}$

$\vec{x} = \begin{pmatrix} 20 \\ 40 \\ 10 \end{pmatrix} - 1 \cdot \begin{pmatrix} 390 \\ 300 \\ 0 \end{pmatrix} = \begin{pmatrix} -370 \\ -260 \\ 10 \end{pmatrix}$

6 Stunden nach Beobachtungsbeginn befindet sich das Flugzeug an Position $\begin{pmatrix} 2360 \\ 1840 \\ 10 \end{pmatrix}$.

1 Stunde vor Beobachtungsbeginn war es an Position $\begin{pmatrix} -370 \\ -260 \\ 10 \end{pmatrix}$.

c) $|\vec{v}| = \left| \begin{pmatrix} 390 \\ 300 \\ 0 \end{pmatrix} \right| = \sqrt{390^2 + 300^2} = \sqrt{152\,100 + 90\,000} = \sqrt{242\,100} \approx 492{,}04$

Das Flugzeug hat eine Geschwindigkeit von $492{,}04\,\frac{km}{h}$.

3 Zeppelin

a) $\overrightarrow{AB} = \begin{pmatrix} 500 \\ 700 \\ 270 \end{pmatrix} - \begin{pmatrix} 400 \\ 500 \\ 290 \end{pmatrix} = \begin{pmatrix} 100 \\ 200 \\ -20 \end{pmatrix}$

$\overrightarrow{AB}$ gibt die Verschiebung nach zwei Stunden an, daher gilt:

$\vec{v} = \frac{1}{2}\overrightarrow{AB} = \frac{1}{2} \cdot \begin{pmatrix} 100 \\ 200 \\ -20 \end{pmatrix} = \begin{pmatrix} 50 \\ 100 \\ -10 \end{pmatrix}$

$\vec{x} = \vec{a} + t \cdot \vec{v} = \begin{pmatrix} 400 \\ 500 \\ 290 \end{pmatrix} + t \cdot \begin{pmatrix} 50 \\ 100 \\ -10 \end{pmatrix}$

b) $\vec{x} = \begin{pmatrix} 400 \\ 500 \\ 290 \end{pmatrix} + 5 \cdot \begin{pmatrix} 50 \\ 100 \\ -10 \end{pmatrix} = \begin{pmatrix} 650 \\ 1000 \\ 240 \end{pmatrix}$

$\vec{x} = \begin{pmatrix} 400 \\ 500 \\ 290 \end{pmatrix} - 3 \cdot \begin{pmatrix} 50 \\ 100 \\ -10 \end{pmatrix} = \begin{pmatrix} 250 \\ 200 \\ 320 \end{pmatrix}$

c) $|\vec{v}| = \left| \begin{pmatrix} 50 \\ 100 \\ -10 \end{pmatrix} \right|$

$= \sqrt{50^2 + 100^2 + (-10)^2} = \sqrt{12\,600} \approx 112{,}25$

Der Zeppelin hat eine Geschwindigkeit von $112{,}25\,\frac{m}{h}$.

4 Heißluftballon

a) $\overrightarrow{PQ} = \begin{pmatrix} 14 \\ 26 \\ 6 \end{pmatrix} - \begin{pmatrix} 2 \\ 2 \\ 3 \end{pmatrix} = \begin{pmatrix} 12 \\ 24 \\ 3 \end{pmatrix}$

$\overrightarrow{PQ}$ gibt die Verschiebung nach drei Stunden an, daher gilt:

$\vec{v} = \frac{1}{3}\overrightarrow{PQ} = \frac{1}{3} \cdot \begin{pmatrix} 12 \\ 24 \\ 3 \end{pmatrix} = \begin{pmatrix} 4 \\ 8 \\ 1 \end{pmatrix}$

Zum Zeitpunkt $t = 0$ befindet sich der Heißluftballon also im Punkt S.

$\vec{s} = \vec{p} - \overrightarrow{PQ} = \begin{pmatrix} 2 \\ 2 \\ 3 \end{pmatrix} - \begin{pmatrix} 4 \\ 8 \\ 1 \end{pmatrix} = \begin{pmatrix} -2 \\ -6 \\ 2 \end{pmatrix}$

$\vec{x} = \vec{s} + t \cdot \vec{v} = \begin{pmatrix} -2 \\ -6 \\ 2 \end{pmatrix} + t \cdot \begin{pmatrix} 4 \\ 8 \\ 1 \end{pmatrix}$

b) $\vec{x} = \begin{pmatrix} -2 \\ -6 \\ 2 \end{pmatrix} + 5 \cdot \begin{pmatrix} 4 \\ 8 \\ 1 \end{pmatrix} = \begin{pmatrix} 18 \\ 34 \\ 7 \end{pmatrix}$

$\vec{x} = \begin{pmatrix} -2 \\ -6 \\ 2 \end{pmatrix} - 2 \cdot \begin{pmatrix} 4 \\ 8 \\ 1 \end{pmatrix} = \begin{pmatrix} -10 \\ -22 \\ 0 \end{pmatrix}$

c) $|\vec{v}| = \left| \begin{pmatrix} 4 \\ 8 \\ 1 \end{pmatrix} \right| = \sqrt{4^2 + 8^2 + 1^2} = \sqrt{81} = 9$

Der Heißluftballon hat eine Geschwindigkeit von $9\,\frac{km}{h}$.

5 Tauchboote

a) Tauchboot 1:

Da sich Tauchboot 1 zum Zeitpunkt $t = 2$ im Punkt A befindet, befindet es sich zum Zeitpunkt $t = 0$ im Punkt Q.

$$\vec{q} = \vec{a} - 2 \cdot \vec{u} = \begin{pmatrix} 11 \\ 23 \\ -2{,}4 \end{pmatrix} - 2 \cdot \begin{pmatrix} 1{,}5 \\ 3 \\ -0{,}1 \end{pmatrix}$$

$$= \begin{pmatrix} 11 \\ 23 \\ -2{,}4 \end{pmatrix} - \begin{pmatrix} 3 \\ 6 \\ -0{,}2 \end{pmatrix} = \begin{pmatrix} 8 \\ 17 \\ -2{,}2 \end{pmatrix}$$

$$\vec{x} = \vec{q} + t \cdot \vec{u} = \begin{pmatrix} 8 \\ 17 \\ -2{,}2 \end{pmatrix} + t \cdot \begin{pmatrix} 1{,}5 \\ 3 \\ -0{,}1 \end{pmatrix}$$

Tauchboot 2:

Da sich Tauchboot 2 zum Zeitpunkt $t = 2$ im Punkt A befindet, befindet es sich zum Zeitpunkt $t = 0$ im Punkt R.

$$\vec{r} = \vec{b} - 2 \cdot \vec{v} = \begin{pmatrix} 14 \\ 30 \\ -2{,}9 \end{pmatrix} - 2 \cdot \begin{pmatrix} 3 \\ 5 \\ -0{,}05 \end{pmatrix}$$

$$= \begin{pmatrix} 14 \\ 30 \\ -2{,}9 \end{pmatrix} - \begin{pmatrix} 6 \\ 10 \\ -0{,}1 \end{pmatrix} = \begin{pmatrix} 8 \\ 20 \\ -2{,}8 \end{pmatrix}$$

$$\vec{x} = \vec{r} + t \cdot \vec{v} = \begin{pmatrix} 8 \\ 20 \\ -2{,}8 \end{pmatrix} + t \cdot \begin{pmatrix} 3 \\ 5 \\ -0{,}05 \end{pmatrix}$$

b) Tauchboot 1:

$$\vec{x} = \vec{q} + t \cdot \vec{u} = \begin{pmatrix} 8 \\ 17 \\ -2{,}2 \end{pmatrix} + 6 \cdot \begin{pmatrix} 1{,}5 \\ 3 \\ -0{,}1 \end{pmatrix} = \begin{pmatrix} 17 \\ 35 \\ -2{,}8 \end{pmatrix}$$

Tauchboot 2:

$$\vec{x} = \vec{r} + t \cdot \vec{v} = \begin{pmatrix} 8 \\ 20 \\ -2{,}8 \end{pmatrix} + 3 \cdot \begin{pmatrix} 3 \\ 5 \\ -0{,}05 \end{pmatrix} = \begin{pmatrix} 17 \\ 35 \\ -2{,}95 \end{pmatrix}$$

Die Koordinaten unterscheiden sich nur in der x_3-Koordinate, die Tauchboote befinden sich also übereinander.

c) $$|\vec{u}| = \left| \begin{pmatrix} 1{,}5 \\ 3 \\ -0{,}1 \end{pmatrix} \right| = \sqrt{1{,}5^2 + 3^2 + (-0{,}1)^2} = \sqrt{11{,}26} \approx 3{,}36$$

$$|\vec{v}| = \left| \begin{pmatrix} 3 \\ 5 \\ -0{,}05 \end{pmatrix} \right| = \sqrt{3^2 + 5^2 + (-0{,}05)^2} = \sqrt{34{,}0025} \approx 5{,}83$$

Das Tauchboot 1 hat eine Geschwindigkeit von $3{,}36\,\frac{\text{km}}{\text{h}}$.

Das Tauchboot 2 hat eine Geschwindigkeit von $5{,}83\,\frac{\text{km}}{\text{h}}$.

6 Zwei Kampfläufer

a) Kampfläufer 1:

$$\overrightarrow{AB} = \begin{pmatrix} 18 + 20a \\ 3 + 20a \\ 7 + 12a \end{pmatrix} - \begin{pmatrix} 2 \\ 7 \\ 3 \end{pmatrix} = \begin{pmatrix} 16 + 20a \\ -4 + 20a \\ 4 + 12a \end{pmatrix}$$

$\overrightarrow{AB}$ gibt die Verschiebung nach vier Stunden an, daher gilt:

$$\vec{v} = \tfrac{1}{4}\overrightarrow{AB} = \tfrac{1}{4} \cdot \begin{pmatrix} 16 + 20a \\ -4 + 20a \\ 4 + 12a \end{pmatrix} = \begin{pmatrix} 4 + 5a \\ -1 + 5a \\ 1 + 3a \end{pmatrix}$$

$$\vec{x} = \vec{a} + t \cdot \vec{v} = \begin{pmatrix} 2 \\ 7 \\ 3 \end{pmatrix} + t \cdot \begin{pmatrix} 4 + 5a \\ -1 + 5a \\ 1 + 3a \end{pmatrix}$$

Kampfläufer 2:

$$\overrightarrow{CD} = \begin{pmatrix} 18 + 4a \\ 14 + 10a \\ 12 + 6a \end{pmatrix} - \begin{pmatrix} 10 \\ 16 \\ 10 \end{pmatrix} = \begin{pmatrix} 8 + 4a \\ -2 + 10a \\ 2 + 6a \end{pmatrix}$$

$\overrightarrow{CD}$ gibt die Verschiebung nach zwei Stunden an, daher gilt:

$$\vec{u} = \tfrac{1}{2}\overrightarrow{CD} = \tfrac{1}{2} \cdot \begin{pmatrix} 8 + 4a \\ -2 + 10a \\ 2 + 6a \end{pmatrix} = \begin{pmatrix} 4 + 2a \\ -1 + 5a \\ 1 + 3a \end{pmatrix}$$

$$\vec{x} = \vec{c} + t \cdot \vec{u} = \begin{pmatrix} 10 \\ 16 \\ 10 \end{pmatrix} + t \cdot \begin{pmatrix} 4 + 2a \\ -1 + 5a \\ 1 + 3a \end{pmatrix}$$

b) Kampfläufer 1:

$$\vec{x} = \begin{pmatrix} 2 \\ 7 \\ 3 \end{pmatrix} + 2 \cdot \begin{pmatrix} 4 + 5a \\ -1 + 5a \\ 1 + 3a \end{pmatrix} = \begin{pmatrix} 10 + 10a \\ 5 + 10a \\ 5 + 6a \end{pmatrix}$$

Kampfläufer 2:

$$\vec{x} = \begin{pmatrix} 10 \\ 16 \\ 10 \end{pmatrix} + 3 \cdot \begin{pmatrix} 4 + 2a \\ -1 + 5a \\ 1 + 3a \end{pmatrix} = \begin{pmatrix} 22 + 6a \\ 13 + 15a \\ 13 + 9a \end{pmatrix}$$

c) Kampfläufer 1:

$$|\vec{v}| = \left| \begin{pmatrix} 4 + 5a \\ -1 + 5a \\ 1 + 3a \end{pmatrix} \right|$$

$$= \sqrt{(4 + 5a)^2 + (-1 + 5a)^2 + (1 + 3a)^2}$$

$$= \sqrt{16 + 40a + 25a^2 + 1 - 10a + 25a^2 + 1 + 6a + 9a^2}$$

$$= \sqrt{18 + 36a + 59a^2}$$

Kampfläufer 2:

$$|\vec{u}| = \left| \begin{pmatrix} 4 + 2a \\ -1 + 5a \\ 1 + 3a \end{pmatrix} \right|$$

$$= \sqrt{(4 + 2a)^2 + (-1 + 5a)^2 + (1 + 3a)^2}$$

$$= \sqrt{16 + 16a + 4a^2 + 1 - 10a + 25a^2 + 1 + 6a + 9a^2}$$

$$= \sqrt{18 + 12a + 38a^2}$$

SCHRITT 28

Das brauchst du wieder

b) $5t + 35 = 0 \quad | -35$

$5t = -35 \quad | :5$

$t = -7$

d) $25 - t = 4t + 15 \quad | -25$

$-t = 4t - 10 \quad | -4t$

$-5t = -10 \quad | :(-5)$

$t = 2$

1 „Du bist dran" aus dem „So geht's"-Kasten

a) Setze die beiden Zeit-Ort-Gleichungen gleich und vereinfache die Gleichung:

$$\begin{pmatrix}-2\\4\\1\end{pmatrix} + t\cdot\begin{pmatrix}1\\0\\-2\end{pmatrix} = \begin{pmatrix}18\\-32\\48\end{pmatrix} + t\cdot\begin{pmatrix}-5\\-1\\-6\end{pmatrix} \quad \Bigg| -\begin{pmatrix}-2\\4\\1\end{pmatrix}$$

$$t\cdot\begin{pmatrix}1\\0\\-2\end{pmatrix} = \begin{pmatrix}20\\-36\\47\end{pmatrix} + t\cdot\begin{pmatrix}-5\\-1\\-6\end{pmatrix} \quad \Bigg| -t\cdot\begin{pmatrix}-5\\-1\\-6\end{pmatrix}$$

$$t\cdot\begin{pmatrix}1\\0\\-2\end{pmatrix} - t\cdot\begin{pmatrix}-5\\-1\\-6\end{pmatrix} = \begin{pmatrix}20\\-36\\47\end{pmatrix}$$

$$t\cdot\begin{pmatrix}1-(-5)\\0-(-1)\\-2-(-6)\end{pmatrix} = \begin{pmatrix}20\\-36\\47\end{pmatrix}$$

$$t\cdot\begin{pmatrix}6\\1\\4\end{pmatrix} = \begin{pmatrix}20\\-36\\47\end{pmatrix}$$

Notiere die Gleichung zeilenweise und bestimme die Werte von t:

$6t = 20 \Rightarrow t = \frac{10}{3} \approx 3{,}33$

$t = -36 \Rightarrow t = -36$

$4t = 47 \Rightarrow t = \frac{47}{7} \approx 6{,}71$

Da sich die Werte für t unterscheiden, haben die Zeit-Ort-Gleichungen keine gemeinsamen Lösungen und die Drohnen kollidieren nicht.

b) Setze die x_3-Koordinate der Zeit-Ort-Gleichung gleich null:

$48 - 6t = 0 \quad | +6t$

$48 = 6t \quad | :6$

$t = 8$

Nach 8 Sekunden erreicht Drohne 2 den Boden.

2 U-Boote

a) $$\begin{pmatrix}-100\\400\\-1000\end{pmatrix} + t\cdot\begin{pmatrix}200\\-300\\150\end{pmatrix}$$

$$= \begin{pmatrix}2900\\-3400\\-500\end{pmatrix} + t\cdot\begin{pmatrix}-400\\500\\50\end{pmatrix} \quad \Bigg| -\begin{pmatrix}-100\\400\\-1000\end{pmatrix}$$

$$t\cdot\begin{pmatrix}200\\-300\\150\end{pmatrix} = \begin{pmatrix}3000\\-3800\\500\end{pmatrix} + t\cdot\begin{pmatrix}-400\\500\\50\end{pmatrix} \quad \Bigg| -t\cdot\begin{pmatrix}-400\\500\\50\end{pmatrix}$$

$$t\cdot\begin{pmatrix}200\\-300\\150\end{pmatrix} - t\cdot\begin{pmatrix}-400\\500\\50\end{pmatrix} = \begin{pmatrix}3000\\-3800\\500\end{pmatrix}$$

$$t\cdot\begin{pmatrix}200-(-400)\\-300-500\\150-50\end{pmatrix} = \begin{pmatrix}3000\\-3800\\500\end{pmatrix}$$

$$t\cdot\begin{pmatrix}600\\-800\\100\end{pmatrix} = \begin{pmatrix}3000\\-3800\\500\end{pmatrix}$$

$600t = 3000 \Rightarrow t = 5$

$-800t = -3800 \Rightarrow t = 4{,}75$

$100t = 500 \Rightarrow t = 5$

Da sich die Werte von t unterscheiden, haben die Zeit-Ort-Gleichungen keine gemeinsamen Lösungen. Die U-Boote kollidieren nicht.

b) $-1000 + 150t = 0 \quad | +1000$

$150t = 1000 \quad | :150$

$t \approx 6{,}67$

Nach etwas mehr als 6,5 Minuten erreicht U-Boot 1 die Meeresoberfläche.

3 Feen

a) Petra:

$$\overrightarrow{AB} = \begin{pmatrix}22\\30\\10\end{pmatrix} - \begin{pmatrix}2\\5\\2\end{pmatrix} = \begin{pmatrix}20\\25\\8\end{pmatrix}$$

$$g:\ \vec{x} = \vec{a} + t\cdot\overrightarrow{AB} = \begin{pmatrix}2\\5\\2\end{pmatrix} + t\cdot\begin{pmatrix}20\\25\\8\end{pmatrix}$$

Panina:

$$\overrightarrow{CD} = \begin{pmatrix}30\\40\\13\end{pmatrix} - \begin{pmatrix}12\\10\\3\end{pmatrix} = \begin{pmatrix}18\\30\\10\end{pmatrix}$$

$$h:\ \vec{x} = \vec{c} + t\cdot\overrightarrow{CD} = \begin{pmatrix}12\\10\\3\end{pmatrix} + s\cdot\begin{pmatrix}18\\30\\10\end{pmatrix}$$

Die Richtungsvektoren sind keine Vielfachen voneinander, das heißt die Geraden schneiden sich oder sind zueinander windschief.

Überprüfen der gegenseitigen Lage von g und h:

$$\begin{pmatrix}2\\5\\2\end{pmatrix} + t\cdot\begin{pmatrix}20\\25\\8\end{pmatrix} = \begin{pmatrix}12\\10\\3\end{pmatrix} + s\cdot\begin{pmatrix}18\\30\\10\end{pmatrix} \quad \Bigg| -\begin{pmatrix}12\\10\\3\end{pmatrix}$$

$$\begin{pmatrix}-10\\-5\\-1\end{pmatrix} + t\cdot\begin{pmatrix}20\\25\\8\end{pmatrix} = s\cdot\begin{pmatrix}18\\30\\10\end{pmatrix} \quad \Bigg| -t\cdot\begin{pmatrix}20\\25\\8\end{pmatrix}$$

$$\begin{pmatrix}-10\\-5\\-1\end{pmatrix} = s\cdot\begin{pmatrix}18\\30\\10\end{pmatrix} - t\cdot\begin{pmatrix}20\\25\\8\end{pmatrix}$$

I $\quad -10 = 18s - 20t$

II $\quad -5 = 30s - 25t$

III $\quad -1 = 10s - 8t$

I nach t auflösen:

$-10 = 18s - 20t \quad | -18s$

$-10 - 18s = -20t \quad | :(-20)$

$\frac{1}{2} + \frac{9}{10}s = t$

t in II:

$-5 = 30s - 25 \cdot \left(\frac{1}{2} + \frac{9}{10}s\right)$

$-5 = 30s - 12{,}5 - 22{,}5s$

$-5 = 7{,}5s - 12{,}5 \qquad | +12{,}5$

$7{,}5 = 7{,}5s \qquad | : 7{,}5$

$1 = s$

t in III:

$-1 = 10s - 8 \cdot \left(\frac{1}{2} + \frac{9}{10}s\right)$

$-1 = 10s - 4 - 7{,}2s$

$-1 = 2{,}8s - 4 \qquad | +4$

$3 = 2{,}8s \qquad | : 2{,}8$

$\frac{15}{14} = s$

Keine gemeinsame Lösung, die Geraden sind zueinander windschief.

$$\vec{n} = \vec{u} \times \vec{v} = \begin{pmatrix} 20 \\ 25 \\ 8 \end{pmatrix} \times \begin{pmatrix} 18 \\ 30 \\ 10 \end{pmatrix}$$

$$= \begin{pmatrix} 25 \cdot 10 - 8 \cdot 30 \\ 8 \cdot 18 - 10 \cdot 20 \\ 20 \cdot 30 - 25 \cdot 18 \end{pmatrix} = \begin{pmatrix} 10 \\ -56 \\ 150 \end{pmatrix}$$

Möglicher Normalenvektor: $\vec{n} = \begin{pmatrix} 5 \\ -28 \\ 75 \end{pmatrix}$

$H: \; 5x_1 - 28x_2 + 75x_3 = d$

$d = 5 \cdot 2 - 28 \cdot 5 + 75 \cdot 2 = 20$

$H: \; 5x_1 - 28x_2 + 75x_3 = 20$

$$d(g;h) = d(C;H) = \frac{|5 \cdot 12 - 28 \cdot 10 + 75 \cdot 3 - 20|}{\sqrt{5^2 + (-28)^2 + 75^2}}$$

Vereinfache:

$$\frac{|60 - 280 + 225 - 20|}{\sqrt{25 + 784 + 5625}} = \frac{|-15|}{\sqrt{6434}} = \frac{15}{\sqrt{6434}} \approx 0{,}19$$

Die Flugbahnen der Feen kommen sich bis auf ca. 19 cm nahe.

4 Störche

a) Alice:

$$g: \; \vec{x} = \vec{a} + t \cdot \vec{u} = \begin{pmatrix} 10 \\ 5 \\ 0 \end{pmatrix} + t \cdot \begin{pmatrix} 30 \\ 18 \\ 1 \end{pmatrix}$$

Cooper:

$$\overrightarrow{CD} = \begin{pmatrix} 100 \\ 59 \\ a \end{pmatrix} - \begin{pmatrix} 40 \\ 23 \\ 1 \end{pmatrix} = \begin{pmatrix} 60 \\ 36 \\ a-1 \end{pmatrix}$$

Da Cooper doppelt so schnell wie Alice ist, müssen die Beträge der Richtungsvektoren im Verhältnis 1 : 2 stehen.

$$|\vec{v}| = \left|\begin{pmatrix} 30 \\ 18 \\ 1 \end{pmatrix}\right| = \sqrt{30^2 + 18^2 + 1^1} = \sqrt{1225} = 35$$

$$|\vec{u}| = \left|\begin{pmatrix} 60 \\ 36 \\ a-1 \end{pmatrix}\right| = \sqrt{60^2 + 36^2 + (a-1)^2}$$

$$= \sqrt{4896 + (a-1)^2}$$

$\sqrt{4896 + (a-1)^2} = 2 \cdot 35$

$4896 + (a-1)^2 = 70^2 \qquad | -4896$

$(a-1)^2 = 4$

1. Fall: $a - 1 = 2 \qquad | +1$

$a = 3$

$$\overrightarrow{CD} = \begin{pmatrix} 60 \\ 36 \\ 3-1 \end{pmatrix} = \begin{pmatrix} 60 \\ 36 \\ 2 \end{pmatrix}$$

2. Fall: $a - 1 = -2 \qquad | +1$

$a = -1$

$$\overrightarrow{CD} = \begin{pmatrix} 60 \\ 36 \\ -1-1 \end{pmatrix} = \begin{pmatrix} 60 \\ 36 \\ -2 \end{pmatrix}$$

Es gibt keine Lösung, da der Storch nicht unterhalb des Erdbodens startet.

$$h: \; \vec{x} = \vec{c} + t \cdot \vec{u} = \begin{pmatrix} 40 \\ 23 \\ 1 \end{pmatrix} + s \cdot \begin{pmatrix} 60 \\ 36 \\ 2 \end{pmatrix}$$

Die Richtungsvektoren sind Vielfache voneinander. Das heißt, die Geraden sind zueinander parallel oder identisch.

Punktprobe:

$$\begin{pmatrix} 40 \\ 23 \\ 1 \end{pmatrix} = \begin{pmatrix} 10 \\ 5 \\ 0 \end{pmatrix} + t \cdot \begin{pmatrix} 30 \\ 18 \\ 1 \end{pmatrix} \qquad \left| - \begin{pmatrix} 10 \\ 5 \\ 0 \end{pmatrix} \right.$$

$$\begin{pmatrix} 30 \\ 18 \\ 1 \end{pmatrix} = t \cdot \begin{pmatrix} 30 \\ 18 \\ 1 \end{pmatrix}$$

Die Gleichung ist für $t = 1$ erfüllt, das heißt, beide Vögel fliegen auf derselben Flugbahn. Sie werden irgendwann kollidieren, da die Geschwindigkeiten unterschiedlich sind.

b) Alice:

$$g: \; \vec{x} = \begin{pmatrix} 10 \\ 5 \\ 0 \end{pmatrix} + 4 \cdot \begin{pmatrix} 30 \\ 18 \\ 1 \end{pmatrix} = \begin{pmatrix} 130 \\ 77 \\ 4 \end{pmatrix}$$

Cooper:

$$h: \; \vec{x} = \begin{pmatrix} 40 \\ 23 \\ 1 \end{pmatrix} + 1{,}5 \cdot \begin{pmatrix} 60 \\ 36 \\ 2 \end{pmatrix} = \begin{pmatrix} 130 \\ 77 \\ 4 \end{pmatrix}$$

Der Abstand ist null.

5 Papierflieger

a) Flieger 1:

$$g: \; \vec{x} = \begin{pmatrix} 1 \\ 2 \\ 5 \end{pmatrix} + t \cdot \begin{pmatrix} 0 \\ 1 \\ -1 \end{pmatrix}$$

Flieger 2:

$$h: \; \vec{x} = \begin{pmatrix} 4 \\ 2 \\ 5 \end{pmatrix} + s \cdot \begin{pmatrix} 0{,}5 \\ 0{,}5 \\ -a \end{pmatrix}$$

Die Richtungsvektoren sind keine Vielfachen voneinander. Das heißt, die Flugbahnen schneiden sich oder sind zueinander windschief.

Überprüfung der gegenseitigen Lage von g und h:

$$\begin{pmatrix}1\\2\\5\end{pmatrix}+t\cdot\begin{pmatrix}0\\1\\-1\end{pmatrix}=\begin{pmatrix}4\\2\\5\end{pmatrix}+s\cdot\begin{pmatrix}0{,}5\\0{,}5\\-a\end{pmatrix}\qquad\left|-\begin{pmatrix}4\\2\\5\end{pmatrix}\right.$$

$$\begin{pmatrix}-3\\0\\0\end{pmatrix}+t\cdot\begin{pmatrix}0\\1\\-1\end{pmatrix}=s\cdot\begin{pmatrix}0{,}5\\0{,}5\\-a\end{pmatrix}\qquad\left|-t\cdot\begin{pmatrix}0\\1\\-1\end{pmatrix}\right.$$

$$\begin{pmatrix}-3\\0\\0\end{pmatrix}=s\cdot\begin{pmatrix}0{,}5\\0{,}5\\-a\end{pmatrix}-t\cdot\begin{pmatrix}0\\1\\-1\end{pmatrix}$$

$$\begin{array}{ll}\text{I} & -3=0{,}5s\\ \text{II} & 0=0{,}5s-t\\ \text{III} & 0=-as+t\end{array}$$

Aus I:

$-3=0{,}5s \qquad |:0{,}5$
$-6=s$

s in II:

$0=0{,}5\cdot(-6)-t$
$0=-3-t \qquad |+t$
$t=-3$

s, t in III:

$0=-a\cdot(-6)-3$
$0=6a-3 \qquad |+3$
$3=6a \qquad |:6$
$0{,}5=a$

Für $a=0{,}5$ schneiden sich die Flugbahnen, ansonsten sind sie zueinander windschief.

Schnittpunkt: $\vec{x}=\begin{pmatrix}4\\2\\5\end{pmatrix}-6\cdot\begin{pmatrix}0{,}5\\0{,}5\\-0{,}5\end{pmatrix}=\begin{pmatrix}1\\-1\\8\end{pmatrix}$

Da beide Flieger jedoch zum Zeitpunkt $s=0$ und $t=0$ starten, liegt der Schnittpunkt der beiden Geraden vor diesem Zeitpunkt. Das heißt: Die Flieger kommen sich nicht in die Quere.

SCHRITT 29

Das brauchst du wieder

b) Dreieck: $A=0{,}5\cdot6\cdot3=9$ FE
c) Quader: $V=7\cdot2\cdot3=42$ VE

1 „Du bist dran" aus dem „So geht's"-Kasten

a) Bestimme zunächst die Vektoren $\vec{a}$ und $\vec{b}$:

$$\vec{a}=\overrightarrow{AB}=\begin{pmatrix}4\\1\\-2\end{pmatrix}-\begin{pmatrix}1\\0\\-2\end{pmatrix}=\begin{pmatrix}3\\1\\0\end{pmatrix}$$

$$\vec{b}=\overrightarrow{AC}=\begin{pmatrix}3\\2\\0\end{pmatrix}-\begin{pmatrix}1\\0\\-2\end{pmatrix}=\begin{pmatrix}2\\2\\2\end{pmatrix}$$

Berechne das Vektorprodukt $|\vec{a}\times\vec{b}|$. Schreibe dafür die beiden Spannvektoren zweimal übereinander und streiche die erste und letzte Zeile:

$$\begin{array}{cc}\not{3} & \not{2}\\ 1 & 2\\ 0 & 2\\ 3 & 2\\ 1 & 2\\ \not{0} & \not{2}\end{array}$$

Verbinde die einzelnen Koordinaten kreuzweise orthogonal und bilde das Vektorprodukt:

$$\vec{a}\times\vec{b}=\begin{pmatrix}1\cdot2-0\cdot2\\0\cdot2-3\cdot2\\3\cdot2-1\cdot2\end{pmatrix}=\begin{pmatrix}2-0\\0-6\\6-2\end{pmatrix}=\begin{pmatrix}2\\-6\\4\end{pmatrix}$$

Berechne den Betrag von $\vec{a}\times\vec{b}$:

$$|\vec{a}\times\vec{b}|=\left|\begin{pmatrix}2\\-6\\4\end{pmatrix}\right|=\sqrt{2^2+(-6)^2+4^2}=\sqrt{56}\approx7{,}48$$

Berechne die Fläche des Dreiecks ABC:

$A=\frac{1}{2}|\vec{a}\times\vec{b}|\approx3{,}74$ FE

2 Volumen eines Spats

a) $\vec{a}\times\vec{b}=\begin{pmatrix}3\cdot2-4\cdot0\\4\cdot(-1)-2\cdot2\\2\cdot0-3\cdot(-1)\end{pmatrix}=\begin{pmatrix}6-0\\-4-4\\0+3\end{pmatrix}=\begin{pmatrix}6\\-8\\3\end{pmatrix}$

$$\vec{c}\cdot(\vec{a}\times\vec{b})=\begin{pmatrix}0\\3\\1\end{pmatrix}\cdot\begin{pmatrix}6\\-8\\3\end{pmatrix}=0\cdot6+3\cdot(-8)+1\cdot3=-24+3=-21$$

$V=|\vec{c}\cdot(\vec{a}\times\vec{b})|=|-21|=21$ VE

b) $\vec{a}\times\vec{b}=\begin{pmatrix}-2\cdot4-3\cdot(-2)\\3\cdot2-5\cdot4\\5\cdot(-2)-(-2)\cdot2\end{pmatrix}=\begin{pmatrix}-8+6\\6-20\\-10+4\end{pmatrix}=\begin{pmatrix}-2\\-14\\-6\end{pmatrix}$

$$\vec{c}\cdot(\vec{a}\times\vec{b})=\begin{pmatrix}1\\0\\-5\end{pmatrix}\cdot\begin{pmatrix}-2\\-14\\-6\end{pmatrix}=1\cdot(-2)+0\cdot(-14)-5\cdot(-6)=-2+30=28$$

$V=|\vec{c}\cdot(\vec{a}\times\vec{b})|=|28|=28$ VE

3 Pyramide

a) $\overrightarrow{AB} = \begin{pmatrix}4\\0\\0\end{pmatrix} - \begin{pmatrix}0\\0\\0\end{pmatrix} = \begin{pmatrix}4\\0\\0\end{pmatrix}$

$|\overrightarrow{AB}| = \left|\begin{pmatrix}4\\0\\0\end{pmatrix}\right| = \sqrt{4^2+0^2+0^2} = \sqrt{16} = 4$

$\overrightarrow{CD} = \begin{pmatrix}0\\0\\4\end{pmatrix} - \begin{pmatrix}4\\0\\4\end{pmatrix} = \begin{pmatrix}-4\\0\\0\end{pmatrix}$

$|\overrightarrow{CD}| = \left|\begin{pmatrix}-4\\0\\0\end{pmatrix}\right| = \sqrt{(-4)^2+0^2+0^2} = \sqrt{16} = 4$

$\overrightarrow{BC} = \begin{pmatrix}4\\0\\4\end{pmatrix} - \begin{pmatrix}4\\0\\0\end{pmatrix} = \begin{pmatrix}0\\0\\4\end{pmatrix}$

$|\overrightarrow{BC}| = \left|\begin{pmatrix}0\\0\\4\end{pmatrix}\right| = \sqrt{0^2+0^2+4^2} = \sqrt{16} = 4$

$\overrightarrow{AD} = \begin{pmatrix}0\\0\\4\end{pmatrix} - \begin{pmatrix}0\\0\\0\end{pmatrix} = \begin{pmatrix}0\\0\\4\end{pmatrix}$

$|\overrightarrow{AD}| = \left|\begin{pmatrix}0\\0\\4\end{pmatrix}\right| = \sqrt{0^2+0^2+4^2} = \sqrt{16} = 4$

Alle Seiten sind gleich lang.

$\overrightarrow{AB} \cdot \overrightarrow{AD} = \begin{pmatrix}4\\0\\0\end{pmatrix} \cdot \begin{pmatrix}0\\0\\4\end{pmatrix} = 4\cdot 0 + 0\cdot 0 + 0\cdot 4 = 0$

Skalarprodukt ist null $\Rightarrow$ Die Vektoren stehen senkrecht aufeinander und da alle Seiten gleich lang sind, muss es sich um ein Rechteck (hier sogar ein Quadrat) handeln.

b) $\overrightarrow{AS} = \begin{pmatrix}0\\2\\6\end{pmatrix} - \begin{pmatrix}0\\0\\0\end{pmatrix} = \begin{pmatrix}0\\2\\6\end{pmatrix}$

$V = \frac{1}{3}\left|\vec{c}\cdot(\vec{a}\times\vec{b})\right| = \frac{1}{3}\left|\overrightarrow{AS}\cdot(\overrightarrow{AB}\times\overrightarrow{AD})\right|$

$\overrightarrow{AB}\times\overrightarrow{AD} = \begin{pmatrix}4\\0\\0\end{pmatrix} \times \begin{pmatrix}0\\0\\4\end{pmatrix} = \begin{pmatrix}0\cdot 4 - 0\cdot 0\\0\cdot 0 - 4\cdot 4\\4\cdot 0 - 0\cdot 0\end{pmatrix} = \begin{pmatrix}0\\-16\\0\end{pmatrix}$

$\overrightarrow{AS}\cdot(\overrightarrow{AB}\times\overrightarrow{AD}) = \begin{pmatrix}0\\2\\6\end{pmatrix} \cdot \begin{pmatrix}0\\-16\\0\end{pmatrix}$

$= 0\cdot 0 + 2\cdot(-16) - 6\cdot 0 = -32$

$V = \frac{1}{3}|-32| = \frac{32}{3} \approx 10{,}67$

4 Zelt

a) $\vec{d} = \vec{a} + \overrightarrow{BC}$

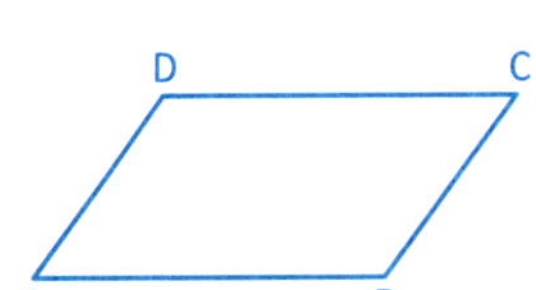

$\overrightarrow{BC} = \begin{pmatrix}6\\6\\8\end{pmatrix} - \begin{pmatrix}5\\5\\8\end{pmatrix} = \begin{pmatrix}1\\1\\0\end{pmatrix}$

$\vec{d} = \vec{a} + \overrightarrow{BC} = \begin{pmatrix}2\\3\\9\end{pmatrix} + \begin{pmatrix}1\\1\\0\end{pmatrix} = \begin{pmatrix}3\\4\\9\end{pmatrix}$

D(3 | 4 | 9)

b) $\vec{s} = \vec{a} + \frac{1}{2}\overrightarrow{AB} + \frac{1}{2}\overrightarrow{AD} + \begin{pmatrix}0\\0\\3\end{pmatrix}$

$\overrightarrow{AB} = \begin{pmatrix}5\\5\\8\end{pmatrix} - \begin{pmatrix}2\\3\\9\end{pmatrix} = \begin{pmatrix}3\\2\\-1\end{pmatrix}$

$\overrightarrow{AD} = \begin{pmatrix}3\\4\\9\end{pmatrix} - \begin{pmatrix}2\\3\\9\end{pmatrix} = \begin{pmatrix}1\\1\\0\end{pmatrix}$

$\vec{s} = \begin{pmatrix}2\\3\\9\end{pmatrix} + \frac{1}{2}\cdot\begin{pmatrix}3\\2\\-1\end{pmatrix} + \frac{1}{2}\cdot\begin{pmatrix}1\\1\\0\end{pmatrix} + \begin{pmatrix}0\\0\\3\end{pmatrix} = \begin{pmatrix}4\\4{,}5\\11{,}5\end{pmatrix}$

S(4 | 4,5 | 11,5)

$\overrightarrow{AS} = \begin{pmatrix}4\\4{,}5\\11{,}5\end{pmatrix} - \begin{pmatrix}2\\3\\9\end{pmatrix} = \begin{pmatrix}2\\1{,}5\\2{,}5\end{pmatrix}$

$V = \frac{1}{3}\left|\vec{c}\cdot(\vec{a}\times\vec{b})\right| = \frac{1}{3}\left|\overrightarrow{AS}\cdot(\overrightarrow{AB}\times\overrightarrow{AD})\right|$

$\overrightarrow{AB}\times\overrightarrow{AD} = \begin{pmatrix}3\\2\\-1\end{pmatrix} \times \begin{pmatrix}1\\1\\0\end{pmatrix} = \begin{pmatrix}2\cdot 0 - (-1)\cdot 1\\-1\cdot 1 - 3\cdot 0\\3\cdot 1 - 2\cdot 1\end{pmatrix}$

$= \begin{pmatrix}1\\-1\\1\end{pmatrix}$

$\overrightarrow{AS}\cdot(\overrightarrow{AB}\times\overrightarrow{AD}) = \begin{pmatrix}2\\1{,}5\\2{,}5\end{pmatrix} \cdot \begin{pmatrix}1\\-1\\1\end{pmatrix}$

$= 2\cdot 1 + 1{,}5\cdot(-1) + 2{,}5\cdot 1$

$= 2 - 1{,}5 + 2{,}5 = 3$

$V = \frac{1}{3}|3| = 1$

$1\,m^3 = 1\,000\,000\,cm^3$

$2{,}5\,l = 2500\,cm^3$

$\frac{1\,000\,000}{2500} = 400$

Frau Maier müsste 400 Luftballons aufblasen.

5 Escape-Room (Spat)

a) Setze Punkt A(0 | 0 | 0) $\Rightarrow$ B(5 | 0 | 0) (x_3-Koordinate gleich null, da auf dem Boden)

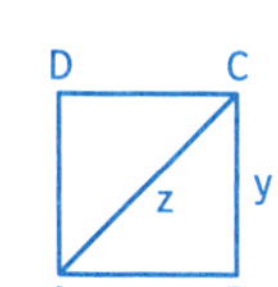

Satz des Pythagoras: $x^2 + y^2 = z^2$

$\overrightarrow{AB} = \begin{pmatrix}5\\0\\0\end{pmatrix}$

$|\overrightarrow{AB}| = \left|\begin{pmatrix}5\\0\\0\end{pmatrix}\right| = \sqrt{5^2+0^2+0^2} = \sqrt{25} = 5$

z = 13 (aus Aufgabenstellung)

$x^2 + y^2 = z^2$

$5^2 + y^2 = 13^2 \quad | -5^2$

$y^2 = 13^2 - 5^2$

$y^2 = 144$

$y = 12$

$\Rightarrow$ C(5 | 12 | 0), D(0 | 12 | 0)

Die Personen A und D haben den Abstand 12 m.

b) $A = l \cdot b = 5 \cdot 12 = 60$

Der Boden hat eine Fläche von $60\,m^2$.

c) $V = G \cdot h \qquad |:G$

$h = \frac{V}{G} = \frac{150}{60} = 2{,}5$

Der Raum muss eine Höhe von mindestens 2,5 m haben. Je schräger die Wände, desto höher muss der Raum sein.

6 Sockel (Pyramidenstumpf)

a) Der Sockel sieht aus wie ein Pyramidenstumpf, also wie eine Pyramide, die man oben parallel zur Grundfläche abgesägt hat.

b) Grundfläche des Sockels:

$$\overrightarrow{AD} = \begin{pmatrix}0\\0\\0\end{pmatrix} - \begin{pmatrix}100\\0\\0\end{pmatrix} = \begin{pmatrix}-100\\0\\0\end{pmatrix} = \vec{a}$$

$$\overrightarrow{AB} = \begin{pmatrix}100\\100\\0\end{pmatrix} - \begin{pmatrix}100\\0\\0\end{pmatrix} = \begin{pmatrix}0\\100\\0\end{pmatrix} = \vec{b}$$

$$G = \left|\left(\vec{a} \times \vec{b}\right)\right|$$

$$\vec{a} \times \vec{b} = \begin{pmatrix}-100\\0\\0\end{pmatrix} \times \begin{pmatrix}0\\100\\0\end{pmatrix} = \begin{pmatrix}0 \cdot 0 - 0 \cdot 100\\ 0 \cdot 0 - (-100) \cdot 0\\ -100 \cdot 100 - 0 \cdot 0\end{pmatrix}$$

$$= \begin{pmatrix}0\\0\\-10\,000\end{pmatrix}$$

$$G = \left|\vec{a} \times \vec{b}\right| = \left|\begin{pmatrix}0\\0\\-10\,000\end{pmatrix}\right| = \sqrt{0^2 + 0^2 + (-10\,000)^2}$$

$$= \sqrt{100\,000\,000} = 10\,000$$

Der Inhalt der Grundfläche beträgt 10 000 FE.

Obere Fläche des Sockels:

$$\overrightarrow{EH} = \begin{pmatrix}30\\30\\40\end{pmatrix} - \begin{pmatrix}70\\30\\40\end{pmatrix} = \begin{pmatrix}-40\\0\\0\end{pmatrix} = \vec{a}$$

$$\overrightarrow{EF} = \begin{pmatrix}70\\70\\40\end{pmatrix} - \begin{pmatrix}70\\30\\40\end{pmatrix} = \begin{pmatrix}0\\40\\0\end{pmatrix} = \vec{b}$$

$$G = \left|\vec{a} \times \vec{b}\right|$$

$$\vec{a} \times \vec{b} = \begin{pmatrix}-40\\0\\0\end{pmatrix} \times \begin{pmatrix}0\\40\\0\end{pmatrix} = \begin{pmatrix}0 \cdot 0 - 0 \cdot 40\\ 0 \cdot 0 - (-40) \cdot 0\\ -40 \cdot 40 - 0 \cdot 0\end{pmatrix}$$

$$= \begin{pmatrix}0\\0\\-1600\end{pmatrix}$$

$$G = \left|\vec{a} \times \vec{b}\right| = \left|\begin{pmatrix}0\\0\\-1600\end{pmatrix}\right| = \sqrt{0^2 + 0^2 + (-1600)^2}$$

$$= \sqrt{2\,560\,000} = 1600$$

Der Inhalt der oberen Fläche beträgt 1600 FE.

c) Zunächst muss man die Spitze der Pyramide bestimmen. Diese ist der Schnittpunkt der Geraden g durch die Punkte A und E und der Geraden h durch D und H.

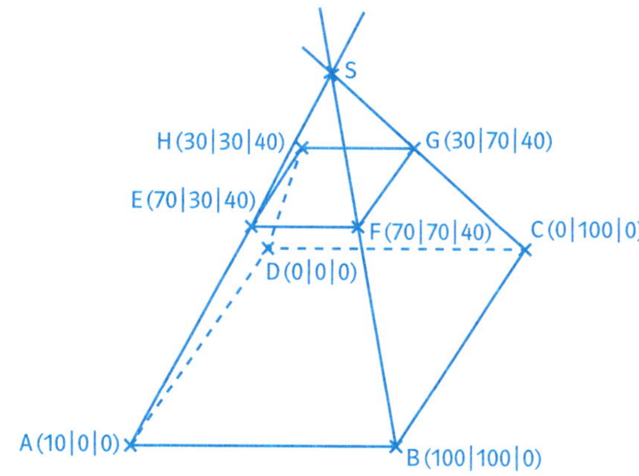

$$\overrightarrow{AE} = \begin{pmatrix}70\\30\\40\end{pmatrix} - \begin{pmatrix}100\\0\\0\end{pmatrix} = \begin{pmatrix}-30\\30\\40\end{pmatrix}$$

$$g\colon \vec{x} = \vec{a} + t \cdot \overrightarrow{AE} = \begin{pmatrix}100\\0\\0\end{pmatrix} + t \cdot \begin{pmatrix}-30\\30\\40\end{pmatrix}$$

$$\overrightarrow{DH} = \begin{pmatrix}30\\30\\40\end{pmatrix} - \begin{pmatrix}0\\0\\0\end{pmatrix} = \begin{pmatrix}30\\30\\40\end{pmatrix}$$

$$H\colon \vec{x} = \vec{d} + s \cdot \overrightarrow{DH} = \begin{pmatrix}0\\0\\0\end{pmatrix} + s \cdot \begin{pmatrix}30\\30\\40\end{pmatrix}$$

Schnittpunkt bestimmen:

$g = h$

$$\begin{pmatrix}100\\0\\0\end{pmatrix} + t \cdot \begin{pmatrix}-30\\30\\40\end{pmatrix} = \begin{pmatrix}0\\0\\0\end{pmatrix} + s \cdot \begin{pmatrix}30\\30\\40\end{pmatrix} \quad \left| -t \cdot \begin{pmatrix}-30\\30\\40\end{pmatrix}\right.$$

$$\begin{pmatrix}100\\0\\0\end{pmatrix} = s \cdot \begin{pmatrix}30\\30\\40\end{pmatrix} - t \cdot \begin{pmatrix}-30\\30\\40\end{pmatrix}$$

$$\begin{array}{ll} \text{I} & 100 = 30s + 30t \\ \text{II} & 0 = 30s - 30t \\ \text{III} & 0 = 40s - 40t \end{array}$$

II nach t auflösen:

$$\begin{array}{rll} 0 &= 30s - 30t & |+30t \\ 30t &= 30s & |:30 \\ t &= s & \end{array}$$

t in I:

$100 = 30s + 30s$

$100 = 60s \qquad |:60$

$\frac{100}{60} = \frac{5}{3} = s$

t in III:

$0 = 40s - 40s$

$0 = 0$ wahre Aussage, also

$t = s = \frac{5}{3}$

t in h:

$$\vec{s} = \begin{pmatrix}0\\0\\0\end{pmatrix} + \frac{5}{3} \cdot \begin{pmatrix}30\\30\\40\end{pmatrix} = \begin{pmatrix}50\\50\\\frac{200}{3}\end{pmatrix}$$

$S\left(50 \mid 50 \mid \frac{200}{3}\right)$

$$\overrightarrow{AS} = \begin{pmatrix}50\\50\\\frac{200}{3}\end{pmatrix} - \begin{pmatrix}100\\0\\0\end{pmatrix} = \begin{pmatrix}-50\\50\\\frac{200}{3}\end{pmatrix}$$

$$\overrightarrow{ES} = \begin{pmatrix}50\\50\\\frac{200}{3}\end{pmatrix} - \begin{pmatrix}70\\30\\40\end{pmatrix} = \begin{pmatrix}-20\\20\\\frac{80}{3}\end{pmatrix}$$

Volumen große Pyramide:

$$V = \frac{1}{3}\left|\overrightarrow{AS} \cdot \left(\overrightarrow{AB} \times \overrightarrow{AD}\right)\right|$$

$$= \frac{1}{3}\left|\begin{pmatrix}-50\\50\\\frac{200}{3}\end{pmatrix} \cdot \begin{pmatrix}0\\0\\-10\,000\end{pmatrix}\right|$$

$$= \frac{1}{3}\left|-50 \cdot 0 + 50 \cdot 0 + \frac{200}{3} \cdot (-10\,000)\right|$$

$$= \frac{1}{3}\left|-\frac{2\,000\,000}{3}\right| \approx 222\,222{,}22$$

Volumen kleine Pyramide:

$$V = \frac{1}{3}\left|\overrightarrow{ES} \cdot \left(\overrightarrow{EH} \times \overrightarrow{EF}\right)\right| = \frac{1}{3}\left|\begin{pmatrix}-20\\20\\\frac{80}{3}\end{pmatrix} \cdot \begin{pmatrix}0\\0\\-1600\end{pmatrix}\right|$$

$$= \frac{1}{3}\left|-20 \cdot 0 + 20 \cdot 0 + \frac{80}{3} \cdot (-1600)\right|$$

$$= \frac{1}{3}\left|-\frac{128\,000}{3}\right| \approx 14\,222{,}22$$

Volumen Sockel
= Volumen große Pyramide
− Volumen kleine Pyramide

$V_{Sockel} = 222\,222{,}22 - 14\,222{,}22 = 208\,000$

Der Sockel hat ein Volumen von 208 000 VE.

SCHRITT 30

Das brauchst du wieder

b) $\begin{pmatrix}3\\5\\2\end{pmatrix} \cdot \begin{pmatrix}1\\-3\\4\end{pmatrix} = 3 \cdot 1 + 5 \cdot (-3) + 2 \cdot 4 = 3 - 15 + 8 = -4$

1 „Du bist dran" aus dem „So geht's"-Kasten

a) Addiere alle entsprechenden Elemente der Matrizen miteinander:

$$\begin{pmatrix}4 & -3\\-1 & 7\end{pmatrix} + \begin{pmatrix}9 & -4\\2 & -1\end{pmatrix} = \begin{pmatrix}4+9 & -3-4\\-1+2 & 7-1\end{pmatrix} = \begin{pmatrix}13 & -7\\1 & 6\end{pmatrix}$$

b) Multipliziere die Zahl mit jedem Element der Matrix:

$$4 \cdot \begin{pmatrix}2 & 1\\0 & -3\end{pmatrix} = \begin{pmatrix}4 \cdot 2 & 4 \cdot 1\\4 \cdot 0 & 4 \cdot (-3)\end{pmatrix} = \begin{pmatrix}8 & 4\\0 & -12\end{pmatrix}$$

c) Multipliziere jeden der m Zeilenvektoren von A mit jedem der k Spaltenvektoren von B:

$$\begin{pmatrix}-2 & 7\\0 & 1\\3 & 3\end{pmatrix} \cdot \begin{pmatrix}2 & 1\\-1 & 3\end{pmatrix}$$

$$= \begin{pmatrix}(-2) \cdot 2 + 7 \cdot (-1) & -2 \cdot 1 + 7 \cdot 3\\0 \cdot 2 + 1 \cdot (-1) & 0 \cdot 1 + 1 \cdot 3\\3 \cdot 2 + 3 \cdot (-1) & 3 \cdot 1 + 3 \cdot 3\end{pmatrix} = \begin{pmatrix}-11 & 19\\-1 & 3\\3 & 12\end{pmatrix}$$

2 Rechnen mit Matrizen I

a) $\begin{pmatrix}4 & 2\\-6 & -2\end{pmatrix} + \begin{pmatrix}-4 & 2\\3 & -7\end{pmatrix} = \begin{pmatrix}0 & 4\\-3 & -9\end{pmatrix}$

b) $-2 \cdot \begin{pmatrix}3 & -4\\3 & 2\end{pmatrix} = \begin{pmatrix}-6 & 8\\-6 & -4\end{pmatrix}$

c) $\begin{pmatrix}2 & -3\\3 & -6\\4 & 1\end{pmatrix} \cdot \begin{pmatrix}-3 & -2\\5 & 3\end{pmatrix}$

$$= \begin{pmatrix}2 \cdot (-3) + (-3) \cdot 5 & 2 \cdot (-2) + (-3) \cdot 3\\3 \cdot (-3) + (-6) \cdot 5 & 3 \cdot (-2) + (-6) \cdot 3\\4 \cdot (-3) + 1 \cdot 5 & 4 \cdot (-2) + 1 \cdot 3\end{pmatrix}$$

$$= \begin{pmatrix}-21 & -13\\-39 & -24\\-7 & -5\end{pmatrix}$$

3 Rechnen mit Matrizen II

a) $\begin{pmatrix}1 & 0 & 0\\0 & 1 & 0\\0 & 0 & 1\end{pmatrix} + \begin{pmatrix}1 & 4 & 7\\2 & 5 & 8\\3 & 6 & 9\end{pmatrix}$

$$= \begin{pmatrix}1+1 & 0+4 & 0+7\\0+2 & 1+5 & 0+8\\0+3 & 0+6 & 1+9\end{pmatrix} = \begin{pmatrix}2 & 4 & 7\\2 & 6 & 8\\3 & 6 & 10\end{pmatrix}$$

b) $\begin{pmatrix}1 & 2 & 3\\4 & 5 & 6\\7 & 8 & 9\end{pmatrix} + \begin{pmatrix}0 & 0 & 1\\1 & -2 & -5\\3 & -5 & 2\end{pmatrix}$

$$= \begin{pmatrix}1+0 & 2+0 & 3+1\\4+1 & 5+(-2) & 6+(-5)\\7+3 & 8+(-5) & 9+2\end{pmatrix} = \begin{pmatrix}1 & 2 & 4\\5 & 3 & 1\\10 & 3 & 11\end{pmatrix}$$

c) $\begin{pmatrix}1 & 0 & 0\\0 & 1 & 0\\0 & 0 & 1\end{pmatrix} - \begin{pmatrix}1 & 4 & 7\\2 & 5 & 8\\3 & 6 & 9\end{pmatrix}$

$$= \begin{pmatrix}1-1 & 0-4 & 0-7\\0-2 & 1-5 & 0-8\\0-3 & 0-6 & 1-9\end{pmatrix} = \begin{pmatrix}0 & -4 & -7\\-2 & -4 & -8\\-3 & -6 & -8\end{pmatrix}$$

d) $\begin{pmatrix}1 & 2 & 3\\4 & 5 & 6\\7 & 8 & 9\end{pmatrix} - \begin{pmatrix}0 & 0 & 1\\1 & -2 & -5\\3 & -5 & 2\end{pmatrix}$

$$= \begin{pmatrix}1-0 & 2-0 & 3-1\\4-1 & 5-(-2) & 6-(-5)\\7-3 & 8-(-5) & 9-2\end{pmatrix} = \begin{pmatrix}1 & 2 & 2\\3 & 7 & 11\\4 & 13 & 7\end{pmatrix}$$

e) $4 \cdot \begin{pmatrix}1 & 2 & 1\\2 & 1 & 2\\3 & 1 & 3\end{pmatrix} = \begin{pmatrix}4 & 8 & 4\\8 & 4 & 8\\12 & 4 & 12\end{pmatrix}$

f) $-\frac{1}{2}\cdot\begin{pmatrix}2 & 6 & 20\\4 & 2 & 100\\8 & 10 & 36\end{pmatrix}$

$$=\begin{pmatrix}-\frac{1}{2}\cdot 2 & -\frac{1}{2}\cdot\ 6 & -\frac{1}{2}\cdot\ 20\\-\frac{1}{2}\cdot 4 & -\frac{1}{2}\cdot\ 2 & -\frac{1}{2}\cdot 100\\-\frac{1}{2}\cdot 8 & -\frac{1}{2}\cdot 10 & -\frac{1}{2}\cdot\ 36\end{pmatrix}=\begin{pmatrix}-1 & -3 & -10\\-2 & -1 & -50\\-4 & -5 & -18\end{pmatrix}$$

g) $\begin{pmatrix}1 & 0 & 0\\0 & 1 & 0\\0 & 0 & 1\end{pmatrix}\cdot\begin{pmatrix}1 & 4 & 7\\2 & 5 & 8\\3 & 6 & 9\end{pmatrix}$

$$=\begin{pmatrix}1\cdot1+0\cdot2+0\cdot3 & 1\cdot4+0\cdot5+0\cdot6 & 1\cdot7+0\cdot8+0\cdot9\\0\cdot1+1\cdot2+0\cdot3 & 0\cdot4+1\cdot5+0\cdot6 & 0\cdot7+1\cdot8+0\cdot9\\0\cdot1+0\cdot2+1\cdot3 & 0\cdot4+0\cdot5+1\cdot6 & 0\cdot7+0\cdot8+1\cdot9\end{pmatrix}=\begin{pmatrix}1 & 4 & 7\\2 & 5 & 8\\3 & 6 & 9\end{pmatrix}$$

h) $\begin{pmatrix}0 & 0 & 1\\1 & -2 & -5\\3 & -5 & 2\end{pmatrix}\cdot\begin{pmatrix}1 & 2 & 3\\4 & 5 & 6\\7 & 8 & 9\end{pmatrix}$

$$=\begin{pmatrix}0\cdot1+\ 0\ \cdot4+\ 1\ \cdot7 & 0\cdot2+\ 0\ \cdot5+\ 1\ \cdot8 & 0\cdot3+\ 0\ \cdot6+\ 1\ \cdot9\\1\cdot1+(-2)\cdot4+(-5)\cdot7 & 1\cdot2+(-2)\cdot5+(-5)\cdot8 & 1\cdot3+(-2)\cdot6+(-5)\cdot9\\3\cdot1+(-5)\cdot4+\ 2\ \cdot7 & 3\cdot2+(-5)\cdot5+\ 2\ \cdot8 & 3\cdot3+(-5)\cdot6+\ 2\ \cdot9\end{pmatrix}$$

$$=\begin{pmatrix}7 & 8 & 9\\-42 & -48 & -54\\-3 & -3 & -3\end{pmatrix}$$

4 Matrizenrechnung mit Parametern

a) $\begin{pmatrix}2 & b & -3\\-5 & a & c\\-2 & 4 & 1\end{pmatrix}+\begin{pmatrix}c & -3 & 2\\-5 & -1 & 3\\-7 & b & a\end{pmatrix}$

$$=\begin{pmatrix}2+\ c & b-\ 3 & -3+2\\-5+(-5) & a+(-1) & c+3\\-2+(-7) & 4+\ b & 1+a\end{pmatrix}$$

$$=\begin{pmatrix}2+c & b-3 & -1\\-10 & a-1 & c+3\\-9 & 4+b & 1+a\end{pmatrix}$$

b) $\begin{pmatrix}1 & 1 & a\\b & 1 & 1\\c & 1 & 1\end{pmatrix}-\begin{pmatrix}-2 & 5 & -6\\4 & x & -7\\w & -1 & z\end{pmatrix}$

$$=\begin{pmatrix}1-(-2) & 1-\ 5 & a-(-6)\\b-\ 4 & 1-\ x & 1-(-7)\\c-\ w & 1-(-1) & 1-\ z\end{pmatrix}$$

$$=\begin{pmatrix}3 & -4 & a+6\\b-4 & 1-x & 8\\c-w & 2 & 1-z\end{pmatrix}$$

c) $-2\cdot\begin{pmatrix}a & 2 & 3\\4 & b & 4\\6 & 2 & c\end{pmatrix}=\begin{pmatrix}-2\cdot a & -2\cdot2 & -2\cdot3\\-2\cdot4 & -2\cdot b & -2\cdot4\\-2\cdot6 & -2\cdot2 & -2\cdot c\end{pmatrix}$

$$=\begin{pmatrix}-2a & -4 & -6\\-8 & -2b & -8\\-12 & -4 & -2c\end{pmatrix}$$

d) $\begin{pmatrix}d & -3 & 2\\-g & 5 & 3\\7 & -e & 3\end{pmatrix}\cdot\begin{pmatrix}-1 & 3 & 2\\-f & h & 3\\1 & k & 3\end{pmatrix}$

$$=\begin{pmatrix}d\cdot(-1)-3\cdot(-f)+2\cdot1 & d\cdot3-3\cdot h+2\cdot k & d\cdot2-3\cdot3+2\cdot3\\-g\cdot(-1)+5\cdot(-f)+3\cdot1 & -g\cdot3+5\cdot h+3\cdot k & -g\cdot2+5\cdot3+3\cdot3\\7\cdot(-1)+(-e)\cdot(-f)+3\cdot1 & 7\cdot3+(-e)\cdot h+3\cdot k & 7\cdot2+(-e)\cdot3+3\cdot3\end{pmatrix}$$

$$=\begin{pmatrix}-d+3f+2 & 3d-3h+2k & 2d-\ 3\\g-5f+3 & -3g+5h+3k & -2g+24\\-4+ef & 21-eh+3k & 23-3e\end{pmatrix}$$

SCHRITT 31

Das brauchst du wieder

I $\quad r+s=5 \quad |\cdot(-3)$ ↲ +
II $\quad 3r+4s=12$
$\quad s=-3$
s in I: $r-3=5 \quad |+3$
$\quad r=8$

1 „Du bist dran" aus dem „So geht's"-Kasten

Bringe alle X auf eine Seite:

$A\cdot X+B=4\cdot X \quad |-4\cdot X-B$

$A\cdot X-4\cdot X=-B$

Klammere X aus:

$(A-4\cdot E)\cdot X=-B$

Berechne die Klammer in der linken Seite der Gleichung:

$$A-4\cdot E=\begin{pmatrix}3 & 3\\2 & -1\end{pmatrix}-4\cdot\begin{pmatrix}1 & 0\\0 & 1\end{pmatrix}=\begin{pmatrix}3 & 3\\2 & -1\end{pmatrix}-\begin{pmatrix}4 & 0\\0 & 4\end{pmatrix}$$

$$=\begin{pmatrix}-1 & 3\\2 & -5\end{pmatrix}$$

Bringe die Gleichung in die Form $C\cdot X=B$:

$$\begin{pmatrix}-1 & 3\\2 & -5\end{pmatrix}\cdot X=-\begin{pmatrix}-3 & 1\\0 & -2\end{pmatrix}$$

$$\begin{pmatrix}-1 & 3\\2 & -5\end{pmatrix}\cdot X=\begin{pmatrix}3 & -1\\0 & 2\end{pmatrix}$$

Berechne die inverse Matrix C^{-1}, indem du die Matrix C und die Einheitsmatrix zusammenschreibst:

$$\left(\begin{array}{cc|cc}-1 & 3 & 1 & 0\\2 & -5 & 0 & 1\end{array}\right)$$

Forme die linke Matrix der Blockmatrix durch Äquivalenzumformungen in eine Einheitsmatrix um:

$$\left(\begin{array}{cc|cc}-1 & 3 & 1 & 0\\2 & -5 & 0 & 1\end{array}\right)\quad |\cdot 2 \ ↲$$

$$\left(\begin{array}{cc|cc}-1 & 3 & 1 & 0\\0 & 1 & 2 & 1\end{array}\right)\quad |\cdot(-3) \ ↰ +$$

$$\left(\begin{array}{cc|cc}-1 & 0 & -5 & -3\\0 & 1 & 2 & 1\end{array}\right)\quad |\cdot(-1)$$

$$\left(\begin{array}{cc|cc}1 & 0 & 5 & 3\\0 & 1 & 2 & 1\end{array}\right)$$

$$C^{-1}=\begin{pmatrix}5 & 3\\2 & 1\end{pmatrix}$$

Multipliziere beide Seiten der Gleichung von links mit der invertierten Matrix C^{-1}:

$$\begin{pmatrix}5&3\\2&1\end{pmatrix}\cdot\begin{pmatrix}-1&3\\2&-5\end{pmatrix}\cdot X=\begin{pmatrix}5&3\\2&1\end{pmatrix}\cdot\begin{pmatrix}3&-1\\0&2\end{pmatrix}$$

Multipliziere die Matrizen auf der rechten Seite der Gleichung:

$$X=\begin{pmatrix}5&3\\2&1\end{pmatrix}\cdot\begin{pmatrix}3&-1\\0&2\end{pmatrix}$$
$$=\begin{pmatrix}5\cdot3+3\cdot0 & 5\cdot(-1)+3\cdot2\\ 2\cdot3+1\cdot0 & 2\cdot(-1)+1\cdot2\end{pmatrix}$$
$$=\begin{pmatrix}15&1\\6&0\end{pmatrix}$$

2 Matrizengleichung I

$$A\cdot X+B=4\cdot A\cdot X \quad |-A\cdot X$$
$$B=3\cdot A\cdot X$$
$$3\cdot A\cdot X=B \quad |:3$$
$$B:3=\begin{pmatrix}-3&6\\0&9\end{pmatrix}:3=\begin{pmatrix}-1&2\\0&3\end{pmatrix}$$
$$\begin{pmatrix}2&1\\6&4\end{pmatrix}\cdot X=\begin{pmatrix}-1&2\\0&3\end{pmatrix}$$
$$\left(\begin{array}{cc|cc}2&1&1&0\\6&4&0&1\end{array}\right)\quad |\cdot(-3)\ +$$
$$\left(\begin{array}{cc|cc}2&1&1&0\\0&1&-3&1\end{array}\right)\quad |\cdot(-1)\ +$$
$$\left(\begin{array}{cc|cc}2&0&4&-1\\0&1&-3&1\end{array}\right)\quad |:2$$
$$\left(\begin{array}{cc|cc}1&0&2&-0{,}5\\0&1&-3&1\end{array}\right)$$
$$\begin{pmatrix}2&1\\6&4\end{pmatrix}\cdot X=\begin{pmatrix}-1&2\\0&3\end{pmatrix}\quad \Big|\cdot\begin{pmatrix}2&-0{,}5\\-3&1\end{pmatrix}$$
$$X=\begin{pmatrix}2&-0{,}5\\-3&1\end{pmatrix}\cdot\begin{pmatrix}-1&2\\0&3\end{pmatrix}$$
$$=\begin{pmatrix}2\cdot(-1)+(-0{,}5)\cdot0 & 2\cdot2+(-0{,}5)\cdot3\\ (-3)\cdot(-1)+1\cdot0 & -3\cdot2+1\cdot3\end{pmatrix}$$
$$=\begin{pmatrix}-2&2{,}5\\3&-3\end{pmatrix}$$

3 Matrizengleichung II

a)
$$3\cdot X-X\cdot A=-X+C \quad |+X$$
$$4\cdot X-X\cdot A=C$$
$$X\cdot(4\cdot E-A)=C$$
$$4\cdot E-A=4\cdot\begin{pmatrix}1&0\\0&1\end{pmatrix}-\begin{pmatrix}1&-2\\2&4\end{pmatrix}=\begin{pmatrix}3&2\\-2&0\end{pmatrix}$$
$$\begin{pmatrix}3&2\\-2&0\end{pmatrix}\cdot X=\begin{pmatrix}2&1\\4&0\end{pmatrix}$$

$(4\cdot E-A)^{-1}$ bestimmen

$$\left(\begin{array}{cc|cc}3&2&1&0\\-2&0&0&1\end{array}\right)\quad \begin{matrix}|\cdot2\\|\cdot3\end{matrix}\ +$$
$$\left(\begin{array}{cc|cc}3&2&1&0\\0&4&2&3\end{array}\right)\quad |:4$$
$$\left(\begin{array}{cc|cc}3&2&1&0\\0&1&\frac{1}{2}&\frac{3}{4}\end{array}\right)\quad |\cdot(-2)\ +$$
$$\left(\begin{array}{cc|cc}3&0&0&-\frac{3}{2}\\0&1&\frac{1}{2}&\frac{3}{4}\end{array}\right)\quad |:3$$
$$\left(\begin{array}{cc|cc}1&0&0&-\frac{1}{2}\\0&1&\frac{1}{2}&\frac{3}{4}\end{array}\right)$$
$$X=\begin{pmatrix}2&1\\4&0\end{pmatrix}\cdot\begin{pmatrix}0&-\frac{1}{2}\\\frac{1}{2}&\frac{3}{4}\end{pmatrix}$$
$$=\begin{pmatrix}2\cdot0+1\cdot\frac{1}{2} & 2\cdot\left(-\frac{1}{2}\right)+1\cdot\frac{3}{4}\\ 4\cdot0+0\cdot\frac{1}{2} & 2\cdot\left(-\frac{1}{2}\right)+1\cdot\frac{3}{4}\end{pmatrix}=\begin{pmatrix}\frac{1}{2}&-\frac{1}{4}\\0&-\frac{5}{4}\end{pmatrix}$$

b)
$$X\cdot B+2\cdot X=B$$
$$X\cdot(B+2\cdot E)=B$$
$$B+2\cdot E=\begin{pmatrix}-1&3&2\\2&3&3\\-3&-8&-6\end{pmatrix}+2\cdot\begin{pmatrix}1&0&0\\0&1&0\\0&0&1\end{pmatrix}$$
$$=\begin{pmatrix}1&3&2\\2&5&3\\-3&-8&-4\end{pmatrix}$$
$$X\cdot\begin{pmatrix}1&3&2\\2&5&3\\-3&-8&-4\end{pmatrix}=\begin{pmatrix}-1&3&2\\2&3&3\\-3&-8&-6\end{pmatrix}$$

$(B+2\cdot E)^{-1}$ bestimmen

$$\left(\begin{array}{ccc|ccc}1&3&2&1&0&0\\2&5&3&0&1&0\\-3&-8&-4&0&0&1\end{array}\right)\quad |\cdot(-2)\ +\quad |\cdot3\ +$$
$$\left(\begin{array}{ccc|ccc}1&3&2&1&0&0\\0&-1&-1&-2&1&0\\0&1&2&3&0&1\end{array}\right)\quad +$$
$$\left(\begin{array}{ccc|ccc}1&3&2&1&0&0\\0&-1&-1&-2&1&0\\0&0&1&1&1&1\end{array}\right)\quad +\quad |\cdot(-2)\ +$$
$$\left(\begin{array}{ccc|ccc}1&3&0&-1&-2&-2\\0&-1&0&-1&2&1\\0&0&1&1&1&1\end{array}\right)\quad |:(-1)$$
$$\left(\begin{array}{ccc|ccc}1&3&0&-1&-2&-2\\0&1&0&1&-2&-1\\0&0&1&1&1&1\end{array}\right)\quad |\cdot(-3)\ +$$
$$\left(\begin{array}{ccc|ccc}1&0&0&-4&4&1\\0&1&0&1&-2&-1\\0&0&1&1&1&1\end{array}\right)$$
$$X=B\cdot(B-2\cdot E)^{-1}=\begin{pmatrix}-1&3&2\\2&3&3\\-3&-8&-6\end{pmatrix}\cdot\begin{pmatrix}-4&4&1\\1&-2&-1\\1&1&1\end{pmatrix}$$
$$=\begin{pmatrix}-1\cdot(-4)+3\cdot1+2\cdot1 & -1\cdot4+3\cdot(-2)+2\cdot1 & -1\cdot1+3\cdot(-1)+2\cdot1\\ 2\cdot(-4)+3\cdot1+3\cdot1 & 2\cdot4+3\cdot(-2)+3\cdot1 & 2\cdot1+3\cdot(-1)+3\cdot1\\ -3\cdot(-4)+(-8)\cdot1+(-6)\cdot1 & -3\cdot4+(-8)\cdot(-2)+(-6)\cdot1 & -3\cdot1+(-8)\cdot(-1)+(-6)\cdot1\end{pmatrix}=\begin{pmatrix}9&-8&-2\\-2&5&2\\-2&-2&-1\end{pmatrix}$$

4 Inverse Matrix I

a) $A = \begin{pmatrix} 1 & 2 \\ 3 & 4 \end{pmatrix}$

$\left(\begin{array}{cc|cc} 1 & 2 & 1 & 0 \\ 3 & 4 & 0 & 1 \end{array}\right)$ $\quad |\cdot(-3)$ +

$\left(\begin{array}{cc|cc} 1 & 2 & 1 & 0 \\ 0 & -2 & -3 & 1 \end{array}\right)$ $\quad |:(-2)$

$\left(\begin{array}{cc|cc} 1 & 2 & 1 & 0 \\ 0 & 1 & 1{,}5 & -0{,}5 \end{array}\right)$ $\quad |\cdot(-2)$ +

$\left(\begin{array}{cc|cc} 1 & 0 & -2 & 1 \\ 0 & 1 & 1{,}5 & -0{,}5 \end{array}\right)$

Inverse Matrix: $\begin{pmatrix} -2 & 1 \\ 1{,}5 & -0{,}5 \end{pmatrix}$

b) $A = \begin{pmatrix} -2 & 1 \\ 3 & -2 \end{pmatrix}$

$\left(\begin{array}{cc|cc} -2 & 1 & 1 & 0 \\ 3 & -2 & 0 & 1 \end{array}\right)$ $\quad \begin{array}{l} |\cdot 3 \\ |\cdot 2 \end{array}$ +

$\left(\begin{array}{cc|cc} -2 & 1 & 1 & 0 \\ 0 & -1 & 3 & 2 \end{array}\right)$ $\quad |\cdot(-1)$

$\left(\begin{array}{cc|cc} -2 & 1 & 1 & 0 \\ 0 & 1 & -3 & -2 \end{array}\right)$ $\quad |:(-1)$ +

$\left(\begin{array}{cc|cc} -2 & 0 & 4 & 2 \\ 0 & 1 & -3 & -2 \end{array}\right)$ $\quad |:(-2)$

$\left(\begin{array}{cc|cc} 1 & 0 & -2 & -1 \\ 0 & 1 & -3 & -2 \end{array}\right)$

Inverse Matrix: $\begin{pmatrix} -2 & -1 \\ -3 & -2 \end{pmatrix}$

c) $A = \begin{pmatrix} 5 & -2 \\ -3 & 2 \end{pmatrix}$

$\left(\begin{array}{cc|cc} 5 & -2 & 1 & 0 \\ -3 & 2 & 0 & 1 \end{array}\right)$ $\quad \begin{array}{l} |\cdot 3 \\ |\cdot 5 \end{array}$ +

$\left(\begin{array}{cc|cc} 5 & -2 & 1 & 0 \\ 0 & 4 & 3 & 5 \end{array}\right)$ $\quad |:4$

$\left(\begin{array}{cc|cc} 5 & -2 & 1 & 0 \\ 0 & 1 & 0{,}75 & 1{,}25 \end{array}\right)$ $\quad |\cdot 2$ +

$\left(\begin{array}{cc|cc} 5 & 0 & 2{,}5 & 2{,}5 \\ 0 & 1 & 0{,}75 & 1{,}25 \end{array}\right)$ $\quad |:5$

$\left(\begin{array}{cc|cc} 1 & 0 & 0{,}5 & 0{,}5 \\ 0 & 1 & 0{,}75 & 1{,}25 \end{array}\right)$

Inverse Matrix: $\begin{pmatrix} 0{,}5 & 0{,}5 \\ 0{,}75 & 1{,}25 \end{pmatrix}$

5 Inverse Matrix II

a) $\left(\begin{array}{ccc|ccc} 2 & 3 & -1 & 1 & 0 & 0 \\ 1 & -2 & 4 & 0 & 1 & 0 \\ 2 & 2 & -4 & 0 & 0 & 1 \end{array}\right)$ $\quad |\cdot(-2)$ + $\quad |\cdot(-1)$ +

$\left(\begin{array}{ccc|ccc} 2 & 3 & -1 & 1 & 0 & 0 \\ 0 & 7 & -9 & 1 & -2 & 0 \\ 0 & -1 & -3 & -1 & 0 & 1 \end{array}\right)$ $\quad |\cdot 7$ +

$\left(\begin{array}{ccc|ccc} 2 & 3 & -1 & 1 & 0 & 0 \\ 0 & 7 & -9 & 1 & -2 & 0 \\ 0 & 0 & -30 & -6 & -2 & 7 \end{array}\right)$ $\quad |:(-30)$

$\left(\begin{array}{ccc|ccc} 2 & 3 & -1 & 1 & 0 & 0 \\ 0 & 7 & -9 & 1 & -2 & 0 \\ 0 & 0 & 1 & \frac{6}{30} & \frac{2}{30} & -\frac{7}{30} \end{array}\right)$ $\quad |\cdot 9$ + +

$\left(\begin{array}{ccc|ccc} 2 & 3 & 0 & \frac{36}{30} & \frac{2}{30} & -\frac{7}{30} \\ 0 & 7 & 0 & \frac{84}{30} & -\frac{42}{30} & -\frac{63}{30} \\ 0 & 0 & 1 & \frac{6}{30} & \frac{2}{30} & -\frac{7}{30} \end{array}\right)$ $\quad |:7$

$\left(\begin{array}{ccc|ccc} 2 & 3 & 0 & \frac{36}{30} & \frac{2}{30} & -\frac{7}{30} \\ 0 & 1 & 0 & \frac{12}{30} & -\frac{6}{30} & -\frac{9}{30} \\ 0 & 0 & 1 & \frac{6}{30} & \frac{2}{30} & -\frac{7}{30} \end{array}\right)$ $\quad |\cdot(-3)$ +

$\left(\begin{array}{ccc|ccc} 2 & 0 & 0 & 0 & \frac{20}{30} & \frac{20}{30} \\ 0 & 1 & 0 & \frac{12}{30} & -\frac{6}{30} & \frac{9}{30} \\ 0 & 0 & 1 & \frac{6}{30} & \frac{2}{30} & -\frac{7}{30} \end{array}\right)$ $\quad |:2$

$\left(\begin{array}{ccc|ccc} 1 & 0 & 0 & 0 & \frac{10}{30} & \frac{10}{30} \\ 0 & 1 & 0 & \frac{12}{30} & -\frac{6}{30} & \frac{9}{30} \\ 0 & 0 & 1 & \frac{6}{30} & \frac{2}{30} & -\frac{7}{30} \end{array}\right)$

Gekürzt: $\begin{pmatrix} 0 & \frac{1}{3} & \frac{1}{3} \\ \frac{2}{5} & -\frac{1}{5} & \frac{3}{10} \\ \frac{1}{5} & \frac{1}{15} & -\frac{7}{30} \end{pmatrix}$

b) $\left(\begin{array}{ccc|ccc} -1 & 2 & -3 & 1 & 0 & 0 \\ 2 & 3 & -1 & 0 & 1 & 0 \\ -1 & 1 & 2 & 0 & 0 & 1 \end{array}\right)$ $\quad |\cdot 2$ + $\quad |\cdot(-1)$ +

$\left(\begin{array}{ccc|ccc} -1 & 2 & -3 & 1 & 0 & 0 \\ 0 & 7 & -7 & 2 & 1 & 0 \\ 0 & -1 & 5 & -1 & 0 & 1 \end{array}\right)$ $\quad |\cdot 7$ +

$\left(\begin{array}{ccc|ccc} -1 & 2 & -3 & 1 & 0 & 0 \\ 0 & 7 & -7 & 2 & 1 & 0 \\ 0 & 0 & 28 & -5 & 1 & 7 \end{array}\right)$ $\quad |:28$

$\left(\begin{array}{ccc|ccc} -1 & 2 & -3 & 1 & 0 & 0 \\ 0 & 7 & -7 & 2 & 1 & 0 \\ 0 & 0 & 1 & -\frac{5}{28} & \frac{1}{28} & \frac{7}{28} \end{array}\right)$ $\quad |\cdot 7$ + $\quad |\cdot 3$ +

$\left(\begin{array}{ccc|ccc} -1 & 2 & 0 & \frac{13}{28} & \frac{3}{28} & \frac{21}{28} \\ 0 & 7 & 0 & \frac{21}{28} & \frac{35}{28} & \frac{49}{28} \\ 0 & 0 & 1 & -\frac{5}{28} & \frac{1}{28} & \frac{7}{28} \end{array}\right)$ $\quad |:7$

$\left(\begin{array}{ccc|ccc} -1 & 2 & 0 & \frac{13}{28} & \frac{3}{28} & \frac{21}{28} \\ 0 & 1 & 0 & \frac{3}{28} & \frac{5}{28} & \frac{7}{28} \\ 0 & 0 & 1 & -\frac{5}{28} & \frac{1}{28} & \frac{7}{28} \end{array}\right)$ $\quad |\cdot(-2)$ +

$$\left(\begin{array}{ccc|ccc} -1 & 0 & 0 & \frac{7}{28} & \frac{-7}{28} & \frac{7}{28} \\ 0 & 1 & 0 & \frac{3}{28} & \frac{5}{28} & \frac{7}{28} \\ 0 & 0 & 1 & -\frac{5}{28} & \frac{1}{28} & \frac{7}{28} \end{array}\right) \quad |:(-1)$$

$$\left(\begin{array}{ccc|ccc} 1 & 0 & 0 & \frac{-7}{28} & \frac{7}{28} & \frac{-7}{28} \\ 0 & 1 & 0 & \frac{3}{28} & \frac{5}{28} & \frac{7}{28} \\ 0 & 0 & 1 & -\frac{5}{28} & \frac{1}{28} & \frac{7}{28} \end{array}\right)$$

Gekürzt: $\begin{pmatrix} -\frac{1}{4} & \frac{1}{4} & -\frac{1}{4} \\ \frac{3}{28} & \frac{5}{28} & \frac{1}{4} \\ -\frac{5}{28} & \frac{1}{28} & \frac{1}{4} \end{pmatrix}$

c) $\left(\begin{array}{ccc|ccc} 1 & 3 & 4 & 1 & 0 & 0 \\ 2 & 4 & 5 & 0 & 1 & 0 \\ 3 & 7 & 10 & 0 & 0 & 1 \end{array}\right) \quad |\cdot(-2) + \quad |\cdot(-3) +$

$$\left(\begin{array}{ccc|ccc} 1 & 3 & 4 & 1 & 0 & 0 \\ 0 & -2 & -3 & -2 & 1 & 0 \\ 0 & -2 & -2 & -3 & 0 & 1 \end{array}\right) \quad |\cdot(-1) +$$

$$\left(\begin{array}{ccc|ccc} 1 & 3 & 4 & 1 & 0 & 0 \\ 0 & -2 & -3 & -2 & 1 & 0 \\ 0 & 0 & 1 & -1 & -1 & 1 \end{array}\right) \quad |\cdot 3 + \quad |\cdot(-4) +$$

$$\left(\begin{array}{ccc|ccc} 1 & 3 & 0 & 5 & 4 & -4 \\ 0 & -2 & 0 & -5 & -2 & 3 \\ 0 & 0 & 1 & -1 & -1 & 1 \end{array}\right) \quad |:(-2)$$

$$\left(\begin{array}{ccc|ccc} 1 & 3 & 0 & 5 & 4 & -4 \\ 0 & 1 & 0 & \frac{5}{2} & 1 & -\frac{3}{2} \\ 0 & 0 & 1 & -1 & -1 & 1 \end{array}\right) \quad |\cdot(-3) +$$

$$\left(\begin{array}{ccc|ccc} 1 & 0 & 0 & -\frac{5}{2} & 1 & \frac{1}{2} \\ 0 & 1 & 0 & \frac{5}{2} & 1 & -\frac{3}{2} \\ 0 & 0 & 1 & -1 & -1 & 1 \end{array}\right)$$

Inverse: $\begin{pmatrix} -\frac{5}{2} & 1 & \frac{1}{2} \\ \frac{5}{2} & 1 & -\frac{3}{2} \\ -1 & -1 & 1 \end{pmatrix}$

6 A · B = E?

a) $A \cdot B = \begin{pmatrix} 1 & -1 & 1 \\ 1 & 2 & -3 \\ -2 & 0 & 1 \end{pmatrix} \cdot \begin{pmatrix} 2 & 1 & 1 \\ 5 & 3 & 4 \\ 4 & 2 & 3 \end{pmatrix}$

$$= \begin{pmatrix} 1\cdot2-1\cdot5+1\cdot4 & 1\cdot1-1\cdot3+1\cdot2 & 1\cdot1-1\cdot4+1\cdot3 \\ 1\cdot2+2\cdot5-3\cdot4 & 1\cdot1+2\cdot3-3\cdot2 & 1\cdot1+2\cdot4-3\cdot3 \\ -2\cdot2+0\cdot5+1\cdot4 & -2\cdot1+0\cdot3+1\cdot2 & -2\cdot1+0\cdot4+1\cdot3 \end{pmatrix} = \begin{pmatrix} 1 & 0 & 0 \\ 0 & 1 & 0 \\ 0 & 0 & 1 \end{pmatrix}$$

b) $A \cdot B = \begin{pmatrix} 1 & 0 & 0 \\ 3 & 2 & 1 \\ 4 & 5 & 3 \end{pmatrix} \cdot \begin{pmatrix} 1 & 0 & 0 \\ -5 & 3 & -1 \\ 7 & -5 & 2 \end{pmatrix}$

$$= \begin{pmatrix} 1\cdot1+0\cdot(-5)+0\cdot7 & 1\cdot0+0\cdot3+0\cdot(-5) & 1\cdot0+0\cdot(-1)+0\cdot2 \\ 3\cdot1+2\cdot(-5)+1\cdot7 & 3\cdot0+2\cdot3+1\cdot(-5) & 3\cdot0+2\cdot(-1)+1\cdot2 \\ 4\cdot1+5\cdot(-5)+3\cdot7 & 4\cdot0+5\cdot3+3\cdot(-5) & 4\cdot0+5\cdot(-1)+3\cdot2 \end{pmatrix} = \begin{pmatrix} 1 & 0 & 0 \\ 0 & 1 & 0 \\ 0 & 0 & 1 \end{pmatrix}$$

7 Matrizengleichung III

a)
$A \cdot X \cdot B = B$
$A^{-1} \cdot A \cdot X \cdot B = A^{-1} \cdot B$
$X \cdot B = A^{-1} \cdot B$
$X \cdot B \cdot B^{-1} = A^{-1} \cdot B \cdot B^{-1}$ mit $B \cdot B^{-1} = E$
$X = A^{-1}$

b)
$A \cdot X + B = A \quad |-B$
$A \cdot X = A - B$
$A^{-1} \cdot A \cdot X = A^{-1} \cdot (A - B)$ mit $A^{-1} \cdot A = E$
$X = A^{-1} \cdot A - A^{-1} \cdot B$
$X = E - A^{-1} \cdot B$

c)
$B \cdot A - X \cdot B = -X \cdot A \quad |+X \cdot A$
$B \cdot A - X \cdot B + X \cdot A = 0 \quad |-B \cdot A$
$-X \cdot B + X \cdot A = -B \cdot A$
$X \cdot (-B + A) = -B \cdot A$
$X \cdot (-B + A) \cdot (-B + A)^{-1} = -B \cdot A \cdot (-B + A)^{-1}$ mit
$(-B + A) \cdot (-B + A)^{-1} = E$
$X = -B \cdot A \cdot (-B + A)^{-1}$

8 Matrizengleichung und Inverse Matrix

a)
$A_2 \cdot X = 4 \cdot A_1^{-1} + A_1 \cdot X \quad |-A_1 \cdot X$
$A_2 \cdot X - A_1 \cdot X = 4 \cdot A_1^{-1}$
$X \cdot (A_2 - A_1) = 4 \cdot A_1^{-1}$
$X = 4 \cdot A_1^{-1}(A_2 - A_1)^{-1}$
$X = 4 \cdot \left(A_1 \cdot (A_2 - A_1)\right)^{-1}$
$X = 4 \cdot \left(A_1 \cdot A_2 - A_1^2\right)^{-1}$

b) $\left(\begin{array}{ccc|ccc} b & b & -1 & 1 & 0 & 0 \\ 0 & b & b & 0 & 1 & 0 \\ 1 & 1 & 1 & 0 & 0 & 1 \end{array}\right) \quad |\cdot(-b) +$

$$\left(\begin{array}{ccc|ccc} 0 & 0 & -b-1 & 1 & 0 & -b \\ 0 & b & b & 0 & 1 & 0 \\ 1 & 1 & 1 & 0 & 0 & 1 \end{array}\right) \quad |:b$$

$$\left(\begin{array}{ccc|ccc} 0 & 0 & -b-1 & 1 & 0 & -b \\ 0 & 1 & 1 & 0 & \frac{1}{b} & 0 \\ 1 & 1 & 0 & 0 & 0 & 1 \end{array}\right) \quad |\cdot(-1) +$$

$$\left(\begin{array}{ccc|ccc} 0 & 0 & -b-1 & 1 & 0 & -b \\ 0 & 1 & 1 & 0 & \frac{1}{b} & 0 \\ 1 & 1 & 0 & 0 & -\frac{1}{b} & 1 \end{array}\right) \quad |:(-b-1)$$

$$\left(\begin{array}{ccc|ccc} 0 & 0 & 1 & \frac{1}{-b-1} & 0 & -\frac{b}{-b-1} \\ 0 & 1 & 0 & 0 & \frac{1}{b} & 0 \\ 0 & 0 & 0 & 0 & -\frac{1}{b} & 1 \end{array}\right) \quad |\cdot(-1) \; +$$

$$\left(\begin{array}{ccc|ccc} 0 & 0 & 1 & \frac{1}{-b-1} & 0 & -\frac{b}{-b-1} \\ 0 & 1 & 0 & \frac{1}{-b-1} & \frac{1}{b} & \frac{b}{-b-1} \\ 0 & 0 & 0 & 0 & -\frac{1}{b} & 1 \end{array}\right) \quad \text{1. und 3. Zeile vertauschen}$$

$$\left(\begin{array}{ccc|ccc} 1 & 0 & 0 & \frac{1}{-b-1} & -\frac{1}{b} & 1 \\ 0 & 1 & 0 & \frac{1}{-b-1} & \frac{1}{b} & \frac{b}{-b-1} \\ 0 & 0 & 1 & 0 & 0 & -\frac{b}{-b-1} \end{array}\right)$$

SCHRITT 32

Das brauchst du wieder

b) $5 \cdot \frac{1}{2} = \frac{5 \cdot 1}{2} = \frac{5}{2}$ c) $9 \cdot \frac{2}{3} = \frac{9 \cdot 2}{3} = \frac{18}{3} = 6$

1 „Du bist dran" aus dem „So geht's"-Kasten

a) Fülle die Tabelle aus:

	Espresso	Milchkaffee	Cappuccino
Wasser	3	6	$4\frac{1}{3}$
Kaffee	8	6	8
Milch	0	8	2

Bestimme die Prozessmatrix:

$$A = \begin{pmatrix} 3 & 6 & 4\frac{1}{3} \\ 8 & 6 & 8 \\ 0 & 8 & 2 \end{pmatrix}$$

b) Bestimme den Vektor $\vec{x}$ der Endprodukte:

$$\vec{x} = \begin{pmatrix} 30 \\ 45 \\ 33 \end{pmatrix}$$

Berechne den Vektor $\vec{y}$ der Ausgangsprodukte, indem du die Matrix A mit dem Vektor $\vec{x}$ der Endprodukte multiplizierst:

$$\vec{y} = \begin{pmatrix} 3 & 6 & 4\frac{1}{3} \\ 8 & 6 & 8 \\ 0 & 8 & 2 \end{pmatrix} \cdot \begin{pmatrix} 30 \\ 45 \\ 33 \end{pmatrix} = \begin{pmatrix} 3 \cdot 30 + 6 \cdot 45 + 4\frac{1}{3} \cdot 33 \\ 8 \cdot 30 + 6 \cdot 45 + 8 \cdot 33 \\ 0 \cdot 30 + 8 \cdot 45 + 2 \cdot 33 \end{pmatrix} = \begin{pmatrix} 503 \\ 774 \\ 426 \end{pmatrix}$$

Schreibe einen Antwortsatz:

Insgesamt benötigt man 503 Einheiten Wasser, 774 Einheiten Kaffee und 426 Einheiten Milch.

2 Parfümmischungen

a)

	Agnolie	Beatrix
C_1	3	$3\frac{1}{2}$
C_2	2	$4\frac{1}{2}$
C_3	4	2

$$A = \begin{pmatrix} 3 & 3\frac{1}{2} \\ 2 & 4\frac{1}{2} \\ 4 & 2 \end{pmatrix}$$

b) $\vec{x} = \begin{pmatrix} 35 \\ 60 \end{pmatrix}$

$$\vec{y} = \begin{pmatrix} 3 & 3\frac{1}{2} \\ 2 & 4\frac{1}{2} \\ 4 & 2 \end{pmatrix} \cdot \begin{pmatrix} 35 \\ 60 \end{pmatrix} = \begin{pmatrix} 3 \cdot 35 + 3\frac{1}{2} \cdot 60 \\ 2 \cdot 35 + 4\frac{1}{2} \cdot 60 \\ 4 \cdot 35 + 2 \cdot 60 \end{pmatrix} = \begin{pmatrix} 315 \\ 340 \\ 260 \end{pmatrix}$$

Insgesamt benötigt man 315 Einheiten C_1, 340 Einheiten C_2 und 260 Einheiten C_2.

3 Plätzchenmischungen

a)

	Butterplätzchen	Nussplätzchen	Kokosplätzchen
Butter	2,5	1,5	2
Zucker	1,6	1	2
Mehl	2,5	2,5	3

$$A = \begin{pmatrix} 2{,}5 & 1{,}5 & 2 \\ 1{,}6 & 1 & 2 \\ 2{,}5 & 2{,}5 & 3 \end{pmatrix}$$

b)

$$\vec{y} = \begin{pmatrix} 2{,}5 & 1{,}5 & 2 \\ 1{,}6 & 1 & 2 \\ 2{,}5 & 2{,}5 & 3 \end{pmatrix} \cdot \begin{pmatrix} 70 \\ 90 \\ 100 \end{pmatrix} = \begin{pmatrix} 2{,}5 \cdot 70 + 1{,}5 \cdot 90 + 2 \cdot 100 \\ 1{,}6 \cdot 70 + 1 \cdot 90 + 2 \cdot 100 \\ 2{,}5 \cdot 70 + 2{,}5 \cdot 90 + 3 \cdot 100 \end{pmatrix} = \begin{pmatrix} 510 \\ 402 \\ 700 \end{pmatrix}$$

Man benötigt für eine Mischung 510 g Butter, 402 g Zucker und 700 g Mehl.

4 Schokoladenmischungen

a)

	Figur 1	Figur 2	Figur 3
Bitterschokolade	10	40	10
Milchschokolade	40	10	10
weiße Schokolade	10	10	40

$$A = \begin{pmatrix} 10 & 40 & 10 \\ 40 & 10 & 10 \\ 10 & 10 & 40 \end{pmatrix}$$

b) $\vec{y} = \begin{pmatrix} 10 & 40 & 10 \\ 40 & 10 & 10 \\ 10 & 10 & 40 \end{pmatrix} \cdot \begin{pmatrix} 400 \\ 300 \\ x \end{pmatrix}$

$= \begin{pmatrix} 10 \cdot 400 + 40 \cdot 300 + 10x \\ 40 \cdot 400 + 10 \cdot 300 + 10x \\ 10 \cdot 400 + 10 \cdot 300 + 40x \end{pmatrix} = \begin{pmatrix} 16\,000 + 10x \\ 19\,000 + 10x \\ 7000 + 40x \end{pmatrix}$

Die erste Zeile beschreibt die Bitterschokolade:
Es gilt

$$\begin{aligned} 16\,000 + 10x &= 20\,000 \quad &|-16\,000 \\ 10x &= 4000 \quad &|:10 \\ x &= 400 \end{aligned}$$

Man kann 400 Stück von Figur 3 herstellen.

c) $x = 400$ in $\begin{pmatrix} 16\,000 + 10x \\ 19\,000 + 10x \\ 7000 + 40x \end{pmatrix}$

$\begin{pmatrix} 16\,000 + 10 \cdot 400 \\ 19\,000 + 10 \cdot 400 \\ 7000 + 40 \cdot 400 \end{pmatrix} = \begin{pmatrix} 20\,000 \\ 23\,000 \\ 23\,000 \end{pmatrix}$

Man benötigt 20 kg Bitterschokolade, 23 kg Milchschokolade und 23 kg weiße Schokolade.

5 Salatmischungen

a)

	Salat 1	Salat 2	Salat 3
Gurke	75	75	50
Paprika	100	50	75
Tomaten	0	100	75

$A = \begin{pmatrix} 75 & 75 & 50 \\ 100 & 50 & 75 \\ 0 & 100 & 75 \end{pmatrix}$

b) $\vec{y} = \begin{pmatrix} 75 & 75 & 50 \\ 100 & 50 & 75 \\ 0 & 100 & 75 \end{pmatrix} \cdot \begin{pmatrix} x \\ 2x \\ 3 \end{pmatrix}$

$= \begin{pmatrix} 75 \cdot x + 75 \cdot 2x + 50 \cdot 3 \\ 100 \cdot x + 50 \cdot 2x + 75 \cdot 3 \\ 0 \cdot x + 100 \cdot 2x + 75 \cdot 3 \end{pmatrix} = \begin{pmatrix} 150 + 225x \\ 225 + 200x \\ 225 + 200x \end{pmatrix}$

Die letzte Zeile beschreibt die Tomaten:
Es gilt

$$\begin{aligned} 225 + 200x &= 725 \quad &|-225 \\ 200x &= 500 \quad &|:200 \\ x &= 2{,}5 \end{aligned}$$

Sie kann 2,5 Portionen von Salat 1 und 5 Portionen von Salat 2 herstellen.

c) $x = 2{,}5$ in $\begin{pmatrix} 150 + 225x \\ 225 + 200x \\ 225 + 200x \end{pmatrix}$

$\begin{pmatrix} 150 + 225 \cdot 2{,}5 \\ 225 + 200 \cdot 2{,}5 \\ 225 + 200 \cdot 2{,}5 \end{pmatrix} = \begin{pmatrix} 712{,}5 \\ 725 \\ 725 \end{pmatrix}$

Sie benötigt noch 712,5 g Gurke und 725 g Paprika.

TRAINING 7

1 Matrizenrechnung

a) $\begin{pmatrix} 2 & -2 & 5 \\ 4 & -1 & 0 \\ 2 & -7 & 3 \end{pmatrix} + \begin{pmatrix} -1 & 0 & 5 \\ 9 & -7 & 5 \\ -3 & -2 & 0 \end{pmatrix}$

$= \begin{pmatrix} 2+(-1) & -2+0 & 5+5 \\ 4+9 & -1+(-7) & 0+5 \\ 2+(-3) & -7+(-2) & 3+0 \end{pmatrix} = \begin{pmatrix} 1 & -2 & 10 \\ 13 & -8 & 5 \\ -1 & -9 & 3 \end{pmatrix}$

b) $\begin{pmatrix} 3 & 2 & 5 \\ -4 & 6 & -7 \\ 8 & 2 & -1 \end{pmatrix} - \begin{pmatrix} 1 & -2 & 5 \\ -7 & -9 & 4 \\ 6 & -8 & 3 \end{pmatrix}$

$= \begin{pmatrix} 3-1 & 2-(-2) & 5-5 \\ -4-(-7) & 6-(-9) & -7-4 \\ 8-6 & 2-(-8) & -1-3 \end{pmatrix} = \begin{pmatrix} 2 & 4 & 0 \\ 3 & 15 & -11 \\ 2 & 10 & -4 \end{pmatrix}$

c) $3 \cdot \begin{pmatrix} -1 & 5 & -7 \\ 6 & 5 & -9 \\ 4 & -6 & 3 \end{pmatrix}$

$= \begin{pmatrix} 3 \cdot (-1) & 3 \cdot 5 & 3 \cdot (-7) \\ 3 \cdot 6 & 3 \cdot 5 & 3 \cdot (-9) \\ 3 \cdot 4 & 3 \cdot (-6) & 3 \cdot 3 \end{pmatrix} = \begin{pmatrix} -3 & 15 & -21 \\ 18 & 15 & -27 \\ 12 & -18 & 9 \end{pmatrix}$

d) $\begin{pmatrix} -2 & 3 & 5 \\ -1 & 4 & 4 \\ 1 & 0 & -6 \end{pmatrix} \cdot \begin{pmatrix} -4 & 3 & 5 \\ -2 & 4 & 1 \\ 3 & -2 & 3 \end{pmatrix}$

$= \begin{pmatrix} -2 \cdot (-4) + 3 \cdot (-2) + 5 \cdot 3 & -2 \cdot 3 + 3 \cdot 4 + 5 \cdot (-2) & -2 \cdot 5 + 3 \cdot 1 + 5 \cdot 3 \\ -1 \cdot (-4) + 4 \cdot (-2) + 4 \cdot 3 & -1 \cdot 3 + 4 \cdot 4 + 4 \cdot (-2) & -1 \cdot 5 + 4 \cdot 1 + 4 \cdot 3 \\ 1 \cdot (-4) + 0 \cdot (-2) - 6 \cdot 3 & 1 \cdot 3 + 0 \cdot 4 - 6 \cdot (-2) & 1 \cdot 5 + 0 \cdot 1 - 6 \cdot 3 \end{pmatrix}$

$= \begin{pmatrix} 17 & -4 & 8 \\ 8 & 5 & 11 \\ -22 & 15 & -13 \end{pmatrix}$

2 Inverse Matrix

a) $\left(\begin{array}{ccc|ccc} -2 & 3 & 1 & 1 & 0 & 0 \\ 1 & 1 & 1 & 0 & 1 & 0 \\ 0 & -2 & 1 & 0 & 0 & 1 \end{array}\right) \quad |\cdot 2$

$\left(\begin{array}{ccc|ccc} -2 & 3 & 1 & 1 & 0 & 0 \\ 0 & 5 & 3 & 1 & 2 & 0 \\ 0 & -2 & 1 & 0 & 0 & 1 \end{array}\right) \quad \begin{array}{l} |\cdot 2 \\ |\cdot 5 \end{array}$

$\left(\begin{array}{ccc|ccc} -2 & 3 & 1 & 1 & 0 & 0 \\ 0 & 5 & 3 & 1 & 2 & 0 \\ 0 & 0 & 11 & 2 & 4 & 5 \end{array}\right) \quad |:11$

$\left(\begin{array}{ccc|ccc} -2 & 3 & 1 & 1 & 0 & 0 \\ 0 & 5 & 3 & 1 & 2 & 0 \\ 0 & 0 & 1 & \frac{2}{11} & \frac{4}{11} & \frac{5}{11} \end{array}\right) \quad |\cdot(-3) \quad |\cdot(-1)$

$\left(\begin{array}{ccc|ccc} -2 & 3 & 0 & \frac{9}{11} & -\frac{4}{11} & -\frac{5}{11} \\ 0 & 5 & 0 & \frac{5}{11} & \frac{10}{11} & -\frac{15}{11} \\ 0 & 0 & 1 & \frac{2}{11} & \frac{4}{11} & \frac{5}{11} \end{array}\right) \quad |:5$

$$\left(\begin{array}{ccc|ccc} -2 & 3 & 0 & \frac{9}{11} & -\frac{4}{11} & -\frac{5}{11} \\ 0 & 1 & 0 & \frac{1}{11} & \frac{2}{11} & -\frac{3}{11} \\ 0 & 0 & 1 & \frac{2}{11} & \frac{4}{11} & \frac{5}{11} \end{array}\right) \quad \begin{array}{l} \\ \\ |\cdot(-3) \end{array}$$

$$\left(\begin{array}{ccc|ccc} -2 & 0 & 0 & \frac{6}{11} & -\frac{10}{11} & \frac{4}{11} \\ 0 & 1 & 0 & \frac{1}{11} & \frac{2}{11} & -\frac{3}{11} \\ 0 & 0 & 1 & \frac{2}{11} & \frac{4}{11} & \frac{5}{11} \end{array}\right) \quad \begin{array}{l} |:(-2) \\ \\ \\ \end{array}$$

$$\left(\begin{array}{ccc|ccc} 1 & 0 & 0 & -\frac{3}{11} & \frac{5}{11} & -\frac{2}{11} \\ 0 & 1 & 0 & \frac{1}{11} & \frac{2}{11} & -\frac{3}{11} \\ 0 & 0 & 1 & \frac{2}{11} & \frac{4}{11} & \frac{5}{11} \end{array}\right)$$

b) $$\left(\begin{array}{ccc|ccc} 1 & -2 & 1 & 1 & 0 & 0 \\ 2 & 0 & 2 & 0 & 1 & 0 \\ -1 & 2 & 1 & 0 & 0 & 1 \end{array}\right) \quad \begin{array}{l} |\cdot(-2) \\ \\ \\ \end{array}$$

$$\left(\begin{array}{ccc|ccc} 1 & -2 & 1 & 1 & 0 & 0 \\ 0 & 4 & 0 & -2 & 1 & 0 \\ 0 & 0 & 2 & 1 & 0 & 1 \end{array}\right) \quad \begin{array}{l} \\ |:4 \\ |:2 \end{array}$$

$$\left(\begin{array}{ccc|ccc} 1 & -2 & 1 & 1 & 0 & 0 \\ 0 & 1 & 0 & -\frac{1}{2} & \frac{1}{4} & 0 \\ 0 & 0 & 1 & \frac{1}{2} & 0 & \frac{1}{2} \end{array}\right) \quad \begin{array}{l} \\ \\ |\cdot(-1) \end{array}$$

$$\left(\begin{array}{ccc|ccc} 1 & -2 & 1 & \frac{1}{2} & 0 & -\frac{1}{2} \\ 0 & 1 & 0 & -\frac{1}{2} & \frac{1}{4} & 0 \\ 0 & 0 & 1 & \frac{1}{2} & 0 & \frac{1}{2} \end{array}\right) \quad \begin{array}{l} \\ |\cdot 2 \\ \\ \end{array}$$

$$\left(\begin{array}{ccc|ccc} 1 & 0 & 0 & -\frac{1}{2} & \frac{1}{2} & -\frac{1}{2} \\ 0 & 1 & 0 & -\frac{1}{2} & \frac{1}{4} & 0 \\ 0 & 0 & 1 & \frac{1}{2} & 0 & \frac{1}{2} \end{array}\right)$$

3 Matrizengleichungen

$$\begin{aligned} XA - A &= X + B \quad |+A \\ XA &= X + B + A \quad |-X \\ XA - X &= B + A \\ X\cdot(A-1) &= B + A \end{aligned}$$

$$X\cdot(A-1)\cdot(A-1)^{-1} = (B+A)\cdot(A-1)^{-1}$$

mit $(A-1)(A-1)^{-1} = 1$

$$X = (B+A)\cdot(A-1)^{-1}$$

$$B + A = \begin{pmatrix} 2 & 2 & 0 \\ 5 & 13 & 1 \\ 1 & 2 & -1 \end{pmatrix} + \begin{pmatrix} 1 & 0 & 2 \\ 4 & 3 & -1 \\ 2 & -1 & 0 \end{pmatrix} = \begin{pmatrix} 3 & 2 & 2 \\ 9 & 16 & 0 \\ 3 & 1 & -1 \end{pmatrix}$$

$$A - 1 = \begin{pmatrix} 1 & 0 & 2 \\ 4 & 3 & -1 \\ 2 & -1 & 0 \end{pmatrix} - \begin{pmatrix} 1 & 0 & 0 \\ 0 & 1 & 0 \\ 0 & 0 & 1 \end{pmatrix} = \begin{pmatrix} 0 & 0 & 2 \\ 4 & 2 & -1 \\ 2 & -1 & -1 \end{pmatrix}$$

$(A-1)^{-1}$ bestimmen

$$\left(\begin{array}{ccc|ccc} 0 & 0 & 2 & 1 & 0 & 0 \\ 4 & 2 & -1 & 0 & 1 & 0 \\ 2 & -1 & -1 & 0 & 0 & 1 \end{array}\right) \quad \begin{array}{l} \\ \\ |\cdot(-2) \end{array}$$

$$\left(\begin{array}{ccc|ccc} 0 & 0 & 2 & 1 & 0 & 0 \\ 4 & 2 & -1 & 0 & 1 & 0 \\ 0 & 4 & 1 & 0 & 1 & -2 \end{array}\right) \quad \begin{array}{l} |:2 \\ \\ \\ \end{array}$$

$$\left(\begin{array}{ccc|ccc} 0 & 0 & 1 & \frac{1}{2} & 0 & 0 \\ 4 & 2 & -1 & 0 & 1 & 0 \\ 0 & 4 & 1 & 0 & 1 & -2 \end{array}\right) \quad \begin{array}{l} |\cdot(-1) \\ \\ \\ \end{array}$$

$$\left(\begin{array}{ccc|ccc} 0 & 0 & 1 & \frac{1}{2} & 0 & 0 \\ 4 & 2 & 0 & \frac{1}{2} & 1 & 0 \\ 0 & 4 & 0 & -\frac{1}{2} & 1 & -2 \end{array}\right) \quad \begin{array}{l} \\ \\ |:4 \end{array}$$

$$\left(\begin{array}{ccc|ccc} 0 & 0 & 1 & \frac{1}{2} & 0 & 0 \\ 4 & 2 & 0 & \frac{1}{2} & 1 & 0 \\ 0 & 1 & 0 & -\frac{1}{8} & \frac{1}{4} & -\frac{1}{2} \end{array}\right) \quad \begin{array}{l} \\ \\ |\cdot(-2) \end{array}$$

$$\left(\begin{array}{ccc|ccc} 0 & 0 & 1 & \frac{1}{2} & 0 & 0 \\ 4 & 0 & 0 & \frac{3}{4} & \frac{1}{2} & 1 \\ 0 & 1 & 0 & -\frac{1}{8} & \frac{1}{4} & -\frac{1}{2} \end{array}\right) \quad \begin{array}{l} \\ |:4 \\ \\ \end{array}$$

$$\left(\begin{array}{ccc|ccc} 0 & 0 & 1 & \frac{1}{2} & 0 & 0 \\ 1 & 0 & 0 & \frac{3}{16} & \frac{1}{8} & \frac{1}{4} \\ 0 & 1 & 0 & -\frac{1}{8} & \frac{1}{4} & -\frac{1}{2} \end{array}\right)$$

$$\left(\begin{array}{ccc|ccc} 1 & 0 & 0 & \frac{3}{16} & \frac{1}{8} & \frac{1}{4} \\ 0 & 1 & 0 & -\frac{1}{8} & \frac{1}{4} & -\frac{1}{2} \\ 0 & 0 & 1 & \frac{1}{2} & 0 & 0 \end{array}\right)$$

(Zeilen mussten vertauscht werden, damit eine Einheitsmatrix entsteht.)

$$X = (B+A)\cdot(A-1)^{-1} = \begin{pmatrix} 3 & 2 & 2 \\ 9 & 16 & 0 \\ 3 & 1 & -1 \end{pmatrix} \cdot \begin{pmatrix} \frac{3}{16} & \frac{1}{8} & \frac{1}{4} \\ -\frac{1}{8} & \frac{1}{4} & -\frac{1}{2} \\ \frac{1}{2} & 0 & 0 \end{pmatrix}$$

$$= \begin{pmatrix} \frac{21}{16} & \frac{7}{8} & \frac{1}{4} \\ -\frac{5}{16} & \frac{41}{8} & -\frac{23}{4} \\ -\frac{1}{8} & \frac{5}{8} & \frac{1}{4} \end{pmatrix}$$

4 Werkstücke – Rostoffmischungen

a) $\begin{pmatrix} 10 & 29 & 13 \\ 15 & 5 & 1 \\ 17 & 6 & 7 \end{pmatrix}$

b) $\vec{y} = \begin{pmatrix} 10 & 29 & 13 \\ 15 & 5 & 1 \\ 17 & 6 & 7 \end{pmatrix} \cdot \begin{pmatrix} 2x \\ x \\ 9 \end{pmatrix} = \begin{pmatrix} 10 \cdot 2x + 29 \cdot x + 13 \cdot 9 \\ 15 \cdot 2x + 5 \cdot x + 1 \cdot 9 \\ 17 \cdot 2x + 6 \cdot x + 7 \cdot 9 \end{pmatrix}$

$= \begin{pmatrix} 49x + 117 \\ 35x + 9 \\ 40x + 63 \end{pmatrix}$

Die erste Zeile beschreibt den Rohstoff 1:

$49x + 117 = 411 \quad | -117$

$49x = 294 \quad | :49$

$x = 6$

Man kann 6 Werkstücke 2 und 12 Werkstücke 1 herstellen.

c) $\begin{pmatrix} 49 \cdot 6 + 117 \\ 35 \cdot 6 + 9 \\ 40 \cdot 6 + 63 \end{pmatrix} = \begin{pmatrix} 411 \\ 219 \\ 303 \end{pmatrix}$

Man benötigt 219 Einheiten von Rohstoff 2 und 282 Einheiten von Rohstoff 3.

5 Kuchenmischungen

a) $\begin{pmatrix} 1 & 4 & 3 \\ 3 & 1 & 3 \\ 2 & 0 & 1 \end{pmatrix}$

b) $\begin{pmatrix} 1 & 4 & 3 \\ 3 & 1 & 3 \\ 2 & 0 & 1 \end{pmatrix} \cdot \frac{1}{7} \cdot \begin{pmatrix} 1 & -4 & 9 \\ 3 & -5 & 6 \\ -2 & 8 & -11 \end{pmatrix}$

$= \frac{1}{7} \cdot \begin{pmatrix} 1 & 4 & 3 \\ 3 & 1 & 3 \\ 2 & 0 & 1 \end{pmatrix} \cdot \begin{pmatrix} 1 & -4 & 9 \\ 3 & -5 & 6 \\ -2 & 8 & -11 \end{pmatrix}$

$= \frac{1}{7} \cdot \begin{pmatrix} 1 \cdot 1 + 4 \cdot 3 + 3 \cdot (-2) & 1 \cdot (-4) + 4 \cdot -5 + 3 \cdot 8 & 1 \cdot 9 + 4 \cdot 6 + 3 \cdot (-11) \\ 3 \cdot 1 + 1 \cdot 3 + 3 \cdot (-2) & 3 \cdot (-4) + 1 \cdot -5 + 3 \cdot 8 & 3 \cdot 9 + 1 \cdot 6 + 3 \cdot (-11) \\ 2 \cdot 1 + 0 \cdot 3 + 1 \cdot (-2) & 2 \cdot (-4) + 0 \cdot -5 + 1 \cdot 8 & 2 \cdot 9 + 0 \cdot 6 + 1 \cdot (-11) \end{pmatrix}$

$= \frac{1}{7} \cdot \begin{pmatrix} 7 & 0 & 0 \\ 0 & 7 & 0 \\ 0 & 0 & 7 \end{pmatrix} = \begin{pmatrix} 1 & 0 & 0 \\ 0 & 1 & 0 \\ 0 & 0 & 1 \end{pmatrix}$

c) $\vec{y} = A \cdot \vec{x}$

$A^{-1} \cdot \vec{y} = \vec{x}$ mit $\vec{y} = \begin{pmatrix} 95 \\ 63 \\ 20 \end{pmatrix}$

$\frac{1}{7} \cdot \begin{pmatrix} 1 & -4 & 9 \\ 3 & -5 & 6 \\ -2 & 8 & -11 \end{pmatrix} \cdot \begin{pmatrix} 95 \\ 63 \\ 20 \end{pmatrix}$

$= \frac{1}{7} \cdot \begin{pmatrix} 1 \cdot 95 + (-4) \cdot 63 + 9 \cdot 20 \\ 3 \cdot 95 + (-5) \cdot 63 + 6 \cdot 20 \\ -2 \cdot 95 + 8 \cdot 63 - 11 \cdot 20 \end{pmatrix}$

$= \frac{1}{7} \cdot \begin{pmatrix} 23 \\ 90 \\ 94 \end{pmatrix} \sim \begin{pmatrix} 3 \\ 12 \\ 13 \end{pmatrix}$

Man kann dreimal Kuchen 1, zwölfmal Kuchen 2 und 13-mal Kuchen 3 herstellen.